普通高等教育“十一五”国家级规划教材

有机化学

Youji Huaxue

（供生命科学及相关专业用）

（第四版）

主编　陈洪超　罗美明　李映苓

Organic Chemistry

高等教育出版社·北京

内容提要

本书是普通高等教育“十一五”国家级规划教材，是在第三版教材的基础上修订而成，对部分章节内容进行了适当的调整和补充。全书共18章，以官能团为主线，前11章主要讲述有机化学的基本概念、基础知识和基本理论，后7章着重介绍与生物体息息相关的化合物——脂类、糖类、蛋白质和核酸。为了强调有机化学在生命科学领域中的重要性，本书加强了对生物体内的化学反应、生物材料的特性，以及应用实例的介绍。每章都编入了有机化学与生命科学领域的新进展和科普知识，以激发学生学习有机化学的兴趣。章中配有思考题，章末附有习题。

本书可供高等学校生命科学各专业（医学、卫生、生物、农学、兽医、食品、酿造等专业）本科学生使用，也可供相关专业选用和参考。

图书在版编目（CIP）数据

有机化学 / 陈洪超，罗美明，李映苓主编．-- 4版．-- 北京 ：高等教育出版社，(2019.12重印)
供生命科学及相关专业用
ISBN 978-7-04-033960-4

Ⅰ．①有… Ⅱ．①陈… ②罗… ③李… Ⅲ．①有机化学－高等学校－教材 Ⅳ．①062

中国版本图书馆CIP数据核字(2014)第039855号

策划编辑 周岳峰　责任编辑 沈晚晴　封面设计 张 志　版式设计 马敬茹
插图绘制 尹 莉　责任校对 刁丽丽　责任印制 尤 静

出版发行 高等教育出版社
社　　址 北京市西城区德外大街4号
邮政编码 100120
印　　刷 玉田县嘉德印刷有限公司
开　　本 787mm×1092mm 1/16
印　　张 22.5
字　　数 550千字
购书热线 010-58581118
咨询电话 400-810-0598
网　　址 http://www.hep.edu.cn
　　　　 http://www.hep.com.cn
网上订购 http://www.landraco.com
　　　　 http://www.landraco.com.cn
版　　次 2001年12月第1版
　　　　 2014年6月第4版
印　　次 2019年12月第8次印刷
定　　价 36.00元

物 料 号 33960-00

有机化学编写人员

主　编　陈洪超　罗美明　李映苓

编　者　（以章节顺序为序）

陈洪超　苏　宇　李映苓
王　宁　赵华文　刘静姿
卢志云　徐　科　罗素琴
江　波　王　驰　黄　燕
郭蕴苹　徐　红　李发胜
罗美明　朱松磊　罗　娟

第四版前言

根据教育部国家级规划教材编写精神和原则——锤炼精品教材，确保高质量教材进课堂的要求，《有机化学》(第四版)是在充分听取前三版教材的使用意见，并认真总结前三版教材编写的成功经验和不足之处的基础之上编写而成。编写本教材的指导思想仍然是强调“三基”，增强“五性”，提升教材质量，更好地为教学服务，为培养富于创新、开拓进取、高素质的生命科学相关专业的高级人才奠定良好的有机化学基础。

《有机化学》(第四版)仍以有机化合物官能团为主线，精选内容，合理安排，注重内容的系统性，将有机化学基本概念、基础知识和基本理论合理地分布在前 11 章中；适当介绍有机化学与交叉学科的重要进展，每一章都编写了有机化学、生命科学领域的亮点或新进展的科普知识，以激发学生学习有机化学的兴趣，拓宽知识面，活跃他们的思维；提升教材的文字表达水平，提高教材的可读性。

编者对《有机化学》(第四版)的部分章节内容进行了适当的调整补充。第 1 章增加了一节“生命科学中的有机化学”。将原第 4 章中环烷烃的内容调整至第 2 章饱和烃中。第 6 章增加了氟代烃。将羧酸衍生物调整至第 9 章，为羧酸及其衍生物。将氨基酸的内容并入第 11 章的取代羧酸中。肽、蛋白质和核酸合并至第 15 章。

参加本书编写的学校有：四川大学、昆明医科大学、重庆医科大学、遵义医学院、川北医学院、贵阳医学院、徐州医学院、第三军医大学、大连医科大学、济宁医学院和内蒙古医科大学。

本书编写过程中得到高等教育出版社和参编单位各级领导的关心和厚爱，尤其是第三军医大学和大连医科大学的热情支持；四川大学孙振贤教授不惧高龄，仍无私奉献，耐心细致地指导编写工作，她高度的责任感，激励着每一个参编者。在此一并向他们表示崇高的敬意和衷心的感谢。

由于我们的业务水平有限，书中不足或错误之处，诚恳地欢迎广大师生指正，以便重印或再版时纠正。

编　者

2013 年 9 月于成都

第三版前言

根据教育部“十一五”国家级规划教材选题精神和原则——锤炼精品教材，确保高质量教材进课堂的要求。《有机化学》(第三版)教材是在参编人员充分听取了使用过第一版(2001年)和第二版(2004年)教材的师生的意见，并认真总结了编写前两版的成功经验和不足之处的基础上编写的。编写本教材的指导思想仍然是强调“三基”，增强“五性”，精选内容，适当提高起点，拓宽知识面，力求将有机化学理论和方法融合于生命科学中，适当介绍有机化学与交叉学科新领域的基本知识。为培养21世纪富于创新、开拓进取、高素质的生命科学相关专业的高级人才奠定良好的有机化学基础知识。

《有机化学》(第三版)仍以有机化合物官能团为主线，有机化学基本概念、基础知识和基本理论合理地分散在前11章中，部分章节进行了适当的调整和补充，错误之处做了改正。第1章增加了分子轨道理论和共振论。第5章对映异构的内容做了较大调整，在加强介绍立体化学基础知识的同时，还强调了手性分子的结构与生理活性、药效的关系。第9章改为羧酸和取代羧酸，第10章为胺和含磷有机化合物，羧酸衍生物独立为第11章。基于我国的天然药物十分丰富，疗效好、毒性低的动植物药物不断被开发，实现中药产业化，第12章杂环化合物和生物碱，增加了天然杂环药物的内容。第13～16章是重点，强调糖、脂类、氨基酸和蛋白质、核酸等——生命的物质基础的重要性，激励学生处于当前后基因时代，应从分子水平上研究生命科学，进一步探索生命现象的奥妙。随着科学技术的发展，高科技临床检查和诊断仪(如核磁共振成像、CT等)，大量生物材料(如人工器官、人工关节等)对医药学的贡献，大大地提高了诊断水平和疾病治愈率。因此第17～19章介绍生物体内的化学反应(简介)、生物材料简介和波谱学，也是生命科学应了解的基础知识。

《有机化学》(第三版)的另一个特点是每章都编写了有机化学与生命学科领域的亮点或有机化学新进展的科普知识，以激发学生学习有机化学的兴趣，活跃他们的思维。

参加本书编写的学校有：四川大学、昆明医学院、重庆医科大学、第三军医大学、大连医科大学、遵义医学院、川北医学院、贵阳医学院、徐州医学院、桂林医学院和咸宁学院。

本书编写过程中得到了参编单位和高等教育出版社的各级领导的支持、关心和厚爱；孙振贤教授无私的奉献精神，具体而耐心的指导和高度的责任感，激励着每一位参编者；罗美明同志做了大量繁琐的编务工作，在此一并表示衷心的感谢。

由于我们的业务水平有限，书中不足或错误之处，诚恳地欢迎广大师生指正，以便重印或再版时纠正。

编　者

2008年5月于成都

第二版前言

本书第二版是在参编人员总结了第一版教材的经验和不足之处，并听取使用过该教材的院校教师的意见后进行编写的。本次修订的指导思想是进一步加强"三基"，体现"五性"，精选内容，适当提高起点，拓宽知识面，强调与生命科学有关的化学知识，为培养21世纪富于创新、进取、高素质的生命科学相关专业人才奠定良好的基础知识。

第二版仍以有机化合物官能团为主线，有机化学基本概念、基础知识和基本理论分散在前10章中，但对章节进行了适当的调整，内容进行补充，错误的地方做了修改。第一章增加了有机酸碱的概念。次序规则安排在第二章，有利于系统命名和构型标记前后统一。在第五章对映异构中除了介绍立体化学的基础知识外，并强调了手性分子的结构与生理活性、药效的关系。后几章重点介绍生命的物质基础——糖、脂类、氨基酸和蛋白质、核酸等化合物。增加了生物体内的化学反应（简介）一章，使学生了解只有将有机化学与生命科学相结合，才能在分子水平上研究生命现象。为了开发我国的自然资源，采用疗效好、毒性低的动植物药物，达到多途径治疗疾病的目的，在杂环化合物一章中增加了天然杂环药物的内容。鉴于当前高科技迅速发展对医药学的贡献，在生物材料简介中，丰富了医药用材料和人工替代物的内容。

参加本书编写的学校有：四川大学、昆明医学院、重庆医科大学、遵义医学院、川北医学院、贵阳医学院和锦州医学院。

本书编写过程中得到了参编单位和高等教育出版社的各级领导的支持，以及主审孙振贤教授耐心的指导；以及罗娟和王娟同志在书稿整理上所做的大量而繁琐的工作，在此一并表示衷心的感谢。

由于我们的业务水平有限，书中难免有不当之处，甚至错误，望广大师生指正，以便再版时纠正。

编　者

2004年5月于成都

第一版前言

有机化学(供全国医药院校医学、卫生各专业用)是在教育部高教司、全国高等学校教学研究中心倡导下,根据教育部“新世纪高等教育改革工程”和“十五”高等学校教材建设规划精神编写的。本教材的指导思想是进一步加强“三基”,体现“五性”,精选内容,适当提高起点,拓宽知识面,注重联系生命科学中的化学问题,为培养21世纪(生物工程世纪)高等医学、卫生专业人才奠定良好的基础知识。

有机化学既是一门普通基础课,又是一门与生命科学紧密相关的重要基础课。它涉及面宽,应用范围广。因此,在内容方面除了强调各类有机化合物的结构特征,结构与化学性质的关系和应用理论解释化学现象外,还从分子结构与生物学功能的关系出发,提高学生对探讨生命奥妙的兴趣。并且为解决困惑人类已久的疑难疾病探索新途径。

本书以有机化合物官能团为主线,有机化学基础知识、基本理论和基本概念主要分散在前几章,后几章重点介绍与生命物质基础有关的蛋白质、核酸、糖类、脂类及萜类和甾族化合物等。鉴于高分子材料在医学上的应用越来越广泛,促进了基础医学、临床医学的发展,本书编写了医用高分子一章。同时对含磷有机化合物的结构、有机磷农药中毒原理作适当介绍,以提高环保意识。

本教材力求突出重点,分散难点,阐述理论,适当介绍一些学科前沿知识。教材内容注重培养学生综合分析问题、解决问题的能力和创新精神。为了提高学生专业外语水平,使学生了解和掌握本学科的外语词汇,书中各章节都附有英语词汇。同时各章编有一定量的启发性思考题,供学生理解和分析。

参加本书编写的学校有:四川大学、重庆医科大学、广西医科大学、昆明医学院、遵义医学院和川北医学院。

本书编写过程中,始终得到高等教育出版社和参编学校各级领导的指导和支持,特别是得到孙振贤教授指导和审定,编写组秘书罗娟老师作了大量的文稿校核工作,特此致谢。

由于我们学术水平有限和缺乏编书经验,书中难免有误或不当之处,敬请使用本书的师生和读者批评指正。

编　者

2001年4月

目　录

第1章　绪　　论

有机化学是一门非常重要的学科，它与人类的生产、生活、生命、国防息息相关。它研究的对象是以碳元素为主体的化合物。由于碳元素在周期表中，处于Ⅳ主族的特殊位置，它可以与其他元素、更多的是与碳原子通过共价键相互结合形成种类繁多、结构复杂、异构现象频繁、数量巨大的有机化合物。它们都显示出特有的性能和广泛的用途。因此，学习有机化学有其独特的学习、思维方法。

本章通过介绍有机化学的发展过程、有机化合物分子中化学键的本质、有机化学反应类型、有机化学与生活和生命科学的关系等，初步了解有机化学涵盖的基本内容。

1.1　有机化合物和有机化学

瑞典化学家 Berzelius 为了与矿物质、水、空气等统称无机物的物质加以区别，1806 年首先提出有机化合物的概念，即“生命力”学说，该理论界定的有机化合物是“生物体中的物质”，即生物体和通过生物体产生的物质。然而，1828 年 28 岁的德国化学家 F. Wöhler 在实验室用无机化合物氰酸铵加热得到哺乳动物的代谢产物尿素；1845 年德国化学家 H. Kölber 合成了醋酸；1854 年法国化学家 M. Berthelot 合成出了脂肪等。这些实验结果彻底否定了“生命力”学说，开辟了人工合成有机化合物的新时代。

自 1850 年开始，以从石油和煤焦油中得到的化合物为原料，数以万计的药物、染料、生活用品被合成出来，使人们清楚地知道无机化合物和有机化合物之间没有明确的界线，但其组成和性质却存在明显的差异。有机化合物分子组成和结构复杂，容易燃烧，熔点低，难溶于水，化学反应速率较慢和副反应较多。但从组成上看，**有机化合物**(organic compound)都含有碳元素，除含碳元素外，多数含有氢，其次是氧、氮、卤素、磷等元素。因此，1848 年 L. Gmelin 定义有机化合物就是含碳化合物及其**衍生物**(compound of carbon and its derivatives)。**有机化学**(organic chemistry)是研究含碳化合物的化学。更确切地说是研究有机化合物的来源、结构、性质、制备、应用、功能、反应机理，以及结构与性质间相互关系的科学。

1858 年德国化学家 A. Kekulé 和英国化学家 A. S. Couper 提出有机化合物分子中碳原子的四价和碳原子之间相互结合成碳链的理论，成为研究有机化合物结构最原始和最基础的理论。

1926 年量子力学的出现，随后以它的原理和方法为基础创建的量子化学，使人们认识了化学键的本质，化学键理论也从一系列经验规则发展成为具有坚实基础的可靠理论，进而促进了有机化学理论(如电子效应，立体效应等)的发展。

20 世纪 60 年代，光谱法被引入到有机化合物的结构测定中。红外光谱法可确定分子中的特殊官能团或功能基，质谱法可以确定化合物的相对分子质量及其结构和连接顺序，核磁共振谱法可确定分子的三维空间、化学反应性能及超分子集合体的空间结构。2002 年诺贝尔化学奖得主分别发明了大分子的质谱分析法和利用核磁共振技术测定溶液中生物大分子的三维结构，使人们能够通过对蛋白质的深入分析，了解蛋白质在细胞中是如何发挥作用的，进而加深对生命进程的了解，这项研究成果具有“革命性”的突破。光谱法由于取样少(有的甚至不消耗样品，测定后仍可以回收使用)、速度快、结果准确等优点，目前已成为有机化合物结构分析中不可缺少的手段，构成了有机化学的一个新的研究领域。

随着有机化学理论的不断完善，合成方法的创新和先进技术的应用，化学家们合成了数目繁多并被广泛用于各领域的新化合物、新材料，从而提高了人们的生活质量。特别引人注目的是有机化学家从分子水平研究了重要的生命物质——蛋白质和核酸的结构和性能，奠定了分子生物学的基础，并在分子和分子集合体水平上更深层次地了解和认识复杂的生命现象。2000 年 6 月 26 日国际人类基因组计划联合研究小组宣布：第一幅人类基因组工作草图绘制已完成。这使我们踏入基因时代的门槛，这个时代将回答生命科学更深层次的疑难问题，人们将会利用这一科研成果重新界定构成生命的复杂分子间的相互作用。2003 年 4 月 14 日美国人类基因组研究项目首席科学家 Collins 博士在华盛顿郑重宣布：人类基因组序列图绘制成功，人类基因组计划的所有目标全部实现，标志着人类基因组计划胜利完成和后基因时代(post genome era)的正式来临。在后基因时代，科学家们将研究重心从揭示 DNA 序列转移到在整体水平上对基因组功能的研究，这将对了解生命体功能、物种间存在差异的原因，寻找疾病相关的基因，探索疾病发生的机理及阐明衰老与长寿等生命现象都有重大意义。

有机化学在其自身发展的过程中，已经将其理论和研究方法渗透到相关的科学领域，随着学科间的相互渗透融合更趋紧密，新型交叉学科将不断诞生，如化学生物学、细胞分子生物学、药物基因组学、蛋白质组学，等等。

1.2 有机化合物分子中的化学键——共价键

1.2.1 共价键的类型

有机化合物分子中的化学键主要是**共价键**(covalent bond)，共价键包括两类——σ 键和 π 键。

σ 键：两个成键原子沿原子轨道对称轴方向互相重叠形成的化学键叫 **σ 键**(σ bond)。此种键的轨道的重叠程度最大，其电子云集中于两核之间围绕键轴呈圆柱形对称分布，任一成键原子围绕键轴旋转时，都不会改变两个原子轨道重叠的程度，因此 σ 键可以“自由旋转”。有机化合物分子中的单键都是 σ 键。

π 键：两个成键原子的 p 轨道相互平行，且侧面重叠形成的化学键称为 **π 键**(π bond)。其电子云分布在键轴的参考平面(节面)的上、下方，在节面上电子云密度几乎等于零。此种键的轨道重叠程度小。由于 π 键没有轴对称性，当成键原子围绕单键旋转时，则 π 键断裂，所以 π 键不能自由旋转；由于 π 键的电子云不是集中在两个原子核之间，受核束缚力小，易受外界影响而被极化，故 π 键反应活性比 σ 键高。原子之间的 π 键是依赖 σ 键而存在。

1.2.2　共价键理论

1. 电子配对法

最早的共价键理论是电子配对法，即形成共价键的原子的单电子通过相互配对形成稳定的具有惰性气体的八隅体电子结构，共价键数目等于配对电子对数。

2. 现代共价键理论

现代共价键理论认为：具有自旋方向相反的单电子的两个原子彼此相互吸引到一定距离时，原子轨道相互重叠，两原子核间电子云密度增大，使体系能量降低形成稳定的化学键，这种结合力就是共价键的本质。原子形成共价键的数目取决于该原子的单电子数，即共价键具有饱和性；两个原子必须按一定方向成键，以满足原子轨道最大程度的重叠，即共价键具有方向性。共价键的饱和性和方向性决定了有机化合物的分子是由一定数目的原子按一定的方式结合而成，并有特定的大小和立体形状。有机化合物的分子结构决定其理化性质和生物活性。

1.2.3　碳原子的杂化轨道

按照单电子配对理论，碳原子应是 2 价，但大量事实证明有机化合物中碳原子都表现为 4 价，而且饱和化合物中碳的 4 个键是等同的。为此 1931 年 Pauling 提出原子杂化轨道理论，此理论认为：成键时碳原子吸收能量，由基态转变成激发态，能量近似的原子轨道重新组合形成能量相同的新的轨道，这个过程称为**杂化**（hybridization），形成的新轨道称为**杂化轨道**（hybrid orbital）。杂化轨道的数目等于参与杂化的原子轨道数目，杂化轨道的方向性强，更利于形成共价键。碳原子的杂化方式有以下三种。

1. sp^3杂化

碳原子基态的电子构型是 $1s^2 2s^2 2p_x^1 2p_y^1$。成键时，碳原子 $2s^2$ 上的 1 个电子激发到 $2p_z$ 空轨道上，形成 $1s^2 2s^1 2p_x^1 2p_y^1 2p_z^1$ 的激发态，能量近似的 2s 和 2p 轨道重新组合，形成 4 个能量相同的 sp^3 杂化轨道。每个 sp^3 杂化轨道中有 1/4 的 s 轨道成分和 3/4 的 p 轨道成分，其形状是一头大（原子轨道位相相同）、一头小（原子轨道位相相反），见图 1.1(a)。价电子理论认为：4 个 sp^3 杂化轨道的对称轴在空间的取向相当于从正四面体的中心伸向四个顶点，形成正四面体的空间构型，杂化轨道对称轴间夹角为 109.5°，见图 1.1(b)。这样 sp^3 杂化轨道之间的相互斥力最小，体系能量最低，最稳定。这种杂化过程称为 sp^3 杂化。

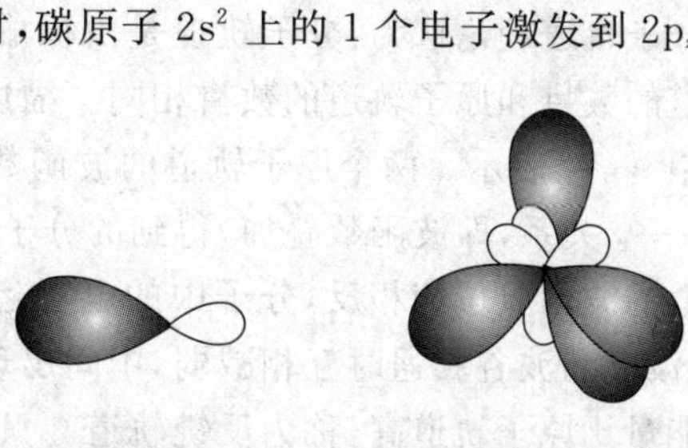

(a) sp^3 杂化轨道　(b) 4 个 sp^3 杂化轨道的空间构型

图 1.1　碳原子的 sp^3 杂化轨道

2. sp^2杂化

碳原子激发态中的 2s 轨道与 2 个 2p 轨道重新组合，形成 3 个能量相同的 sp^2 杂化轨道。这 3 个 sp^2 杂化轨道的对称轴在同一平面上，杂化轨道对称轴间的夹角为 120°，构成了平面三角形构型，见图 1.2(a)。碳原子上余下 1 个未参与杂化的 2p 轨道，它的对称轴垂直于 3 个 sp^2 杂化轨道的平面，见图 1.2(b)。这种杂化过程称为 sp^2 杂化。

3. sp 杂化

碳原子激发态中的2s轨道与1个2p轨道组合形成2个能量相同的sp杂化轨道，该杂化轨道对称轴呈直线形构型，杂化轨道对称轴间的夹角为180°，见图1.3(a)。余下2个未参与杂化的2p轨道与sp杂化轨道相互垂直，见图1.3(b)。这种杂化过程称为sp杂化。

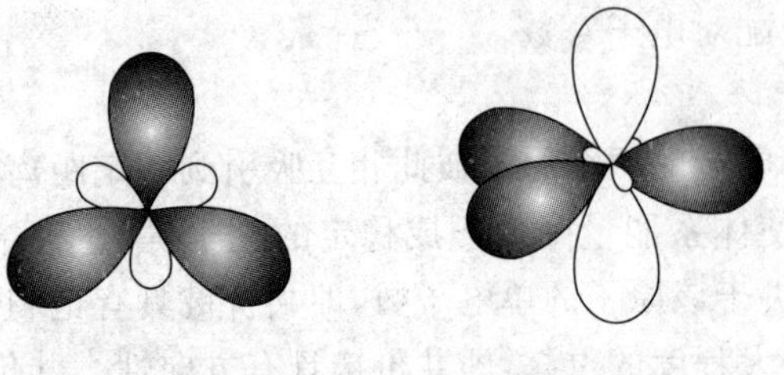

(a) sp^2 杂化轨道　(b) sp^2 杂化轨道和p轨道

图1.2 碳原子的 sp^2 杂化轨道

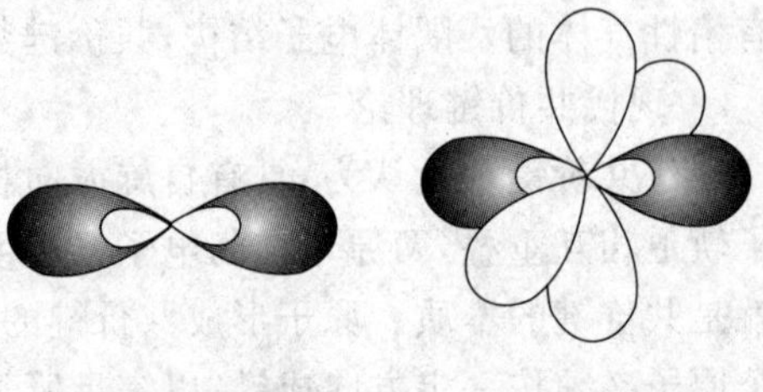

(a) sp杂化轨道　(b) sp杂化轨道和p轨道

图1.3 碳原子的sp杂化轨道

1.2.4 分子轨道理论

价键理论从原子轨道重叠、杂化轨道等方面说明了共价键的形成和分子空间构型等问题。但是，价键理论强调成键的电子只局限于成键两原子之间，没有把分子看作是一个整体，因此，该理论有一定局限性。

1932年Mulliken、Hund和Slater提出分子轨道理论。该理论认为：分子中的电子不属于某个原子，而是运动在整个分子中即**离域**(delocalization)。形成化学键的电子在整个分子空间中的运动，通过Schrödinger方程的解，求出描述分子中电子运动状态的波函数 ψ，ψ 称**分子轨道**(molecular orbital)。

分子轨道理论认为：分子轨道是由构成化学键的**原子轨道**(atom orbital)线性组合而成，分子轨道的数目和原子轨道的数目相同。描述两个原子成键的原子轨道中电子运动状态的波函数分别用 ϕ_1，ϕ_2 表示。两个原子轨道的波函数位相相同时，分子中的电子运动状态的波函数 ψ 有 $\psi=\phi_1+\phi_2$ 关系，即波函数叠加，得到的分子轨道能量比原子轨道低，称为成键轨道；如果两个原子轨道的波函数位相相反，分子中的电子运动状态的波函数有 $\psi=\phi_1-\phi_2$ 关系，波函数相互抵消，即波峰和波谷相遇时互相减弱，中间出现节点，节点上电子出现的概率几乎为零，此时的分子轨道能量比原子轨道高，称为反键轨道。只有在激发状态时，节点处才会有电子出现，原子轨道通过线性组合形成分子轨道必须具备三个条件：

(1) 能量相近　组成分子轨道的两个原子轨道的能量相近才能有效形成化学键，能量差越小，形成的共价键越稳定。例如，氢原子的1s电子比氟原子的1s和2s电子能量高，不能成键。而其与氟原子的2p电子能量相近，故能形成化学键。

(2) 原子轨道最大程度的重叠　成键的原子轨道要在一定的方向上才能达到最大程度的重叠，形成的键才稳定。例如氢原子的s轨道与氟原子的 $2p_x$ 轨道，只能沿 x 键轴方向相互重叠程度才最大，才能形成稳定的化学键。

(3) 原子轨道对称性匹配　组成分子轨道的原子轨道的对称性要相同，即原子轨道波函数位相相同，才能有效地形成稳定的化学键。

例如1,3-丁二烯，分子轨道理论认为1,3-丁二烯分子中的 π 键是4个碳原子上的4个p

轨道线性组合成 4 个分子轨道，即 ψ_1、ψ_2、ψ_3 和 ψ_4（从下到上），如图 1.4 所示。

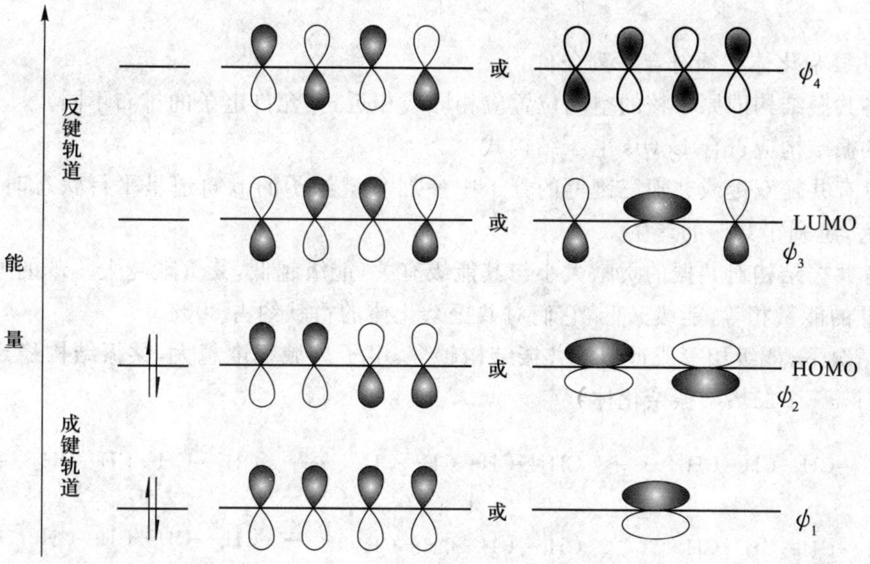

图 1.4 1,3-丁二烯的分子轨道

从图 1.4 中可以看出 4 个分子轨道的能量为 $\psi_1<\psi_2<\psi_3<\psi_4$。$\psi_1$、$\psi_2$ 为成键轨道（以 π_1、π_2 表示），各有一对电子，其中 ψ_2 轨道的 C_2、C_3 间有一节点，是成键轨道的能量最高轨道（highest occupied molecular orbital，HOMO）；ψ_3、ψ_4 为反键轨道（以 π_3^*、π_4^* 表示），基态下无电子。ψ_4 轨道有 3 个节点。ψ_3 轨道有 2 个节点，是反键轨道中能量最低轨道（lowest unoccupied molecular orbital，LUMO）。

杂化轨道理论不能解释 1,3-丁二烯中 $C_2—C_3$ 键的键长和键能，而分子轨道理论能较好地解释。因此，两种理论可以互为补充。

1.2.5 共振论

对具有电子离域状态的 1,3-丁二烯和苯分子，很难用经典结构式，既能准确地表示其结构又能圆满地解释其性质。例如，苯的 Kekulé 结构式，就存在结构中的双键与性质稳定之间的矛盾。1931—1932 年，美国化学家 L. G. Pauling 在价键理论的基础上提出**共振论**（resonance theory）的概念。他指出一种化合物若用电子配对法可以写出两个或两个以上的结构式时，这些结构式之间如能通过电子共振组成**共振杂化体**（resonance hybride），则可用这种共振杂化体表达分子的存在。共振杂化体中的每个结构式称为**共振结构**（resonance structure）。由于共振结构表达的是分子中成键的电子运动定域在成键两原子之间，故不能说明化合物的全部性质。而共振杂化体表达了成键的电子离域于整个分子中，因此能比较全面地解释这类化合物的性质和化学反应性能。

例如，苯可以写出五个共振结构，它们之间的共振用符号“⟷”表示。

Ⅰ Ⅱ Ⅲ Ⅳ Ⅴ

形成共振杂化体必须符合下列条件：

(1) 各共振结构的原子核的空间位置应相同或相近，只允许电子的排布不同。

(2) 共振结构应符合 Lewis 电子结构式。

(3) 具有共轭双键或共轭三键等的分子中参加 π 键原子的 p 轨道呈平行状态时，电子运动离域化越大，越利于共振的产生。

(4) 各共振结构对共振的贡献大小与其能级有关，能级越低，其贡献越大。苯的五个共振结构中Ⅰ和Ⅱ的能量相等，能级又低，它们对共振杂化体的贡献约占 80%。

一般情况下，能级相等或近似的共振结构越多，电子离域程度越大，共振结构稳定的程度也大。例如，1,3-丁二烯共振杂化体：

$$\underset{\text{Ⅰ}}{CH_2{=}CH{-}CH{=}CH_2} \longleftrightarrow \underset{\text{Ⅱ}}{CH_2{=}CH{-}\overset{-}{C}H{-}\overset{+}{C}H_2} \longleftrightarrow \underset{\text{Ⅲ}}{CH_2{=}CH{-}\overset{+}{C}H{-}\overset{-}{C}H_2} \longleftrightarrow$$

$$\underset{\text{Ⅳ}}{\overset{+}{C}H_2{-}\overset{-}{C}H{-}CH{=}CH_2} \longleftrightarrow \underset{\text{Ⅴ}}{\overset{-}{C}H_2{-}\overset{+}{C}H{-}CH{=}CH_2} \longleftrightarrow \underset{\text{Ⅵ}}{\overset{+}{C}H_2{-}CH{=}CH{-}\overset{-}{C}H_2} \longleftrightarrow$$

$$\underset{\text{Ⅶ}}{\overset{-}{C}H_2{-}CH{=}CH{-}\overset{+}{C}H_2}$$

其中Ⅰ最稳定，因此对共振杂化体的贡献最大。

共振论能圆满地解释：苯的结构和它的亲电取代产物；1,3-丁二烯的亲电加成反应中，能得到 1,2-和 1,4-两种加成产物；羧酸根的两个 C—O 键无差异等结果。

1.2.6 共价键的性质

1. 键长

键长(bond length)是指成键的两个原子核间的距离，即成键的两个原子核对核外电子的吸引力与两个原子核间的斥力达到平衡时的核间距离。键长可通过电子衍射法(气体)或 X 射线衍射法(固体)测定。键长的单位常用 pm 或 nm 表示。一些常见键的键长见表 1.1。

表 1.1 一些常见多原子分子中的键长和键能

化合物	共价键	键长/pm	键能/(kJ·mol^{-1})
CH_4	C—H	109	416
$CH_3—CH_3$	C—C	154	376
$CH_2═CH_2$	C═C	134	612
$CH_2═CH_2$	C—H	109	460
CH≡CH	C≡C	120	836
CH≡CH	C—H	106	413
CH_3Cl	C—Cl	178	355
CH_3OH	C—OH	143	358
CH_3OH	O—H	96	360

续表

化合物	共价键	键长/pm	键能/($kJ\cdot mol^{-1}$)
CH_3Br	C—Br	194	297
CH_3I	C—I	214	238
$(CH_3)_2C{=}O$	C═O	122	750

同一种键在不同化合物中，其键长的差别一般很小，如 C—C 键在丙烷中为 154 pm，在环己烷中为 153 pm。键长越长，越易受外界电场影响而发生极化，有时可以根据键长的长短来估计键的稳定性。

2. 键角

键角(bond angle)是指形成共价键的二价及以上的原子中两个共价键之间的夹角。同种原子在不同分子中形成的键角不一定相同，这是由于分子中各原子间相互影响的结果。例如，水分子中 H—O—H 键角为 104.5°，而甲醚分子中 C—O—C 键角为 112°。键角对于研究有机化合物分子的立体结构和某些性质有着重要的意义。

3. 键能

键能(bond energy)是指压力为 101.3 kPa，温度在 298.15 K 下，当 A、B 两个气态原子结合成 1 mol 分子(气态)时所放出的能量，或将 1 mol 气态分子 AB 拆分为 A 和 B 两个气态原子时所需的能量。例如将 1 mol 氢气分解成氢原子需要吸收 436 kJ 热量，这个数值就是氢分子的键能，即**解离能**(dissociation energy)。但是对于多原子分子来说，键能与解离能是不同的。例如甲烷分子中的 4 个碳氢键依次断裂时，所需吸收能量是不同的。

$$CH_3{-}H \longrightarrow \cdot CH_3 + H\cdot \qquad D=435.1\ kJ\cdot mol^{-1}$$

$$\cdot CH_3 \longrightarrow \cdot\dot{C}H_2 + H\cdot \qquad D=443.5\ kJ\cdot mol^{-1}$$

$$\cdot\dot{C}H_2 \longrightarrow \cdot\overset{\cdot}{\underset{\cdot}{C}}H + H\cdot \qquad D=443.5\ kJ\cdot mol^{-1}$$

$$\cdot\overset{\cdot}{\underset{\cdot}{C}}H \longrightarrow \cdot\overset{\cdot}{\underset{\cdot}{C}}\cdot + H\cdot \qquad D=338.9\ kJ\cdot mol^{-1}$$

4 个碳氢键分解所吸收的总能量为 1 661.0 $kJ\cdot mol^{-1}$，人们常简单地将其平均值 415.25 $kJ\cdot mol^{-1}$ 称为 C—H 键的键能。实际上各个 C—H 键的解离能是不相同的，由此说明多原子分子的键能是指多原子分子中几个相同类型共价键均裂时，这些键的解离能的平均值，见表 1.1。

键能是表示共价键牢固程度的一种物理量。键能越大，该键的强度越大，断裂时所需能量也愈大。

4. 键的极性

由两个相同原子形成的共价键，其电子云对称地分布在两个原子之间，正、负电荷中心重叠在一起，这种键是无极性的，称为非极性共价键。由两个电负性不同的原子形成的共价键，其电子云在两个原子之间不对称分布，正、负电荷中心不能重合，这种键具有极性，称为**极性共价键**(polar covalent bond)。例如 HCl 分子，氯原子的电负性大于氢原子，电子云偏向氯原子一端，因此，氯的一端带部分负电荷，常用 $\delta-$ 表示，氢的一端带部分正电荷，用 $\delta+$ 表示。

$$H^{\delta+} \longrightarrow Cl^{\delta-}$$

键的极性大小主要取决于成键原子电负性之差，一般说来，两种原子的电负性相差在 1.7 以上，通常形成离子键；电负性相差为 0.6～1.7，形成极性共价键；电负性相差在 0.6 以下则形成非极性共价键。表 1.2 列出部分元素的电负性。

表 1.2　部分元素的电负性

H						
2.20						
Li	Be	B	C	N	O	F
0.98	1.57	2.04	2.55	3.04	3.44	3.98
Na	Mg	Al	Si	P	S	Cl
0.93	1.31	1.61	1.90	2.19	2.58	3.16
K	Ca					Br
0.82	1.00					2.96
						I
						2.66

另外，键的极性大小也与相连接的基团的电负性大小相关。例如在 $CH_3CH_2CH_3$ 和 $CH_3CH_2NO_2$ 分子中，前者 C—C 键几乎无极性，后者 C—C 键极性就较大。一些常见基团的电负性见表 1.3。

表 1.3　一些常见基团的电负性

$—CH_3$	$—CF_3$	$—CCl_3$	—CN	—COOH	$—NO_2$	$—C_6H_5$
2.5	3.4	3.0	3.3	2.9	3.4	3.0

键的极性大小可用偶极矩（键矩）μ 来表示。偶极矩是指正、负电荷中心间的距离 d 与正电荷中心或负电荷中心的电荷值 q 的乘积：

$$\mu = q \times d \qquad \text{单位为 C·m（库仑·米）}$$

有机化合物分子中一些常见的共价键的偶极矩一般为 $(1.33 \sim 1.16) \times 10^{-30}$ C·m。偶极矩具有方向性，用"+→"表示，箭头指向负电荷一端。对于双原子分子来说，键的偶极矩就是分子的偶极矩；但对于多原子分子来说，其偶极矩不只决定于键的极性，还取决于各键在空间的方向，即多原子分子的偶极矩为分子中既有共价键的偶极矩的矢量和，见图 1.5。

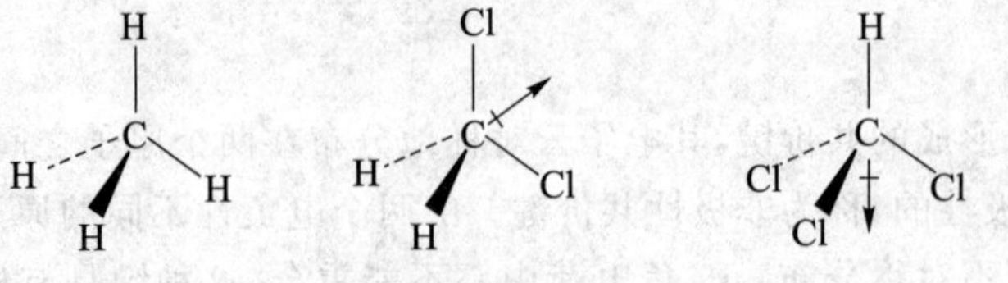

$\mu=0$　　$\mu=5.23\times10^{-30}$ C·m　　$\mu=3.83\times10^{-30}$ C·m

图1.5　几种化合物的偶极方向和偶极矩

键的极化(polarization of bond)有机化合物在外界电场作用下,共价键电子云的分布发生改变,即分子的极性状态发生变化。这种在外界电场影响下,键的极性发生改变的现象,称为键的极化。若去掉外界电场的影响,共价键以及分子的极性状态又恢复原状。不同的共价键受外界电场影响极化的难易程度是不同的,这种键的极化难易程度称为**极化度**。

共价键的极性和极化度是共价键的重要性质之一,与分子的物理性质和化学键的反应性能密切相关。

1.3 有机化学反应的基本类型

物质的化学变化就是原子间的重新组合、排列生成新分子的过程。讨论有机化学反应类型就要研究反应分子中的旧共价键如何断裂,新共价键怎样形成,从而形成新分子。根据反应条件不同,共价键的断裂有两种方式,因而主要表现为两种反应类型。

1.3.1 自由基(游离基)反应

共价键断裂时,组成该键的一对电子由键合的两个原子各保留一个,这种共价键断裂方式称为**均裂**(homolysis)。由均裂产生的带有单电子的原子或基团称为**自由基**(free radical),有自由基参与的反应称为**自由基反应**(free radical reaction)。例如:

$$RCH_2:A \longrightarrow R\dot{C}H_2 + A\cdot$$

在高温气相、光照或自由基引发剂(过氧化物)存在的条件下,共价键断裂一般容易产生自由基,它常常是反应的中间体,一般会与试剂继续进行反应,生成新化合物。

1.3.2 离子型反应

共价键断裂时,成键的一对电子保留在一个原子上,从而产生**正离子**(cation)和**负离子**(anion)。如果是碳碳键断裂,就产生**碳正离子**(carbocation)和**碳负离子**(carboanion),这种键的断裂方式称为**异裂**(heterolysis)。由异裂产生的正离子或负离子一般是反应活性中间体,能与其他试剂继续进行反应,这种反应称为**离子型反应**(ionic type reaction)。例如:

$$RCH_2:A \longrightarrow \underset{\text{(碳正离子)}}{R\overset{+}{C}H_2} + A^-$$

$$RCH_2:A \longrightarrow \underset{\text{(碳负离子)}}{R\overset{-}{C}H_2} + A^+$$

必须指出,有机化合物的离子型反应与无机化合物的瞬间离子反应是大不相同的。有机离子型反应一般是极性有机分子在极性介质中,与试剂通过形成正离子或负离子中间体而发生反应。有机离子型反应又可以根据进攻试剂性质不同分为亲核和亲电两种反应类型。

亲核反应(nucleophilic reaction)是由负离子或带有孤电子对的分子(如 NH_3,H_2O)进攻反应物分子中电子云密度低的原子,形成新的化合物。这种反应称为亲核反应,所用试剂称为**亲核**

试剂(nucleophilic reagent)。

亲电反应(electrophilic reaction)是由正离子或能接受一对电子的分子(如 $FeCl_3$,$AlCl_3$)进攻反应物分子中电子云密度高的原子,形成新的化合物,这种反应称为亲电反应,所用试剂称为**亲电试剂**(electrophilic reagent)。

1.3.3 协同反应

在光或热存在下,通过4电子或6电子中心环状过渡态的电子重新组织,同时完成旧共价键断裂和新共价键形成,而不产生自由基或离子活性中间体的反应,称为协同反应。如Diels-Alder反应、Claisen重排和Cope重排等。

1.4 有机化学中的酸碱概念

酸碱是化学中的重要概念之一,在有机化学反应中也广泛涉及,许多有机反应可以看作是酸碱反应。酸碱理论视其对象的不同可给予不同的定义,其中用得较普遍的是质子理论、电子理论和软硬酸碱理论。下面就质子理论和电子理论做简要介绍。

1.4.1 质子理论

Bronsted-Lowry界定的酸碱是:凡能提供质子(H^+)的化合物为酸,即酸是质子的给予体;凡能接受质子的化合物为碱,碱是质子的接受体。酸给出质子后的酸根就是该酸的**共轭碱**,同理碱接受质子后就是该碱的**共轭酸**。

$$\underset{\text{酸}}{CH_3COOH} + \underset{\text{碱}}{CH_3NH_2} \rightleftharpoons \underset{\text{共轭碱}}{CH_3COO^-} + \underset{\text{共轭酸}}{CH_3\overset{+}{N}H_3}$$

酸的强度取决其给出质子的能力。酸越强其共轭碱就越弱,反之亦然;同理碱越强其共轭酸就越弱。例如乙酸的酸性强于乙醇,故它们的共轭碱(乙酸根)的碱性比乙氧基负离子弱。

化合物的酸碱性是相对的,与其所处的环境有关。例如水和乙醇分别与活泼金属反应时,均表现出酸的性质,若分别溶于硫酸中却都是碱。

$$\underset{\text{酸}}{2H_2O} + 2Na \longrightarrow \underset{\text{共轭碱}}{2NaOH} + H_2\uparrow$$

$$\underset{\text{酸}}{2CH_3CH_2OH} + 2Na \longrightarrow \underset{\text{共轭碱}}{2CH_3CH_2ONa} + H_2\uparrow$$

$$\underset{\text{碱}}{H_2O} + \underset{\text{酸}}{H_2SO_4} \rightleftharpoons \underset{\text{共轭酸}}{H_3O^+} + \underset{\text{共轭碱}}{HSO_4^-}$$

$$\underset{\text{碱}}{CH_3CH_2OH} + \underset{\text{酸}}{H_2SO_4} \rightleftharpoons \underset{\text{共轭酸}}{CH_3CH_2\overset{+}{O}H_2} + \underset{\text{共轭碱}}{HSO_4^-}$$

化合物的酸性强度通常用 pK_a 表示,它是化合物解离常数 K_a 的负对数值。如果溶剂是水就遵守 $pK_a + pK_b = pK_w$,非水溶剂则不遵守这个规则,例如甲醇、乙醇的 pK_a 分别为15.7和15.9。

1.4.2 电子理论

Lewis 界定的酸碱是：凡能提供电子对的化合物是碱，即碱是电子对的供体；凡能接受电子对的化合物是酸，即酸是电子对的受体。因此不仅质子是酸，而且许多其他化合物也是酸。以卤代烃与 $AlCl_3$ 反应为例说明酸碱反应的本质，$AlCl_3$ 中铝的外层有空的外层轨道可以接纳由 R—Cl 分子中的氯提供的一对电子：

$$\underset{\text{Lewis酸}}{AlCl_3} + \underset{\text{Lewis碱}}{RCl} \rightleftharpoons [AlCl_4]^- + R^+$$

所以有机化学反应中的亲核试剂可以看作是 **Lewis 碱**，如 NH_2^-、X^-、SH^-、RNH_2、ROH、ROR′ 等，它们都有未成键的孤电子对；而亲电试剂则可看作是 **Lewis 酸**，如 H^+、BF_3、$AlCl_3$、$ZnCl_2$、$SnCl_4$、R^+、R_3C^+、C═O、—C≡N、烯烃、芳烃等，都有可容纳电子对的空轨道。

电子供体可分为孤电子对的 n 供体和不饱和 π 键的 π 电子供体，π 电子供体也称为 π 碱。另外，三硝基苯和四氰基乙烯有缺电子的 π^* 轨道，可以接受电子对故又称为 π 酸。Lewis 酸碱理论把许多有机化合物与酸碱概念联系起来，特别是极性化合物之间的反应都可以看作是电子的供体和电子的受体之间的反应，有些化合物还可以通过供电子和接受电子形成配位键，因此大多数的有机反应可以归纳为电子理论的酸碱反应。

Lewis 酸碱定义的优点是：概括的面广，几乎包括所有的离子型反应。但缺点是无法定量测定 Lewis 酸的强弱，因为 Lewis 酸的强度顺序与所用的碱有关。

1.5 有机化合物的分类

迄今已知的有机化合物有两千多万种，它们的性质各异，如何将它们科学分类，便于学习和研究是很重要的。目前，国内外有机化学家对有机化合物基本都采用按分子的基本骨架或按照分子中的官能团（功能基）来分类。

1.5.1 按基本骨架分类

根据碳的骨架可以将有机物分成以下三类。

1. 链状化合物

链状化合物（chain compound）分子中，碳原子相互连接成链状结构。由于长链的化合物最初是在油脂中发现的，所以链状化合物又称为**脂肪族化合物**（aliphatic compound）。例如：

$CH_3—CH_2—CH_2—CH_2—CH_3$
戊烷

$CH_3—CH(CH_3)—CH_2—CH_3$
异戊烷

2. 碳环化合物

碳环化合物（carbocyclic compound）都是由碳原子互相连接成的环状化合物，根据碳环的结构特点，它们又分为以下两类：

(1) 脂环化合物 **脂环化合物**(alicyclic compound)从结构上看是环状化合物,但性质与脂肪族化合物相似,故称为脂环族化合物。例如:

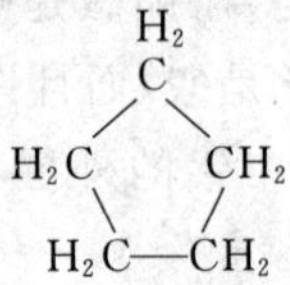

环戊烷

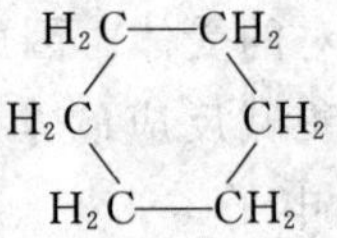

环己烷

(2) 芳香族化合物 **芳香族化合物**(aromatic compound)结构特点是分子中都有一个或多个苯环,性质上与脂肪族有较大区别。例如:

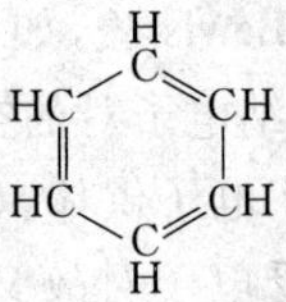

苯

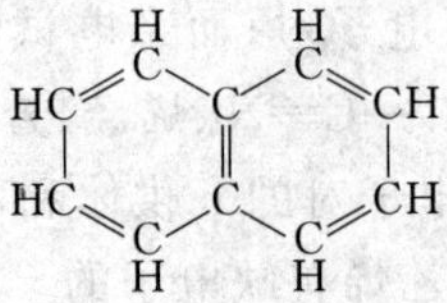

萘

3. 杂环化合物

杂环化合物(heterocyclic compound)分子中的环是由碳原子和其他元素的原子(如 O、N、S 等)组成。例如:

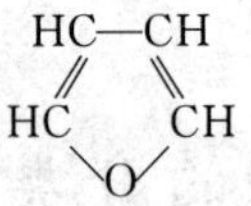

呋喃

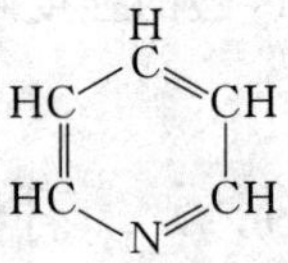

吡啶

1.5.2 按官能团分类

官能团(functional group)是代表一类化合物主要性质的原子或基团,一般来说,含有同样官能团的化合物化学性质基本相同,因此将含有相同官能团的化合物归为一类。现将一些主要官能团的类别列于表 1.4 中。

表 1.4 一些常见的官能团

化合物类别	官能团	官能团名称	化合物结构	化合物名称
烯烃	$C=C$	碳碳双键	$CH_2=CH_2$	乙烯
炔烃	$C\equiv C$	碳碳三键	$CH\equiv CH$	乙炔
卤代烃	—X	卤素	C_2H_5Cl	氯乙烷
醇和酚	—OH	羟基	C_2H_5OH C_6H_5OH	乙醇 苯酚
醚	—C—O—C— (C 上各有上下两个键)	醚键	$C_2H_5OC_2H_5$	乙醚

续表

化合物类别	官能团	官能团名称	化合物结构	化合物名称
醛和酮	$-\overset{O}{\overset{\Vert}{C}}-$	羰基	CH_3CHO $CH_3\overset{O}{\overset{\Vert}{C}}CH_3$	乙醛 丙酮
羧酸	$-COOH$	羧基	CH_3COOH	乙酸
酯	$-\overset{O}{\overset{\Vert}{C}}-O-\overset{\vert}{\underset{\vert}{C}}-$	酯键	$CH_3-\overset{O}{\overset{\Vert}{C}}-OC_2H_5$	乙酸乙酯
胺	$-NH_2$	氨基	$C_6H_5NH_2$	苯胺
硫醇 硫酚	$-SH$	巯基	C_2H_5SH C_6H_5SH	乙硫醇 苯硫酚
磺酸	$-SO_3H$	磺酸基	$C_6H_5SO_3H$	苯磺酸

本书以官能团为基础，并结合碳架结构，对各类化合物的性质进行讨论。

1.6　生命科学中的有机化学

人们的衣、食、住、行都离不开有机化合物和有机化学。有机化学成为一门独立的学科后，科学家们对有机化合物的分子结构和性能进行了非常深入的研究，证明了分子的结构（含立体结构）与其性能的关系，合成了大量应用范围广泛的新化合物，从而建立了有机合成化学。由此，人们可以将已知的或将结构改造后效果更佳的药物和预期的新化合物合成出来，从而使有机化学迈入了光辉灿烂的新时代。

100 多年前的染料来源于植物，而发现煤焦油后，用它做原料，数以千计的色彩鲜艳、品质更佳的合成染料替代了植物染料。石油工业的兴起，为有机化学工业提供了充足的原材料，促使许多行业获得大发展。例如，医疗上用的药物 95% 是有机物，许多品种是通过有机全合成或半合成获得的；我国资源丰富的中草药一旦能治病的有效成分分子结构确定后，也可以经有机全合成或半合成出来，更好地为人类健康服务；农业领域使用的化肥、农药、植物激素、昆虫激素等是合成出来的有机物；国防上用的炸药、航天航空器的燃料和一些形体材料是有机物；食品和食品添加剂是天然或合成出来的有机物；广泛用于日常生活的棉、毛、丝、麻、橡胶、塑料、化学纤维等都是有机物。总之有机物在我们生活中无时不在，无地不有。

生物的生命是细胞凋谢和生长的过程，在整个过程中伴随着许多化学现象和过程。Nobel 奖得主，美国医学家 A. Kornberg 认为："人类的形态和行为都是由系列各负其责的化学反应来决定的"，"应把生命理解成化学"。

20 世纪 50 年代后，许多 Nobel 奖项颁发给与生命科学有关的科学家，都反映出化学与生命科学牢不可分的整体性。J. Watson 和 F. Crick 提出的 DNA 双螺旋结构的分子模型就基于 DNA 分子内各种化学键的本质，特别是对碱基配对中的氢键的充分了解。T. Cech 和 S. Altman

发现了核酶(ribozyme),纠正了酶是蛋白质的传统观念,并发现生物体中的RNA除起信使作用外,也具有将信息转化为制造新分子的催化剂功能。

20世纪生命科学进入了研究人类基因的新时代,人类基因组工作框架图组装完成后,人们把注意力转向了后基因时代,即从研究基因的核酸序列到研究基因的结构表达和功能,从序列基因转移到结构基因和功能基因。生命过程就是一系列有机大分子之间、有机大分子与有机小分子和无机离子之间的相互作用。研究表明几乎所有生命科学中的问题都与有机化学相关。

随着医学科学研究向分子水平发展,越来越多的生命现象被归结为最基本的化学过程,即人体内的新陈代谢、遗传都涉及有机化合物的转变。生命科学工作者常利用有机化学的原理、方法研究和了解生物体内进行的化学反应。例如,生物化学研究生命要素在体内的代谢过程,分离、纯化存在的物质和代谢产物;药理学研究化学药物和中草药有效成分的结构与药效的构效关系、人体疾病与体内自由基的产生和消除的关系、人体中毒原理;药物学家利用生物的不对称合成和对外消旋体的折分等。总之有机化学是医药专业学生必须学习的基础课,不但能为后续专业基础课和专业课的学习打下坚实的基础,也能培养学生的科学思维、动手能力和动手技巧。

阅读材料

绿色化学

自1991年美国有机化学家Trost提出“原子利用率”的概念,1992年荷兰有机化学家Sheldon提出“环境因子”的概念,1996年美国举办首届“总统绿色化学挑战奖”,1999年英国创办世界第一份《绿色化学》杂志,宣告绿色化学正式诞生。

绿色化学是多种学科的交叉、融合、相互协同和相互促进发展起来的新学科。绿色化学概念的提出是基于:化学工业的发展为提高人民的生活质量做出了巨大贡献,同时“传统的化学工业”又对人类赖以生存的环境造成了严重的污染和破坏,威胁着人们的健康、生命和国民经济的可持续发展。理想的绿色化学是实现生态环境与化学、化工生产的协调发展。因此,绿色化学要求化学家重新审视“传统化学工业”的设计、原料和生产等,以保护环境为基础和出发点,从源头上减少污染的产生和排放,最终实现零污染,为子孙后代留下一片天然绿色美好和谐的环境。

目前已进行的研究:(1) 开发高选择性、高效率的催化剂;(2) 发展高效、高选择性的“化学计量”反应,降低能耗和副产物;(3) 开发可重复使用的材料;(4) 生活中废物的综合利用;(5) 聚合物的功能作用发挥后,将其废物降解成无害的物质。

习 题

1. 典型有机化合物和典型无机化合物性质有何不同?
2. 指出下列各化合物分子中所含官能团的名称和化合物的类别。

(1) CH_3CH_2OH (2) C_6H_5OH (3) $C_6H_5NH_2$ (4) $CH_2{=}CH{-}COOH$

(5) C_6H_5CHO

3. 写出下列各分子式可能的结构式，并指出其所属化合物的类型。

(1) C_2H_6O　　(2) C_3H_6O　　(3) C_6H_7N　　(4) $C_7H_6O_2$

4. 下列化合物分子中有无偶极矩，若有用($\mapsto$)标明极性的方向。

(1) CH_3Cl　　(2) CCl_4　　(3) CH_3OCH_3　　(4) CH_3OH

5. 比较下列各组化合物中 C 与 X,O,N 键的极性大小。

(1) CH_3Cl　CH_3F　CH_3Br

(2) CH_3CH_2OH　$CH_3CH_2NH_2$

6. 指出下列各化合物分子中碳原子杂化状态。

(1) $CH_3CH{=}CH_2$　　(2) $H_2C{=}C{=}CH_2$　　(3) $HC{\equiv}C{-}CH_2{-}CH{=}CH_2$

7. 下列各组化合物中哪一个是 Lewis 酸？哪一个是 Lewis 碱？

(1) NH_3-H^+　　(2) $CH_3SCH_3-BH_3$　　(3) $HCHO-NH_3$　　(4) $AlCl_3-RCl$

8. 下列反应能否发生，为什么？

(1) $HCl+CH_3COO^- \longrightarrow CH_3COOH+Cl^-$

(2) $CH_3OH+CH_3COO^- \longrightarrow CH_3COOH+CH_3O^-$

9. 下列各组结构中，哪些能形成共振杂化体？

(1) 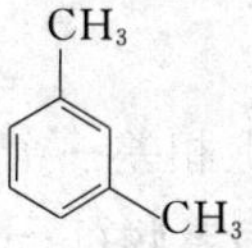　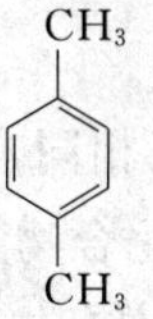　　(2) $CH_2{=}C{=}CH_2$　　$CH_3C{\equiv}CH$

(3) $CH_2{=}CH{-}CH{=}CH_2$　　$\overset{+}{C}H_2{-}CH{=}CH{-}\overset{-}{C}H_2$　　$\overset{-}{C}H_2{-}\overset{+}{C}H{-}CH{=}CH_2$

10. 下列各组共振结构中，哪一个对共振杂化体贡献大？

(1) $CH_2{=}\overset{+}{O}H \longleftrightarrow \overset{+}{C}H_2{-}\ddot{O}H$　　(2) $CH_3{-}\overset{O}{\overset{\|}{C}}{-}\ddot{O}H \longleftrightarrow CH_3{-}\overset{O^-}{\overset{|}{C}}{=}\overset{+}{O}H$

(3) $:\overset{-}{C}H_2{-}\overset{+}{N}{\equiv}N: \longleftrightarrow CH_2{=}\overset{+}{N}{=}\overset{-}{\ddot{N}}:$

（四川大学　陈洪超）

第2章 饱 和 烃

由碳氢两种元素组成的化合物称为**烃**(hydrocarbon)。烃是组成最简单的有机化合物，其他有机化合物可视为烃的**衍生物**(derivatives)。碳原子之间以共价单键相结合的一类烃叫**烷烃**(alkane)，根据分子骨架形状，饱和烃可分为**开链烷烃**(chain alkane)和**环烷烃**(cycloalkane)。

开链烷烃(常简称为烷烃)和环烷烃广泛存在于自然界，主要来源于石油和天然气，是重要的化工原料和能源物资。本章分别讨论烷烃和环烷烃的结构、异构现象、命名、性质、立体化学，以及自由基反应的机理等问题。

2.1 烷 烃

烷烃的组成通式为 C_nH_{2n+2}。凡具有相同组成通式，结构特征相同，组成上相差一个或多个 CH_2 的一系列化合物称**同系列**(homologous series)，同系列中各化合物互为**同系物**(homolog)，CH_2 叫系列差。同系物化学性质相近，物理性质随碳原子数的递增有规律地变化。除了有烷烃同系列外，有机化合物中还有其他同系列，同系列是有机化学的普遍现象。

2.1.1 烷烃的结构和异构现象

1. 烷烃的结构

烷烃分子中碳原子均为 sp^3 杂化。甲烷(CH_4)是最简单的烷烃(图 2.1)，其碳原子的 4 个杂化轨道分别沿轨道轴的方向与氢原子的 1s 轨道重叠形成 C—H σ 键。电子衍射光谱证实，甲烷分子呈正四面体构型，碳原子位于正四面体的中心，4 个 C—H 键分别指向正四面体的 4 个顶点，键角为 109.5°。

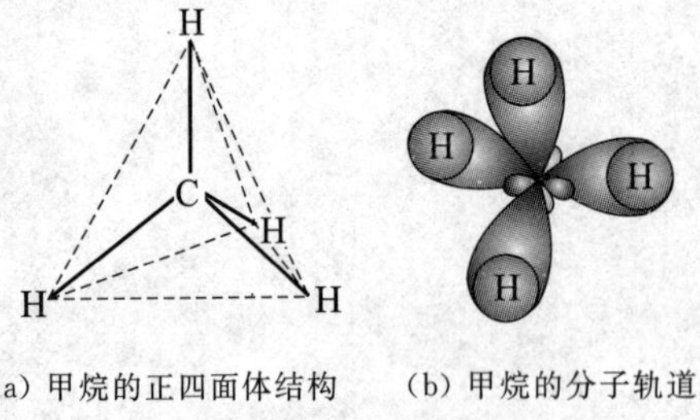

(a) 甲烷的正四面体结构　(b) 甲烷的分子轨道

图 2.1　甲烷的分子结构

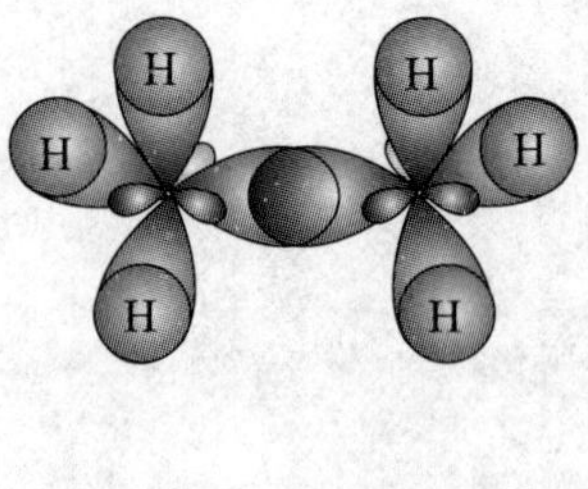

图 2.2　乙烷的分子结构

比甲烷多一个碳原子的乙烷(C_2H_6)，碳原子各以 1 个 sp^3 杂化轨道沿键轴方向重叠形成 C—C σ 键，键长为 154 pm，键能为 376 kJ·mol^{-1}，余下的轨道仍分别与氢原子 1s 轨道重叠形成 C—H σ 键，如图 2.2 所示。其他烷烃中碳碳之间、碳氢之间都以这样的方式结合，不同烷烃键长、键角等仅有微小差别。

问题 2.1 化合物 C_6H_{14} 和 C_6H_{12} 结构上有何不同?

问题 2.2 丙烷分子中三个碳原子在同一条直线上吗? 为什么?

---

2. 烷烃的异构现象

烷烃存在碳链异构和由于 C—C σ 键旋转而产生的构象异构。

(1) 碳链异构 有机分子中碳原子与碳原子之间相互连接形成碳链。含 1～3 个碳原子的甲烷、乙烷和丙烷,碳链都只有一种形式,没有异构体。但含 4 个以上碳原子的烷烃,由于碳原子之间连接的方式和顺序不同,碳链出现了异构,如分子式为 C_4H_{10},C_5H_{12} 烷烃分别有 2 种和 3 种异构体,这种现象叫**碳链异构**(carbon chain isomerism),它是分子**构造异构**(constitutional isomerism)的一种。

C_4H_{10}

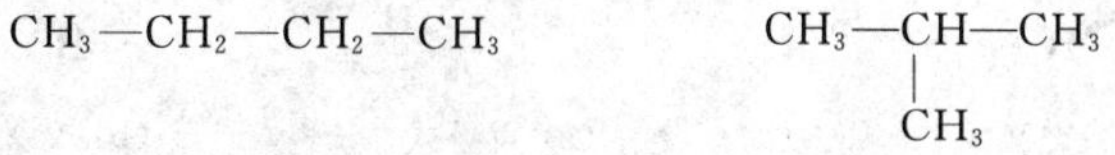

I Ⅱ

C_5H_{12}

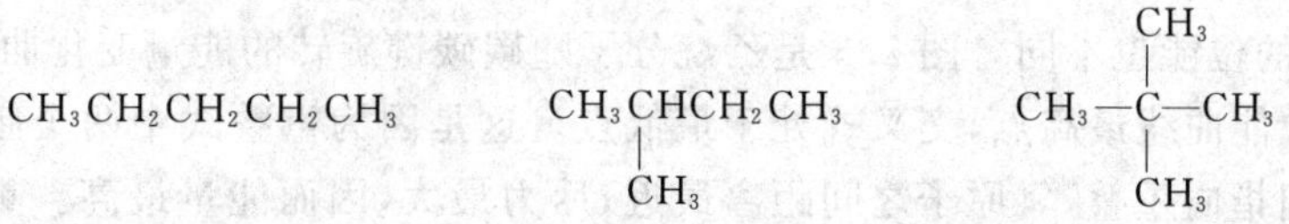

I Ⅱ Ⅲ

随着分子中碳原子数的增多,异构体的数目也迅速增加,如分子式为 C_6H_{14},C_7H_{16},$C_{10}H_{22}$ 的烷烃分别有 5 种,9 种和 75 种异构体,到 $C_{20}H_{42}$,碳链异构体猛增到 366 319 种。

饱和碳原子根据所连的其他碳原子的数目可分为 4 种类型:与 1 个碳原子相连接的,为**一级碳原子**(primary carbon atom)或**伯碳原子**,用 1°表示;与 2 个碳原子相连接的,为**二级碳原子**(secondary carbon atom)或**仲碳原子**,用 2°表示;与 3 个或 4 个碳原子相连接的,分别为**三级碳原子**(tertiary carbon atom)或**叔碳原子**,**四级碳原子**(quaternary carbon atom)或**季碳原子**,分别用 3°,4°表示。例如:

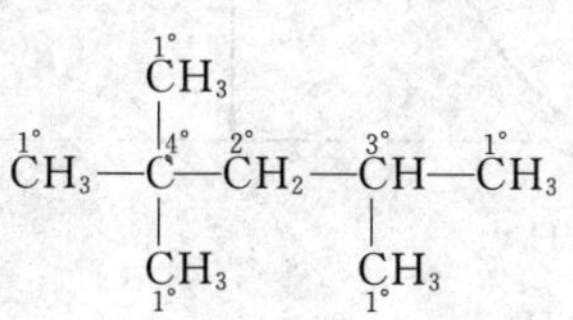

连在伯(1°)、仲(2°)、叔(3°)碳原子上的氢原子,相应地称为**伯氢**(1°H)、**仲氢**(2°H)和**叔氢**(3°H)。碳链异构体之间的差异就在于分子中同类型碳原子数目不等,连接的顺序也不一样。

(2) 构象异构 σ 键可以绕键轴旋转而不断裂,当分子中 C—C σ 键绕键轴旋转时,连在两个碳原子上的原子(或基团)相对位置发生改变,从而产生不同的空间排列形式,即**构象**(conformation),这种由于 σ 键绕键轴旋转而产生的立体异构现象叫做**构象异构**(conformational isomer-

ism)，所形成的异构体称为**构象异构体**(conformational isomers)。

乙烷的构象　乙烷分子中只有一个 C—C σ 键。若将乙烷的一个碳原子固定，另一个碳原子绕键轴旋转，随着旋转角度的变化，连在两个碳上的氢原子空间排列形式不断改变，产生无数种构象，其中最典型的构象是重叠式和交叉式两种。构象常用**透视式**(perspective formula)和 **Newman 投影式**(Newman projection formula)表示。透视式是从侧面观察分子得到的透视图形，以短线表示位于纸平面的价键，实楔形线表示纸平面前的价键，虚线表示纸平面后的价键，如图 2.3 所示。Newman 投影式是沿碳碳键方向对分子进行投影，以  表示距投影者较近的原子和键，  表示较远的原子和键所得到的图形，如图 2.4 所示。

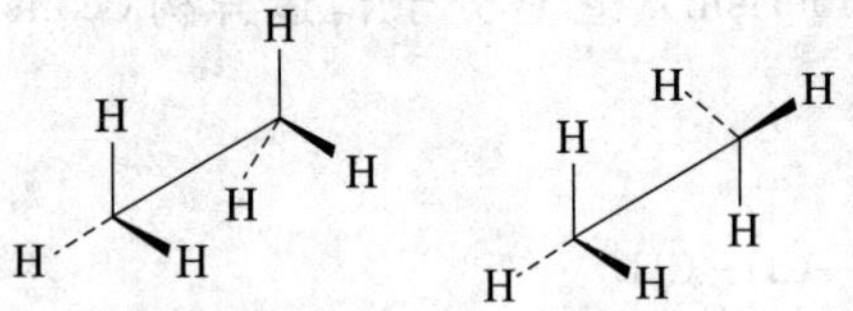

(a) 重叠式　　(b) 交叉式

图 2.3　乙烷的透视式

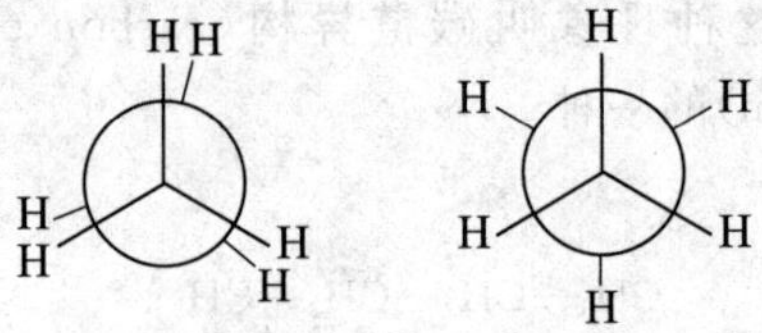

(a) 重叠式　　(b) 交叉式

图 2.4　乙烷的 Newman 投影式

构象不同，分子的位能也不同。图 2.5 是乙烷分子随碳碳键旋转的能量变化曲线，从图中可以看出重叠式处于位能曲线最高点，交叉式处于最低点。这是因为重叠式中两个碳原子上两两对应的 C—H 键空间指向重叠，氢原子之间距离最近，斥力最大，因而能量最高。重叠式是一种最不稳定的构象。交叉式中两个碳上的氢原子在空间交叉排列呈 60°角，彼此相距最远，斥力最

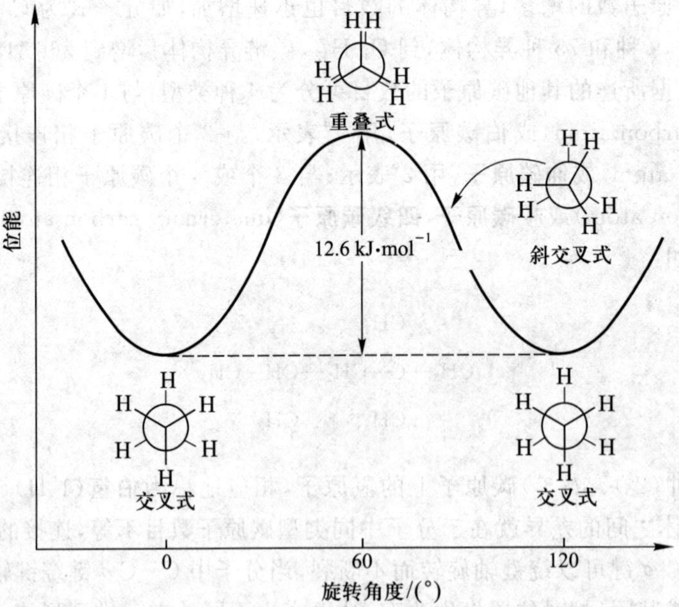

图 2.5　乙烷分子的位能曲线图

小，能量最低，是最稳定的构象，亦称为优势构象。介于重叠式和交叉式之间的构象叫斜交叉式，能量在二者之间。

重叠式和交叉式可通过 C—C 单键旋转而相互转变，旋转 60°，就由一种构象转变为另一种构象，这种转变不涉及共价键的断裂，当然也不是完全自由的，总是伴随着一定的能量变化，这个能量称为扭转能。由重叠式转为交叉式要放出 12.6 $kJ\cdot mol^{-1}$ 的能量，反之，由交叉式转为重叠式要吸收 12.6 $kJ\cdot mol^{-1}$ 的能量。这个能量很小，室温下乙烷分子的热运动可产生 83.8 $kJ\cdot mol^{-1}$ 的能量，足以克服这个能垒，因而各构象之间能迅速互相转变，以至于在室温下不能分离出某种构象异构体。

正丁烷的构象 分子中不止一个 C—C 单键的烷烃，构象更复杂。以正丁烷为例，若将正丁烷 C_2—C_3 键绕轴旋转，从两个甲基处于对位的（Ⅰ）开始，每旋转 60°，两个甲基的空间排列变化形成典型的构象，其位能曲线如图 2.6 所示。

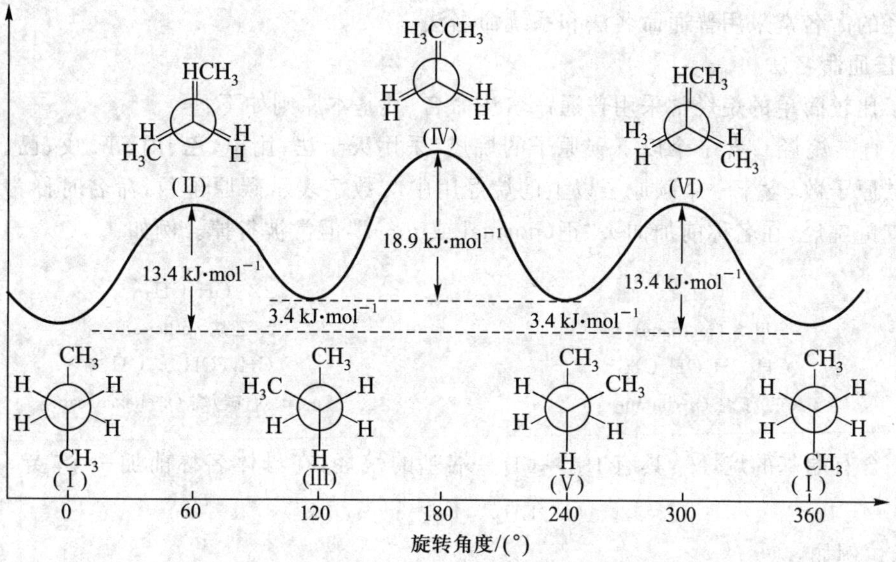

图 2.6 正丁烷 C_2—C_3 键旋转时的位能曲线图

图 2.6 中（Ⅰ），（Ⅲ），（Ⅴ）是交叉式，（Ⅱ），（Ⅳ），（Ⅵ）是重叠式。交叉式（Ⅰ）两个体积较大的甲基处于对位，这种构象叫做对位交叉式，也称反交叉式，因两个体积较大的甲基距离最远，排斥力最小，体系能量最低，最稳定，是优势构象。（Ⅲ）和（Ⅴ）能量相同，两个体积较大的甲基处于邻位，这种构象叫做邻位交叉式，也称顺交叉式，由于两个甲基空间距离较近，所以能量较对位交叉式要高些。重叠式中（Ⅳ）的两个甲基完全重叠，这种构象叫做全重叠式，因两个甲基距离最近，范德华排斥力最大，所以能量最高，是最不稳定的构象。（Ⅱ）和（Ⅵ）能量相同，甲基与氢重叠，两个甲基距离较全重叠式远，扭转张力较全重叠式小，所以能量较全重叠式低，但较邻位交叉式高。由上可知，丁烷有 4 种典型构象，即对位交叉、邻位交叉、部分重叠和全重叠。同乙烷相似，正丁烷的各种构象能量差别不大，在室温下迅速互相转变，因此，室温下正丁烷是各种构象异构体的平衡混合物，混合物中以对位交叉构象为主。其他直链烷烃，优势构象都类似于正丁烷，

所以，直链烷烃碳链稳定的立体形象呈锯齿状，如图 2.7 所示。

分子的构象与分子的生物活性密切相关，例如酶的激活过程就是形成特定的构象，生成或暴露出催化作用所必需的活性中心，从而体现出生物活性。许多药物在体内的作用效果与构象的关系也十分密切，如抗震颤麻痹药多巴胺作用于受体的有效构象是对位交叉式。

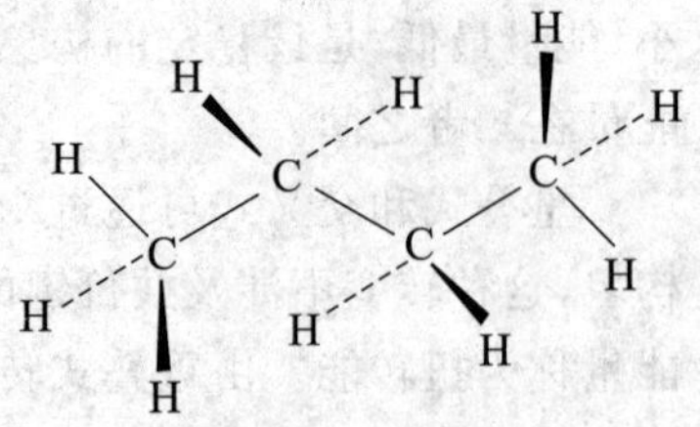

图 2.7　烷烃的锯齿状结构

问题 2.3　写出 C_6H_{14} 烷烃可能的碳链异构体。

问题 2.4　分别画出 1,2-二溴乙烷优势构象的 Newman 投影式和透视式。

2.1.2　烷烃的命名

烷烃的命名常采用普通命名法和系统命名法。

1. **普通命名法**

对于比较简单的烷烃常采用普通命名法命名，其基本原则如下：

(1) 直链烷烃　含十个以下碳原子的烷烃，采用天干法，用甲、乙、丙、丁、戊、己、庚、辛、壬、癸代表碳原子数，含十一个碳原子以上的烷烃用中文数字表示碳原子数，命名时称为某烷，为了区别于支链烷烃，在名称前加词头“正(normal 或 *n*-)”，但常被省掉。例如：

CH_4
甲烷 (methane)

CH_3CH_3
乙烷 (ethane)

$CH_3CH_2CH_2CH_3$
(正)丁烷 (*n*-butane)

$CH_3(CH_2)_{14}CH_3$
(正)十六(碳)烷 (*n*-hexadecane)

(2) 含有端基的烷烃　具有 $H_3C—\underset{\displaystyle CH_3}{\underset{|}{CH}}—$ 端基的烷烃，在母体名称前加一个“异”字(*iso*-或 *i*-)表示。例如：

$$H_3C—\underset{\displaystyle CH_3}{\underset{|}{CH}}—CH_3$$
异丁烷 (*iso*-butane)

$$H_3C—\underset{\displaystyle CH_3}{\underset{|}{CH}}—CH_2—CH_3$$
异戊烷 (*iso*-pentane)

具有 $H_3C—\overset{\displaystyle CH_3}{\overset{|}{\underset{\displaystyle CH_3}{\underset{|}{C}}}}—$ 端基的烷烃，在母体名称前加一个“新”字，常用 *neo*-表示。例如：

$$H_3C—\overset{\displaystyle CH_3}{\overset{|}{\underset{\displaystyle CH_3}{\underset{|}{C}}}}—CH_3$$
新戊烷 (*neo*-pentane)

$$H_3C—\overset{\displaystyle CH_3}{\overset{|}{\underset{\displaystyle CH_3}{\underset{|}{C}}}}—CH_2CH_3$$
新己烷 (*neo*-hexane)

结构比较复杂的烷烃采用系统命名法。

2. 系统命名法

系统命名法是根据国际纯粹与应用化学联合会(International Union of Pure and Applied Chemistry,缩写为 IUPAC)制定的命名原则,结合我国的文字特点,由中国化学会制定的《有机化合物命名原则》,也称系统命名法。

(1) 烷基的命名　烃分子去掉氢原子剩余的基团叫**烃基**,故烷烃分子去掉 1 个氢原子的剩余基团称为**烷基**(alkyl radical)。烷基的命名是将某烷称为某基。例如:

R—H	烷烃 alkane	CH_4	甲烷(methane)	CH_3CH_3	乙烷(ethane)
R—	烷基 alkyl	CH_3—	甲基(methyl)	CH_3CH_2—	乙基(ethyl)

含 3 个以上碳原子的烷烃,去掉不同碳原子上的氢,得到不同的烷基。例如,丙烷有两种烷基:

$CH_3CH_2CH_2$—　(正)丙基 (*n*-propyl或propyl)

$CH_3\underset{|}{C}HCH_3$　异丙基 (*iso*-propyl)

分子式为 C_4H_{10} 的丁烷有两种异构体,每种异构体有两种不同的烷基:

$CH_3CH_2CH_2CH_2$—　(正)丁基(*n*-butyl)

$CH_3CH_2\underset{|}{C}HCH_3$　2°(仲)丁基(*sec*-butyl)

CH_3CHCH_2—(CH 上连 CH_3)　异丁基(*iso*-butyl)

$(CH_3)_3C$—　3°(叔)丁基(*tert*-butyl)

(2) 次序规则　命名有机化合物或标记有机化合物构型时,对于不同的取代原子(或基团),常需用**"次序规则"**(rules of priorities)确定其优先次序,"次序规则"要点如下:

① 以原子序数大小排列,原子序数相对大者为顺序大的基团;若原子序数相同如为同位素,则相对原子质量大者定为顺序大的基团。例如,下列原子或基团的顺序大小为

$$I > Br > Cl > N > C > D > H;$$
$$—SH > —OH > —NH_2$$

② 若所比较的原子序数相同,则比较连在该原子上的其他原子,排出次序先后。如果第二个原子仍相同,则按上述方法再比较下一个原子,……依次下去,直到确定出次序先后为止。例如:—CH_3 和—CH_2CH_3,前者碳原子与 3 个 H 相连,而后者的乙基碳原子是与 H,H,C 相连,即

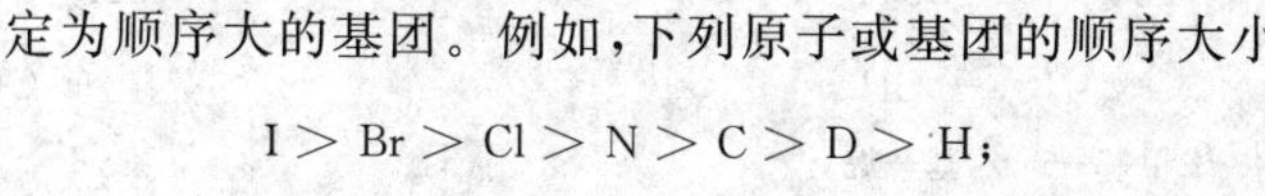

所以,—CH_2CH_3 顺序大于—CH_3。其他烃基的先后次序为

$$—C(CH_3)_3,\quad —CH(CH_3)_2,\quad —CH_2CH_2CH_3,\quad —CH_2CH_3,\quad —CH_3$$

③ 基团中的双键或三键，分别看作与两个或三个相同原子相连。例如：

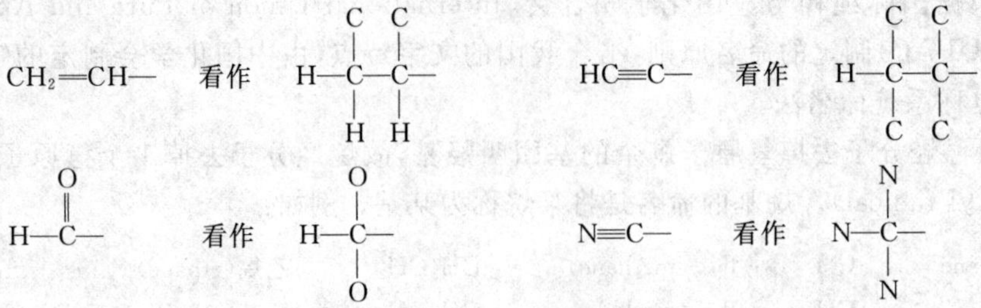

(3) 烷烃的系统命名 烷烃系统命名原则如下：

① 选主链。选择最长碳链作为主链，根据主链碳原子数确定母体名称，称为某烷。若可同时选择几条等长碳链时，应选择含取代基最多的碳链作主链。例如：

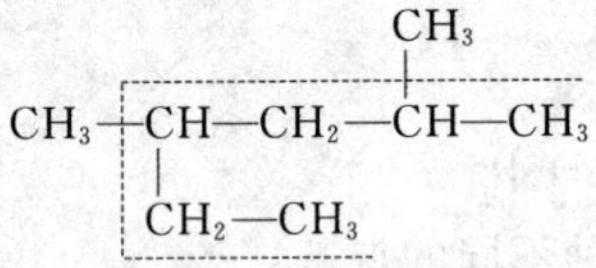

2,4-二甲基己烷

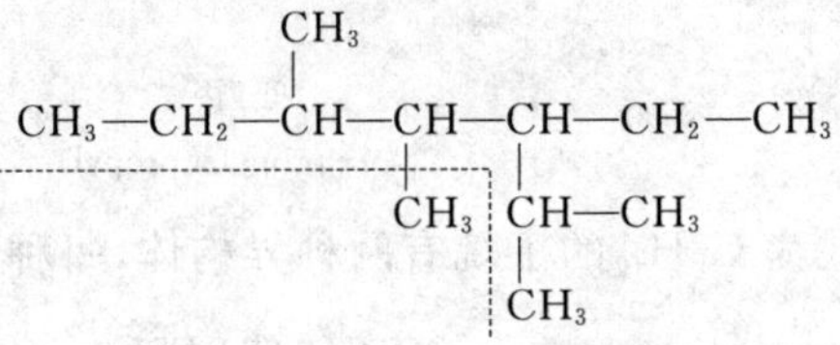

2,4,5-三甲基-3-乙基庚烷

② 对主链编号。主链上有取代基时，要对主链碳原子进行编号，以确定取代基的位置。编号的原则是从靠近取代基的一端开始，依次用1,2,3,…标出。如果主链两端等距离处都有取代基，则编号应选定使取代基具有"最低系列"的那种编号。即编号应从靠近第三个取代基的一端开始，或使所有取代基位次和最小的一端开始，如果位次和相同，则应从取代基次序小的一端开始。例如：

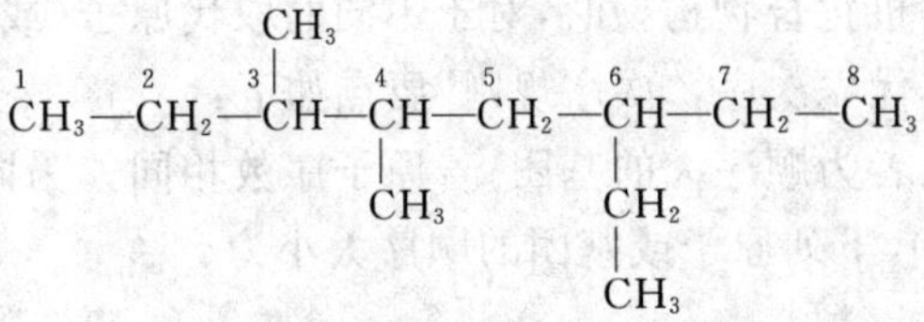

3,4-二甲基-6-乙基辛烷

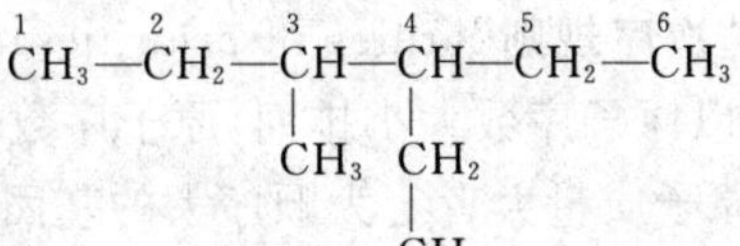

3-甲基-4-乙基己烷

③ 列出取代基。根据顺序大的基团后列出的原则(英文按字母顺序)，在母体名称前依次列出取代基的位置、数目、名称。位置、数目之间用短线连接，表示位置的数字有多个时，则数字之间用","隔开，取代基数目用中文数字"二"、"三"等表示。例如：

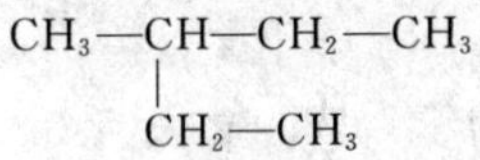

3-甲基戊烷

(3-methyl pentane)

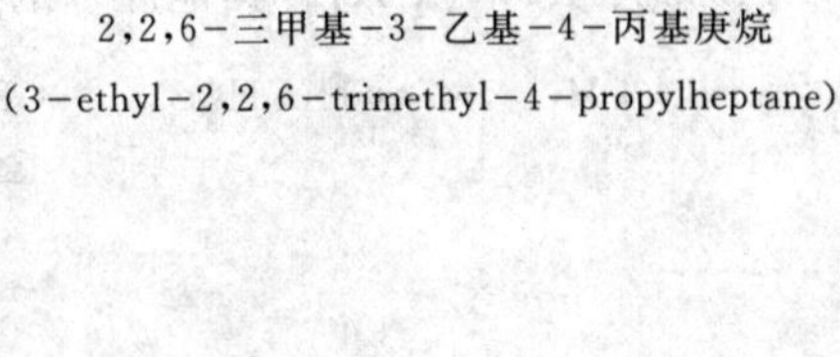

2,2,6-三甲基-3-乙基-4-丙基庚烷

(3-ethyl-2,2,6-trimethyl-4-propylheptane)

问题 2.5 用系统命名法命名下列化合物，并标出各类碳原子的类型。

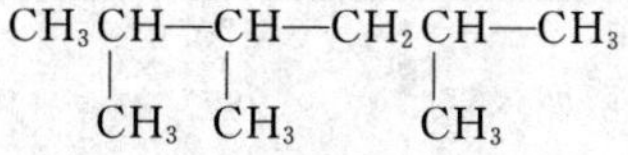

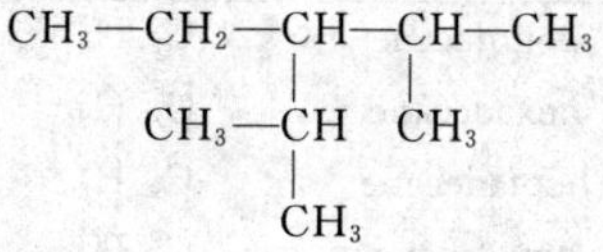

2.1.3 烷烃的性质

1. 烷烃的物理性质

常温常压下，C_1～C_4 的正烷烃是气体，C_5～C_{16} 的正烷烃是液体，C_{17} 以上的正烷烃是固体。烷烃的物理性质常随碳原子数的增加呈规律的变化。

沸点：正烷烃沸点随相对分子质量增加而升高，但每增加一个 CH_2 所引起的沸点升高不相同，低级烷烃随相对分子质量的增大沸点升高明显，而相对分子质量越大的烷烃，升幅越小。

熔点：C_4～C_{14} 的正烷烃熔点随相对分子质量增加而升高，但奇数碳原子的升高值较偶数碳原子的要少一些；因为熔点不仅与分子间的作用力有关，还与分子在晶格中排列有关，一般说来，分子越对称，在晶格中排列就越紧密，熔点就越高。X 射线衍射证明，含偶数碳原子烷烃的对称性好于奇数碳原子烷烃。C_{15} 以上的正烷烃熔点也是随相对分子质量增加而升高，但不出现上述现象。

相对密度：烷烃是所有有机化合物中密度最小的一类化合物，相对密度都小于 1。

溶解度：烷烃是非极性分子，不溶于水，能溶于某些有机溶剂，如苯、氯仿、四氯化碳、石油醚等。

表 2.1 列出了碳原子数 1～20 的正烷烃的一些物理常数。

表 2.1 正烷烃的物理常数

名 称		分子式	熔点/℃	沸点/℃	相对密度(d_4^{20})
甲 烷	methane	CH_4	−182.5	−164	0.466
乙 烷	ethane	C_2H_6	−183.3	−88.6	0.572
丙 烷	propane	C_3H_8	−189.7	−42.1	0.500 5
丁 烷	butane	C_4H_{10}	−138.4	−0.5	0.601 2
戊 烷	pentane	C_5H_{12}	−129.7	36.1	0.626 2
己 烷	hexane	C_6H_{14}	−95.0	68.9	0.660 3
庚 烷	heptane	C_7H_{16}	−90.6	98.4	0.683 8
辛 烷	octane	C_8H_{18}	−56.8	125.7	0.702 5
壬 烷	nonane	C_9H_{20}	−51	150.8	0.717 6
癸 烷	decane	$C_{10}H_{22}$	−29.7	174	0.729 8
十一烷	undecane	$C_{11}H_{24}$	−25.6	195.9	0.740 2
十二烷	dodecane	$C_{12}H_{26}$	−9.6	216.3	0.748 7
十三烷	tridecane	$C_{13}H_{28}$	−5.5	235.4	0.756 4
十四烷	tetradecane	$C_{14}H_{30}$	5.9	253.7	0.762 8

续表

名 称		分子式	熔点/℃	沸点/℃	相对密度(d_4^{20})
十五烷	pentdecane	$C_{15}H_{32}$	10	270.6	0.7685
十六烷	hexadecane	$C_{16}H_{34}$	18.2	287	0.7733
十七烷	heptadecane	$C_{17}H_{36}$	22	301.8	0.7780
十八烷	octadecane	$C_{18}H_{38}$	28.2	316.1	0.7768
十九烷	nonadecane	$C_{19}H_{40}$	32.1	329.7	0.7774
二十烷	eicosane	$C_{20}H_{42}$	36.8	343	0.7886

2. 烷烃的化学性质

烷烃分子中C—C键和C—H键都是牢固的σ键，键能大，键的可极化性小，所以通常情况下，烷烃稳定，难与强酸、强碱、强氧化剂、强还原剂发生反应。但在一定条件下，例如高温、光照或催化剂存在下，C—C键和C—H键也可以断裂，发生一些化学反应。

(1) 氧化反应　在常温常压下，烷烃不与强氧化剂反应，但可在空气中燃烧，生成二氧化碳和水，并放出大量的热，所以烷烃是人类重要的能源物质之一。

$$CH_4 + 2O_2 \xrightarrow{\text{燃烧}} CO_2 + H_2O \qquad \Delta_0 H_m = -881\ kJ \cdot mol^{-1}$$

在高温及催化剂(锰盐)存在下，控制条件可用空气将烷烃氧化成不同的含氧化合物。这为烷烃的应用开辟了新领域。例如，甲烷可氧化成甲醇或甲醛。

$$CH_4 \xrightarrow[\text{空气}]{460\ ℃,20\ kPa} CH_3OH + HCHO$$

碳原子数20～30的烷烃在MnO_2催化下，用空气氧化生成羧酸。

$$R—H + O_2 \xrightarrow[\text{约}110\ ℃]{MnO_2} R'COOH$$

甲烷也可氧化成一氧化碳和氢的混合物，该混合物叫合成气，在合成工业中非常有用。

(2) 卤代反应　有机分子中氢原子被卤素取代的反应称为**卤代反应**(halogenation reaction)。烷烃在漫射光或高温下可以发生卤代反应，有时还很剧烈，很难停留在一元取代阶段，通常得到的产物是混合物。

烷烃卤代反应的活性顺序为 氟代> 氯代>溴代>碘代，氟代反应十分剧烈难以控制，碘代反应非常缓慢，没有实际意义，故烷烃的卤代反应常指氯代和溴代。

① 甲烷的氯代反应。甲烷与氯气混合在漫射光或高温或过氧化物作用下，发生下列反应，生成氯代甲烷混合物和氯化氢。

$$CH_4 + Cl_2 \xrightarrow{\text{漫射光}} \underset{\text{一氯甲烷}}{CH_3Cl} + HCl$$

$$CH_3Cl + Cl_2 \xrightarrow{\text{漫射光}} \underset{\text{二氯甲烷}}{CH_2Cl_2} + HCl$$

$$CH_2Cl_2 + Cl_2 \xrightarrow{\text{漫射光}} \underset{\text{三氯甲烷(氯仿)}}{CHCl_3} + HCl$$

$$CHCl_3 + Cl_2 \xrightarrow{\text{漫射光}} \underset{\text{四氯甲烷(四氯化碳)}}{CCl_4} + HCl$$

反应机理(reaction mechanism)是在综合大量实验事实的基础上,对反应所经由的实际途径或过程作出的理论描述。了解反应机理,对认识反应的实质和反应所需要的条件,从而控制反应和预测新的化学反应十分有用。

甲烷与氯气在室温或无光照下长期混合并无变化,必须在光照或高温下反应才能发生。根据这些实验事实,人们提出了甲烷氯代反应的机理:

第一阶段:氯分子吸收光能或热能,发生共价键均裂,生成带单电子的氯原子,即一个反应的活性中间体:

$$Cl:Cl + \text{能量} \longrightarrow Cl\cdot + Cl\cdot \qquad \Delta_r H_m = +242.5\ kJ\cdot mol^{-1} \qquad (1)$$

链的引发(chain initiating step)

这种带单电子的原子或基团叫**自由基**(free radical)。自由基非常活泼,有获取一个电子形成八隅体而稳定的倾向。

第二阶段:氯自由基与甲烷分子有效碰撞,使甲烷 C—H 键均裂,产生甲基自由基,同时氯与氢原子结合,形成氯化氢分子。甲基自由基再与氯分子碰撞,形成一氯甲烷和新的氯自由基。新的氯自由基又可重复(2),(3)反应,这样周而复始,反复进行着自由基的消失和生成,直到生成氯仿和四氯化碳,因此烷烃的氯代反应得到的是多种氯代烷的混合物。

$$Cl\cdot + H:CH_3 \longrightarrow HCl + CH_3\cdot \qquad \Delta H = +4.1\ kJ\cdot mol^{-1} \qquad (2)$$

$$CH_3\cdot + Cl:Cl \longrightarrow CH_3Cl + Cl\cdot \qquad \Delta H = -109.3\ kJ\cdot mol^{-1} \qquad (3)$$

链的增长(chain propagating step)

第三阶段:随着甲烷量的减少,氯自由基与甲烷碰撞的机会减少,而氯自由基相互碰撞的机会增多,两个氯自由基相遇形成氯分子,同样,甲基自由基与氯自由基结合生成氯甲烷,两个甲基自由基相遇生成乙烷。因此,这个阶段为两个自由基结合生成稳定的分子的阶段。

$$Cl\cdot + Cl\cdot \longrightarrow Cl_2 \qquad (4)$$

$$Cl\cdot + CH_3\cdot \longrightarrow CH_3Cl \qquad (5)$$

$$CH_3\cdot + CH_3\cdot \longrightarrow CH_3CH_3 \qquad (6)$$

链的终止(chain terminating step)

由于自由基消失,反应(2),(3)不能进行下去,反应到此终止。

甲烷的氯代反应由氯分子吸收能量,共价键均裂,产生自由基引起,自由基(Cl·)一经引发,整个过程就像一条锁链,一环扣一环地进行下去,所以称为**自由基链锁反应**(free radical chain reaction)。反应的第一阶段是产生自由基、启动反应的一步,故称为链的引发。第二阶段是链的增长,即(2),(3)反应反复进行,不断有新自由基和氯甲烷生成的阶段,这是整个反应关键的一步,也是决定整个反应速率的一步。第三阶段是链的终止,自由基因相互碰撞结合成分子而消失,反应链被打断,反应也告终止。

过渡态理论认为:甲烷氯代反应开始是氯原子沿 C—H 键的键轴靠近氢原子,到一定距离时,C—H 键逐渐松弛,氯原子和氢原子间的新键开始形成。此过程中,体系能量逐渐升高至形成过渡态，然后进一步反应形成甲基自由基，随着甲基自由基的形成，体系能量迅速降低，在图2.8中第一个波表示这一步反应的能量变化。由于甲基自由基非常活泼，很快与氯分子接近，又形成过渡态，此时体系能量位于图2.8曲线上的第二个峰，这一步只需要较小的活化能(4.1 kJ·mol^{-1})。反应继续进行，转变成氯代甲烷和新的氯自由基，体系释放出大量能量。

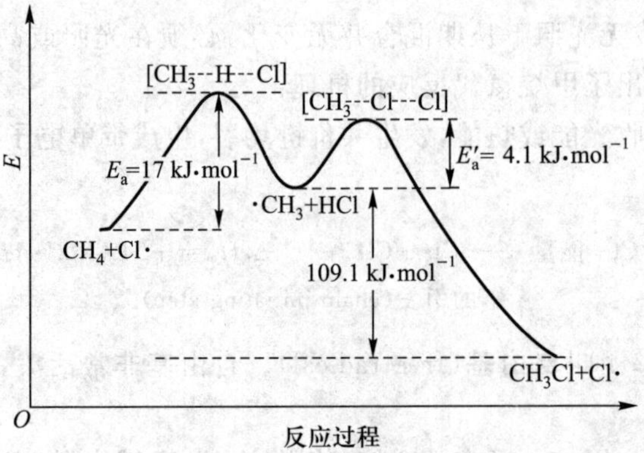

图2.8 甲烷氯代反应链增长阶段能量变化

上述两步中，第一步的产物是甲基自由基，它又是第二步的反应物，是反应的活性中间体，能量处于两峰间的波谷。能量变化说明，第一步比第二步所需活化能大，因此，生成甲基自由基是慢的一步，也是决定反应速率的一步。

$$CH_4 + \cdot Cl \xrightarrow{慢} \cdot CH_3 + HCl \qquad E_a = 17\ kJ\cdot mol^{-1}$$

$$\cdot CH_3 + Cl_2 \xrightarrow{快} CH_3Cl + \cdot Cl \qquad E_a = 4.1\ kJ\cdot mol^{-1}$$

同类型的反应中，活化能越大，反应活性就越低，反应速率也就越慢。甲烷溴代反应与氯代反应的反应机理相同，但由于溴原子活性比氯原子低，所需活化能大，因此溴代反应速率比氯代反应慢。

$$CH_3—H + Br\cdot \rightleftharpoons [CH_3\cdots H\cdots Br] \rightleftharpoons CH_3\cdot + HBr \qquad E_a = 75\ kJ\cdot mol^{-1}$$

$$CH_3—H + Cl\cdot \rightleftharpoons [CH_3\cdots H\cdots Cl] \rightleftharpoons CH_3\cdot + HCl \qquad E_a = 17\ kJ\cdot mol^{-1}$$

问题2.6 试用氯代反应机理解释甲烷与氯气(光照下)反应除生成一氯甲烷外，还有多氯代产物。若要得到高产率的一氯甲烷，应采取什么措施？

---

② 其他烷烃的卤代反应。其他烷烃的氯代反应机理同甲烷相似，但产物更复杂。例如，丙烷的一氯代可以得到两种产物。

$$CH_3CH_2CH_3 \xrightarrow[h\nu]{Cl_2} CH_3CH_2CH_2Cl + CH_3\underset{\displaystyle Cl}{\underset{|}{C}}HCH_3$$

1-氯丙烷(43%)　　2-氯丙烷(57%)

丙烷分子中 1°H 为 6 个，2°H 为 2 个，按碰撞概率而言，取代产物中 1-氯丙烷应为 75%，2-氯丙烷应为 25%。而实验得到的两种产物分别为 43%和 57%，即 2°H 被取代的概率比 1°H 大，说明 2°H 的活性比 1°H 大。两种类型氢相对活性比为

$$2°\ H:1°\ H=57/2:43/6=4:1$$

异丁烷的一氯代可得到 36%的 2-甲基-2-氯丙烷和 64%的 2-甲基-1-氯丙烷：

$$(CH_3)_3C—H+Cl_2 \longrightarrow \underset{\substack{\text{2-甲基-2-氯丙烷}\\36\%}}{(CH_3)_3C—Cl} + \underset{\substack{\text{2-甲基-1-氯丙烷}\\64\%}}{(CH_3)_2CHCH_2—Cl}$$

氢的相对活性比为

$$3°\ H:1°\ H=36/1:64/9=5:1$$

根据上述结果，可以排出三种氢的反应活性次序为

$$3°\ H>2°\ H>1°\ H$$

丙烷氯代反应机理与甲烷相似，只是反应过程中形成两种不同的过渡态。

$$CH_3CH_2CH_2—H+Cl\cdot \longrightarrow \underset{\text{过渡态(1)}}{[CH_3CH_2CH_2\cdots H\cdots Cl]} \longrightarrow \underset{\text{1°丙基自由基}}{CH_3CH_2CH_2\cdot} +HCl$$

$$CH_3\underset{\substack{|\\CH_3}}{CH}—H+Cl\cdot \longrightarrow \underset{\text{过渡态(2)}}{[CH_3\underset{\substack{|\\CH_3}}{CH}\cdots H\cdots Cl]} \longrightarrow \underset{\text{2°丙基自由基}}{CH_3\underset{\substack{|\\CH_3}}{CH}\cdot} +HCl$$

过渡态(1)的结构介于丙烷和 1°丙基自由基之间，而过渡态(2)的结构介于丙烷和 2°丙基自由基之间。实验测得过渡态(2)的能量比过渡态(1)小 4.2 kJ·mol^{-1}，因此 2°丙基自由基的生成速率比 1° 丙基自由基快，其结果是 2°H 比 1°H 氯代反应快。

大量实验证明，同类反应中，自由基相对稳定性与相应的过渡态稳定性是一致的，因此可以直接从自由基的稳定性来判断氢的活性，即自由基越稳定，氢的活性越大。

自由基的相对稳定性　　$(CH_3)_3\dot{C}>(CH_3)_2\dot{C}H>CH_3\dot{C}H_2>\dot{C}H_3$

氢的相对反应活性　　$3°\ H>2°\ H>1°\ H$

叔、仲、伯氢原子之间的活性差异除与烷烃结构有关外，还与取代的卤素有关。例如，丙烷一溴代两种产物得率为

$$CH_3CH_2CH_3+Br_2 \xrightarrow[25℃]{h\nu} \underset{3\%}{CH_3CH_2CH_2Br} + \underset{97\%}{CH_3\underset{\substack{|\\Br}}{CH}CH_3}$$

烷烃的一溴代反应，三种氢原子的相对活性比为 3°H：2°H：1°H ＝1 600：82：1，远大于一氯代反应的 5：4：1。这是由于溴的活性比氯小、对三种氢选择性比氯高的缘故。活性小的试剂有较强的选择性在有机化学反应中是常见的现象。

问题 2.7　预测$(CH_3)_3CCH(CH_3)_2$一氯代产物的异构体。

2.2　环　烷　烃

2.2.1　环烷烃的分类和命名

1. 分类

环烷烃可根据分子中环的数目分为单环、双环和多环烷烃。单环烷烃又可根据成环碳原子数分小环(C_3～C_4)、普通环(C_5～C_6)、中环(C_7～C_{11})和大环(C_{12}以上)烷烃。在双环或多环烷烃中，两环共用一个碳原子(螺原子)称为**螺环烷烃**(spiro cycloalkane)，两环共用两个或更多个碳原子称为**桥环烷烃**(bridged cycloalkane)，所共用的碳原子称为桥头碳原子。

2. 命名

(1) 单环烷烃　单环烷烃的命名，只需根据环上碳原子数在相应的链烷烃名称前加“环”字，英文命名则在相应链烷烃名称前加词头“cyclo”。若环上有取代基，对碳环编号应当选定使取代基具有“最低系列”的那种编号，即位次和最小。例如：

环丙烷
(cyclopropane)

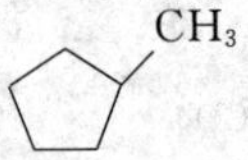

甲基环戊烷
(methyl cyclopentane)

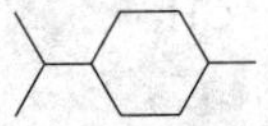

1-甲基-4-异丙基环己烷
(4-isopropyl-1-methyl cyclohexane)

如果取代基比较复杂，可将环作为取代基。例如：

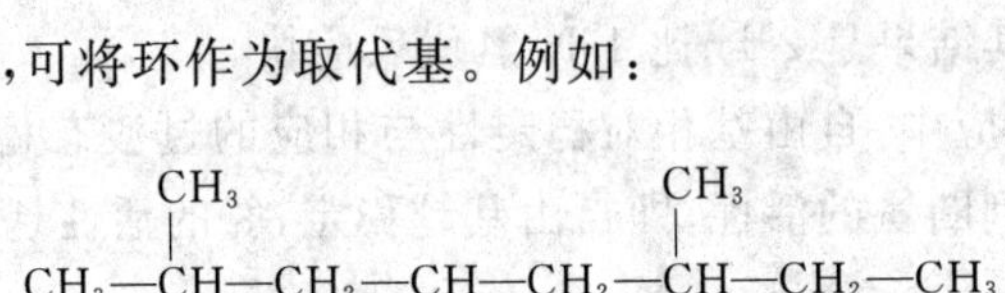

2,6-二甲基-4-环戊基辛烷
(4-cyclopentyl-2,6-dimethyl octane)

(2) 多环烷烃

① 螺环烷烃。螺环烷烃的命名根据成环碳原子的总数称螺某烷，并在**螺**(spiro)字后的方括号内用阿拉伯数字标示除螺原子外每个环上碳原子的个数，数字由小到大排列，数字间在右下角用圆点隔开。螺环烃的编号是从小环邻位螺原子的碳开始，经螺原子编到大环，如有取代基，给取代基尽可能小的位次。例如：

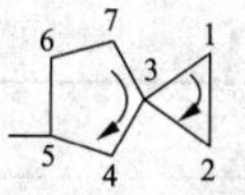

5-甲基螺[2.4]庚烷

(5-methylspiro [2.4] heptane)

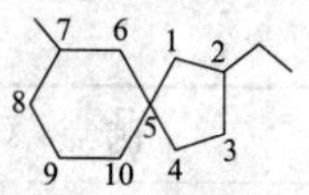

7-甲基-2-乙基螺[4.5]癸烷

(2-ethyl-7-methylspiro [4.5] decane)

② 桥环烷烃。根据桥环烷烃的环数用二环、三环等作词头(可通过将桥环烷烃断裂两条或三条 C—C 键转变成相应开链烃来确定为二环或三环),以桥环烷烃成环碳原子总数的相应链烃名称为母体,紧接词头后的方括号内用阿拉伯数字,按由大到小的次序,标明各桥路(主桥)所含碳原子数目,数字间在右下角用圆点隔开,方括号后是母体链烃的名称。编号顺序是从一个桥头碳(共用碳)开始,沿最长桥路到第二个桥头,再从第二桥头经次长桥路回到起始桥头,最后编最短桥路,编号时应注意在符合上述原则下,应使 C═C 或取代基位次为小。例如:

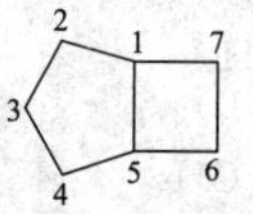

二环[3.2.0]庚烷

(bicyclo[3.2.0]heptane)

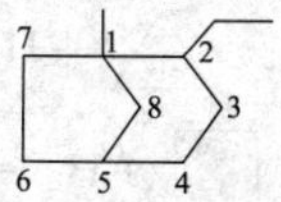

1-甲基-2-乙基二环[3.2.1]辛烷

(2-ethyl-1-methyl bicyclo[3.2.1]octane)

问题 2.8 写出分子式为 C_7H_{12},并有两个 3°碳原子的二环烷烃可能的结构式。

问题 2.9 命名下列化合物。

(1) 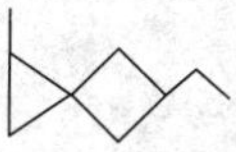　(2) 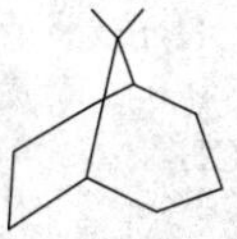

2.2.2 环烷烃的性质

1. 物理性质

环烷烃的物理性质与烷烃相似,在常温下,小环为气体,普通环为液体,中环和大环为固体,其沸点、熔点和相对密度都比相应的开链烷烃高,这是因为环烷烃分子具有一定的对称性和刚性的原因(表 2.2)。

表 2.2 几种环烷烃与相应烷烃的物理常数

化合物	沸点/℃	熔点/℃	密度/(g·cm⁻³)
丙烷	−42	−187	0.580*
环丙烷	−33	−127	0.689*
丁烷	−0.5	−138	0.579**
环丁烷	13	−90	0.689**
戊烷	36	−130	0.626
环戊烷	49	−94	0.746
己烷	69	−95	0.659

续表

化合物	沸点/℃	熔点/℃	密度/(g·cm^{-3})
环己烷	81	6.5	0.778
庚烷	98	−90.5	0.684
环庚烷	119	−8	0.810

* 在−40 ℃测定。** 加压下测定。

2. 化学性质

环烷烃化学性质与烷烃相似，难于被氧化，也难于与强的酸碱反应，但能与氯、溴发生自由基取代反应。小环烷烃由于环较不稳定，具有开环加成的性质，而五、六元环烷烃则较稳定。

(1) 加氢反应　环烷烃可催化加氢生成开链烷烃。环的大小不同，反应的难易也不一样。

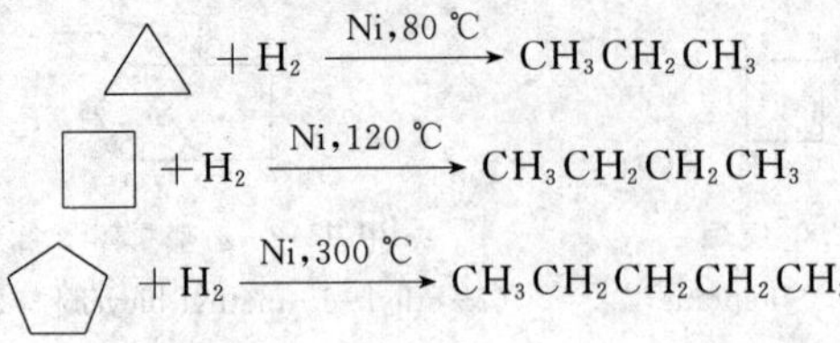

(2) 加卤素、卤化氢的反应　小环烷烃及其衍生物在室温或加热下可以与 X_2，HX 发生开环加成反应。例如：

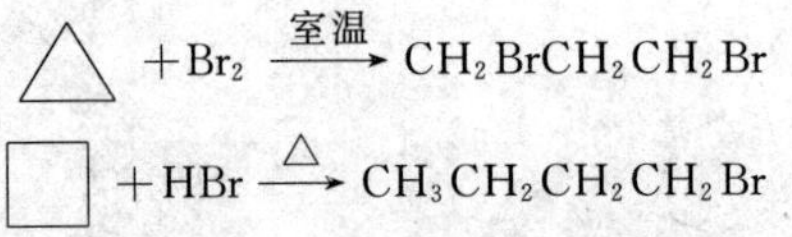

取代环丙烷与氢卤酸的加成反应，形成的中间体——碳正离子的稳定性决定主产物的取向，并遵循 Markovnikov 规则(参见第 3 章)。

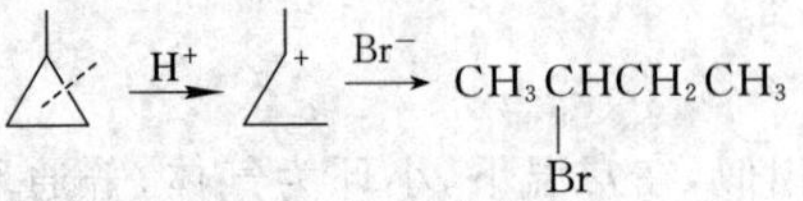

以上的化学反应反映了小环烷烃易开环的不稳定性。小环烷烃虽然类似于烯烃能起加成反应，但在室温下不能与高锰酸钾发生氧化反应。

(3) 取代反应　五元和六元环烷烃比较稳定，难起加成反应，但能发生自由基取代反应。例如：

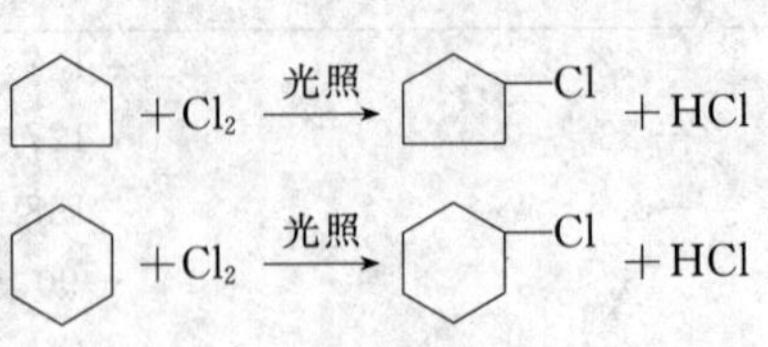

2.2.3　环烷烃的稳定性

1885 年，A. von Baeyer 提出张力学说来解释脂环烃的稳定性。他认为成环碳原子在同一平面中构成正多边形，并计算出正多边形的 C—C—C 键角与四面体碳的自然键角 109.5°间的偏差。这种偏差导致环上 C—C—C 键角产生力图恢复正常键角的张力，称为角张力，偏差程度越大，角张力就越大，环的稳定性就越差。环丙烷和环丁烷中 C—C 键角分别向内偏移了 24.7°和 9.7°，环戊烷和环己烷的键角都接近 109.5°。因此，环丙烷角张力最大，最不稳定，而环戊烷和环己烷几乎无角张力，是稳定的脂环烃。

Baeyer 张力学说（strain theory）仅对三、四元环的不稳定性和五、六元环的稳定性做了初步解释，但不能解释大环的稳定性。Baeyer 张力学说不足之处是认为碳环的共平面性，未从化学键的本质上认识环烷烃的稳定性。事实上除环丙烷分子中的 3 个碳原子共平面外，其他环烷烃的碳原子都不位于同一平面中，而形成曲折碳环，为张力最小甚至无张力碳环。

现代共价键理论认为，两个原子形成共价键时，两个原子的轨道（电子云）必须相互重叠，并要求其键角与成键原子轨道的角度相匹配，匹配越好，重叠程度越大，键越牢固。sp^3 杂化碳原子相匹配键角为 109.5°，成键碳原子必须沿键轴方向进行最大程度重叠，键的强度才大，因此，环烷烃中 C—C—C 的键角也应是 109.5°，偏离此角度，产生角张力。根据 X 射线衍射结果解析及量子力学计算，环丙烷中 C—C 间夹角为 105.5°，成键两原子的杂化轨道以弯曲方式进行部分重叠，形如"香蕉"为弯曲键，弯曲键中含有部分双键的性质，表现出开环加成的不稳定性，如图 2.9 所示。

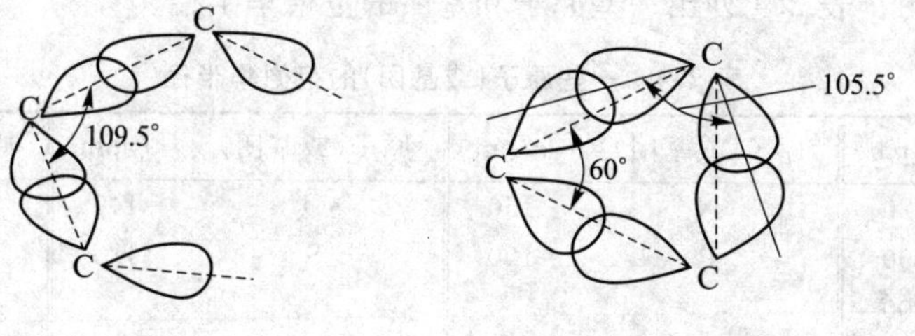

（a）丙烷分子中轨道达到最大重叠　　（b）环丙烷分子中轨道部分重叠

图 2.9　丙烷和环丙烷的分子轨道示意图

环烷烃分子能量的高低和稳定性的大小还可通过燃烧热推测。燃烧热是指在 298 K 时 1 mol 有机物完全燃烧生成 CO_2 和 H_2O 所释放出的热量。因此比较每个 CH_2 单元的平均燃烧热 $\Delta_0 H_m^\ominus$ 可以衡量环的相对稳定性。（一般以烷烃中 CH_2 燃烧热 658.6 kJ·mol⁻¹为标准）

表 2.3　部分环烷烃的燃烧热（$-\Delta_0 H_m^\ominus$）

$$(CH_2)_n + \frac{3n}{2}O_2 \longrightarrow nCO_2 + nH_2O$$

名　称	分子式	$\Delta_0 H_m^\ominus$/(kJ·mol^{-1})	($\Delta_0 H_m^\ominus/n$)/(kJ·mol^{-1})
环丙烷	C_3H_6	2091.3	697.0
环丁烷	C_4H_8	2744.1	686.2
环戊烷	C_5H_{10}	3320.1	664.0
环己烷	C_6H_{12}	3951.7	658.6
环庚烷	C_7H_{14}	4636.7	662.3
环辛烷	C_8H_{16}	5313.9	664.2

续表

名称	分子式	$\Delta_c H_m^\ominus$/(kJ·mol^{-1})	($\Delta_c H_m^\ominus/n$)/(kJ·mol^{-1})
环十二烷	$C_{12}H_{24}$	7 905.6	658.8
环十五烷	$C_{15}H_{30}$	9 884.9	659.0
链状烷烃	C_xH_{2x+2}		658.6

表 2.3 数据表明，从环丙烷到环己烷，每个 CH_2 燃烧热的绝对值逐渐降低，表明分子热力学能降低，稳定性增高。环丙烷中 CH_2 燃烧热绝对值最大，分子热力学能最高，稳定性最差。六元环以上的环烷烃中 CH_2 的燃烧热绝对值都较低，都具有较高的稳定性。

综上所述，环的稳定性与环的张力和几何形状（构象）有关。通常所说的**环张力**(ring strain)源于以下三种情况。

角张力：原子在成键时都倾向于使其键角与成键轨道的角度相近，sp^3 杂化碳原子的键角是 109.5°，任何与正常键角的偏差就会产生**角张力**(angle strain)。

扭转张力：两个相连的碳原子，都力图使它们的键处于最稳定的交叉式构象，任何与交叉式构象的偏差都会产生扭转张力。

空间张力（跨环张力）：非键合原子或基团之间的空间距离大于它们的范德华(van der Waals)半径之和时，就相互吸引，小于范德华半径之和时，就彼此排斥，从而产生范德华张力，即空间张力或跨环张力。表 2.4 列出一些原子和基团的范德华半径。

表 2.4 一些原子(或基团)的范德华半径

原子(或基团)	r/pm	原子(或基团)	r/pm	原子(或基团)	r/pm	原子(或基团)	r/pm
H	120	N	150	O	140	F	135
CH_2	200	P	190	S	185	Cl	180
CH_3	200					Br	195
						I	215

注：0.1 nm=100 pm。

2.2.4 环烷烃的构象

1. 环戊烷的构象

环戊烷的优势构象是**信封型**(envelope form)，4 个碳原子处在同一个平面上，另一个碳原子在距离平面外约 50 pm 处（见图 2.10）。通过 C—C σ 键的扭转，时而在上，时而在下，呈动态平衡。平面环戊烷几乎无角张力，但相连的每对碳原子均呈重叠式，具有很高的扭转张力。当由平面型转变成信封型时，相邻碳原子间的重叠式构象调整到交叉式构象，以稍微增大角张力为代价，明显降低扭转张力得以补偿。

平面型环戊烷（重叠式构象）　信封型环戊烷（交叉式构象）

图 2.10 环戊烷构象

2. 环己烷的构象

(1) 环己烷的椅型和船型构象　环己烷的平面结构有很大的角张力，通过成环 C—C σ 键的扭转，可以成无角张力的两种曲折碳环——**椅**

型构象(chair conformation)和**船型构象**(boat conformation),前者是热力学能最低的优势构象。

在椅型构象中,碳原子成键的角度与自然键角一致,无角张力。环上任何相邻的两个碳原子间形成类似于丁烷的邻位交叉式构象,扭转张力很低(图 2.11)。处于竖直向上的相间的 3 个 C—H 键上的氢原子和垂直向下的 3 个 C—H 键上的氢原子之间的最近距离约为 230 pm[图 2.11(a)],与氢原子的范德华半径之和 240 pm 相近,而无范德华斥力,即没有空间张力。概言之,椅型构象是一个既无角张力,又几乎无扭转张力和空间张力的环,是一种广泛存在于自然界的稳定性极高的优势构象。

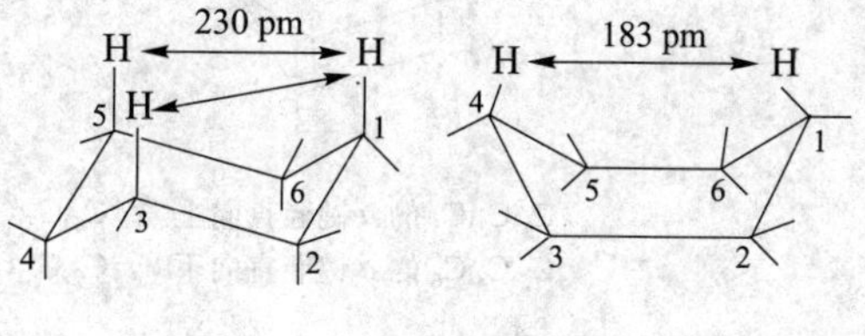

(a) 椅型　　(b) 船型

图 2.11　环己烷构象

环己烷的船型构象,虽然也无角张力,但处于"船底"的 4 个碳原子,C_2 与 C_3 或 C_5 与 C_6,每相邻 1 对碳原子为重叠式构象(图 2.12 Newman 投影式),具有较大的扭转张力。另外,处于船头两个碳原子[图 2.11(b)中的 C_1 与 C_4]上的氢,相距 183 pm,小于它们的范德华半径之和,表现出空间张力。

通过两种环己烷构象的综合分析,说明椅型构象比船型构象稳定。事实上,后者的能量较前者高出 29.7 kJ·mol^{-1},这个能垒在常温下的分子的热运动就很容易克服。所以船型构象和椅型构象在不断互相转变,不能分离出这两种构象的纯净物。经研究证实在室温下 99.9%的环己烷是以椅型构象存在,若升高温度,船型构象的比例将会增加。

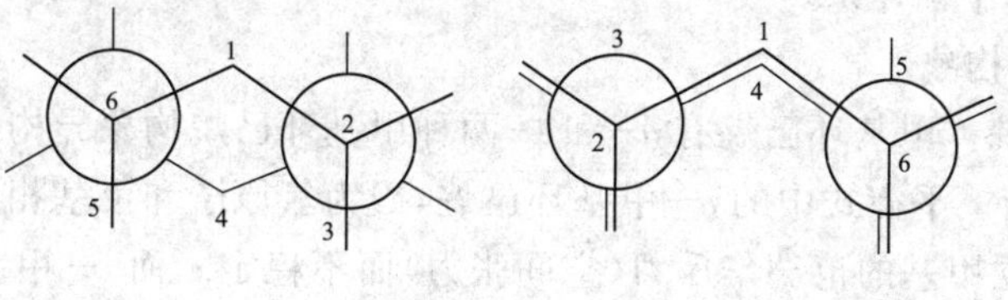

(a) 椅型　　(b) 船型

图 2.12　环己烷的 Newman 投影式

(2) 椅型构象中的直立键和平伏键　在椅型构象中,C_1,C_3,C_5 共平面,C_2,C_4,C_6 处在另一个平面上,两个平面相互平行,距离为 50 pm。因此可将椅型构象看成一个厚度为 50 pm 的平面。将 12 个 C—H 键分为两类,即与假设的分子对称轴平行的 6 个 C—H 键称为**直立键或 *a* 键**(axia bond),其中 3 个直立键相间分布于分子平面上,另 3 个直立键相间分布于分子平面下。其余 6 个 C—H 键与对称轴成 109.5°的夹角(与分子平面几乎平行),伸向环外,称为**平伏键或 *e* 键**(equatorial bond),如图 2.13 所示。环中每一个碳原子都同时连有 1 个 *a* 键和 1 个 *e* 键,其空间取向对分子平面而言为"一上一下"的关系。

环己烷的椅型构象和船型构象是分子的两种极限构象,可以通过分子中 C—C 键的扭转互相转化。同时也可使一种椅型构象(a)通过 C—C 键的转动变成另一种椅型构象(b),称构象的翻环作用(ring reversal)。经过翻环后,原来的 *a* 键变成 *e* 键,而原来的 *e* 键则变成 *a* 键,但其空间取向不变(图 2.14)。

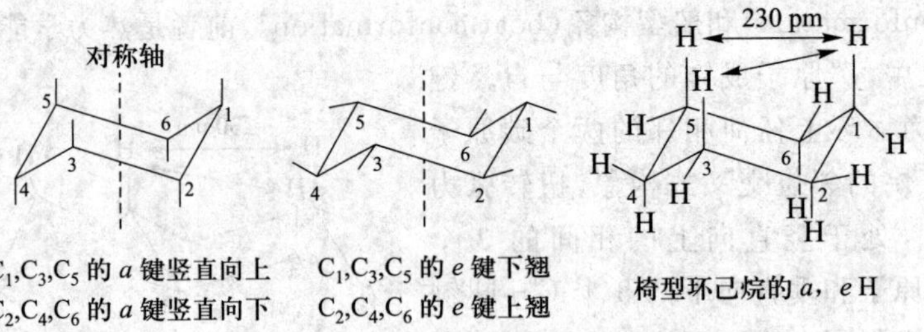

图 2.13 椅型环己烷的 a 键和 e 键

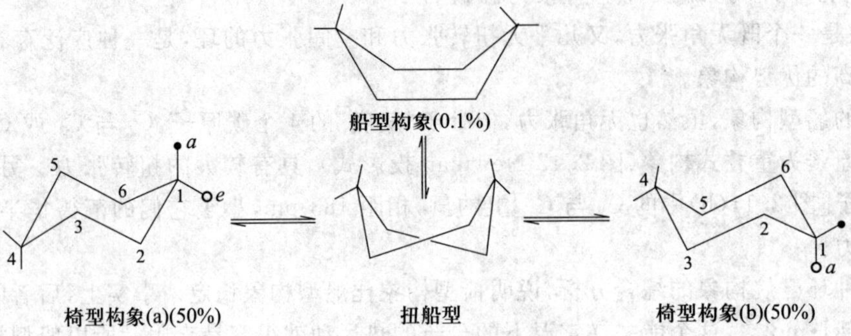

图 2.14 环己烷构象的翻环作用

椅型构象发生翻环时需要跨越 46 kJ·mol^{-1}能垒，稍高于船型，但都能在室温下自动而迅速地进行，形成一个动态平衡体系。

3. 取代环己烷的构象

(1) 一取代环己烷 甲基环己烷有 a-和 e-两种甲基环己烷构象异构体，彼此通过翻环作用互变，建立起动态平衡。平衡式中的 a-甲基环己烷，因为氢原子和甲基相处拥挤，承受两个直立氢原子(3,5 位)对直立甲基的范德华斥力(空间张力)而不稳定。而 e-甲基环己烷，甲基在水平方向伸向环外，与相邻氢原子、相间氢原子距离较远，无相斥作用，成为平衡体系中相对稳定的优势构象，含量在 95%左右(见图 2.15)。

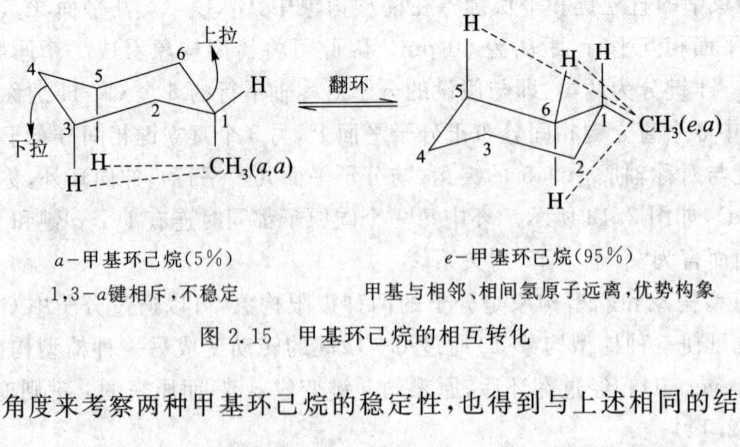

图 2.15 甲基环己烷的相互转化

若从另一种角度来考察两种甲基环己烷的稳定性，也得到与上述相同的结果。透过 Newman 投影式观察甲基环己烷中 C_1—C_2 键,不难看出,*a*-甲基环己烷中—CH_3 与环 C_3 的位置是邻位交叉式,*e*-甲基环己烷中—CH_3 与环 C_3 的位置是对位交叉式构象。类似丁烷的邻位交叉式构象与对位交叉式构象的能量差,也是一种扭转张力,促使具有一定扭转张力的 *a*-甲基环己烷不断转化为无扭转张力的 *e*-甲基环己烷(图 2.16)。

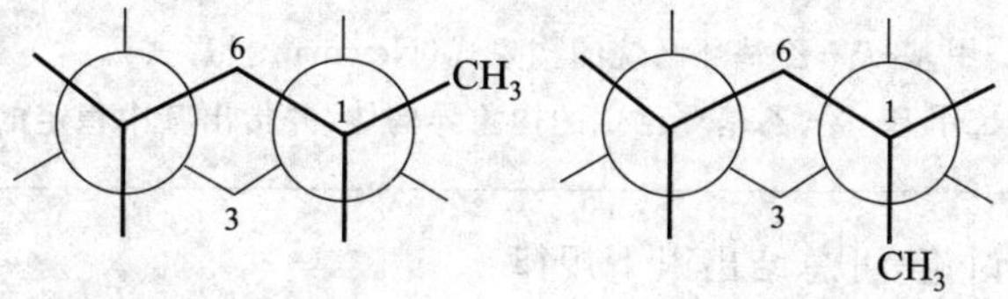

e-甲基,对位交叉式构象　　*a*-甲基,邻位交叉式构象

图 2.16 甲基环己烷 Newman 投影式

综上所述,*e*-甲基环己烷,既无空间张力,又无扭转张力,是一种比 *a*-甲基环己烷更稳定的优势构象。

(2) 二取代环己烷 二取代环己烷有 4 种取代基的位置异构体,即 1,1 位、1,2 位、1,3 位和 1,4 位,其中 1,1-二取代环己烷没有异构体,余下的 3 种既存在构象异构,又存在取代基在环平面同侧或异侧的构型异构(见第 3 章)。下面以 1,2-二甲基环己烷为例进行讨论。

1,2-二甲基环己烷的两个甲基有处于环平面同侧的顺式构象和处于环平面异侧的反式构象,二者互为顺反异构体。若从构象分析,顺式中均有一个甲基处于 *a* 键,另一个位于 *e* 键,构成 *a*,*e* 或 *e*,*a* 取代的两种椅型构象。它们的能量相等,在平衡混合物中各占 50%,见图 2.17。

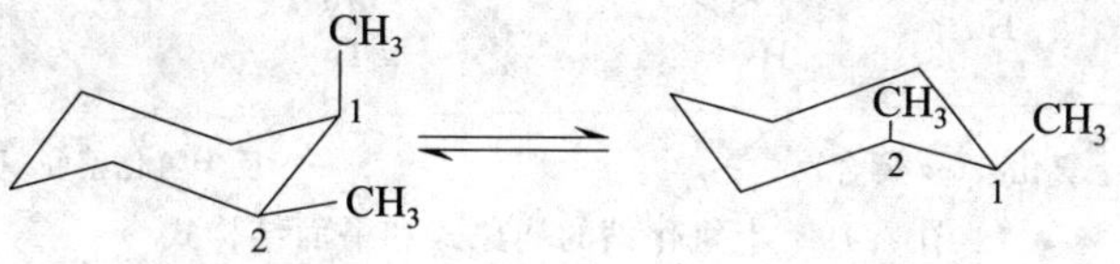

a,e 构象　　*e,a* 构象

图 2.17 顺-1,2-二甲基环己烷的构象

反式构象中,两个甲基可以是 *a*,*a* 取代或 *e*,*e* 取代,两者之间通过翻环作用达到动态平衡,因 *e*,*e* 取代构象能量最低,是优势构象,见图 2.18。

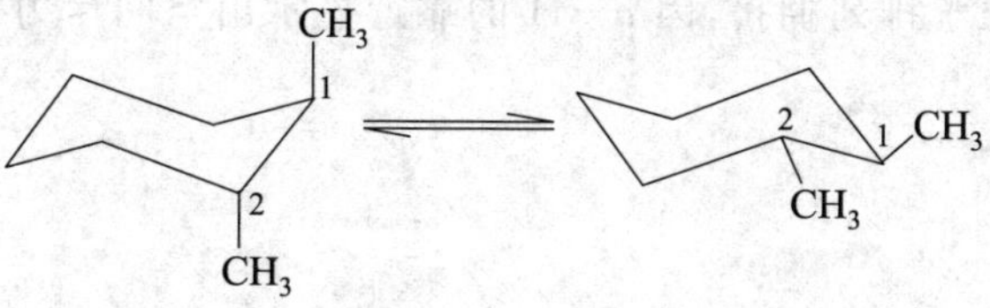

a,a 构象　　*e,e* 构象

图 2.18 反-1,2-二甲基环己烷的构象

顺-1,2-二甲基环己烷只有1种e,a型(或a,e型)取代,反-1,2-二甲基环己烷有e,e型和a,a型两种取代。顺反异构属构型异构,构型异构体的转变一定要通过共价键的断裂。而构象异构体的转变通过σ键的转动,就可以由一种构象转变为另一种构象异构体,共价键不发生断裂。构象和构型的概念,一定不能混淆。

问题 2.10 写出反-1-甲基-3-乙基环己烷的构象式(Newman 投影式)。

问题 2.11 写出1,1-二甲基-3-乙基环己烷的构象异构体,并指出其中稳定的和不稳定的构象。

通过环己烷构象的讨论,可总结出以下规律:

环己烷的椅型构象为最稳定的优势构象;多取代环己烷的优势构象是e键取代最多的构象;大基团处于e键的取代物为优势构象。

(3) 十氢化萘的构象 **十氢化萘**(decahydronaphthalene)可看成由两个环己烷稠合而成的桥环化合物,称双环[4.4.0]癸烷。两个环可以顺式或反式两种方式相稠合,形成两个异构体。共用碳原子上的两个氢原子位于环平面同侧的称顺十氢化萘,用实线连接;共用碳原子上的氢原子位于环平面异侧的称反十氢化萘,用实线及虚线连接。由于椅型构象为环己烷的优势构象,因此两环稠合时均采用椅型构象稠合,见图2.19。

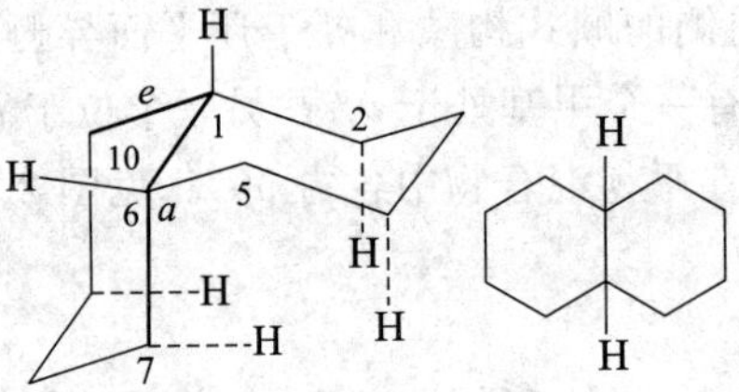

顺十氢化萘(ea稠合)

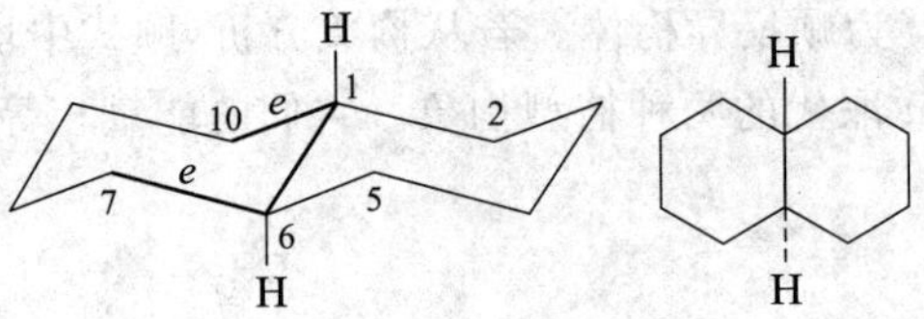

反十氢化萘(ee稠合)

图 2.19 十氢化萘的构象式和平面结构式

反式构象的稳定性高于顺式,原因有以下两点:

① 稠合方式不同。反式构象是ee稠合,即以一个环己烷为母体环,另一个环己烷中的两个C—C键为取代基,通过类似于ee取代的方式把两个环己烷稠合起来形成反十氢化萘构象;顺十氢化萘通过ea取代的方式稠合,所以反式较顺式更稳定,见图2.19。

② 排列不同。反式分子的排列开阔而平展,无空间张力;顺式分子中的原子空间排布呈口向下的倒置盆形,盆内原子排列拥挤,因a-H的靠近显示出空间斥力作用,稳定性欠佳,见图2.19。

阅读材料

生物能源

烷烃是人类广泛利用的能源物资之一，主要来源于石油和天然气。由于世界人口的过快增长和人类过度地依赖石油、天然气、煤等化石能源，加速了这些资源的枯竭。按目前探明的储量算，全球的石油尚可开采39年，天然气可开采60年，煤还可开采221年，就算还有许多石油、天然气、煤尚未探出，但储量也是很有限的。因此，用清洁的可再生的能源，替代部分石油、天然气、煤等化石能源是人类可持续发展的必然趋势。

生物能是人类可利用的第四大能源，具有清洁可再生的特点。生物能是指蕴含在生物质中的能量。广义上讲，生物质包括所有动、植物和微生物，以及这些生物体排泄和代谢的所有有机物。这些物质蕴藏的能量相当惊人。据生物学家估算，地球上每年生长的生物能总量相当于1400～1800亿吨煤产生的能量，相当于全世界每年耗能量的10倍，但目前作为能源利用的只占生物能源的2%左右，因此亟待人们研究、开发。

生物质原料的化学成分主要是糖类(低聚糖、淀粉和纤维素)。从原料来源看是农业生产中的废物，主要是作物的秸秆；薪柴、树杈柴、草柴；农业、林业加工废物，如木屑、谷壳、豆壳；人畜粪便和生活垃圾，以及工业有机废物、废渣等。废食用油也是一种可利用的生物质燃料，但是废油中含有许多无用物质，会增加生产问题。现在生物能源利用较好的有沼气、生物制氢、生物柴油和燃料乙醇等。

习　题

1. 用系统命名法命名下列化合物。

(1) 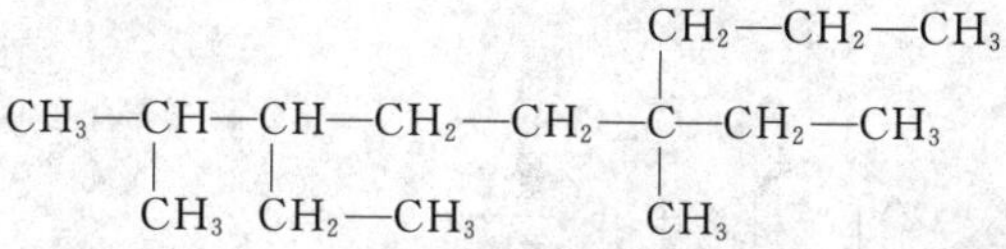

(2) 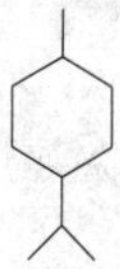

(3) 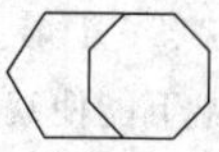

(4) 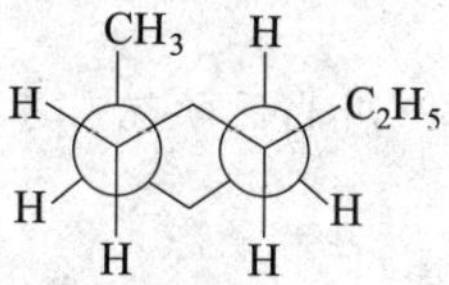

(5) 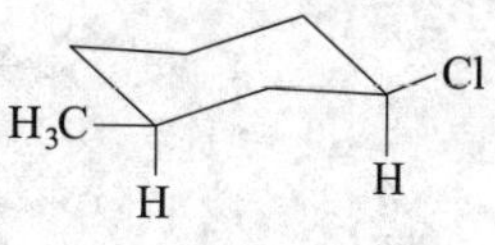

(6) 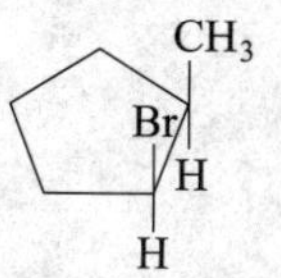

(7) 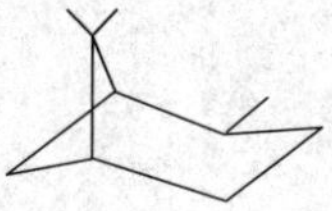

2. 写出下列化合物的结构式。

(1) 2,3-二甲基戊烷 (2) 2,2,5-三甲基-4-乙基辛烷

(3) 1,4-二甲基螺[2,4]庚烷 (4) 1-氯二环[3.2.1]辛烷

(5) 顺-1,3-二甲基环己烷(Newman 投影式) (6) 反-1,4-二甲基环己烷(优势构象)

3. 写出分子式为 C_7H_{16},并符合下列要求的结构式。

(1) 含一个季碳原子和一个叔碳原子

(2) 含两个仲碳原子和一个季碳原子

4. 化合物相对分子质量为 114,元素分析得知含碳 84.2%,含氢 15.8%,试写出符合此条件,含有伯、仲、叔、季碳原子的化合物结构式,并用系统命名法命名。

5. 分别写出能满足下列要求的 C_5H_{12} 的结构式。

(1) 溴代反应得到 1 种单溴代物

(2) 溴代反应得到 3 种单溴代物

(3) 溴代反应得到 4 种单溴代物

6. 排列下列烷基自由基稳定性顺序。

(1) $\dot{C}H_3$ (2) $CH_3\dot{C}HCH_3$ (3) $CH_3-\dot{C}(CH_3)-CH_3$ (4) $CH_3-CH(CH_3)-\dot{C}H_2$

7. 下列各组的 3 个透视式是否为同一构象?若不是,哪一个能量较低?

(1) 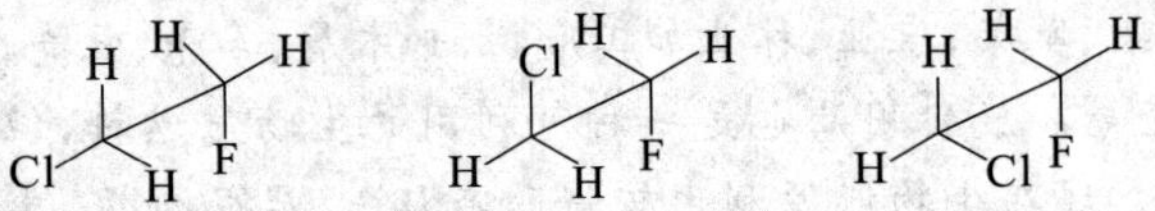

a b c

(2) 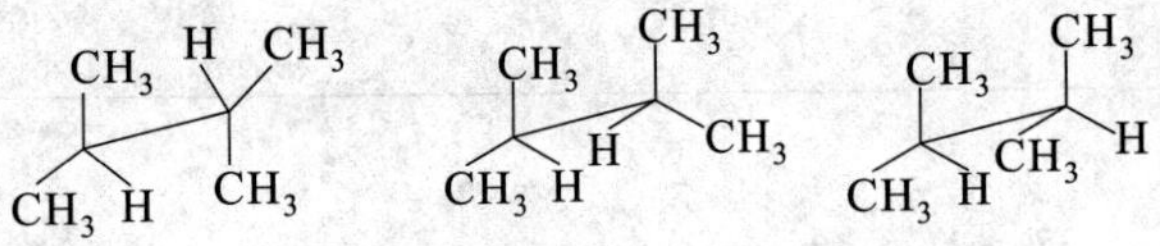

a b c

8. $CH_3CH_3+Cl_2 \xrightarrow{光或热} CH_3CH_2Cl+HCl$ 的反应机理与甲烷氯代相似。试写出链的引发、增长、终止的各步反应。

9. 写出下列反应的主产物。

(1) 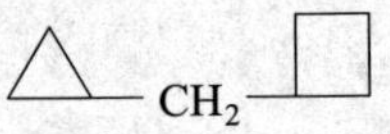 $+H_2 \xrightarrow[120\ ℃]{Ni}$ (2) 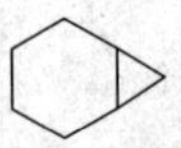 $+Br_2 \xrightarrow{室温}$

10. 用简单化学方法区别丁烷、环丁烷、2-丁烯。

11. 化合物 A 的分子式为 C_6H_{12},室温下能使溴水褪色,但不能使 $KMnO_4$ 溶液退色,与 HBr 反应得化合物 $B(C_6H_{13}Br)$,A 氢化得 2,3-二甲基丁烷。试写出 A,B 的结构式及各步反应式。

(川北医学院 苏宇)

第 3 章　不饱和烃

烯烃、炔烃和二烯烃均属于**不饱和烃**(unsaturated hydrocarbon)。根据烃基不同,不饱和烃又分为不饱和链烃(亦称不饱和脂肪烃)和不饱和环烃。本章重点讨论不饱和脂肪烃的命名、结构和主要化学性质。

3.1　烯烃和炔烃

烯烃(alkene)是含 C═C 双键的烃,分子中含一个 C═C 双键为单烯烃(通常称烯烃),分子中含两个 C═C 双键的称为**二烯烃**(dienes),分子中含三个及以上 C═C 双键的称多烯烃。**炔烃**(alkyne)是含 C≡C 键的烃,与烯烃类似,炔烃也分为单炔烃(常称炔烃)、二炔烃和多炔烃。本节主要讨论单烯烃和单炔烃,它们的通式分别为 C_nH_{2n} 和 C_nH_{2n-2}。

3.1.1　烯烃和炔烃的结构

1. 烯烃的结构

乙烯是最简单的烯烃,分子中含 C═C 官能团。经电子衍射和光谱分析等物理方法测定,乙烯分子中的原子在同一平面上,键角接近于 120°,C═C 双键键长为 134 pm,C—H 键键长为 109 pm(见图 3.1)。轨道杂化理论认为,双键碳原子均为 sp^2 杂化,C═C 双键由 1 个 σ 键和 1 个 π 键构成。分子中的碳原子各以 1 个 sp^2 杂化轨道沿键轴方向重叠,形成 $C_{sp^2}—C_{sp^2}$ σ 键,其余的 sp^2 杂化轨道分别与 4 个氢原子的 1s 轨道重叠,形成 4 个 $C_{sp^2}—H_s$ σ 键,5 个 σ 键同在一平面上。每个碳原子上未杂化的 2p 轨道垂直于 5 个 σ 键所在的平面,彼此相互平行,侧面重叠形成 π 键,从而构成了 C═C 双键(见图 3.2)。

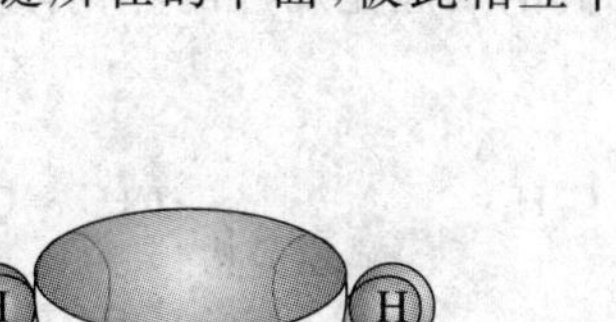

图 3.1　乙烯分子中键长和键角

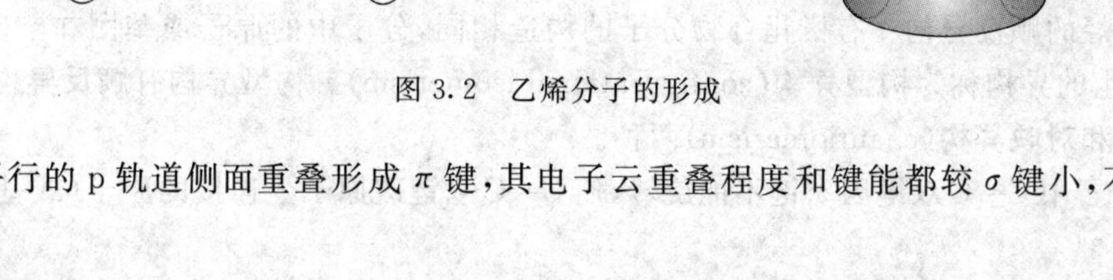

图 3.2　乙烯分子的形成

相互平行的 p 轨道侧面重叠形成 π 键,其电子云重叠程度和键能都较 σ 键小,不能自由旋转。由于 π 键是电子云侧面重叠而成，因此 π 键电子云呈上、下两层对称分布在分子平面的上方和下方，离核较远，受核束缚力小，极化度较大，反应活性较高，所以 C═C 双键比 C—C 单键更易发生反应。

2. 炔烃的结构

炔烃分子中含 C≡C 官能团，用物理方法测定，乙炔是直线形分子，键角为 180°，C≡C 三键键长为 120 pm，C—H 键键长为 108 pm（见图 3.3）。轨道杂化理论认为：三键碳原子为 sp 杂化，C≡C 三键是由一个 σ 键和两个 π 键构成。乙炔分子中的两个 C 原子各以 1 个 sp 杂化轨道沿键轴方向重叠形成 $C_{sp}—C_{sp}$ σ 键，其余的 sp 杂化轨道分别与两个氢原子的 1s 轨道重叠形成两个 $C_{sp}—H_s$ σ 键，这 3 个 σ 键均在同一条直线上。每个 C 原子上未杂化的两个 p 轨道相互垂直并同时垂直于 3 个 σ 键所在的直线，两两相互对应平行，侧面重叠形成两个 π 键，构成了 C≡C 键。π 电子云对称地分布在 3 个 σ 键所在的直线的周围，呈圆筒状（见图 3.4）。

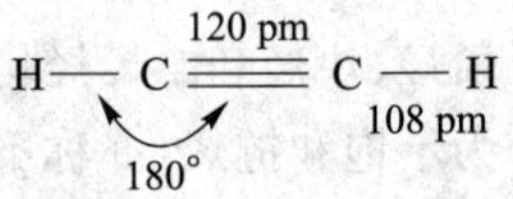

图 3.3 乙炔分子中键角和键长

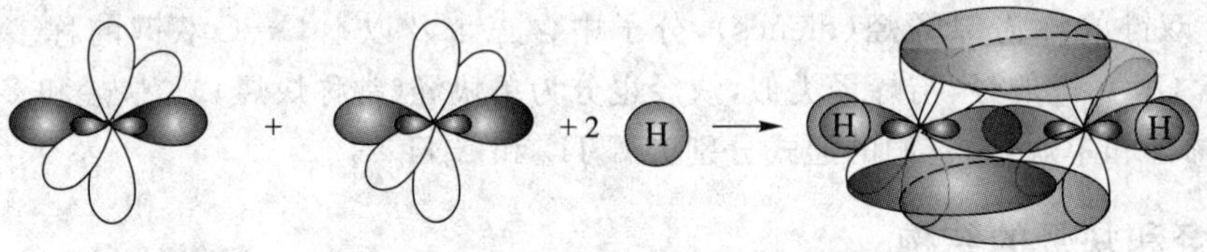

图 3.4 乙炔分子的形成

由于 C≡C 三键中的碳原子为 sp 杂化，此种杂化轨道的 s 成分较 sp^2，sp^3 杂化轨道多，电子云形状粗而短，发生重叠时，两原子靠得更近，因而 C≡C 三键的键长较 C═C 双键的键长和 C—C 单键的键长短。

3. 烯烃和炔烃的异构

烯烃和炔烃的异构较烷烃复杂，除具有构造异构外，有些烯烃还有顺反异构。

(1) 烯烃和炔烃的构造异构　烯烃和炔烃的构造异构除碳链异构外，还有 C═C 双键和 C≡C 三键的位置不同产生的**位置异构**（positional isomerism），但因 C≡C 三键的限制，碳原子数目相同的炔烃比烯烃的异构体数目少。例如：

C_4H_8　碳链异构 $\begin{cases} CH_2{=}CHCH_2CH_3 \quad \overbrace{\qquad\qquad}^{\text{位置异构}} \quad CH_3CH{=}CHCH_3 \\ CH_2{=}C(CH_3)_2 \end{cases}$

C_4H_6　$CH{\equiv}CCH_2CH_3 \quad \overbrace{\qquad\qquad}^{\text{位置异构}} \quad CH_3C{\equiv}CCH_3$

(2) 烯烃的顺反异构　有机化合物分子的构造相同，分子中的原子或基团在空间的排列方式不同，产生的异构称为**构型异构**（configurational isomerism）。构型异构有**顺反异构**（*cis-trans* isomerism）和**对映异构**（enantiomerism）两种。

烯烃分子中 C═C 双键因 π 键不能旋转，使 C═C 双键碳原子上连接的原子（或基团）的空间排列方式有两种：一种是相同原子(或基团)处于双键同侧，称**顺式异构体**(*cis* isomer)；另一种是相同原子(或基团)处于双键异侧，称**反式异构体**(*trans* isomer)。例如，2－丁烯的两种构型异构体如下：

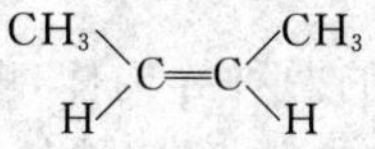

顺－2－丁烯

(*cis*－2－butene)

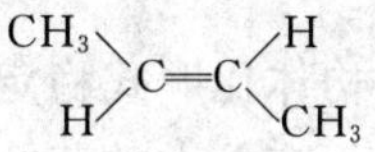

反－2－丁烯

(*trans*－2－butene)

这种由于分子中存在限制旋转的因素(双键、脂环等)而使分子具有不同构型的现象称顺反异构现象，不同构型的分子称顺反异构体。分子中具有限制原子自由旋转的因素是顺反异构产生的重要条件，但不是唯一条件。例如，丙烯($CH_3CH{=}CH_2$)和 2－甲基－2－丁烯($(CH_3)_2C{=}CHCH_3$)，分子中都有限制旋转的双键存在，但是 C═C 双键上任何一个碳原子上连接两个相同的原子(或基团)，都只有一种构型而不存在顺反异构现象。因此产生顺反异构必须具备以下两个条件：① 分子中有限制旋转的因素(如双键、脂环等)存在；② 不能旋转的原子上必须连有两个不相同的原子(或基团)。

在多烯烃分子中，随着 C═C 双键数目的增加，顺反异构体的数目也随之增加。例如，2,4－庚二烯($CH_3CH{=}CHCH{=}CHCH_2CH_3$)有 4 种顺反异构体。

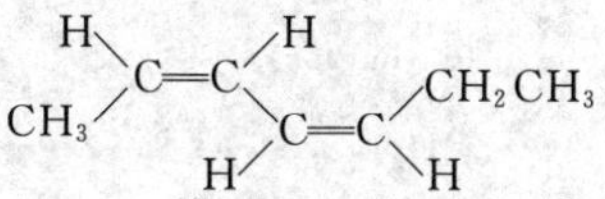

顺，顺－2,4－庚二烯

(*cis*,*cis*－hepta－2,4－diene)

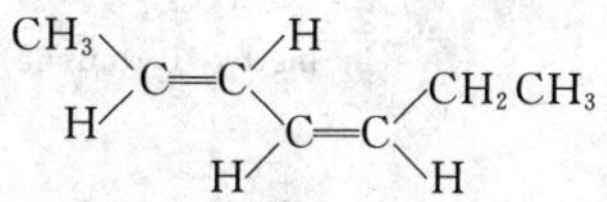

反，顺－2,4－庚二烯

(*trans*,*cis*－hepta－2,4－diene)

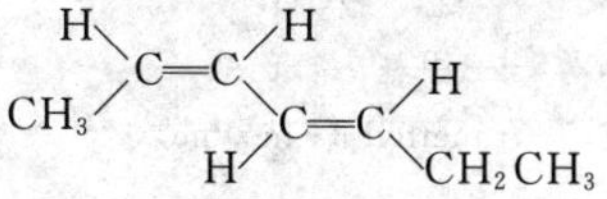

顺，反－2,4－庚二烯

(*cis*,*trans*－hepta－2,4－diene)

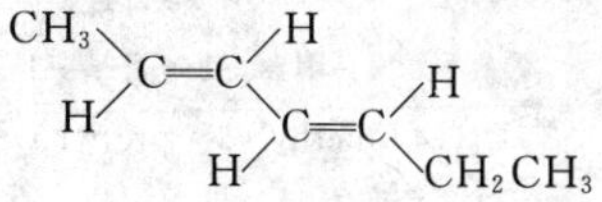

反，反－2,4－庚二烯

(*trans*,*trans*－hepta－2,4－diene)

问题 3.1 下列化合物中，哪些可产生顺反异构？若有，请写出其构型。

(1) 3－甲基－2－戊烯　　(2) 3,4－二甲基－1－己烯

(3) 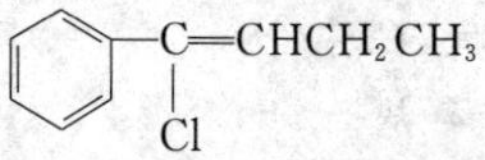　　(4) $(CH_3)_2C{=}CHCHO$

问题 3.2 1,4－己二烯有无顺反异构？若有，请写出其构型。

含有 C═N 双键、N═N 双键等的化合物，双键原子连接的原子(或基团)不同，也可产生顺反异构。

脂环化合物由于环的存在，阻碍了环中 C—C 键的自由旋转，也可能产生顺反异构现象(详见第 2 章二取代环己烷)。

顺反异构体的分子中由于原子(或基团)在空间取向不同，因而导致其理化性质、生理活性都有很大差异。例如，2－丁烯顺反异构体的熔点、沸点、密度和偶极矩等均有显著差异。

2-丁烯	熔点/℃	沸点/℃	密度(20℃)/(g·cm^{-3})	偶极矩/(C·m)
顺式	−139.3	3.5	0.6213	3.67×10^{-30}
反式	−105.5	0.9	0.6042	0.0

一般情况下反式异构体比顺式稳定。例如丁烯二酸的两种异构体,顺丁烯二酸的两个羧基处于双键同侧,距离较近,有较大的范德华斥力,热力学能较高,稳定性低。而反丁烯二酸的两个羧基处于双键异侧,排斥力较小,热力学能较低,稳定性比顺丁烯二酸好。

3.1.2 烯烃和炔烃的命名

烯烃和炔烃的命名多采用系统命名法,对于有顺反异构的烯烃可用顺、反或 Z、E 标记构型。

1. 烯烃和炔烃的系统命名法

烯烃和炔烃的系统命名法基本原则与烷烃相似,选择含 C═C 双键或 C≡C 三键的最长碳链为主链,根据主链碳原子数称为“某烯”或“某炔”。从靠近双键或三键一端对主链碳原子编号,并将双键或三键位置标示在烯烃或炔烃名称前面。例如:

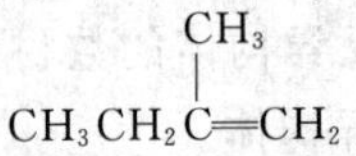

2-甲基-1-丁烯

(2-methyl 1-butene)

$HC\equiv CCH_2CH_3$

1-丁炔

(1-butyne)

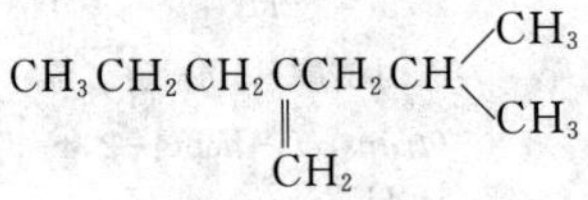

4-甲基-2-丙基-1-戊烯

(4-methyl-2-propyl 1-pentene)

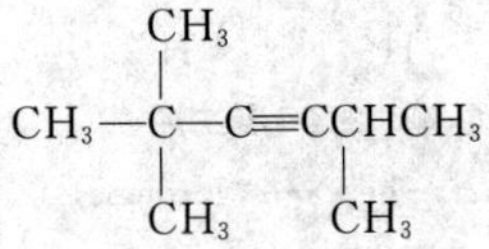

2,2,5-三甲基-3-己炔

(2,2,5-trimethyl 3-hexyne)

此外,当分子中同时含有 C═C 双键和 C≡C 三键时,则选择含双键和三键的最长碳链为主链,母体称为“烯炔”。对主链碳原子编号应从靠近 C═C 双键或 C≡C 三键的一端开始;当双键与三键处于同等位置时,编号应从靠近 C═C 双键的一端开始。例如:

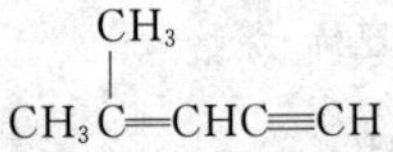

4-甲基-3-戊烯-1-炔

(4-methyl-3-penten-1-yne)

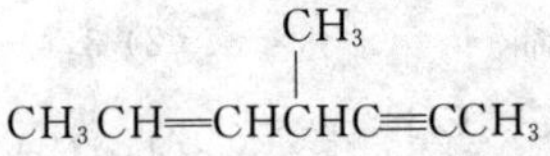

4-甲基-2-庚烯-5-炔

(4-methyl-2-hepten-5-yne)

2. 烯烃的顺反异构体构型标记

(1) 顺/反标记法 两个双键碳原子所连接的相同原子(或基团)处于双键同侧的异构体,用“顺”字或“*cis*”标记,处于双键异侧的异构体,用“反”字或“*trans*”标记。例如:

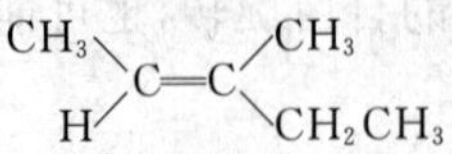

顺-3-甲基-2-戊烯

(*cis*-3-methylpen-2-ene)

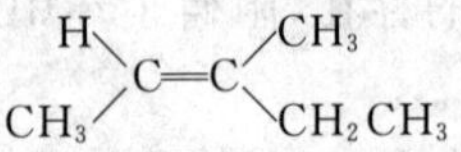

反-3-甲基-2-戊烯

(*trans*-3-methylpen-2-ene)

顺/反标记法比较直观,一目了然,但只适用于标记两个双键碳原子连有相同的原子(或基团)的化合物(即 abC═Cab 或 abC═Cad 型化合物)。当双键的两个碳原子连有不同的原子(或基团)时,就不能用顺/反来标记其异构体。所以在 1980 年《修改有机化合物命名建议》中建议取消顺/反标记法,采用 Z/E 标记法,但至今一些简单烯烃仍保留顺/反标记法。

(2) Z/E 标记法 此法是以“次序规则”为基础来确定双键碳原子上所连接的不同原子(或基团)在空间的相对位置。其步骤为:首先分别将双键碳原子上连有的两个原子(或基团)按“次序规则”确定出顺序大小次序,然后把顺序大的原子(或基团)处于双键同侧的异构体标记为 Z 构型,处于双键异侧的异构体标记为 E 构型。Z,E 分别取自于德语“zusammen”(在一起)、“entgegen”(相反)。例如:

$\overset{3}{C}H_3\overset{2}{C}Br{=}\overset{1}{C}HCl$ C_1:—Cl > —H C_2:—Br > —CH_3

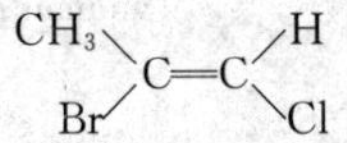

(Z)-1-氯-2-溴丙烯

{(Z)-2-bromo-1-chloropropene}

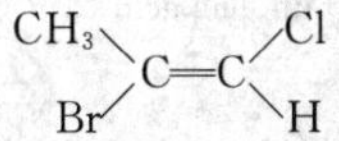

(E)-1-氯-2-溴丙烯

{(E)-2-bromo-1-chloropropene}

若多烯烃分子中含有两个或两个以上能产生顺反异构的 C═C 双键时,则每个 C═C 双键的构型均需标出,并将双键的位次标于 Z/E 词头之前,低位次在前,高位次在后,例如:

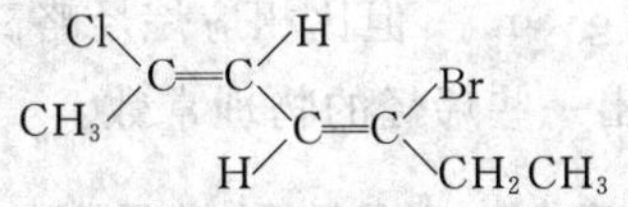

(2E,4Z)-2-氯-5-溴-2,4-庚二烯

{(2E,4Z)-5-bromo-2-chlorohepta-2,4-diene}

值得注意的是 Z/E 标记法与顺/反标记法是两种不同的方法,二者之间没有必然的联系。例如,顺-2-丁烯又可称(Z)-2-丁烯;而顺-1,2-二氯-1-溴乙烯不能称为(Z)-1,2-二氯-1-溴乙烯。

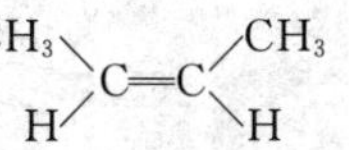

顺-2-丁烯

(cis-2-butene)

(2)-2-丁烯

{(2)-2-butene}

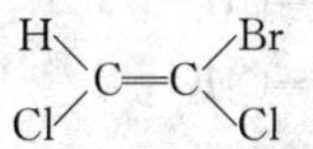

顺-1,2-二氯-1-溴乙烯

(cis-1-bromo-1,2-dichloroethene)

(E)-1,2-二氯-1-溴乙烯

{(E)-1-bromo-1,2-dichloroethene}

问题 3.3 写出分子式为 C_5H_{10} 的烯烃的所有同分异构体,并用系统命名法命名构造异构体,用顺/反标记法或 Z/E 标记法命名顺反异构体。

顺反异构体的生理活性也常常存在很大的差异,例如人工合成的己烯雌酚是雌激素类药物,反式异构体生理活性是顺式异构体的 7~10 倍,故供临床药用的是反式异构体。具有降血脂作用的亚油酸和花生四烯酸,分子中所有 C═C 双键的构型都是顺式。而维生素 A_1 分子中侧链上

的C═C双键的构型均为 *E* 构型。

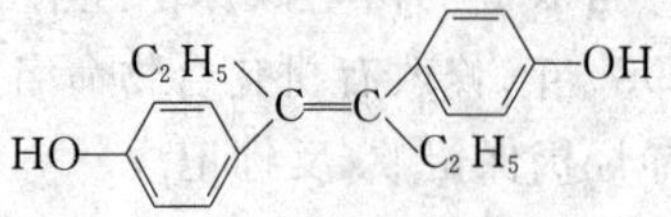

反己烯雌酚

(*trans*−estradiol)

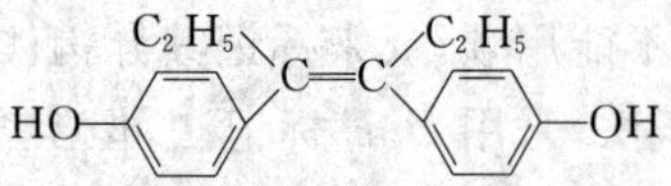

顺己烯雌酚

(*cis*−estradiol)

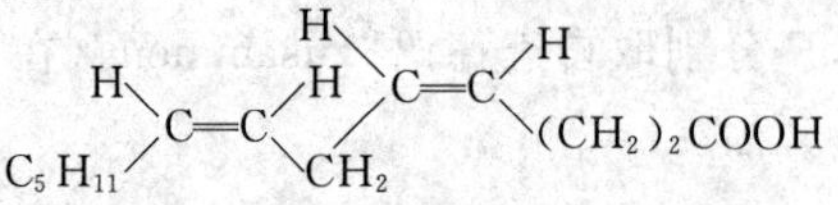

亚油酸

(linoleic acid)

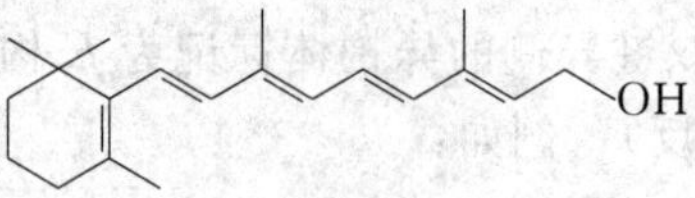

维生素 A_1

(vitamin A_1)

3.1.3　烯烃和炔烃的物理性质

1. 烯烃的物理性质

烯烃的物理性质如熔点、沸点、密度、溶解度等与对应的烷烃相似。熔点、沸点随相对分子质量增加而升高，沸点比相应烷烃略低。常温下 C_2～C_4 的烯烃为气体，C_5～C_{18} 的烯烃为液体，C_{18} 以上的烯烃为固体。密度均小于 1 $g\cdot cm^{-3}$，但比相应烷烃略高。烯烃难溶于水而易溶于有机溶剂，且可溶于浓硫酸。表 3.1 中列出一些烯烃的物理常数。

表 3.1　常见烯烃的物理常数

名　称	构造式	熔点/℃	沸点/℃	密度(20℃)/($g\cdot cm^{-3}$)
乙　烯	$CH_2{=}CH_2$	−169.2	−103.7	0.5790
丙　烯	$CH_3CH{=}CH_2$	−185.3	−47.4	0.51
1-丁烯	$CH_3CH_2CH{=}CH_2$	−185.4	−6.3	0.5951
1-戊烯	$CH_3(CH_2)_2CH{=}CH_2$	−165.2	30.0	0.6405
1-己烯	$CH_3(CH_2)_3CH{=}CH_2$	−139.8	63.4	0.6731
1-庚烯	$CH_3(CH_2)_4CH{=}CH_2$	−119	93.6	0.6970
1-辛烯	$CH_3(CH_2)_5CH{=}CH_2$	−101.7	121.3	0.7419
1-壬烯	$CH_3(CH_2)_6CH{=}CH_2$	−81.4	146	0.7300
1-癸烯	$CH_3(CH_2)_7CH{=}CH_2$	−66.3	172.6	0.7400

2. 炔烃的物理性质

炔烃与烷烃、烯烃相似，其熔点和沸点都随相对分子质量的增加而升高，常温下 C_2～C_4 的炔烃为气体，C_5～C_{15} 的炔烃为液体，C_{15} 以上的炔烃为固体。同碳数的炔烃，C≡C三键在中间的比C≡C三键在末端的沸点、熔点都高。炔烃的密度都小于 1 $g\cdot cm^{-3}$，但比相应碳数的烯烃大。炔烃是弱极性化合物，在水中的溶解度很小，但易溶于有机溶剂。表 3.2 中列出一些炔烃的物理常数。

表 3.2 常见炔烃的物理常数

名　称	构造式	熔点/℃	沸点/℃	密度(20 ℃)/(g·cm⁻³)
乙　炔	$HC\equiv CH$	−82	−75	
丙　炔	$HC\equiv CCH_3$	−101.5	−23	
1-丁炔	$HC\equiv CCH_2CH_3$	−122	9	
2-丁炔	$H_3CC\equiv CCH_3$	−24	27	0.694
1-戊炔	$HC\equiv CCH_2CH_2CH_3$	−98	40	0.695
1-己炔	$HC\equiv CCH_2CH_2CH_2CH_3$	−124	72	0.791
3-己炔	$H_3CCH_2C\equiv CCH_2CH_3$	−51	81	0.725
1-庚炔	$HC\equiv C(CH_2)_4CH_3$	−80	100	0.733
1-辛炔	$HC\equiv C(CH_2)_5CH_3$	−70	126	0.747
1-壬炔	$HC\equiv C(CH_2)_6CH_3$	−65	151	0.763
1-癸炔	$HC\equiv C(CH_2)_7CH_3$	−36	182	0.770

3.1.4 烯烃和炔烃的化学性质

烯烃、炔烃的化学性质由其官能团 C═C 双键和 C≡C 三键决定。C═C 双键及 C≡C 三键均由稳定的 σ 键和不稳定的 π 键组成，由于 π 键的电子云重叠程度小，受核的束缚力较小，键能较小，易极化变形断裂，因而烯烃、炔烃的化学性质都较烷烃活泼，易发生加成、氧化、聚合等反应。

1. 加成反应

加成反应(addition reaction)是指反应时，分子中的 π 键断裂，试剂中的两个一价原子(或基团)分别加到构成 π 键的两个碳原子上，生成饱和度增加的新化合物的反应。

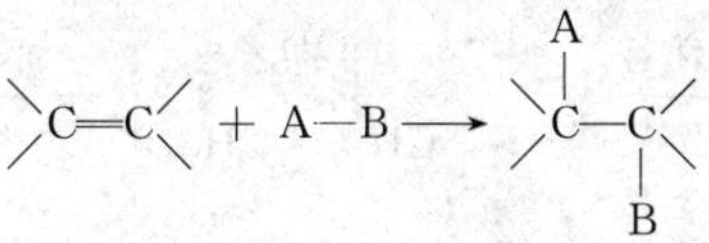

(1) 催化加氢　烯烃、炔烃在催化剂如 Pt，Pd，Ni 的存在下，与氢加成时，烯烃生成相应的烷烃，炔烃生成相应的烯烃，烯烃再进一步加成生成烷烃。例如：

$$CH_2{=}CH_2 + H_2 \xrightarrow{Pt} CH_3CH_3$$

$$HC\equiv CH \xrightarrow[Pt]{H_2} CH_2{=}CH_2 \xrightarrow[Pt]{H_2} CH_3CH_3$$

由于催化加氢反应是定量进行的，所以可根据反应所吸收氢气的体积来推测分子中不饱和键的数目。

催化加氢反应的机理比较复杂，一般认为催化加氢是通过催化剂首先将氢和不饱和烃吸附在金属表面，使 C═C 中的 π 键和 H—H σ 键松弛，然后两个氢原子与不饱和键在催化剂表面同侧完成加成过程。催化剂在反应中的作用是有效地降低活化能，使反应能在较温和的条件下进行。

(2) 亲电加成反应　烯烃、炔烃能与卤素、卤化氢等试剂发生加成反应，生成卤代烃。炔烃反应比烯烃稍难。

① 加卤素。烯烃、炔烃与卤素在常温下即能发生加成反应，生成相应的多卤代烃。

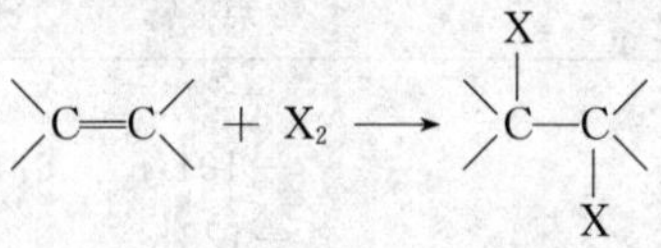

不同卤素的反应活性不一，氟太活泼，反应难以控制，碘则难以反应，因而烯烃、炔烃通常是与氯、溴发生加成反应。烯烃、炔烃与溴的四氯化碳溶液反应时，溴的红棕色迅速消失，所以常利用此方法鉴别有机化合物中碳碳不饱和键的存在。例如：

$$CH_2{=}CH_2 + \underset{(红棕色)}{Br_2} \longrightarrow \underset{(无色)}{BrCH_2CH_2Br}$$

② 加卤化氢。烯烃与卤化氢加成生成卤代烷，炔烃与卤化氢加成先形成卤代烯烃，进而生成偕二卤代烷。不同的卤化氢反应活性顺序为：HI＞HBr＞HCl＞HF。例如：

$$CH_2{=}CH_2 + HBr \longrightarrow CH_3CH_2Br$$

$$HC{\equiv}CH \xrightarrow{HBr} CH_2{=}CHBr \xrightarrow{HBr} CH_3CHBr_2$$

③ 加水。烯烃与水在酸催化下可发生加成反应生成醇，亦称烯烃的水合。例如：

$$CH_2{=}CH_2 + H_2O \xrightarrow{H^+} CH_3CH_2OH$$

炔烃与水在稀硫酸和硫酸汞存在下进行加成反应，生成烯醇型中间体后重排为醛或酮，其中只有乙炔水合生成乙醛，其余炔烃水合产物为酮。例如：

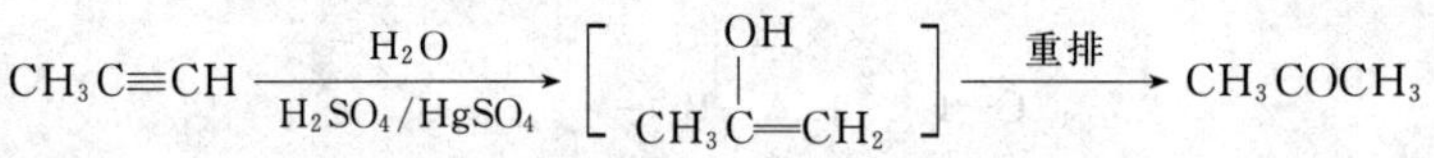

④ 加含氧无机酸（H_2SO_4，HOX）。烯烃与 H_2SO_4 加成生成硫酸氢酯，经水解生成醇。该反应亦称烯烃的间接水合。

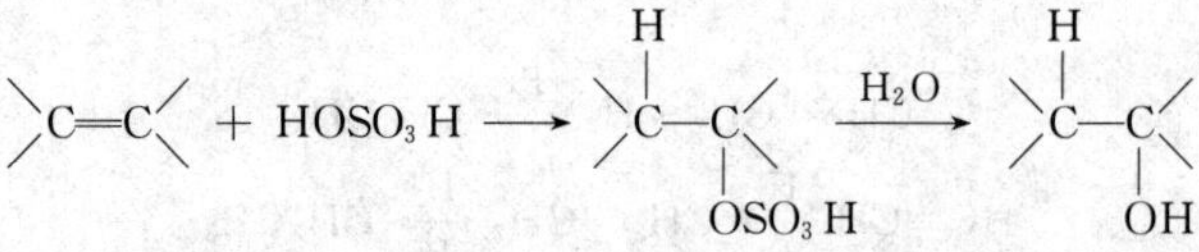

不同结构的烯烃，反应难易不同，生成的醇的种类也不同。例如：

$$CH_2{=}CH_2 + H_2SO_4(98\%) \longrightarrow CH_3CH_2OSO_3H \xrightarrow{H_2O} CH_3CH_2OH$$

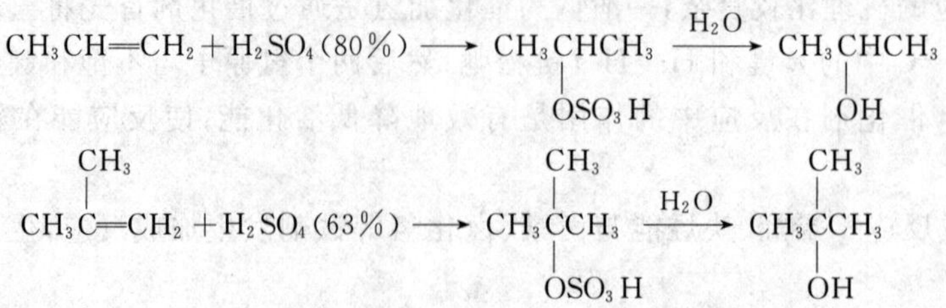

烯烃与次卤酸(HOX)加成，生成邻卤代醇，反应通常是通过烯烃与溴或氯的水溶液来实现。例如：

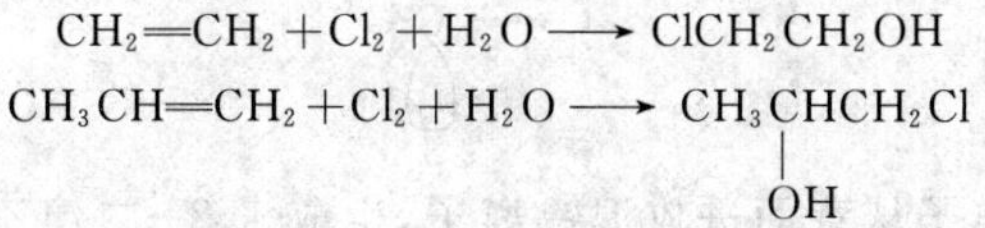

必须指出，烯烃与卤素如氯、溴的加成，可因反应介质不同得到不同的主要产物，因此控制反应条件可得到预期的产物。例如：

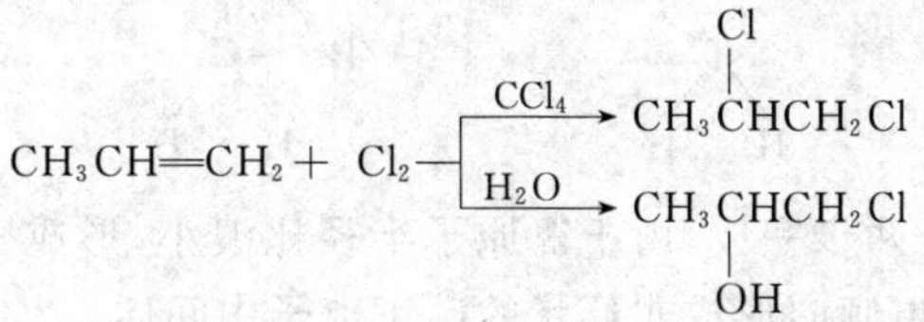

(3) 亲电加成反应机理　实验证明，烯烃加成反应分两步进行：第一步是试剂中带正电荷部分进攻 π 键，经过渡态(Ⅰ)生成**碳正离子**(carbonium ion)中间体，这一步需要的活化能高，因而反应速率慢，是决定整个反应速率的一步。第二步是试剂中带负电荷部分与碳正离子结合，经过渡态(Ⅱ)生成取代烷烃，该步比第一步所需的活化能低得多，反应很快完成。以烯烃与 HX 加成为例，其过程如下：

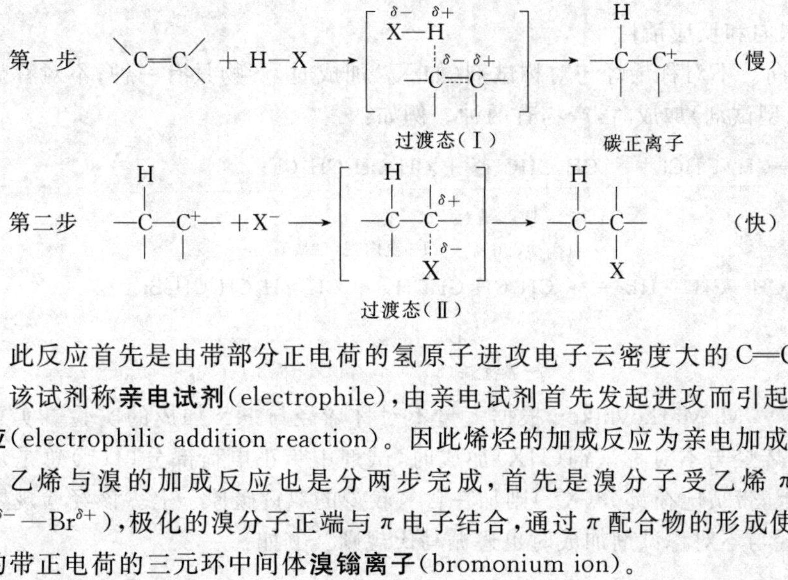

此反应首先是由带部分正电荷的氢原子进攻电子云密度大的 C═C 双键，从而产生碳正离子。该试剂称**亲电试剂**(electrophile)，由亲电试剂首先发起进攻而引起的加成反应称**亲电加成反应**(electrophilic addition reaction)。因此烯烃的加成反应为亲电加成反应。

乙烯与溴的加成反应也是分两步完成，首先是溴分子受乙烯 π 键的影响而发生极化($Br^{\delta-}$—$Br^{\delta+}$)，极化的溴分子正端与 π 电子结合，通过 π 配合物的形成使 Br—Br 键异裂，生成含溴的带正电荷的三元环中间体**溴鎓离子**(bromonium ion)。

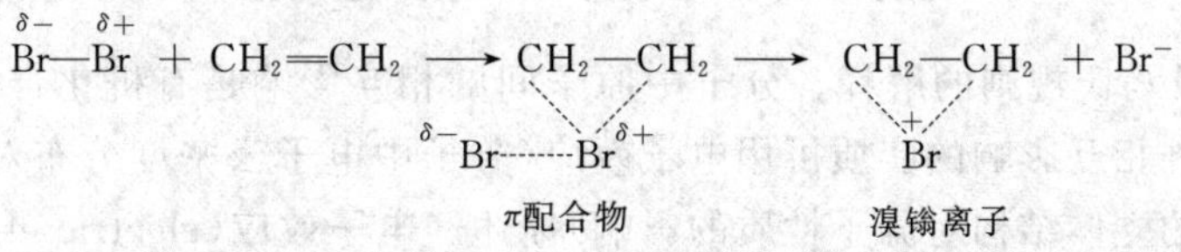

环状溴鎓离子之所以能形成，主要是 C—Br 键形成后，溴原子上孤电子对从侧面与缺电子的碳原子的空 p 轨道重叠，即

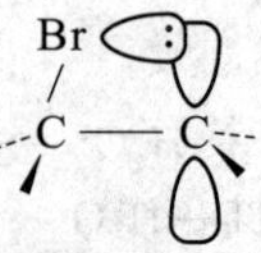

这种侧面重叠有利于溴负离子从背面进攻溴鎓离子，生成1，2－二溴乙烷。

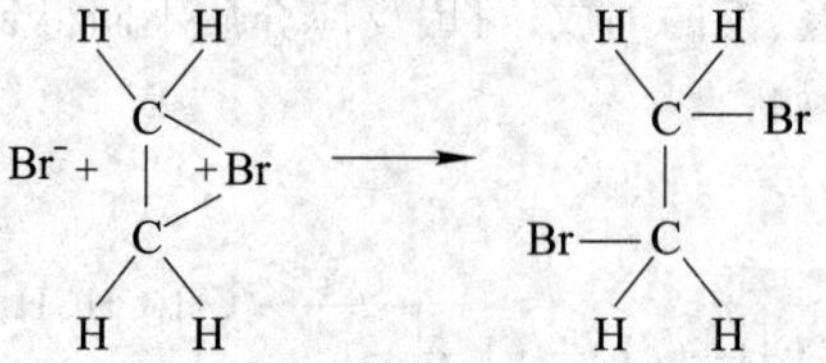

烯烃与氯的加成也是分两步完成，由于氯原子半径比溴小，形成三元环的张力较大，且氯的电负性高，难容纳正电荷而更倾向形成非环状的碳正离子中间体。

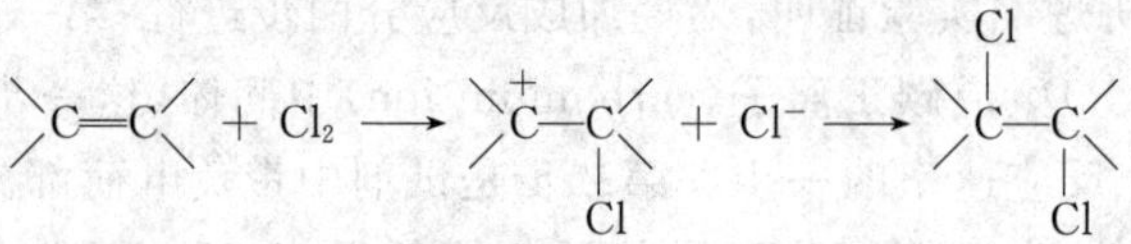

炔烃的加成反应机理类似烯烃，也是亲电加成反应，决定反应难易的主要因素也是中间体碳正离子的稳定性。

(4) 亲电加成反应取向和反应活性

① 亲电加成反应取向。不对称烯烃与对称试剂(如 X_2)加成时，产物只有一种；不对称烯烃与不对称试剂(如 H—X 型试剂)加成时，产物有两种。例如：

$$CH_3CH{=}CH_2 + HCl \longrightarrow \underset{\underset{\displaystyle Cl}{|}}{CH_3CHCH_3} + CH_3CH_2CH_2Cl$$

2－氯丙烷(90％)　1－氯丙烷(10％)

$$CH_3CH_2CH{=}CH_2 + HBr \longrightarrow \underset{\underset{\displaystyle Br}{|}}{CH_3CH_2CHCH_3} + CH_3CH_2CH_2CH_2Br$$

2－溴丁烷(80％)　1－溴丁烷(20％)

1866年俄国化学家 V. M. Markovnikov 根据大量不对称烯烃与 HX 加成的实验事实总结出一个经验规律：不对称烯烃与不对称试剂(HX)加成时，试剂中带正电荷部分(H^+)总是加在含氢较多的双键碳原子上，带负电荷部分(X^-)则加在含氢较少的双键碳原子上。该经验规则简称**马氏规则**。不对称炔烃与不对称试剂加成时也遵循马氏规则。例如：

$$CH_3C{\equiv}CH + HBr \longrightarrow CH_3CBr_2CH_3$$

② 诱导效应及马氏规则的解释。分子中原子间的相互影响是有机化合物中极为重要和普遍存在的现象，这种相互影响的实质可用电子效应(分子中电子云密度分布对分子性质的影响)和立体效应(分子的立体结构对分子性质的影响)描述。**电子效应**(electric effect)可分为**诱导效应**(inductive effect)和**共轭效应**(conjugative effect)两种类型。

a. 诱导效应：在多原子分子中，一个键的极性将影响到分子中的其他部分，使分子中的电子云密度分布发生一定程度的改变，从而影响到分子的性质。例如在氯丙烷分子中，由于 C、Cl 原子电负性不同而使 C—Cl 键具有极性，C—Cl 键极性的影响通过 σ 电子的转移传递到 C_2 和 C_3 上，致使整个分子中的电子云密度分布发生了改变，每个碳原子上都带上了不同量的正电荷：

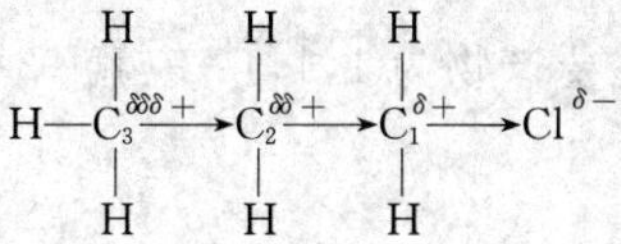

这种由成键原子电负性不同使成键电子对偏向一方引起键的极性改变，并通过静电引力沿分子链由近及远依次传递，致使分子的电子云密度分布发生改变的现象称诱导效应，简称 I 效应。

诱导效应的方向是以 C—H 键中的氢作为比较标准，其他原子或基团（X 或 Y 表示）取代 C—H 键中的氢原子后，该键的电子云密度分布将发生一定程度的改变。若取代原子（或基团）X 电负性大于氢原子，C—X 键电子云偏向于 X。与氢原子相比，X 具有吸电子性，称为吸电子基。由吸电子基引起的诱导效应称为吸电子诱导效应，常以 $-I$ 表示。反之，若取代原子（或基团）Y 电负性小于氢原子，C—Y 键的电子云偏向碳原子，与氢原子相比，Y 具有给电子性，称为给电子基。由给电子基引起的诱导效应称为给电子诱导效应，常以 $+I$ 表示。

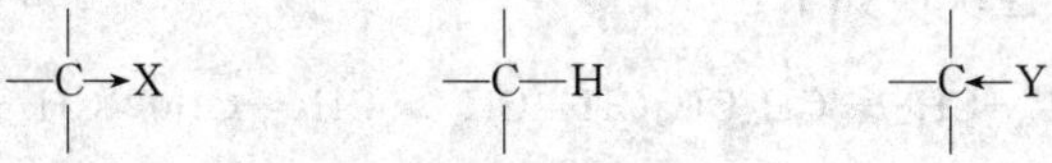

$-I$ 效应　　比较标准　　$+I$ 效应

根据实验结果，常见基团的电负性大小顺序如下：

$$-F > -Cl > -Br > -I > -OCH_3 > -OH > -NH-CO-CH_3 > -C_6H_5 > -CH{=}CH_2 > -H > -CH_3 > -CH_2CH_3 > -CH(CH_3)_2 > -C(CH_3)_3$$

在 H 前面的原子（或基团）为吸电子基，在 H 后面的原子（或基团）为给电子基。

诱导效应具有加和性，且可沿分子链通过 σ 电子偏移由近及远依次传递，但随碳链的增长，这种效应会迅速减弱乃至消失，一般认为经过 3 个碳原子以后，可忽略不计，因此诱导效应是一种“短程效应”。

b. 马氏规则的解释：研究证明，带正电荷的碳原子连有的烷基越多，$+I$ 效应越强，使正电荷越分散，体系能量越低，碳正离子越稳定，就越易形成产物。不同类型的烷基碳正离子的稳定性顺序为

$$R_3\overset{+}{C} > R_2\overset{+}{C}H > R\overset{+}{C}H_2 > \overset{+}{C}H_3$$

叔碳正离子 3°　　仲碳正离子 2°　　伯碳正离子 1°　　甲基碳正离子 $^{+}CH_3$

丙烯与 HCl 加成时，可能形成两种碳正离子中间体：

$$CH_3CH{=}CH_2 + H^+ \longrightarrow \underset{\text{仲碳正离子}}{CH_3\overset{+}{C}HCH_3} + \underset{\text{伯碳正离子}}{CH_3CH_2\overset{+}{C}H_2}$$

由于 $CH_3\overset{+}{C}HCH_3$ 稳定性大于 $CH_3CH_2\overset{+}{C}H_2$。所以主产物 2-氯丙烷符合马氏规则。

3,3,3-三氟丙烯与 HCl 加成时，由于 3 个氟原子的强吸电子性，使 C═C 双键中电子云分布不均匀，出现正、负电荷中心。试剂中带正电荷的 H^+ 进攻分子中的负电荷中心，即含氢较少的双键碳原子，形成 1° 三氟丙基碳正离子（$F_3CCH_2\overset{+}{C}H_2$），它比 2° 三氟丙基碳正离子（$F_3C\overset{+}{C}HCH_3$）稳定。因而生成的主要产物为 1,1,1-三氟-3-氯丙烷，而不是 1,1,1-三氟-2-氯丙烷。

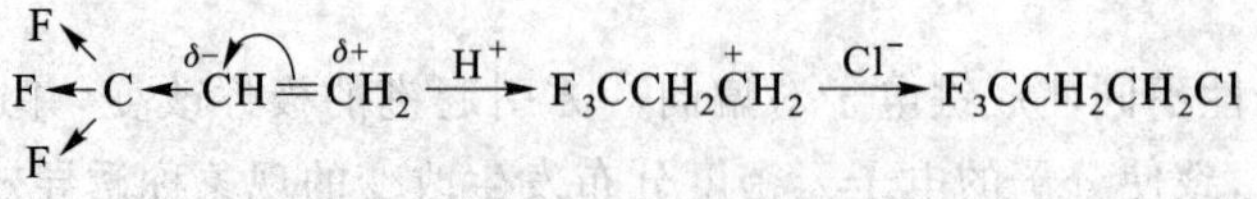

三氟丙烯　　　　三氟丙基碳正离子　1,1,1-三氟-3-氯丙烷

近代理论认为：马氏规则的实质就是不饱和烃的亲电加成总是以形成较稳定的碳正离子中间体决定反应的主要产物。

③ 亲电加成反应活性。碳碳双键上所连接的原子（或基团）不仅影响亲电加成的取向，还影响双键的反应活性。由于亲电加成反应中，碳正离子中间体形成是决定反应速率的关键一步，因此越易形成稳定的碳正离子中间体的烯烃，亲电反应活性越大。异丁烯、丁烯、乙烯和氯乙烯与氢卤酸亲电加成的反应活性次序如下：

$$(CH_3)_2C{=}CH_2 > CH_3CH_2CH{=}CH_2 > CH_2{=}CH_2 > CH_2{=}CHCl$$

问题 3.4　写出下列化合物与 HBr 加成的主要产物，并简述理由。

$$(CH_3)_2C{=}CHC(CH_3)_3$$

问题 3.5　解释下列事实。

(1) $CH_2{=}CH_2 + Br_2/H_2O/NaCl \longrightarrow \underset{Br\quad\ \ Br}{CH_2{-}CH_2} + \underset{Br\quad\ \ OH}{CH_2{-}CH_2} + \underset{Br\quad\ \ Cl}{CH_2{-}CH_2}$

(2) 异丁烯、丁烯分别与 HBr 加成，前者的反应速率较后者快。

问题 3.6　比较下列各组碳正离子的稳定性。

(1) $(CH_3)_3C\overset{+}{C}H_2$　　$(CH_3)_2\overset{+}{C}CH_3$　　(2) $CF_3\overset{+}{C}HCH_3$　　$CF_3CH_2\overset{+}{C}H_2$

---

2. 氧化反应

烯烃、炔烃较烷烃易被氧化，在较温和条件下仅 π 键断裂，条件剧烈时 σ 键也随之断裂，得到的氧化产物随氧化剂、反应条件及分子结构不同而异。

(1) 与高锰酸钾作用　烯烃、炔烃与碱性 $KMnO_4$ 稀冷水溶液作用时，不饱和键中的 π 键断裂，烯烃生成邻二醇，非端基炔烃生成邻二酮。例如：

$$CH_2{=}CH_2 + KMnO_4 + H_2O \xrightarrow{OH^-} \underset{OH\quad OH}{CH_2{-}CH_2} + KOH + MnO_2\downarrow$$

$$CH_3C{\equiv}CCH_3 + KMnO_4 + H_2O \xrightarrow{OH^-} H_3C{-}\overset{O}{\overset{\|}{C}}{-}\overset{O}{\overset{\|}{C}}{-}CH_3 + KOH + MnO_2\downarrow$$

烯烃、炔烃与酸性高锰酸钾溶液作用时，不饱和键中的 π 键和 σ 键相继断裂，根据不饱和键碳原子上连接的原子（或基团）不同，可得到各种不同产物。反应通式如下：

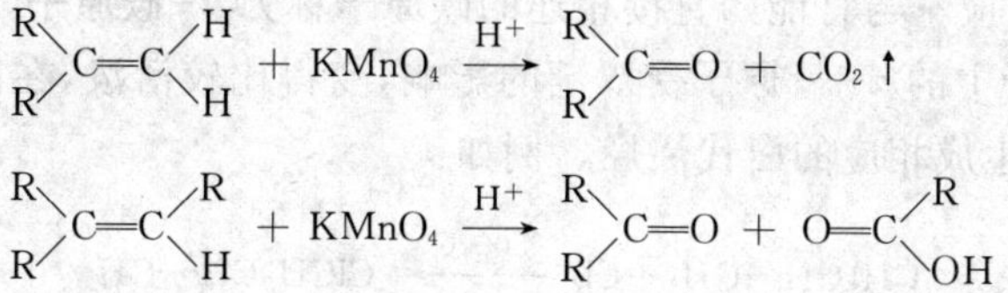

酮　　羧酸

$$RC\equiv CR' + KMnO_4 \xrightarrow{H^+} RCOOH + R'COOH$$

羧酸　　羧酸

由于反应前后 $KMnO_4$ 的紫红色发生改变，因此可利用此反应检验不饱和键。

(2) 臭氧化反应　臭氧（含量 6%～8%）在低温下能迅速与烯烃发生定量反应，生成臭氧化物。这个反应称为臭氧化反应。

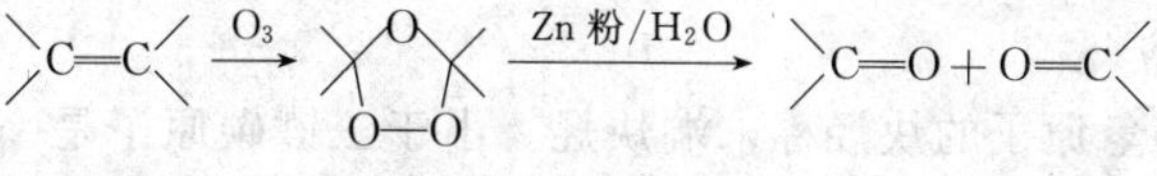

臭氧化物

臭氧化物中含过氧键（—O—O—），很不稳定，容易爆炸，因此一般不将其分离，而是直接在溶液中锌粉的存在下进行水解，得到醛或酮或二者的混合物，这是一种制备醛、酮的方法。

烯烃的臭氧化物在锌粉存在下水解，断裂部位是烯烃的 C═C 双键处，所以可根据反应产物推出烯烃的结构。

炔烃也能被臭氧氧化，水解后得羧酸。根据所得羧酸的结构，也可以确定炔烃中三键的位置。

问题 3.7　分子式为 C_5H_{10} 的化合物 A，B。A 经臭氧氧化后，再用锌粉处理得到等物质的量的丙酮和乙醛；B 经相同条件反应得到等物质的量的 2-甲基丙醛和甲醛。试分别写出 A，B 的结构式。

问题 3.8　$CH_2{=}CHCH_2\underset{\displaystyle CH_3}{\underset{|}{C}}{=}CH_2 \xrightarrow{KMnO_4/H^+}$

问题 3.9　$CH_2{=}CH{-}CH_2{-}\underset{\displaystyle CH_3}{\underset{|}{C}}{=}C(CH_3)_2 \xrightarrow[\text{② } H_2O/Zn\text{ 粉}]{\text{① } O_3}$

---

3. 烯烃的自由基反应

(1) 加成反应　在过氧化物存在下，烯烃与溴化氢发生加成反应，得到反马氏规则的溴代烷。这种因过氧化物的存在而引起不对称烯烃与溴化氢加成产物不遵循马氏规则的现象称**过氧化物效应**（peroxide effect）。由于过氧化物分子中 O—O 键解离能小，易均裂成自由基，使加成反应按自由基加成机理进行。例如：

$$CH_3CH{=}CH_2 + HBr \xrightarrow{R-O-O-R} CH_3\dot{C}HCH_2Br \xrightarrow{HBr} CH_3CH_2CH_2Br$$

过氧化物效应只存在于不对称烯烃与溴化氢的加成反应中，氟化氢、氯化氢、碘化氢等试剂都无此效应。

(2) α-H 的卤代反应　与官能团直接相连的碳原子称为**α-碳原子**，该碳原子上的氢原子称为**α-氢原子**，丙烯分子中的 α-氢原子受双键的影响，变得比较活泼，在高温或光照下易与卤素发生自由基取代反应，生成相应的卤代烯烃。例如：

$$\overset{\alpha}{C}H_3CH{=}CH_2 + Cl_2 \xrightarrow{500\ ℃} \underset{\text{烯丙基氯(3-氯丙烯)}}{ClCH_2CH{=}CH_2}$$

问题 3.10　用自由基取代反应机理解释下列反应：

$$CH_3CH_2CH{=}CH_2 + Br_2 \xrightarrow{h\nu} CH_3\underset{\substack{|\\ Br}}{C}HCH{=}CH_2$$

---

4. 末端炔烃的反应

三键碳原子上连有氢原子的炔烃称末端炔烃。由于三键碳原子是 sp 杂化，其电负性较 sp^2 和 sp^3 杂化的碳原子大，使得末端炔烃的炔氢具有微酸性，能与一些金属离子发生反应，生成不溶性的炔化物。例如，将末端炔烃与硝酸银的氨溶液或氯化亚铜的氨溶液混合，则分别有白色的炔化银或砖红色的炔化亚铜沉淀生成。

$$R{-}C{\equiv}CH + [Ag(NH_3)_2]NO_3 \longrightarrow \underset{\text{炔化银(白色)}}{R{-}C{\equiv}C{-}Ag\downarrow} + NH_3 + NH_4NO_3$$

$$R{-}C{\equiv}CH + [Cu(NH_3)_2]Cl \longrightarrow \underset{\text{炔化亚铜(砖红色)}}{R{-}C{\equiv}C{-}Cu\downarrow} + NH_3 + NH_4Cl$$

上述反应极为灵敏，且现象明显，常用来鉴别具有 $-C{\equiv}CH$ 结构特征的炔烃，并可将其从混合物中分离出来。

银和铜的炔化物在水中都比较稳定，干燥时因受震动或升温易发生爆炸。因此实验完毕后应立即用硝酸或浓盐酸将其分解，以免发生危险。

5. 聚合反应

在一定条件下烯烃能以自由基或离子型反应机理发生多个相同(或相似)分子间自身加成，形成相对分子质量很大的聚合物，称为聚合反应。

$$n\,CH_2{=}CH_2 \xrightarrow[\text{ROOR(微量)}]{160\sim280\ ℃\text{，大于 }101.325\ \text{kPa}} \underset{\text{聚乙烯}(n=500\sim2\,000)}{{+}CH_2CH_2{+}_n}$$

炔烃一般不聚合成高分子化合物。

3.2 二烯烃

二烯烃是指分子中含两个 C=C 双键的烯烃，其通式与炔烃相同，为 C_nH_{2n-2}。

3.2.1 二烯烃的分类和命名

1. 二烯烃的分类

根据**二烯烃**(diene)分子中两个C═C双键的相对位置不同,二烯烃可分为以下三类:

(1) 累积二烯烃(cumulative diene) 两个C═C双键同时连在一个碳原子上,即含"$\rangle C{=}C{=}C\langle$"结构体系的二烯烃,称为累积二烯烃。例如,$CH_2{=}C{=}CH_2$(1,2-丙二烯)。此类化合物不稳定,也难制备。

(2) 隔离二烯烃(isolated diene) 两个C═C双键间相隔两个或两个以上C—C单键,即具有"$\rangle C{=}C{-}(\overset{|}{\underset{|}{C}})_n{-}C{=}C\langle$"($n \geqslant 1$)结构体系的二烯烃,称为隔离二烯烃。例如,$CH_2{=}CHCH_2CH_2CH{=}CH_2$(1,5-己二烯)。此类二烯烃两个双键相隔较远,相互间基本无影响,化学性质类似单烯烃。

(3) 共轭二烯烃(conjugated diene) 两个C═C双键间隔一个C—C单键,即单、双键交替排列,含"$\rangle C{=}\underset{|}{C}{-}\overset{|}{C}{=}C\langle$"结构体系的二烯烃,称为共轭二烯烃。例如,$CH_2{=}CH{-}CH{=}CH_2$(1,3-丁二烯)。此类二烯烃结构、性质都比较特殊,因此在理论和实际应用上都较重要,是本节介绍的重点。

2. 二烯烃的命名

二烯烃的系统命名原则与烯烃相似,只是选主链时应包括两个双键,母体名称为"某二烯"。例如:

$CH_3CH{=}C{=}CH_2$
1,2-丁二烯
(buta-1,2-diene)

$(CH_3)_2C{=}CH{-}CH{=}CH_2$
4-甲基-1,3-戊二烯
(4-methylpenta-1,3-diene)

$CH_2{=}CH{-}CH{=}CH_2$
1,3-丁二烯
(buta-1,3-diene)

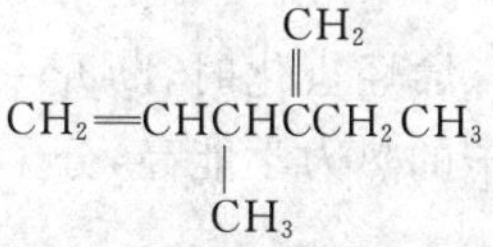

3-甲基-2-乙基-1,4-戊二烯
(2-ethyl-3-methylpenta-1,4-diene)

对于有顺反异构的二烯烃,则须用顺/反或 Z/E 构型标记法标出每个C═C双键的构型。例如:

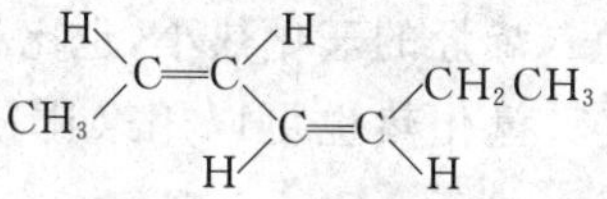

顺,顺-2,4-庚二烯
(*cis*,*cis*-hepta-2,4-diene)
或(2*Z*,4*Z*)-2,4-庚二烯
{(2*Z*,4*Z*)-hepta-2,4-diene}

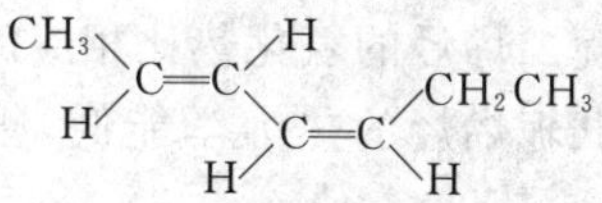

反,顺-2,4-庚二烯
(*trans*,*cis*-hepta-2,4-diene)
或(2*E*,4*Z*)-2,4-庚二烯
{(2*E*,4*Z*)-hepta-2,4-diene}

3.2.2 共轭二烯烃

1. 共轭二烯烃的结构和特征

(1) 共轭二烯烃的结构　以1,3-丁二烯为例，讨论共轭二烯烃的结构。在1,3-丁二烯分子中，4个碳原子都为 sp^2 杂化，各碳原子之间形成3个 $C_{sp^2}—C_{sp^2}$ σ 键，构成分子碳架；其余 sp^2 杂化轨道分别与氢原子的1s轨道重叠，形成6个 $C_{sp^2}—H_s$ σ 键，分子中所有的 σ 键都处于同一平面。每个碳原子上未杂化的p轨道都垂直于该平面，且相互平行，不仅 C_1 与 C_2，C_3 与 C_4 之间能相互侧面重叠形成 π 键，而且 C_2 和 C_3 的p轨道也有一定程度的侧面重叠，这样使得两个 π 键不是孤立存在的，而是形成了以4个碳原子为中心，包含4个p轨道的**大 π 键**(conjugated π bond)，这种体系又称**共轭体系**(conjugation system)。在此共轭体系中，π 电子不再局限于 $C_1—C_2$ 和 $C_3—C_4$ 之间，而是运动在整个分子中，即 π 电子发生**离域**(delocalization)，如图3.5所示。1,3-丁二烯分子是研究得最多、最简单的共轭体系。

(2) 共轭二烯烃的特征　共轭二烯烃由于存在共轭大 π 键结构而具有与单烯烃和非共轭二烯烃不同的特性。

① 键长平均化。1,3-丁二烯分子中的 C_1 与 C_2，C_3 与 C_4 间的键长为135 pm，比乙烯中的C═C双键键长(134 pm)略长，C_2 与 C_3 间的键长为147 pm，比乙烷中的C—C单键键长(154 pm)明显缩短(见图3.6)。说明1,3-丁二烯分子中不存在典型的单键和双键。

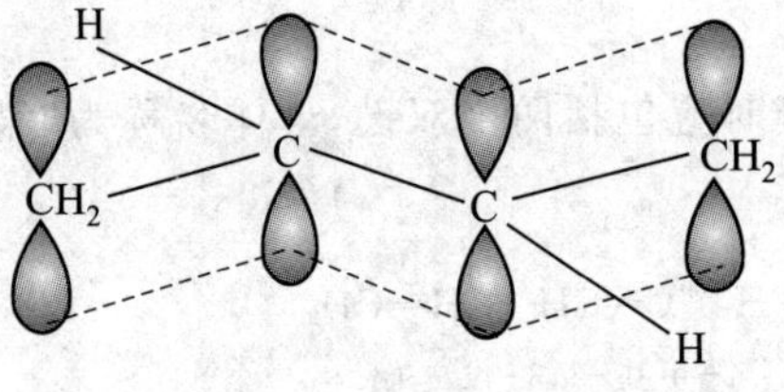

图3.5　1,3-丁二烯分子中的共轭 π 键

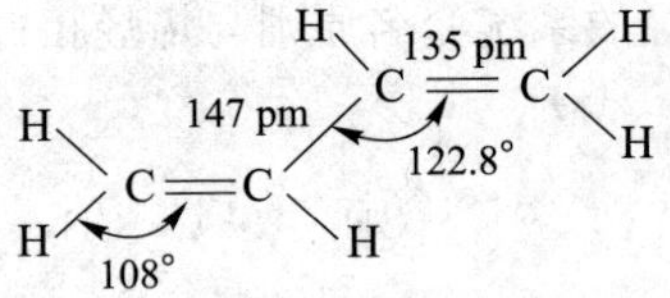

图3.6　1,3-丁二烯分子中的键长和键角

② 分子的稳定性。烯烃氢化时，断开一个 π 键，形成两个 σ 键所放出的能量称烯烃的氢化热。氢化热大，表明分子的热力学能高，分子稳定性小，反之，分子稳定性大。实验测定出一些烯烃的氢化热如下：

	$CH_3CH_2CH═CH_2$	$CH_2═CH—CH═CH_2$	
氢化热/(kJ·mol⁻¹)	126.9	238.9	
	$CH_3CH_2CH_2CH═CH_2$	$CH_2═CHCH_2CH═CH_2$	$CH_3CH═CHCH═CH_2$
氢化热/(kJ·mol⁻¹)	125.9	254.4	226

数据表明，共轭二烯烃的氢化热比相应的非共轭二烯烃的氢化热小，也比相应的单烯烃的两倍氢化热小，说明共轭烯烃的热力学能低，比较稳定。氢化热也可以用来比较同分异构体的稳定性。

2. 共轭体系和共轭效应

(1) 共轭体系　共轭体系是指含有共轭大 π 键的体系，可以是分子的一部分或是整个分子。根据形成共轭大 π 键的轨道类型不同，共轭体系有以下几种类型。

① π-π 共轭。π-π 共轭是由形成两个或两个以上 π 键的 p 轨道相互重叠形成的体系。凡双键、单键交替连接的结构都属此类型。例如：

$CH_3CH═CH—CH═CHCH_3$　　2,4-己二烯

$CH_3CH═CH—CH═CH—CH═CH_2$　　1,3,5-庚三烯

② p-π 共轭。p-π 共轭是由 p 轨道和 π 键重叠而成的体系。根据 p 轨道上容纳电子数的不同，p-π 共轭可分为以下三种情况：

a. 多电子 p-π 共轭：例如，溴乙烯（$CH_2═CHBr$）分子中溴原子以 σ 键直接和双键碳原子相连，溴原子具有孤对 p 电子，能与 π 键侧面重叠，形成以 C，C，Br 3 个原子为中心，包含 4 个 p 电子的共轭 π 键。由于成键电子数多于成键轨道数，因此这种 p-π 共轭称多电子或富电子 p-π 共轭，见图[3.7(a)]。

b. 缺电子 p-π 共轭：例如，烯丙基碳正离子（$\overset{+}{C}H_2CH═CH_2$），该体系中的 3 个碳原子均为 sp^2 杂化，带正电荷的碳原子的 p 轨道无电子。该 p 轨道与相邻的 π 键发生侧面重叠，形成以 3 个碳原子为中心，包含 2 个 p 电子的共轭 π 键。由于成键电子数少于成键轨道数，因此这种 p-π 共轭称缺电子的 p-π 共轭[见图 3.7(b)]。

c. 等电子 p-π 共轭：例如，烯丙基自由基（$\dot{C}H_2CH═CH_2$），与双键相连的碳原子的 p 轨道上有 1 个单电子，该 p 轨道与 π 键侧面重叠，形成以 3 个碳原子为中心，包含 3 个 p 电子的共轭 π 键。由于其成键电子数等于成键轨道数，因此这种 p-π 共轭又称等电子的 p-π 共轭，[见图 3.7(c)]。

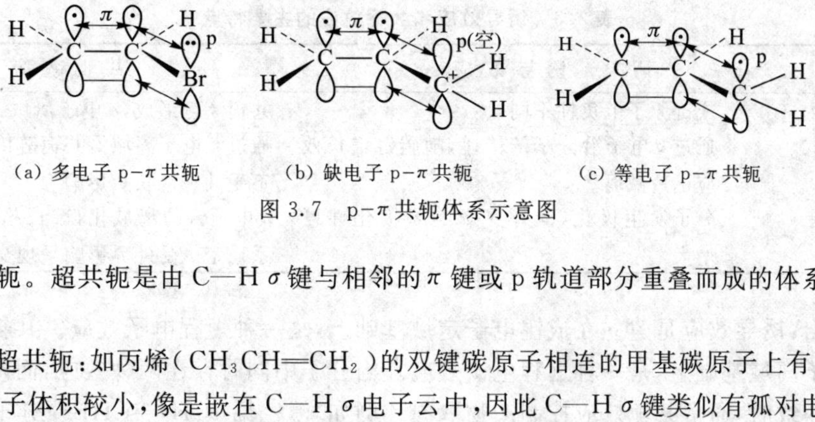

(a) 多电子 p-π 共轭　(b) 缺电子 p-π 共轭　(c) 等电子 p-π 共轭

图 3.7　p-π 共轭体系示意图

③ 超共轭。超共轭是由 C—H σ 键与相邻的 π 键或 p 轨道部分重叠而成的体系。常见的有以下两种：

a. σ-π 超共轭：如丙烯（$CH_3CH═CH_2$）的双键碳原子相连的甲基碳原子上有 3 个 C—H σ 键，由于氢原子体积较小，像是嵌在 C—H σ 电子云中，因此 C—H σ 键类似有孤对电子，当 C—C 单键自由旋转时可使 C—H σ 键有机会与 π 键发生一定程度的侧面重叠，形成 σ-π 超共轭[见图 3.8(a)]。

b. σ-p超共轭：如乙基碳正离子（$CH_3\overset{+}{C}H_2$），带正电荷的 C 原子为 sp^2 杂化，并有一空 p 轨道，C—C 单键的自由旋转，使甲基上的 C—H σ 键有机会与该空 p 轨道发生一定程度重叠，形成 σ-p 超共轭[见图 3.8(b)]。除甲基碳正离子外，烷基碳正离子一般都有此类共轭。

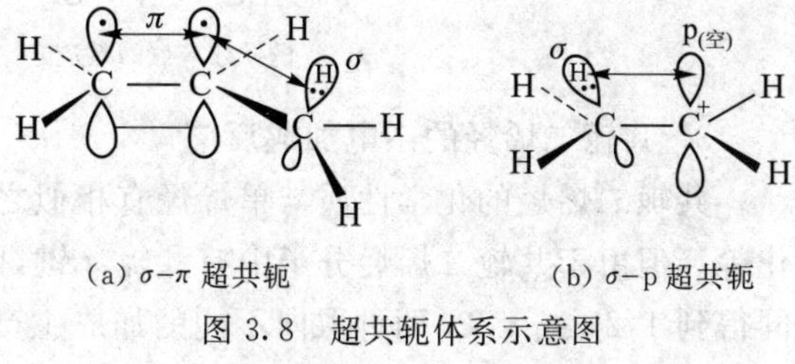

(a) σ-π 超共轭　(b) σ-p 超共轭

图 3.8　超共轭体系示意图

综上所述,共轭体系的形成一般都具备以下特点:(ⅰ)形成共轭 π 键的原子必须共平面,相互平行且不少于 3 个 p 轨道。(ⅱ)有供成键且不少于 2 个的 p 电子。

(2) 共轭效应 **共轭效应**(conjugative effect)是存在于共轭体系中的电子效应,即 π 电子离域对分子的影响。共轭效应分为静态共轭效应和动态共轭效应两种。

静态共轭效应是指共轭体系中由于 π 电子离域使体系(分子、离子、自由基)热力学能降低,键长平均化。静态共轭效应是分子未受外界影响而固有的静态极化作用。例如,在丙烯醛、丁烯酮分子中,由于氧的吸电子性,使整个分子的电荷密度出现交替极化。箭头表示电子转移的方向。

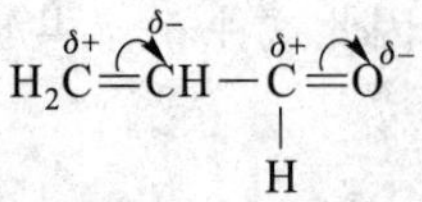
丙烯醛

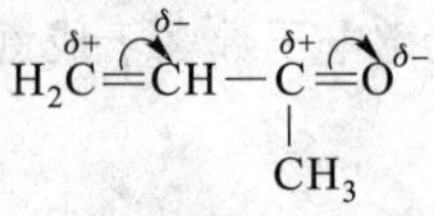
丁烯酮

动态共轭效应是指共轭体系受外界(电场、试剂等)作用时的极化现象。例如,1,3-丁二烯分子无静态极化作用,是非极性分子,但当受到亲电试剂(如 H^+)进攻时,分子发生极化,分子中电荷密度也出现交替极化。

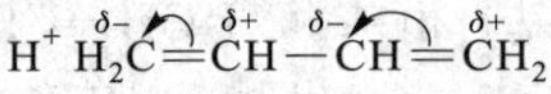

共轭效应是一类重要的电子效应,它和诱导效应在产生的原因、作用的方式及导致的结果都不相同,二者比较见表 3.3。

表 3.3 诱导效应和共轭效应的主要特点

	诱导效应	共轭效应
产生原因	成键原子电负性不同	共轭 π 键形成,π 电子离域
作用方式	通过 σ 电子沿分子链传递,随碳链增长效应迅速减弱	通过 π 电子离域沿共轭链传递,效应强弱不受共轭链长短影响
导致结果	分子发生极化,受外界影响时极化性可增大	π 电子云的离域化,键长趋于平均化,体系稳定。受外界影响呈现交替极化

必须指出:诱导效应是建立在成键电子定域基础上,是一种短程电子效应。共轭效应则是建立在成键电子离域基础上,是一种远程电子效应。当分子中同时存在两种效应,而两种效应影响产物取向不一致时,通常共轭效应控制产物取向。例如,溴乙烯(CH_2═CHBr)分子中同时存在诱导效应和共轭效应,与 HBr 加成时,主要得到 1,1-二溴乙烷即是共轭效应控制产物的结果。

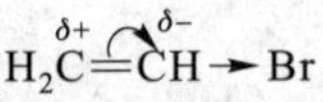
诱导效应(−*I*效应)

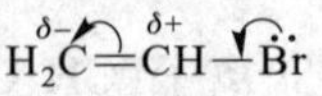
共轭效应

3. 共轭二烯烃的亲电加成反应

共轭二烯烃的化学性质与单烯烃有相似之处,如能与亲电试剂发生亲电加成,可被氧化剂氧化等。但由于共轭二烯烃分子中有共轭 π 键,因此与亲电试剂发生加成反应时,可随反应条件不同得到 1,2-或 1,4-两种取向不同的加成主产物。例如:

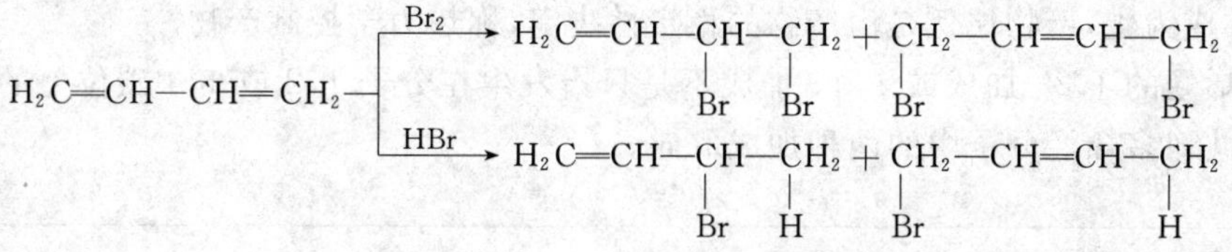

1,2-加成产物　　1,4-加成产物

在1,3-丁二烯分子中，1,2-加成是亲电试剂的两部分分别加在分子的 C_1 和 C_2 上。1,4-加成是亲电试剂的两部分分别加在分子两端的 C_1 和 C_4 上，原来的两个 π 键断裂，而在 C_2 和 C_3 间形成新的 π 键，这种加成通常称为共轭加成。

问题 3.11　$CH_3CH{=}CHC(CH_3){=}CHCH(CH_3)_2 + HCl \longrightarrow$

共轭二烯烃的亲电加成机理与单烯烃相同，反应也是分两步进行。以1,3-丁二烯与HBr反应为例：

第一步，试剂中的 H^+ 进攻电荷密度呈交替极化分布的1,3-丁二烯分子的负电荷中心，可能形成两种碳正离子中间体：

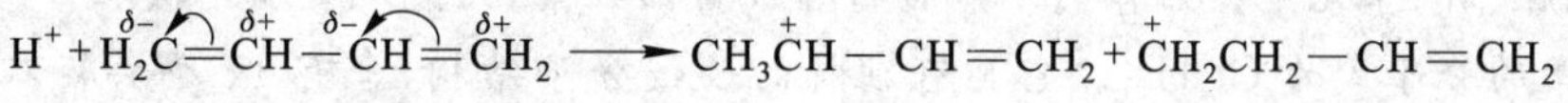

（Ⅰ）　　（Ⅱ）

碳正离子（Ⅰ）为烯丙基型碳正离子，带正电荷的碳原子的空 p 轨道既可与 π 键形成缺电子 p-π 共轭体系，又可与甲基上 3 个 C—H σ 键形成 σ-p 超共轭，从而使体系的正电荷得以分散，较稳定。而碳正离子（Ⅱ）是 1°碳正离子，无 p-π 共轭，稳定性较差，因此反应第一步主要形成更稳定的碳正离子（Ⅰ）。

第二步，试剂中的溴负离子（Br^-）进攻活性碳正离子（Ⅰ）中间体时，由于该碳正离子中间体为共轭体系，π 电子离域使其正电荷分布呈交替极化，即共轭体系中正电荷不是均匀分布，而是间隔分布在 C_2 和 C_4 上，所以 Br^- 可进攻的正电荷中心为 C_2 和 C_4，因而分别得到1,2-加成产物和1,4-加成产物。

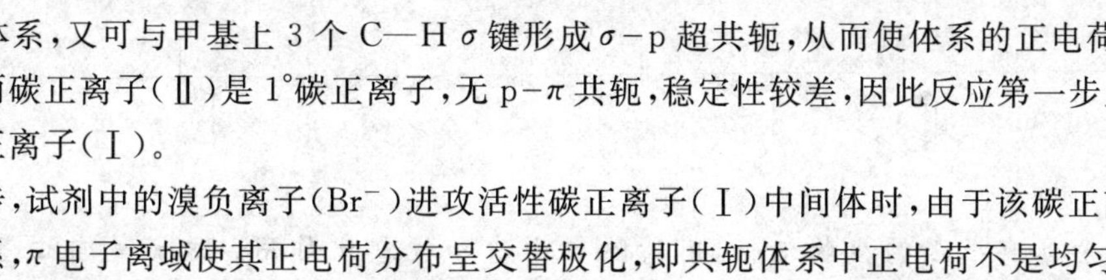

共轭二烯烃都可发生1,2-和1,4-亲电加成反应，但生成1,2-加成和1,4-加成产物的相对数量与反应温度和溶剂等因素有关。例如，1,3-丁二烯与HBr的加成，在−80 ℃、非极性溶剂中反应，80%为1,2-加成产物。而在40 ℃、极性溶剂中反应，80%为1,4-加成产物。说明了低温有利于1,2-加成反应，即产物的比例是由反应速率决定，称动力学控制产物。在较高温度

下以 1,4-加成为主,产物比例是由产物的稳定性决定,称热力学控制产物。

共轭二烯烃的 1,2-加成或 1,4-加成不是只指发生在分子 1,2 或 1,4 碳位上的加成,而是泛指发生在共轭多烯烃分子中的两种加成取向。

阅读材料

番茄红素

番茄红素(lycopene)是类胡萝卜素的一种,呈红色,由 Harlsen 从番茄中分离提取出来,故此得名。最早的有关番茄红素有生物活性的报道是在 1959 年,Ernster 发现在辐射的小鼠腹腔中注射番茄红素后它的生存率提高,并能降低细菌的感染。近几年的研究发现,番茄红素有比其他类胡萝卜素更好的性能,是防病治病的重要功能因子,所以目前成为国际上功能食品成分研究的一个热点。

番茄红素广泛分布于各种植物中,成熟的红色植物果实中含量较高。如番茄、西瓜、红葡萄柚、番石榴、蔷薇果中含量较多,其中番茄的番茄红素含量最高,且成熟度越高,番茄红素的含量越多。成熟的番茄,每千克中大约含 20 mg 番茄红素。人体内也含有番茄红素,主要分布在人的血液、肾上腺、肝、睾丸中。但体内不能自行合成番茄红素,只能从食物中摄取。

番茄红素的分子式为 $C_{40}H_{56}$。它具有独特的长链分子结构,含有 11 个共轭双键及两个非共轭双键,其基本结构如下:

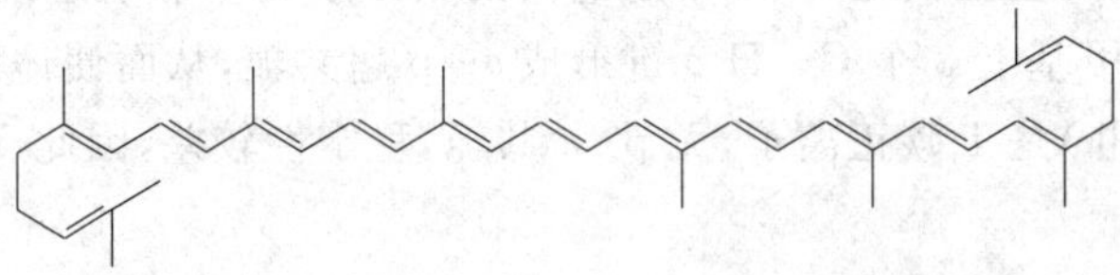

番茄红素具有很强的生物活性,有清除自由基和抗氧化作用。过量氧自由基能和体内 DNA、蛋白质、糖类和脂类等重要的大分子反应,损坏它们的功能,引起一系列的疾病,如癌症、心血管疾病、衰老等。研究结果表明,番茄红素是猝灭单线态氧和清除过氧化氢等自由基能力最强的类胡萝卜素,其抗氧化能力是 β-胡萝卜素的 2 倍多,是维生素 E 的 100 多倍。番茄红素具有抗衰老、防癌抗癌、降低心血管疾病的危险性、保护皮肤免受紫外光的损伤,以及提高机体免疫能力的多重功用。

国外许多临床试验证明:番茄红素对于前列腺癌、心肌梗死、心血管、皮肤癌等多种疾病有预防和治疗作用。作为食品添加剂可预防老年性视力退化、抗衰老等。

习 题

1. 用系统命名法命名下列化合物。

(1) $(CH_3)_3CCH{=}CHCH(CH_3)_2$　　(2) $(CH_3)_2CHCH_2C{\equiv}CH$

(3) $CH_3CH_2{-}C({=}CH_2){-}CH(CH_3)_2$　　(4) $HC{\equiv}C{-}C(CH(CH_3)_2){=}C(CH_3)_2$

(5) $CH_3C{\equiv}C{-}C(CH{=}CH_2){=}CHC_2H_5$　　(6) $CH_3CH_2C(CH_3){=}CHCH{=}CHC(CH_3)_3$

2. 写出下列化合物的结构式。

(1) 顺-3,4-二甲基-2-戊烯　　(2) 4,5-二甲基-2-庚炔

(3) (1*Z*,3*E*)-1-氯-1,3-戊二烯　　(4) (5*E*)-2-异丙基-1,5-庚二烯-3-炔

3. 何谓诱导效应和共轭效应？试比较它们的特点。

4. 完成下列化学反应式。

(1) 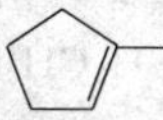 $-CH_2CH_3 + Cl_2 \xrightarrow{CCl_4}$

(2) $CH_3CH_2C(CH_3){=}CH_2 + Cl_2 \xrightarrow{H_2O}$

(3) $(CH_3)_2C{=}CHCH(CH_3)_2 + H_2SO_4 \longrightarrow \quad \xrightarrow{H_2O}$

(4) $(CH_3)_2C{=}CHCH_2C(CH_3){=}CHCH_3 + KMnO_4 \xrightarrow{H^+}$

(5) $CH_3CH_2C(CH_3){=}CH_2 + HBr \xrightarrow{ROOR}$

(6) $(CH_3)_3CCH{=}C(CH_3)_2 \xrightarrow{O_3} \quad \xrightarrow{H_2O/Zn\ 粉}$

(7) 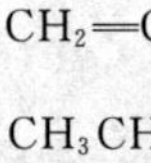 $+ Cl_2 \xrightarrow{高温、高压}$

(8) $CH_3C{\equiv}CCH_3 + H_2O \xrightarrow{HgSO_4/H^+}$

5. 将下列化合物按指定要求由大到小排列成序。

(1) 碳正离子稳定性：

a. $CH_2{=}CH\overset{+}{C}HCH_3$　　b. $CH_3CH_2CH_2\overset{+}{C}H_2$　　c. $CH_3\overset{+}{C}HCH_2CH_3$

d. $CH_3CH_2\overset{+}{C}(CH_3)_2$　　e. $\overset{+}{C}H_3$　　f. $CH_2{=}CH\overset{+}{C}H_2$

(2) 与 H_2SO_4 反应的活性：

a. $CH_2{=}CH_2$　　b. $(CH_3)_2C{=}CHCH_3$　　c. $H_2C{=}CHCH(CH_3)_2$

6. 指出下列各共轭体系中的共轭类型。

(1) $CH_2{=}CH\overset{+}{C}HCH_3$　　(2) $CH_3CH{=}CHCl$　　(3) $CH_3CH{=}CHCH{=}CH_2$

7. 根据下列反应产物，写出原烯烃的结构。

(1) 经酸性高锰酸钾氧化后生成 CH_3COOH 和 $(CH_3)_2CHCH_2\overset{O}{\overset{\|}{C}}CH_3$

(2) 经酸性高锰酸钾氧化后生成两分子乙酸和一分子乙二酸(HOOC—COOH)

(3) 经酸性高锰酸钾氧化后生成 CH_3COOH，$CH_3\overset{\overset{O}{\|}}{C}CH_2COOH$ 和 $(CH_3)_2CH\overset{\overset{O}{\|}}{C}CH_3$

(4) 经臭氧化还原水解后生成 $(CH_3)_2CHCHO$ 和 $CH_3\overset{\overset{O}{\|}}{C}CH_3$

8. 用简单化学方法鉴别下列各组化合物。

(1) 丁烷、2-丁烯和 1-丁炔

(2) $CH\equiv CCH(CH_3)_2$、$CH_3C\equiv CCH_2CH_3$ 和 $(CH_3)_2CHCH_2CH_3$

9. 化合物 A(C_5H_{10})及 B(C_5H_8)都能使溴水褪色，与高锰酸钾酸性溶液作用都有 CO_2 气体放出；A 经臭氧氧化还原水解后得 HCHO 和 $(CH_3)_2CHCHO$，B 在硫酸汞存在下与稀硫酸作用则得一含氧化合物 C。试写出化合物 A,B,C 的可能结构。

10. 分子式均为 C_6H_{10} 的四种化合物 A,B,C,D，都能使溴的四氯化碳溶液退色。A 能与 $AgNO_3$ 的氨溶液作用生成沉淀，B,C,D 则不能。当用热的酸性高锰酸钾氧化时，A 生成 CO_2 和戊酸($CH_3CH_2CH_2CH_2COOH$)；B 生成乙酸和 2-甲基丙酸[$(CH_3)_2CHCOOH$]；C 只生成丙酸；D 则生成 2-甲基丙二酸($HOOC\underset{\underset{CH_3}{|}}{C}HCOOH$)和 CO_2。试写出化合物 A,B,C,D 的结构。

(昆明医科大学　李映苓)

第 4 章　芳　香　烃

19 世纪中叶，人们从植物中提取出树脂和香精油等具有芳香气味的物质，发现这些物质虽然高度不饱和，但性质很稳定，因此，称这些有香味的物质为**芳香族化合物**（aromatic compound）。后来发现有些芳香族化合物并无香味，甚至还具有难闻的气味。因此，用“芳香”一词代表这类化合物的特征就失去了原有的含义。这类化合物经分子组成和结构测定发现：它们结构上的共同特征是具有闭合的共轭体系。芳香烃的“**芳香性**（aromaticity）”是指有机化合物分子中具有环状结构的高度不饱和性和特殊的稳定性；不容易发生加成和氧化反应，可以发生环上氢原子的取代反应。具有这种芳香性的烃称为**芳香烃**（aromatic hydrocarbon，简称芳烃）。

本章重点讨论苯的结构，芳香烃的化学性质，亲电取代反应机理及定位效应，Hückel 规则与芳香性。

4.1　芳香烃的分类和命名

4.1.1　芳香烃的分类

根据分子中是否含有苯环，可将芳香烃分为苯型芳香烃（benzenoid hydrocarbon）和非苯型芳香烃（nonbenzenoid hydrocarbon）。

1. 苯型芳香烃

分子中含有苯环结构的烃称为苯型芳香烃。按所含苯环的数目不同，又可分为单环芳香烃和多环芳香烃。

(1) 单环芳香烃　分子中只含一个苯环的烃称为单环芳香烃。例如：

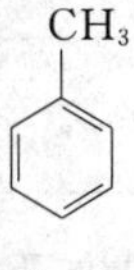
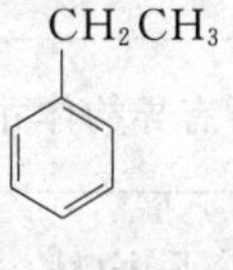
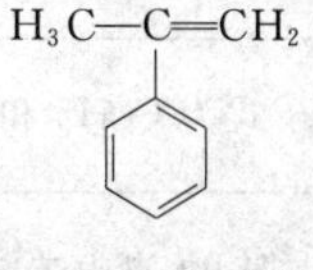

(2) 多环芳香烃　分子中含有两个或两个以上苯环的烃称为多环芳香烃。按苯环间的连接方式不同分为以下几种情况。

① 多苯代脂肪烃。脂肪烃分子中两个或两个以上的氢原子被苯基取代的化合物，称为多苯代脂肪烃。例如：

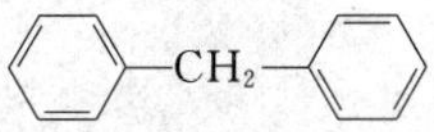
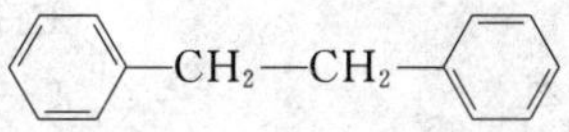

② 联苯型芳香烃。分子中苯环之间通过单键相连的芳香烃称为联苯型芳香烃。例如：

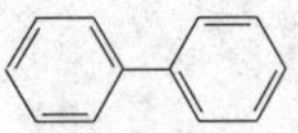 

③ 稠环芳香烃 分子中的苯环之间共用两个相邻碳原子的芳香烃称为稠环芳香烃。例如：

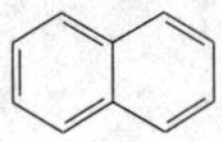 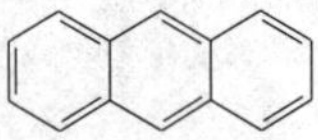 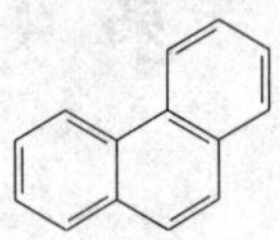

2. 非苯型芳香烃

分子中不含苯环，但具有芳香性的离子或分子为非苯型芳香烃。例如：

 或 　 或 　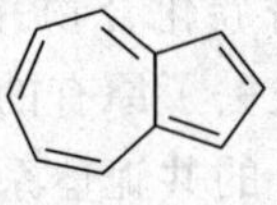 或 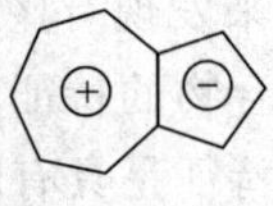

4.1.2 芳香烃的命名

苯环上的氢原子被烃基取代的产物称为苯的同系物，其命名一般是以苯作母体，烃基作取代基，称为"某基苯"，基字可省略。例如：

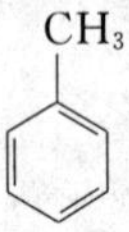
甲苯
(methyl benzene)

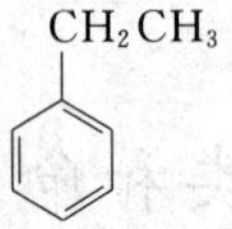
乙苯
(ethyl benzene)

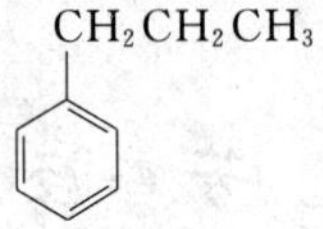
正丙苯
(propyl benzene)

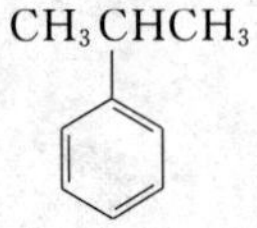
异丙苯
(*iso*-propyl benzene)

按取代基的相对位置不同，相同取代基的二元取代苯有三种同分异构体。命名时分别用"邻"、"间"、"对"或"*o*-(ortho)，*m*-(meta)，*p*-(para)"词头表示，或用1,2-、1,3-、1,4-表示。例如：

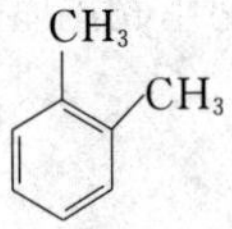
邻二甲苯
(1,2-二甲苯或 *o*-二甲苯)
(*o*-dimethyl benzene)

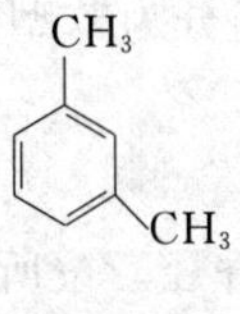
间二甲苯
(1,3-二甲苯或 *m*-二甲苯)
(*m*-dimethyl benzene)

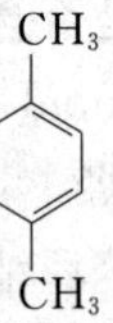
对二甲苯
(1,4-二甲苯或 *p*-二甲苯)
(*p*-dimethyl benzene)

问题 4.1 写出分子式为 C_8H_{10} 和 C_9H_{12} 所有异构体并加以命名。

有三个相同取代基的苯也有三种同分异构体，命名方法如下：

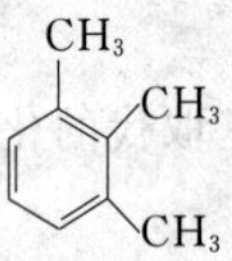
连三甲苯
(1,2,3-三甲苯)
(1,2,3-trimethyl benzene)

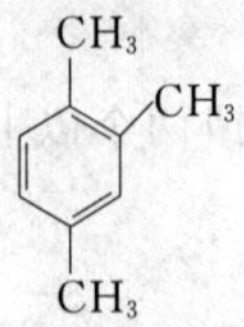
偏三甲苯
(1,2,4-三甲苯)
(1,2,4-trimethyl benzene)

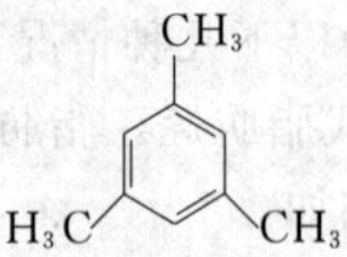
均三甲苯
(1,3,5-三甲苯)
(1,3,5-trimethyl benzene)

若苯环上连有多个不同的烃基时，一般最简单的烃基为1位，编号时使其他烃基的位次和尽量小，各烃基的排列顺序应按“次序规则”排序，顺序大的烃基后列出。例如：

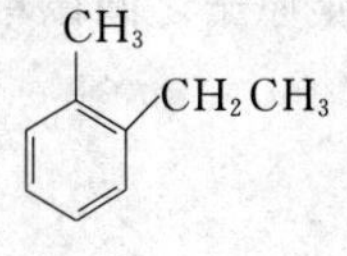

1-甲基-2-乙基苯
(1-methyl-2-ethyl benzene)

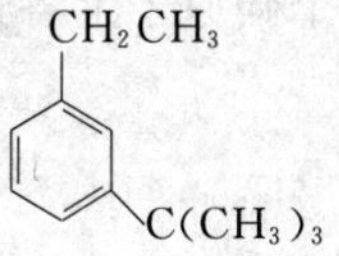

1-乙基-3-叔丁基苯
(1-ethyl-3-tert-butyl benzene)

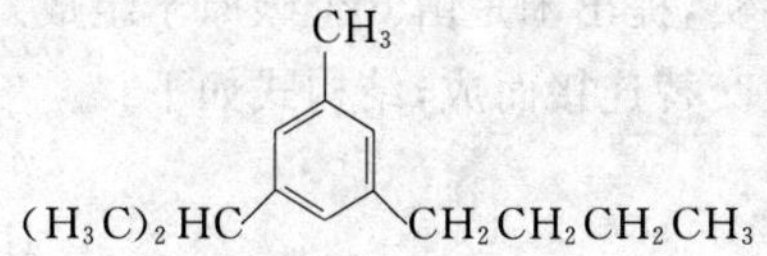

1-甲基-3-丁基-5-异丙基苯
(1-methyl-3-butyl-5-iso-propyl benzene)

苯环上连有不饱和烃基或复杂烃基的芳香烃，命名时可以把苯环作为取代基，链烃作为母体。例如：

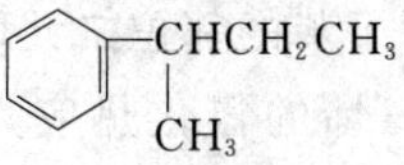

2-苯基丁烷
(2-phenylpentane)

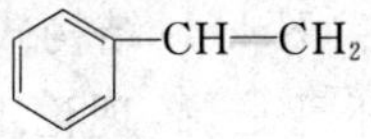

苯乙烯
(phenylethene)

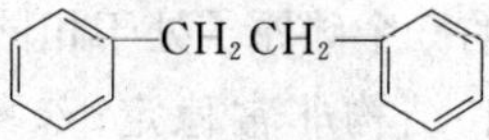

1,2-二苯乙烷
(1,2-diphenylethane)

另外，一些具有特定结构的多环芳香烃有特定的名称。例如：

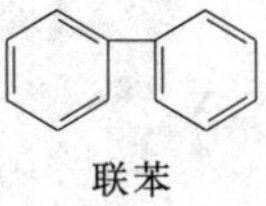

联苯
(biphenyl)

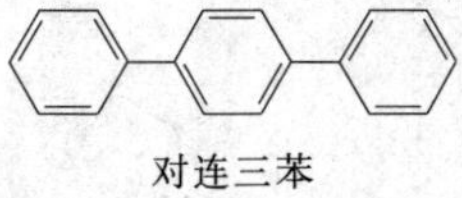

对连三苯
(*p*-terphenyl)

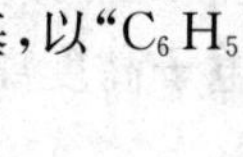

萘
(naphthalene)

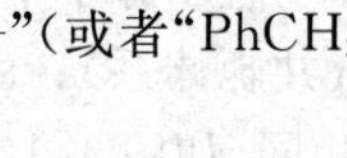

蒽
(anthracence)

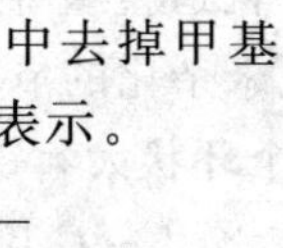

菲
(phenanthrene)

芳香烃的芳环上去掉一个氢原子后剩余的基团叫做芳基，常用“Ar—”表示。苯分子失去一个氢原子后剩下的基团叫做苯基，用“Ph—”表示。甲苯分子中去掉甲基上的一个氢原子，剩余的基团叫苄基或苯甲基，以“$C_6H_5CH_2$—”(或者“$PhCH_2$—”)表示。

苯基
(phenyl)

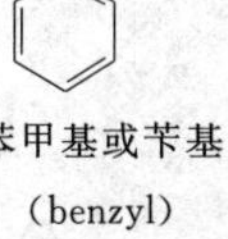

苯甲基或苄基
(benzyl)

4.2 单环芳烃

4.2.1 苯的结构

绝大多数芳香族化合物都含有苯环结构，**苯**(benzene)是最常见芳香烃。1825年，英国化学家 M. Faraday 首次将苯从照明气中分离出来。苯的分子式是 C_6H_6，因其不饱和度很高，引起了许多化学家的兴趣，提出了很多可能的结构，直到 1865 年，德国化学家 Kekulé 根据大量的实验事实，提出苯是由 6 个碳原子组成六元环，每一个碳原子上各连一个氢原子，碳原子之间以单、双键交替连接而成，结构式如下：

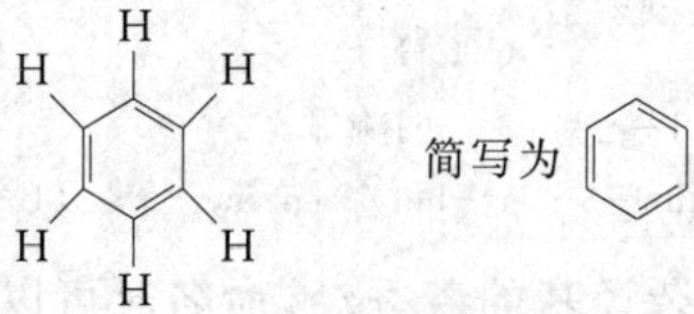

Kekulé 结构式较好地解释了苯的一元取代物只有一种，以及在一定条件下加氢得到环己烷的事实，说明苯的 6 个碳原子处于相同的地位。Kekulé 结构式解释不了苯的邻位二元取代物只有一种；苯的不饱和结构非常稳定；苯可视为环己三烯，理论上环己三烯的氢化热应为 3×120 kJ·mol⁻¹=360 kJ·mol⁻¹（环己烯氢化热为 120 kJ·mol⁻¹），而实际测得苯的氢化热仅有 208 kJ·mol⁻¹，比想象中的环己三烯的氢化热值低 152 kJ·mol⁻¹，即苯分子的热力学能较低。这些事实说明了苯的 Kekulé 结构式的不足之处。

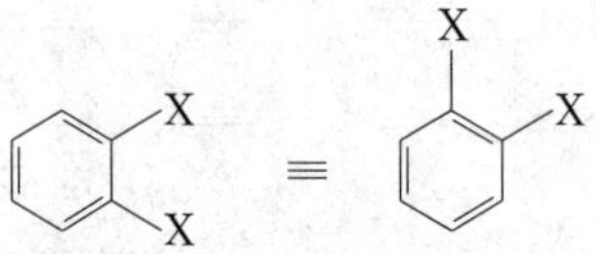

后经 X 射线衍射和光谱分析等现代物理方法测定证明，苯分子是平面结构，6 个碳原子组成正六边形，键角 120°，6 个 C—C 键键长均为 139 pm，6 个氢原子连在环的外侧，C—H 键键长均为 108 pm。苯的这种结构要用现代价键理论才能解释。

杂化轨道理论认为：苯分子的 6 个碳原子都是 sp^2 杂化，每个碳原子以两个 sp^2 杂化轨道分别与相邻的两个碳原子的 sp^2 杂化轨道生成 σ 键，形成正六边形，每个碳原子的另一个 sp^2 杂化轨道和 1 个氢原子的 s 轨道重叠生成 σ 键，6 个碳原子和 6 个氢原子处于同一个平面上，如图 4.1(a)。每个碳原子上未杂化的 p 轨道都垂直于分子平面，如图 4.1(b)。相邻的两个 p 轨道彼此肩并肩重叠，形成一个环状大 π 键（闭合共轭体系）。由于 π 电子高度离域，从而使 p 电子云的分布达到完全平均化，六个 C—C 键完全相同，如图 4.1(c)所示。

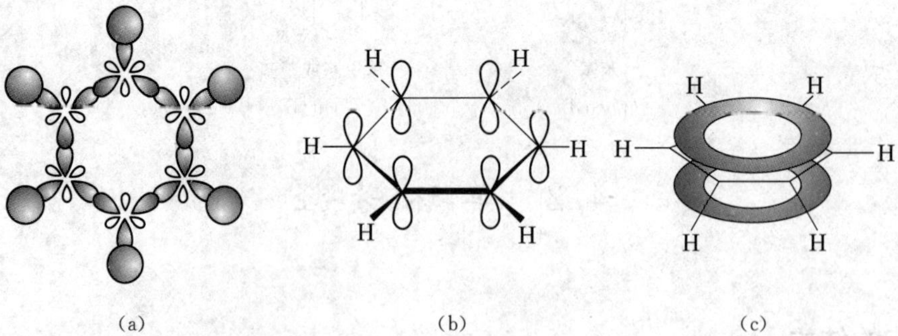

图 4.1　苯的结构

因此,苯的结构可采用正六边形中心加一个圆圈来表示,圆圈表示环状的大π键。

4.2.2 苯及其同系物的物理性质

苯及其同系物大多为无色液体,具有特殊气味,易燃烧,火焰常带黑烟,相对密度为0.86～0.93,不溶于水,易溶于乙醚、石油醚、乙醇等有机溶剂,也是良好的有机溶剂。苯及其同系物的沸点随着相对分子质量的增加而升高,含相同碳原子数的各异构体的沸点相差不大,对称性高的异构体熔点较高。液体单环芳烃与皮肤长期接触,会因脱水或脱脂而引起皮炎,使用时要避免与皮肤接触。单环芳烃具有一定的毒性,长期吸入其蒸气,会损坏造血器官及神经系统,使用时应注意防护。苯及其同系物的物理常数见表4.1。

表4.1 苯及其同系物的物理常数

中文名称	英文名称	熔点/℃	沸点/℃	密度/($g \cdot cm^{-3}$)
苯	benzene	5.5	80.1	0.8765
甲苯	Toluene	−9.5	110.6	0.8669
邻二甲苯	*o*-xylene	−25.2	114.4	0.8802
间二甲苯	*m*-xylene	−47.9	139.1	0.8642
对二甲苯	*p*-xylene	−13.2	138.4	0.8610
连三甲苯	hemimeliten	−15	176.1	0.8942
偏三甲苯	pseudocumene	−57.4	169.4	0.8758
均三甲苯	mesitylene	−52.7	164.7	0.8651
乙苯	ethylbenzene	−94.9	136.2	0.8667
丙苯	propylbenzene	−101.6	159.2	0.8620
异丙苯	isopropylbenzene	−96.9	152.4	0.8617

4.2.3 苯及其同系物的化学性质

虽然苯环是高度不饱和体系,但与烯、炔的性质有显著区别。由于苯环上闭合共轭体系中电子云的高度离域,使得苯环非常稳定,具有特殊的"芳香性",主要表现为难发生加成和氧化反应,一般只能发生苯环上的**取代反应**(substitution)。

1. 取代反应

苯环上的氢原子可以被一些原子或基团取代,其中被卤素原子、硝基、磺酸基、烃基和酰基取代的反应较为重要,它们分别叫做卤代、硝化、磺化和F-C反应。

(1) 卤代反应　在铁粉或Lewis酸(如$FeCl_3$,$AlCl_3$,$CuCl_2$,$SbCl_5$)等催化剂存在下,苯与卤素发生反应,苯环上的氢原子被卤素原子取代,生成卤苯以及卤化氢:

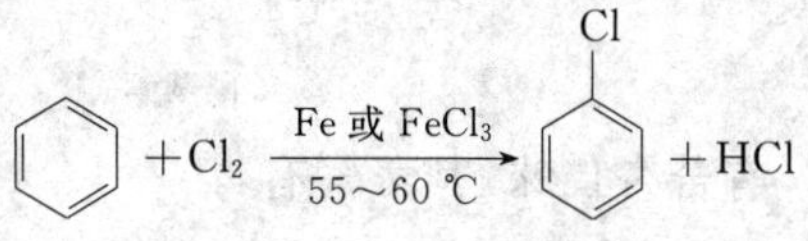

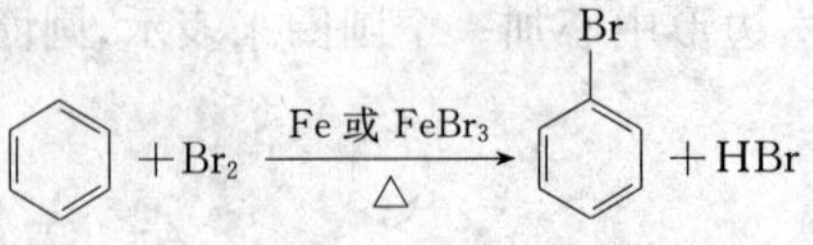

溴苯

卤代反应中，卤素的活性顺序是 $F_2 > Cl_2 > Br_2 > I_2$。氟代反应太剧烈，不易控制，碘代反应太慢，常用的是氯代和溴代反应。下面以苯的溴代反应为例，介绍卤代反应机理。

① 首先溴分子和三溴化铁作用，生成溴正离子和四溴合铁配离子。

$$Fe + Br_2 \longrightarrow FeBr_3$$

$$Br{-}Br + FeBr_3 \longrightarrow Br^+ + [FeBr_4]^-$$

② 亲电试剂——溴正离子进攻苯环，生成一个不稳定的芳基正离子中间体——**σ 配合物**（σ-complex）。

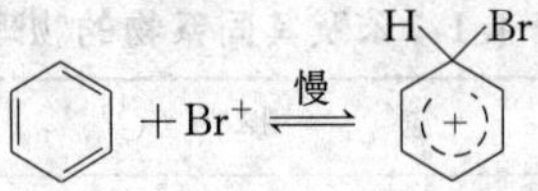

σ 配合物

这步反应较慢，是决定整个取代反应速率的一步骤。在芳基正离子中间体中，原来苯环上的两个 π 电子与 Br^+ 生成了 C—Br 键，余下的四个 π 电子分布在 5 个碳原子上形成缺电子的共轭体系。

③ 芳基正离子非常不稳定，在四溴合铁配离子的作用下，迅速脱去一个质子生成溴苯，恢复到稳定的环状共轭体系结构。

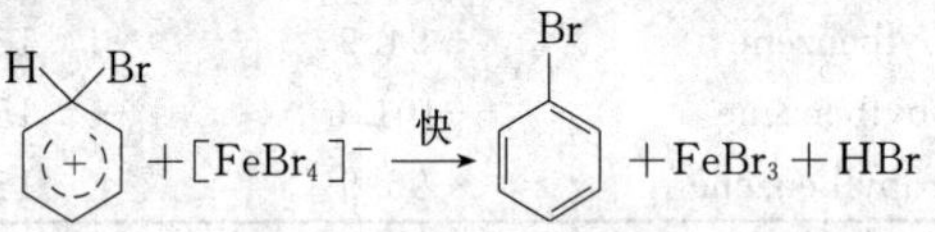

由于这种反应是试剂解离出的带正电荷的离子（如 Br^+）进攻苯的环状大 π 键引起的取代反应，所以称为**亲电取代**（electrophilic substitution）反应。

问题 4.2 试写出苯与 Cl_2 在 $AlCl_3$ 催化下的反应机理。

问题 4.3 试比较苯的氯代反应和烯烃与 HCl 的加成反应有何异同。

（2）**硝化反应**（nitrating reaction） 苯与浓硝酸和浓硫酸的混合物共热，苯环上的氢原子被硝基（$-NO_2$）取代，生成硝基苯。

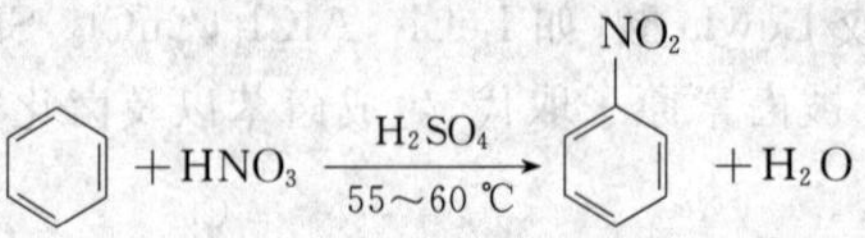

硝基苯

硝基苯为浅黄色油状液体，有苦杏仁味，其蒸气有毒。

硝化反应机理：

① $HONO_2 + 2H_2SO_4 \rightleftharpoons NO_2^+ + H_3O^+ + 2HSO_4^-$

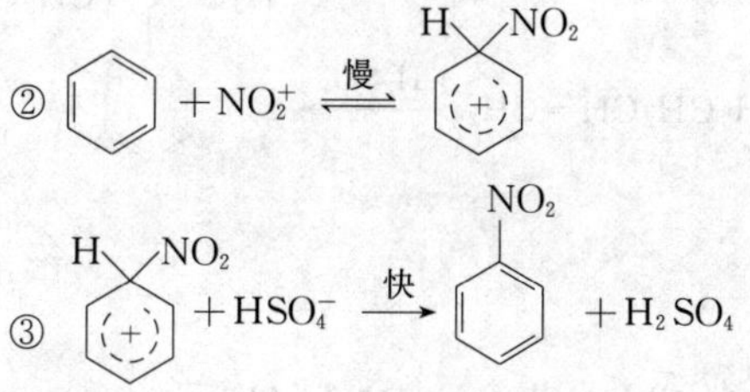

(3) **磺化反应**(sulfonating reaction) 苯与浓硫酸共热或与发烟硫酸在 30～50 ℃下作用，苯环上的氢原子被磺酸基(—SO_3H)取代，生成苯磺酸。

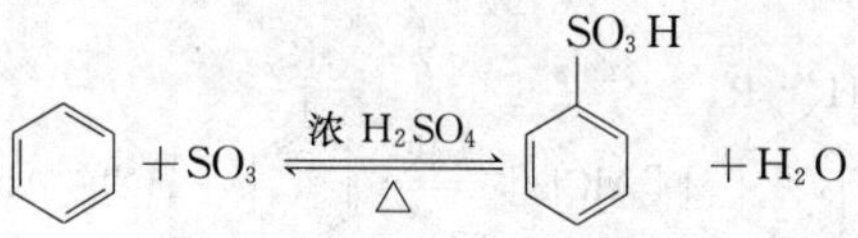

苯磺酸

苯磺酸是一种强酸，易溶于水、乙醇，微溶于苯，不溶于乙醚、二硫化碳。对于难溶于水的芳香族类药物，常常通过磺化反应在分子中引入磺酸基，以增加其水溶性。

磺化反应机理：

① $2H_2SO_4 \rightleftharpoons H_3O^+ + HSO_4^- + SO_3$

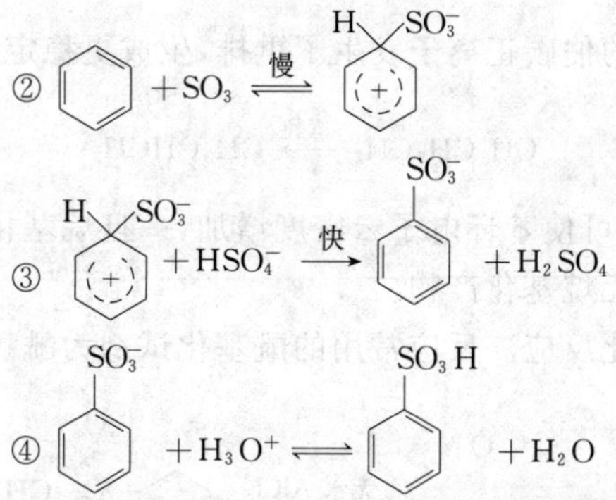

磺化反应是可逆反应，苯磺酸和稀酸共热，可以水解脱去磺酸基生成苯。

(4) **Friedel－Crafts 反应** Friedel－Crafts 反应简称 F－C 反应，即在无水 $AlCl_3$，$FeCl_3$，$ZnCl_2$ 或 BF_3 等的催化下，苯环上的氢原子被烷基或酰基取代。

① Friedel－Crafts 烷基化反应。反应中常用的烷基化试剂为卤代烷，有时也用醇、烯等。例如：

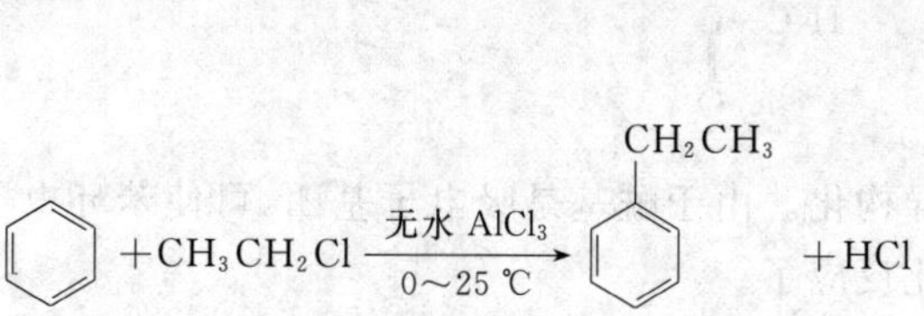

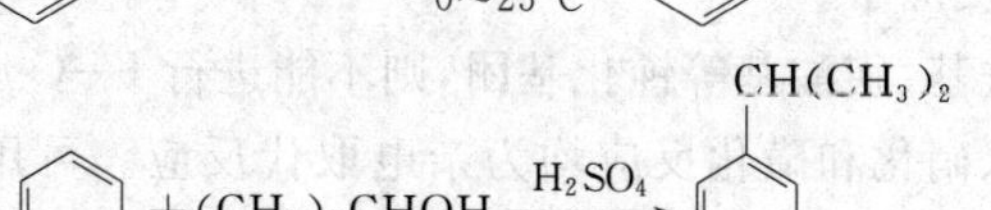

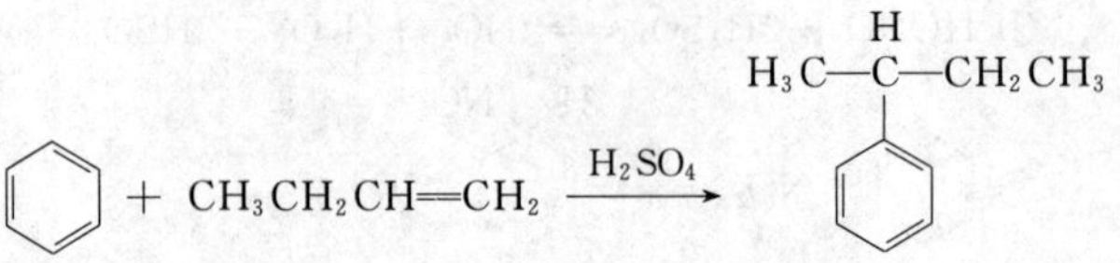

F-C 烷基化反应机理：

$$R—Cl + AlCl_3 \longrightarrow R^+ + [AlCl_4]^-$$

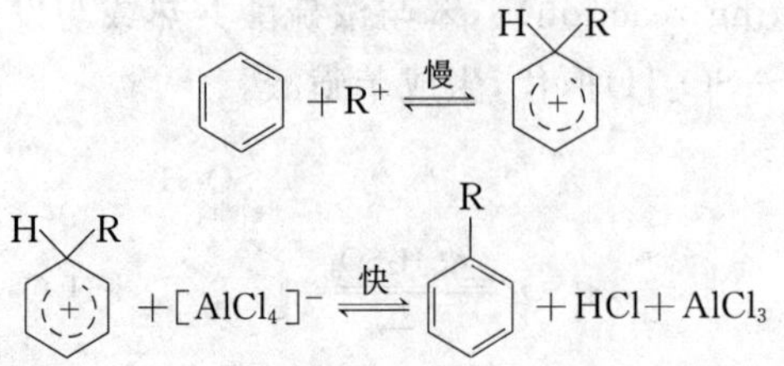

F-C 烷基化时常发生烃基的重排，故不适合制备长的直链烷基苯。如下面的反应，异丙苯为主要产物：

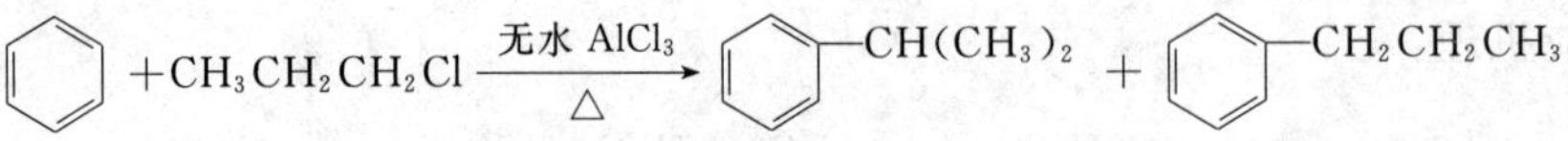

异丙苯(70%)　　　　丙苯(30%)

这是因为反应中卤代烃生成的伯碳正离子发生了重排，生成更稳定的仲碳正离子。

$$CH_3CH_2\overset{+}{C}H_2 \xrightarrow{重排} CH_3\overset{+}{C}HCH_3$$

由于烷基是给电子基团，可使苯环电子云密度增加，一旦烷基化后，再烷基化反应会更容易，所以烷基化反应往往生成多元烷基化产物。

② Friedel-Crafts 酰基化反应。反应常用的酰基化试剂为酰氯或酸酐。例如：

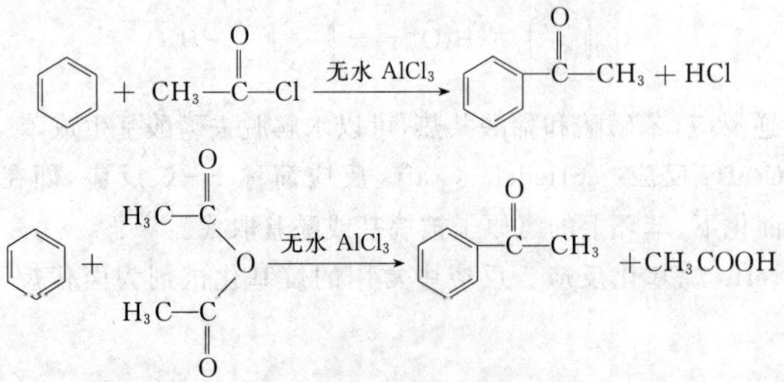

酰基化反应不发生异构化。由于酰基是吸电子基团，可使苯环电子云密度降低，所以苯酰基化后不容易再发生酰基化反应了。

若苯环上已有硝基、酰基、磺酸基等钝化基团，则不能进行 F-C 反应。

苯及其同系物的卤代、硝化和磺化反应均为亲电取代反应。可用通式表示如下，E^+ 代表亲电试剂。

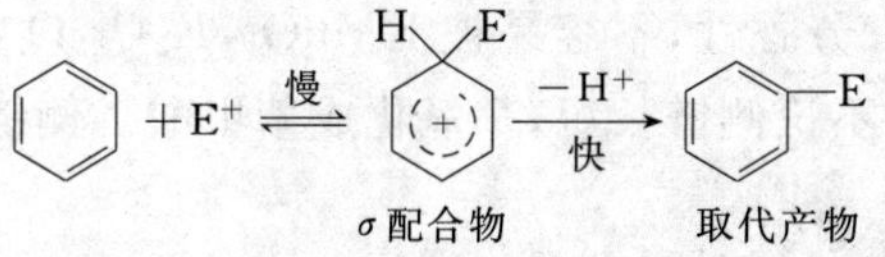

问题 4.4 完成下列反应并写出反应机理。

1. 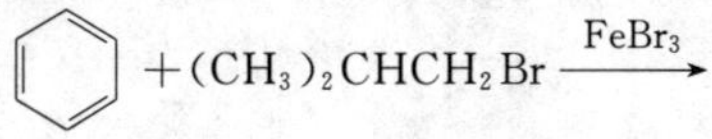

2. 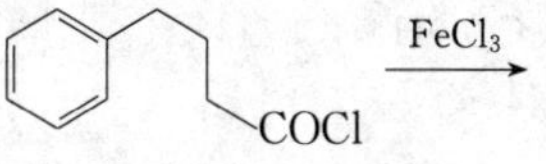

2. 加成反应

苯环虽然很稳定，但它毕竟是不饱和体系，因此，在一定条件（如催化剂、高温、高压或光照）下也可发生加成反应。例如：

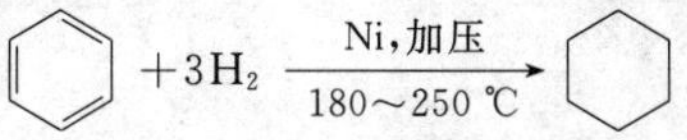

环己烷

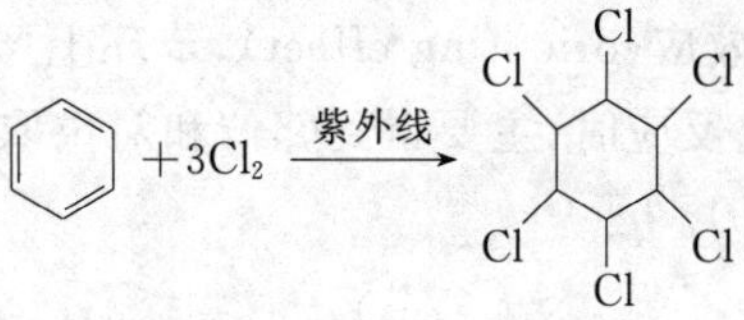

六氯环己烷

苯环上加氢、加卤素的反应属于自由基加成反应。

3. 苯环侧链的反应

侧链与苯环直接相连的碳原子称为 α-碳原子，该碳原子上的氢原子称为 α-氢原子，该氢原子受苯环的影响较为活泼，能发生氧化反应和卤代反应。因为该氢原子离去，可以形成比苯大的 p-π 共轭体系，例如甲苯生成苯甲基自由基。

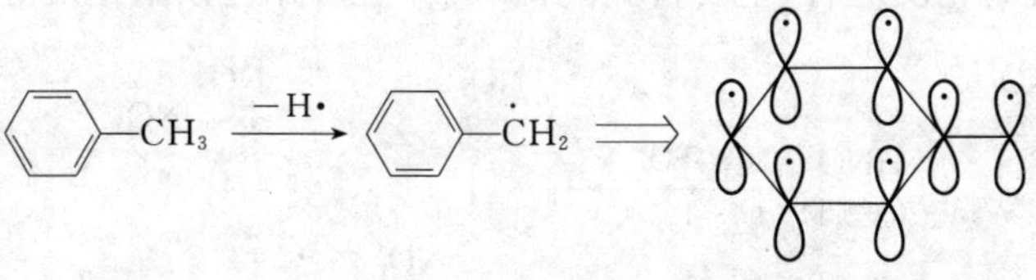

p-π 共轭

（1）自由基取代反应　在高温或光照下，烷基侧链上的 α-氢原子被卤素取代。例如：

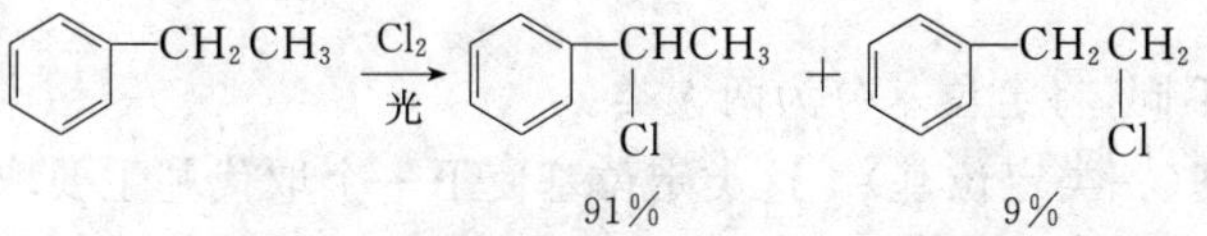

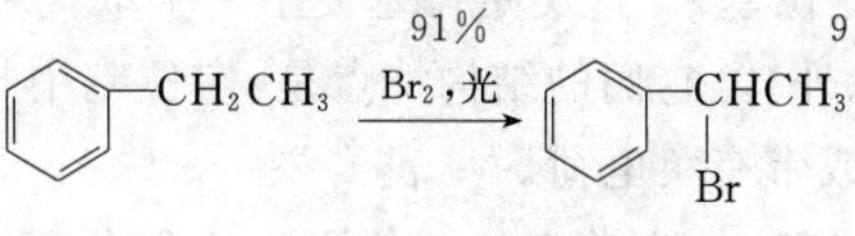

(2) 氧化反应　苯环具有芳香性，不容易被 $KMnO_4$，$K_2Cr_2O_7$ 等氧化剂氧化，但侧链有 α-氢原子的烃基苯可以被氧化，不论侧链长短，都氧化成苯甲酸。侧链上没有 α-氢原子，则该侧链不能被氧化。例如：

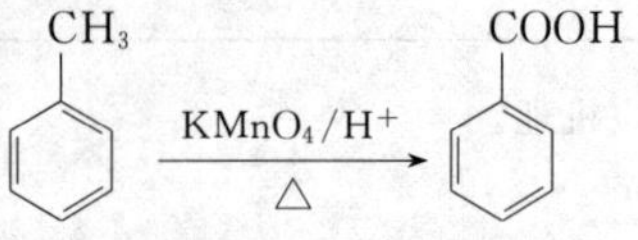

苯甲酸

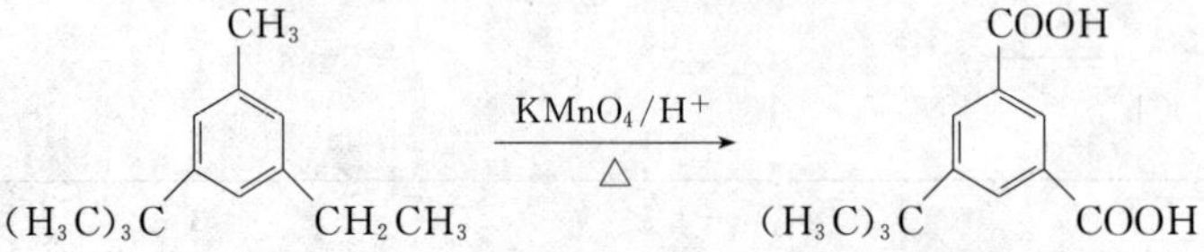

5-叔丁基-1,3-苯二甲酸

4.2.4　取代苯亲电取代反应的定位效应

1. 定位效应

当取代苯在进行亲电取代反应时，原有的取代基会对新取代基取代的位置和取代的难易程度产生影响，这种影响称为**定位效应**(orienting effect)，苯环上原有的取代基称为**定位基**(orienting group)。例如甲苯进行硝化反应时，主要得到邻位和对位取代产物，并且该硝化反应比苯的硝化容易(苯硝化需要 55～60 ℃)。

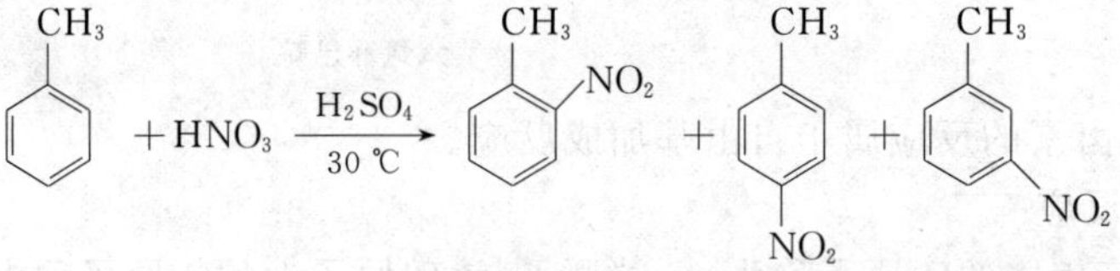

邻硝基甲苯 (63%)　对硝基甲苯 (34%)　间硝基甲苯 (3%)

而硝基苯在进行硝化反应时，主要得到间位取代产物，并且该硝化反应比苯的硝化更困难。

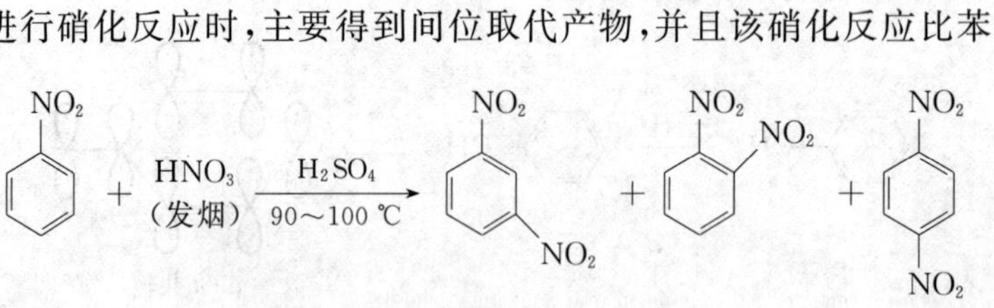

间二硝基苯 (93%)　邻二硝基苯 (6.5%)　对二硝基苯 (0.5%)

根据定位效应的不同，将定位基分为两大类。

(1) 邻对位定位基(一类定位基)　这类定位基使下一个取代基主要取代其邻位和对位的氢原子，一般使苯环活化(卤素除外)。它们的结构特点是：定位基中与苯环直接相连的原子不连双键或三键，多数含有孤电子对或带有负电荷。见表 4.2。

(2) 间位定位基(二类定位基)　这类定位基使下一个取代基主要取代其间位的氢原子，并使苯环钝化。其结构特点是:定位基中与苯环直接相连的原子连有双键、三键或带正电荷。见表4.2。

表 4.2 苯环亲电取代反应的定位基及定位效应

邻对位定位基	定位效应	间位定位基	定位效应
$—NH_2$ —NHR $—NR_2$ —OH	强致活	$—N^+R_3$ $—NO_2$ $—CX_3$	强致钝
—OR —NHCOR	中等致活	—CN $—SO_3H$	中等致钝
$—CH_3$ $—C_2H_5$ —R $—C_6H_5$	弱致活	$—COCH_3$ —COOH $—COOCH_3$ —CHO	弱致钝
—X(Cl,Br,I)	钝化		

一般来说,定位基的致活或致钝能力越强,定位能力越强。

2. 定位效应的解释

苯的大 π 键是完全平均化的共轭体系,当苯环上有取代基时,苯环大 π 键受到取代基诱导效应、共轭效应的影响,会产生极性交替,电子云的密度也会发生改变。邻对位定位基(卤原子除外)一般都是给电子基团,能使苯环 π 电子云密度增高,尤其邻、对位 π 电子云密度增加更为显著,更利于亲电试剂的进攻而发生取代。例如,甲苯的甲基 +*I* 效应及甲基的 C—H σ 键与苯环的大 π 键存在的 σ-π 超共轭效应,使 C—H 键的电子云向苯环转移,苯环的共轭体系产生极性交替,甲基的邻、对位电子云密度更高,所以取代反应主要发生在邻、对位上。如下图所示。

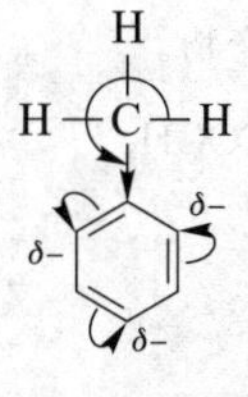

量子化学计算得出苯和甲苯的各位置上的电荷密度如下:

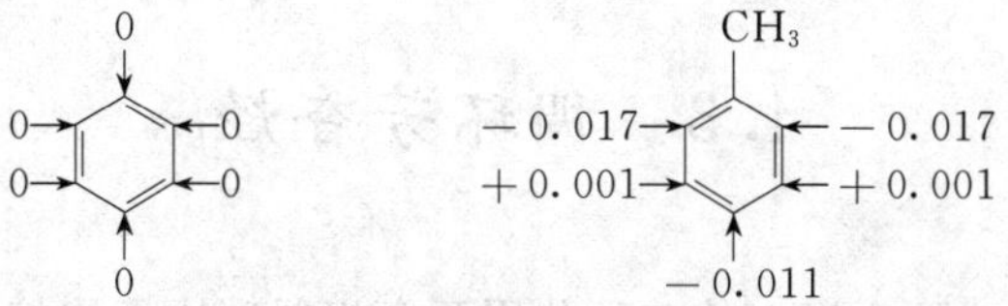

硝基对苯环既有吸电子诱导效应,也有吸电子共轭效应,使苯环电子云密度降低而钝化苯环,尤其是邻、对位上电子云密度更低,所以取代反应主要发生在间位上。苯环大 π 键受硝基影响,电子转移情况和量子化学计算硝基苯各位置电荷密度如下:

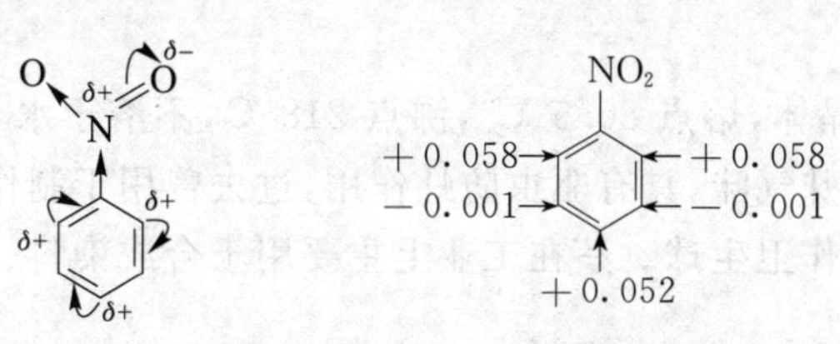

3. 二取代苯的定位效应

如果苯环上已有两个取代基,再进行亲电取代反应时,第三个取代基取代的主要位置遵循以下规则：

(1) 活化基团的定位作用大于钝化基团。因此，第三个取代基取代的位置由活化苯环的基团决定。

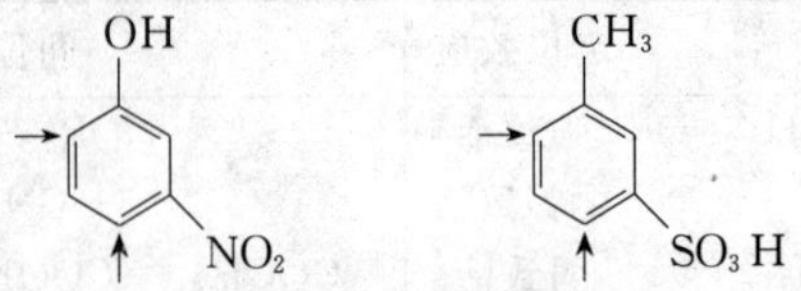

(2) 当苯环已有的两个取代基为同类定位基，则下一个取代基的取代位置由定位能力强的决定。例如，甲酚中—OH决定下一个取代基取代的位置；对硝基苯甲酸中，硝基的定位能力比羧基强，因此，下一个取代基取代硝基的间位。

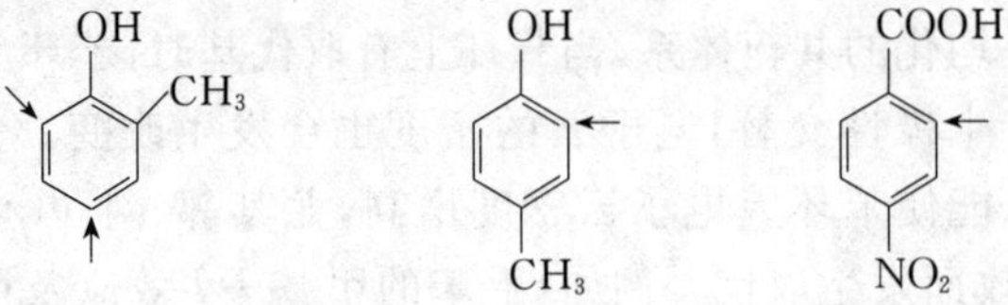

(3) 如果1,3位有取代基时，由于这两个基团的位阻，下一个取代基较难取代2位的H。

问题 4.5 写出下列化合物硝化反应的主要产物。

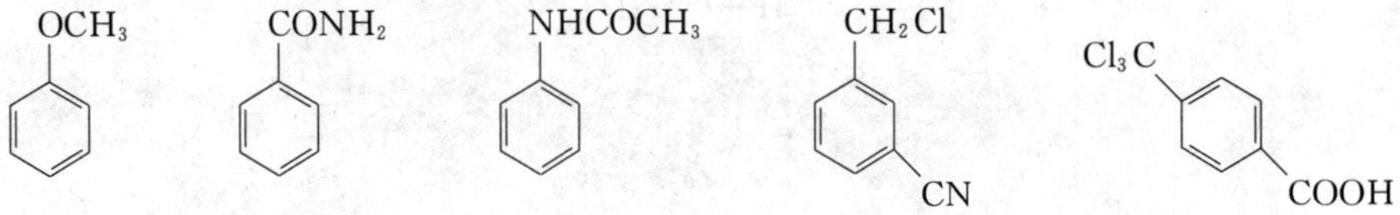

4.3 稠环芳香烃

稠环芳香烃是由两个或两个以上的苯环共用两个相邻碳原子连接而成的多环芳香烃。例如**萘**(naphthalene)、**蒽**(anthracene)、**菲**(phenanthrene)等。

4.3.1 萘

1. 萘的结构和命名

萘是光亮的白色片状晶体，熔点80.5 ℃，沸点218 ℃，不溶于水，易溶于乙醇、乙醚和苯等有机溶剂。萘易升华，有特殊气味，具有驱虫防蛀作用，过去曾用于制作卫生球，后来发现萘可能有致癌作用，故改用樟脑制作卫生球。萘在工业上主要用于合成染料、农药等。萘的来源主要是煤焦油和石油。

萘是由两个苯环稠合而成，分子式为 $C_{10}H_8$。分子中每个碳原子均以 sp^2 杂化轨道与相邻的碳原子形成 C—C σ 键，10 个碳原子组成两个并在一起的六元环。每个碳原子的 p 轨道互相平行，肩并肩重叠形成闭合共轭大 π 键（见图 4.2），萘也具有芳香性，但萘和苯的结构不完全相同，萘环上闭合大 π 键电子云不是完全均匀分布的，导致 C—C σ 键键长不完全等同，所以萘的芳香性比苯的差。

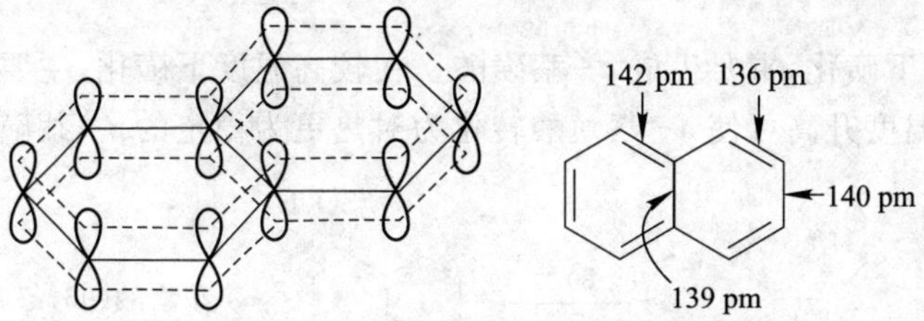

图 4.2　萘分子 p 轨道组成的大 π 键及键长

由于萘环上各碳原子的位置并不完全等同，无论萘环上有几个取代基，命名时取代基的位置都要注明。萘环的编号是以 α 位开始，经 β 位即苯环的 α 位，再到另一个环的 α 位，具体方法如下：

萘的一元取代物有两种，可以用 α-，β-或 1-，2-加以区别，多元取代物可用阿拉伯数字表明取代位置。例如：

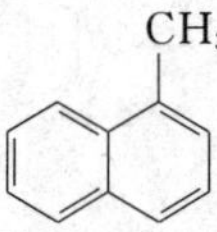

1-甲基萘或 α-甲基萘
（1-methylnaphthalene）

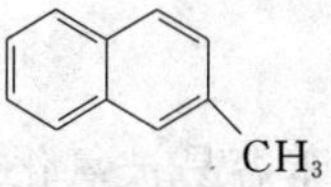

2-甲基萘或 β-甲基萘
（2-methylnaphthalene）

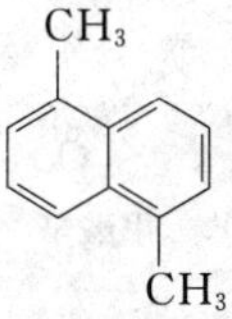

1,5-二甲基萘
（1,5-dimethylnaphthalene）

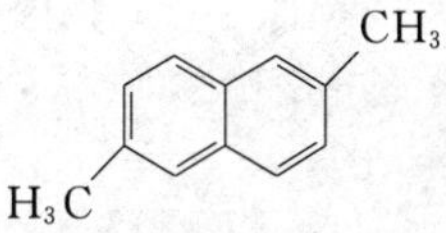

2,6-二甲基萘
（2,6-dimethylnaphthalene）

2. 萘的化学性质

（1）亲电取代反应　萘比苯更易发生亲电取代反应，例如卤代、硝化、磺化、F-C 反应等。萘分子中电子云分布不均匀，α 位电子云密度比 β 位高，更容易发生亲电取代反应。例如：

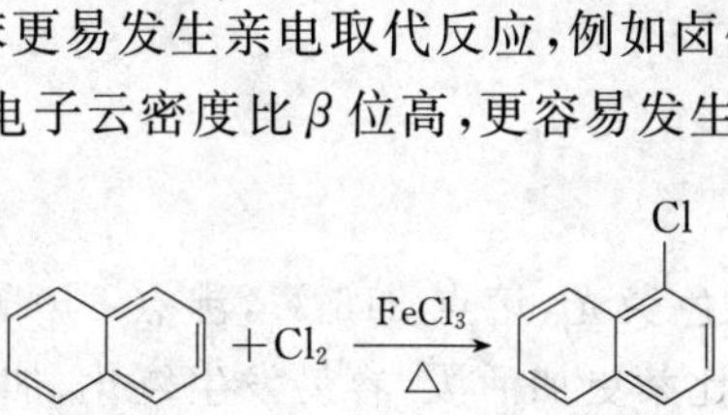

α-氯萘（70%）

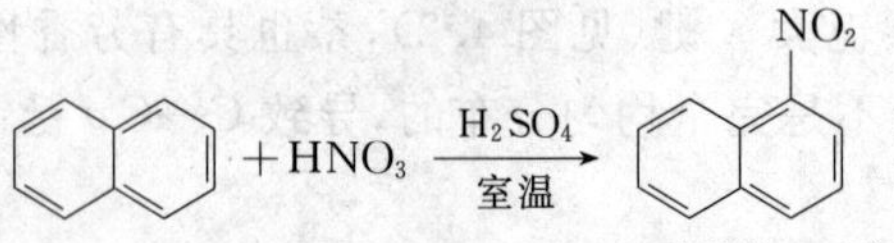

α-硝基萘(70%)

萘在较低的温度下磺化，主要生成α-萘磺酸。在较高温度下磺化，主要生成β-萘磺酸。因磺化反应是可逆的，温度升高可使α-萘磺酸转化为对热更为稳定的β-萘磺酸。

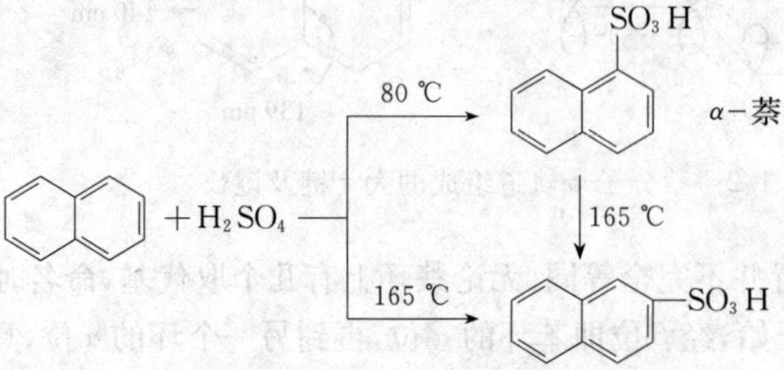

α-萘磺酸(96%)

β-萘磺酸(85%)

(2) 还原反应　萘比苯易被还原，在不同的条件下催化加氢，可生成不同的还原产物。例如：

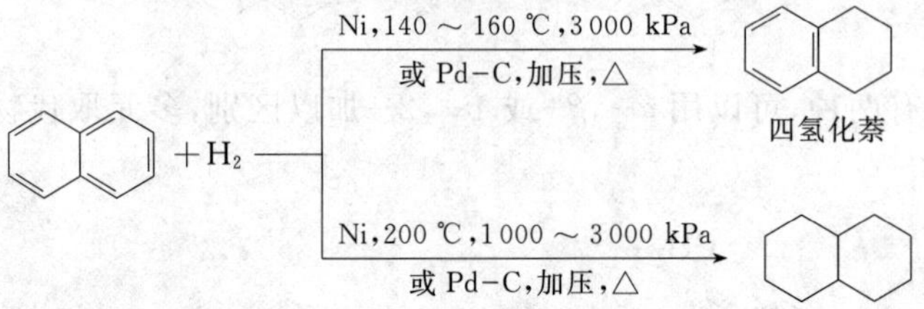

四氢化萘

十氢化萘

(3) 氧化反应　萘比苯容易被氧化，在不同的条件下，可得到不同的氧化产物。例如：

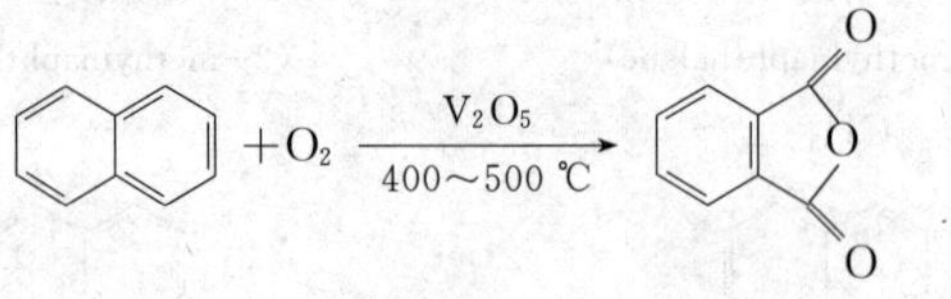

邻苯二甲酸酐

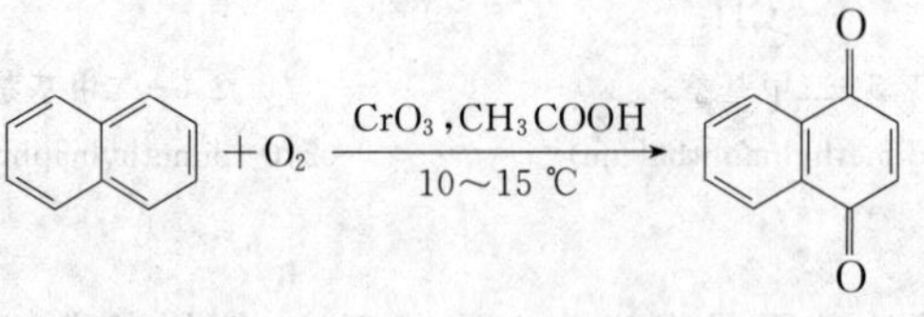

1,4-萘醌

4.3.2 蒽和菲

蒽为无色片状晶体，有蓝紫色荧光，熔点 216 ℃，沸点 340 ℃，不溶于水，难溶于乙醇、乙醚等，易溶于热苯。蒽的化学性质比萘更加活泼，容易发生氧化、加成及亲电取代反应。

菲为带光泽的白色片状晶体，溶液发蓝色荧光，熔点 101 ℃，沸点 340 ℃，不溶于水，能溶于乙醚、乙醇、氯仿和冰醋酸等。可用于制造农药和塑料，也用作高效低毒农药和无烟火药的稳定剂。

蒽和菲也是煤焦油的主要成分。

蒽和菲的分子式都是 $C_{14}H_{10}$，互为同分异构体。由三个苯环稠合而成并处在同一平面，环上碳原子编号如下：

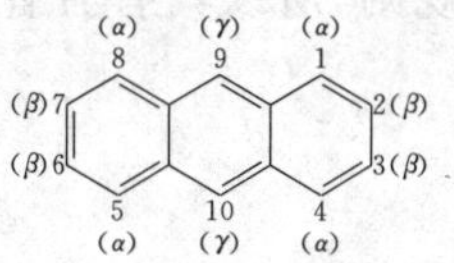

蒽的结构式

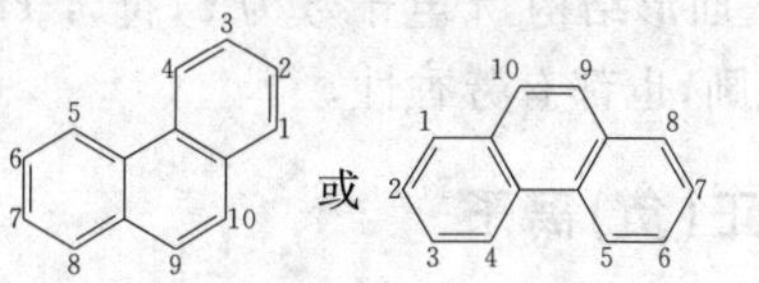

菲的结构式

蒽、菲的分子结构与萘相似，每个碳原子均为 sp^2 杂化，碳原子上的 p 轨道互相平行，形成闭合大 π 键，所以都具有芳香性。但环上电子云密度分布比萘环更加不均匀，所以蒽、菲的芳香性比萘差。在蒽环和菲环上，9，10 位（也称 γ 位）的电子云密度最高，使得 9，10 位最活泼，大部分反应发生在这两个位置上。

4.3.3 致癌芳香烃

致癌芳香烃(carcinogenic aromatic hydrocarbon)主要是稠环芳香烃及其衍生物，有些致癌烃在煤、石油、木材和烟草等燃烧不完全时产生，煤焦油中也含有一些致癌烃。致癌烃多为蒽和菲的衍生物，当蒽的 9 位或 10 位上有烃基时，其致癌性增强。三环以上、七环以下的芳香烃不少有致癌性。目前已鉴定出数百种，其中苯并芘系致癌芳烃的典型代表。

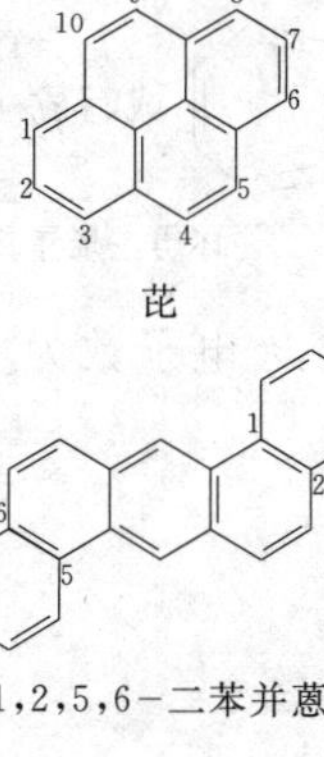

芘

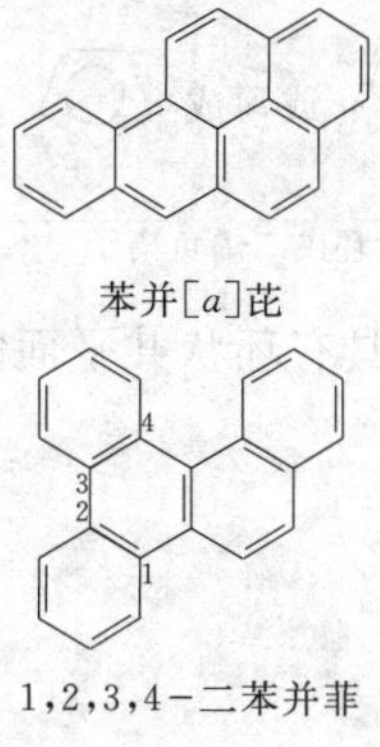

苯并[a]芘

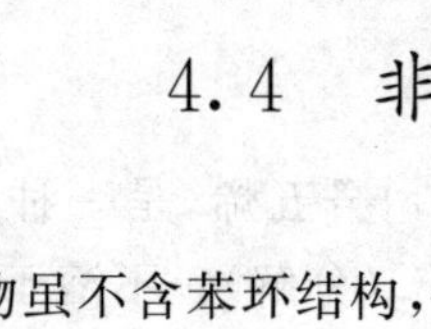

1,2,5,6-二苯并蒽

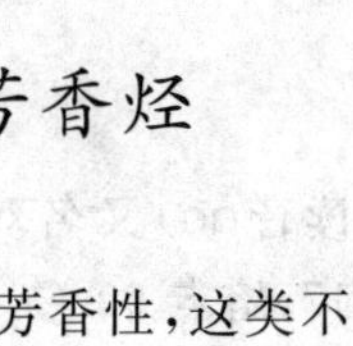

1,2,3,4-二苯并菲

4.4 非苯型芳香烃

研究发现，有些化合物虽不含苯环结构，但却具有芳香性，这类不含苯环结构而又具有芳香性的烃类称为**非苯型芳香烃**。

4.4.1 Hückel 规则

1930 年，德国化学家 W. Hückel（休克尔）用简化的分子轨道（HMO）法计算了许多单环多烯烃的稳定性，提出了一个判别单环多烯具有芳香性的规则，即符合组成环的碳原子均为 sp^2 杂化且都处在同一平面上，π 电子数符合 $4n+2$ 的体系（$n=0,1,2,3,\cdots$）的化合物或离子均能显示出芳香性，这一规则称为 **Hückel 规则**（Hückel rule），也称为 $4n+2$ 规则。多年来，Hückel 规则在解释大量实验事实和预言新的芳香体系方面是非常成功的。

苯分子是一平面形结构，π 电子数为 6，符合 Hückel 规则，所以具有芳香性。同理萘、蒽、菲也符合 Hückel 规则，也都有芳香性。

4.4.2　环多烯正(负)离子

环丁二烯和环辛四烯分别具有 4 个和 8 个 π 电子，均不符合休克尔规则，它们都无芳香性。

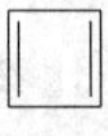

环丁二烯

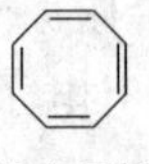

环辛四烯

环丙烯正离子为环状平面结构，3 个碳原子均为 sp^2 杂化，3 个 p 轨道，2 个 π 电子，符合 $4n+2(n=0)$ 规则，具有芳香性，是最简单的非苯型芳香烃离子。

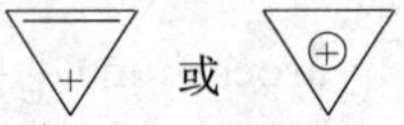

环丙烯正离子

环戊二烯负离子和环庚三烯正离子均为环状平面结构，存在闭合大 π 键，π 电子数为 6，符合 $4n+2(n=1)$，都具有芳香性。它的 6 个 π 电子分别平均分布在 5 或 7 个碳原子上。

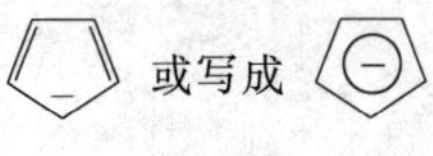

环戊二烯负离子

环庚三烯正离子

环辛四烯二价负离子具有环状共平面的共轭体系，π 电子数为 10，符合 $4n+2(n=2)$ 规则，因此具有芳香性。

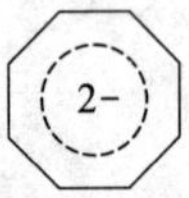

环辛四烯二价负离子

4.4.3　薁

薁（azulene，在化学中读音 ào）又名双环[5.3.0]癸五烯，是一种青蓝色片状物质，分子式 $C_{10}H_8$，相对分子质量 128.17，熔点 99 ℃，沸点 242 ℃（分解）。不溶于水，溶于 60％硫酸或盐酸中，是一个七元环的环庚三烯和五元环的环戊二烯稠合而成的双环多烯。它有 10 个 π 电子，符合 $4n+2$ 规则，具有芳香性。

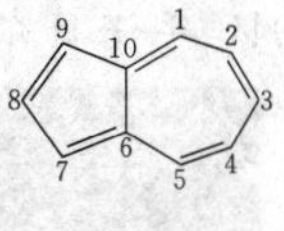

或写成 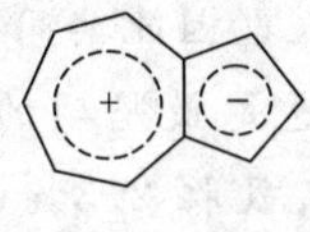

4.4.4 轮烯

单环共轭多烯统称**轮烯**。苯称[6]轮烯,环辛四烯称[8]轮烯。根据休克尔规则,[10]轮烯、[14]轮烯和[18]轮烯等应具有芳香性。但是,[10]轮烯中,双键如果是全顺式,所构成的平面环内角为 144°,角张力较大而环极不稳定。要使角张力小,平面环内角应为 120°,就需要有两个双键为反式,这时环内的空间太小,环中间两个氢原子相互排斥,使整个分子不可能在一个平面上,所以[10]轮烯没有芳香性。

[14]轮烯与[10]轮烯相似,中间四个氢原子也要彼此排斥,使整个体系不能在一个平面上,也是没有芳香性的。

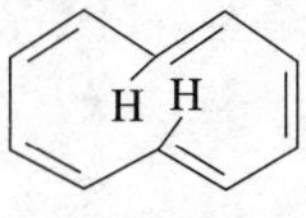

[10]轮烯

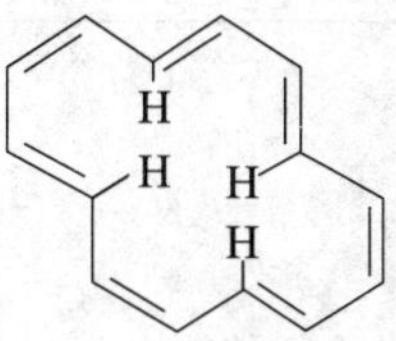

[14]轮烯

X 射线和结晶学研究结果证明[18]轮烯分子接近于平面形,具有芳香性。

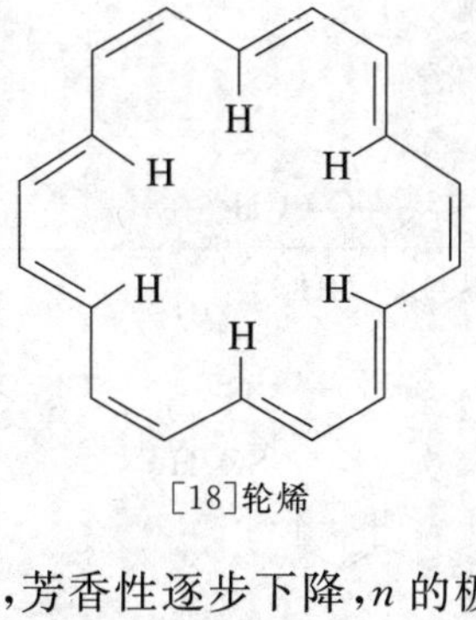

[18]轮烯

在 $4n+2$ 规则中,n 数值增大时,芳香性逐步下降,n 的极限值为 5,芳香性到[22]轮烯结束。

阅读材料

石　墨　烯

石墨烯(graphene)是由碳原子组成的平面六边形点阵,可以看作是一层被剥离的石墨分子,每个碳原子均为 sp^2 杂化,并贡献余下的 p 轨道上的电子形成大 π 键,是一种只有一个碳原子厚度的二维材料(见图 4.3)。石墨烯一直被认为是假设性的结构,无法单独稳定存在,直至 2004 年,英国曼彻斯特大学物理学家 A. Geim 和 K. Novoselov,成功地在实验从石墨中分离出石墨烯，而证实它可以单独存在，两人也因此共同获得2010年诺贝尔物理学奖。

石墨烯是目前世上最薄却也是最坚硬的纳米材料，它几乎是完全透明的，只吸收2.3%的光；导热系数高达5 300 W·m^{-1}·K^{-1}，高于碳纳米管和金刚石，常温下其电子迁移率超过15 000 cm^2·V^{-1}·s^{-1}，比纳米碳管或硅晶体高，而电阻率只约为10^{-6} Ω·cm，比铜或银更低，为目前世上电阻率最小的材料，传输电流的速度比计算机芯片里的硅元素快100倍，因此被期待可用来开发出更薄、导电速度更快的新一代电子元件或晶体管。由于石墨烯实质上是一种透明、良好的导体，也适合用来制造透明触控屏幕、光板，甚至是太阳能电池。

图4.3 石墨烯

习 题

1. 命名下列化合物或写出化合物的结构式。

(1) 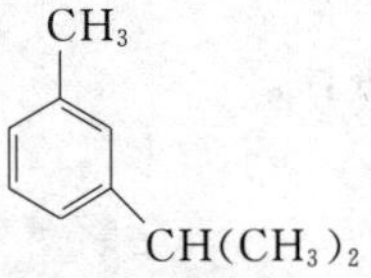

(2) 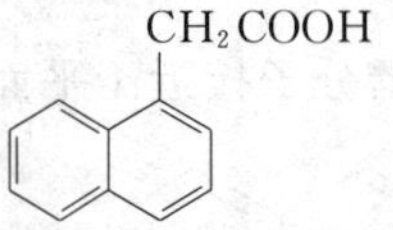

(3) 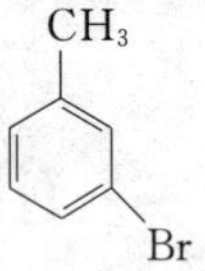

(4) 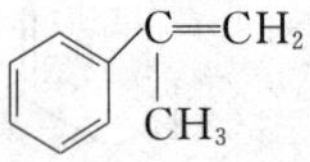

(5) 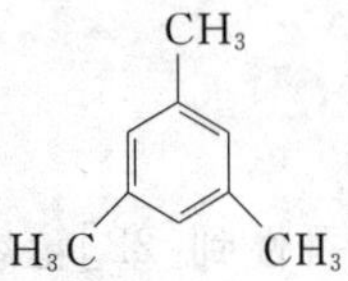

(6) 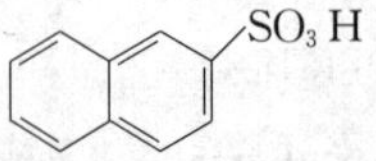

(7) 二苯甲烷 (8) 2-硝基-5-氯甲苯

(9) 间二硝基苯 (10) 2,6-二甲基萘

2. 完成下列反应式。

(1) 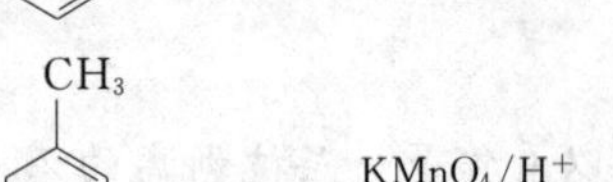

(2) 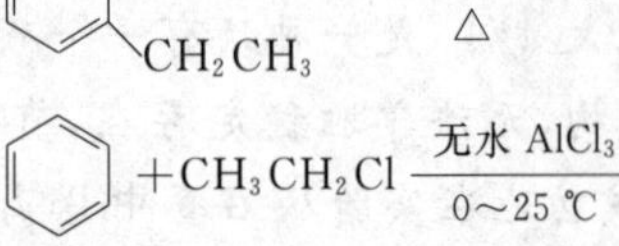

(3)

(4) 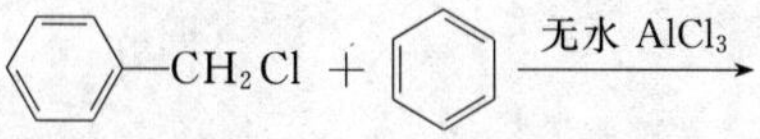

(5) 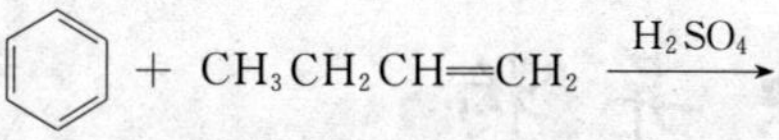

(6) 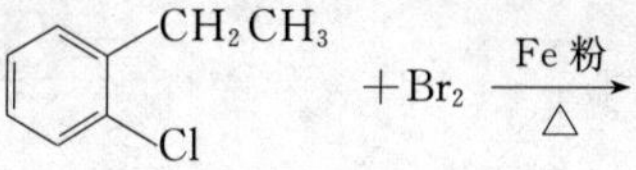

(7) 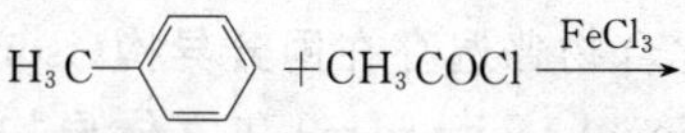

3. 按由强到弱排列下列各组化合物的亲电取代反应的活性次序。

(1) 苯　甲苯　苯胺　溴苯　硝基苯

(2) 苯甲酸　对苯二甲酸　对甲基苯甲酸　对二甲苯

4. 以苯、甲苯及其他必要试剂合成下列各化合物。

(1) 间硝基溴苯

(2) 对硝基苯甲酸

(3) 3-硝基-4-氯苯甲酸

5. 判断下列各组化合物中哪些具有芳香性。

(1) a. 　b. 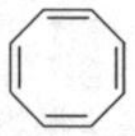　c. 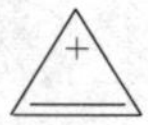　d. 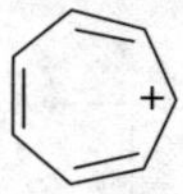　e. [10]轮烯

(2) a. 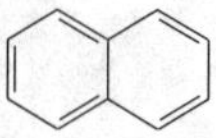　b. 　c. 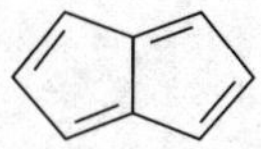　d. [18]轮烯　e. 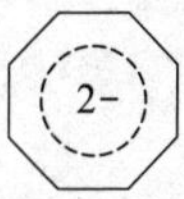

6. 某化合物 A 化学式为 C_9H_{12}，被高锰酸钾氧化得化学式为 $C_8H_6O_4$ 的化合物 B，将 A 进行硝化，只得到两种一硝基产物。试推测 A，B 的结构式。

7. 有 A，B，C 三种芳烃，分子式均为 C_9H_{12}，用 $KMnO_4$ 氧化时，A 生成一元羧酸，B 生成二元羧酸，C 生成三元羧酸。将 A，B，C 分别硝化时，A，B 均可得到两种一硝基化合物，而 C 只得到一种一硝基化合物且产率很低。A 中有一个叔碳原子。试推测 A，B，C 的结构式。

（济宁医学院　王宁）

第 5 章　对映异构

有机化合物数目繁多、结构复杂，其原因就在于有机化合物普遍存在**同分异构**(isomerism)现象，简称异构现象。同分异构分为**构造异构**(constitutional isomerism)和**立体异构**(stereo isomerism)两大类。构造异构是指分子式相同，分子中原子或基团相互连接的方式和次序不同而产生的异构现象。立体异构是指分子的构造相同，但分子中原子或基团在空间的排列方式不同而引起的异构，它包括由于构型不同而产生的构型异构和因分子内键的旋转而呈现的构象异构(图 5.1)。在构型异构中，除了前面介绍的顺反异构外，还有另一种极为重要的异构现象——**对映异构**(enantiomerism)。本章着重介绍对映异构现象、对映异构与结构的关系、对映异构体的旋光性、对映异构体的标记、对映体的拆分方法及其生物学意义。

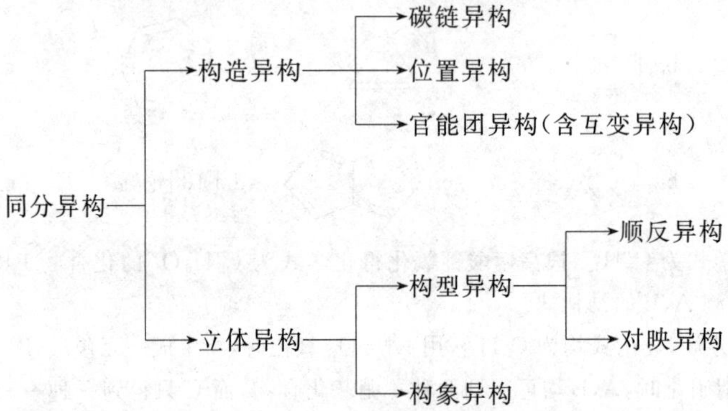

图 5.1　同分异构的分类

5.1　对映异构现象

对映异构主要是从三维空间揭示具有相同构造分子的不同构型。很多天然和合成的有机物都有对映异构现象。对映异构现象的研究对于阐明有机物的结构与生理活性、研制和生产具有特定立体结构的有机化合物、研究有机反应机理等都具有重要意义。

5.1.1　对映异构现象和手性

人照镜子，在镜子里就会出现相应的镜像。有的物体(如均匀的木棒、皮球)能够与镜像完全重合，而有些物体(如人的左手和右手)互为实物与镜像关系，但不能完全重合(图 5.2)。这种左手和右手互为实物与镜像关系，但不能完全重合的特征称为**手性**(chirality)。除人的手以外，脚、耳朵等都是具有手性的物体。

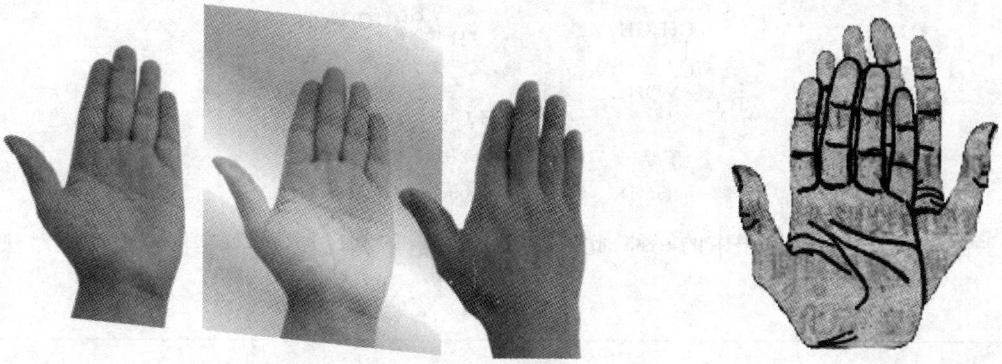

左手　　右手的镜像　　右手

(a) 左右手互为镜像与实物关系　　(b) 左右手不能重合

图 5.2 手性关系图

具有手性的天然和人工合成的有机化合物分子广泛存在。最简单的有机化合物如图 5.3 所示的 2-氯丁烷分子模型，实物与镜像不能完全重合，即 2-氯丁烷分子具有手性。这种具有手性的分子称为**手性分子**(chiral molecule)。任何两个互为实物与镜像而不能重合的一对化合物称为**对映异构体**，简称**对映体**(enantiomer)。产生对映异构体的这种现象叫**对映异构**(enantiomerism)现象。对映异构体分子中原子或基团的连接方式和次序(即构造)都相同，仅仅是空间的排列(即构型)不同，所以对映异构属于立体异构。

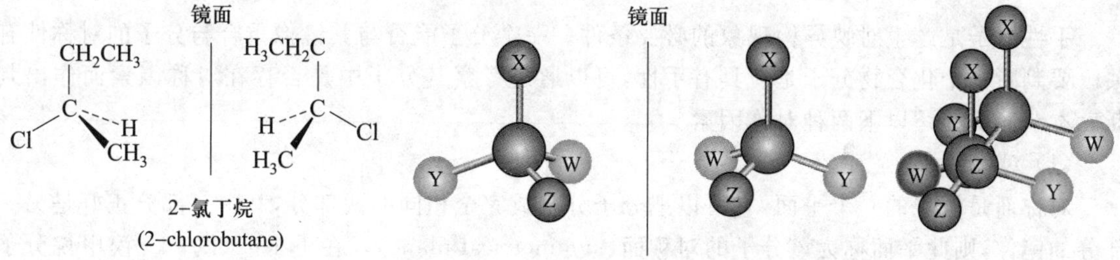

图 5.3 2-氯丁烷分子的实物与镜像关系图

乳酸分子($CH_3CHOHCOOH$)是一个手性分子，有两种构型，它们互为实物与镜像对映关系，但不能重合，是一对对映体，其分子结构如图 5.4 所示。

从乳酸分子可以看出，其 C_2 与四个不同的原子或基团相连。这种连有四个不同原子或基团的碳原子称为**手性碳原子**(chiral carbon atom)，用“C*”标示。2-丁醇和 2-氯-3-溴戊烷的分子中都含有手性碳原子：

图 5.4 互为对映异构体的乳酸分子

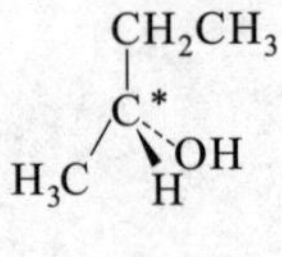

2-丁醇
(2-butanol)

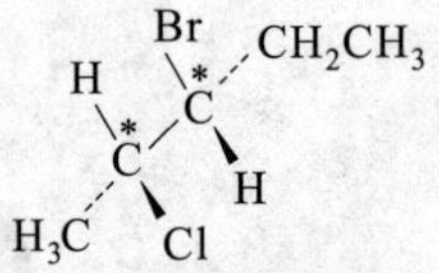

2-氯-3-溴戊烷
(3-bromo-2-chloropentane)

手性碳原子是手性原子中的一种，此外还有手性氮、磷和硫原子等，它们也能产生对映异构现象。

问题 5.1　下列化合物有无手性碳原子？若有请用“＊”标出。

1. 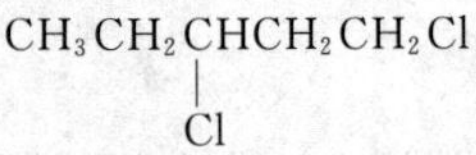
2. 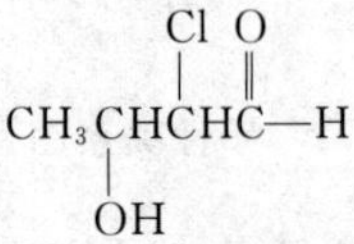
3. 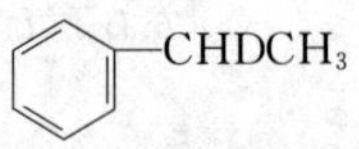
4. 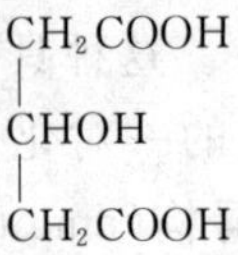
5. 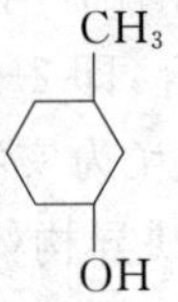
6. 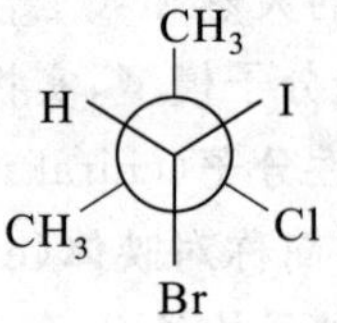

5.1.2　分子的手性和对称性

手性原子是产生对映异构现象的必要条件。一个分子能否与其镜像重合与分子的对称性有关。要判断一个化合物分子是否具有手性，可以通过考察其分子中是否存在对称因素而作出判断。本节简要介绍以下两种对称因素。

(1) 对称面

对称面是假想的一个平面，它可以把分子分割成完全相同的两部分，其中一部分正好是另一部分的镜像，则此平面称为该分子的**对称面**(symmetrical plane)。在1,1-二氯-1-溴甲烷分子中，有一个沿Br，H并通过中心碳原子，平分Cl—C—Cl的平面[图5.5(a)]，该平面可将分子分成完全相同的两个部分，这个平面就称为该分子的对称面。当饱和碳原子上连有两个或两个以上相同的原子或基团时，分子都有对称面。凡存在对称面的分子，其实物和镜像能完全重合，是

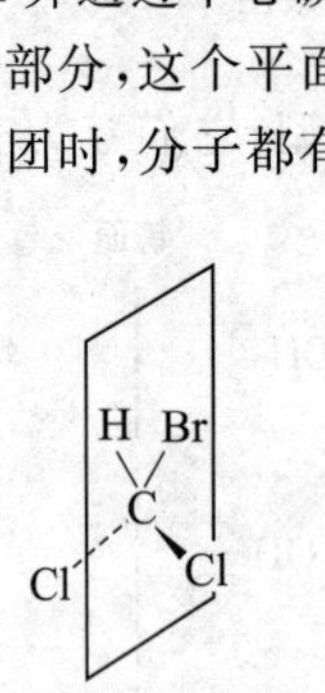

(a) 1,1-二氯-1-溴甲烷
(1-bromo-1,1-dichloromethane)

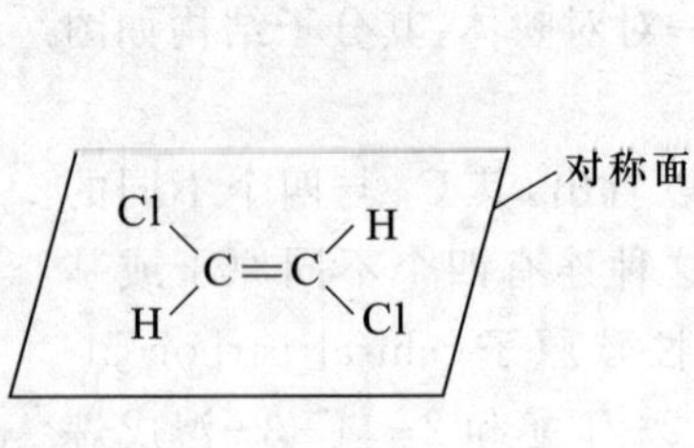

(b) (*E*)-1,2-二氯乙烯
[(*E*)-1,2-dichloroethene]

图5.5　对称面

非手性分子(achiral molecule),因此没有对映异构体。

若分子中所有原子都在同一平面上,例如,(*E*)-1,2-二氯乙烯[图 5.5(b)],这个平面就是分子的对称面,因此也没有对映异构体。

(2) 对称中心

通过分子中一个假想点与任何一个原子(基团)连成一直线,将此直线向相反方向延长,若在等距离处都能找到相同的原子(基团),则此假想点称为该分子的**对称中心**(symmetrical center)。如图 5.6,图 5.7 所示。

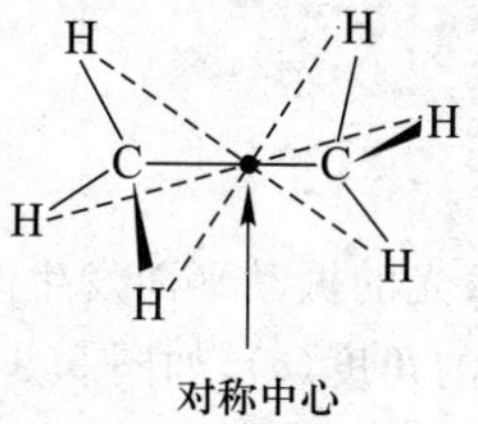

图 5.6　乙烷
(ethane)

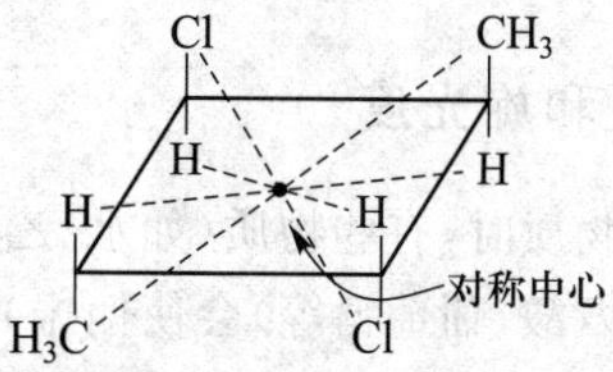

图 5.7　1,3-二甲基-2,4-二氯环丁烷
(2,4-dichloro-1,3-dimethylcyclobutane)

具有对称中心的化合物和它的镜像能重合,不具有手性,所以,乙烷和 1,3-二甲基-2,4-二氯环丁烷都是非手性分子,没有对映异构体。

凡分子中既没有对称面,也没有对称中心的化合物,具有手性,为手性分子,有对映异构体;反之,有对称面或对称中心的分子则没有对映异构体。

5.2　对映异构体的旋光性

对映异构的发现最初是从物质的旋光性开始的,一个对映异构体能使平面偏振光的振动平面发生旋转,所以对映异构又称为**旋光异构**或**光学异构**(optical isomerism)。一对对映异构体,其中一个对映体使偏振光向右旋转,另一个则使偏振光向左旋转。

5.2.1　平面偏振光

光是一种电磁波,光波的前进方向与振动方向垂直。无论普通光(波长为 400～800 nm 的光所组成的光束),还是单色光(单一波长的光),其光波都是在各个不同的平面上振动。

如果将普通光通过一块 Nicol 棱镜(由方解石晶体加工而成)或偏振片(由聚乙烯醇制成),由于 Nicol 棱镜或偏振片只允许与其晶轴相平行的光线(AA')透过,因此透过棱镜后的光就只在一个平面上振动。这种只在一个平面上振动的光,称为**平面偏振光**(plane polarized light),简称**偏振光**(polarized light,图 5.8)。偏振光前进的方向和其质点振动的方向所构成的平面称为振动面。

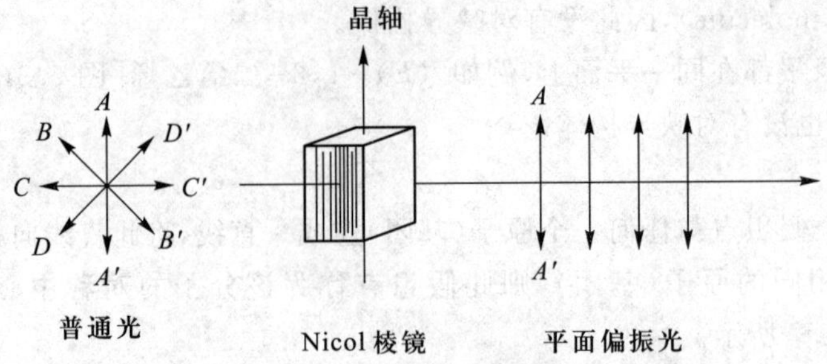

图 5.8 偏振光的形成

5.2.2 旋光性和旋光度

偏振光通过物质时，有些物质(如水、乙醇、丙酮等)不会使偏振光的振动平面发生改变；有些物质(如乳酸、丙氨酸、葡萄糖等)会使偏振光的振动平面旋转一定的角度(α)，如图 5.9 所示。这种使偏振光的振动平面发生旋转的性质称为**旋光性**(optical activity)，又叫**光学活性**。

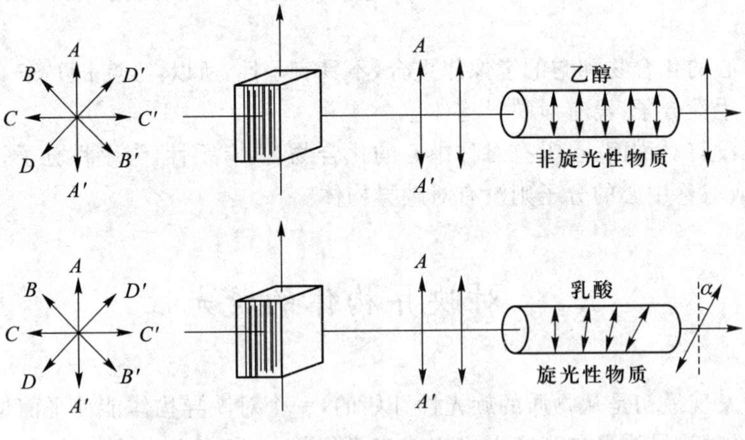

图 5.9 物质的旋光性

具有旋光性的物质称为**旋光性物质**或**光学活性物质**。乳酸、丙氨酸、葡萄糖等即为旋光性物质或光学活性物质，而水、乙醇、丙酮等则为非旋光性物质或非光学活性物质。

从入射光方向观察，使偏振光的振动面向右(顺时针)旋转的对映异构体，叫右旋体，以"+"或"*d*"表示；使偏振光的振动面向左(逆时针)旋转的对映异构体，叫左旋体，以"−" 或"*l*"表示。旋光性物质使偏振光的振动面旋转的角度称为**旋光度**(rotation)，通常用"α"表示。

5.2.3 旋光仪和比旋光度

实验室常用旋光仪来测定物质的旋光度。旋光仪的主要部件包括两个 Nicol 棱镜(起偏棱镜和检偏棱镜)，一个盛液管和一个刻度盘。其结构示意图如图 5.10 所示。

测定时，先调节检偏镜，使透过光的亮度最大，此时两个棱镜的晶轴处于相互平行的位置，将该位置作为零点。然后，在旋光仪的盛液管内盛放被测物质。若盛液管里装的是非旋光性物质，

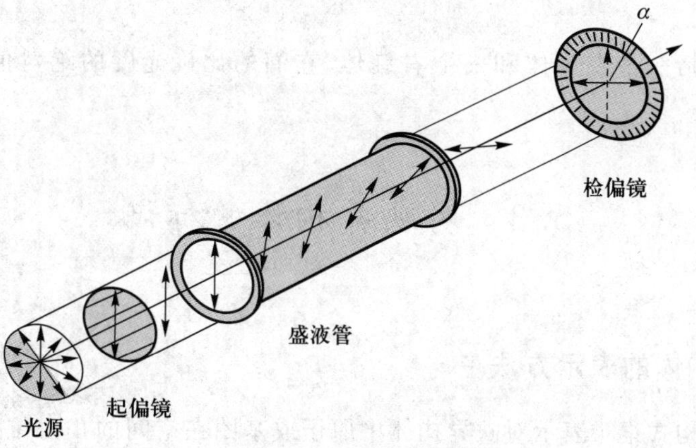

图 5.10 旋光仪示意图

当偏振光经过盛液管后，可以完全通过检偏棱镜，由于检偏棱镜未转动，刻度盘仍处于零点处。若盛液管里装的是旋光性物质，偏振光经过盛液管后，由于偏振光的振动平面发生改变，导致偏振光不能完全通过检偏棱镜，光的透射量减弱，这时必须把检偏棱镜相应地向右或向左旋转一定角度，才能使光线完全通过。此时从刻度盘上读出的度数就是该物质在该条件下的旋光度。

一个物质的旋光方向和旋光度的大小，可由旋光仪测定。旋光度除与分子的结构有关外，还与被测物溶液的浓度、盛液管的长度、溶剂、温度及光源的波长有关。为了统一标准，通常规定：1 mL 含 1 g 旋光性物质的溶液，在 1 dm 长的盛液管中测得的旋光度称为该物质的**比旋光度**(specific rotation)，用"$[\alpha]_\lambda^t$"表示。t 为测定时的温度；λ 为测定时光的波长，一般采用钠光（波长为 589.3 nm，用符号 D 表示）。比旋光度的单位为$(^\circ)\cdot dm^2\cdot kg^{-1}$，所测的旋光度，向右旋用"＋"号来表示，向左旋用"－"号来表示。

实际测定时，若盛液管长度不为 1 dm，溶液浓度不是 $1\ g\cdot mL^{-1}$，则测得的旋光度可通过下面公式换算成比旋光度$[\alpha]_D^t$：

$$[\alpha]_D^t=\frac{\alpha}{L\cdot\rho}$$

式中：α——测得的旋光度(°)；

L——盛液管长度(dm)；

ρ——溶液的质量浓度$(g\cdot mL^{-1})$；

t——测定时温度(℃)；

D——光源波长，通常是钠光 D 线，波长为 589.3 nm。

通过测定旋光度，再利用上述公式，可以测定物质的浓度或鉴定物质的纯度。例如，从化学手册上查得蔗糖的比旋光度为$+66(^\circ)\cdot dm^2\cdot kg^{-1}$，用 2 dm 的盛液管测得某蔗糖溶液的旋光度为+10.75°，则该蔗糖溶液的质量浓度为

$$\rho=\frac{\alpha}{[\alpha]\times L}=\frac{10.75^\circ}{66(^\circ)\cdot dm^2\cdot kg^{-1}\times 2\ dm}=0.0814\ g\cdot mL^{-1}$$

比旋光度是旋光性物质的一个特征常数，根据测得的比旋光度可判断旋光物质的纯度和

含量。

一对对映体包括一个左旋体和一个右旋体，它们的比旋光度的绝对值相等，但旋光方向相反。

5.3 对映异构体的标记

5.3.1 对映异构体的表示方法

一般的平面结构式很难表示对映异构体中原子或基团在空间的相对位置，必须用三维结构式表示其构型。例如，乳酸对映异构体，可用分子模型的楔形式或透视式表示其构型(见图5.11)。

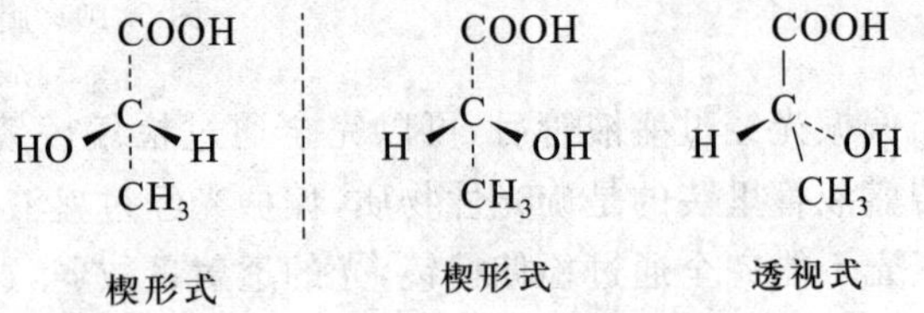

图 5.11 乳酸分子楔形式、透视式

这几种表示方法虽然较直观，但书写较麻烦，特别是结构复杂的分子很难表达。为了便于书写和进行比较，常用 Fischer 投影式表示。Fischer 投影式是将三维立体结构按规定方法投影而得到的平面结构。投影的原则可归纳为"横前竖后碳纸面"，即手性碳原子位于纸平面，将碳原子连接的两个键处于横向(水平方向)指向纸平面前方，即指向观察者。两个键竖立(垂直方向)，指向纸平面后方，远离观察者。一般将碳链竖立，编号最小的碳原子放在上端，然后将这样固定下来的分子模型投影到纸平面上，就得到 Fischer 投影式(见图 5.12)。两条直线交叉点相当于手性碳原子。

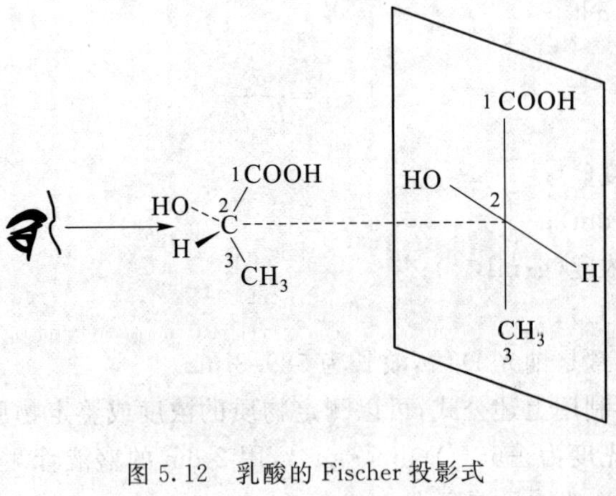

图 5.12 乳酸的 Fischer 投影式

Fischer 投影式中的基团相对位置必须遵守下述规则，不能随意变动，否则会导致分子构型的改变。

(1) 将 Fischer 投影式沿纸面旋转 180°或其倍数，构型不变(为原分子构型)；若沿纸面旋转

90°或其奇数倍，则构型改变成为该分子的对映异构体。

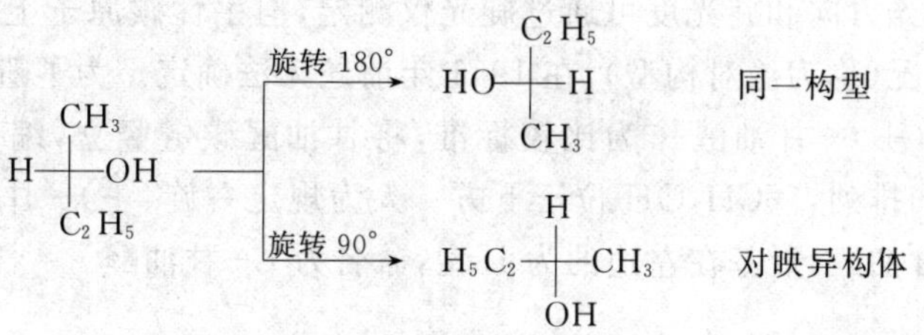

(2) 将手性碳原子上的一个原子或基团固定，其他三个原子或基团按顺时针或逆时针方向旋转 120°，构型不变。

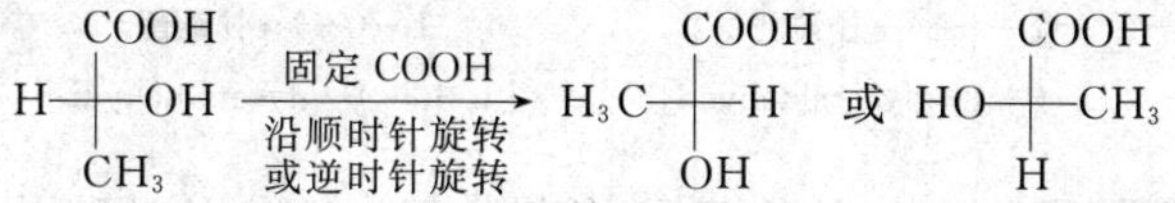

(3) 将手性碳原子上所连接的任何两个原子或基团交换奇数次，则构型改变为其对映异构体；若交换偶数次则构型不变。

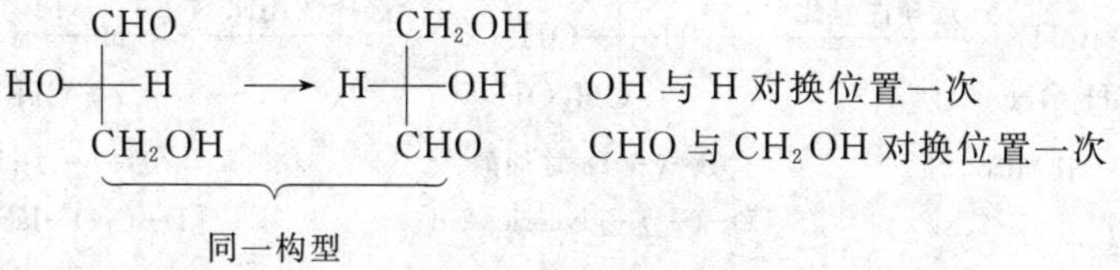

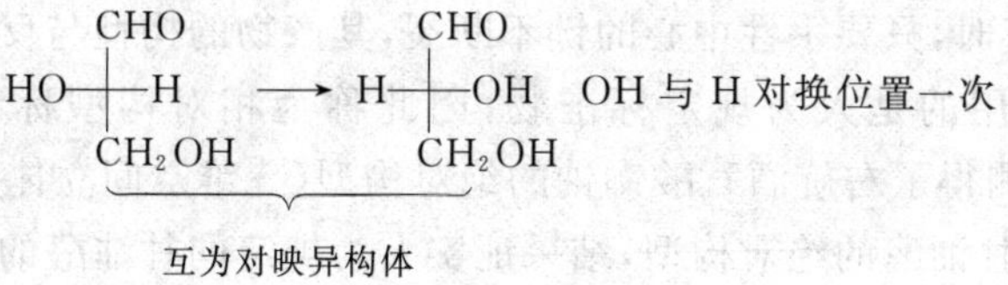

问题 5.2 指出下列化合物是同一物质还是对映异构体。

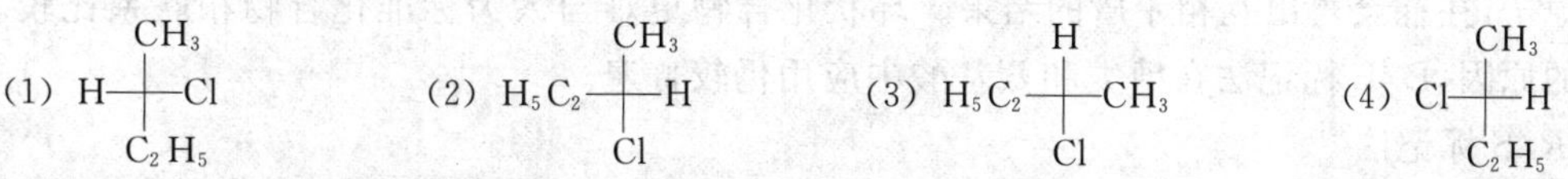

问题 5.3 写出下列手性分子的 Fischer 投影式。

(1) 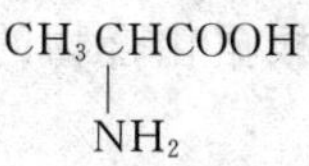　(2) 2-丁醇　(3) 3-氯-2-溴戊烷

(4) 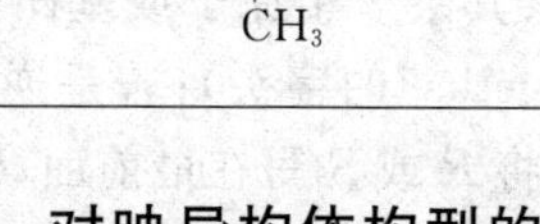　(5) 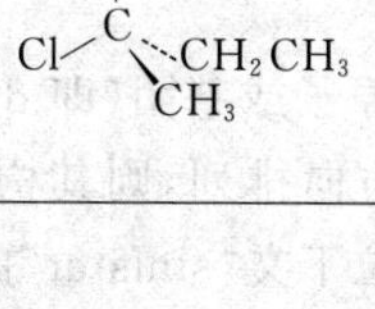

5.3.2 对映异构体构型的标记

标记对映异构体的构型有两种方法：D/L 标记法和 *R*/*S* 构型标记法。

1. D/L 标记法

对映异构体的旋光方向和旋光度可通过旋光仪测定，但手性碳原子上所连接的原子或基团在空间排列的真实情况（称为绝对构型），在1951年前还无法确定。为了避免对映体构型标记引起混淆，Fischer 选择（+）-甘油醛作为比较标准，将甘油醛碳链竖立，编号最小的醛基放在上端，—OH 和—H 横向排列，$—CH_2OH$ 位于下方。人为规定右旋（+）-甘油醛的羟基在右边的为D型，命名为D-甘油醛，羟基在左边的为L型，命名为L-甘油醛。

D-（+）-甘油醛　[D-（+）-glyceraldehyde]　　L-（−）-甘油醛　[L-（−）-glyceraldehyde]

其他含一个手性碳原子化合物的构型可将其与D-（+）甘油醛构型进行联系与比较而确定。

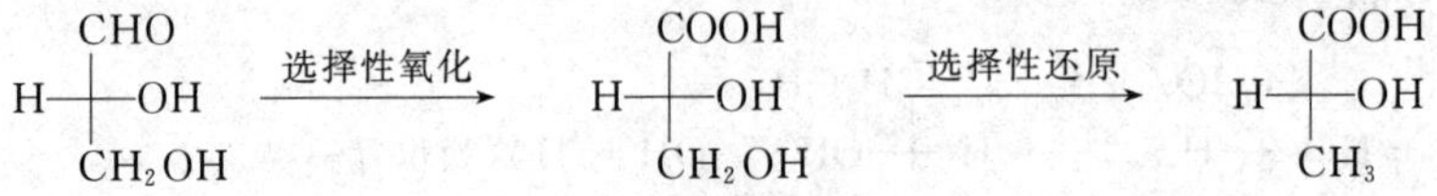

D-（+）-甘油醛　　D-（−）-甘油酸 [D-（−）-glyceric acid]　　D-（−）-乳酸 [D-（−）-lactic acid]

一个化合物发生反应时，只要手性中心的键不断裂，其产物的构型与反应物的构型相同。

由于D/L标记法采用的是人为规定标准物，因此称为相对构型标记法。1951年 J. M. Bijvoet 用X射线衍射法测得了右旋酒石酸铷钠的绝对构型（三维空间立体结构），后经X射线衍射法又确定了D-（+）-甘油醛的绝对构型，结果证实人为规定的甘油醛的构型恰好与其绝对构型完全吻合（这纯粹是一种巧合！）。因此人为规定的相对构型也就是绝对构型。

D/L 标记法有一定的局限性，因为对于含手性碳原子数目较多的化合物，由于选择不同的手性碳原子，往往会得出互相矛盾的结果。环状化合物更难与人为标准化合物相联系比较。由于习惯的原因，D/L 标记法在糖类和氨基酸中应用仍较普遍。

2. *R*/*S* 标记法

R/*S* 标记法是由 Cahn，Ingold 和 Prelog 提出，并于1970年被国际纯粹与应用化学联合会（IUPAC）推荐使用的构型标记法。该方法不需要与其他化合物比较，而是根据化合物的实际构型（即绝对构型）来命名的。其命名规则如下：

（1）将与手性碳原子相连的4个原子或基团（a，b，c，d）按“次序规则”排列，如它们的优先次序为 a>b>c>d。

（2）将排序中最后的原子或基团（即 d）远离观察者，然后观察其余3个原子或基团，按 a→b→c 的顺序，若是顺时针方向排列，则其构型为 *R*（*R* 是拉丁文“rectus”的字头）；若是逆时针方向排列，则构型为 *S*（*S* 是拉丁文“sinister”的字头）。书写名称时，将 *R* 或 *S* 写在最前面，例如：

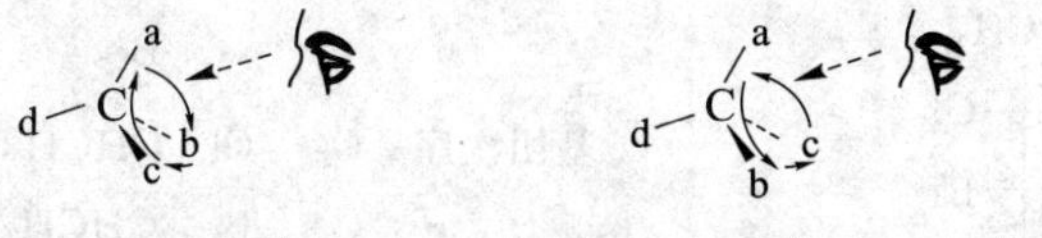

(a) *R* 构型 (b) *S* 构型

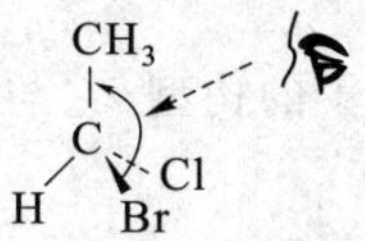

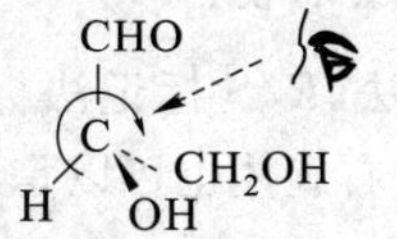

Br>Cl>CH_3>H OH>CHO >CH_2OH>H

(*S*)-1-氯-1-溴乙烷 (*R*)-甘油醛

{(S)-1-bromo-1-chloroethane} {(*R*)-glyceraldehyde}

用 *R*/*S* 标记法，同样可以确定 Fischer 投影式的构型。其方法为：在 Fischer 投影式中，若最低次序的原子或基团位于竖键，其余 3 个原子或基团由高到低的次序以顺时针排列的为 *R* 型，逆时针排列的为 *S* 型；若最低次序的原子或基团位于横键，其余原子或基团由高到低的次序以顺时针排列的为 *S* 型，逆时针排列的为 *R* 型。

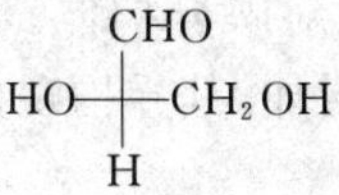

OH > CHO > CH_2OH > H H 位于竖键

(*R*)-甘油醛

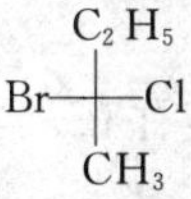

Br > Cl > C_2H_5 > CH_3 CH_3 位于竖键

(*S*)-2-氯-2-溴丁烷{(*S*)-2-bromo-2-chlorobutane}

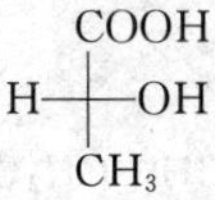

OH > COOH > CH_3 > H H 位于横键

(*R*)-乳酸{(*R*)-lactic acid}

问题 5.4 用 *R*/*S* 构型标记法标示下列各化合物的构型。

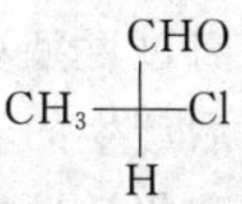

2-氯丙醛

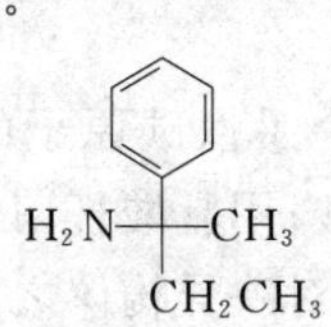

2-苯基-2-氨基丁烷

问题 5.5 下列化合物中哪些是同一物质？哪些是对映异构体？并命名。

(1) 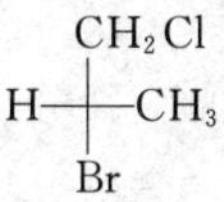

(2) 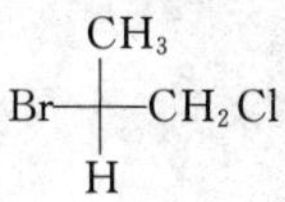

(3) 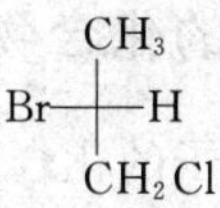

(4) 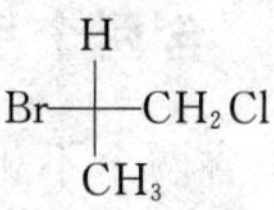

当分子中含有多个手性碳原子时，按相同的方法也能逐一标记出各手性碳原子的构型。例如：

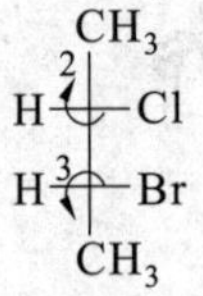

(2*S*,3*R*)-2-氯-3-溴丁烷

基团次序

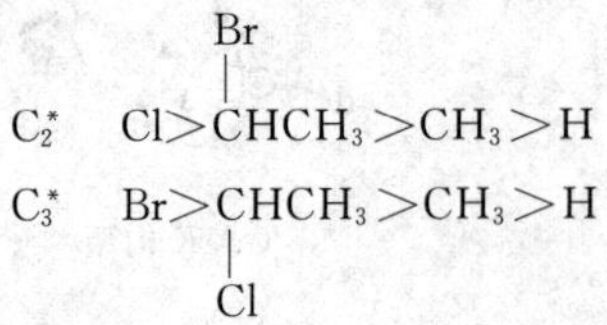

应当注意，D/L 标记法、*R*/*S* 标记法标记的是分子的构型，它与分子旋光方向之间没有联系。如 D 型化合物可以是右旋体也可以是左旋体。

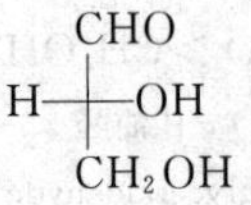

(*R*),D-(+)-甘油醛

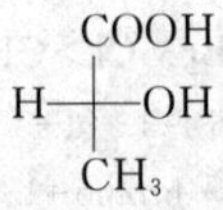

(*R*),D-(−)-乳酸

5.4 手性碳原子与对映异构体

前面讨论的乳酸是含一个手性碳原子的化合物，它有一对对映异构体。在有机化合物分子中，随着手性碳原子数目的增加，对映异构体的数目也将随之增加，其异构现象也更加复杂。

5.4.1 含一个手性碳原子的化合物

含一个手性碳原子的化合物一定是手性分子，有一对对映异构体存在。乳酸、2-氯丁烷、3-甲基己烷等均属于此类化合物。

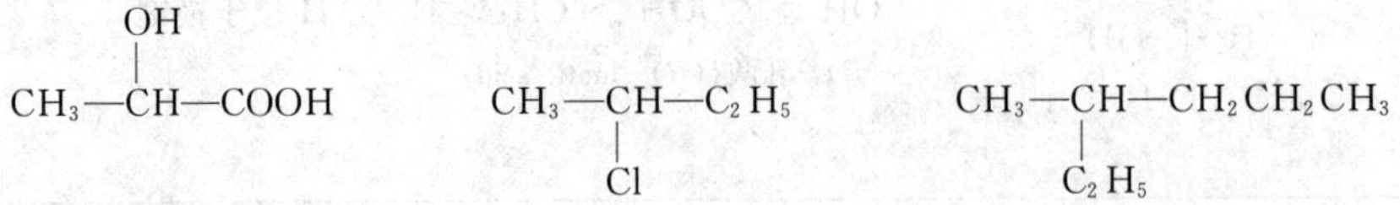

乳酸 (lactic acid)　　2-氯丁烷 (2-chlorobutane)　　3-甲基己烷 (3-methylhexane)

乳酸是较早发现的含一个手性碳原子的化合物。肌肉过度疲劳后产生的乳酸使偏振光右旋，具有右旋性，称为右旋乳酸；用乳酸杆菌使葡萄糖发酵后产生的乳酸具有左旋性，称为左旋乳酸，它们是一对对映异构体。对映异构体之间的物理性质和化学性质一般都相同，比旋光度的数值也相等，仅旋光方向相反(见表 5.1)。但在手性条件下，对映体会表现出某些不同的化学性质，如反应速率和产物都有差异。

5.4.2 含两个手性碳原子的化合物

1. 含两个不相同手性碳原子的化合物

含两个不相同的手性碳原子的分子存在两对对映异构体。例如 2-羟基-3-氯丁二酸(HOOC—CHOH—CHCl—COOH)，分子中的 C_2 与 C_3 是两个不相同的手性碳原子，由于一个手性碳原子可形成一对对映异构体，因此该化合物应有两对对映异构体，其 Fischer 投影式及构型标记如下：

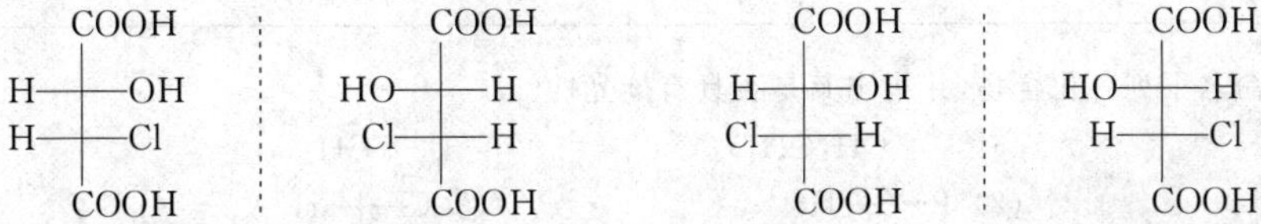

(2S,3S)（Ⅰ）　(2R,3R)（Ⅱ）　(2S,3R)（Ⅲ）　(2R,3S)（Ⅳ）

其中(Ⅰ)和(Ⅱ)是一对对映异构体,(Ⅲ)和(Ⅳ)是另一对对映异构体。比较(Ⅰ)和(Ⅲ)、(Ⅳ);(Ⅱ)和(Ⅲ)、(Ⅳ)均不是实物与镜像关系。像这种含有多个手性碳原子的分子,不呈物像对映关系的构型异构体称为**非对映异构体**(diastereomer),简称**非对映体**。非对映异构体的旋光性不同,其他的物理性质和化学性质也有差异。

随着手性碳原子数目的增加,其对映异构体的数目也增多。当分子中含有 n 个不相同的手性碳原子时,就可以有 2^n 个对映异构体。

2. 含两个相同手性碳原子的化合物

2,3-二羟基丁二酸(俗名酒石酸,HOOC—CHOH—CHOH—COOH),分子中含有两个相同的手性碳原子,其 Fischer 投影式及构型标记如下:

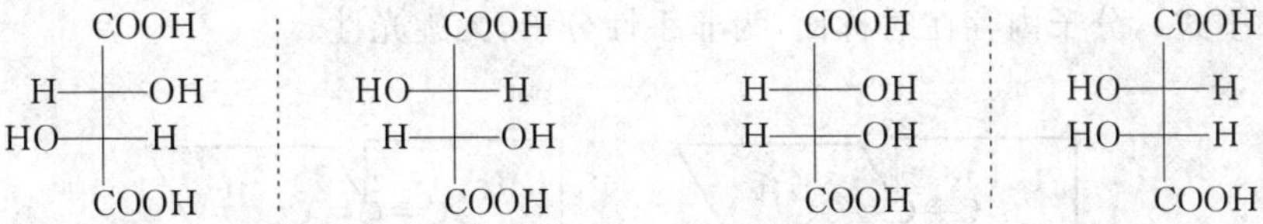

(2R,3R)（Ⅰ）　(2S,3S)（Ⅱ）　(2R,3S)（Ⅲ）　(2S,3R)（Ⅳ）

(Ⅰ)和(Ⅱ)互为实物和镜像关系,为一对对映异构体;(Ⅲ)和(Ⅳ),似乎也是一对对映异构体,若将(Ⅲ)沿着纸面旋转 180°后,得到(Ⅳ),它们实际上是同一化合物。若仔细观察(Ⅲ)和(Ⅳ)的构型,可以发现其分子中存在对称面,可将分子分成互为物像的两半,且完全重叠。

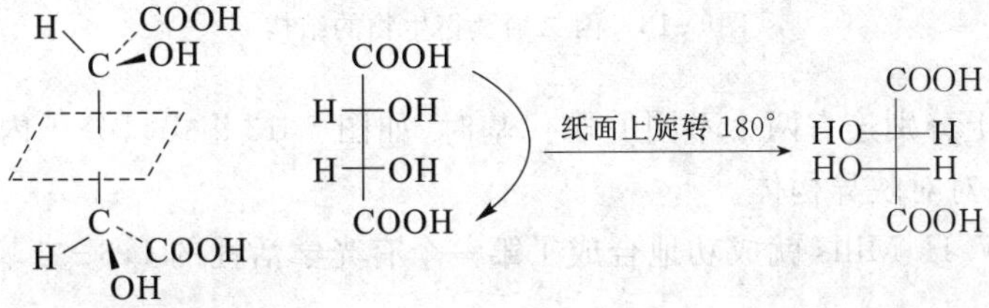

(Ⅲ)和(Ⅳ)分子中含相同手性碳原子,且构型相反(即一个手性碳原子为 S 构型,另一个为 R 构型)。它们引起的旋光方向相反,而旋光度相同,恰好在分子内部相互抵消。所以(Ⅲ)和(Ⅳ)是非手性分子,既无对映异构体,又无旋光性。这种分子内含有多个手性碳原子,因存在对称因素而使分子无旋光性的化合物称为**内消旋体**(mesomer),通常以"*meso*"表示。

因此含两个相同手性碳原子的分子只有一对对映异构体和一个内消旋体。左、右旋酒石酸与内消旋体酒石酸不呈物像关系,为非对映异构体。

内消旋体的产生,说明分子手性的根本原因在于分子的不对称性,而不在于分子有无手性碳原子。当分子中含有相同的手性碳原子时,由于有内消旋体的存在,其对映异构体的数目会少于 2^n 个。

问题 5.6 命名下列各化合物，并指出其是否具有旋光性？

(1) 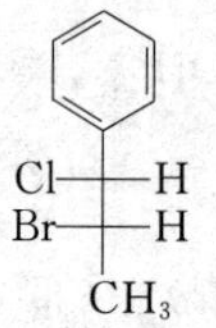

(2) 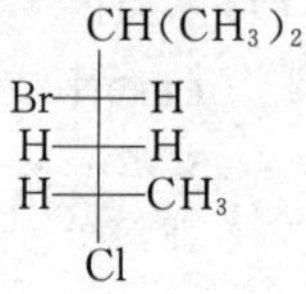

(3) 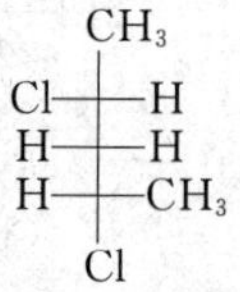

5.4.3 不含手性碳原子的化合物

有的分子不含手性碳原子，但却也是手性分子。丙二烯型化合物、联苯型化合物就属于这类化合物。

1. 丙二烯型化合物

丙二烯型化合物是累积二烯烃，分子两端的碳原子呈 sp^2 杂化状态，碳链中的 C_2 碳原子是 sp 杂化，它分别与 C_1 和 C_3 形成两个 π 键，且相互垂直。当 C_1 和 C_3 上连有相同的原子或基团时（如图 5.13 Ⅰ式），分子内存在对称面，为非手性分子，无旋光性。

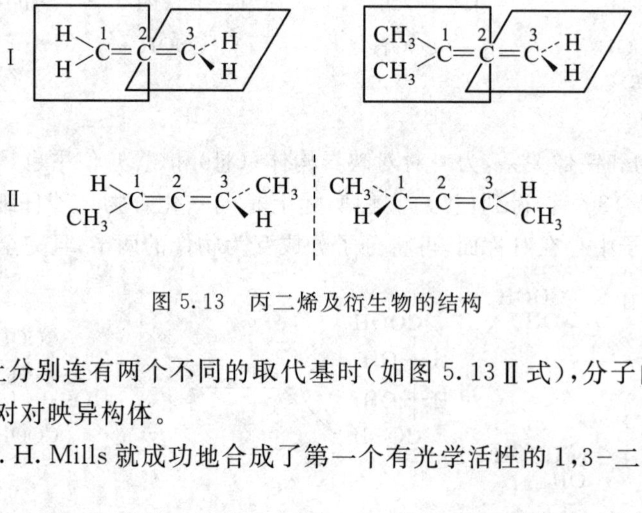

图 5.13 丙二烯及衍生物的结构

而当 C_1 和 C_3 上分别连有两个不同的取代基时（如图 5.13 Ⅱ式），分子内则无对称因素，因此为手性分子，有一对对映异构体。

早在 1935 年 W. H. Mills 就成功地合成了第一个有光学活性的 1,3-二苯基-1,3-二（α-萘基）丙二烯。

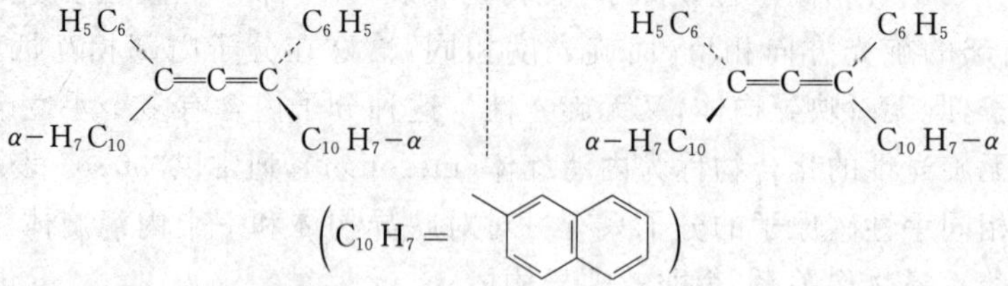

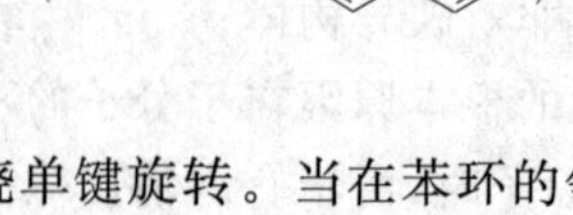

2. 联苯型化合物

在联苯分子中，两个苯环可以绕单键旋转。当在苯环的邻位（即 2,2′,6,6′位）引入体积较大的不对称基团时，由于空间位阻使苯环之间的单键自由旋转受到阻碍，两个苯环不能共平面，因此导致整个分子没有对称面和对称中心，成为手性分子，有对映异构体存在。

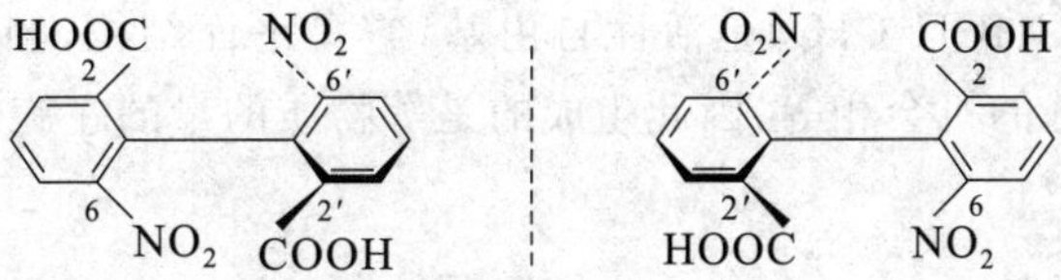

若一个或两个苯环上所连的两个取代基相同，则这个分子就有对称面，是一个对称分子，而没有旋光性。例如：

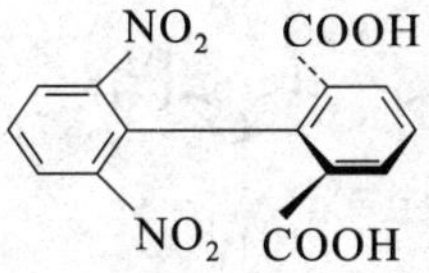

5.5 外消旋体及外消旋体的拆分

5.5.1 外消旋体

前面讨论的肌肉乳酸和发酵乳酸都具有旋光性，而从酸败的牛奶中分离得到的乳酸或用传统的方法合成的乳酸却没有旋光性。这是由于这样得到的乳酸是等量的右旋乳酸和左旋乳酸的混合物，所以没有旋光性。这种含有等量右旋和左旋异构体的混合物，称为**外消旋体**(racemate)，用“*dl*”或“±”表示。外消旋体和相应的左旋体或右旋体除旋光性不同外，物理性质也有差异，化学性质也略有不同(如表5.1所示)。在生理作用方面，外消旋体仍各自发挥其左旋体和右旋体的相应效能。

表5.1 乳酸的部分理化性质

化合物	来源	mp/℃	$[\alpha]^t_D$/[(°)·dm^2·kg^{-1}]	pK_a(25 ℃)
(+)-乳酸	肌肉	53	+3.82	3.79
(−)-乳酸	糖发酵	53	−3.82	3.83
(±)-乳酸	牛奶变酸	18	0	3.86

值得注意的是：内消旋体是非手性分子的纯化合物，而外消旋体是具有手性的一对对映异构体的等物质的量混合物。两者都无旋光性，但本质不同。

用经典化学合成法合成的含有手性碳原子的化合物通常是外消旋体。例如，正丁烷的氯代反应可得到两种一氯丁烷，其中2-氯丁烷产物分子中有一个手性碳原子，为手性分子，应有旋光性。但实际测定却发现无旋光性，说明得到的是外消旋体。

$$CH_3CH_2CH_2CH_3 \xrightarrow[\text{光}]{Cl_2} \underset{(\text{外消旋体})}{CH_3CH_2\overset{*}{C}H(Cl)CH_3} + CH_3CH_2CH_2CH_2Cl + \text{其他多氯代物}$$

为什么形成的是外消旋体？这与反应的机理有关。根据烷烃氯代反应机理可知，该反应过程中生成的中间体（$CH_3\dot{C}HCH_2CH_3$）是活性自由基，它呈平面结构，当与氯反应时，Cl·从平面上方和下方进攻该自由基的机会相等，因此生成的是等物质的量的左旋体和右旋体的混合物，即外消旋体，无旋光性。

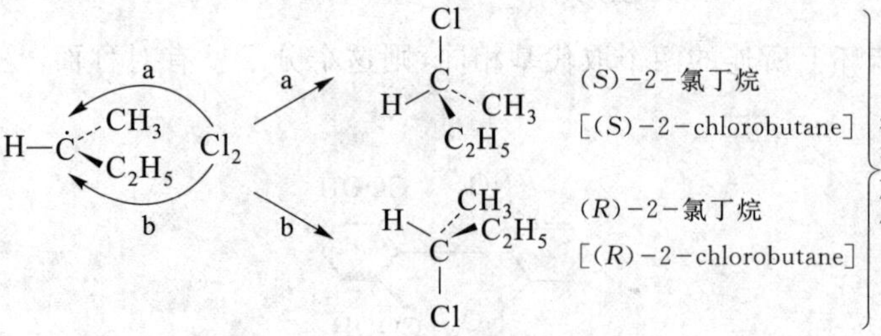

上述反应产物无旋光性的事实，支持了烷烃的卤代是通过生成自由基中间体的反应机理进行的。

研究有机化合物的立体结构，可以帮助理解有机化合物的结构与物理、化学性质和生物活性的关系。研究分子立体结构、反应的立体化学过程及其相关规律和应用的科学称为**立体化学**（stereo-chemistry），它是有机化学的重要组成部分。

5.5.2　外消旋体的拆分

一对对映异构体中，通常只有其中一种对映异构体具有生物活性或药理作用。例如氯霉素对映异构体中，只有左旋氯霉素有疗效，右旋氯霉素却无任何疗效。用传统化学方法合成得到的氯霉素是外消旋体，其疗效只有左旋氯霉素的一半，因此，需要将外消旋体分开为左旋体和右旋体。将外消旋体进行分离，得到纯净左旋体和一个右旋体的过程称为外消旋体的**拆分**（resolution）。

外消旋体的拆分可以采用不同的方法。常见的有化学拆分法、晶种结晶拆分法、色谱法和生物拆分法等。

化学拆分法是应用较广的一种拆分方法。其基本原理是用等物质的量的手性物质（拆分剂）与外消旋体作用生成非对映异构体，再利用非对映异构体性质上的差异实现分离。例如，外消旋胺的拆分可用通式表示如下：

$$2(+)\text{-}RCOOH + \underset{\text{外消旋体}}{(\pm)\text{-}R'NH_2} \longrightarrow \underset{\text{非对映异构体}}{\left.\begin{array}{l}(+)\text{-}RCOOH\cdot(+)\text{-}R'NH_2\\(+)\text{-}RCOOH\cdot(-)\text{-}R'NH_2\end{array}\right\}} \xrightarrow{\text{分级结晶}}$$

$$\left\{\begin{array}{l}\rightarrow(+)\text{-}RCOOH\cdot(+)\text{-}R'NH_2 \xrightarrow{NaOH} (+)\text{-}RCOONa + (+)\text{-}R'NH_2\\\rightarrow(+)\text{-}RCOOH\cdot(-)\text{-}R'NH_2 \xrightarrow{NaOH} (+)\text{-}RCOONa + (-)\text{-}R'NH_2\end{array}\right.$$

用化学拆分法拆分外消旋碱时，常用的拆分剂是旋光性的酸，如酒石酸、樟脑-β-磺酸等；拆分外消旋酸时，常用的拆分剂是旋光性的碱，主要是生物碱，如(－)-奎宁、(－)-马钱子碱等。

晶种结晶拆分法是在一种热的外消旋体饱和溶液中，加入其中一种纯的旋光性晶体作为晶种，冷却到某一温度，在晶种的诱导下使其中一种异构体优先结晶析出。将晶体过滤后，在滤液中再加入热的外消旋体饱和溶液，然后再冷却到一定温度，此时另一种旋光体会先结晶析出。如此反复进行结晶，就可以把一对对映异构体完全分开。

20 世纪 80 年代，色谱法成为分离对映异构体的一种主要工具，例如气相色谱、液相色谱、超临界色谱、毛细管电泳和分子烙印法等。其中，超临界色谱、毛细管电泳和分子烙印法有着广阔的应用前景。其基本原理都是基于对映异构体被吸附剂吸附的强弱不同，用不同解吸能力的解吸剂将它们分别地洗脱出来。

近年来，酶作用下的生物拆分法越来越成为拆分外消旋体的有效方法。该方法是利用酶对对映异构体中的一种异构体有高度的选择性，将其中一种异构体拆分出来。例如，非甾体抗炎药物萘普生[naproxen，化学名(*S*)-(+)-2-(6′-甲氧基-2′-萘基)丙酸]为右旋性的化合物。可用 candida cylindracea(一种脂肪酶，简称 CCL)选择性催化水解(*dl*)-萘普生酯得到(+)-萘普生。

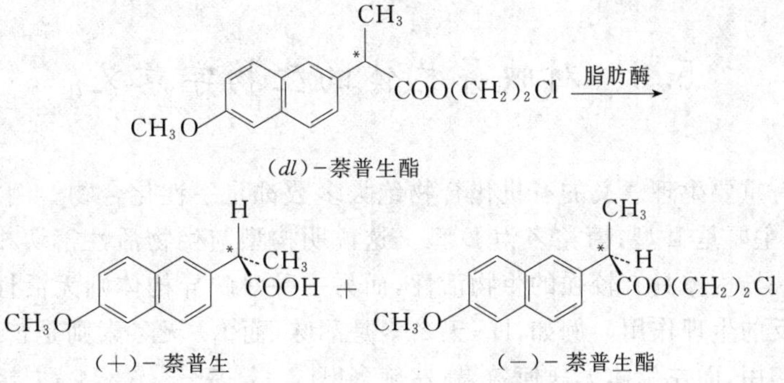

5.5.3　不对称合成

如前所述，用经典的化学合成法合成具有手性碳原子的化合物时只能得到外消旋体。要使合成反应有立体选择性，可以让反应在手性条件(如手性试剂、手性溶剂、手性催化剂等)下进行，从而得到两种不同比例的对映异构体，因而产物具有旋光性。这种合成方法称为**不对称合成**(asymmetric synthesis)。例如，1904 年，Mekenzie 首次将丙酮酸和一个有旋光活性的天然薄荷醇发生酯化反应，然后再进行还原，产生不等量的(+)和(−)-乳酸酯，其中(−)-乳酸酯较多，然后经水解，除去光活性的薄荷醇，得到左旋乳酸多于右旋乳酸的混合物，因此产物就具有旋光性。其反应如下：

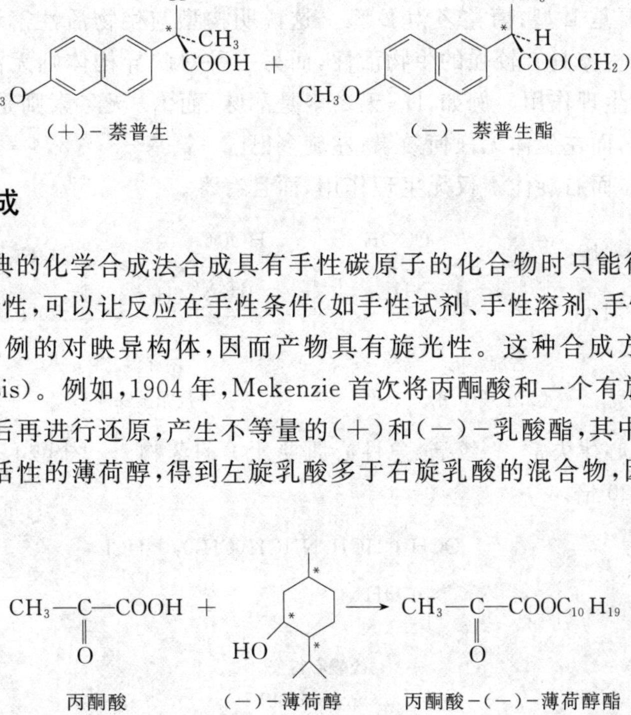

反应的关键步骤是丙酮酸与薄荷醇的酯化反应，薄荷醇的手性对产生第二个手性中心具有指导作用，这叫光活感应作用，它使反应总是朝某一空间有利的方向进行，结果产生不等量的对映异构体。自19世纪Fischer开创不对称合成领域以来，不对称反应技术得到了迅速发展。

生物体在新陈代谢过程中也进行着大量的不对称合成，如植物由CO_2通过光合作用合成的糖类物质都是D型，生物体中的氨基酸都是L型。生物体之所以能进行不对称合成，原因在于这些合成反应多是在一定酶的催化下进行的。酶本身就是旋光性物质，而且分子中含有很多手性中心，酶通过其分子表面的特异位置和反应物分子(底物)的结合来催化化学反应，因此有高度的立体选择性。早在1894年，E. Fischer就说，酶与底物的作用一定要像锁与钥匙一样相互吻合才行。如果锁没有对称性，钥匙就必须按一个特定的立体方向插进锁内，并以特定的方式转动才能把锁打开。因此，酶用作不对称合成的催化剂是非常不错的选择。

5.6　对映异构体的生物学意义

生物体中具有重要生理意义的有机化合物绝大多数都是手性化合物。例如，生物体中普遍存在的α-氨基酸主要是L型；糖类多为D型。这说明构型与生物活性密切相关。手性药物往往是其中一种对映异构体具有较强的生物活性，而另一种对映异构体则无活性，或者活性很低，有的甚至产生相反的生理作用。例如，D-天冬素是甜味，而L-天冬素则是苦味；右旋维生素C具有抗坏血病的作用，而左旋体无任何效果；左旋多巴[2-氨基-3-(3,4-二羟基苯基)丙酸]是治疗帕金森症的药物，而右旋体不仅无生理作用，而且有毒。

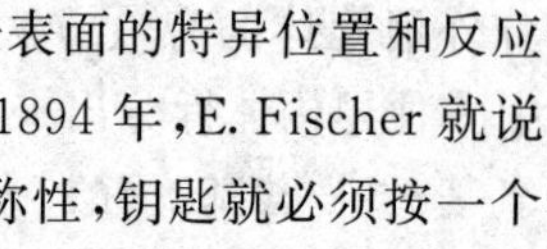

右旋多巴
(无生理作用)

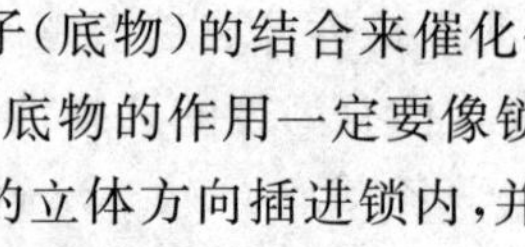

左旋多巴
(抗帕金森症)

临床上用于治疗心律失常、心绞痛、急性心肌梗死等的药物——盐酸心得安，其R构型的疗效为S构型的60～100倍。

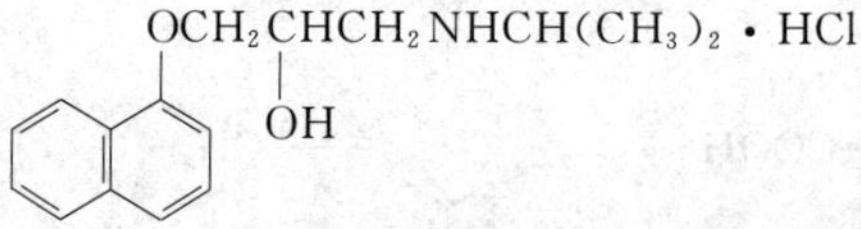

盐酸心得安
(propraroloii)

20世纪50年代末期，欧洲曾经发生孕妇因服用酞胺哌啶酮(俗称“反应停”)，从而导致胎儿畸形(海豹形)的药害惨剧(历史上称为“反应停”事件)。后经研究发现，药物“反应停”为外消旋体，其中的R型异构体起镇静的作用，而S型异构体则有致畸作用，故妊娠妇女服用此药后，出现了多例畸变胎儿。

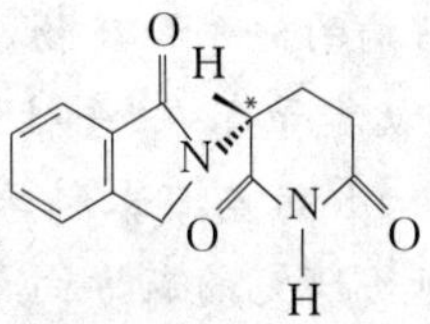

酞胺哌啶酮(反应停)
(thalidomide)

一对对映异构体之所以会有如此不同的生物活性,与生命活动的重要基础物质——具有手性特征的生物大分子有关。药物分子要发挥其药效,就必须与细胞的专一**受体靶位**(target site)相结合,而受体大多为蛋白质,是手性物质,因此,药物的活性必须通过与受体分子之间的严格手性匹配和手性识别而实现。只有当药物手性分子完全与手性受体匹配时,药物分子才能与受体很好地结合,这时手性药物才能发挥其作用,这就像手套必须和手相匹配一样。手性药物的一种对映异构体与受体完全匹配[图 5.14(a)],另一种对映体就会与受体配合不当[图 5.14(b)],从而导致其生物活性降低甚至无生物活性。

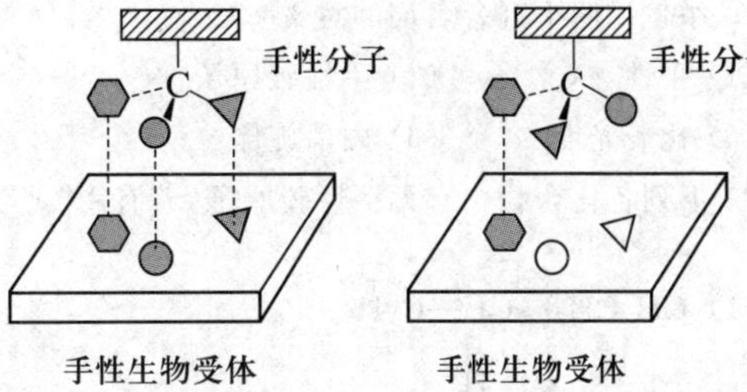

(a) 完全匹配　　(b) 配合不当

图 5.14　手性分子和手性生物受体相互作用示意图

阅读材料

手 性 药 物

手性药物是指药物的分子结构中存在手性因素,由具有药理活性的手性化合物组成的药物,其只含一种对映异构体或以有效对映体为主体构成。人们将手性药物中活性高的对映异构体称为优对映异构体(eutomer),而活性低或无活性的对映异构体称为劣对映异构体(distomer)。在许多情况下,劣对映异构体不仅没有药效,而且还会部分抵消优对映异构体的药效,有时甚至还会产生严重的毒副反应。

在药理学上,服用成分单一的对映异构体手性药物,可减少剂量和代谢负担,提高剂量的幅度并拓宽用途,降低另一种对映异构体可能引起的副作用。单一对映异构体手性药物已在治疗心血管病、肿瘤、神经系统疾病及消化系统疾病等方面得到广泛应用。全球最畅销的 500 种药中,以单一异构体销售的手性药物占 1/2 以上,占其总销售额的 52%。

手性药物疗效的极大差异促进了手性药物的研究开发以及分离技术的发展。手性药物中,来自天然产物或由天然产物衍生的手性药物占的比例较大,例如奎宁、紫杉醇、喜树碱、青蒿素、长春西汀、石杉碱甲和通过发酵产生的药物如红霉素、青霉素等。天然药物是人类最早得益的手性药物的重要资源,也是现代合成药物的基础。手性药物的来源有三种途径:① 从天然产物中提取手性药物;② 拆分法分离手性药物;③ 不对称催化合成手性药物。目前应用最广的是利用不对称催化合成法合成具有单一定向结构的纯手性药物，从而让药物成分更纯，治疗疾病时疗效更快、疗程更短。2001年诺贝尔化学奖就授予了在“手性催化氢化氧化反应”领域做出突出贡献的美国科学家 W. S. Knowles，K. B. Sharpless 与日本科学家 Ryoji Noyori。

手性药物的研究目前已成为国际新药研究的新方向之一。

习 题

1. 举例说明下列各名词的意义。

(1) 手性　(2) 手性碳原子　(3) 对映异构体　(4) 旋光性

(5) 比旋光度　(6) 内消旋体　(7) 外消旋体

2. 下列各化合物中有无手性碳原子，若有用“＊”标明。

(1) 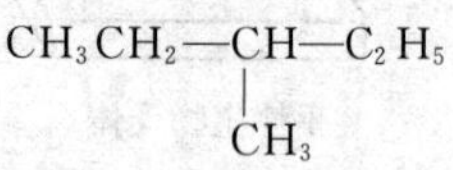

(2) 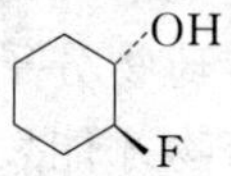

(3) 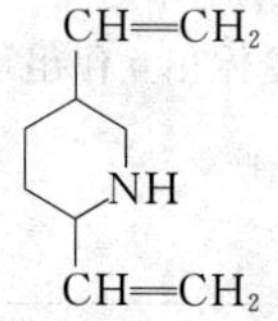

(4) 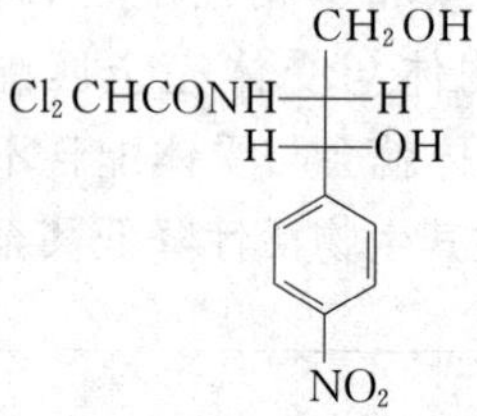

氯霉素

(5) 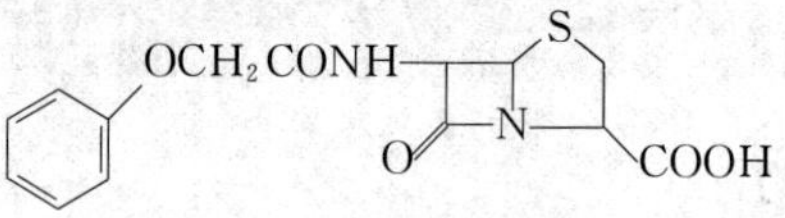

(6) 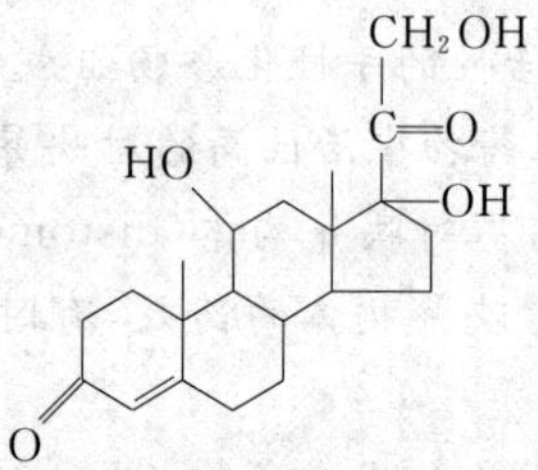

氢化可的松

3. 胆甾醇是胆结石的主要成分，将 6.15 g 胆甾醇溶入 100 mL 氯仿溶液中，取部分溶液装入一支 5 cm 的盛液管，室温下在旋光仪中测得其旋光度为 −1.2°（光源波长为 589.3 nm），试计算它的比旋光度。若将此溶液放入长度为 10 cm 的盛液管中，其旋光度预计应是多少？

4. 下列叙述中哪些是正确的？哪些是错误的？

(1) 所有立体异构体都具有实物与镜像的关系，且不能重合。

(2) 构型异构与构象异构一样，可通过键的旋转变为其对映异构体。

(3) 构象异构与构型异构都属于立体异构，都具有旋光性。

(4) 含有两个手性碳原子的化合物，根据 2^n 原则，有两对对映异构体。

(5) 含两个手性碳原子的分子都有非对映异构体。

(6) 内消旋体因其分子内部具有对称面，而无旋光性。所以无对称面的分子，一定具有旋光性。

5. 指出下列各化合物的构型是 R 构型还是 S 构型。

(1) 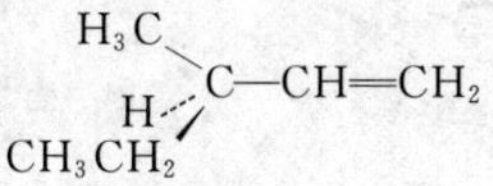
(2) 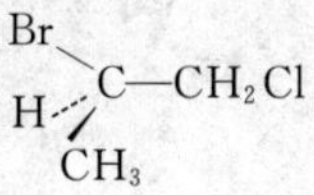
(3) 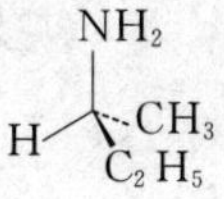

(4) 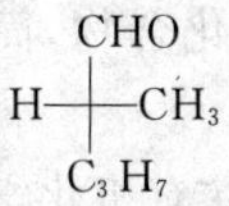
(5) 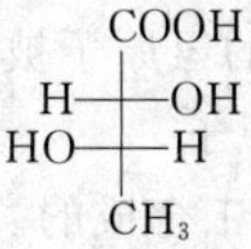
(6) 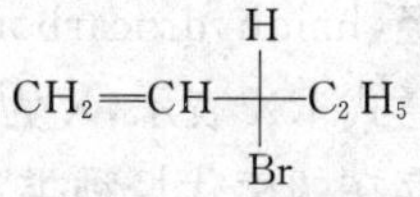

6. 写出下列化合物的 Fischer 投影式。

(1) (R)-2-溴丁烷　(2) (2R,3S)-2,3-二溴戊烷

(3) (4S)-2-氯-4-溴-2-戊烯　(4) (2Z,4S,5S)-4,5-二甲基-3-碘-2-庚烯

(5) 内消旋-3,4-二硝基己烷

7. 下列各组化合物中，哪些代表同一化合物，哪些互为对映异构体？哪些是内消旋体？

(1)
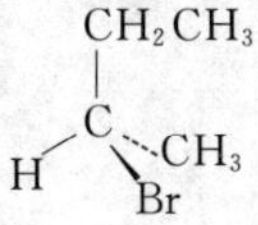
Ⅰ
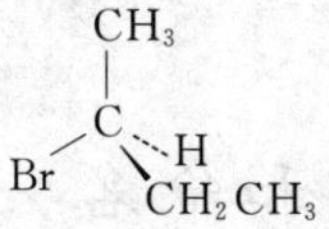
Ⅱ
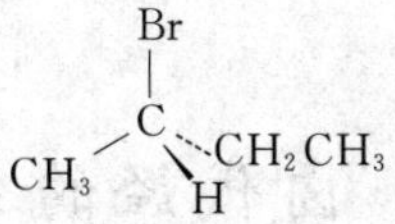
Ⅲ
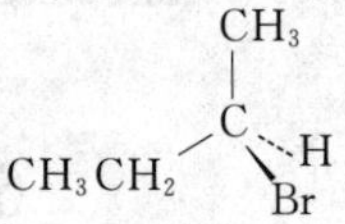
Ⅳ

(2)
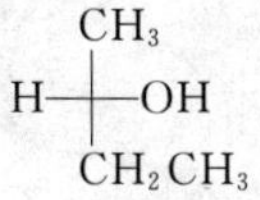
Ⅰ
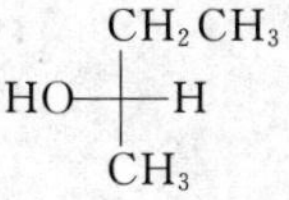
Ⅱ
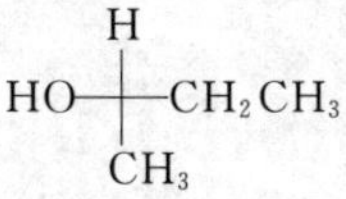
Ⅲ
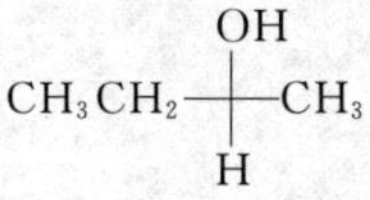
Ⅳ

(3)
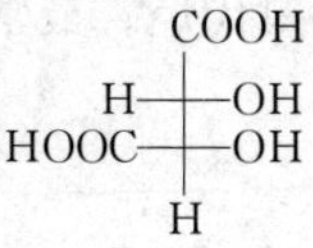
Ⅰ
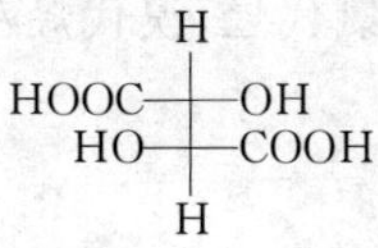
Ⅱ
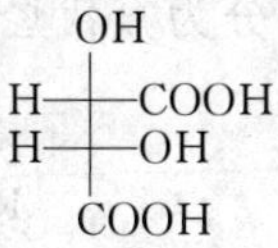
Ⅲ
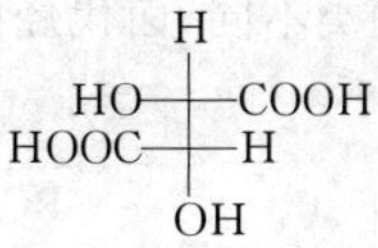
Ⅳ
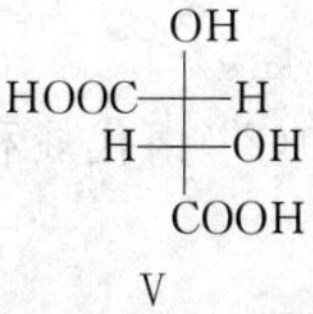
Ⅴ
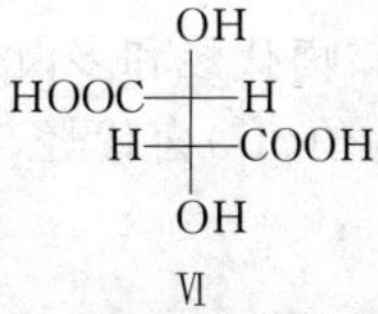
Ⅵ
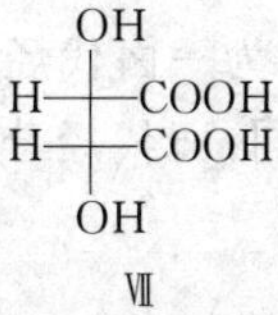
Ⅶ
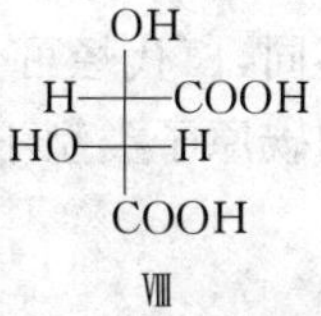
Ⅷ

8. 写出氯代苹果酸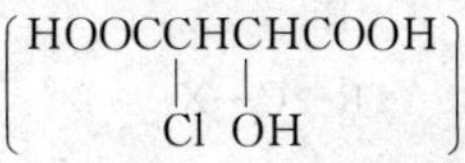的立体异构体的 Fischer 投影式，并标出 R,S 构型，将其中构型为(2R,3R)异构体的 Fischer 投影式改为 Newman 式和透视式(交叉式)。

9. 某链状化合物 A 的分子式为 C_5H_9Cl，有旋光性，经催化加氢后得到化合物 B，B 仍然有旋光性。试写出 A 和 B 的可能的结构式。

10. 化合物 A 的分子式为 C_5H_{10}，有光学活性，能使 Br_2-CCl_4 溶液退色，但不能使 $KMnO_4$ 的水溶液褪色。A 加 1 mol H_2 能生成两种化合物，都无光学活性，请推测 A 的结构式。

(第三军医大学　赵华文)

第 6 章 卤 代 烃

卤代烃(halohydrocarbon)是烃分子中的氢原子被卤素原子取代而生成的化合物,简称为卤烃。常用通式 RX 表示,X 为氟、氯、溴、碘原子。

天然存在的卤代烃种类不多,大多是人工合成的。卤代烃的性质较活泼,在有机化学中占有重要地位,其中卤原子易被其他原子或基团取代,形成不同类型的合成中间体或新化合物。卤代烃在生活、医药和工业中也是一类重要的化合物,可用作溶剂、麻醉剂、防腐剂、制冷剂、灭火剂,合成塑料和农药的原料等;有的卤代物对环境具有较大污染,有的卤代烃对人类有较大毒性。

本章主要讨论卤代烃的分类、命名、结构和有机化学中两类极其重要的反应——亲核取代反应和消除反应及其反应机理。

6.1 卤代烃的分类和命名

6.1.1 卤代烃的分类

根据分子中卤素的种类不同,卤代烃可分为氟代烃、氯代烃、溴代烃和碘代烃。最常见的是氯代烃和溴代烃。例如:

RF	RCl	RBr	RI
氟代烃	氯代烃	溴代烃	碘代烃

根据分子中卤素数目不同,卤代烃可分为一卤代烃、二卤代烃和多卤代烃。

根据卤素所连接的饱和碳原子类型不同,卤代烃分为伯(1°)卤代烃、仲(2°)卤代烃和叔(3°)卤代烃。例如:

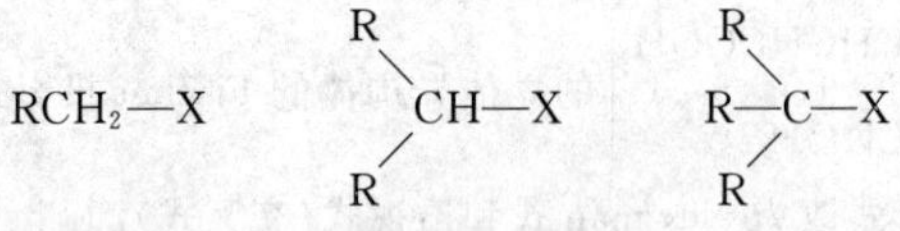

伯卤代烃　　仲卤代烃　　叔卤代烃

根据烃基的结构不同,卤代烃又分为饱和卤代烃、不饱和卤代烃和卤代芳烃。例如:

RCH_2-X　　$RCH{=}CH(CH_2)_n-X$　　$RC{\equiv}C(CH_2)_n-X$　　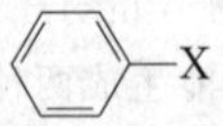

卤代烷烃　　卤代烯烃　　卤代炔烃　　苯型卤代烃

饱和卤代烃　　不饱和卤代烃　　卤代芳烃

在卤代烯烃中,当 $n=0$ 时,卤素直接连在双键碳原子上,称为乙烯型卤代烃;当 $n=1$ 时,为烯丙基型卤代烃；当 $n>1$ 时，为孤立型卤代烃。例如：

$RCH{=}CH{-}X$　乙烯型卤代烃

$RCH{=}CHCH_2{-}X$　烯丙基型卤代烃

$RCH{=}CHCH_2CH_2{-}X$　孤立型卤代烃

6.1.2 卤代烃的命名

简单的卤代烃常采用普通命名法，即根据烃基和卤素的名称命名为“卤(代)某烃”或“某基卤”。例如：

CH_3I

碘甲烷

(methyl iodide)

$CH_2{=}CHBr$

溴乙烯

(bromide vinyl)

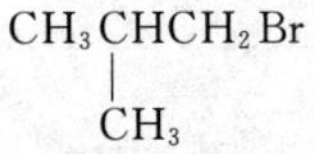

溴代异丁烷

(*iso*-butyl bromide)

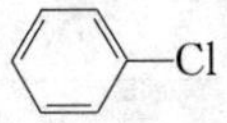

氯苯

(chlorobenzene)

$CH_3CH_2CH_2Cl$

正丙基氯

(*n*-propyl chloride)

$CH_2{=}CHCH_2Br$

烯丙基溴

(allyl bromide)

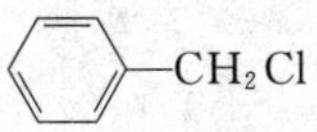

苄基氯(氯化苄)

(benzyl chloride)

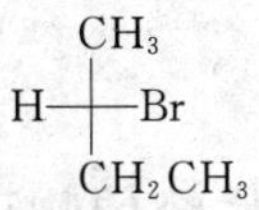

S-溴丁烷

(*S*-butyl bromide)

结构复杂的卤代烃一般采用系统命名法。此法是把卤素作为取代基，其他命名原则与烃相同。例如：

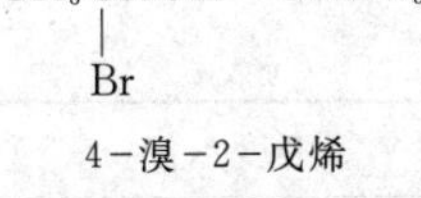

3-甲基-2-溴戊烷

(2-bromo-3-methylpentane)

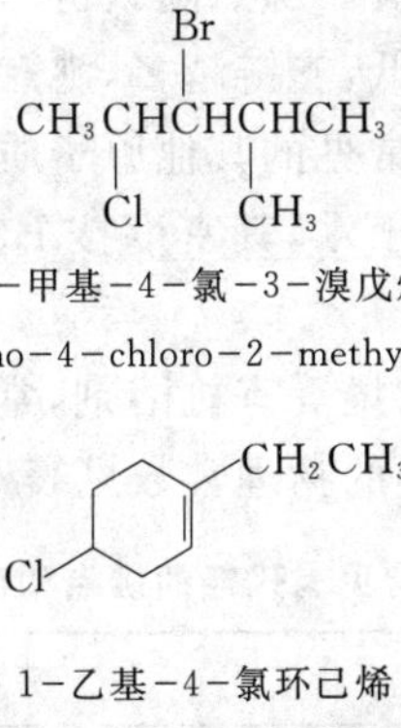

2-甲基-4-氯-3-溴戊烷

(3-bromo-4-chloro-2-methylpentane)

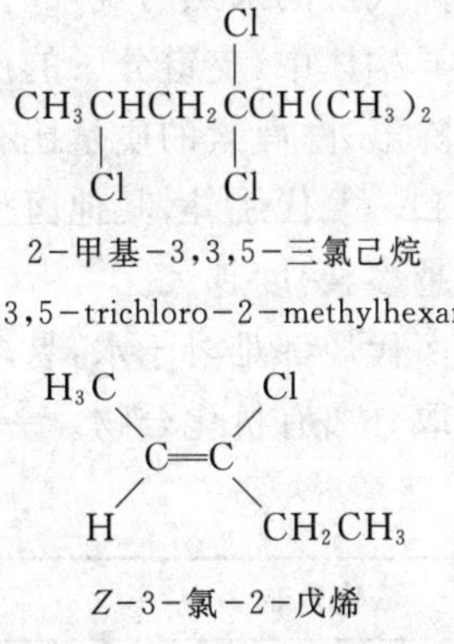

2-甲基-3,3,5-三氯己烷

(3,3,5-trichloro-2-methylhexane)

4-溴-2-戊烯

(4-bromo-2-pentene)

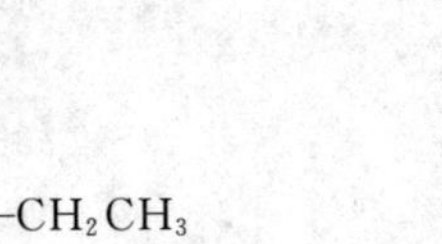

1-乙基-4-氯环己烯

(4-chloro-1-ethylcyclohexene)

Z-3-氯-2-戊烯

(*Z*-3-chloro-2-pentene)

卤代芳香烃的命名通常以芳环为母体，卤原子作为取代基。例如：

4-氯-2-溴乙苯

(2-bromo-4-chloroethylbenzene)

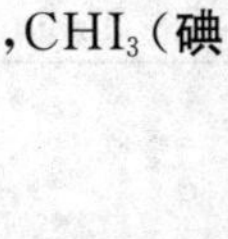

1-溴萘(α-溴萘)

(1-bromonaphthalene)

某些多卤代烃常用俗名，例如 $CHCl_3$(氯仿，chloroform)，CHI_3(**碘仿**，iodoform)。

问题 6.1 用系统命名法命名下列化合物：

（1）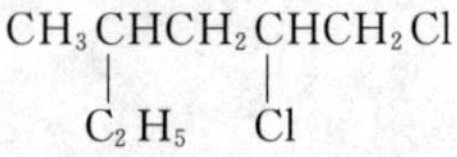　（2）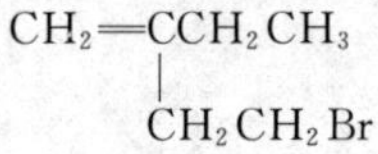　（3）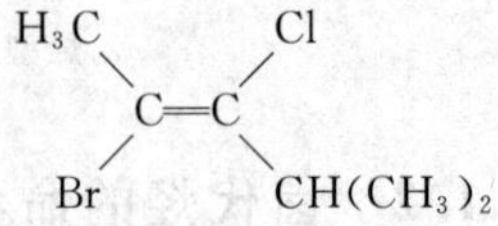

（4）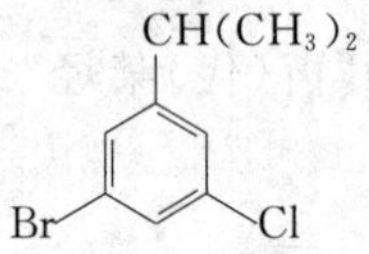　（5）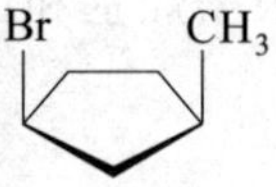　（6）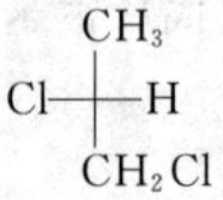

6.2 卤代烃的性质

6.2.1 卤代烃的物理性质

在常温下 C_4 以下的一氟代烷、C_2 以下的一氯代烷和溴甲烷为气体，C_{15} 以上的卤代烷为固体，其余的卤代烷为液体。随着相对分子质量的增加，熔点升高。一卤代烷具有令人不愉快的气味，有些卤代烷具有香味，但其蒸气有毒，应避免吸入体内。

卤代烷的沸点与烷烃有类似的变化规律：沸点随碳链增长和卤素原子序数的增加而升高；在同分异构体中，支链分子的沸点较直链的低，支链越多，沸点越低。

除氟外，卤素的质量比有机化合物中常见的其他原子质量大，因而卤代烃的密度较大。除氟代烷和一氯代烷外，其他卤代烃密度都大于水，其密度按 F、Cl、Br、I 的顺序增加；分子中的卤素原子越多，密度越大。

卤代烃都难溶于水，易溶于醇、醚、酯、烃等有机溶剂，常用二氯甲烷、氯仿作溶剂，从水溶液中提取分离有机化合物。一些常见卤代烃的物理常数见表 6.1。

表 6.1 常见卤代烃的沸点和密度

化合物	英文名	沸点/℃	密度/(g·cm^{-3})
氯甲烷	chloromethane	−24.2	—
溴甲烷	bromomethane	3.6	—
碘甲烷	iodomethane	42.4	2.279
氯乙烷	chloroethane	12.3	—
溴乙烷	bromoethane	33.4	1.440
碘乙烷	iodoethane	72.3	1.933
1-氯丙烷	1-chloropropane	46.8	0.890
1-溴丙烷	1-bromopropane	71.0	1.335
1-碘丙烷	1-iodopropane	102.5	1.747
氯乙烯	chloroethylene	−14	—
溴乙烯	bromide vinyl	15.6	—

续表

化合物	英文名	沸点/℃	密度/(g·cm⁻³)
3-氯-1-丙烯	3-chloro-1-propene	45.7	0.938
3-溴-1-丙烯	3-bromo-1-propene	70	1.398
3-碘-1-丙烯	3-iodo-1-propene	102	1.848
氯苯	chlorobenzene	132	1.106
溴苯	bromobenzene	155.5	1.495
碘苯	iodobenzene	188.5	1.832
二氯甲烷	dichloromethane	40	1.336
三氯甲烷	chloroform	61	1.489
四氯化碳	tetrachloromethane	77	1.595

6.2.2 卤代烃的化学性质

由于卤原子电负性较大，卤代烃分子中的 C—X 键极性较大，易发生异裂，与多种试剂反应生成新的有机化合物，故卤代烃在有机合成中得到广泛应用。

1. 亲核取代反应及其反应机理

(1) 亲核取代反应　卤代烃分子中卤素的吸电子诱导效应，使成键电子云偏向卤原子，与其键合的碳原子带有部分正电荷，容易受到带负电荷或有孤电子对的试剂进攻，而发生取代反应。例如：

$$R—X + \begin{cases} NaOH \xrightarrow{H_2O} \underset{\text{醇}}{R—OH} + NaX \\ NaOR' \longrightarrow \underset{\text{醚}}{R—OR'} + NaX \\ NaCN \xrightarrow{C_2H_5OH} \underset{\text{腈}}{R—CN} + NaX \\ NH_3 \longrightarrow \underset{\text{胺}}{R—NH_2} + HX \\ AgNO_3 \longrightarrow \underset{\text{硝酸酯}}{R—ONO_2} + AgX\downarrow \end{cases}$$

卤代烷(alkylhalide)与氢氧化钠(钾)的水溶液共热时，羟基取代卤原子生成醇，此反应称为卤烃的**水解反应**(hydrolysis reaction)，该反应可用于某些醇类化合物的制备。

卤代烷与醇钠或酚钠反应，卤原子被**烷氧基**(RO—，alkoxy group)取代生成醚。这是合成混醚常用的方法，亦称 Williamson 醚合成法。

卤代烷与氰化钠(钾)在醇溶液中反应，卤原子被氰基取代生成腈，使碳链上增加了 1 个碳原子，该反应可用作增长碳链的方法之一。生成的腈在酸性条件下水解可得到相应的羧酸。

卤代烷与氨反应，卤原子被氨基取代可制得胺或铵盐，由于生成的胺还可以继续与卤代烷反应，所以产物是各级胺的混合物。

卤代烷与硝酸银的醇溶液共热生成硝酸酯和卤化银沉淀，此反应可用于鉴别卤代烃。

上述反应的共同特点是：都是试剂中带负电荷的原子(或基团)或有孤电子对的分子(OH^-，

CN^-,OR^-,ONO_2^-,NH_3,H_2O),即**亲核试剂**(nucleophile)首先进攻卤代烃分子中带部分正电荷的碳原子引起的取代反应,称为**亲核取代**(nucleophilic substitution)反应,用 S_N 表示。其反应通式如下:

$$\underset{\substack{\text{卤代烃}\\(\text{底物})}}{R-\overset{\delta+}{C}H_2 \rightarrow \overset{\delta-}{X}} + \underset{\text{亲核试剂}}{Nu^-} \longrightarrow \underset{\text{产物}}{R-CH_2-Nu} + \underset{\text{离去基因}}{X^-}$$

其中,Nu^- 为亲核试剂,被取代的 X 带着一对电子离去,称为**离去基团**(leaving group)。受亲核试剂进攻的卤代烷称为**底物**,卤代烷中与卤原子连接的碳原子称为反应中心。亲核取代反应活性与卤代烷的结构有关。烃基相同卤原子不同的卤代烃的反应活性顺序为:RI>RBr>RCl;卤原子相同而烃基结构不同的卤代烃反应活性顺序为:叔卤代烷>仲卤代烷>伯卤代烷。

问题 6.2　写出下列反应的主要产物。

(1) $CH_3CH_2Br + NaOCH_3 \longrightarrow$

(2) $CH_3CH_2Cl + NaCN \xrightarrow{C_2H_5OH} ? \xrightarrow{H_2O/H^+}$

(3) $CH_3\underset{\underset{\displaystyle CH_3}{|}}{C}HCH_2I + AgNO_3 \longrightarrow$

(4) 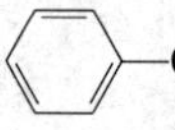$-CH_2Cl + NaOH \xrightarrow{H_2O}$

---

(2) 亲核取代反应机理　在研究卤代烷的碱性水解速率与反应物的浓度关系时,发现有些卤代烷的水解速率仅与卤代烷的浓度有关;而另一些卤代烷的水解速率则与卤代烷和碱的浓度都有关系。动力学研究结果表明,卤代烷的亲核取代反应通常按两种反应机理进行:一种是单分子反应机理,用 S_N1 表示;另一种是双分子反应机理,用 S_N2 表示。

① 单分子亲核取代反应(S_N1)机理。卤代烷水解涉及旧化学键(C—X 键)的断裂和新化学键(C—O 键)的形成。实验表明:叔丁基溴在碱性溶液中的水解反应速率只与叔丁基溴的浓度成正比,而与亲核试剂 OH^- 的浓度无关,动力学上称为一级反应。

$$(CH_3)_3C-Br + HO^- \longrightarrow (CH_3)_3C-OH + Br^-$$
$$v = k[(CH_3)_3CBr]$$

式中 v 是叔丁基溴水解反应速率,k 为反应速率常数(k 在一定温度和溶剂下为定值)。研究结果提出反应机理分两步进行。

第一步:$(CH_3)_3C-Br \longrightarrow \underset{\text{过渡态(Ⅰ)}}{[(CH_3)_3C^{\delta+}\cdots Br^{\delta-}]} \longrightarrow \underset{\text{叔丁基碳正离子}}{(CH_3)_3C^+} + Br^-$　慢

第二步:$(CH_3)_3C^+ + HO^- \longrightarrow \underset{\text{过渡态(Ⅱ)}}{[(CH_3)_3C^+\cdots{}^-OH]} \longrightarrow (CH_3)_3C-OH$　快

第一步是叔丁基溴发生碳溴键解离。在解离过程中,碳溴键逐渐减弱,成键电子对逐渐转移到溴原子上，经过一个能量较高的过渡态（Ⅰ），所需要活化能为 ΔE_1，然后 C—Br 键异裂生成叔丁基碳正离子和溴负离子。

第二步是生成的叔丁基碳正离子活性中间体，立即与亲核试剂 HO^- 结合形成过渡态（Ⅱ）。这一步所需活化能为 ΔE_2，ΔE_2 较低，反应进行较快，最后生成叔丁醇。叔丁基溴水解反应过程中能量变化如图 6.1 所示。

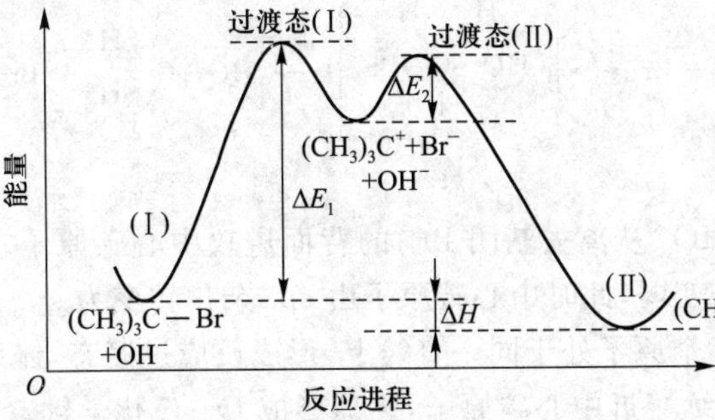

图 6.1 叔丁基溴水解反应的能量曲线

图中 ΔE 为反应的活化能，ΔH 为反应热。从图 6.1 可以看出，形成过渡态（Ⅰ）时能量达到最高点，第一步的活化能比第二步的活化能高，即 $\Delta E_1 > \Delta E_2$，故第一步反应较慢，是决定整个反应速率的一步。由于卤代烷与碱性水溶液的反应只涉及卤代烷的碳卤键断裂，即反应速率只与卤代烷的浓度有关，所以这类反应叫**单分子亲核取代**（unimolecular nucleophilic substitution）反应，常用 S_N1 表示。

从立体化学的角度看，3 个不同烃基的叔卤代烃进行 S_N1 反应时，当卤代烃异裂为碳正离子和卤离子后，中心碳原子由 sp^3 杂化转变为平面三角构型的 sp^2 杂化，中心碳原子有一个未杂化的 p 空轨道可用于成键，亲核试剂可以从平面的两侧进攻中心碳，而且机会均等。中心碳就会由 sp^2 杂化转变为 sp^3 杂化而得到“构型保持”和“构型转化”（即产物的构型与反应物的构型不同）两种等量的混合物，即外消旋体。如(*R*)-3-甲基-3-溴己烷在碱性水溶液中水解，经 S_N1 反应后得到的产物为外消旋混合物。

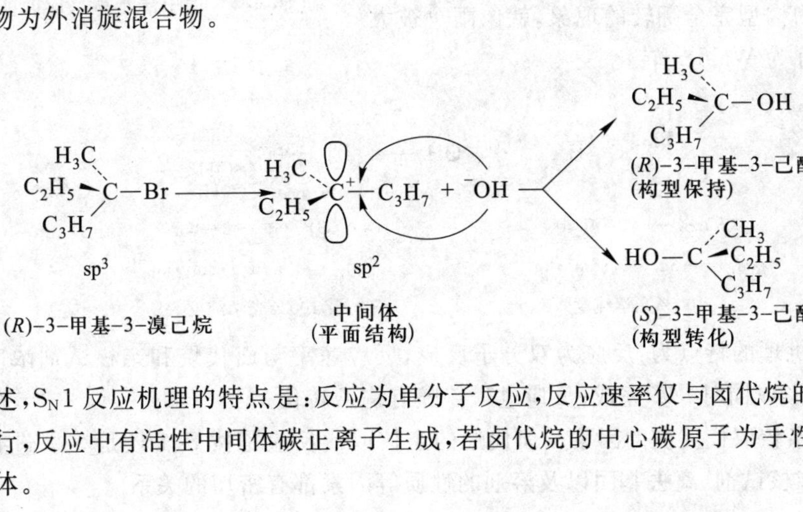

综上所述，S_N1 反应机理的特点是：反应为单分子反应，反应速率仅与卤代烷的浓度有关；反应分两步进行，反应中有活性中间体碳正离子生成，若卤代烷的中心碳原子为手性碳，则反应产物为外消旋体。

② 双分子亲核取代反应(S_N2)机理。实验表明，溴甲烷在碱溶液中的水解速率与卤代烷的浓度和亲核试剂 OH^- 的浓度成正比，在动力学上称为二级反应。

$$CH_3—Br + OH^- \longrightarrow CH_3—OH + Br^-$$
$$v=k[CH_3Br][OH^-]$$

溴甲烷的水解反应机理表示如下：

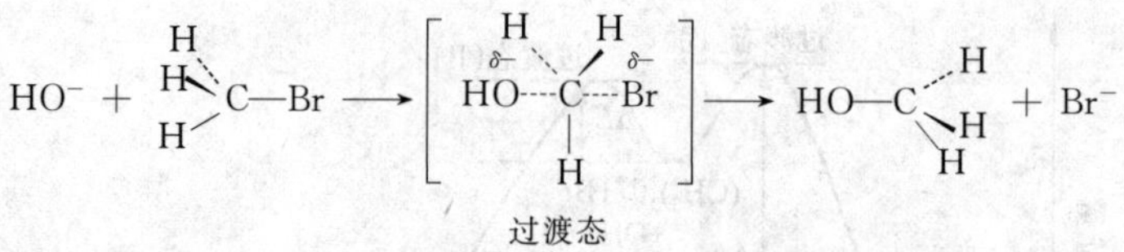

在反应过程中，亲核试剂 HO^- 从离去基团 Br^- 的背面进攻中心碳原子。当 HO^- 与中心碳原子接近时，C—Br 键逐渐变长变弱，此时中心碳原子由 sp^3 杂化转变为 sp^2 杂化，3 个氢原子和中心碳原子共平面，氧、碳、溴 3 个原子处于同一直线上，形成反应过渡态，体系能量达到最高，需要活化能为 ΔE。随着 HO^- 继续接近中心碳原子，逐渐形成 O—C 化学键。而 C—Br 键随之变弱，远离中心碳原子，体系能量逐渐降低，最后 HO^- 和中心碳原子形成 O—C 键而生成甲醇，溴则带着一对电子离去。

由于反应过程中，决定反应速率的一步是由两种分子控制的，因此这一反应称为**双分子亲核取代**(bimolecular nucleophilic substitution)反应，用 S_N2 表示。S_N2 反应过程中能量的变化如图 6.2 所示。

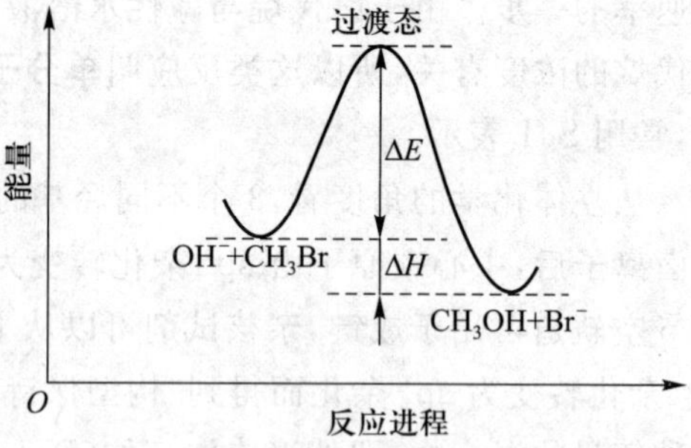

图 6.2　溴甲烷水解反应的能量曲线

从 S_N2 反应机理可以得知，亲核试剂是从离去基团的背面进攻中心碳原子，如果中心碳原子是手性碳，则产物的构型发生了翻转，即构型转化。可以通过测定产物和反应底物的旋光度证实这一机理。例如：(*R*)-(−)-2-溴辛烷在碱性溶液中水解，生成构型完全翻转的(*S*)-(+)-2-辛醇。在 S_N2 反应过程中，产物构型完全翻转的现象，就像雨伞被大风吹翻一样，称为 Walden 转化。

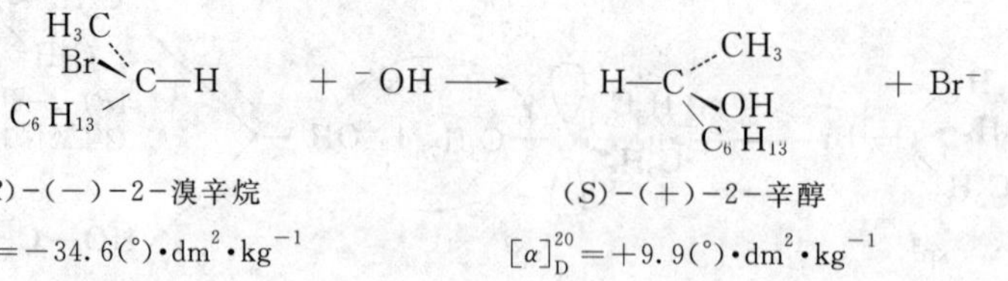

(*R*)-(−)-2-溴辛烷　　　　(*S*)-(+)-2-辛醇

$[\alpha]_D^{20}=-34.6(°)\cdot dm^2\cdot kg^{-1}$　　$[\alpha]_D^{20}=+9.9(°)\cdot dm^2\cdot kg^{-1}$

100%光学纯度　　　　100%光学纯度

S_N2 反应机理的特点为：反应为双分子反应，反应速率与卤代烷和亲核试剂浓度均有关；旧键断裂和新键形成同时一步完成；反应过程伴随有构型转化。

(3) 影响亲核取代反应的因素　卤代烃的亲核取代反应是按 S_N1 还是 S_N2 进行，与卤代烃分子的结构、亲核试剂、离去基团以及溶剂的性质等因素都有密切的关系。

① 烷基结构。卤代烷中烷基的电子效应和空间效应对亲核取代反应有明显的影响。从电子效应看，烷基的$+I$诱导效应能增加碳正离子的稳定性，碳正离子上的烷基越多越稳定。从空间效应看，中心碳原子连有多个烷基时，比较拥挤，相互排斥力也大，当中心碳上的卤原子解离后，转变为平面结构的碳正离子，降低了拥挤程度，中心碳上的烷基越多，对S_N1越有利。卤代烷进行S_N1反应的相对速率为：叔卤代烷>仲卤代烷>伯卤代烷>卤代甲烷。

在S_N2反应机理中，亲核试剂从离去基团的背面进攻中心碳原子，如果中心碳原子所连的基团越多，体积越大，拥挤程度越大，不利于亲核试剂接近中心碳原子形成过渡态，因而反应速率变慢，所以卤代烷的S_N2反应的相对速率次序为：卤代甲烷>伯卤代烷>仲卤代烷>叔卤代烷。

综上所述，伯卤代烷倾向于发生S_N2反应；叔卤代烷则倾向于发生S_N1反应，仲卤代烷既可以按S_N1，也可以按S_N2反应。两种反应机理的比例随卤代烷的结构和反应条件不同而异。

$$\xrightarrow{S_N1\text{反应增加}}$$
$$RX = CH_3X,\ 1°,\ 2°,\ 3°$$
$$\xleftarrow[S_N2\text{反应增加}]{}$$

② 亲核试剂。在S_N1反应中，反应速率只与卤代烷的浓度有关，而与试剂的浓度无关，因此，亲核试剂对S_N1反应速率影响不大。而在S_N2反应中，亲核试剂的浓度、亲核能力和体积都与反应有关。若试剂的浓度高，亲核性强，S_N2反应速率就快。亲核试剂的空间位阻小，有利于试剂从卤素的背面进攻底物的中心碳原子，形成过渡态，反应速率加快。一些常见试剂的**亲核性**(nucleophilicity)顺序如下：

$$CH_3O^- > HO^- > C_6H_5O^- > CH_3COO^- > ONO_2^- > CH_3OH$$

③ 离去基团的性质。在亲核取代反应过程中，无论是S_N1或S_N2反应，卤代烷中卤原子的碱性越弱越容易带着一对电子离去，亲核取代反应越容易进行，反应速率也就越快，离去基团对S_N1反应影响更大。当卤代烷分子中的烷基结构相同而卤素原子不同时，卤代烷的反应速率次序是 RI>RBr>RCl。

④ 溶剂的极性。溶剂的极性大小对亲核取代反应有较大的影响。一般来说，极性溶剂易使卤代烷的C—X键异裂而离子化，有利于按S_N1反应机理进行。反之，非极性溶剂有利于S_N2反应。例如，苄基氯的水解，以水为溶剂时，反应按S_N1反应机理进行；若用极性较小的丙酮为溶剂时，则按S_N2反应机理进行。

2. 消除反应及反应机理

(1) 消除反应　卤代烷在碱的醇溶液中加热，消除一分子卤化氢而生成烯烃。这种由分子中脱去小分子如水、卤化氢、卤素等，生成含不饱和键化合物的反应称为**消除反应**(elimination reaction)，也称消去反应，常用 E 表示。

$$R-\underset{\underset{H}{|}}{\overset{\beta}{C}H}-\underset{\underset{X}{|}}{\overset{\alpha}{C}H_2} + NaOH \xrightarrow[\triangle]{\text{乙醇}} R-CH=CH_2 + NaX + H_2O$$

反应中卤代烷消去α-碳原子上的卤素和β-碳原子上的氢原子，所以称为β-消除反应。消除反应是制备烯烃或炔烃的方法之一，通常在强碱(如氢氧化钠、醇钠、氨基钠等)和极性较小的溶剂(如醇类)中进行。若分子中存在2种不同的β-碳原子时,消除反应可得到不同烯烃的混合物。俄国化学家A. Saytzeff根据大量实验结果,在1875年首先提出:卤代烷发生消除反应时,主要产物为双键碳上连有较多烃基的烯烃。即分子中如果有多种β-碳原子,在发生消除反应时,卤代烷消除卤素的同时主要消除含氢原子较少的β-碳原子上的氢,这一经验规律称为**Saytzeff规则**。此规则只适用于碘、溴和氯代烷,氟代烷与之相反。例如,2-溴丁烷发生消除反应时,由于分子中有两种可能被消除氢的β-碳原子,反应产物为2-丁烯(主要产物)和1-丁烯的混合物。

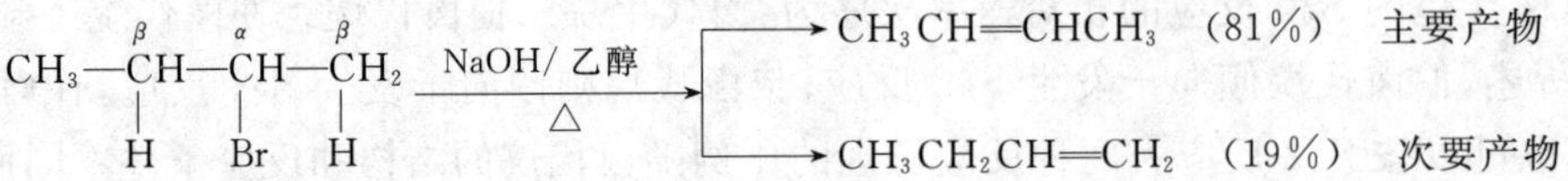

消除反应的取向规律与所生成烯烃的稳定性有关,生成的烯烃双键碳上连有的烃基越多,分子的对称性越好,热力学能就越低越稳定,反应就越容易进行。烯烃稳定次序为

$$R_2C{=}CR_2 > R_2C{=}CHR > R_2C{=}CH_2 > RCH{=}CHR > H_2C{=}CH_2$$

(2) 消除反应机理　与亲核取代反应相似,消除反应机理也分为单分子消除反应(以E1表示)和双分子消除反应(以E2表示)。

① 单分子消除反应(E1)机理。单分子消除反应机理与单分子亲核取代反应机理相似,反应也是分两步进行:

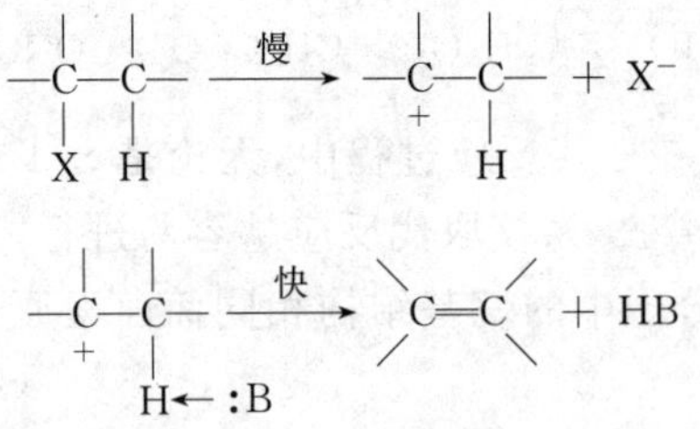

第一步是卤代烷C—X键异裂,产生碳正离子。此步反应与S_N1反应相同,是慢的一步,决定反应速率。第二步是试剂:B夺取β-碳原子上的氢,失去质子的β-碳变成碳负离子,其p轨道与α-碳原子上的p轨道平行重叠形成π键,生成烯烃。由于E1反应中决定反应速率的步骤只涉及卤代烷分子共价键的异裂,因此称为**单分子消除**(unimolecular elimination)反应。此外,在E1或S_N1反应中生成的碳正离子可以发生重排,转变为更稳定的碳正离子,然后再发生消除或取代反应,所以反应常常伴随有重排和取代两种产物。重排反应也是E1或S_N1反应机理的证据之一,例如:

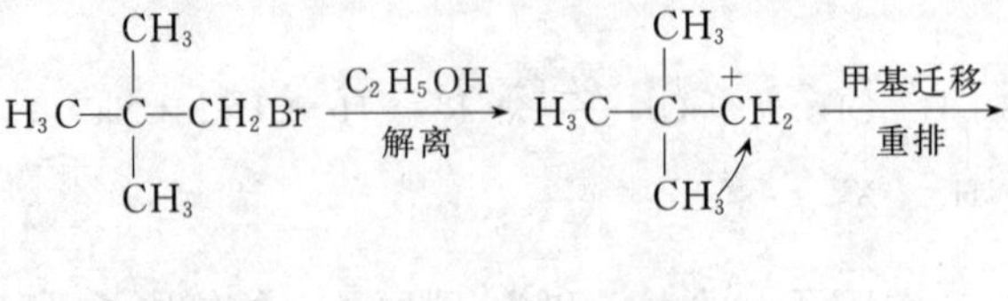

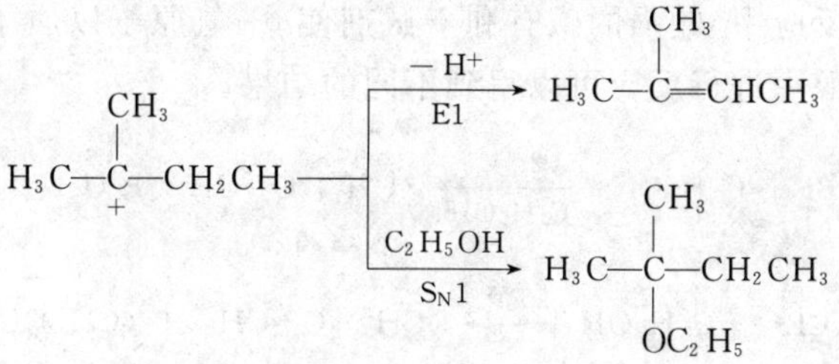

② 双分子消除反应(E2)机理。E2 和 S_N2 都是一步完成的反应,但不同的是 E2 反应中碱性试剂进攻卤代烷分子中的 β-氢原子,使该氢原子以质子的形式与试剂结合而脱去,同时卤原子则在溶剂的作用下带着一对电子离去,在 α-和 β-碳原子之间形成碳碳双键而生成烯烃。

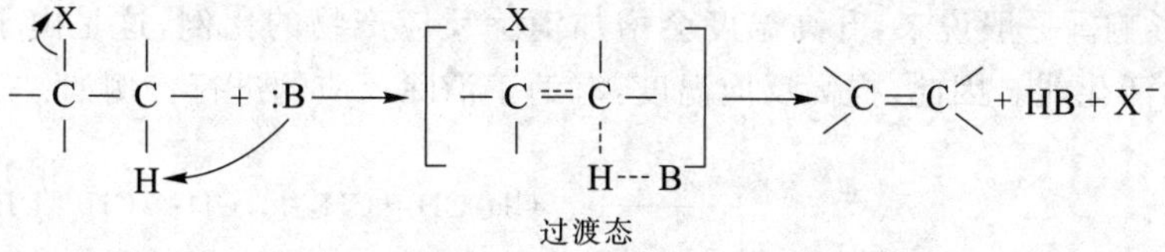

由于过渡态的形成有碱性试剂参与,旧键的断裂与新键的形成同时进行,E2 的反应速率与反应底物和试剂的浓度成正比,所以称为**双分子消除**(bimolecular elimination)反应(E2)。由于 E2 反应机理与 S_N2 反应机理相似,因此两者经常相伴发生。例如:

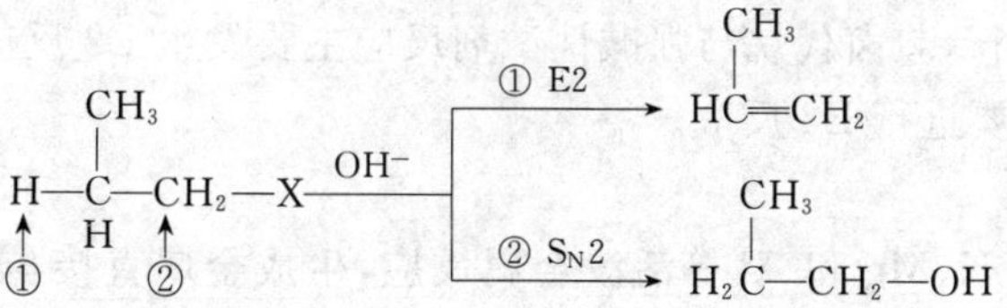

卤代烷的消除反应,不论是按 E1 还是按 E2 反应,它们的活性次序是相同的,即:叔卤代烷>仲卤代烷>伯卤代烷。

问题 6.3 写出下列卤代烷消除反应的主要产物。
(1) 2,3-二甲基-3-氯戊烷　(2) 1-甲基-3-氯环戊烯　(3) 3-甲基-1-苯基-2-氯丁烷

---

(3) 消除反应与亲核取代的关系

消除反应和亲核取代通常是同时发生而又相互竞争的反应,两类反应生成产物的比例随卤代烷的结构、试剂、溶剂、温度等的不同有很大差别。适当选择反应物和控制反应条件,可以得到收率较高的预期产物,对有机合成具有重要意义。

① 烷基结构的影响。无支链的伯卤代烷以 S_N2 反应为主,原因是亲核取代反应的活化能低于消除反应的活化能。仲卤代烷和叔卤代烷由于空间位阻较大,试剂较难接近 α-碳原子而易于进攻 β-氢原子,故有利于 E2 反应。叔卤代烷一般以单分子反应为主。仲卤代烷的情况较复杂,与反应条件有关。一般来说,卤代烷消除反应产物的比例为 3°>2°>1°。

② 试剂的影响。试剂的碱性强、浓度大,有利于消除反应;试剂的亲核性强、碱性弱,有利于

取代反应。因为在消除反应中，较强的碱有利于试剂使 β−氢原子以质子的形式离去。例如：叔丁基溴在乙醇钠或在乙醇中进行反应可以得到不同的结果。

$$(CH_3)_3CBr + C_2H_5ONa \xrightarrow[C_2H_5OH]{25\ ℃} \underset{(93\%)}{(CH_3)_2C{=}CH_2} + \underset{(17\%)}{(CH_3)_3COC_2H_5}$$

$$(CH_3)_3CBr + C_2H_5OH \xrightarrow{25\ ℃} \underset{(19\%)}{(CH_3)_2C{=}CH_2} + \underset{(81\%)}{(CH_3)_3COC_2H_5}$$

③ 溶剂的影响。溶剂的极性对取代反应和消除反应都有影响，一般来说极性大的溶剂对 S_N1 和 E1 反应有利，而极性弱的溶剂有利于 E2 消除反应。因此，卤代烷的水解反应常在水溶液中进行，而脱卤化氢反应则易在醇溶液中进行。

④ 温度的影响。一般说来，升高温度会增加消除反应产物的比例，这是由于消除反应比取代反应有较高的活化能。因此，提高反应温度，有助于消除反应的进行。例如：

$$\underset{\displaystyle |\atop Br}{CH_3CHCH_3} \xrightarrow[C_2H_5OH,H_2O]{NaOH} \begin{cases} \xrightarrow{45\ ℃} \underset{(53\%)}{CH_3CH{=}CH_2} + \underset{(47\%)}{(CH_3)_2CHOC_2H_5} \\ \xrightarrow{100\ ℃} \underset{(64\%)}{CH_3CH{=}CH_2} + \underset{(36\%)}{(CH_3)_2CHOC_2H_5} \end{cases}$$

综上所述，亲核取代和消除反应通常是同时发生、互相竞争的反应。伯卤代烷与强亲核试剂反应主要按 S_N2 反应进行，叔卤代烷与强碱性试剂反应主要发生 E2 反应；仲卤代烷介于两者之间，但在强碱存在时，主要进行 E2 反应。

3. 与金属反应

卤代烃能与 Li、Na、K、Mg 和 Al 等活泼金属反应，生成金属直接与碳相连的有机金属化合物(organometallic compound)。其中，最常见的是卤代烃与镁在无水乙醚中反应，生成烃基卤化镁，用 RMgX 表示，又称为 Grignard 试剂(Grignard reagent)，简称格氏试剂。

$$RX + Mg \xrightarrow[\triangle]{无水乙醚} \underset{烃基卤化镁(格氏试剂)}{RMgX}$$

由于 Grignard 试剂中的 C—Mg 键具有较强的极性，碳原子带部分负电荷，镁带部分正电荷，所以此试剂性质非常活泼，是有机合成中常用的一种强亲核试剂。利用 Grignard 试剂与二氧化碳反应可以制备比原来卤代烃多一个碳原子的羧酸。这也是有机合成中增长碳链的一种方法。

$$RMgX + CO_2 \xrightarrow{低温} RCOOMgX \xrightarrow{H^+,H_2O} RCOOH + Mg(OH)X$$

Grignard 试剂遇到含活泼氢的化合物，如水、醇、酸、氨、末端炔烃等，则立即分解生成烷烃。因此，在制备 Grignard 试剂时，除需要干燥仪器、试剂和避免与空气接触外，不能用含活泼氢的化合物作溶剂。

$$RMgX \xrightarrow{H_2O} RH + Mg(OH)X$$
$$RMgX \xrightarrow{R'OH} RH + Mg(OR')X$$
$$RMgX \xrightarrow{NH_3} RH + Mg(NH_2)X$$
$$RMgX \xrightarrow{R'COOH} RH + R'COOMgX$$
$$RMgX \xrightarrow{HC \equiv CR'} RH + R'C \equiv CMgX$$

4. 多卤代烷的性质

随着烷烃中卤原子的增多,多卤代烷的化学活性明显降低。如 CBr_4,CCl_4 都是很不活泼化合物。烷烃溴代物的化学活性次序为:$CH_3Br > CH_2Br_2 > CHBr_3 > CBr_4$。正因为多卤代烃的化学惰性和热稳定性,可用作冷冻剂、工业溶剂、烟雾剂、灭火剂等。

6.3 不饱和卤代烃的结构和性质

不饱和卤代烃分子中,卤原子的活泼性与卤素和双键的相对位置有关,根据卤原子与双键或苯环的相对位置不同,可将不饱和卤代烃分为乙烯型卤代烃、烯丙基型卤代烃和孤立型卤代烃三种结构类型。

6.3.1 乙烯型卤代烃和卤苯

乙烯型卤代烃和卤苯的卤素原子与具有 π 电子云的碳直接相连,可用通式表示为

RCH═CH—X

乙烯型卤代烃

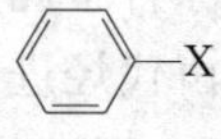

卤苯

这类卤代烃中的卤原子极不活泼,不易发生取代反应,与硝酸银的醇溶液即使在加热条件下也不发生取代反应。这是因为卤原子的孤电子对与烯烃 C═C 键或苯环的大 π 键形成 p-π 共轭,使碳卤键 C—X 电子云密度增加,键长缩短,键的极性降低,卤原子和中心碳原子结合得更加牢固,因此难发生取代反应。卤代乙烯型的电子云转移可表示为

6.3.2 烯丙基型卤代烃与苄基卤

烯丙基型卤代烃和苄基卤分子中的卤原子与具有 π 电子云的碳原子之间相隔一个饱和碳原子,通式如下:

RCH═CH—CH₂X

烯丙基型卤代烃

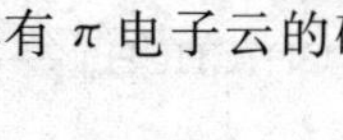

苄基卤(卤化苄)

这类卤代烃的卤原子和 π 键不存在 p-π 共轭效应,其 C—X 键有极性,易发生亲核取代反

应。在室温下，此类卤代烃能与硝酸银的乙醇溶液迅速反应，产生卤化银沉淀和硝酸酯。

$$RCH{=}CH{-}CH_2X + AgNO_3 \xrightarrow{C_2H_5OH} RCH{=}CH{-}CH_2ONO_2 + AgX\downarrow$$

由于烯丙基型卤代烃和苄基卤在反应过程中，碳卤键异裂后生成烯丙基或苄基碳正离子，此碳正离子的 p 轨道与相邻 π 键形成 p-π 共轭体系(见图 6.3)，使正电荷得以分散，体系能量降低，碳正离子相对稳定，S_N1 反应更容易发生。

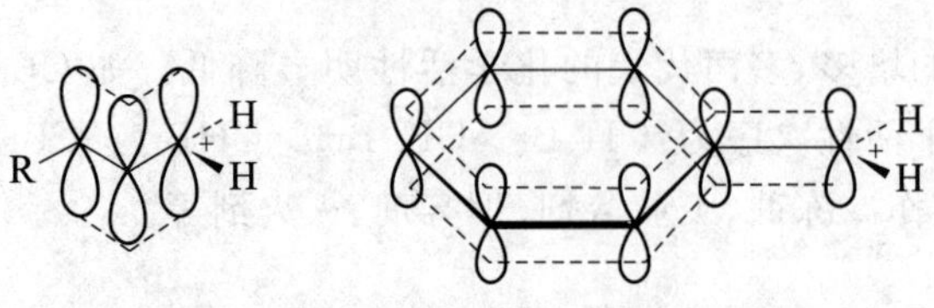

烯丙基碳正离子　　　　苄基碳正离子

图 6.3　碳正离子电子离域示意图

6.3.3　孤立型卤代烃

孤立型卤代烃的卤原子与双键相隔多个饱和碳原子。通式为

$RCH{=}CH(CH_2)_n{-}X$　　　$C_6H_5(CH_2)_n{-}X$　$(n>1)$

孤立型卤代烯烃　　　孤立型卤代芳烃

这类不饱和卤代烃分子中，卤原子与双键相隔较远，相互影响较小，卤原子的活泼性基本上与卤代烷中的卤原子相似。如在加热条件下此类卤代烃能与硝酸银醇溶液反应生成卤化银沉淀。

综上所述，三种类型的不饱和卤代烃进行亲核取代反应的活性次序是

烯丙基型卤代烃≈苄基卤＞孤立型卤代烯(芳)烃＞乙烯型卤代烃≈卤代苯

问题 6.4　排出下列化合物发生 S_N1 反应的相对速率次序。

(1) 1-溴环戊烯　(2) 3-溴环戊烯　(3) 4-溴环戊烯　(4) 4-溴甲基环戊烯　(5) 4-甲基-4-溴环戊烯

6.4　氟代烃

一氟代烷在常温下很不稳定，容易自行失去 HF 而变成烯烃。例如：

$$CH_3\underset{\underset{F}{|}}{C}HCH_3 \longrightarrow H_2C{=}CHCH_3 + HF$$

当同一碳原子上有两个氟原子时，就不易发生化学反应，如 CH_3CHF_2，$CH_3CF_2CH_3$。全氟代烃的性质极其稳定，它们有很高的耐热性和耐腐蚀性，在工农业生产和人类生活中得到广泛应用。

聚四氟乙烯(teflon)是一种非常稳定的塑料,能耐高温、强酸、强碱,无毒性,也不燃烧,不溶于任何溶剂,具有很好的耐磨性和良好的电绝缘性,是非常有用的工程和医用材料。因此,聚四氟乙烯用作垫圈、管件、阀门、炊事用具的“不粘”内衬材料和耐热的电绝缘材料等,还广泛用于医药卫生、国防、电器、航空、尖端科学技术等许多领域。此外,$ClBrCHCF_3$ 可作为吸入性麻醉药,具有作用强、毒性低、患者苏醒快,不易燃烧等优点。某些氟化物还是氧的良好运载体,可作为血液代用品。

氟利昂(简称 CFC)是 freon 的音译名,为多种含氟含氯烷烃衍生物的总称,常见的有 freon-11(CCl_3F),freon-12(CCl_2F_2)等。在常温下,氟利昂无色、无毒、无腐蚀,为易挥发气体或液体,略有香味,不燃烧,化学性质极其稳定。CCl_2F_2,CCl_3F 和 $F_2ClCClF_2$ 是很多喷雾剂(杀虫剂,清洁剂)的推进剂。CCl_2F_2,$HCClF_2$(freon-22)是电冰箱和空调的制冷剂。近年来随着工业的发展,氟利昂的生产和耗用量逐年增大。由于氟利昂性质稳定,进入大气后不发生化学变化,很难被分解消除,其蒸气累积滞留在高空中,在光的作用下发生分解产生原子氯,原子氯分解 O_3,从而破坏了臭氧层对太阳辐射紫外线的有效屏蔽,结果导致全球性气候恶化。紫外线过多地透过大气层辐射到地面,对人类的生存及动植物的生长带来不可挽救的灾难。例如,使人类免疫系统失调,造成患白内障、皮肤癌的人增多;农作物减产,影响海洋生物生存等。这方面已引起世界各国政府和环境科学工作者的极大关注。目前,有些国家已开始了许多行之有效的方法,减少并控制氟利昂的生产和使用,并开发其替代用品,以期最大程度地保护高空臭氧层。

阅读材料

含氟药物

由于氟原子的原子半径较小和具有强的电负性,在有机合成中引入氟原子或含氟基团可以改变分子的电子效应和亲脂性等。随着有机氟化学合成法的不断发展以及对氟化作用与分子生物学特性影响认识的不断深入,人们合成了许多结构复杂、作用独特的含氟药物,这些含氟药物具有生物活性较高、稳定性较强和不易产生耐药性等优点。最早合成的含氟药物是 1957 年获得的抗代谢药物——5-氟尿嘧啶(5-fluorouracil),该药物通过抑制胸腺嘧啶核苷合成酶而具有较高的抗肿瘤活性。自 5-氟尿嘧啶之后,在药物结构改造设计中,氟取代策略成为开发新型抗肿瘤、抗病毒、消炎、中枢神经系统等药物的重要研究策略之一。目前,临床治疗药物中含氟药物的总数已经超过 180 种。2009 年获得美国食品和药物管理局(FDA)批准的 19 个新分子实体中有 4 个为含氟药物。临床应用的含氟代表药物包括抗病毒药物依法韦仑(efavirenz)、氟喹诺酮类抗生素左旋氧氟沙星(levofloxacin)、降血脂药物氟伐他汀(fluvastatin)、核苷类抗肿瘤药物吉西他滨(gemcitabine)、胆固醇吸收抑制剂依泽替米贝(ezetimibe)、抗菌药伏立康唑(voriconazole)、抗抑郁药氟西汀(fluoxetine)等。此外,含氟药物在医药市场中也占据重要地位,其中辉瑞公司开发的阿托伐他汀(立普妥,lipitor),在 2009 年全球销售额高达 123 亿美元。

习 题

1. 写出下列化合物的结构式。

(1) 丙烯基溴　(2) 4-甲基-2-溴-2-戊烯　(3) 对羟基苄基溴

(4) 1-甲基-2,4-二氯环戊烷　(5) 1-甲基-4-碘环己烯　(6) (*S*)-2-甲基-3-氯丁烷

2. 命名下列化合物。

(1) 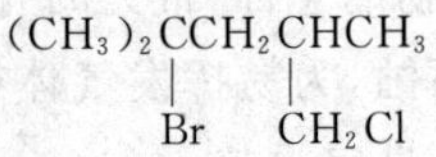　(2) 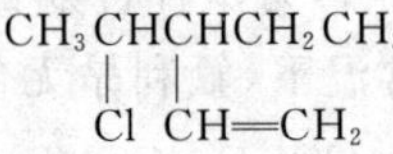　(3) CH_3CH_2MgBr

(4) 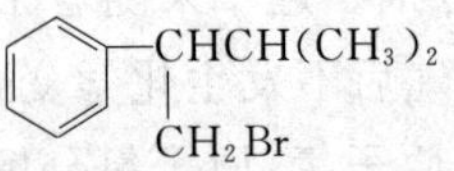　(5) 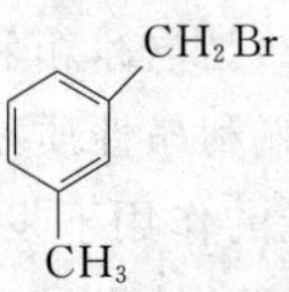　(6) 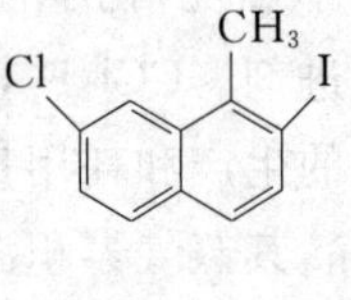

(7) 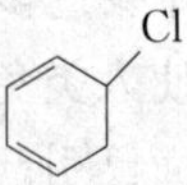　(8) 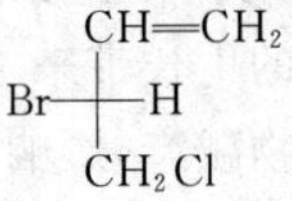　(9) 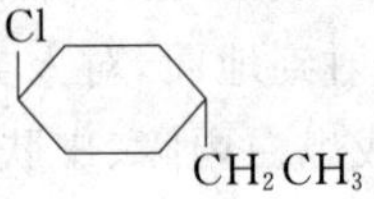

3. 完成下列反应式(写出主要产物)。

(1) 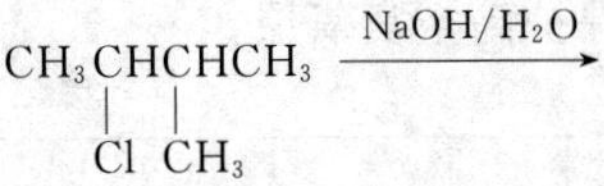

(2) 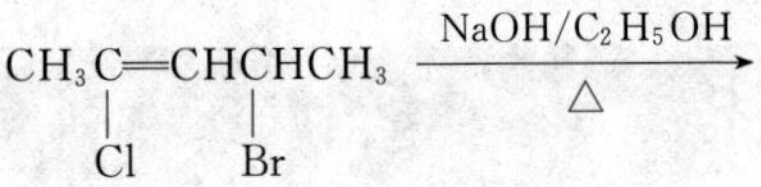

(3) 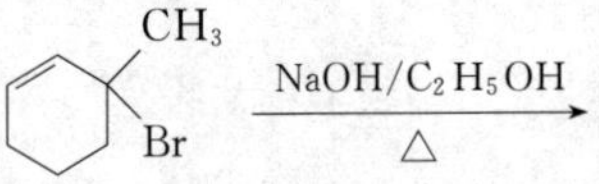

(4) 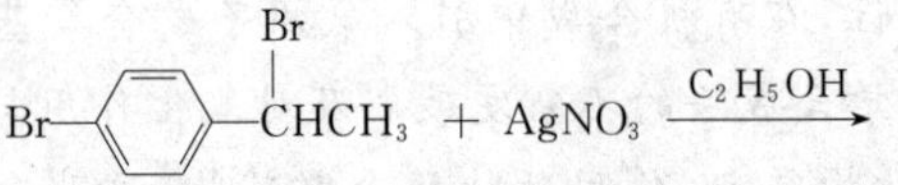

(5) 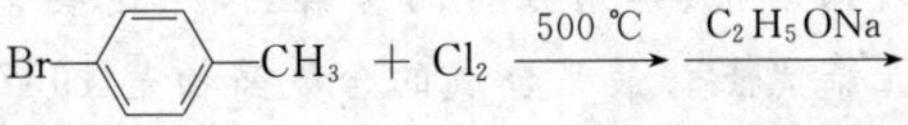

(6) $H_2C{=}CHCH_2CH_3 + HBr \longrightarrow \xrightarrow{NaCN} \xrightarrow[\triangle]{H^+/H_2O}$

(7) 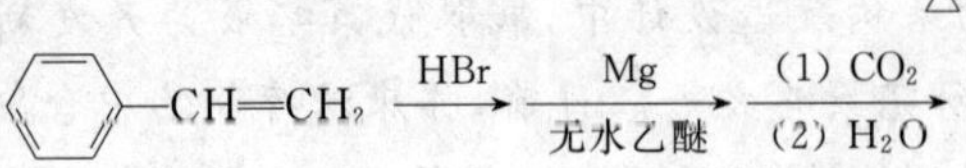

(8) 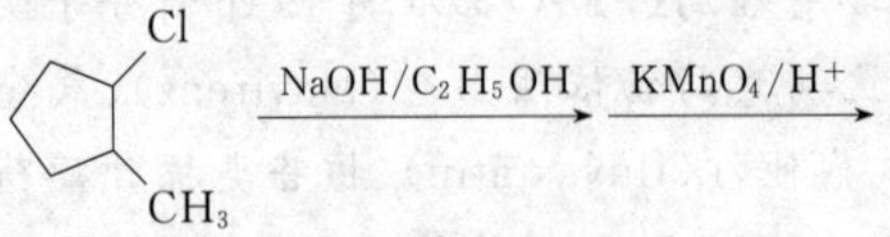

4. 排列下列各组化合物发生 S_N1 反应的活性顺序。

(1) 2-甲基-2-氯丁烷,2-甲基-1-氯丁烷,2-甲基-3-氯丁烷

(2) 1-溴-1-丙烯,3-溴-1-丙烯,1-溴丙烷

5. 排列下列各组化合物发生 S_N2 反应的活性顺序。

(1) 1-氯乙烷,1-溴乙烷,1-碘乙烷

(2) 2-甲基-1-溴丁烷,2-甲基-2-溴丁烷,2-甲基-3-溴丁烷

6. 用化学方法区别下列各组化合物。

(1) 溴苯,溴化苄,1-苯基-2-溴乙烷

(2) 1-氯环己烯,3-氯环己烯,4-氯环己烯

7. 卤代烷与 NaOH 在水/乙醇的混合物中进行反应,请指出下列现象哪些属于 S_N1 机理,哪些属于 S_N2 机理。

(1) 反应不分阶段,一步完成;　(2) 反应过程中有碳正离子中间体产生;

(3) 产物绝对构型完全转化;　(4) 有重排反应;

(5) 叔卤代烷反应速率大于仲卤代烷;　(6) 碱的浓度增加则反应速率加快

8. 分子式为 C_5H_8 的化合物 A,在室温下能使溴水褪色,在光照下与 Br_2 反应得到单溴代产物 B(C_5H_7Br),B 与 KOH 的醇溶液加热得到化合物 C(C_5H_6),C 被酸性 $KMnO_4$ 氧化后有丙二酸生成。试写出 A,B,C 的结构及有关反应式。

9. 某卤化物分子式为 C_4H_9I,在 KOH 的水溶液中反应后与浓硫酸共热,得到的产物为顺反异构体;将所得到的产物臭氧化,再在 Zn/H_2O 中还原水解生成 CH_3CHO。试写出该卤化物的结构和有关反应式。

(遵义医学院　刘静姿)

第 7 章　醇　酚　醚

醇(alcohol)和**酚**(phenol)是分子内含有**羟基**(—OH,hydroxy group)官能团的化合物。羟基与脂肪烃基直接相连的化合物称为醇,羟基与芳基直接相连的化合物称为酚。**醚**(ether)是两个烃基通过氧原子相连接的化合物。**硫醇**(thiol)、**硫酚**(thiophenol)和**硫醚**(thioether)可分别看作是醇、酚、醚分子中的氧原子被硫原子替代所形成的化合物。其中,硫醇和硫酚的分子中都含有**巯基**(—SH,mercapto- 或 sulfanyl-)官能团。

自然界中含羟基和醚键的化合物很多。某些香精油中含有醇的成分;一些存在于植物中的酚类化合物具有杀菌、防腐的作用;许多有重要生理作用的天然产物中含有醚键。甲醇、乙醇、乙醚、四氢呋喃等还是有机合成中的常用溶剂。

本章主要讨论醇、酚、醚的结构、命名及化学性质。

7.1　醇

7.1.1　醇的分类和命名

1. 分类

根据醇羟基连接的烃基的结构,醇可以分为脂肪醇、脂环醇、芳香醇等。其中,脂肪醇又可分为饱和醇和不饱和醇。例如:

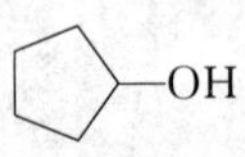

脂环醇
(alicyclic alcohol)

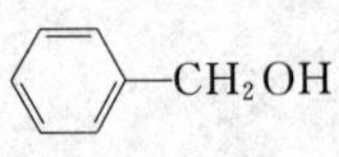

芳香醇
(aromatic alcohol)

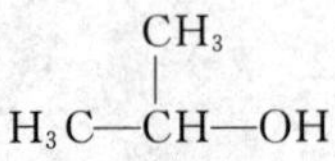

饱和醇
(saturated alcohol)

$H_2C{=}CH{-}CH_2{-}OH$

不饱和醇
(unsaturated alcohol)

根据醇羟基连接的碳原子的类型,又可将醇分为伯、仲、叔醇。例如:

$R{-}CH_2{-}OH$

伯醇(1°醇)
(primary alcohol)

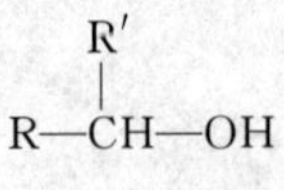

仲醇(2°醇)
(secondary alcohol)

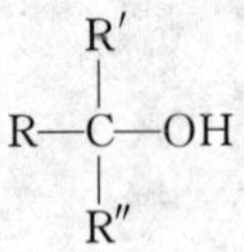

叔醇(3°醇)
(tertiary alcohol)

根据分子中羟基的数目,醇还可以分为一元醇、二元醇、多元醇等。例如:

CH_3CH_2OH

一元醇

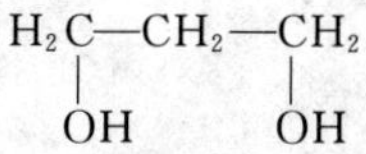

二元醇

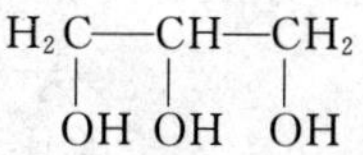

多元醇

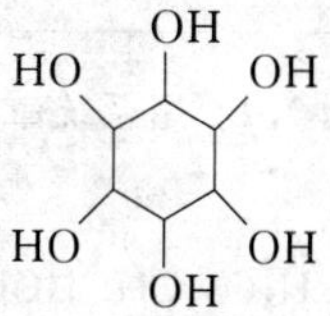

多元醇

2. 命名

(1) 普通命名法　一般适用于结构简单的醇。命名时在烃基名称后面加“醇”字，“基”字可省略。例如：

CH_3CH_2OH

乙醇
(ethyl alcohol)

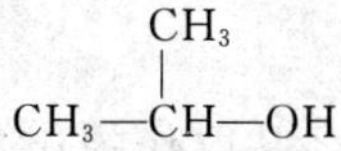

异丙醇
(isopropyl alcohol)

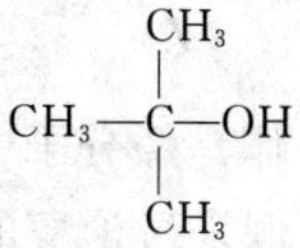

叔丁醇
(*tert*-butyl alcohol)

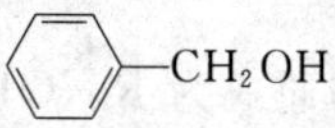

苯甲醇(苄醇)
(benzyl alcohol)

(2) 系统命名法　命名时，应选择含羟基最多的最长碳链作为主链，从靠近羟基一端给主链编号，并将羟基位次、数目写在母体名称之前；脂环醇的环碳原子的编号从连有羟基的碳开始。其他命名原则与烷烃相同。例如：

$NH_2CH_2CH_2OH$

2-氨基-1-乙醇(胆胺)
(2-aminoethan-1-ol)(cholamine)

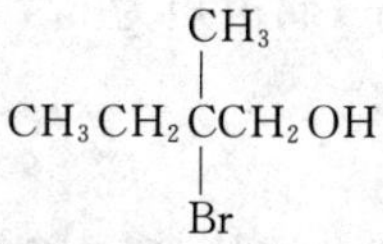

2-甲基-2-溴-1-丁醇
(2-bromo-2-methylbutan-1-ol)

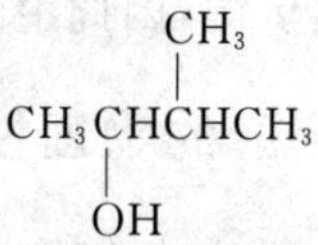

3-甲基-2-丁醇
(3-methylbutan-2-ol)

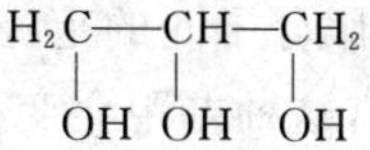

1,2,3-丙三醇(甘油)
(propane-1,2,3-triol)(glycerol)

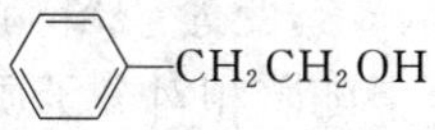

2-苯基-1-乙醇
(2-phenylethan-1-ol)

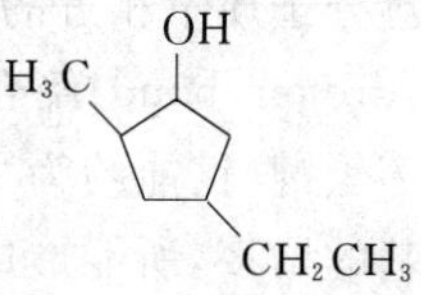

2-甲基-4-乙基-1-环戊醇
(4-ethyl-2-methylcyclopentan-1-ol)

对于不饱和醇，应选择含有不饱和键和羟基相连的碳的最长碳链作为主链，从靠近羟基一端开始编号，根据主链碳原子数称为“某烯(炔)醇”，并在母体名称前面标明不饱和键及羟基的位置。

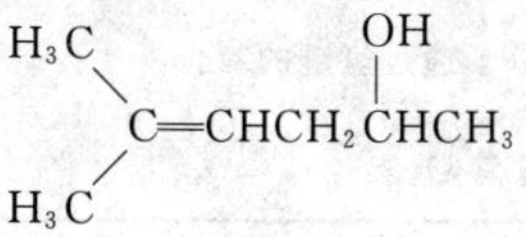

5-甲基-4-己烯-2-醇
(5-methylhex-4-en-2-ol)

$CH_3C{\equiv}CCH_2OH$

2-丁炔-1-醇
(but-2-yn-1-ol)

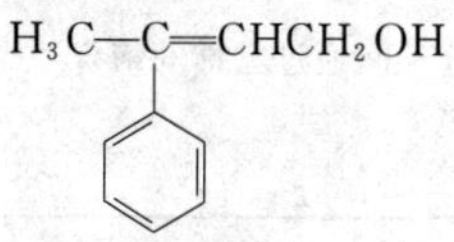

3-苯基-2-丁烯-1-醇
(3-phenylbut-2-en-1-ol)

问题 7.1 用系统命名法命名下列化合物或根据名称写出结构式。

(1) 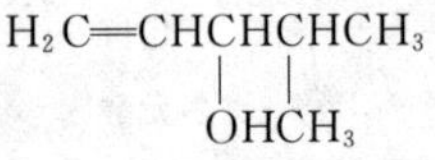

(2) 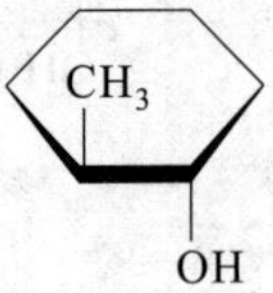

(3) 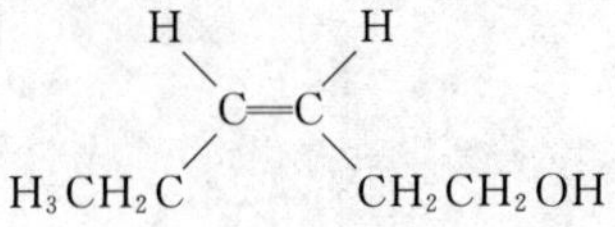

(4) 三苯甲醇　　(5) 5-甲基-2,4-己二醇　　(6) 2,2-二氯乙醇

7.1.2 醇的结构

醇的通式为 R—OH,可以看作是烃分子中的氢被羟基取代的化合物,或是水分子中的氢被烃基取代的化合物。现以甲醇为例来讨论醇的结构(见图 7.1)。

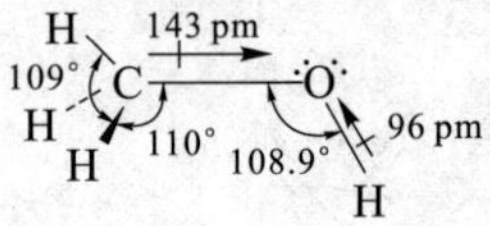

图 7.1 甲醇分子的结构

甲醇的 C—O—H 键角为 108.9°,其氧原子为不等性 sp^3 杂化,两个 sp^3 杂化轨道为孤电子对所占据,余下两个轨道分别与碳原子以及氢原子形成 C—O 和 O—H σ 键。甲醇的 C—O 键的键能为 360 $kJ\cdot mol^{-1}$。

由于氧的电负性强于碳和氢,甲醇分子中的 C—O 键和 O—H 键的电子云均偏向于氧原子,为极性共价键,因此甲醇为极性分子,偶极矩为 5.7×10^{-30} C·m(1.71 D),偶极方向指向羟基。

7.1.3 醇的物理性质

$C_1 \sim C_4$ 的低级饱和一元醇为无色液体,$C_5 \sim C_{11}$ 的醇为黏稠液体,11 个碳原子以上的高级醇为蜡状固体。

与相对分子质量相近的烃类相比,醇的沸点较高,这是由于液态醇分子中的羟基之间可以通过**氢键**(hydrogen bond)缔合起来,要将醇从液态变为气态,除了需要克服分子间的范德华力外,还需要破坏氢键(键能约为 25 $kJ\cdot mol^{-1}$)。但随着相对分子质量的增大,这种差距会变小。多元醇随着羟基的增多,所能形成氢键的数目也增多,所以沸点更高(见表 7.1)。

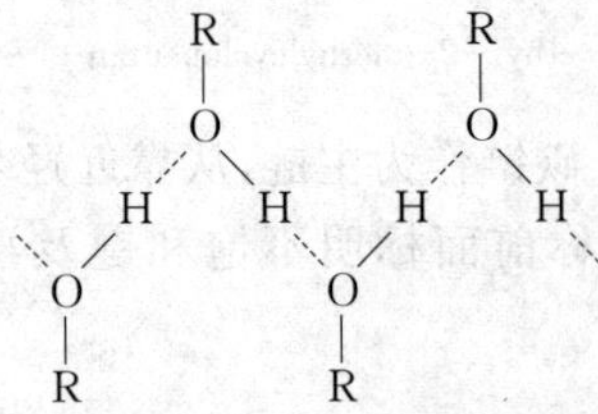

醇分子间通过氢键的缔合

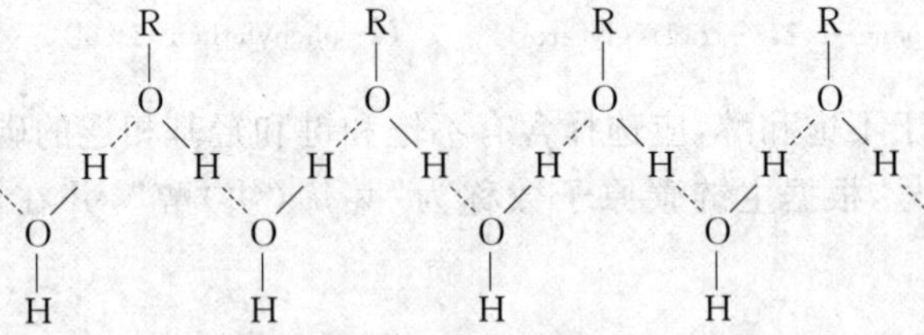

醇分子与水分子通过氢键的缔合

表 7.1 常见醇类化合物的部分物理常数

名 称	结构式	熔点/℃	沸点/℃	密度/($g\cdot cm^{-3}$)	溶解度*/($g\cdot L^{-1}$)
甲 醇	CH_3OH	−97	64.7	0.792	∞
乙 醇	CH_3CH_2OH	−115	78.4	0.789	∞

续表

名 称	结构式	熔点/℃	沸点/℃	密度/(g·cm^{-3})	溶解度*/(g·L^{-1})
正丙醇	$CH_3(CH_2)_2OH$	−126	97.2	0.804	∞
正丁醇	$CH_3(CH_2)_3OH$	−90	117.8	0.810	79
正戊醇	$CH_3(CH_2)_4OH$	−79	138.0	0.817	24
正己醇	$CH_3(CH_2)_5OH$	−52	156.5	0.819	6
异丙醇	$(CH_3)_2CHOH$	−88.5	82.3	0.786	∞
异丁醇	$(CH_3)_2CHCH_2OH$	−108	107.9	0.802	100
叔丁醇	$(CH_3)_3COH$	−25	82.5	0.789	∞
环己醇	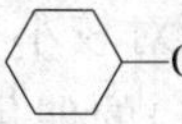—OH	−24	161.5	0.962	36
烯丙醇	$CH_2=CHCH_2OH$	−129	97.0	0.855	∞
苯甲醇	$C_6H_5CH_2OH$	−15	205.0	1.046	40
乙二醇	CH_2OHCH_2OH	−16	197.0	1.113	∞
丙三醇	$CH_2OHCHOHCH_2OH$	−18	290.0	1.261	∞

*溶解度是指 20 ℃时在水中的溶解度。

醇羟基与水分子也可形成氢键，因此醇在水中的溶解度比烃类大得多。低级醇如甲醇、乙醇、丙醇能与水以任意比例互溶，从丁醇开始，其在水中的溶解度随羟基在分子中所占比例的减少而降低。相同碳原子数目的多元醇，随着羟基数量的增多，水溶性也增大。

7.1.4 醇的化学性质

醇的化学性质主要是由羟基官能团引起的。由于 O—H 键和 C—O 键均为极性键，在不同的反应条件下，醇可发生 O—H 键和 C—O 键的异裂。

1. 与活泼金属的反应

醇和水类似，能与活泼金属(Li、Na、K、Mg、Ca、Ba)等反应，生成醇盐，并放出氢气。但醇的反应速率比水缓慢得多，这是因为在液相中，醇的酸性($pK_a=16\sim18$)比水($pK_a=15.7$)弱。

$$2R\text{—}OH+2Na \longrightarrow 2R\text{—}ONa+H_2\uparrow$$

$$2CH_3CH_2OH + 2Na \longrightarrow 2CH_3CH_2ONa + H_2\uparrow$$

醇钠是弱酸强碱盐，故遇水立即水解，且水溶液呈碱性。

$$RONa + H_2O \longrightarrow ROH + NaOH$$

在液相中，不同醇的酸性大小次序为

$$\text{酸性}\quad CH_3OH>RCH_2OH>R_2CHOH>R_3COH$$

相应的烷氧负离子的碱性次序则为

$$\text{碱性}\quad CH_3O^-<RCH_2O^-<R_2CHO^-<R_3CO^-$$

由于醇的共轭碱 RO^- 的碱性比水的共轭碱 OH^- 强，故低级醇盐作为强碱在有机合成中得到广泛应用。

2. 与氢卤酸的反应

醇可以与氢卤酸发生亲核取代反应，醇羟基被卤素原子取代而生成卤代烷。

$$ROH + HX \longrightarrow RX + H_2O\ (X=Cl,Br,I)$$

由于羟基不是一个好的离去基团，难于直接被卤素原子取代，因此需要无机酸将羟基质子化后以水分子的形式离去。

$$CH_3CH_2OH + HBr \rightleftharpoons Br^- + CH_3CH_2\overset{+}{O}H_2 \longrightarrow BrCH_2CH_3 + H_2O$$

反应速率取决于醇的结构和氢卤酸的种类。醇的活性顺序为 3°醇>2°醇>1°醇；氢卤酸的活性顺序为 HI>HBr>HCl，氢氟酸一般不反应。盐酸的反应活性相对较小，在室温下只能与叔醇发生此反应，而与伯醇和仲醇反应时，需要在无水 $ZnCl_2$（Lewis 酸）的催化下才能进行。因此常用浓盐酸和无水 $ZnCl_2$ 的混合液（称为 Lucas 试剂）来鉴别六个碳原子及以下的伯、仲、叔醇，因为这些醇都能被质子化而溶于 Lucas 试剂，而反应生成的氯代烃则因不溶于酸而呈现混浊。在室温时，3°醇可立即与 Lucas 试剂反应而呈现混浊，2°醇一般需要数分钟后才能观察到此现象，而 1°醇必须加热后才能起反应。

3. 与含氧酸的成酯反应

醇与有机酸反应得到有机酸酯（见第 9 章），与无机含氧酸反应则得到无机酸酯。例如：

$$(CH_3)_2CHCH_2CH_2OH + HONO \xrightarrow{H^+} (CH_3)_2CHCH_2CH_2-O-NO + H_2O$$

亚硝酸异戊酯

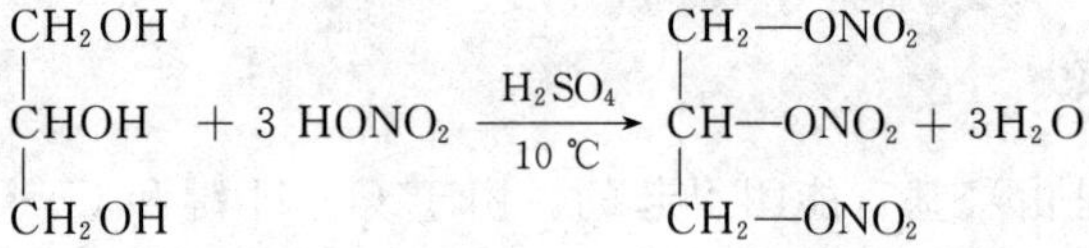

甘油　　　　甘油三硝酸酯

小剂量的亚硝酸异戊酯和甘油三硝酸酯（又称硝化甘油）在临床上用作缓解心绞痛的药物。甘油三硝酸酯遇到震动还会发生猛烈爆炸，通常将它与一些惰性材料混合以提高其使用安全性，这就是 Nobel 发明的硝化甘油炸药。

二元酸和多元酸与醇反应可脱水生成酸性酯或中性酯。有的酯在有机合成中用作烃基化试剂，如硫酸二甲酯。

$$CH_3OH + H_2SO_4 \longrightarrow CH_3O-SO_2-OH + H_2O$$

硫酸氢甲酯（酸性硫酸酯）

$$2\,CH_3OH + H_2SO_4 \longrightarrow CH_3O-SO_2-OCH_3 + 2H_2O$$

硫酸二甲酯（中性硫酸酯）

磷酸与醇作用可以形成三种类型的磷酸酯。

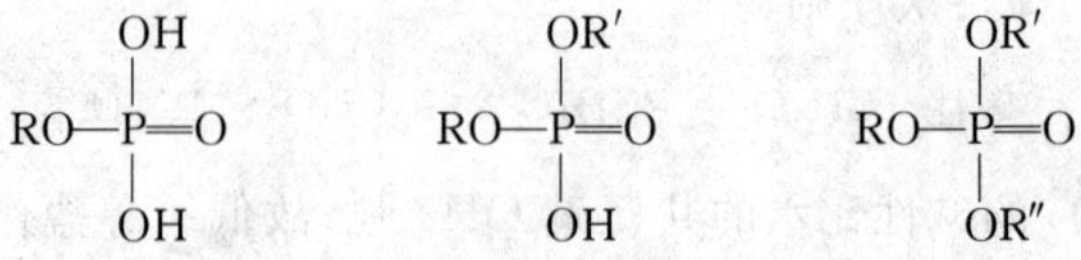

磷酸烷基二氢酯　　磷酸二烷基氢酯　　磷酸三烷基酯

具有磷酸酯结构的物质广泛存在于生物体内，对有机体的生长和代谢起着极为重要的作用。例如，生物体内的供能物质三磷酸腺苷(ATP)、遗传物质 DNA、细胞膜成分中的磷脂等，均具有磷酸酯的类似结构。

4. 醇的脱水反应

醇在硫酸、磷酸或对甲苯磺酸等的催化下加热，可发生脱水反应。脱水方式与反应温度以及醇的结构有关。

(1) 分子内脱水　酸催化下醇分子中的C—O键和C_β—H键发生断裂，生成烯烃。该反应与卤代烃脱除卤化氢相似，本质上是β-消除反应，反应取向遵循 Saytzeff 规则。例如：

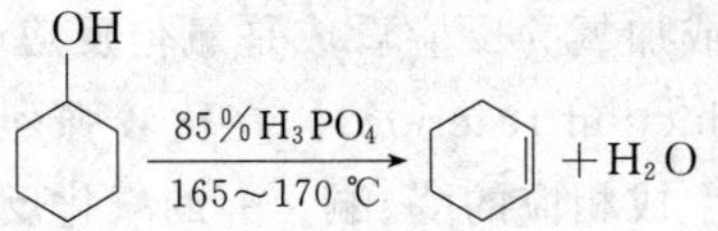

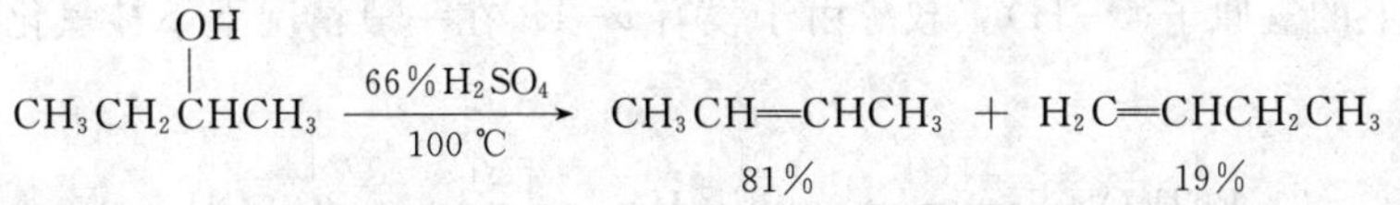

醇经分子内脱水生成烯烃的反应一般遵从 E1 机理，反应的速率主要取决于碳正离子中间体的生成速率。

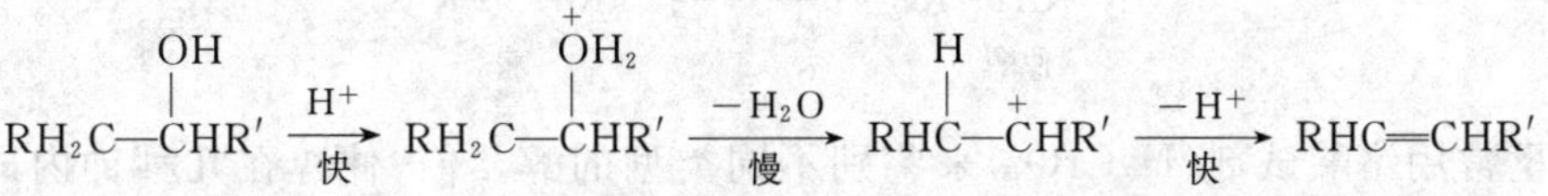

不同醇发生分子内脱水反应的活性顺序为：3°醇＞2°醇＞1°醇。例如：

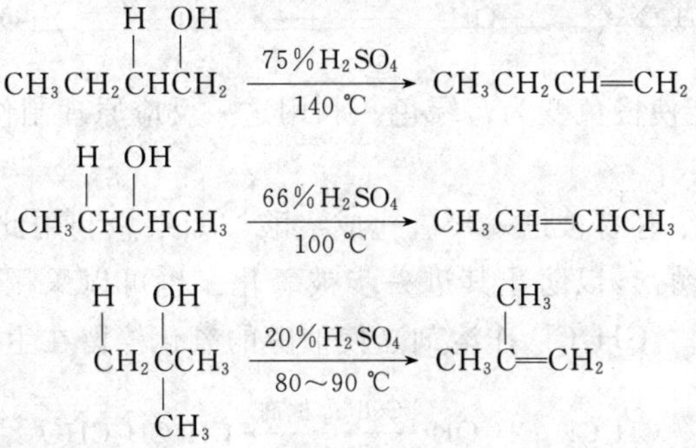

(2) 分子间脱水　一个醇分子的C—O键断裂，另一个醇分子的O—H键断裂，脱去一分子水生成醚。该反应本质上是亲核取代反应，主要适用于低级伯醇底物，而仲醇和叔醇则易发生分子内脱水反应生成烯烃。例如：

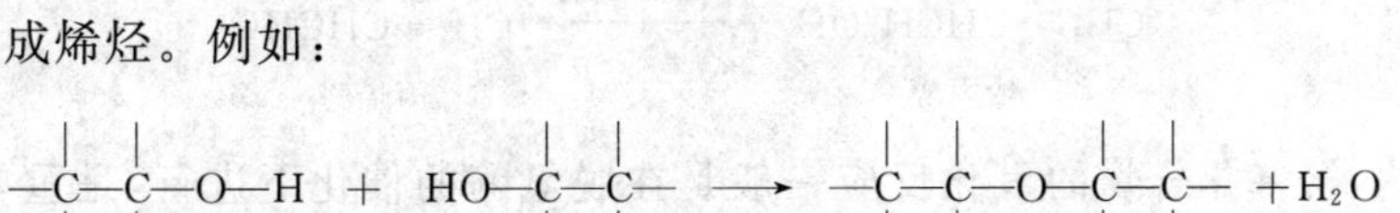

与卤代烃类似，醇的取代和消除反应也是互为竞争的反应。对于低级伯醇，在温度较高时，主要发生消除反应生成烯烃，而在稍低温度下则主要发生亲核取代反应生成醚。例如：

$$CH_3CH_2OH \xrightarrow[170\ ℃]{浓\ H_2SO_4} H_2C{=}CH_2 + H_2O$$

$$CH_3CH_2OH \xrightarrow[140\ ℃]{浓\ H_2SO_4} CH_3CH_2OCH_2CH_3 + H_2O$$

问题 7.2　写出下列醇发生分子内脱水反应后主产物名称。

(1) 2-甲基-3-己醇　　　(2) 1-甲基-1-环己醇

5. 醇的氧化反应

在有机反应中，通常把脱氢或加氧的反应看成是**氧化反应**(oxidation reaction)；而把加氢或脱氧的反应看成是**还原反应**(reduction reaction)。在比较强烈的氧化条件下(如高锰酸钾或铬酸等)，伯醇和仲醇容易被氧化，生成相应的醛、酮。醇的氧化反应本质上是从分子中同时脱除羟基和 α-碳原子上的氢原子(α-H)。叔醇由于没有 α-H，在一般情况下不被氧化。

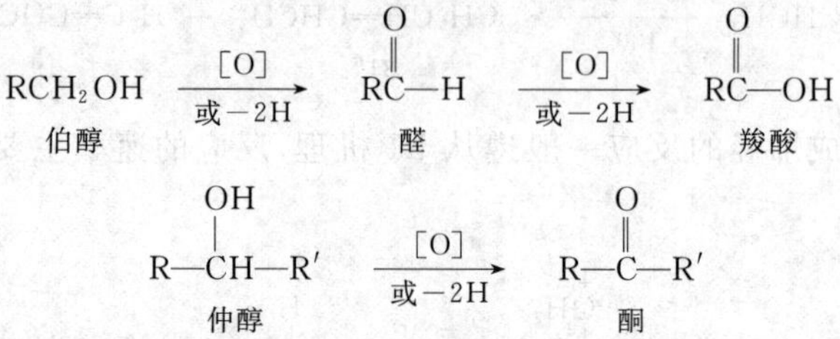

实验室里常用铬酸试剂(H_2CrO_4)来鉴别不同类型的醇。伯、仲醇在几秒钟内即可反应，溶液由橙色迅速变为蓝绿色，叔醇则不发生反应。例如：

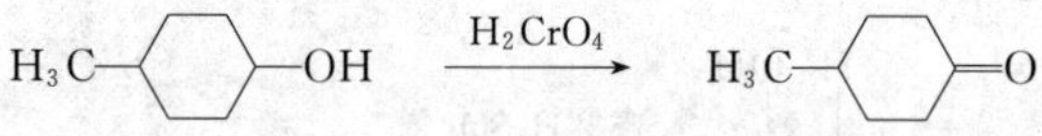

乙醇遇重铬酸钾后，能使橙色变为蓝绿色。利用这一反应原理制作的呼吸分析仪，可用于检验驾驶员是否饮酒。

伯醇氧化后所得的醛很容易被进一步氧化成羧酸。如果想利用此方法制备醛，则必须将生成的醛立即从反应体系中蒸出，以防止其进一步被氧化。也可以采用温和的氧化剂，如 Collins 试剂(CrO_3 与吡啶的配合物，CH_2Cl_2 作溶剂)，使伯醇的氧化停留在生成醛的阶段。例如：

$$CH_3CH_2CH_2OH \xrightarrow{\text{Collins 试剂}} CH_3CH_2CHO$$

分子中如有不饱和键，氧化时不受影响。例如：

$$\underset{\text{烯丙醇}}{CH_2{=}CHCH_2OH} \xrightarrow{\text{Collins 试剂}} \underset{\text{丙烯醛}}{CH_2{=}CHCHO}$$

在生物体内，羟基化合物的氧化反应一般是在脱氢酶的催化下进行，是重要的生化反应之一。例如，人们饮酒时，摄入的乙醇在醇脱氢酶作用下，在肝内被氧化成乙醛，乙醛在酶的催化下可被进一步氧化成乙酸，乙酸可以被机体细胞同化。因此，饮酒适度对人体无害，但饮酒过量，导致摄入乙醇的速率远大于被氧化的速率，则乙醇会在血液中潴留，导致酒精中毒。同样，如果饮用了甲醇，在醇脱氢酶的作用下，甲醇会被氧化成甲醛，而甲醛不但不能被机体细胞同化利用，而且还会损伤视神经和视网膜，因此服用 10 mL 的甲醇即可致人失明。

6. 邻二醇的特殊反应

两个羟基连在相邻的两个碳原子上的邻二醇，除具有一元醇的一般性质外，还具有一些特殊的化学性质。

（1）与高碘酸的反应　高碘酸可使邻二醇中连有羟基的两个碳原子之间的 C—C 键断裂，生成两分子的羰基化合物。因此可根据产生的醛或酮的结构推测邻二醇的结构。

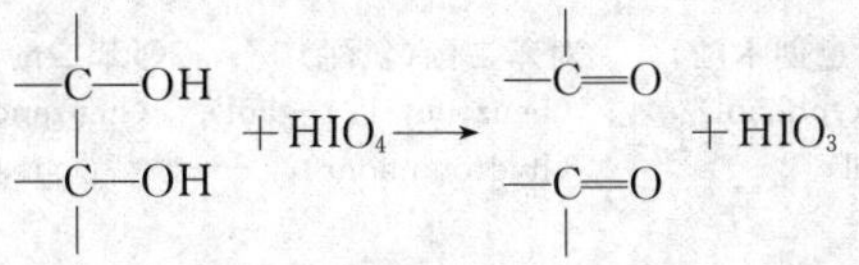

如果有 3 个或 3 个以上羟基相邻的多元醇，则连有羟基的碳原子间的 C—C 键都可被氧化断裂，位于中间的碳原子则被氧化成甲酸。例如：

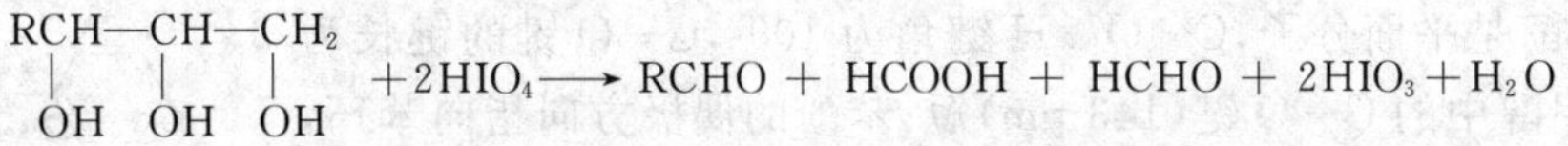

（2）与氢氧化铜的反应　将邻二醇加到浅蓝色的氢氧化铜沉淀中，沉淀消失，并生成一种深蓝色的配合物溶液。实验室中常用此反应鉴别具有邻二醇结构的醇。例如：

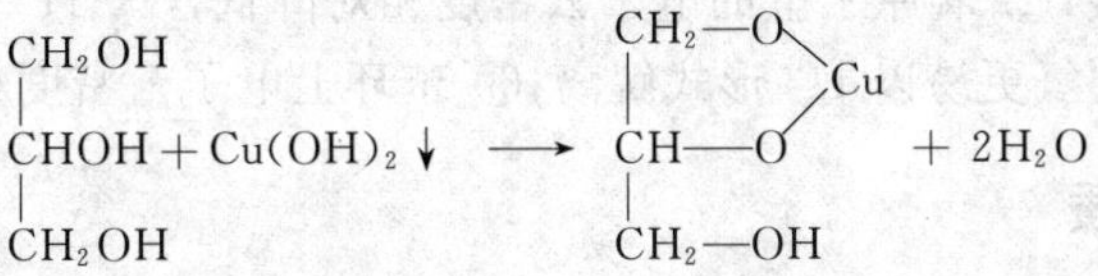

问题 7.3　一种化合物被高碘酸氧化后，生成丙酮、乙醛和甲酸，试推断它的结构。

7.2 酚

7.2.1 酚的分类和命名

1. 分类

根据酚羟基所连接的芳基种类的不同，可将酚分为苯酚、萘酚等；根据酚羟基的数目多少，可将酚分为一元酚、二元酚和多元酚等。例如：

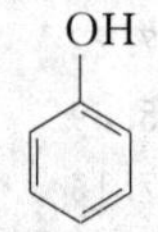

苯酚（一元酚）
（phenol）

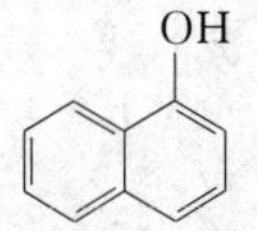

α-萘酚（一元酚）
（α-naphthalenol）

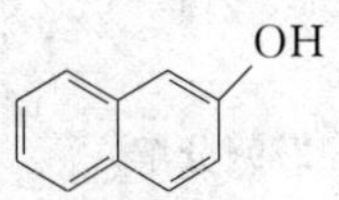

β-萘酚（一元酚）
（β-naphthalenol）

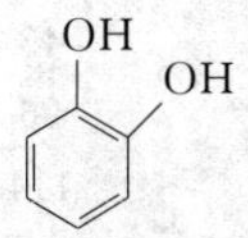

邻苯二酚（二元酚）
（benzene-1,2-diol）

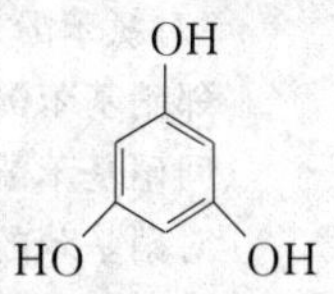

均苯三酚（多元酚）
（benzene-1,3,5-triol）

2. 命名

酚的命名通常是以酚为母体，在“酚”字之前加上芳环名称，再标明取代基的位次、数目和名称。有些酚类化合物还习惯用俗名。例如：

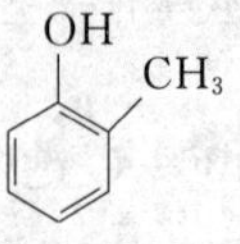

2-甲基苯酚 (2-methylphenol)

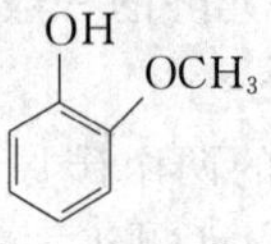

2-甲氧基苯酚(愈创木酚) (2-methoxyphenol) (guaiacol)

对苯二酚(氢醌) (benzene-1,4-diol) (hydroquinone)

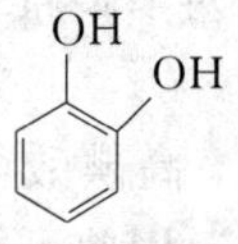

邻苯二酚(儿茶酚) (benzene-1,2-diol) (catechol)

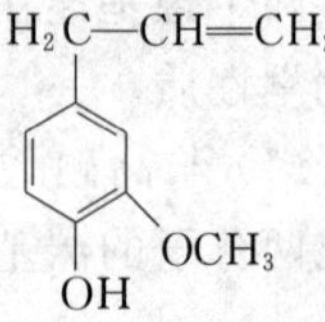

丁香酚 (eugenol)

7.2.2 酚的结构

酚是羟基与芳香环直接相连的化合物，通式为 Ar—OH。现以苯酚为例来讨论其结构(见图 7.2)。苯酚是平面分子，C—O—H 键角为 109°，C—O 键的键长为 136 pm，比甲醇中的 C—O 键(143 pm)短；苯酚的偶极方向指向苯环，与甲醇相反。这是由于氧原子上的孤电子对能与苯环形成 p-π 共轭体系，氧原子上的电子向苯环转移，结果导致：① C—O 键间的电子云密度相对增加，难于断裂；② 氧原子上的电子云密度相对降低，O—H 键的极性增强，羟基中的氢更易以 H^+ 形式解离；③ 苯环上电子云密度相对增加。

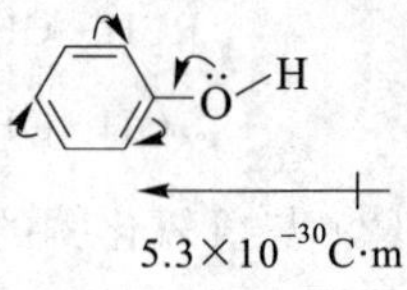

图 7.2 苯酚分子的结构

7.2.3 酚的物理性质

多数酚为无色晶体，但放置过久的酚可被空气氧化而略带红色至褐色。多数酚具有强烈的味道，毒性较大。由于酚羟基之间、酚羟基与水之间都可通过氢键缔合起来，因此酚类化合物的沸点较高，在水中也有一定的溶解度。酚类化合物一般可溶于乙醇、乙醚、苯等有机溶剂。一些常见酚的物理常数见表 7.2。

表 7.2 常见酚类化合物的部分物理常数

名称(俗名)	熔点/℃	沸点/℃	溶解度*/($g\cdot L^{-1}$)	pK_a(25 ℃)
苯酚(石炭酸)	41	182	93	9.96
邻甲苯酚	31	191	25	10.29
间甲苯酚	12	202	26	10.09
对甲苯酚	35	202	23	10.26
邻氯苯酚	9	173	28	8.48
间氯苯酚	33	214	26	9.02
对氯苯酚	43	217	26	9.38
邻硝基苯酚	45	214	2	7.22
间硝基苯酚	96	—	14	8.39
对硝基苯酚	114	279(分解)	17	7.15
2,4-二硝基苯酚	113	—	6	4.09

续表

名称(俗名)	熔点/℃	沸点/℃	溶解度*/(g·L^{-1})	pK_a(25 ℃)
2,4,6-三硝基苯酚(苦味酸)	122	300(爆炸)	14	0.25
邻苯二酚(儿茶酚)	105	245	451	9.48
间苯二酚	110	281	123	9.44
对苯二酚(氢醌)	170	286	80	9.96

*溶解度是指 20 ℃时在水中的溶解度。

7.2.4 酚的化学性质

由于酚羟基和醇羟基在结构上有明显差异,因此酚和醇的化学性质也有明显差异。与醇相比,酚类的酸性更强,C—O 键不易断裂,酚羟基不易被取代。

1. 酸性

苯酚的酸性(pK_a=9.96)比水(pK_a=15.7)和醇(pK_a=16~18)强,可与 NaOH 和 Na_2CO_3 反应生成苯酚钠。

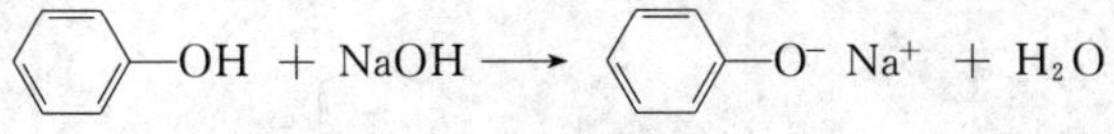

苯酚钠

向苯酚钠溶液中通入 CO_2 又能析出苯酚,这表明苯酚的酸性比碳酸(pK_{a1}=6.35;pK_{a2}=10.33)弱。利用酚的这一性质可对其进行分离纯化。

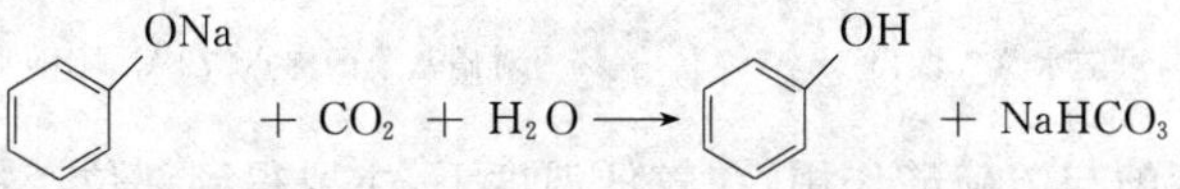

酚的芳环上连有卤素或硝基等吸电子基团时,酚的酸性增强,如 2,4,6-三硝基苯酚由于在酚羟基邻、对位连有三个硝基,其酸性很强(pK_a=0.25),俗称苦味酸。给电子基团则通常使酚的酸性减弱,例如甲酚的酸性(pK_a>10)略弱于苯酚(pK_a=9.96)(见表 7.2)。

2. 芳环上的亲电取代反应

由于酚羟基是活化基,因此酚易发生芳环上的亲电取代反应。

(1) 卤代反应　苯酚的水溶液与溴水在室温下作用,立即生成 2,4,6-三溴苯酚白色沉淀。该反应十分灵敏,现象明显,可用于苯酚的定性检验。

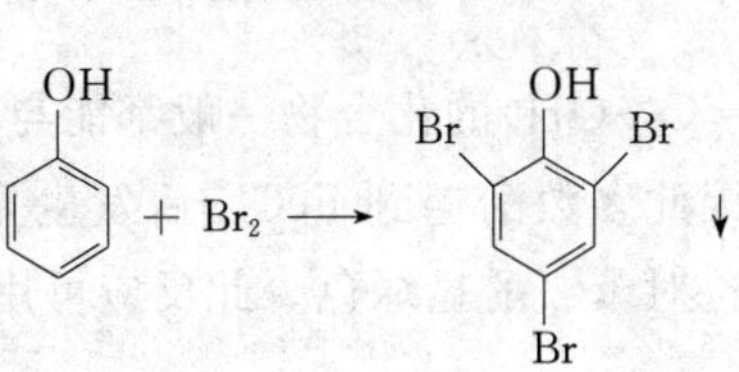

在低温和二硫化碳等非极性溶剂中进行溴代反应,一般可得到一溴代产物。例如:

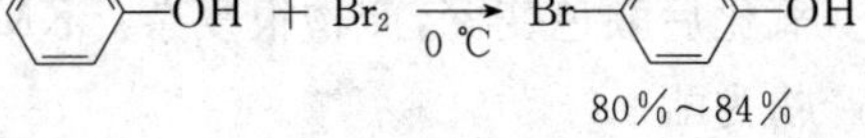

80%~84%

(2) 硝化反应　室温时，稀硝酸可使苯酚发生硝化反应，生成邻硝基苯酚和对硝基苯酚。

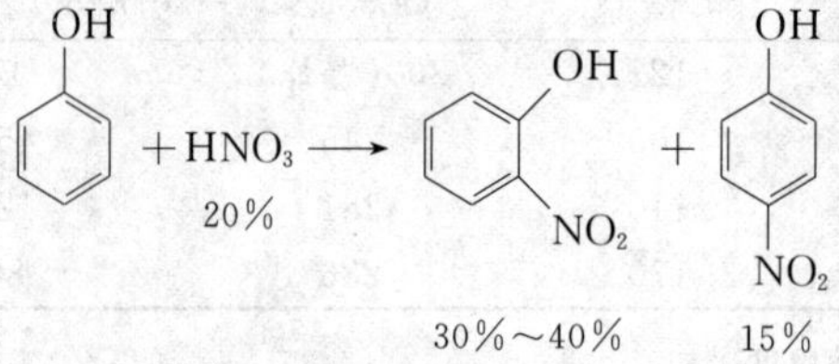

邻硝基苯酚能形成**分子内氢键**(intramolecular hydrogen bond)，不能再与水分子形成氢键。而对硝基苯酚则不但能形成**分子间氢键**(intermolecular hydrogen bond)，也可与水分子形成氢键。因此邻硝基苯酚的沸点及其在水中的溶解度都比对硝基苯酚低，可用水蒸气蒸馏法将这两种异构体分离。

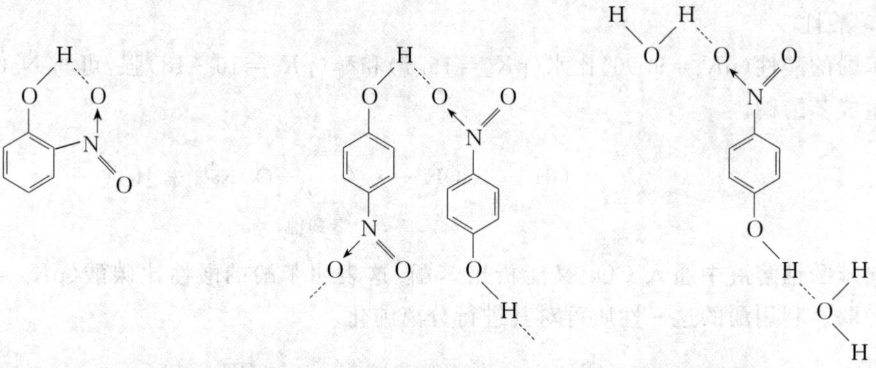

邻硝基苯酚沸点214 ℃，可随水蒸气馏出　　　　对硝基苯酚沸点279 ℃，不随水蒸气馏出

(3) 磺化反应　苯酚与浓硫酸作用，在较低温度下，主要得到邻位产物；在较高温度下，主要得到对位产物。

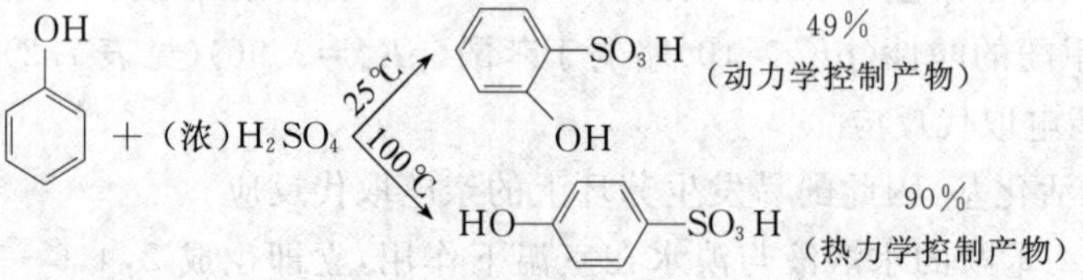

3. 与 $FeCl_3$ 的显色反应

具有稳定烯醇式结构(—C═C—OH)的化合物一般都能与 $FeCl_3$ 溶液生成有色配合物。由于酚类化合物也具有这一结构，因此多数酚遇到 $FeCl_3$ 后发生显色反应。例如，苯酚、间苯二酚显紫色，甲苯酚显蓝色，邻苯二酚、对苯二酚显绿色。此反应可用于酚类化合物的鉴别。

$$6\ ArOH + FeCl_3 \longrightarrow [Fe(OAr)_6]^{3-} + 6H^+ + 3Cl^-$$

4. 氧化反应

酚类化合物很容易被氧化，氧化后颜色变深，产物很复杂。$KMnO_4$，$K_2Cr_2O_7$ 甚至空气中的氧都可使酚氧化，其主要氧化产物为醌。

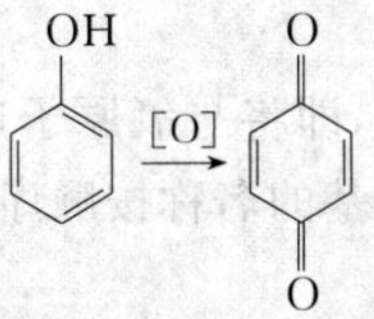

对苯醌

多元酚更易被氧化，弱氧化剂如 Ag_2O 等即可将邻苯二酚和对苯二酚氧化成醌类化合物。因此，一些多元酚类化合物常被用作抗氧化剂。

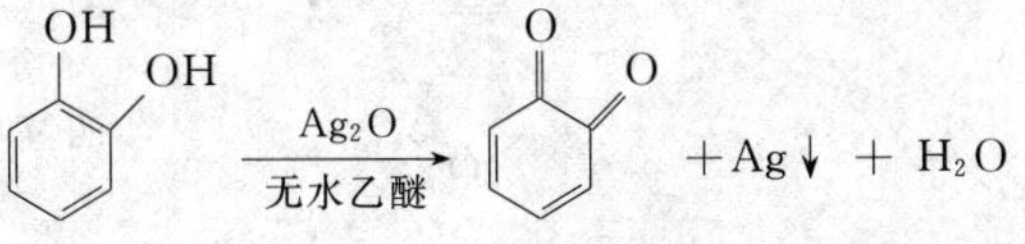

邻苯醌

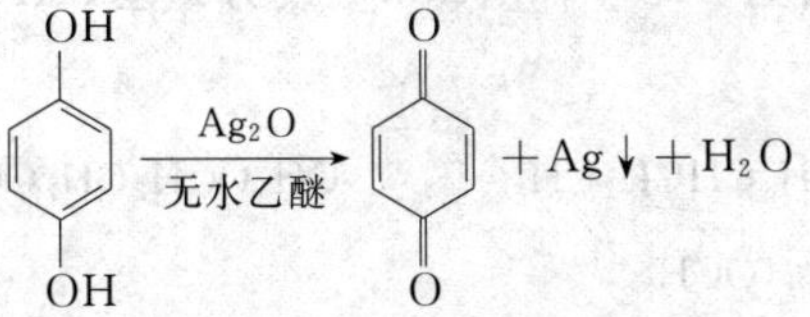

对苯醌

生物体内存在一些抗氧化剂，以防御自由基对机体的损害，维持机体正常的生理功能。如**维生素 E**，俗称**生育酚**(tocopherol)，就是一种具有酚结构的抗氧化剂，其主要功能是防止脂类的过氧化，在人体内可清除体内自由基。生育酚有 α、β、γ 和 δ 四种，其中 α-生育酚的活性最强，其结构式为

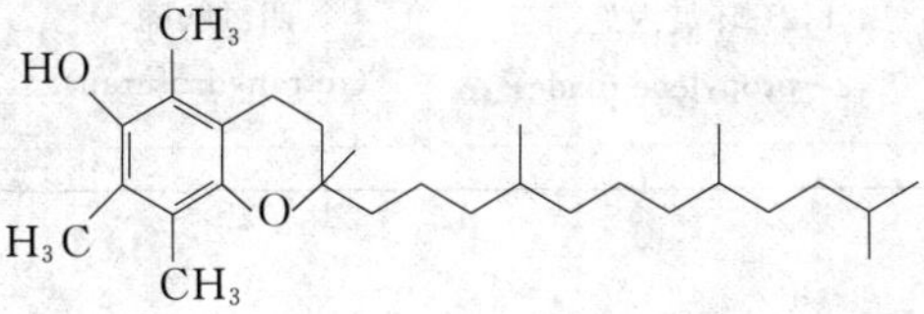

一些植物中含有多酚类物质，如存在于绿茶中的茶多酚，红葡萄籽、花生皮中的葡萄多酚等都具有抗氧化、清除自由基、抑制肿瘤、抗诱变的能力，且低毒、效果好，已经引起了世界各国的植物化学家、食品化学家以及医学专家的广泛关注。

7.3 醚

7.3.1 醚的分类和命名

1. 分类

醚的通式为 R—O—R′。其中两个烃基相同的醚称为单醚，两个烃基不同的醚称为混醚，若氧原子与烃基连成环则称为环醚。两个烃基都是脂肪烃基的称为脂肪醚，两个烃基中有一个或两个是芳基的称为芳香醚。

2. 命名

结构简单的醚常用普通命名法命名，即将与氧原子连接的烃基名称写出后，再加上“醚”字。如果两个烃基不同，则按次序规则，将烃基的名称按顺序先小后大写出；对于芳香醚，则一般将芳基放在前面。例如：

单　醚	R–O–R	$C_2H_5OC_2H_5$	乙醚(ethyl ether)
混　醚	R–O–R′	$C_2H_5OCH_3$	甲乙醚(ethyl methyl ether)
芳香醚	Ar–O–R 或 Ar–O–Ar	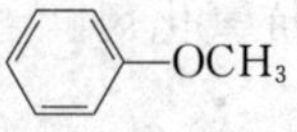	苯甲醚(methyl phenyl ether)
环　醚	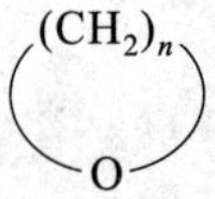		四氢呋喃(tetrahydrofuran)

醚的系统命名法是将**烷氧基**(RO—，alkyloxy)或**芳氧基**(ArO—，aryloxy)作为取代基，以烃为母体来命名。例如：

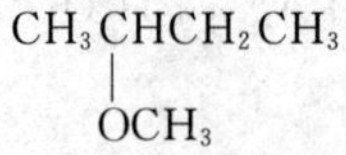

2-甲氧基丁烷
(2-methoxybutane)

$CH_3OCH_2CH_2OCH_3$

1,2-二甲氧基乙烷
(1,2-dimethoxyethane)

环醚命名时常称为“环氧某烷”，某些环醚还可当作杂环化合物的衍生物来命名。例如：

环氧乙烷
(ethylene oxide)

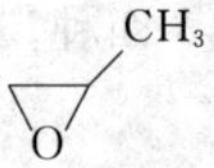

1,2-环氧丙烷
(1,2-propylene oxide)

四氢呋喃
(tetrahydrofuran)

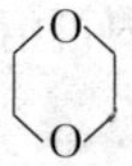

1,4-二氧六环
(1,4-dioxane)

问题 7.4 命名下列化合物。

(1) 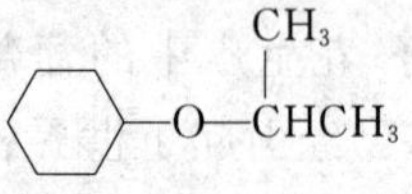　(2) 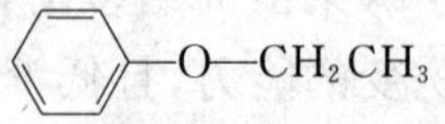　(3) 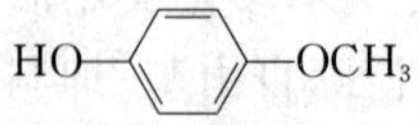

7.3.2 醚的结构

醚可以看作是醇或酚中羟基上的氢原子被烃基取代的化合物。现以甲醚为例来讨论醚的结构(见图 7.3)。甲醚中 C—O—C 的键角为 112°，氧原子为不等性 sp^3 杂化，未成键的两个 sp^3 杂化轨道含两对孤电子对。

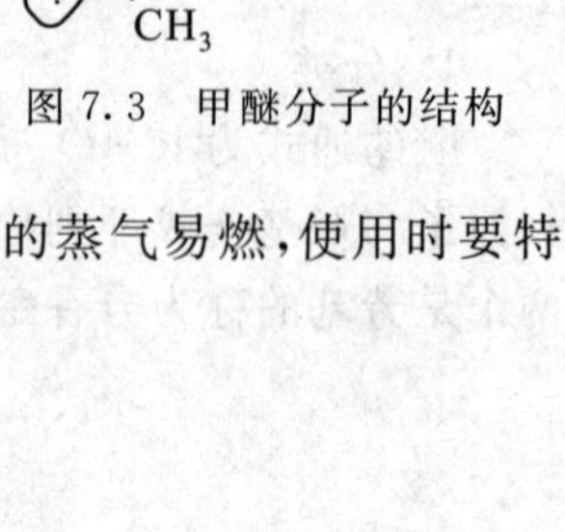

图 7.3 甲醚分子的结构

7.3.3 醚的物理性质

大多数醚在室温下为液体，有特殊气味。醚分子间不能形成氢键，故其沸点比相对分子质量相近的醇低得多。低级醚易挥发，所形成的蒸气易燃，使用时要特别注意安全。

醚能与水分子形成氢键，因此醚在水中的溶解度与相对分子质量相近的醇接近。例如，20 ℃时，乙醚和正丁醇在水中的溶解度均为 80 $g\cdot L^{-1}$。但四氢呋喃和 1,4-二氧六环等环状醚，由于氧原子成环后裸露于分子外，更易于和水形成氢键，因此它们能与水以任意比例互溶，是常用的溶剂。一些常见醚的物理常数见表 7.3。

表 7.3 一些常见醚的部分物理常数

名称	沸点/℃	密度/$(g\cdot cm^{-3})$	名称	沸点/℃	密度/$(g\cdot cm^{-3})$
甲醚	−24.9	0.66	二苯醚	259	1.075
甲乙醚	−7.9	0.69	苯甲醚(茴香醚)	155.5	0.994
乙醚	−34.6	0.714	四氢呋喃	66	0.889
丙醚	−90.5	0.736	1,4-二氧六环	101	1.034
异丙醚	−69	0.735	环氧乙烷	14	0.882(10 ℃)
正丁醚	−143	0.769	环氧丙烷	34	0.83

7.3.4 醚的化学性质

除某些小环醚(如环氧乙烷)以外，醚键较为稳定。醚不与氧化剂、还原剂、稀酸、强碱等反应，但在强酸性条件下，由于醚分子中氧原子上有孤电子对，可以接受质子，故醚的 C—O 键可发生断裂。

1. 醚的质子化反应——𨦡盐的形成

醚的氧原子能被强酸质子化形成𨦡盐，因此醚能溶于浓盐酸和浓硫酸等强酸中。例如：

$$C_2H_5-\ddot{\underset{\cdot\cdot}{O}}-C_2H_5 + H^+ \longrightarrow \underset{\text{𨦡盐}}{C_2H_5-\underset{H}{\overset{\cdot\cdot}{O}^+}-C_2H_5}$$

𨦡盐不稳定，遇水或酸度降低会立即分解恢复成原来的醚。利用此特性可以区别醚与烷烃或卤代烃。

2. 醚键的断裂反应

醚与浓强酸(如氢碘酸、氢溴酸等)所生成的𨦡盐，在加热时可发生 C—O 键的断裂，生成卤代烃和醇。例如：

$$C_2H_5-\ddot{\underset{\cdot\cdot}{O}}-C_2H_5 + HI \longrightarrow \underset{\text{𨦡盐}}{C_2H_5-\underset{H}{\overset{\cdot\cdot}{O}^+}-C_2H_5}\,I^- \longrightarrow ICH_2CH_3 + CH_3CH_2OH$$

如有过量的氢卤酸存在，则生成的醇还能进一步转变成卤代烃。例如：

$$CH_3CH_2\ddot{\underset{\cdot\cdot}{O}}H + HI \rightleftharpoons \underset{\text{𨦡盐}}{CH_3CH_2-\underset{H}{\overset{\cdot\cdot}{O}^+}-H} \xrightarrow{I^-} CH_3CH_2I + H_2O$$

醚键断裂反应是一种亲核取代反应，反应机理主要取决于醚的分子结构。一般情况下，伯烷基醚按照 S_N2 机理发生醚键断裂反应，反应结果一般是较小的烃基生成卤代烷，较大的烃基或芳基生成醇或酚。当醚中的氧连接有叔碳原子时，则易于按照 S_N1 机理发生醚键断裂反应，得到的主要产物是烯烃。例如：

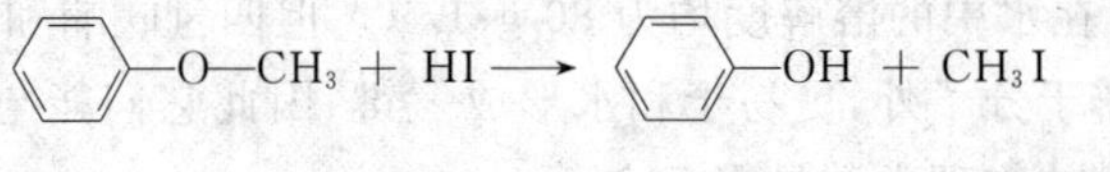

$$(CH_3)_3C—O—CH_3 + HI \longrightarrow (CH_3)_3C—\overset{+}{\underset{H}{O}}—CH_3 \longrightarrow (CH_3)_3\overset{+}{C} + CH_3OH$$

$$(CH_3)_3\overset{+}{C} \longrightarrow (CH_3)_2C=CH_2$$

3. 过氧化醚的形成

醚对氧化剂是惰性的，如 $KMnO_4$、$K_2Cr_2O_7$ 都不能将醚氧化。但含有 α-氢原子的醚在空气中久置或经光照，则可发生自动氧化反应，形成不易挥发的**过氧化物**(peroxide)。例如：

$$C_2H_5—O—C_2H_5 \xrightarrow{O_2} CH_3\underset{\underset{O—O—H}{|}}{CH}—O—CH_2CH_3$$

过氧化物的爆炸性很强。蒸馏含过氧化物的醚时，加热温度不能过高，也不能将醚蒸干，否则会发生爆炸。保存醚时应置于密闭、避光的深色瓶内，或加少量对苯二酚作抗氧化剂。

问题 7.5　乙基叔丁基醚与过量的浓氢碘酸共热，生成的主要产物是什么？

---

4. 1,2-环氧化合物的开环反应

1,2-环氧化合物(epoxide)是指一个氧原子与相邻的两个碳原子相连所构成的三元环醚及其取代产物，最简单的 1,2-环氧化合物是环氧乙烷。环氧乙烷是一种穿透力很强的消毒剂，常用于医疗器械的消毒。

与环丙烷相似，1,2-环氧化合物具有较大的环张力，易发生加成开环反应。因此 1,2-环氧化合物与一般的醚类化合物不同，极易与多种含活泼氢的化合物以及某些亲核试剂发生 C—O 键断裂的开环反应。

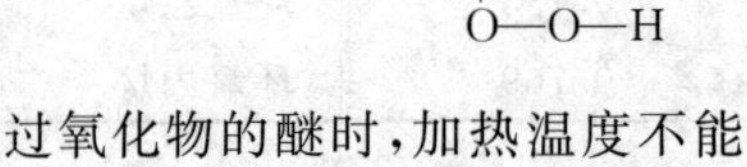

含活泼氢的试剂可以是水、醇、氨、酸等，亲核试剂可以是醇钠、Grignard 试剂等。由于以环氧乙烷为原料能合成多种类型的化合物，因此环氧乙烷在有机合成中是一个很有用的中间体。

不对称取代的环氧乙烷也能发生类似的开环反应，但反应的取向随反应条件不同而异。

(1) 酸催化的开环反应　在酸性条件下，环氧化合物先形成带正离子的鎓盐，然后亲核试剂优先进攻取代基较多的环碳原子，原因是烷基的 $+I$ 效应可以帮助稳定环碳原子上的正电荷。例如：

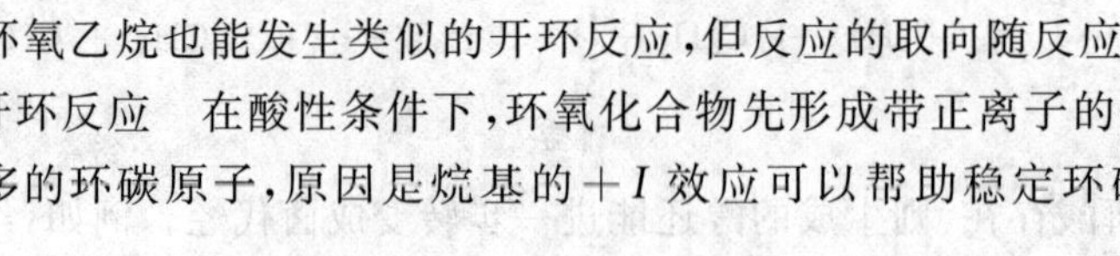

(2) 碱催化的开环反应　在碱性条件下，由于不能形成鎓盐，而烷氧基的离去能力又较弱，

此时亲核试剂优先进攻含取代基较少的环碳原子，原因是它的空间位阻较小。例如：

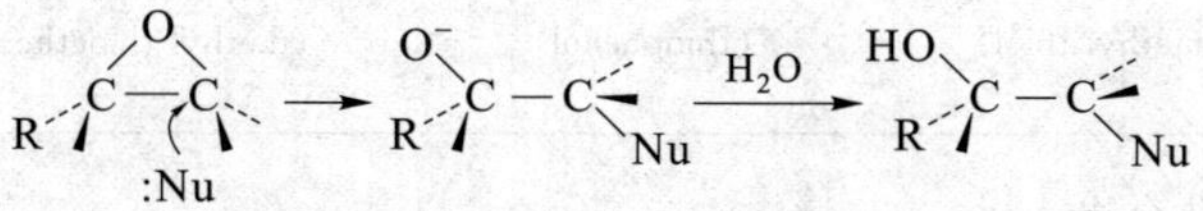

不对称取代环氧乙烷的开环取向示意如下：

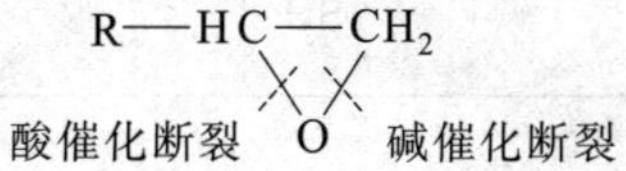

问题 7.6 写出 1,2-环氧丙烷与下列试剂反应生成的主要产物名称。

(1) 甲醇钠/甲醇　　　(2) 氢溴酸

7.3.5 冠醚

冠醚(crown ether)是一类含有多个氧原子的大环多醚，多数分子中具有—O—CH_2CH_2—的重复单元。冠醚的命名通常以"*m*-冠-*n*"来表示，*m* 代表构成环的 C 原子和 O 原子的总数，*n* 代表环中氧原子数。例如，18-冠-6 表示是由 18 个 C 原子和 O 原子组成的环醚，其中 O 原子有 6 个。

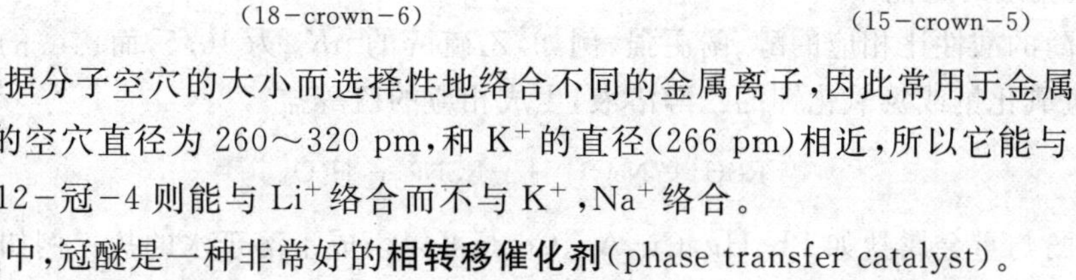

18-冠-6
(18-crown-6)

15-冠-5
(15-crown-5)

冠醚可根据分子空穴的大小而选择性地络合不同的金属离子，因此常用于金属离子的分离。如 18-冠-6 的空穴直径为 260～320 pm，和 K^+ 的直径(266 pm)相近，所以它能与 K^+ 形成稳定的络合物，而 12-冠-4 则能与 Li^+ 络合而不与 K^+，Na^+ 络合。

有机合成中，冠醚是一种非常好的**相转移催化剂**(phase transfer catalyst)。

7.4 硫醇、硫酚和硫醚

7.4.1 硫醇、硫酚和硫醚的命名

硫醇、硫酚和硫醚的命名分别与醇、酚、醚的命名类似，只是在母体名称前加"硫"字即可。例如：

CH_3SH	C_6H_5SH	$C_2H_5SC_2H_5$
甲硫醇	苯硫酚	乙硫醚
(methyl thiol)	(thiophenol)	(diethyl thioether)

问题 7.7 命名下列化合物。

(1) 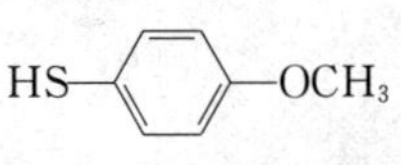
(2) 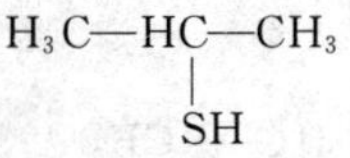
(3) 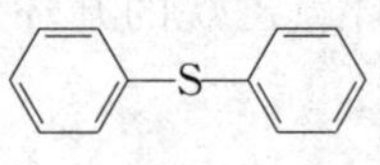

7.4.2 硫醇、硫酚和硫醚的结构

硫醇和硫酚的巯基中的 S—H 键比 O—H 键更易解离，原因是硫的价电子在第三层，与氢原子的 1s 轨道的重叠程度较差。甲硫醇中的 S—H 键键长为 133.5 pm，C—S—H 键角为 96°。简单的硫醚 C—S 键键长为 180 pm 左右，C—S—C 键角约为 105°。

7.4.3 硫醇、硫酚和硫醚的物理性质

这类化合物大多具有难闻的气味，即使量很少，气味也很明显。例如正丙硫醇有类似洋葱的气味，动物臭鼬的臭气里含有多种硫醇。因此，工业上向天然气中添加少量的硫醇作为臭味剂，以便及时发现天然气泄漏。

硫醇与其对应的醇相比，沸点和水溶性都更低。例如，乙硫醇的沸点为 37 ℃，而乙醇的沸点为 78 ℃；20 ℃时，乙硫醇在水中的溶解度为 15 $g \cdot L^{-1}$，而乙醇可与水以任意比例互溶。原因是硫原子比氧原子体积更大，电负性更小，硫醇分子的巯基间难以产生氢键缔合，硫醇分子和水分子之间也难以形成氢键。

7.4.4 硫醇、硫酚和硫醚的化学性质

1. 硫醇、硫酚的酸性

硫醇、硫酚的酸性比相应的醇、酚更强，例如，乙硫醇的 pK_a 为 10.5，而乙醇的 pK_a 为 15.9。硫醇能溶于氢氧化钠或氢氧化钾的乙醇溶液，生成相应的硫醇盐。

$$RSH + NaOH \longrightarrow RSNa + H_2O$$

硫醇、硫酚与重金属盐如 Pb、Hg、Cu、Ag、Cd 等可以生成不溶于水的盐。例如：

$$2C_2H_5SH + HgO \longrightarrow \underset{\text{二乙硫醇汞}}{(C_2H_5S)_2Hg} \downarrow (\text{白}) + H_2O$$

$$2\,RSH + (CH_3COO)_2Pb \longrightarrow \underset{\text{硫醇铅}}{(RS)_2Pb} \downarrow (\text{黄}) + 2\,CH_3COOH$$

重金属盐进入人体后，能与体内某些酶上的巯基发生上述反应，从而导致酶的变性而失活，这就是所谓的“重金属中毒”。临床上则使用一些硫醇类化合物，如二巯基丙醇（商品名 BAL，british *anti*-lewisite）、二巯基丙磺酸钠、二巯基丁二酸钠等作为重金属盐中毒的解毒剂。它们与金属离子的亲和力较强，可以夺取已和酶结合的重金属离子，形成不易解离的配合物经尿液排出体

外，从而使酶复活。

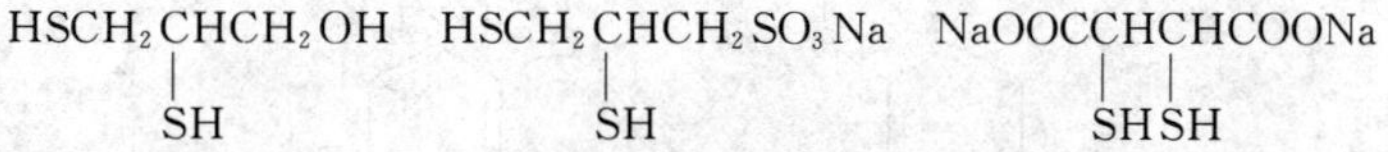

二巯基丙醇　　二巯基丙磺酸钠　　二巯基丁二酸钠

2. 氧化反应

硫醇、硫酚都很容易被氧化，温和的氧化剂如碘、过氧化氢甚至空气中的氧都能将硫醇或硫酚氧化。硫醇、硫酚的氧化反应与醇完全不同。醇氧化后形成 C═O 双键，而硫醇、硫酚的氧化主要发生在硫原子上，形成**二硫化物**(disulfide)。二硫键(—S—S—)又容易被还原为硫醇或硫酚。

$$2\,RSH \underset{还原}{\overset{氧化}{\rightleftharpoons}} R{-}S{-}S{-}R$$

硫醇与二硫化物之间的这种相互转化，在分子生物学上起着重要作用，因为二硫键存在于蛋白质和激素类物质中，对维系蛋白质分子的构型起着重要的作用。

硫醚也易被氧化，其产物为亚砜或砜。例如：

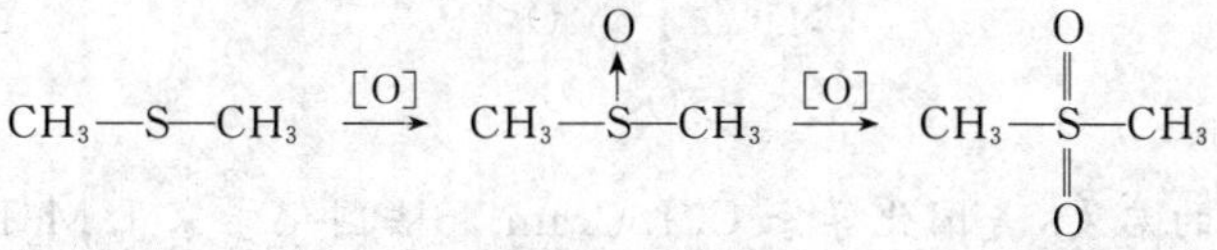

二甲亚砜(DMSO)　　二甲砜

(dimethylsulfoxide)　　(dimethylsulfone)

二甲亚砜(DMSO)分子的极性很大，毒性很低，可与水以任意比例互溶，也具有良好的脂溶性。因此，DMSO 既能溶解有机物，又能溶解无机物，是常用的一种优良溶剂。它对皮肤有很强的穿透能力，可促使溶解于其中的药物很快渗入皮肤，增强疗效，故常用作透皮吸收药物的促渗剂。

阅读材料

冠醚的发现与超分子化学

1961 年，美国杜邦公司的研究员 C. J. Pederson 为寻找用于烯烃聚合的新型含钒催化剂，想通过下列反应合成所需的一个非环聚醚配体：

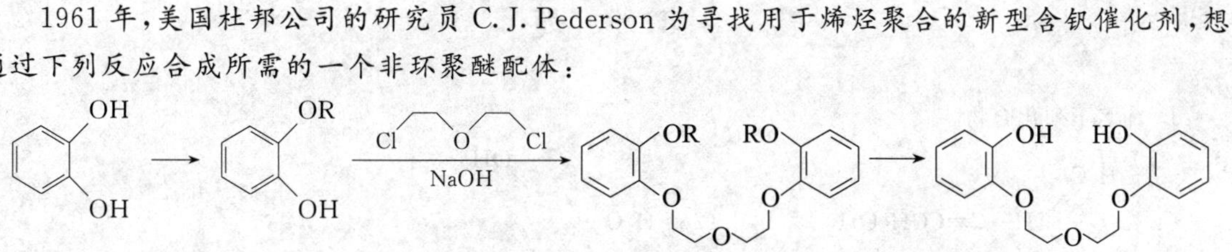

其自制的中间体邻烷氧基苯酚里含有 10% 左右的邻苯二酚，Pederson 未对其提纯就用于下一步反应。结果他分离出产率仅 0.4% 的一种纤维状白色晶体，经结构鉴定为二苯并-18-冠-6，结构如下：

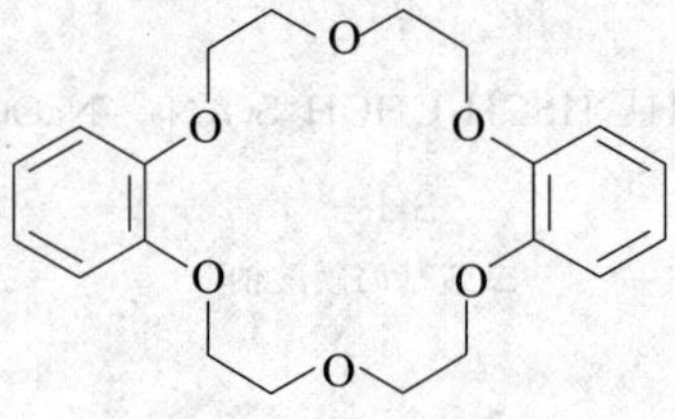

因其形状似王冠，Pederson 将其命名为冠醚。他还发现冠醚依据环的大小可以选择性识别络合不同的阳离子，因此在合成冠醚时，可以利用不同的阳离子作为“模板”来促进成环，这可能是第一个在人工合成中使用的自组装作用。由于冠醚可将易溶于水的无机盐类包在内腔而转溶于有机相中，在反应中可作为相转移催化剂。例如，难溶于有机溶剂的固体氰化钾很难和卤代烷在有机相中发生反应，但加入 18－冠－6 后，其可以和氰化钾形成如下可溶于有机溶剂的配合物，使得反应迅速进行。

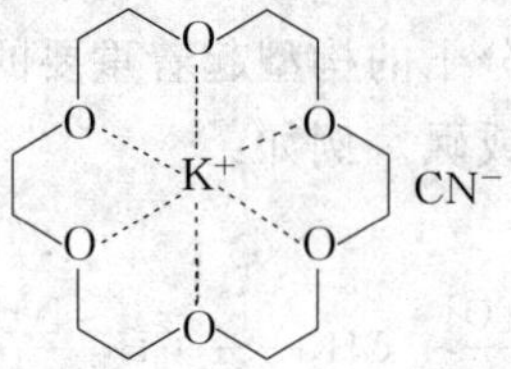

受 Pederson 工作的启发，美国化学家 C. J. Cram 和法国化学家 J. M. Lehn 随后在分子识别和自组装领域进行了大量研究工作。基于这些研究工作，Lehn 等提出了“**超分子化学**”(supermolecular chemistry)这一概念。超分子化学主要研究分子之间的弱相互作用，如氢键、配位键、亲水/疏水相互作用，以及通过它们的协同作用而生成的分子聚集体的组装、结构与功能。事实上，细胞内的生物化学过程都由特定的超分子体系来执行，像 DNA 与 RNA 的合成、蛋白质的多级结构的形成、脂肪酸的合成与分解等。因此超分子化学是研究生物功能、理解生命现象、探索生命起源的一个重要研究领域，被认为是 21 世纪新概念和高新技术的重要源头之一。

1987 年，Lehn，Cram 和 Pederson 三人获得了诺贝尔化学奖。瑞典皇家科学院在宣布他们获奖时说：“三位化学家找到了‘能够决定分子相互识别的因子，就像一把钥匙开一把锁那样相适合’”。

习 题

1. 命名下列化合物。

(1) 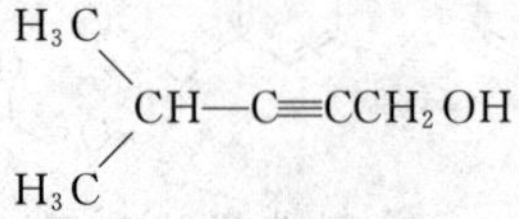

(2) 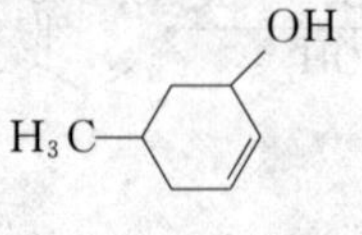

(3) 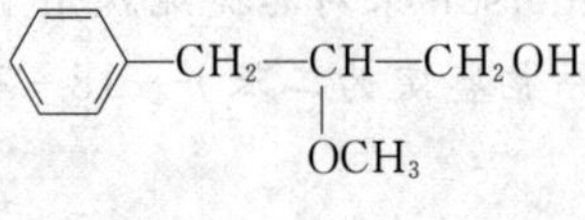

(4) 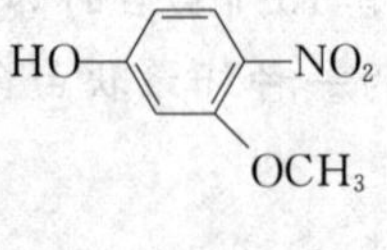

(5) 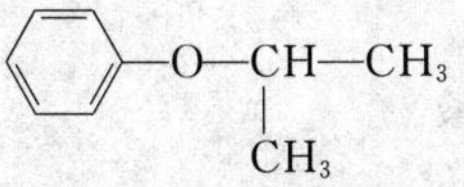　　(6) 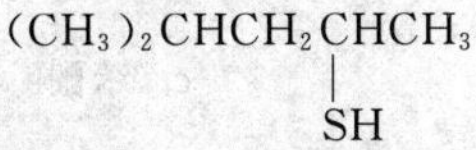

(7) $(CH_3)_3C—S—CH_3$　　(8) 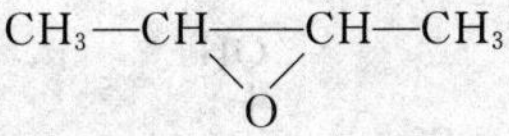

2. 写出下列化合物的结构式。

(1) 2,3-二巯基丙醇(BAL)　　(2) 反-4-甲基-1-环己醇(优势构象)

(3) 4-甲氧基-1-萘酚　　(4) 苦味酸

(5) 四氢呋喃　　(6) 苯并 15-冠-5

(7) 异丙硫醇　　(8) 二甲亚砜

3. 写出下列反应的主要产物。

(1) 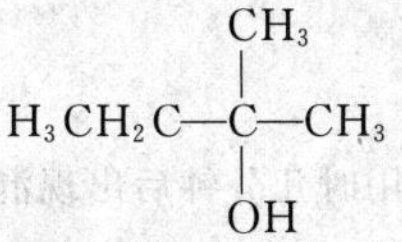 + (浓)HCl $\longrightarrow$ 　$\xrightarrow[\triangle]{KOH/ROH}$

(2) $(CH_3)_2CHCH_2CH_2OH + HNO_3 \longrightarrow$

(3) 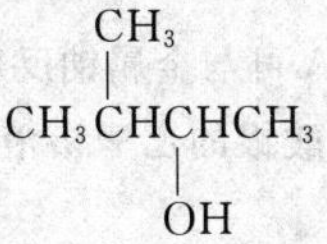 + (浓)H_2SO_4 $\xrightarrow[170\ ℃]{\triangle}$

(4) 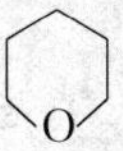 + HI(过量) $\xrightarrow[\triangle]{}$

(5) 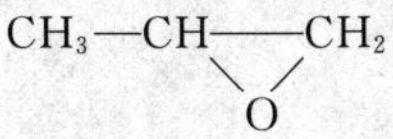 + CH_3OH $\xrightarrow{H_2SO_4}$

(6) 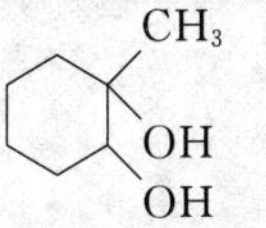 + HIO_4 $\longrightarrow$

(7) 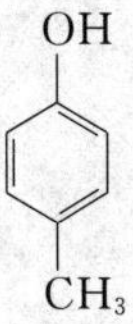 + Br_2 $\longrightarrow$

(8) 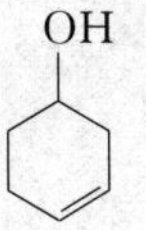 $\xrightarrow{\text{Collins 试剂}}$

(9) $CH_3CH_2SH + H_2O_2 \longrightarrow$

4. 将下列各组化合物按指定要求进行排序。

(1) 与氢溴酸反应的相对速率

a. 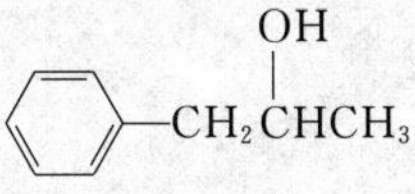　　b. 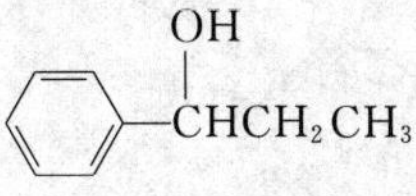　　c. 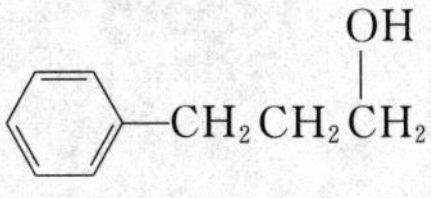

(2) 酸性

a. 甲醇　　b. 异丙醇　　c. 苯酚　　d. 碳酸

(3) 酸性

a. 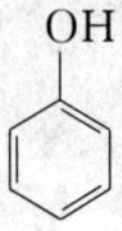

b. 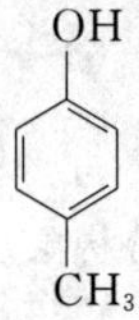

c. 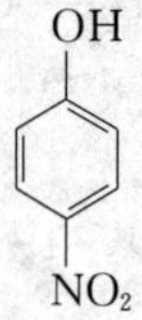

d. 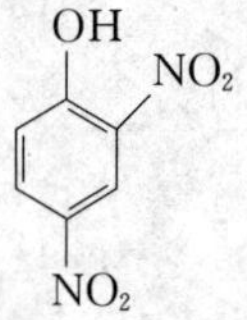

e. 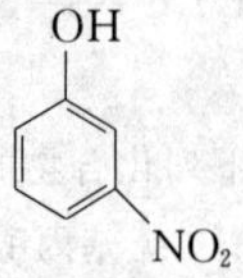

(4) 碱性

a. $C_2H_5O^-$　　b. $C_6H_5O^-$　　c. OH^-　　d. $(CH_3)_3CO^-$

5. 用化学方法鉴别下列各组化合物。

(1) 正丁醇、仲丁醇、叔丁醇、乙醚

(2) 苯乙醇、苯乙醚、2,4-二甲基苯酚

(3) 1-丙醇、2-丙醇、1,2-丙二醇

6. 分子式为 $C_5H_{12}O$ 的化合物 A 能与金属钠反应放出氢气，与 Lucas 试剂作用时几分钟后出现混浊。A 与浓硫酸共热可得 B(C_5H_{10})，用稀冷的高锰酸钾水溶液处理 B 可以得到产物 C($C_5H_{12}O_2$)，C 在高碘酸的作用下最终生成乙醛和丙酮。试推测 A 的结构，并用化学反应式表明推断过程。

7. A，B 两种化合物的分子式均为 C_7H_8O，都不与三氯化铁溶液发生显色反应。A 可与金属钠反应，B 不反应。B 在浓氢碘酸的作用下得到 C 和 D。C 与三氯化铁溶液作用呈紫色，D 可以与硝酸银的乙醇溶液产生黄色沉淀。试写出 A，B，C，D 的可能结构式，并用反应式表明推断过程。

（四川大学　卢志云）

第 8 章　醛　酮　醌

醛、酮和醌分子中都含有官能团**羰基**($\rangle C{=}O$, carbonyl group)，称为羰基化合物。羰基与一个烃基(甲醛除外)相连的化合物称为**醛**(aldehyde)，与两个烃基相连的化合物称为**酮**(ketone)，**醌**(quinone)是一类环状不饱和二酮类化合物。

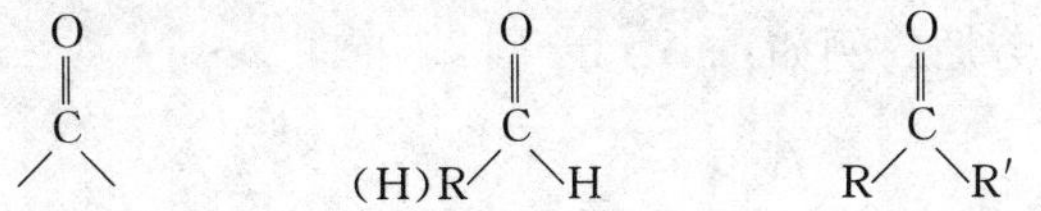

羰基　　醛　　酮

醛、酮能发生许多重要的化学反应，在有机合成中有广泛的用途，有些羰基化合物是体内代谢的中间产物。

本章重点介绍醛、酮、醌的结构和命名、主要化学性质、亲核加成反应及机理，以及它们在生命科学中的应用。

8.1　醛　酮

8.1.1　醛、酮的分类和命名

醛可表示为 R(H)CHO，—CHO 是醛的官能团，称为醛基；酮表示为 RCOR′，酮中的羰基称为酮基。

1. 醛、酮的分类

根据烃基结构的不同，将醛、酮分为脂肪醛、酮和芳香醛、酮；根据羰基的数目分为一元醛、酮，二元醛、酮和多元醛、酮；还可根据醛、酮碳链中是否含有不饱和碳链划分为饱和醛、酮和不饱和醛、酮。具体分类如下：

醛(酮)
- 脂肪醛(酮)
  - 饱和脂肪醛(酮)：CH_3CHO (乙醛)　$OHCCH_2CH_2CH_2CHO$ (戊二醛)　CH_3COCH_3 (丙酮)　$CH_3COCH_2CH_2COCH_3$ (2,5-己二酮)
  - 不饱和脂肪醛(酮)：$CH_2{=}CHCHO$ (丙烯醛)　$CH_3CH{=}CHCOCH_3$ (3-戊烯-2-酮)

脂环醛(酮)：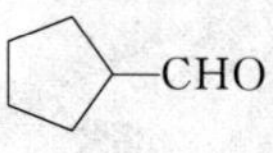 (环戊基甲醛) 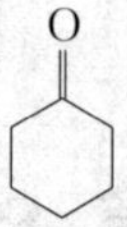 (环己酮)

芳香醛(酮)：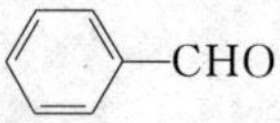 (苯甲醛) 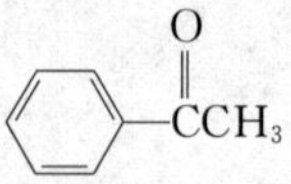 (苯乙酮)

2. 醛、酮的命名

(1) 普通命名法　简单的醛、酮采用普通命名法。脂肪醛按分子中所含碳原子数称为“某醛”；酮则按羰基所连接的两个烃基名称，按次序规则顺序大的基团后列出，再加上“(甲)酮”即可。芳香酮则可称为某酰芳烃。例如：

CH_3CHO 乙醛 (acetaldehyde)

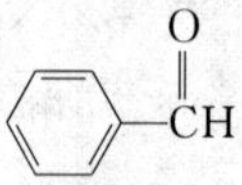 苯甲醛 (benzaldehyde)

$CH_3-C(=O)-CH_3$ 二甲(基)(甲)酮 (dimethyl ketone)

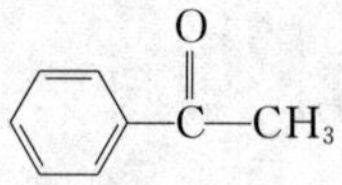 乙酰苯(苯乙酮，甲苯酮) (methyl phenyl ketone)

(2) 系统命名法　结构复杂的醛、酮则采用系统命名法。该法是选择含羰基的最长碳链作主链，称为“某醛”或“某酮”；不饱和醛、酮，应选择含羰基和不饱和键的最长碳链作主链，称为某烯(炔)醛、酮；对于芳香醛(酮)则是以脂肪醛(酮)为母体，芳香烃基为取代基。醛的编号应从醛基碳原子开始，由于醛基在链端，位置不必标出；饱和、不饱和酮的编号应使羰基位次最小，并标出不饱和键和羰基的位次。例如：

$HC(=O)CH_2CH_2CH_2CH(CH_3)CH_3$ 5-甲基己醛 (5-methyl hexanal)

$H_2C=CHCH_2CHO$ 3-丁烯醛 (but-3-enal)

$OHCCH_2CHO$ 丙二醛 (propanedial)

$CH_3CH_2-C(=O)-CH(CH_3)_2$ 2-甲基-3-戊酮 (2-methylpentan-3-one)

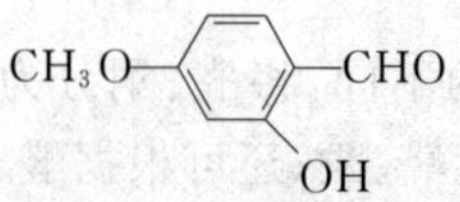 2-羟基-4-甲氧基苯甲醛 (2-hydroxy-4-methoxy benzaldehyde)

问题 8.1　用系统命名法命名下列化合物。

(1) $CH_3CH_2-CH(OCH_3)-C(=O)-C(CH_3)_3$　(2) $CH_3CH_2-CH(CH_3)-CH(=O)$　(3) 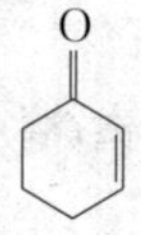

8.1.2 醛、酮的结构

在羰基中碳和氧都为 sp^2 杂化。3 个 sp^2 杂化轨道分别与氧、碳或氢原子形成 3 个 σ 键，呈平面构型，键角近似 120°；碳原子上未参与杂化的 p 轨道与氧原子的 p 轨道形成 π 键，并垂直于 3 个 σ 键所在的平面。如图 8.1 所示。

由于氧原子电负性大于碳原子，成键电子云偏向于氧，使氧带部分负电荷（$\delta-$），碳带部分正电荷（$\delta+$），所以羰基是极性基团。

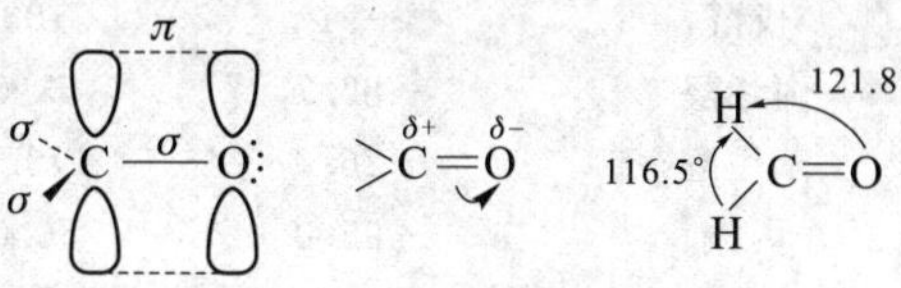

图 8.1　羰基、甲醛的结构

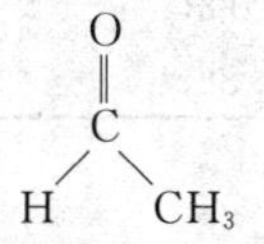

$\mu = 9.01\times10^{-30}$ C·m

乙醛

(acetaldehyde)

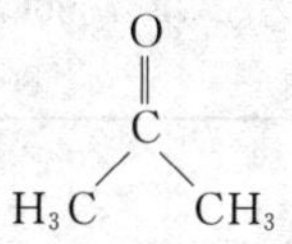

$\mu = 9.67\times10^{-30}$ C·m

丙酮

(acetone)

8.1.3 醛、酮的物理性质

在室温下，除甲醛为气体外，其余的醛、酮为液体或固体。福尔马林（formalin）是甲醛的 40%水溶液。醛、酮分子之间不能形成氢键，因此其沸点比相对分子质量相近的醇低得多。由于醛、酮羰基的极性，导致分子间存在偶极静电吸引力，使其沸点高于相对分子质量相近的烃或醚。

低级醛、酮分子中羰基氧原子可以与水形成氢键（见图 8.2），因此在水中有一定的溶解度。例如，甲醛、乙醛和丙酮都能与水混溶。随着醛、酮分子中烃基增大，空间位阻增大，与水形成氢键的能力下降，溶解度也很快降低。6 个以上碳原子的醛、酮几乎不溶于水。醛、酮在苯、醚、四氯化碳等有机溶剂中均可溶解。脂肪醛、酮的相对密度小于 1，芳香醛、酮的相对密度大于 1。低级醛、酮有刺激性气味，中级醛、酮有令人愉快的香味，因而常用作香料工业的原料。一些醛、酮的物理常数列于表 8.1。

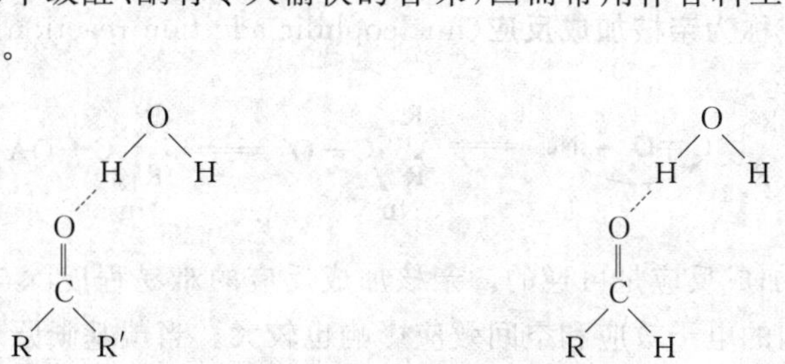

图 8.2　醛、酮与水分子间的氢键作用

表 8.1　一些醛和酮的物理常数

醛、酮名称	熔点/℃	沸点/℃	相对密度 d_4^{20}	水溶解度/[g·(100 mL)$^{-1}$]
甲醛	−92.0	−19.5	0.815	55
乙醛	−123.0	20.8	0.781	∞

续表

醛、酮名称	熔点/℃	沸点/℃	相对密度 d_4^{20}	水溶解度/[g·(100 mL)$^{-1}$]
丙醛	−81	49	0.81	20
戊醛	−91	103	0.82	不溶
丙烯醛	−87.7	53.0	0.841	30
苯甲醛	−26.0	179.0	1.046	0.33
丙酮	−95.0	56.0	0.792	∞
2-丁酮	−86	80	0.81	25.6
2-庚酮	−39	147	0.82	不溶
环己酮	−16.4	156.0	0.942	微溶
二苯酮	48.0	306.0	1.098	不溶
3-丁烯-2-酮	−6	80	0.86	不溶

8.1.4 醛、酮的化学性质

醛、酮分子中，由于羰基的极性使它具有两个反应中心。在碳原子上表现为正电中心，氧原子上表现为负电中心。由于带负电荷的氧比带正电荷的碳稳定些，所以在反应中羰基上的碳原子容易受到亲核试剂的进攻，发生亲核加成反应。此外，由于羰基对 α−碳原子表现出 $-I$ 效应，导致 α−H 活泼而易发生取代反应。

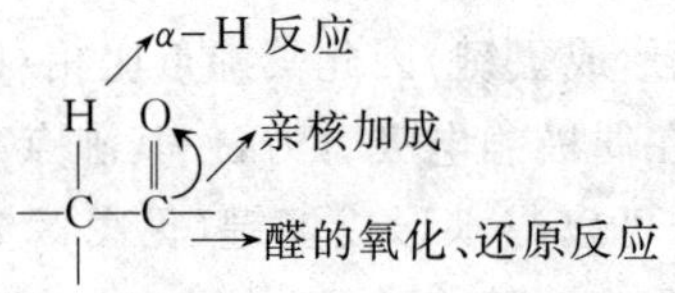

1. 亲核加成反应

亲核试剂中负离子或偶极负端，首先进攻醛、酮羰基带部分正电荷的碳原子，形成比较稳定的四面体结构的氧负离子，该离子再与试剂中正电荷部分结合，得到最终产物。这种由亲核试剂进攻所引起的加成反应称为**亲核加成反应**(nucleophilic addition reaction)。

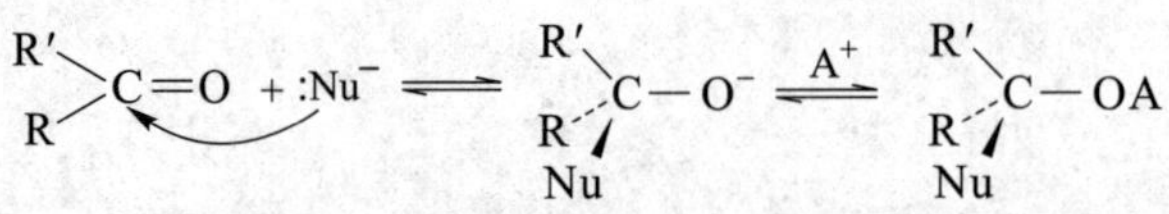

醛、酮羰基的亲核加成反应是可逆的。亲核加成反应的难易程度除与亲核试剂的性质有关外，受醛、酮结构中基团的电子效应和空间效应影响也较大。当羰基碳原子上连接有吸电子原子或基团时，羰基碳原子的电子云密度降低，正电性增加，容易发生亲核加成反应；反之，若羰基碳原子上连接给电子原子或基团时，羰基碳原子的电子云密度增大，正电性减弱，不利于发生亲核加成反应。正如下列化合物的反应活性次序所示。

$$CF_3CHO > CHF_2CHO > CH_2FCHO > CH_3CHO$$

羰基亲核加成时，羰基碳原子由 sp^2 杂化转变为 sp^3 杂化的四面体结构。所以羰基碳上连接的基团体积较大时，受到基团空间位阻的影响较大，不利于进行加成反应。

总的来说,羰基碳原子的正电性越大,越利于亲核反应的进行;羰基碳原子上所连接的基团越多或体积越大时,空间位阻也越大,越不利于反应的进行。综合电子效应和空间效应对亲核加成反应的影响,一些常见醛、酮的反应活性次序为

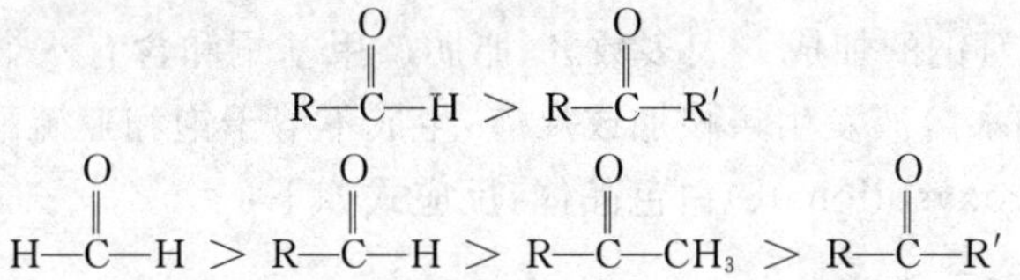

下面介绍羰基与常见的不同亲核试剂发生的亲核加成反应。

(1) 与氢氰酸的加成　醛、酮与氢氰酸进行亲核加成反应生成 α-羟基腈,又称为 **α-氰醇**(cyanhydrin),是有机合成中常见的一种增长碳链的反应。反应机理为

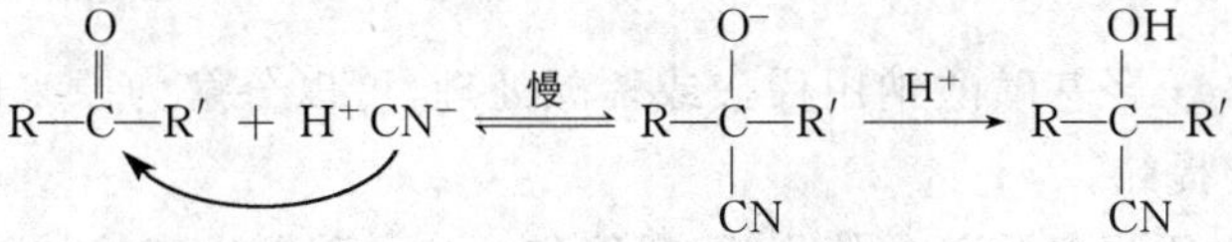

反应生成的 α-羟基腈可进一步脱水生成 α,β-不饱和腈;水解生成 α-羟基酸;α-羟基酸可再脱水生成 α,β-不饱和羧酸。例如:

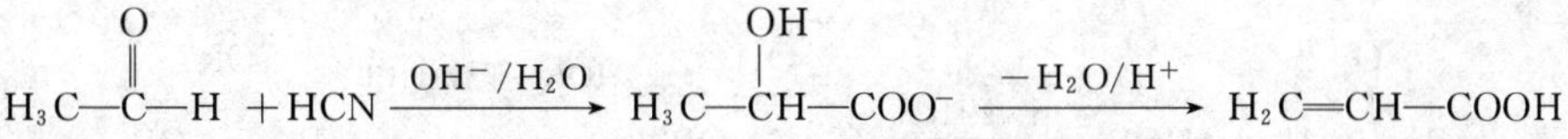

实验表明,在酸性条件下,该反应几乎不进行,因为氢氰酸是弱酸,很难解离出亲核试剂的 CN^-。而在碱性介质中有大量的 CN^-,反应就较快。因此碱性条件下利于反应的进行。氢氰酸毒性大,挥发性较强,因此在实验中常用氰化钠或氰化钾的溶液混合,然后再加入无机酸。

醛、脂肪族甲基酮和少于八个碳原子的环酮才能与氢氰酸进行亲核加成反应。

(2) 与 Grignard 试剂的加成　Grignard 试剂中的碳镁键(C—Mg)是高度极化的,碳原子带部分负电荷,有较强的亲核性。发生反应时,Grignard 试剂中带部分负电荷的碳原子,首先进攻羰基碳原子,金属卤化物与羰基氧结合,经酸水解得到醇。例如:

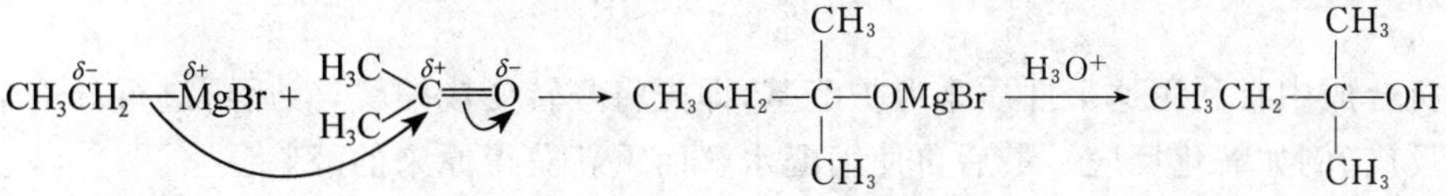

Grignard 试剂与甲醛反应可得伯醇,与醛反应得仲醇,与酮反应得叔醇,是制备醇类的重要方法。例如:

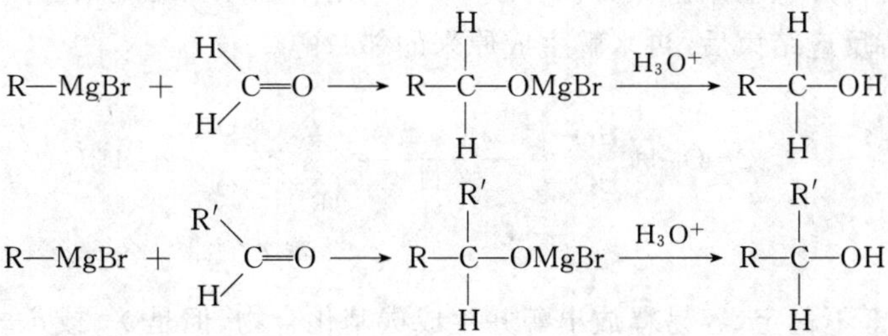

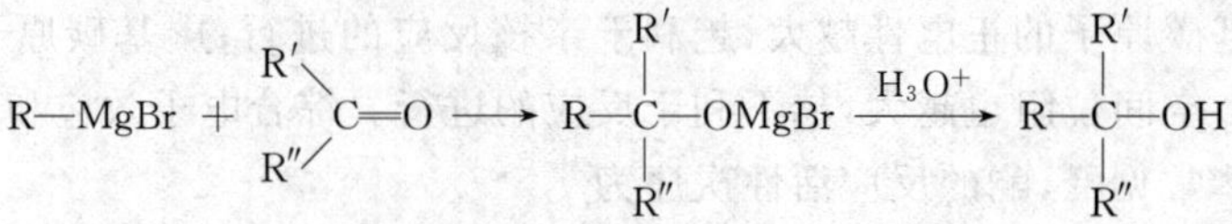

(3) 与饱和亚硫酸氢钠的加成　大多数醛、脂肪族甲基酮和含有八个碳原子以下的环酮，都可以与饱和亚硫酸氢钠水溶液发生亲核加成反应，生成不溶于饱和亚硫酸氢钠水溶液的 **α-羟基磺酸钠**(sodium α-hydroxysulfonate)白色晶体，反应式如下：

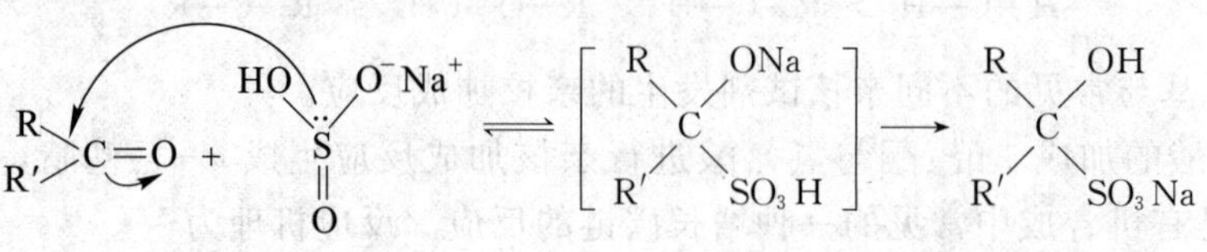

白色晶体

该反应是可逆的，α-羟基磺酸钠用稀酸或稀碱处理，可以分解为原来的醛、酮，故该方法可以用于醛、酮的分离和提纯。

(4) 与醇加成　在干燥氯化氢的催化下，醛能和一分子醇发生亲核加成，生成**半缩醛**(hemiacetal)。半缩醛为一种羟基醚化合物，不稳定，可继续与一分子醇作用，脱去一分子水生成**缩醛**(acetal)或**缩酮**(ketal)。

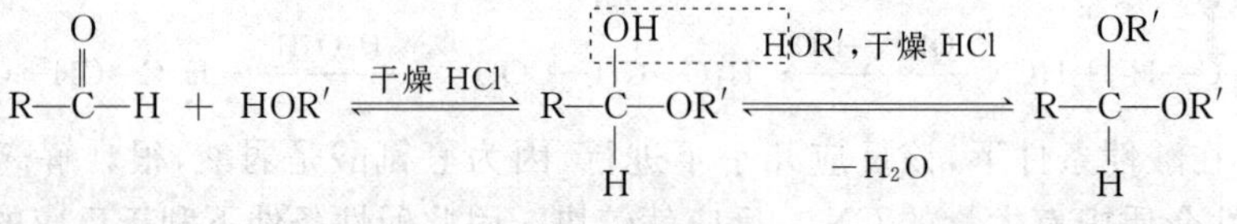

半缩醛　　　　　　缩醛

缩醛可看作是同碳二元醇的双醚(同碳偕二醚)，性质与醚相似，它对碱性试剂及氧化剂稳定，但在稀酸溶液中，可水解生成原来的醛和醇。

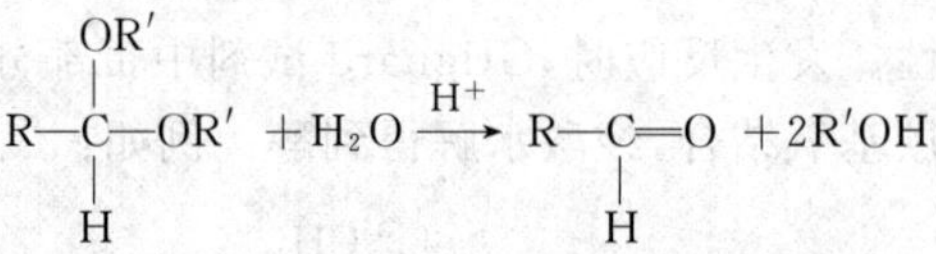

在有机合成中常利用这个性质来保护醛基，即先将醛转变成缩醛，然后再进行分子中其他基团的转化反应(例如氧化反应)，最后再使缩醛水解而重新获得原来的醛基。

相同条件下，酮和醇生成半缩酮、缩酮的反应较难发生，平衡偏向于反应物这一边。除去反应中生成的水，可使平衡向生成缩酮的方向移动。例如，酮与乙二醇在对甲苯磺酸催化下，用苯或甲苯共沸脱水，可得环状缩酮。在有机合成中，常利用生成环状缩酮来保护分子中的邻二醇羟基使其不被破坏，待反应结束后，再水解生成原来的邻二醇。

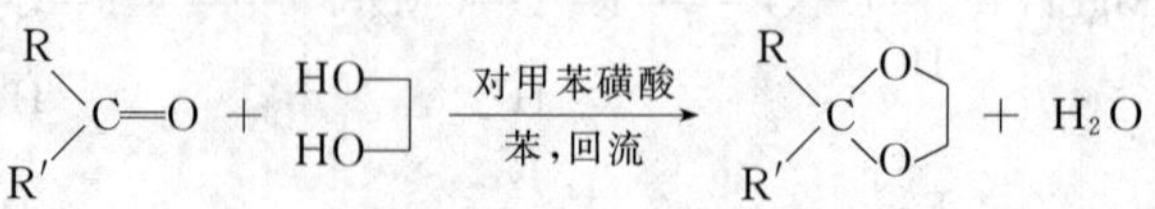

酮缩乙二醇

尽管多数半缩醛不稳定，容易释放出醇并生成羰基化合物，但是γ-或δ-羟基醛(酮)易发生分子内的亲核加成，生成比较稳定的五、六元环状半缩醛(酮)。如单糖分子就是以这种环状半缩醛(酮)结构形式稳定地存在于自然界。

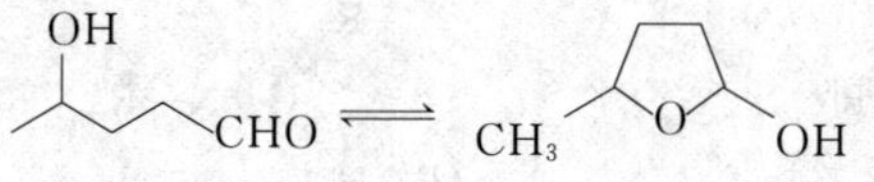

11%　　89%

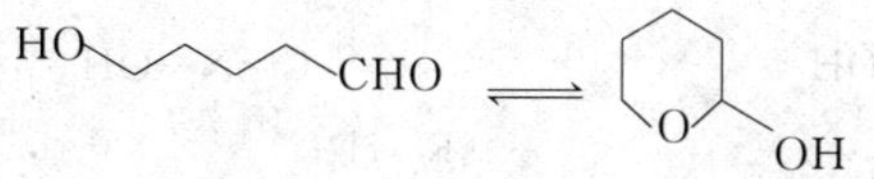

6%　　94%

(5) 与 H_2O 加成　醛、酮与 H_2O 的亲核加成生成不稳定的偕二醇。此产物易失水变成原反应物，即反应平衡主要偏向反应物一方。

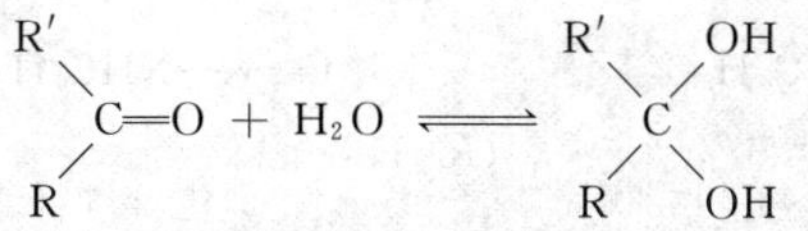

当醛、酮结构中存在电负性较大的吸电子基团时，此反应较容易进行，形成的产物较稳定。如三氯乙醛中，由于 3 个氯原子的 $-I$ 效应，使羰基碳原子的正电性增加，易发生亲核加成反应，形成稳定的三氯乙醛水合物。例如：

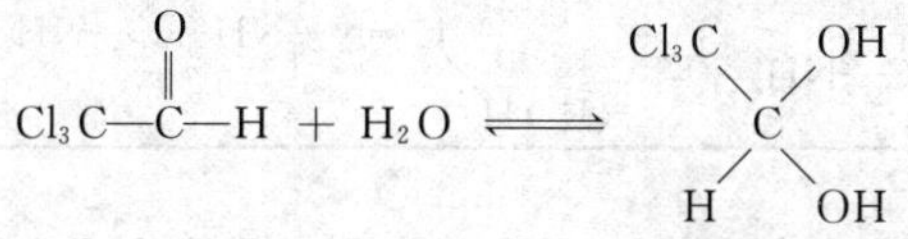

水合氯乙醛

(6) 与氨的衍生物加成　氨的衍生物如羟胺、肼、苯肼、2,4-二硝基苯肼、氨基脲等(可用 $H_2N—Y$ 表示)，可作为亲核试剂与羰基加成，加成产物极不稳定，立即失去一分子水，生成相当稳定的含有碳氮双键的 N-取代亚胺。反应过程表示如下：

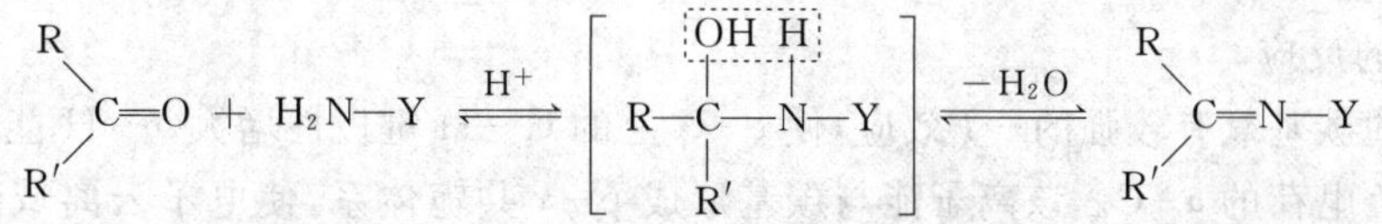

N-取代亚胺

从最终产物看，相当于酮、醛的羰基氧与氨衍生物氮上的氢之间脱掉一分子水，形成碳氮双键，所以该反应也称**缩合反应**(condensation reaction)。

反应所生成的肟、腙、苯腙、缩氨脲等，大部分是固体，且具有一定熔点，此反应可用来鉴别醛、酮，所以氨的衍生物又常称为羰基试剂(即检验羰基的试剂)。尤其是 2,4-二硝基苯肼，与醛、酮反应生成的 2,4-二硝基苯腙为黄色结晶产物，用于鉴别醛、酮比较灵敏。醛、酮与氨的衍生物的加成产物在稀酸条件下可水解成原来的醛、酮，因此这些试剂又可用来分离、提纯醛和酮。醛、酮与氨的衍生物加成缩合产物的名称和结构式如表 8.2 所示。

表 8.2　氨的衍生物与醛、酮反应的产物

氨衍生物	氨衍生物结构式	*N*−取代亚胺结构式	*N*−取代亚胺名称
伯胺	$H_2N—R''$	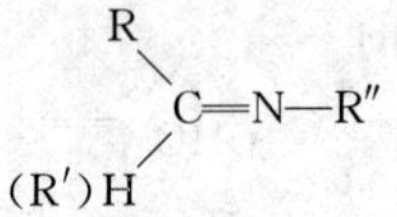	Schiff 碱
羟胺	$H_2N—OH$	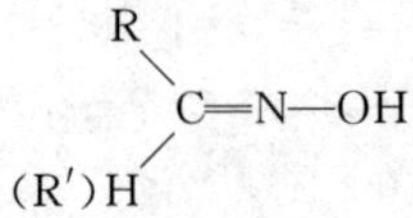	肟(oxime)
肼	$H_2N—NH_2$	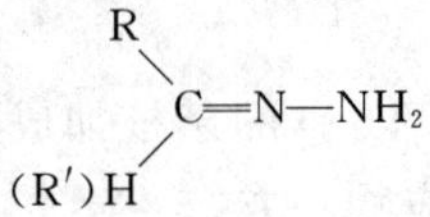	腙(hydrazone)
苯肼	$H_2N—NH—C_6H_5$	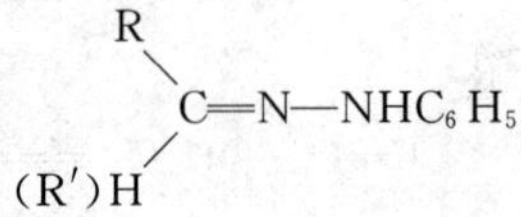	苯腙(phenylhydrazone)
2,4−二硝基苯肼	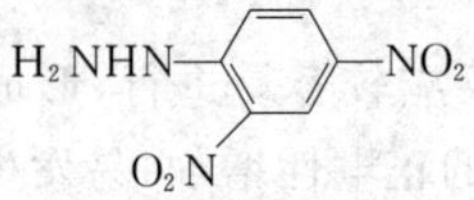	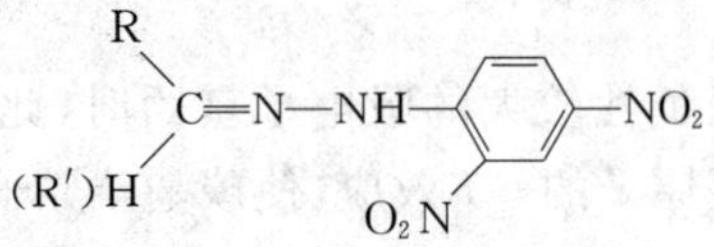	2,4−二硝基苯腙 (2,4−dinitrophenylhydrazone)
氨基脲	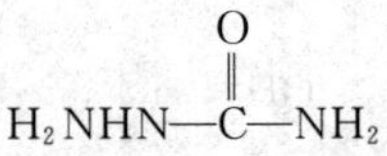	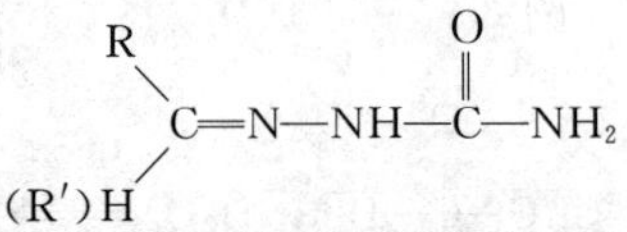	缩氨脲 (semicarbazone)

羰基化合物与伯胺的加成缩合产物 *N*−取代亚胺,又称为 Schiff 碱。生物体内不少生化反应都与 Schiff 碱的形成与分解有关。例如人眼所以能有视力,就是因为视觉细胞内存在的**11−顺−视黄醛**(11−*cis*−retinal)与**视蛋白**(opsin)中的氨基加成缩合形成具有亚胺结构的 Schiff 碱,即**视紫质**(rhodopsin)。当视紫质吸收光子后,可导致 C−11 的顺式双键变成反式,触发神经冲动,由脑检出形成图像。

2. α−H 的反应

醛、酮中的羰基氧有较强的$-I$效应,使α−C 上的 C—H 键极性增大,α−H 能以质子的形式离去,形成带负电荷的α−C。该离子能与羰基形成 p−π 共轭体系,使电子云离域到羰基氧原子形成烯醇氧负离子,结构更趋于稳定。

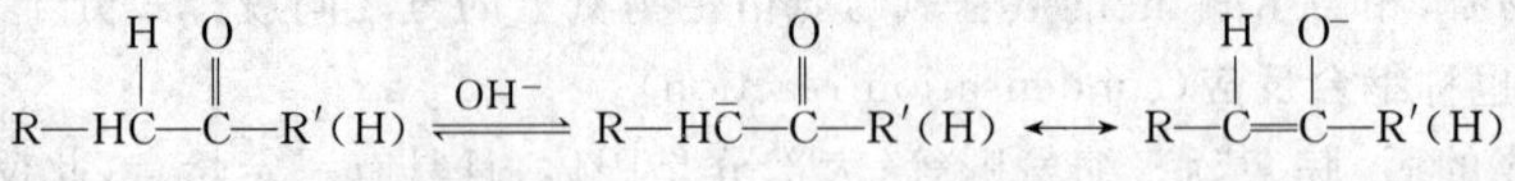

醛、酮分子中的α−H 原子具有酸性,从其 pK_a 值可以看出,醛、酮α−H 的酸性比末端炔氢的酸性还强。

	CH_3CH_3	$CH_2═CH_2$	$HC≡CH$	CH_3COCH_3
pK_a	50	38	25	20

(1) 卤代反应　在碱性条件下,醛、酮的α−H 可被卤素(Cl、Br 和 I)取代生成α−卤代醛、酮。

此卤代反应难停留在单取代阶段，往往生成多卤代产物。

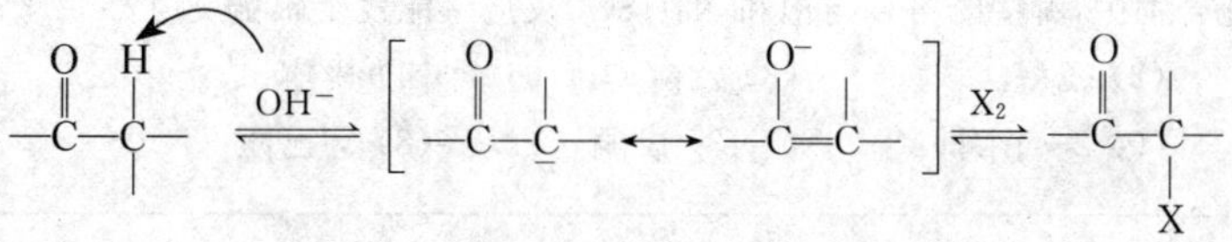

因此，乙醛和甲基酮在碱性条件下与卤素反应（常用卤素的碱溶液），3 个 α-氢原子可完全被卤素取代，生成三卤代物。该物在碱性条件下极易发生碳碳键断裂，生成三卤甲烷，此反应称为**卤仿反应**（haloform reaction）。如用 I_2 的 NaOH 溶液与乙醛或甲基酮反应生成碘仿，该反应称为**碘仿反应**（iodoform reaction）。碘仿是有特殊气味的黄色晶体，水溶性极小，可利用此现象鉴别乙醛和甲基酮类化合物。此外，具备 $CH_3CH(OH)R$ 结构的醇也可发生碘仿反应，利用该反应也可以鉴别此类结构的醇。例如：

$$CH_3\overset{OH}{\overset{|}{C}}HCH_2CH_3 \xrightarrow{NaOH,I_2} CH_3\overset{O}{\overset{\|}{C}}CH_2CH_3 \xrightarrow{NaOH,I_2} {}^{-}O\overset{O}{\overset{\|}{C}}CH_2CH_3 + CHI_3\downarrow$$

(2) 羟醛缩合反应　在稀碱溶液中，具有 α-H 的醛易解离出 H^+，形成带负电荷的 α-C，该离子作为亲核试剂再进攻另一分子醛的羰基碳原子，生成既含有醛基又含有醇羟基的化合物（β-羟基醛），该反应称为**羟醛缩合反应**（aldol condensation reaction）。羟醛缩合反应是一种增长碳链的反应。例如：

$$2\ CH_3CHO \xrightarrow[4\sim5\ ℃]{5\%\sim10\%NaOH} \underset{50\%}{CH_3\overset{OH}{\overset{|}{C}}HCH_2\overset{O}{\overset{\|}{C}}H}$$

β-羟基丁醛在加热时即失去一分子水，生成 α,β-不饱和醛。

$$CH_3\overset{OH}{\overset{|}{C}}HCH_2\overset{O}{\overset{\|}{C}}H \xrightarrow[\triangle]{} CH_3CH{=}CHCHO$$

2-丁烯醛（α,β-不饱和醛）

对于含有 α-H 的两种不同的醛发生羟醛缩合反应意义不大，因产物为四种缩合物的混合物，分离困难；但含有 α-H 和不含 α-H 的醛则可发生交叉羟醛缩合反应，生成较简单的产物。如芳香醛和含有 α-H 的醛或酮之间进行交叉羟醛缩合反应，称为 **Claisen-Schmidt 反应**。例如：

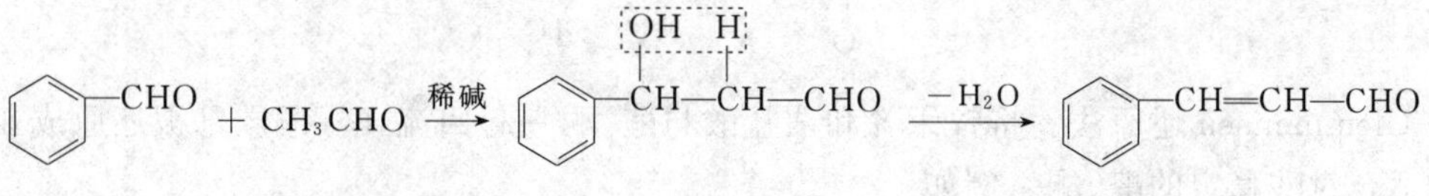

含有 α-H 的酮在稀碱作用下也能发生类似的反应，但反应的平衡偏向反应物一侧。例如，丙酮在 20 ℃ 和氢氧化钡催化下，平衡混合物中只有约 5% 的缩合产物，如果反应在索氏（Soxhlet）提取器中进行，使缩合产物不断离开反应平衡体系，产率可提高到 70%。

$$2\ CH_3COCH_3 \xrightarrow{Ba(OH)_2} (CH_3)_2\overset{OH}{\overset{|}{C}}CH_2\overset{O}{\overset{\|}{C}}CH_3$$

问题 8.2　下列化合物中，哪些既可以与饱和 $NaHSO_3$ 反应又能发生碘仿反应？

(1) 甲醛	(2) 乙醛	(3) 乙醇	(4) 丙酮
(5) 苯乙酮	(6) 2-丁酮	(7) 3-戊酮	(8) 环己酮

3. 与 Schiff(希夫)试剂反应

在品红溶液中，通入二氧化硫直至溶液的红色刚消失，得到无色的品红亚硫酸溶液，被称为 **Schiff** 试剂。Schiff 试剂与醛作用呈现紫红色，且很灵敏；酮不与 Schiff 试剂反应。因此 Schiff 试剂是检验醛和鉴别醛、酮的简单方法之一。

在醛与 Schiff 试剂作用生成的紫红色溶液中加入浓硫酸，甲醛与 Schiff 试剂所呈现的颜色不消失，而其他醛所显示的颜色则要改变，因此 Schiff 试剂还可用于鉴别甲醛与其他醛。

4. 还原反应

(1) 催化加氢　在金属催化剂(Ni、Pt、Rh 等)催化下，醛、酮与 H_2 发生加成反应生成相应的醇。例如：

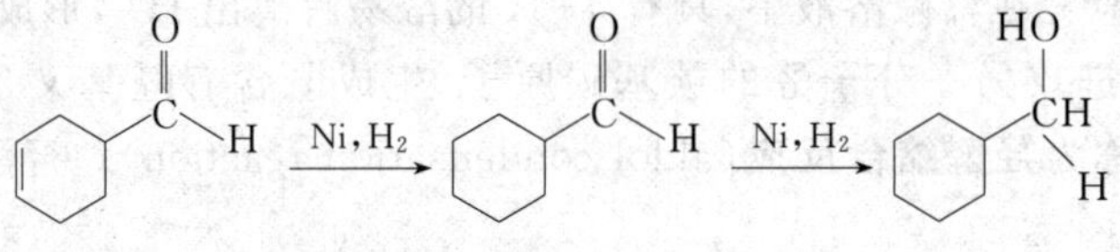

若分子中含有碳碳不饱和键，也同时会被 H_2 还原。

(2) 与金属氢化物反应　醛、酮可以被金属氢化物(如 $NaBH_4$、$LiAlH_4$ 等)还原成醇。$LiAlH_4$ 还原性强，但易水解，反应须在绝对无水条件下进行。$NaBH_4$ 可在水和醇溶液中使用。金属氢化物只还原羰基形成羟基，不还原碳碳双键或三键。例如：

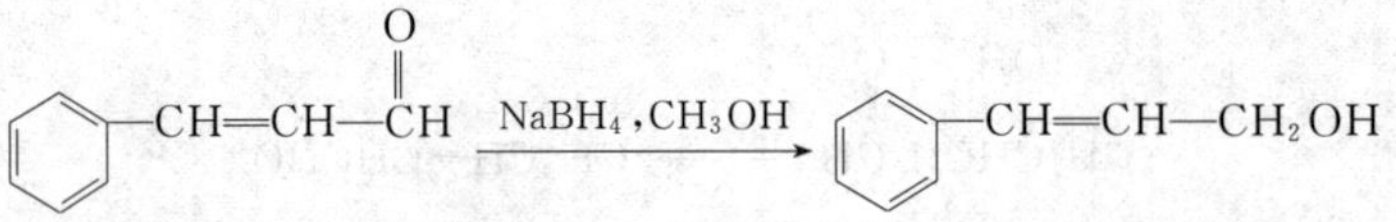

(3) 羰基被还原成亚甲基　Clemmensen 还原法、Wolff-Kishner 还原法和黄鸣龙还原法都能将醛、酮的羰基还原成亚甲基，苯环不受影响。

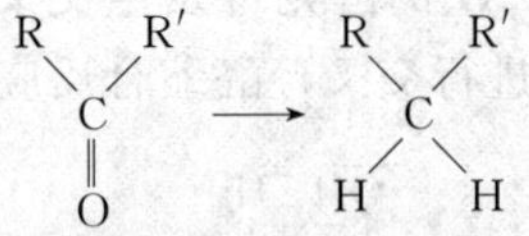

① Clemmensen 还原法。将锌汞齐和浓盐酸与醛、酮一起回流，醛、酮羰基被还原成亚甲基，此法只适合对酸稳定的醛、酮。例如：

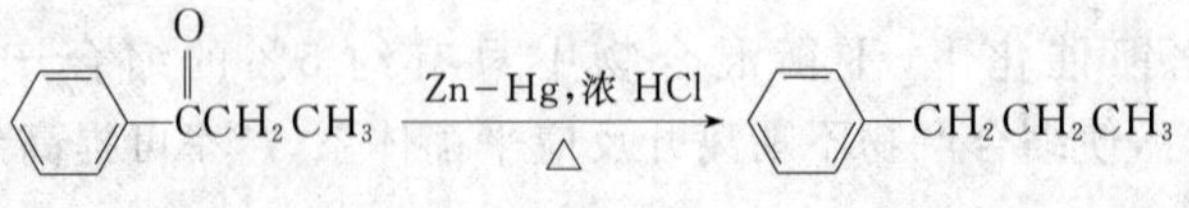

② Wolff-Kishner 还原法。适用于对酸不稳定，但对碱稳定的醛、酮。此法中醛或酮与肼反应生成腙，腙在碱性条件下受热分解，放出氮气，生成烃。例如：

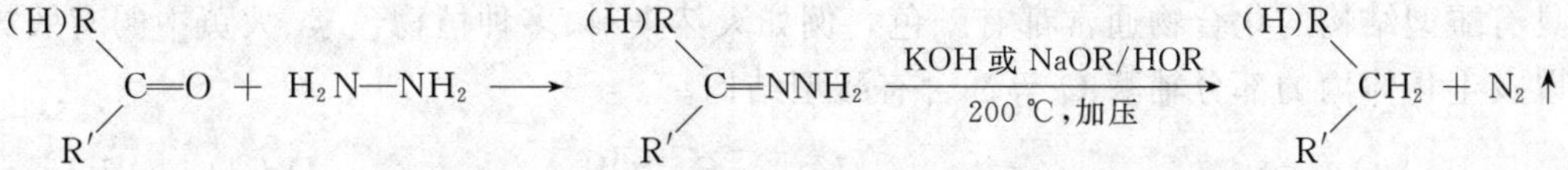

③ Wolff-Kishner-黄鸣龙还原法。1945 年我国化学家黄鸣龙对 Wolff-Kishner 还原法进行了创造性改进：将醛或酮、NaOH、85%水合肼一同放在一种高沸点水溶性溶剂中（如二缩乙二醇，沸点 245 ℃）加热回流，反应可在常压下进行，此法被称为 Wolff-Kishner-黄鸣龙还原法。例如：

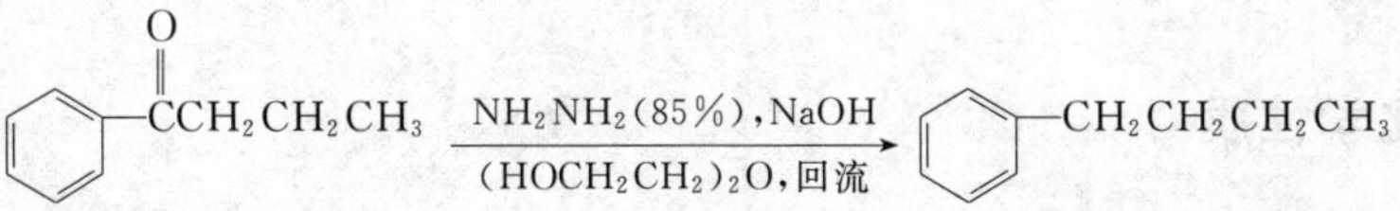

5. 氧化反应

醛易被氧化为羧酸，酮较难被氧化。一些弱氧化剂如 Tollens 试剂（硝酸银的氨溶液）能氧化醛成羧酸盐，$Ag(NH_3)_2^+$ 被还原成金属银，附在瓶壁上形成光亮的银镜，故此反应又称为银镜反应。Tollens 试剂不能氧化酮。

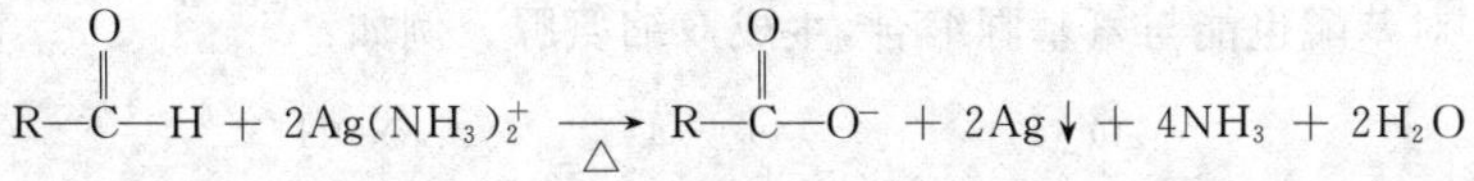

Fehling 试剂（硫酸铜与酒石酸钾钠的碱溶液）能将脂肪醛氧化成羧酸盐，有砖红色的 Cu_2O 沉淀产生，而芳香醛和酮不反应。可利用此化学性质鉴别脂肪醛和芳香醛。

$$R—CHO + Cu^{2+} \xrightarrow[\triangle]{\text{碱性溶液}} R—COO^- + Cu_2O\downarrow$$

酮只有在剧烈氧化条件下（如浓硝酸），才发生碳链断裂，生成含碳较少的羧酸混合物。

8.2 醌

8.2.1 醌的分类和命名

醌（quinone）是一类具有共轭体系的环己二烯二酮类化合物。根据其骨架分为苯醌、萘醌、蒽醌和菲醌等。醌类化合物是根据相应的芳烃衍生物来命名的。例如：

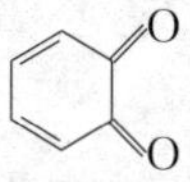

邻苯醌
（*o*-benzoquinone）

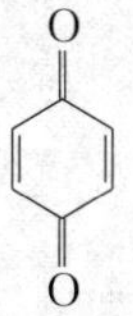

对苯醌
（*p*-benzoquinone）

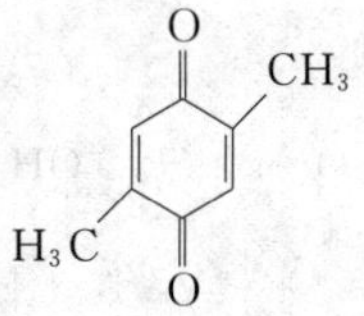

2,5-二甲基-1,4-苯醌
（2,5-dimethyl-1,4-benzoquinone）

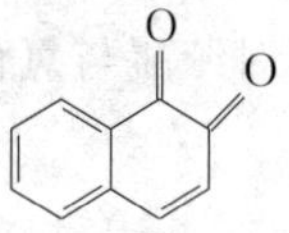

1,2-萘醌
（1,2-naphthaquinone）

具有醌型结构的化合物通常都有颜色。例如天然染料、多种植物色素、大黄中的有效成分大黄素以及生物体内的部分辅酶 Q 等都含有醌型结构。

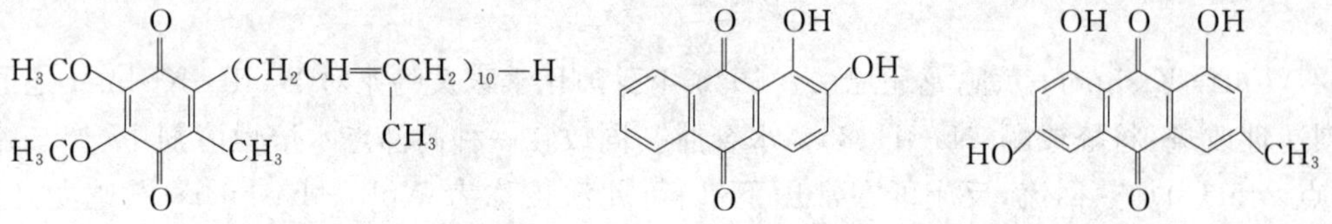

辅酶 Q_{10} (Coenzyme Q_{10})　　茜素 (alizarin)　　大黄素 (emodin)

8.2.2 醌的化学性质

醌类化合物是一类 α,β-不饱和环二酮，分子中存在类似芳环的闭合共轭体系，但无芳香性。醌类化合物既能发生羰基的亲核加成反应，又可发生碳碳双键的亲电加成反应，以及共轭加成反应。

1. 羰基的亲核加成反应

对苯醌中的两个羰基能与两分子羟胺缩合，生成双肟，证明了醌类化合物具有二元羰基化合物的结构特征。对苯醌也能与氨基脲缩合，生成双缩氨脲。例如：

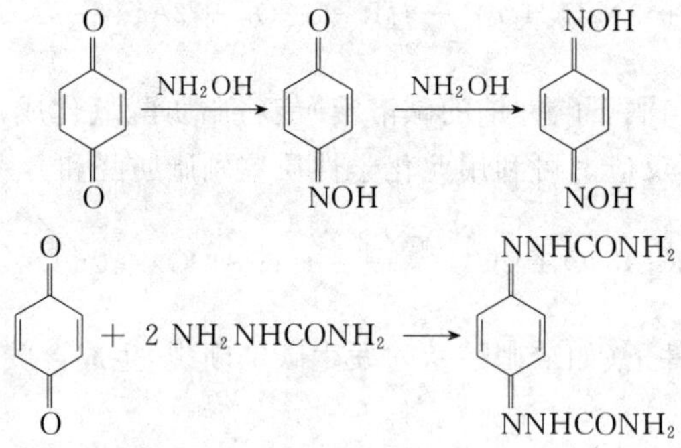

2. 碳碳双键的加成反应

以对苯醌为例，在醋酸溶液中对苯醌与溴发生正常的烯键加成反应，生成二溴或四溴化物。

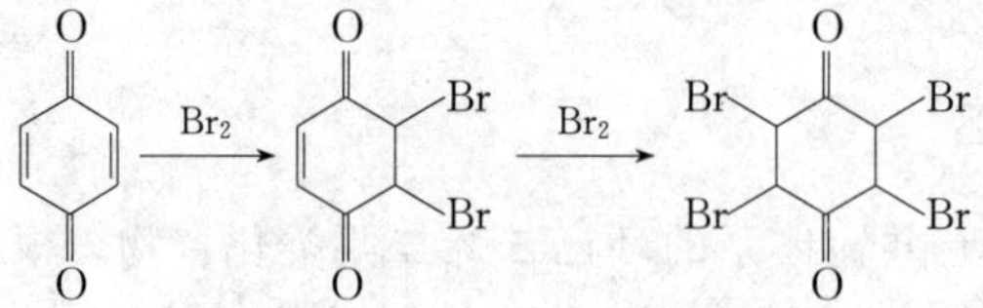

3. 共轭加成反应

对苯醌与氯化氢的共轭加成：

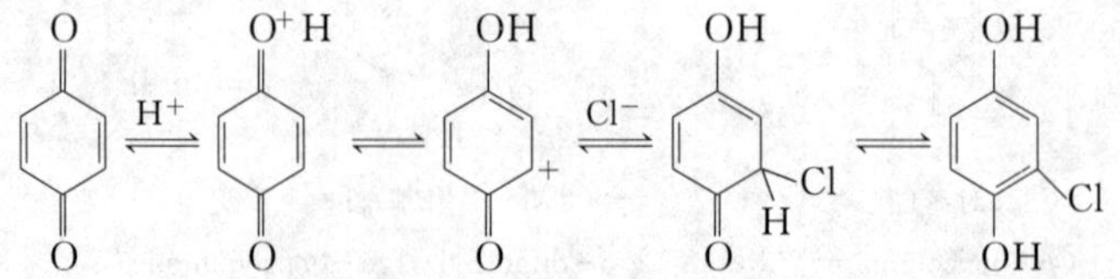

对苯醌在亚硫酸水溶液中很容易被还原为对苯二酚(又称氢醌):

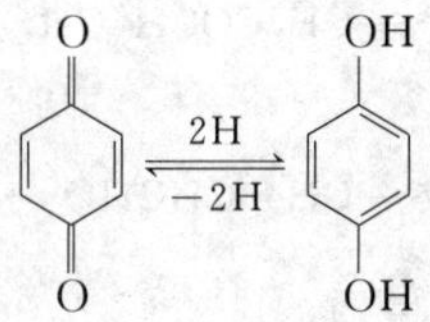

对苯醌　　对苯二酚(氢醌)

对苯醌可以还原成氢醌,氢醌又可以氧化成对苯醌,即二者可以通过还原与氧化反应互相转变。一分子对苯醌与一分子氢醌结合而成的醌氢醌在电化学上,制成醌氢醌电极,可用来测定溶液的 pH。

阅读材料

视 黄 醛

视黄醛(retinaldehyde)是视黄醇的衍生物,亦称维生素 A 醛,为全顺式化合物,其中最重要的是 11-顺式,在视网膜中这种 11-顺-视黄醛是由全反式视黄醛或 11-顺-视黄醇(新维生素 Ab)经酶催化反应生成。食物中的维生素 A 和胡萝卜素经肠道吸收在体内可转变为视黄醛。

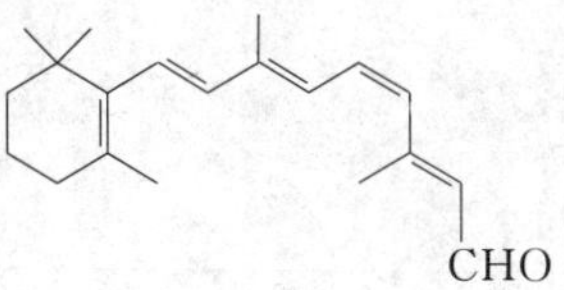

顺-视黄醛

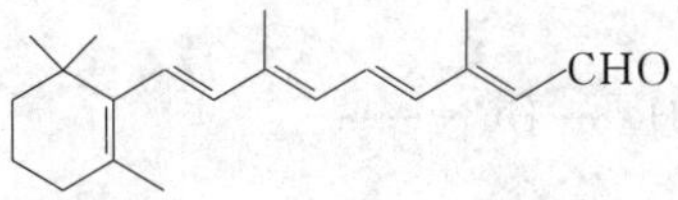

反-视黄醛

近视是一种发育性疾病,眼球巩膜的主动扩张是近视眼球伸长的重要机理,而视黄醛是调节近视眼球伸长的信使分子。由于视网膜中存在有感强光和感弱光的两种视觉细胞,感弱光的细胞含的视紫质色素,是由顺视黄醛和视蛋白结合而成的,遇光则分解成反视黄醛和视蛋白,并由此引起神经冲动,传入中枢产生视觉。当体内维生素 A1 缺乏时,视紫质的合成量随之减少,视力减退。这就是夜盲症的原因,所以维生素 A1 可用于治疗夜盲症。

有文献报道视黄醛能预防肺癌的发生。戒烟虽然能够大大降低患肺癌的风险,但缺少视黄醛的人患这种癌症的风险仍然要比从来不吸烟者大两倍。因此,每天服用适量的视黄醛(即维生素 A 醛视黄醇的衍生物)可进一步有效减少患肺癌的可能。

习 题

1. 用系统命名法命名下列化合物。

(1) $(CH_3)_2CHCHO$　　(2) $CH_3COCH(CH_3)_2$　　(3) $CH_3COCH_2COCH_2CH(CH_3)_2$

(4) 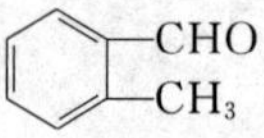　(5) 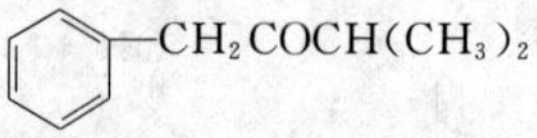　(6) 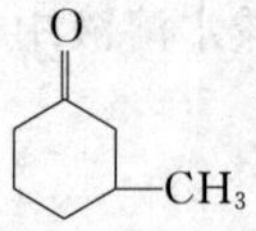

(7) 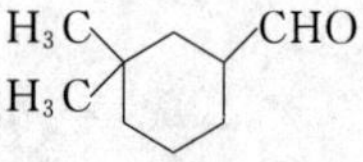　(8) 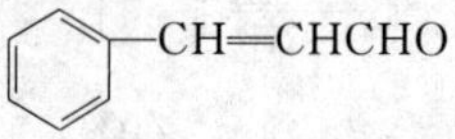　(9) 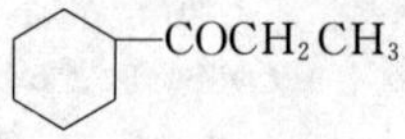

(10) 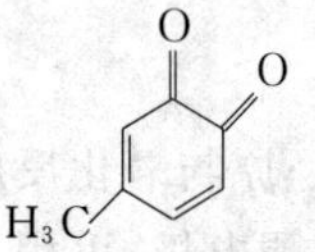

2. 完成下列反应方程式。

(1) $CH_3CH_2CHO \xrightarrow{稀\ NaOH}$

(2) 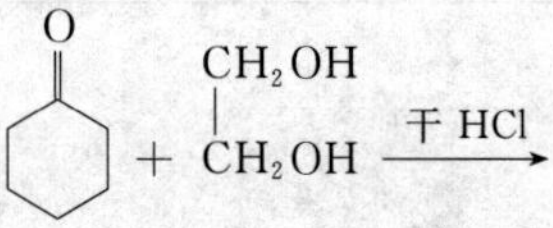

(3) 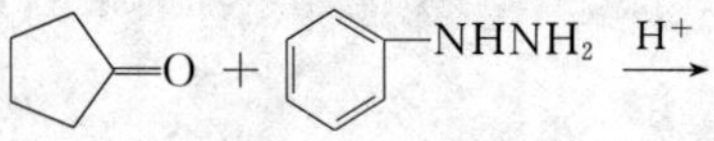

(4) $CH_3COCH_2CH_3 + I_2 + NaOH \longrightarrow$

(5) $CH_2{=}CHCH_2CHO \xrightarrow{LiAlH_4}$

(6) 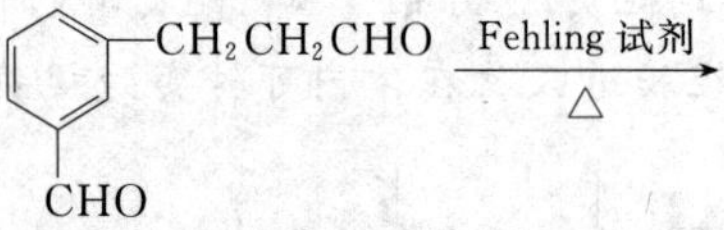

(7) $CH_3COCH_3 + HCN \longrightarrow$

(8) $CH_3\overset{\overset{O}{\|}}{C}CH_3 + CH_3CH_2MgBr \xrightarrow[2.\ H_3O^+]{1.\ 乙醚}$

3. 按亲核加成反应活性由高到低排出下列化合物的次序，并说明理由。

(1) 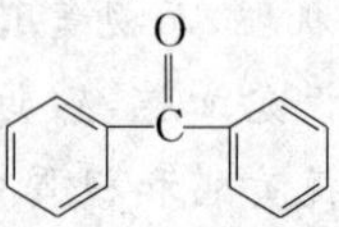　(2) 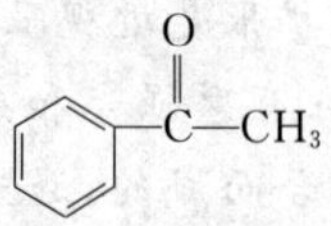　(3) Cl_3CCHO

(4) $ClCH_2CHO$　(5) 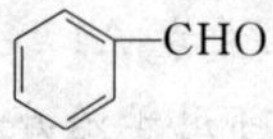　(6) CH_3CHO

4. 下列化合物中，哪些化合物可与饱和 $NaHSO_3$ 加成？哪些化合物能发生碘仿反应？哪些化合物两种反应均能发生？

(1) CH_3CHO　(2) $CH_3\underset{\underset{OH}{|}}{C}HCH_2CH_3$　(3) CH_3CH_2CHO

(4) $CH_3COCH_2CH_3$　(5) 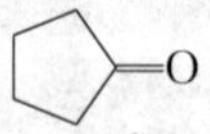　(6) 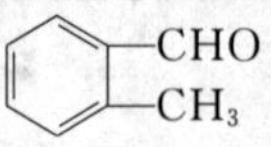

(7) 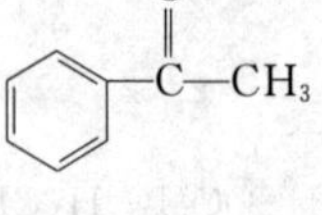　(8) $CH_3CH_2\underset{\underset{OH}{|}}{C}HCH_2CH_3$　(9) $CH_3CH_2COCH_2CH_3$

5. 预测下列试剂与苯甲醛反应的主产物。

(1) PhMgBr, H_3O^+　　(2) Tollens 试剂　　(3) 苯肼的弱酸溶液

(4) 过量甲醇(干 HCl)　　(5) Zn-Hg/浓 HCl　　(6) 乙醛(稀碱)

6. 用化学方法鉴别下列各组化合物。

(1) 苯酚、苯甲醛、苯乙醛和苯乙酮

(2) 甲醛、乙醛、异丙醇和苯乙酮

(3) 环己酮、环己基甲醛和环己基乙酮

7. 化合物 A,B,C 分子式均为 C_4H_8O;A,B 可以和盐酸苯肼反应生成沉淀而 C 不能;B 可以与 Fehling 试剂反应而 A,C 不能;A,C 能发生碘仿反应而 B 不能;写出 A,B,C 的结构式。

8. 化合物 A 分子式为 $C_6H_{10}O$,有一对对映体,被 $NaBH_4$ 还原成 B,B 分子式为 $C_6H_{12}O$,有两对对映体,B 既不与 Br_2 反应也不能催化加 H_2,但能与浓 H_2SO_4 共热生成 C,C 分子式为 C_6H_{10},C 无光学活性。C 被 $KMnO_4$ 氧化生成 D,D 分子式为 $C_6H_{10}O_3$,D 能发生碘仿反应。写出 A,B 各对对映体及 C,D 的结构式。

(贵阳医学院　徐科)

第 9 章　羧酸及其衍生物

分子中含有羧基(—COOH)官能团的有机化合物称为**羧酸**(carboxylic acid),羧基分子中的羟基被其他原子或原子团取代后的化合物称为**羧酸衍生物**(derivative of carboxylic acid),包括酰卤、酸酐、酯和酰胺等。许多羧酸及其衍生物是动植物代谢的中间产物;有些参与动植物的生命过程;有些具有强烈的生物活性,能防病治病;有些是工农业和医药工业的重要原料。

羧酸的主要性质是因官能团中有 p-π 共轭结构而显酸性。在自然界中,羧酸常以游离态、盐或其衍生物等形式广泛存在于动植物中。酰卤和酸酐化学性质活泼,自然界中几乎不存在。酯和酰胺化学性质稳定,广泛存在于动植物体内,如一些中草药植物的花、茎、果的有效成分的分子中含有酯和酰胺的结构。

本章主要讨论羧酸及其衍生物的结构、命名、化学性质和在医药学领域中的应用。

9.1　羧　　酸

羧酸的官能团是**羧基**(carboxyl group),除甲酸外,都可以看作是烃分子中的氢原子被羧基取代的衍生物,其结构通式可表示为

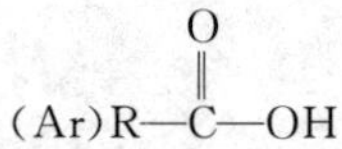

9.1.1　羧酸的分类和命名

根据羧基相连的烃基种类不同,羧酸可分为脂肪酸、脂环酸和芳香酸;依据羧酸分子中羧基数目不同,可分为一元酸、二元酸和多元酸;按照烃基饱和程度不同,可分为饱和酸和不饱和酸,其中不饱和酸又可分为烯酸和炔酸。

羧酸常用“俗名”,俗名通常根据其来源而得。如甲酸是从蚂蚁蒸馏液中分离得到,故称蚁酸;从酿制醋得到的乙酸称为醋酸。从自然界中得到的一些羧酸也常用俗名,如硬脂酸、软脂酸、油酸、亚油酸、富马酸(延胡索酸)、肉桂酸、巴豆酸和琥珀酸等。

羧酸的系统命名法是选择含有羧基的最长碳链作主链,按主链所含碳原子数目称为某酸,从羧基碳原子开始用阿拉伯数字标明取代基、不饱和键的位置,并将其位次和名称写在“某酸”之前。简单的羧酸,也常用希腊字母标明取代基、不饱和键的位置,即从羧基相邻碳原子开始编号为 α,依次为 β、γ、δ 等,将编号字母写在母体名称前面。脂肪族二元酸的命名是选择含有两个羧基的最长碳链作主链,称为“某二酸”。例如:

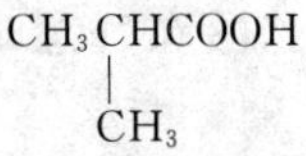

2-甲基丙酸（α-甲基丙酸）

（2-methylpropanoic acid）

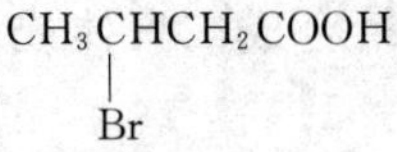

3-溴丁酸（β-溴丁酸）

（β-bromobutyric acid）

$CH_3CH=CHCOOH$

2-丁烯酸（α-丁烯酸，巴豆酸）

（but-2-enoic acid）

乙二酸（草酸）

（ethanedioic acid，oxalic acid）

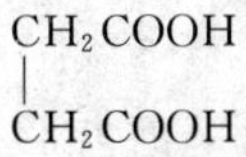

丁二酸（琥珀酸）

（butanedioic acid，succinic acid）

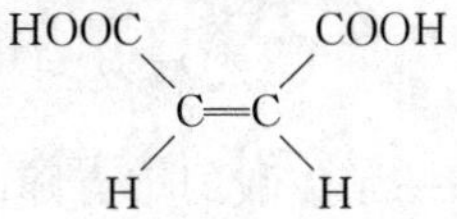

顺丁烯二酸（马来酸）

（*cis*-but-2-enedioic acid，maleic acid）

命名含脂环和芳环的羧酸时，将脂环和芳环作取代基，脂肪酸作母体。例如：

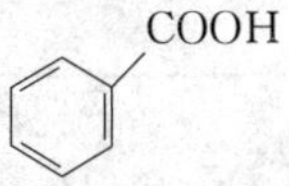

苯甲酸（安息香酸）

（benzoic acid）

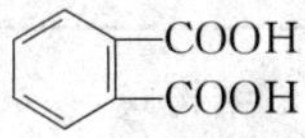

o-苯二甲酸

（phthalic acid）

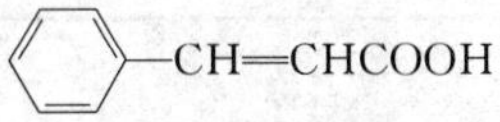

3-苯基-2-丙烯酸（肉桂酸）

（3-phenylprop-2-enoic acid）

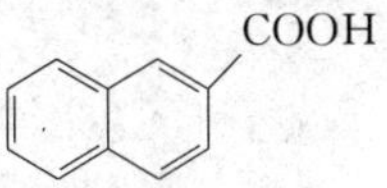

2-萘甲酸（β-萘甲酸）

（2-naphthoic acid）

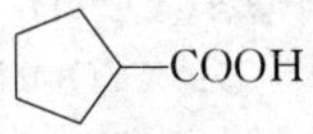

环戊烷甲酸

（cyclopentanecarboxylic acid）

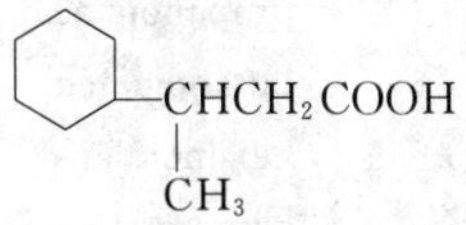

3-环己基丁酸

（3-cyclohexylbutanoic acid）

问题 9.1 命名下列化合物：

（1） 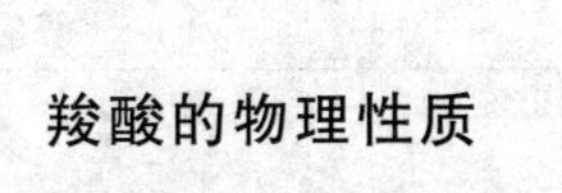

（2）

（3） 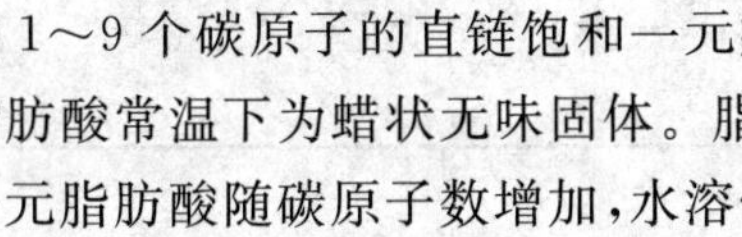

（4） 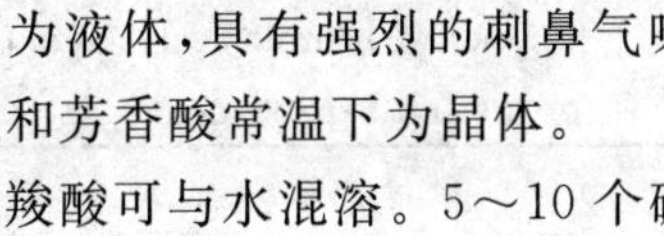

9.1.2 羧酸的物理性质

含 1～9 个碳原子的直链饱和一元羧酸，常温下为液体，具有强烈的刺鼻气味或恶臭。高级饱和脂肪酸常温下为蜡状无味固体。脂肪族二元酸和芳香酸常温下为晶体。

一元脂肪酸随碳原子数增加，水溶性降低，低级羧酸可与水混溶。5～10 个碳原子的一元脂肪酸和芳香酸微溶于水，高级一元酸不溶于水，但能溶于乙醇、乙醚、苯等有机溶剂。多元酸的水溶性大于含相同碳原子数的一元酸。

羧酸的沸点随着相对分子质量的增加而升高。羧酸的沸点比相对分子质量相近的醇的沸点高，例如，甲酸的沸点（100.5 ℃）比乙醇的沸点（78.3 ℃）高，乙酸的沸点（118 ℃）比丙醇的沸点

(97.2 ℃)高。这是由于羧酸分子通过氢键缔合成二聚体或多聚体(甲酸、乙酸在气态时都保持双分子聚合状态),且氢键比醇中氢键牢固。

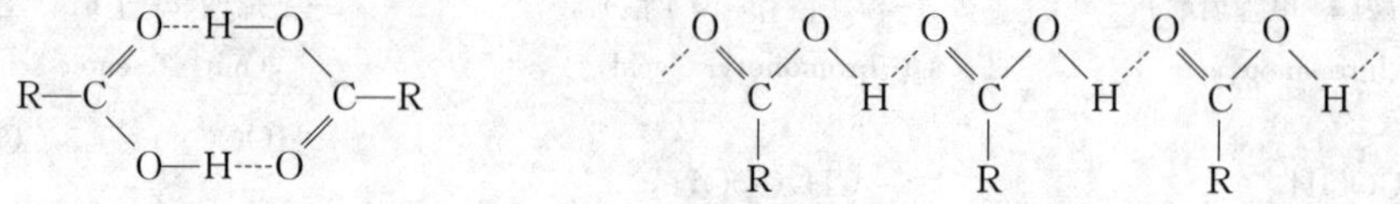

饱和一元羧酸的熔点随碳原子数的增加而呈锯齿形上升。熔点曲线呈锯齿状,因为偶数碳原子羧酸的熔点比其前后相邻两个奇数碳原子的同系物羧酸的熔点高。这可能是偶数碳原子羧酸分子比奇数碳原子羧酸分子有较好的对称性,在晶体中容易排列得更紧密,故熔点更高。某些羧酸的理化常数如表 9.1 所示。

表 9.1　常见羧酸的理化常数

名称		结构式	沸点/℃	熔点/℃	溶解度/g·L^{-1}	pK_a
甲酸(蚁酸)	methanoic acid	HCOOH	100.5	8.4	∞	3.77
乙酸(醋酸)	ethanoic acid	CH_3COOH	118	16.6	∞	4.76
丙酸(初油酸)	propanoic acid	CH_3CH_2COOH	141	−22	∞	4.88
丁酸(酪酸)	butanoic acid	$CH_3(CH_2)_2COOH$	162.5	−4.7	∞	4.82
己酸(羊油酸)	hexanoic acid	$CH_3(CH_2)_4COOH$	205	−1.5	9.68	4.85
庚酸(毒水芹酸)	heptanoic acid	$CH_3(CH_2)_5COOH$	223.5	−11		4.89
辛酸(羊脂酸)	octanoic acid	$CH_3(CH_2)_6COOH$	237	16	0.7	4.85
十六酸(软脂酸)	hexadecanoic acid	$CH_3(CH_2)_{14}COOH$		62.9	不溶	
十八酸(硬脂酸)	octadecanoic acid	$CH_3(CH_2)_{16}COOH$		70	不溶	6.37
丙烯酸	propenoic acid	$CH_2{=}CHCOOH$	141	13	∞	4.26
3-丁烯酸	but-3-enoic acid	$CH_2{=}CHCH_2COOH$	163	−39		4.35
3-苯基丙烯酸(肉桂酸)	cinnamic acid	$C_6H_5CH{=}CHCOOH$		133	不溶	4.44
乙二酸(草酸)	oxalic acid	HOOC—COOH	>100(升华)	189	86	1.46, 4.40*
丙二酸	propane acid	$HOOCCH_2COOH$		135	735	280, 5.85*
丁二酸(琥珀酸)	butane diacid	$HOOC(CH_2)_2COOH$	235(失水)	185	58	4.17, 5.64*
己二酸	hexane diacid	$HOOC(CH_2)_4COOH$		151	15	4.33, 5.52*
苯甲酸(安息香酸)	benzoic acid	C_6H_5COOH	249	121.7	3.4	4.17
邻甲基苯甲酸	*o*-methyl benzoic acid	*o*-$CH_3C_6H_4COOH$	259	106	1.2	3.89
间甲基苯甲酸	*m*-methyl benzoic acid	*m*-$CH_3C_6H_4COOH$	263	112	1.0	4.28
对甲基苯甲酸	*p*-methyl benzoic acid	*p*-$CH_3C_6H_4COOH$	275	180	0.3	4.35

* pK_{a_2} 值。

问题 9.2　按沸点由低到高排出下列化合物的顺序。

(1) 甲酸　(2) 乙醚　(3) 乙醇　(4) 乙酸

问题 9.3　按熔点由低到高排出下列化合物的顺序。

(1) 乙酸　　(2) 丙二酸　　(3) 丁二酸　　(4) 丙酸

9.1.3　羧酸的结构和化学性质

1. 羧酸的结构

羧酸分子中的羧基碳原子为 sp^2 杂化，3 个杂化轨道分别与两个氧原子和烃基碳原子（甲酸除外）形成的 3 个 σ 键，键角约为 120°。羧基碳原子未杂化的 p 轨道与两个氧原子的 p 轨道平行重叠形成 p-π 共轭体系，可用下式表示：

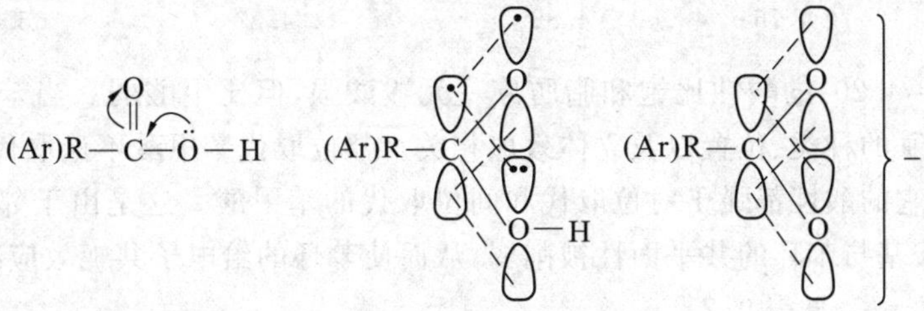

p-π 共轭使得羧基键长趋于平均化。X 射线衍射结果显示，甲酸分子（图 9.1）中的 C═O 双键键长为 123 pm，较醛、酮分子中的 C═O 双键（122 pm）有所增长；而 C—O 单键键长（136 pm）则较醇中 C—O 单键（143 pm）明显变短。当甲酸羧基中的氢原子解离后，羧基负离子中的 p-π 共轭效应更强，负电荷平均分配在两个氧原子上，因而两个 C—O 键没有单键与双键的差别，键长都是 127 pm。

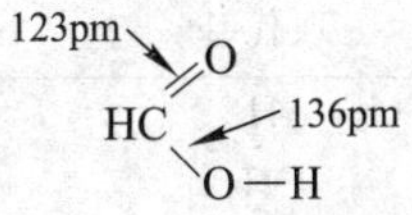

图 9.1　甲酸分子结构示意图

2. 羧酸的化学性质

羧酸的化学性质主要是由羧基引起的。由于羧基中 p-π 共轭的影响，降低了羧基碳原子的正电性，从而使羧基中碳氧双键活性降低，几乎不发生像醛、酮类化合物的亲核加成反应；羧基中的羟基氢的酸性较醇羟基氢更大；另因羧基的吸电子作用，羧酸中的 α-H 具有一定活性而能够发生取代反应。

(1) 酸性　羧酸具有酸性，在水中解离成稳定的氢离子和羧酸根负离子：

$$R(Ar)COOH \rightleftharpoons R(Ar)COO^- + H^+$$

羧基上的氢解离后，氧上的负电荷可通过 p-π 共轭效应平均分布在羧酸根的 3 个原子上，这种电荷分散使羧酸根能量降低而稳定，所以羧基上的氢易解离，导致水溶液显酸性。常见一元酸 pK_a 为 3～5，比碳酸（$pK_a = 6.5$）酸性强，但仍为弱酸。

羧酸的酸性强弱取决于解离后生成的羧酸根负离子的稳定性（负电荷分散程度），凡能使羧酸根负离子电子云密度降低的基团，即有利于负电荷分散的取代基，如碳碳重键、卤素、羟基、羧基、硝基等，其能使羧酸根负离子更稳定，故酸性增强；反之，酸性则减弱。取代基对酸性强弱的影响不仅与取代基的性质有关，还与取代基的数目以及和羧基的相对位置有关。以卤代酸为例，说明如下：

	FCH_2COOH >	$ClCH_2COOH$ >	$BrCH_2COOH$ >	ICH_2COOH
pK_a	2.67	2.87	2.90	3.16

$$CH_3COOH < ClCH_2COOH < Cl_2CHCOOH < Cl_3CCOOH$$

pK_a　　4.76　　2.87　　1.36　　0.63

$$\underset{\underset{Cl}{|}}{CH_3CH_2CHCOOH} > \underset{\underset{Cl}{|}}{CH_3CHCH_2COOH} > \underset{\underset{Cl}{|}}{CH_2CH_2CH_2COOH}$$

pK_a　　2.86　　4.06　　4.52

甲酸分子中的氢原子被烷基取代后，由于烷基的$+I$效应和超共轭效应的作用，使酸根负离子稳定性降低，酸性减弱，所以脂肪族一元羧酸中，甲酸的酸性最强。例如：

$$HCOOH > CH_3COOH > CH_3CH_2COOH > (CH_3)_2CHCOOH > (CH_3)_3CCOOH$$

pK_a　　3.77　　4.76　　4.86　　4.87　　5.05

苯甲酸(pK_a=4.20)的酸性比饱和脂肪族一元羧酸强，但比甲酸弱。当苯环上引入取代基后，其酸性与取代基的种类、位置以及立体效应相关。邻位取代苯甲酸不论取代基是吸电子基团还是给电子基团，它的酸性都强于对位取代和间位取代的苯甲酸。这是由于邻位基团的存在造成空间位阻而使羧基与苯环的共平面性被削弱，从而使苯环的给电子共轭效应减弱，因此酸性较强。取代苯甲酸的 pK_a 见表 9.2。

表 9.2　取代苯甲酸的 pK_a

取代基	*o*	*m*	*p*
H	4.20	4.20	4.20
CH_3	3.91	4.27	4.38
OCH_3	4.09	4.09	4.47
OH	2.98	4.08	4.57
NO_2	2.21	3.49	3.42
F	3.27	3.86	4.14
Cl	2.92	3.83	3.97
Br	2.85	3.81	3.97
I	2.86	3.85	4.02

问题 9.4　试解释为何间甲基苯甲酸的酸性比对甲基苯甲酸强。

二元羧酸的酸性与两个羧基的相对距离和在空间的相对位置有关。二元羧酸解离是分两步进行的，第一步解离受另一个羧基$-I$效应的影响，两个羧基相距越近，影响越大，因此二元羧酸的酸性强于相应一元羧酸；解离后的酸根负离子对第二个羧基有$+I$效应，因此第二个羧基氢比较难解离，所以低级二元羧酸的 $pK_{a_2} > pK_{a_1}$，见表 9.1。

羧酸能与 Na_2CO_3，$NaHCO_3$ 和 NaOH 等反应生成盐。与 $NaHCO_3$ 反应放出 CO_2，利用该反应可以鉴别、分离苯酚和羧酸。例如：

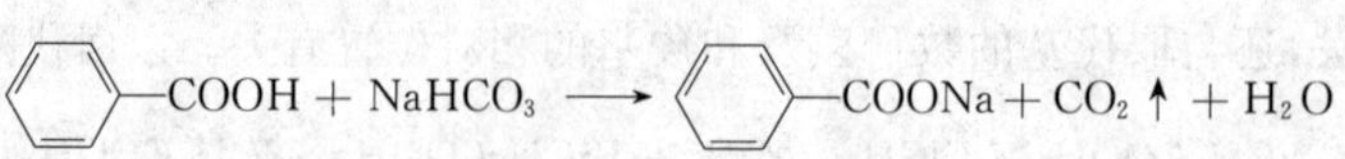

医药工业上常将水溶性差的含羧基的药物转变成易溶于水的碱金属的羧酸盐，以增加其水

溶性。如含有羧基的青霉素和氨苄青霉素水溶性极差,转变成钾盐或钠盐后水溶性增大,便于临床使用。许多羧酸盐在工业、农业、医药卫生领域中被广泛应用,如表面活性剂(硬脂酸钠、硬脂酸钾等)、杀菌剂和防霉剂(琥珀酸铜、苯甲酸钠等)等。

问题 9.5　解释为何丁烯二酸第一个羧基解离常数是顺式大于反式,第二个羧基解离常数却是反式大于顺式。

---

(2) 羧酸衍生物的生成　羧酸分子中羧基上的羟基可以被卤素(—X)、酰氧基(—OOCR)、烷氧基(—OR)和氨基(—NH_2,—NHR,—NR_2)取代,生成一系列的羧酸衍生物。

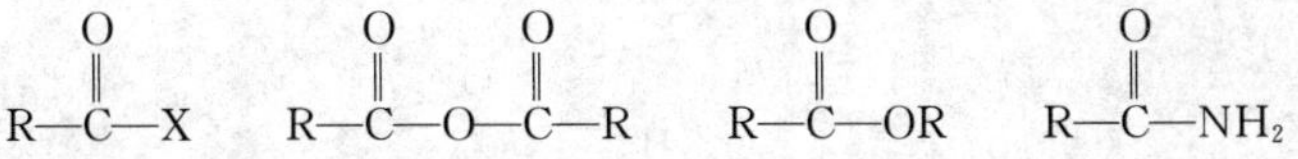

酰卤　酸酐　酯　酰胺

① 酰卤的生成。羧酸与 PX_3,PX_5(X=Cl,Br),$SOCl_2$ 等作用,生成**酰卤**(acyl halide 或 acid halide)。

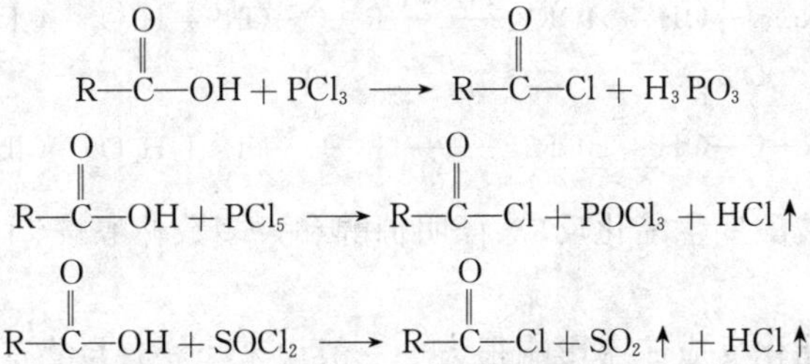

酰氯是一种活泼的羧酸衍生物,很容易水解。在分离提纯时,低级酰卤一般可采用蒸馏的方法。实验室制备酰氯,常用羧酸和亚硫酰氯反应的方法,因为该反应的副产物都是气体,产物纯度高,而且亚硫酰氯价格较低。

② 酸酐的生成。羧酸在脱水剂存在下加热或加强热脱水,生成**酸酐**(acid anhydride)。常用的脱水剂有五氧化二磷和乙酸酐等。

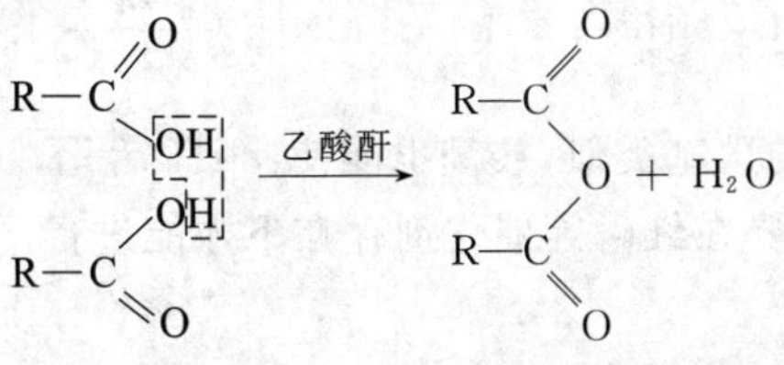

四碳或五碳二元酸加热可发生分子内脱水,生成较稳定的五元或六元的环状酸酐。如:

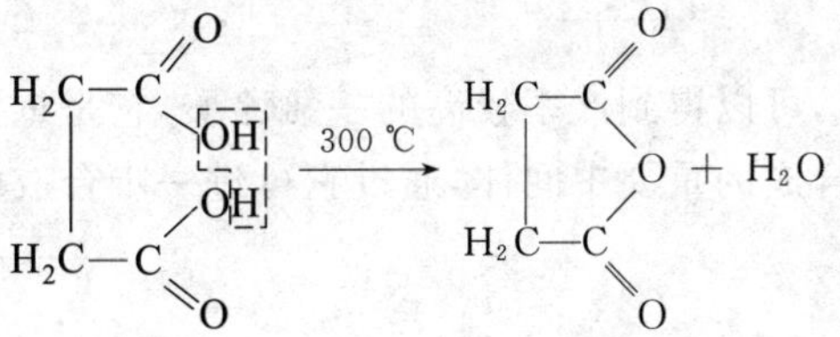

丁二酸　丁二酸酐

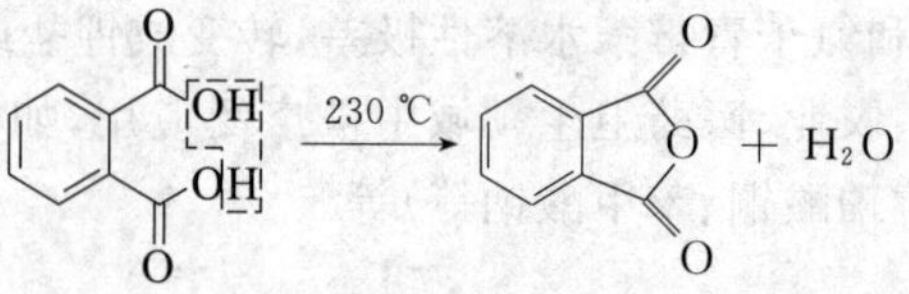

邻苯二甲酸　　　　邻苯二甲酸酐

③ 酯化反应。羧酸与醇在酸的催化下生成**酯**(ester)的反应,称为**酯化反应**(esterification reaction)。

酯化反应是可逆反应。为了提高酯的产率,可增加某种反应物的浓度,或及时蒸出反应生成的酯或水,使平衡向生成物方向移动。

$$R-\overset{O}{\overset{\|}{C}}-OH + HOR' \overset{H^+}{\rightleftharpoons} R-\overset{O}{\overset{\|}{C}}-OR' + H_2O$$

酯化反应可按如下两种方式进行:

$$R-\overset{O}{\overset{\|}{C}}\boxed{-OH + H}OR' \xrightarrow{H^+} R-\overset{O}{\overset{\|}{C}}-OR' + H_2O \qquad (\text{I})$$

$$R-\overset{O}{\overset{\|}{C}}-O\boxed{H + HO}R' \longrightarrow R-\overset{O}{\overset{\|}{C}}-OR' + H_2O \qquad (\text{II})$$

用 ^{18}O 标记的醇与羧酸发生酯化反应,证明伯醇和大多数仲醇按(Ⅰ)的方式进行;部分仲醇和叔醇按(Ⅱ)的方式进行。

羧酸和醇的结构对酯化反应速率影响很大。一般说来,α-碳上没有侧链的脂肪酸与伯醇的酯化反应最快。这是由于 α-碳上的侧链能阻碍醇对羧基碳原子的进攻,侧链愈多空间位阻愈大,反应就愈难进行。

④ 酰胺的生成。在羧酸中通入氨气或加入碳酸铵,首先会生成羧酸的铵盐,铵盐受热脱水生成**酰胺**(amide)。

$$R-\overset{O}{\overset{\|}{C}}-OH + NH_3 \longrightarrow R-\overset{O}{\overset{\|}{C}}-ONH_4 \xrightarrow[\triangle]{-H_2O} R-\overset{O}{\overset{\|}{C}}-NH_2$$

(3) α-H 的取代反应　与羰基类似,羧基也能使 α-H 活化。但羧基的致活作用比羰基小,所以羧酸的 α-H 卤代反应需要在红磷等催化剂存在下才能进行。例如:

$$CH_3COOH \xrightarrow[P]{Cl_2} \underset{\displaystyle Cl}{\underset{|}{CH_2}}COOH \xrightarrow[P]{Cl_2} \overset{\displaystyle Cl}{\overset{|}{\underset{\displaystyle Cl}{\underset{|}{C}}}}HCOOH \xrightarrow{Cl_2} Cl-\overset{\displaystyle Cl}{\overset{|}{\underset{\displaystyle Cl}{\underset{|}{C}}}}COOH$$

控制反应条件和卤素的用量,可以得到产率较高的一氯乙酸,它是重要的农药中间体。

一元 α-卤代酸是有机合成的重要中间体,通过它可进一步合成多种有机化合物。例如:

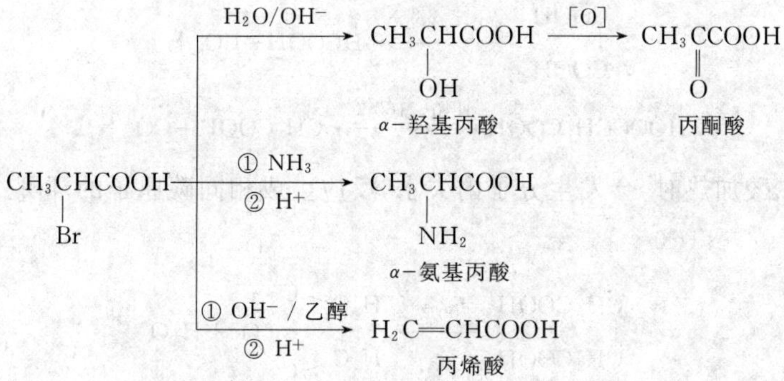

(4) 还原反应　在一般情况下羧酸和大多数还原剂不反应。但在无水乙醇或无水四氢呋喃中能与强还原剂氢化铝锂($LiAlH_4$)反应生成伯醇,此反应不但产率高,而且分子中的碳碳不饱和键不受影响。例如:

$$RCH_2CH{=}CHCOOH \xrightarrow{LiAlH_4} RCH_2CH{=}CHCH_2OH$$

(5) 羧酸的脱羧反应　羧酸失去羧基放出二氧化碳的反应称为**脱羧反应**(decarboxylic reaction)。饱和一元羧酸通常不发生脱羧反应。但其钠盐与碱石灰(NaOH-CaO)混合物加强热时,能失去羧基放出二氧化碳,生成少1个碳原子的烃。例如:

$$CH_3COOH + NaOH \xrightarrow[\triangle]{NaOH-CaO} CH_4 + Na_2CO_3$$

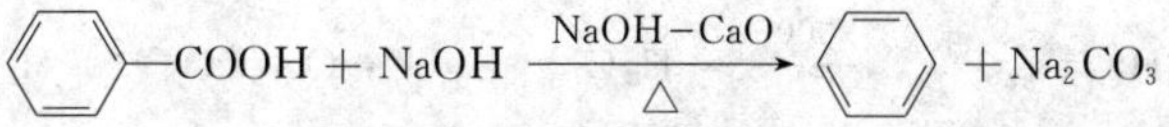

若脂肪酸 α 位上有吸电子基团(如硝基、卤素、酰基、氰基和 C═C 等),脱羧反应较易发生。例如:

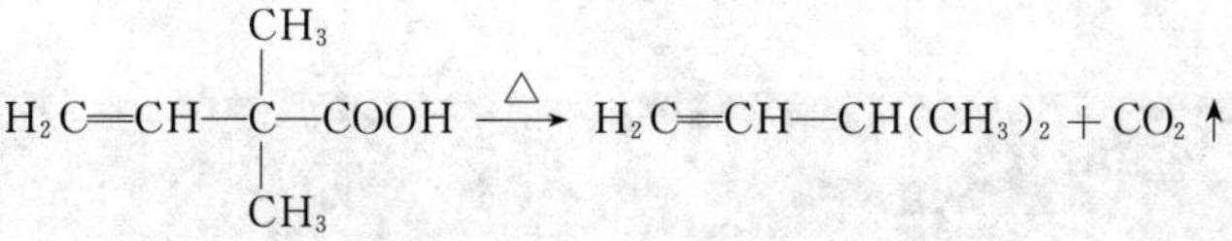

生物体内的脱羧反应是在脱羧酶的催化下进行的。

问题 9.6　按由易到难排出下列化合物的脱羧顺序。

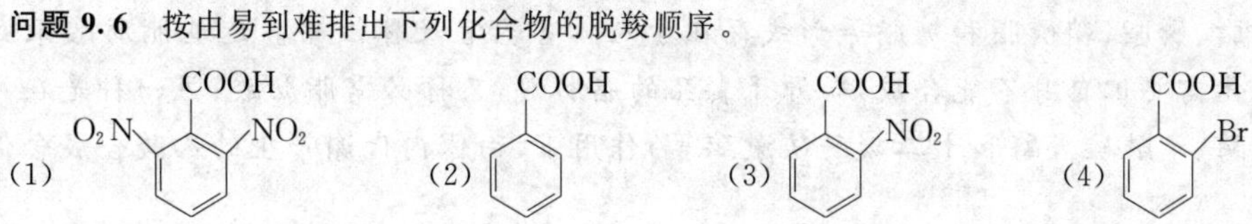

(6) 二元羧酸的热分解反应　脂肪族二元羧酸除能发生一元羧酸的化学反应外,由于分子中两个羧基的相对距离不同,相互影响也不一样,因此,加热时将发生以下不同类型的反应。

乙二酸和丙二酸在加热时会发生脱羧反应,生成少1个碳原子的一元羧酸:

$$\begin{matrix}COOH\\|\\COOH\end{matrix}\xrightarrow{160\sim180\ ^\circ C}HCOOH+CO_2\uparrow$$

$$HOOCCH_2COOH\xrightarrow{140\sim160\ ^\circ C}CH_3COOH+CO_2\uparrow$$

丁二酸和戊二酸加热时，会发生分子内失水，反应生成相同碳原子的环酐：

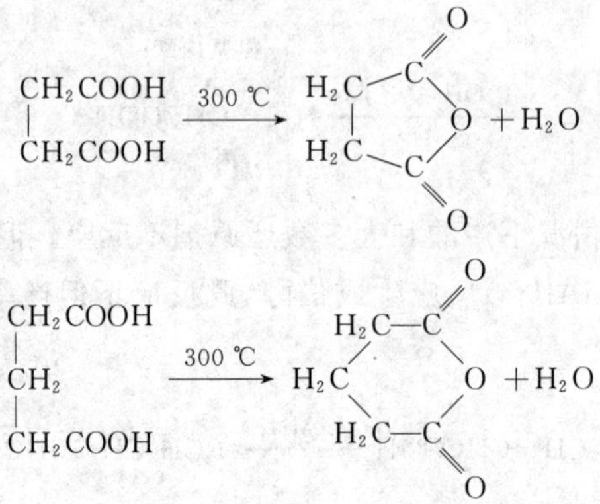

己二酸和庚二酸加热时，会同时发生分子内失水及脱羧反应，生成少1个碳原子的环酮：

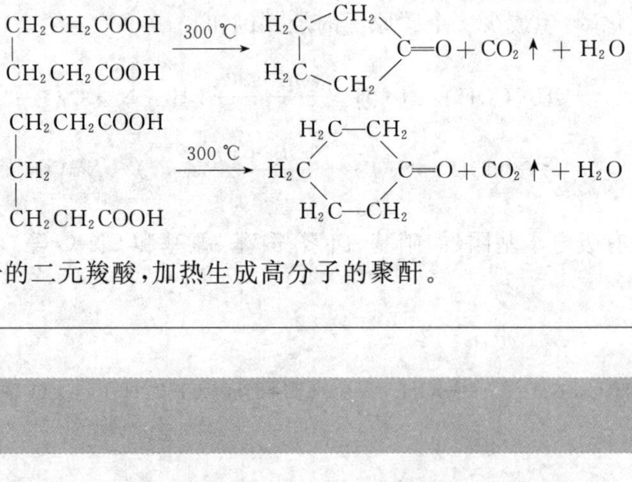

大于7个碳原子的二元羧酸，加热生成高分子的聚酐。

阅读材料

脂肪酸的生物学意义

人体内的脂肪酸以游离态和结合态两种形式存在。绝大多数结合态脂肪酸是以甘油三酯、脂蛋白、胆固醇脂、磷脂、鞘磷脂和糖脂等形式存在于人体各器官及体液中。这些脂肪酸来源有两种，一种是人体需要但自身不能合成，而源于食品的脂肪酸，又称必需脂肪酸，另一种是在特殊酶(如乙酰硫激酶、辛酰硫激酶和十二碳酰硫激酶等)作用下，由体内代谢产生的乙酸合成含偶数碳原子脂肪酸。

人体从食品中获得的脂肪经水解成脂肪酸，脂肪酸在酶的催化下进行氧化释放出大量能量供机体利用，维持人体正常的生命过程。

某些脂肪酸具有杀菌、防霉、保鲜和调味作用，如乙酸、丁酸(酯)、苯甲酸(钠)、山梨酸、癸酸、2-乙基己酸、Δ^{10}-十一烯酸、富马酸二甲酯等；有些脂肪酸具有镇静作用，如当归酸；阿拉普酸

[9-(2-环戊烯基)-壬酸]还能治疗麻风病。

有些脂肪酸是合成人体必需化合物的原料。如乙酸在体内与辅酶 A 作用转变成 $CH_3COSCoA$,在多种酶催化下和其他物质反应可以合成柠檬酸和高级脂肪酸;花生四烯酸在多种特殊酶催化下经多步反应可合成前列腺素、甾体化合物和甾体激素等。

许多不饱和的必需脂肪酸具有显著的生理作用,是生命代谢过程中不可缺少的物质。如 γ-亚麻酸(6,9,12-十八碳三烯酸)在体内的一系列转化物具有多种生理功能,如能抑制血小板聚集、扩张血管、激活人体内环腺苷酸(cAMP)的形成、改善血管的柔韧性和降低血压的作用,用于心脑血管疾病的预防有很好的效果。γ-亚麻酸还能抑制某些炎症的发生;有延缓人体衰老的功能。亚油酸(9,12-十八碳二烯酸)又称特别必需脂肪酸,能促进胆固醇和胆汁酸的排出,降低血中胆固醇和血脂的含量,是治疗动脉粥样硬化药物的主要原料。深海鱼油中的 EPA(二十碳五烯酸)和 DHA(二十二碳六烯酸)具有降低血脂、抑制血小板聚积、延缓血栓形成等作用。

必需脂肪酸缺乏或过多地被氧化,可导致细胞膜和线粒体结构的异常变化,甚至癌变;还能导致皮肤的皮功能不健全,出现皮炎,对疾病抵抗力降低及生长停滞。随着科学技术的进步和科研工作的不断深入,脂肪酸生物学意义的奥秘将会不断被揭示出来。

9.2 羧酸衍生物

羧酸分子的羧基去掉羟基后剩余的基团 $\left(\mathrm{R{-}\overset{\overset{\displaystyle O}{\|}}{C}{-}}\right)$,称为**酰基**(acyl group)。羧酸衍生物均含有酰基,故又称为酰化物。其结构通式为

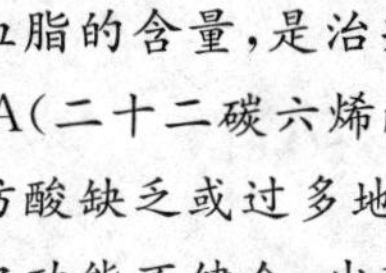

L=	—X(卤原子)	酰卤
	—OCOR(酰氧基)	酸酐
	—OR[烷(芳)氧基]	酯
	$—NH_2$,—NHR,$—NR_2$(氨基、取代氨基)	酰胺

羧酸衍生物分子中与酰基相连的卤原子、氧原子或氮原子都有孤电子对,能与羰基形成 p-π 共轭体系。因此,酯和酰胺的 C—O,C—N 键长分别比醇和胺中的 C—O,C—N 键长略短。但酰氯分子中由于氯原子的电负性大,$-I$ 效应较强,因此 C—Cl 键长(178.9 pm)和卤代烷中 C—Cl 键长(178.4 pm)几乎相同。由于羧酸衍生物结构上的差异,导致它们的化学活性有明显的不同。

9.2.1 羧酸衍生物的命名

羧酸衍生物分子中酰基的命名是根据相应羧酸的名称中的“酸”变成“酰”再加“基”字即可,称为“某酰基”。例如:

CH_3COOH

乙酸(acetic acid)

$CH_3CO—$

乙酰基(acetyl-)

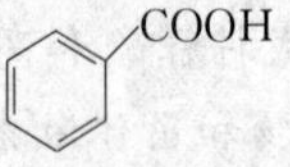

苯甲酸(benzoic acid)

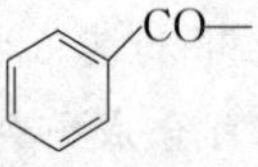

苯甲酰基(benzoyl)

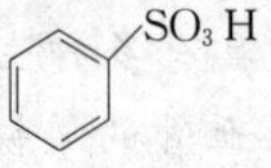

苯磺酸(phenylsulfonic acid)

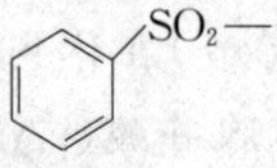

苯磺酰基(phenylsulfonyl)

1. 酰卤的命名

酰卤的命名是在酰基名称后面加上卤素的名称。例如：

CH_3COCl

乙酰氯

(acetyl chloride)

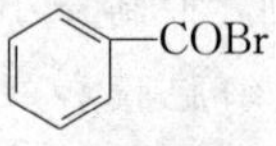

苯甲酰溴

(benzoyl bromide)

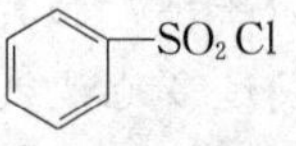

苯磺酰氯

(phenylsulfonyl chloride)

2. 酸酐的命名

酸酐的名称是在羧酸名称后加上“酐”字，即称为“某酸酐”，“酸”字常被省掉。相同羧酸形成的酸酐，称为单酐，可省略“二”字；不同羧酸形成的酸酐，称为混酐，命名时将低级羧酸写在前面，高级羧酸写在后面；二元羧酸酐称为某二酸酐。例如：

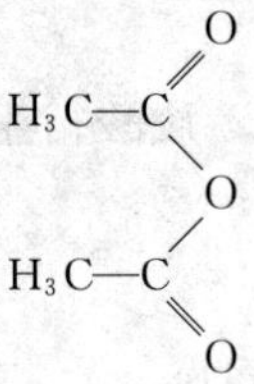

乙酐

(acetic anhydride)

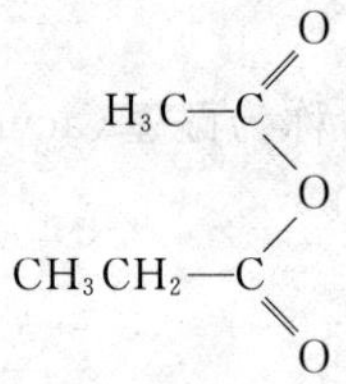

乙丙酐

(acetic propionic anhydride)

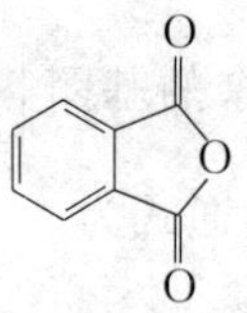

邻苯二甲酸酐

(phthalic anhydride)

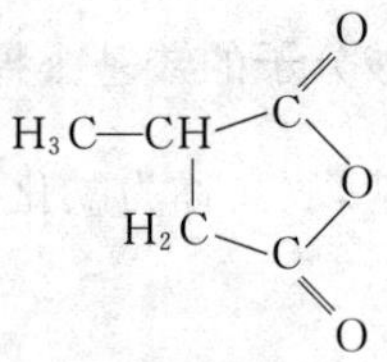

2-甲基丁二酸酐

(2-methylbutanedioic anhydride)

3. 酯的命名

一元羧酸和一元醇形成的酯是以酯为母体，根据相应的羧酸和醇的名称，称为“某酸某醇酯”，通常“醇”字被省掉；命名**内酯**(lactone)常用希腊字母标明原羟基的位置，在酯前加“内”字。例如：

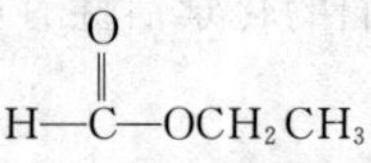

甲酸乙酯

(ethyl formate)

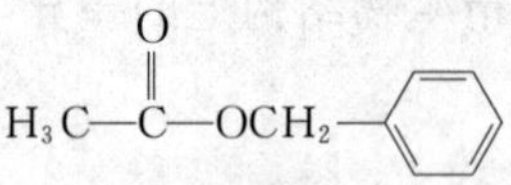

乙酸苄酯

(benzyl acetate)

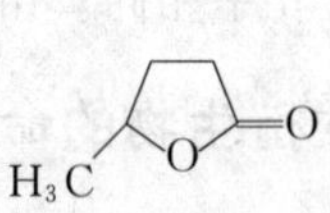

γ-戊内酯

(γ-valerolactone)

二元羧酸与一元醇形成的酯，可以是酸性酯，也可以是中性酯。例如：

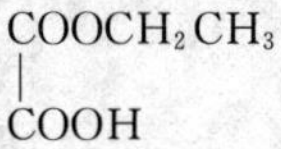

乙二酸氢乙酯
(monoethyl oxalate)

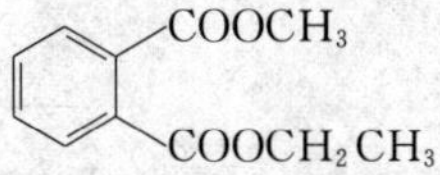

邻苯二甲酸甲乙酯
(ethyl methyl phthalate)

一元羧酸与多元醇生成的酯，命名时是先醇后酸或称为几某酰醇。例如：

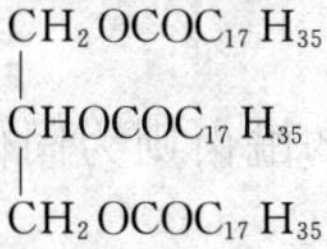

甘油三硬脂酸酯(三硬脂酰甘油)
(glyceryl tristerate)

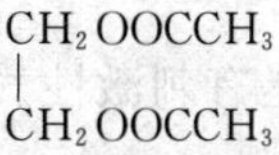

乙二醇二乙酸酯(二乙酰乙二醇)
(glycol diacetate)

4. 酰胺的命名

简单的酰胺是在某酰基名称后加上"胺"或"某胺"，**内酰胺**(lactam)也常用希腊字母标明原氨基位置，在"酰"字前加"内"字即可。例如：

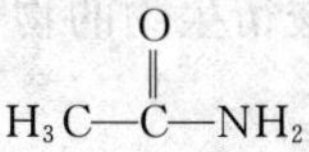

乙酰胺
(acetamide)

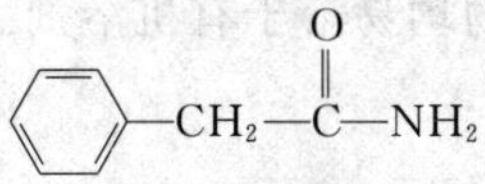

苯乙酰胺
(phenylethanamide)

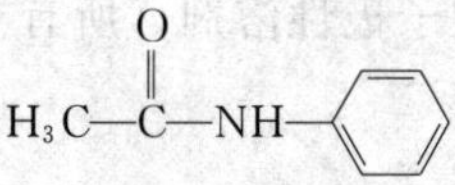

乙酰苯胺
(acetylaniline)

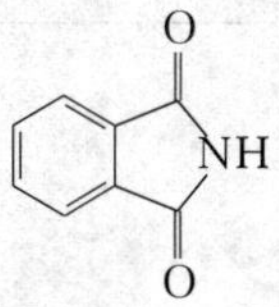

邻苯二甲酰亚胺
(phthalimide)

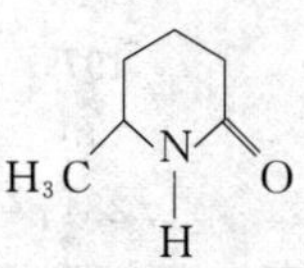

δ-己内酰胺
(δ-hexanolactam)

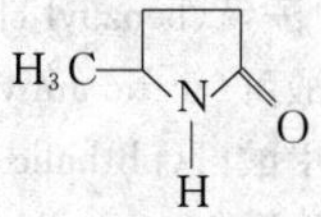

γ-戊内酰胺
(γ-valerolactam)

若酰胺氮原子上连有取代基，需在取代基名称前加字母"*N*"，表明取代基连在氮原子上。例如：

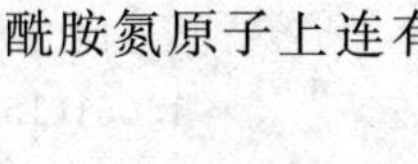

N-甲基乙酰胺
(*N*-methylacetamide)

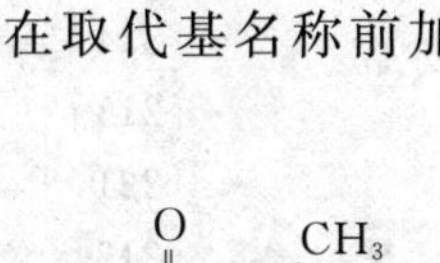

N-甲基-*N*-乙基乙酰胺
(*N*-ethyl-*N*-methylacetamide)

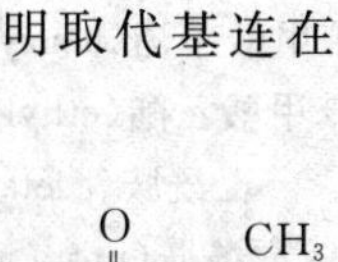

N,*N*-二甲基甲酰胺(DMF)
(*N*,*N*-dimethylformamide)

问题 9.7　命名下列化合物。

(1) 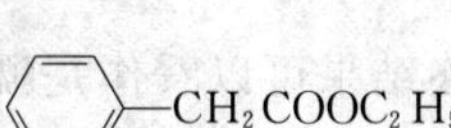　(2) 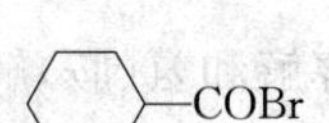　(3) 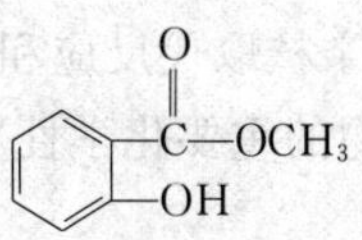

(4) 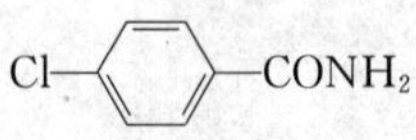　(5) 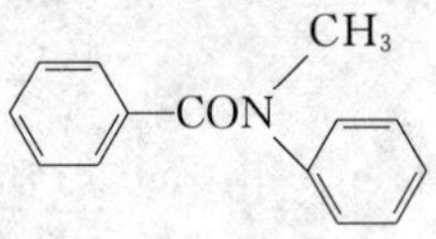　(6) 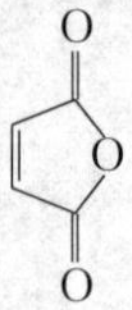

9.2.2　羧酸衍生物的物理性质

低级的酰卤和酸酐是有刺激性气味的无色液体，高级的酰卤则为固体。低碳酯易挥发并具有芳香味，可用于制造香料。

酰卤、酸酐和酯的分子间不能形成氢键，因此酰卤和酯的沸点比相应的羧酸低。酸酐的沸点比相对分子质量相近的羧酸低，但比同碳数的羧酸高；能形成分子间氢键的酰胺，其沸点比相应的羧酸高。

低级的酰卤和酸酐遇水分解，酯在水中溶解度很小，低级酰胺因与水形成分子间氢键而溶于水，如 *N*,*N*-二甲基甲酰胺(DMF)和 *N*,*N*-二甲基乙酰胺既能与水混溶，又能溶于有机溶剂，是很好的非质子极性溶剂。所有羧酸衍生物均易溶于有机溶剂。几种羧酸衍生物的物理常数如表 9.3 所示。

表 9.3　几种羧酸衍生物的物理常数

名称	沸点/℃	熔点/℃	d_4^{20}
乙酰氯(acetyl chloride)	51	−112	1.104
苯甲酰氯(benzoyl chloride)	197	−1	1.212
乙酸酐(acetic anhydride)	140	−73	1.082
邻苯二甲酸酐(phthalic anhydride)	284	131	1.527
甲酸甲酯(methyl formate)	32	−99.8	0.974
乙酸甲酯(methyl acetate)	57.5	−98	0.924
乙酸乙酯(ethyl acetate)	77	−84	0.901
苯甲酸苄酯(benzyl benzoate)	324	21	1.114(18 ℃)
苯甲酸乙酯(ethyl benzotate)	213	−35	1.051(15 ℃)
乙酰胺(acetamide)	221	82	1.159
丙酰胺(propionamide)	213	79	1.042
N,*N*-二甲基甲酰胺(*N*,*N*-dimethylformide)	152.8	−61	0.9445

9.2.3　羧酸衍生物的化学性质

羧酸衍生物分子中的酰基碳原子上带部分正电荷，可与亲核试剂(H_2O,ROH,NH_3 或 RNH_2)发生亲核加成-消除反应。但酰基连接的基团不同导致其化学活性有明显的不同。

1. 酰基的亲核取代反应和反应机理

羧酸衍生物的重要化学性质是水解、醇解和氨(胺)解，反应的最终结果可以看作是酰基的亲核取代反应。

(1) 水解反应　羧酸衍生物都能发生**水解反应**(hydrolysis reaction)生成羧酸，但种类不同，反应难易也有差异。低级酰卤与空气中的水蒸气即可发生激烈反应；酸酐反应活泼性比酰卤差些，在热水中比在冷水中反应快；酯较稳定，需要无机酸或碱存在下并加热才能进行反应；酰胺比酯更稳定，需较高浓度的强酸或强碱存在并较长时间加强热才能发生反应。反应通式如下：

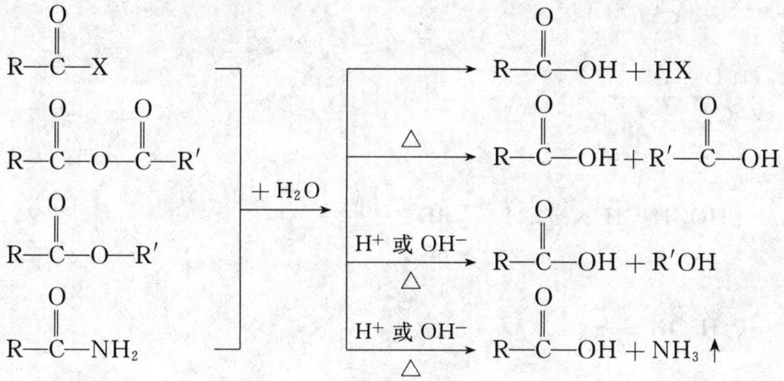

(2) 醇解反应　羧酸衍生物与醇反应生成酯，称为羧酸衍生物的**醇解反应**(alcoholysis reaction)。通式如下：

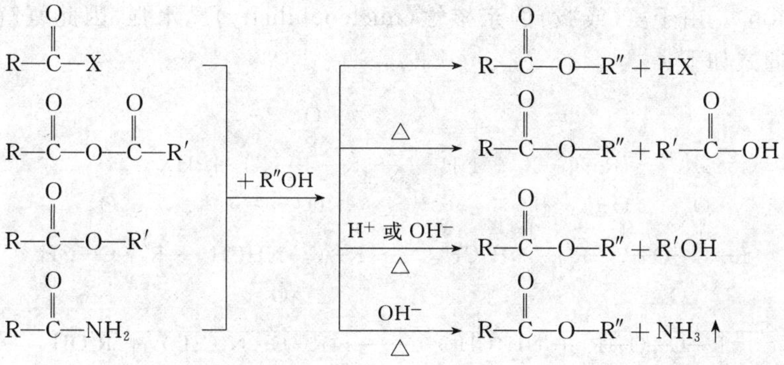

酰卤与醇反应制备酯的方法比以羧酸与醇直接成酯更为容易。一些不易被酯化的羟基化合物，若用此方法，可以较顺利地制备所需的酯。例如：

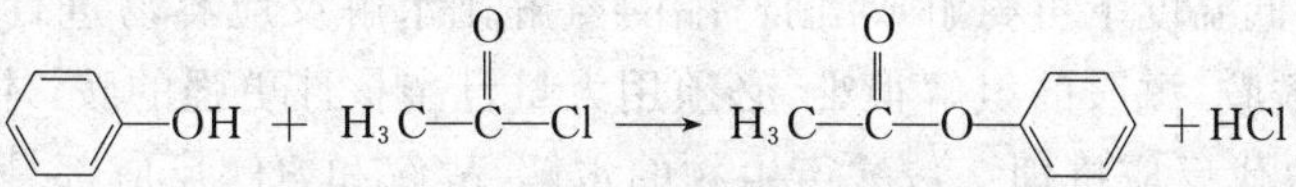

酸酐可以与绝大多数的醇或酚反应生成酯和羧酸。

酯在酸(盐酸、硫酸、对甲苯磺酸等)或碱(氢氧化物、醇盐等)存在下发生醇解反应，生成新的酯和醇，所以酯的醇解又称为**酯交换反应**。有机合成中，常利用酯交换反应制备新的醇或新的酯。例如：

$$CH_2{=}CHCOOCH_3 + CH_3CH_2CH_2CH_2OH \xrightarrow{\text{对甲苯磺酸}} CH_2{=}CHCOOCH_2CH_2CH_2CH_3 + CH_3OH$$

酰胺的醇解反应是可逆反应，故反应时需强碱催化和过量醇存在。

问题 9.8　完成下列反应式。

(1) $H_3COOCCH_2COCl \xrightarrow{H_2O} \xrightarrow[\triangle]{H^+}$

(2) 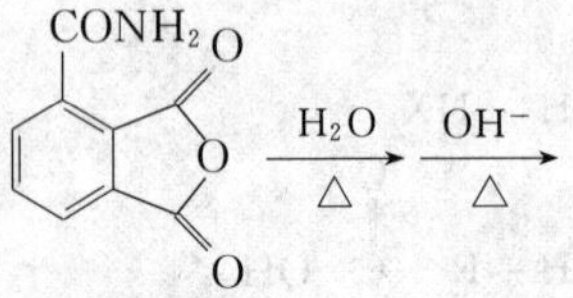

(3) $CH_3COOH + [HOCH_2CH_2N^+(CH_3)_3]OH^- \xrightarrow{\text{酶}}$

(4) 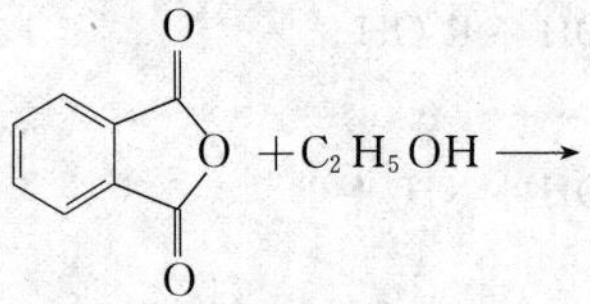

(3) 氨解反应　酰卤、酸酐、酯和酰胺与氨(或胺)作用生成酰胺的反应称为**氨解反应**(ammonolysis reaction)。由于氨(或胺)的**亲核性**(nucleophilicity)比水强,因此氨解比水解反应容易进行,其反应通式如下:

$$R-\overset{O}{\overset{\|}{C}}-X + NH_3 \longrightarrow R-\overset{O}{\overset{\|}{C}}-NH_2 + HX$$

$$R-\overset{O}{\overset{\|}{C}}-O-\overset{O}{\overset{\|}{C}}-R' + NH_2CH_3 \longrightarrow R-\overset{O}{\overset{\|}{C}}-NHCH_3 + R'-\overset{O}{\overset{\|}{C}}-OH$$

$$R-\overset{O}{\overset{\|}{C}}-O-R' + NH(CH_3)_2 \xrightarrow{\triangle} R-\overset{O}{\overset{\|}{C}}-N(CH_3)_2 + R'OH$$

$$R-\overset{O}{\overset{\|}{C}}-NH_2 + NH_2R' \xrightarrow{\triangle} R-\overset{O}{\overset{\|}{C}}-NHR' + NH_3\uparrow$$

酰卤、酸酐在较低温度下可氨解成酰胺;酯的氨解比水解反应容易进行,只需加热而不需酸或碱存在就能生成酰胺;酰胺的氨解很难,必须用大量且亲核性更强的胺,才能缓慢发生反应。

(4) 酰基亲核取代反应机理　羧酸衍生物的水解、醇解和氨解反应都是分两步进行的,即先发生亲核加成,然后消除 HL,生成另一种羧酸衍生物,酰基相应地从一种化合物转移到另一种化合物,所以又称**酰基转移反应**(acyl-transfer reaction)。

酰基亲核取代反应是按 S_N2 进行的,反应第一步是亲核试剂进攻羰基碳原子发生亲核加成,形成四面体型的氧负离子中间体;第二步是从中间体消除 HL,恢复碳氧双键形成取代产物。其过程如下:

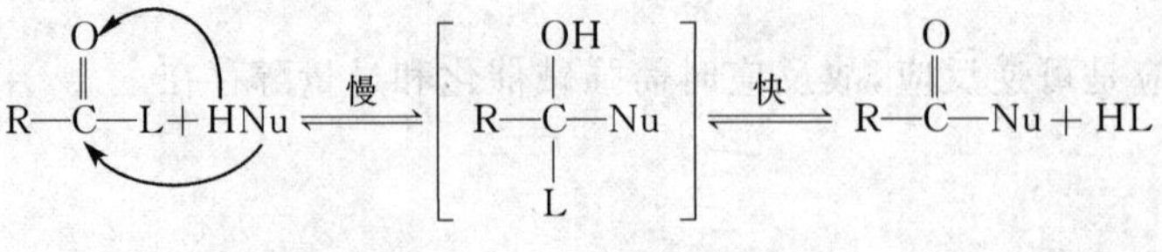

式中，HNu 代表亲核试剂，如 H_2O、ROH、NH_3 等；L 代表离去基团，如—X、—OCOR、—OR、—NH_2、—NHR、—NR_2 等。

下面以酸或碱存在下酯水解反应的机理为例，说明羧酸衍生物水解的本质。

① 酯在碱溶液中的水解。大多数酯在碱溶液中的水解反应是按 S_N2 机理进行的。其过程如下：

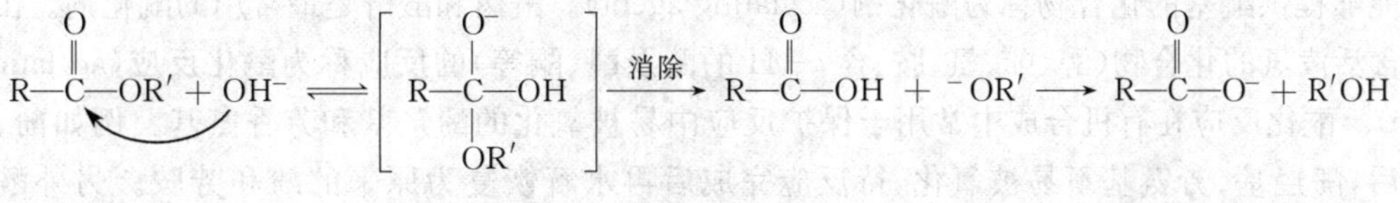

决定反应速率的第一步为羰基与 OH^- 加成。由于负电荷的引入，有利于酰基与烷氧基断裂，生成酸和醇。若 R 和 OR′体积大，会因空间阻碍而使水解速率降低；R 和 OR′基团的吸电子能力增强，将有利于负电荷分散使水解速率加快。

② 酯的酸催化水解。酯的酸催化水解反应是先通过酯质子化形成其共轭酸，然后再进行亲核加成、质子转移、消除醇的可逆反应，也属于 S_N2 反应机理，其过程如下：

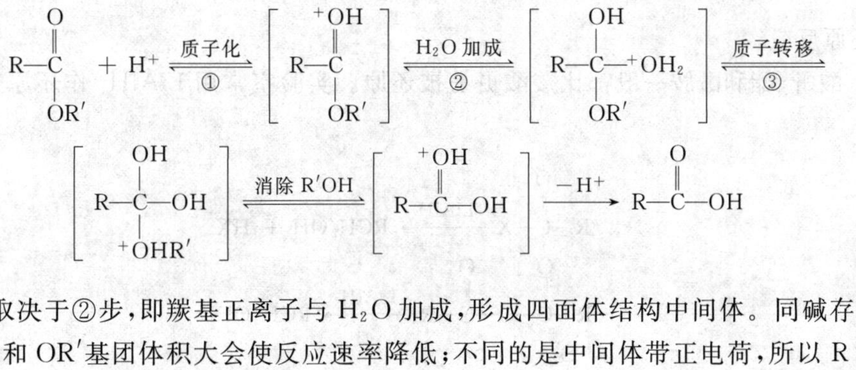

该反应速率取决于②步，即羰基正离子与 H_2O 加成，形成四面体结构中间体。同碱存在的水解反应一样，R 和 OR′基团体积大会使反应速率降低；不同的是中间体带正电荷，所以 R 和 OR′基团的给电子能力强的话，可以加快水解反应的进行。

羰基碳原子相对的反应活性受其分子中的电子效应、空间效应和离去基团的影响。因为反应的第一步是亲核加成，当羰基碳原子上连有体积较小且电负性较大的原子（或基团）时，则有利亲核加成，形成稳定的中间体，反应速率就快，这一步是决定反应速率的一步。反之，则不利于加成，反应速率就慢。基团吸电子效应的顺序是—X＞—OCOR＞—OR＞—NH_2（—NHR）。第二步是消除反应，其反应速率取决于离去基团的碱性，碱性越弱，越利于离去，反应越易进行。它们的碱性次序是—NH_2＞—OR＞—OOCR＞—X，则这些基团的离去顺序为—X＞—OOCR＞—OR＞—NH_2。

综上所述，羧酸衍生物发生酰基的亲核取代反应的活性次序是

酰卤 ＞ 酸酐 ＞ 酯 ＞ 酰胺

由于生成酯的醇不同，酯水解反应机理也不一样。同位素研究结果证明：伯醇和多数仲醇生成的酯水解时是酰氧键断裂，即为 S_N2 机理；叔醇生成的酯水解时是烷氧键断裂，即为 S_N1 机理。例如：

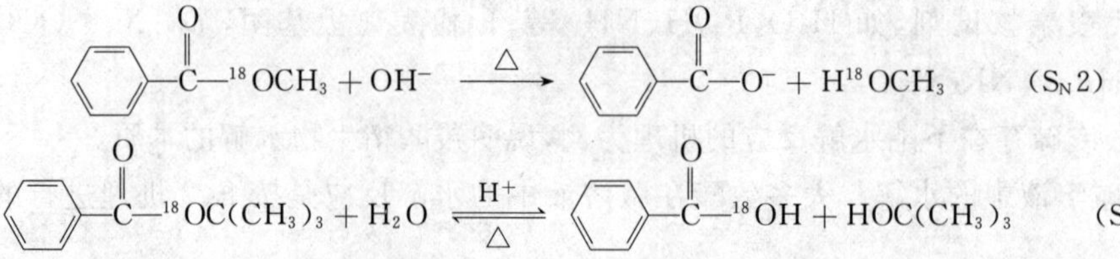

能够提供酰基的化合物称为**酰化剂**(acylating agent)。酰卤和酸酐是最常用的酰化剂。由酰化剂与含活泼氢的化合物(醇、酚、氨、胺、含 α-H 的酯及醛、酮等)的反应称为**酰化反应**(acylating reaction)。酰化反应在有机合成中常用于保护反应中易被氧化的酚羟基和芳香氨基。例如酚、芳胺酰化后,酚羟基、芳氨基不易被氧化,待反应完成后再水解恢复为原来的酚和芳胺。另外酰化反应可降低反应活性,以制备酚、芳胺的单卤代化合物;医药上利用酰化反应降低某些药物的水溶性,提高脂溶性,改善吸收,提高疗效;有时还可以利用酰化反应降低一些药物的毒性;有些酰基本身就是药物的致活基团,有些酰基可参与体内的生命代谢过程,实现体内物质的转化。

问题 9.9 以苯胺为原料,其他试剂任选,合成对溴苯胺。

---

2. 还原反应

酰卤、酸酐、酯和酰胺一般都比羧酸更易被还原。实验室常用 $LiAlH_4$ 作还原剂,反应通式如下:

$$R-\overset{\overset{\displaystyle O}{\|}}{C}-X \xrightarrow{LiAlH_4} RCH_2OH + HX$$

$$R-\overset{\overset{\displaystyle O}{\|}}{C}-O-\overset{\overset{\displaystyle O}{\|}}{C}-R \xrightarrow{LiAlH_4} RCH_2OH$$

$$R-\overset{\overset{\displaystyle O}{\|}}{C}-OR' \xrightarrow{LiAlH_4} RCH_2OH + R'OH$$

$$R-\overset{\overset{\displaystyle O}{\|}}{C}-NH_2 \xrightarrow{LiAlH_4} RCH_2NH_2$$

用钯催化加氢,可将酰卤还原成醛。例如:

$$H_3C-\overset{\overset{\displaystyle O}{\|}}{C}-Cl \xrightarrow[Pd/BaSO_4]{H_2} CH_3CHO$$

在催化剂 $CuO \cdot CuCr_2O_4$ 存在下通入氢气,可将酯还原成醇。但该试剂亦会使重键碳原子发生氢化反应,而苯环不受影响。例如:

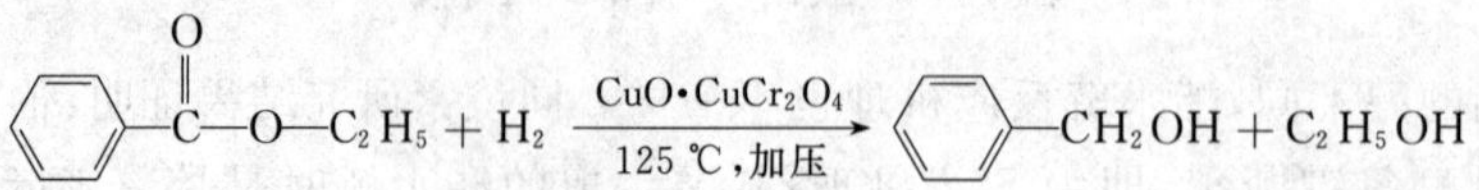

3. 酯的缩合反应

有 α-H 的酯,在醇钠作用下与另一分子酯发生类似羟醛缩合反应,即一分子酯的 α-H 被另一分子酯的酰基取代生成酮酸酯,称为**酯缩合反应**(ester condensation reaction)或 Claisen 缩合反应。其反应机理如下:

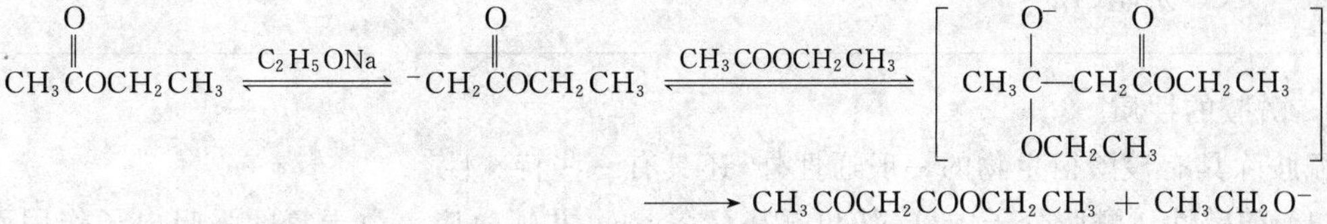

无 α-H 的酯(如苯甲酸酯、甲酸酯、草酸酯和碳酸酯等)可以提供羰基,与有 α-H 的酯起缩合反应,称为**交叉 Claisen 酯缩合反应**。例如:

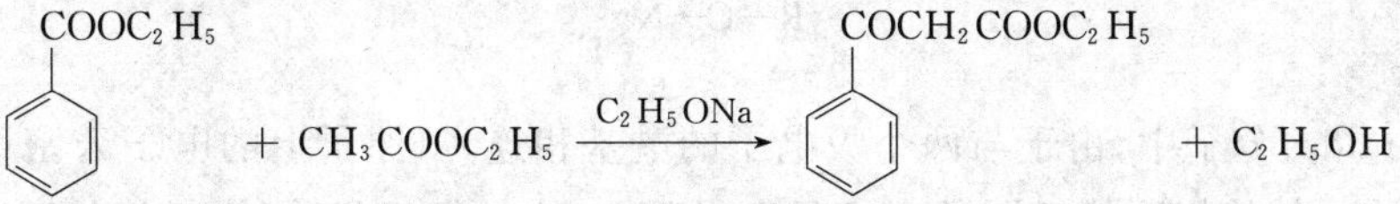

$$HCOOC_2H_5 + CH_3COOC_2H_5 \xrightarrow{C_2H_5ONa} HCOCH_2COOC_2H_5 + C_2H_5OH$$

酯也可与有 α-H 的羰基化合物发生交叉缩合反应,形成二羰基类化合物,例如:

$$C_6H_5COOC_2H_5 + C_6H_5COCH_3 \xrightarrow[\text{② } H^+]{\text{① } C_2H_5ONa} C_6H_5COCH_2COC_6H_5$$

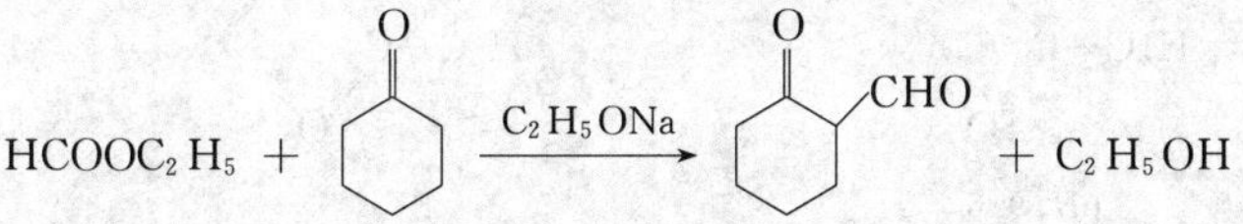

上述反应是在醇钠催化下,酮先形成碳负离子,再与羰基发生亲核加成反应,然后消除乙氧基负离子生成 β-二羰基化合物。

酯的缩合反应在有机药物合成方面具有很重要的价值。

生物体内一个重要的生化反应是丙酮酸与草酰乙酸在酶催化下,经酯缩合反应生成柠檬酸。其反应过程如下:

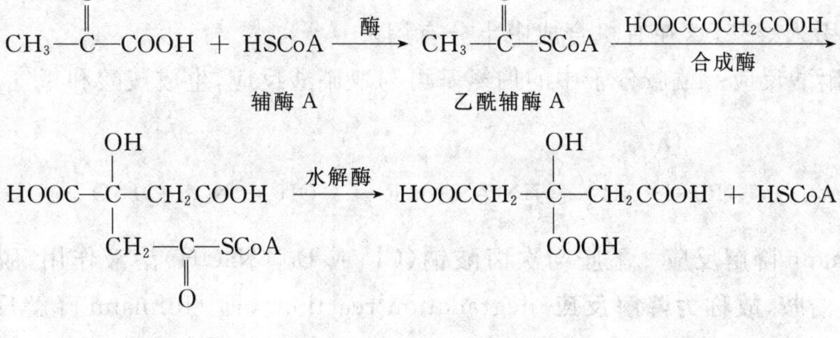

问题 9.10 完成下列反应式。

(1) $CH_3COOC_2H_5 + CH_3COCH_3 \xrightarrow{C_2H_5ONa}$

(2) 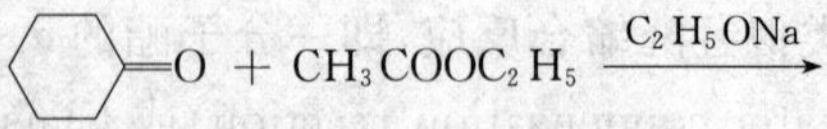

(3) 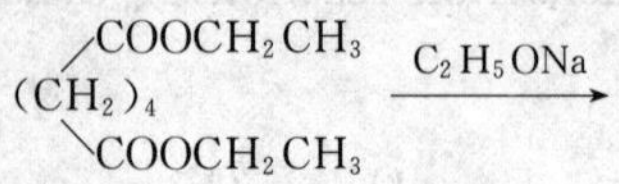

4. 酰胺的性质

酰胺除具有羧酸衍生物的一般通性外，还具有一些特殊性。

(1) 酸碱性　酰胺分子中，羰基和氨基存在 p-π 共轭效应。由于氧的强吸电子作用而使氨基氮原子上电子云密度减小，从而降低了接受质子的能力，故没有明显的碱性而呈中性。

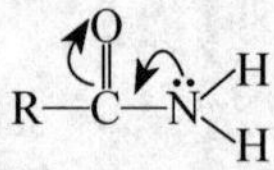

酰亚胺(imide)分子中，由于与两个吸电子的酰基相连，氮原子上的电子云密度大大降低，不但氮原子无碱性，与其相连的氢原子还显现出弱酸性，能与氢氧化钠（或氢氧化钾）水溶液反应成盐。例如：

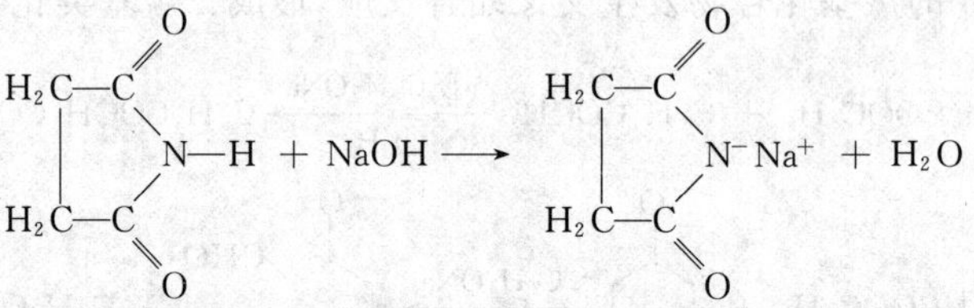

pK_a 9.6

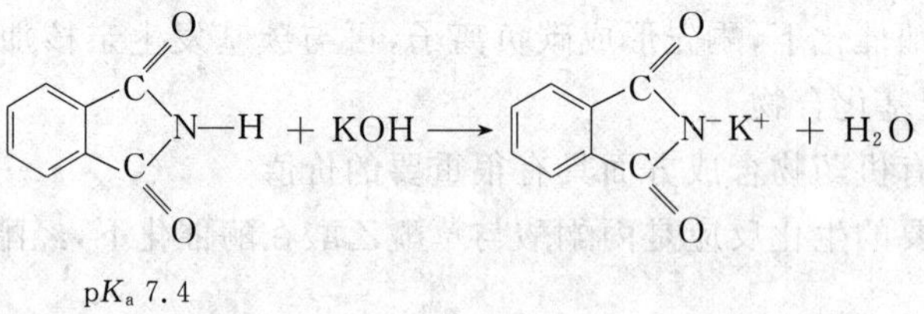

pK_a 7.4

成盐后的阴离子，其氮原子上的负电荷可被两个羰基分散而稳定。酰亚胺盐可通过与卤代烃反应在氮原子上引入烃基，这在有机合成中十分有用。

(2) 与亚硝酸反应　酰胺分子中的伯氨基可与亚硝酸反应，生成羧酸和氮气。例如：

$$R-\overset{\overset{\displaystyle O}{\|}}{C}-NH_2 + HNO_2 \longrightarrow R-\overset{\overset{\displaystyle O}{\|}}{C}-OH + N_2\uparrow + H_2O$$

(3) Hofmann 降解反应　酰胺与次卤酸钠(Cl_2 或 Br_2/NaOH)溶液作用，脱去羰基生成少一个碳原子的伯胺，故称为**降解反应**(degradation reaction)，即 Hofmann 降解反应。它是制备某些伯胺的重要方法。

$$R-\overset{\overset{\displaystyle O}{\|}}{C}-NH_2 + Br_2 + NaOH \longrightarrow RNH_2 + NaBr + Na_2CO_3 + H_2O$$

9.2.4 重要的碳酸衍生物

碳酸是两个羟基共用一个羰基的二元酸，很不稳定，不能游离存在。分子中的一个羟基被其他原子或基团取代后的**碳酸衍生物**(carbonic acid derivative)通常也极不稳定。如氨基甲酸、氯甲酸等在一般条件下不能游离存在。但氨基甲酸盐或其酯，以及碳酸双衍生物就很稳定，是药物或合成药物的原料。下面介绍一些典型化合物。

1. 氨基甲酸酯

许多氨基甲酸酯具有极高的生物活性，在医药卫生和植物保护领域里应用较广泛。某些取代氨基甲酸酯因毒性较低、产生抗药性慢、生物活性高而广泛用作植物保护的杀虫剂、杀菌剂和除草剂。

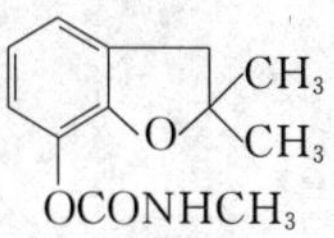

克百威(杀虫剂)

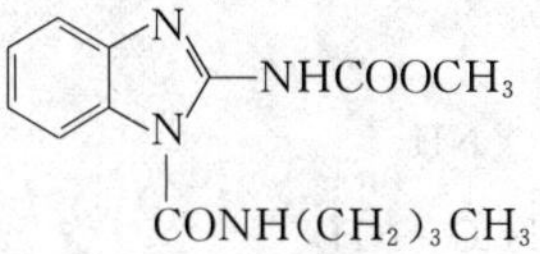

苯菌灵(杀菌剂)

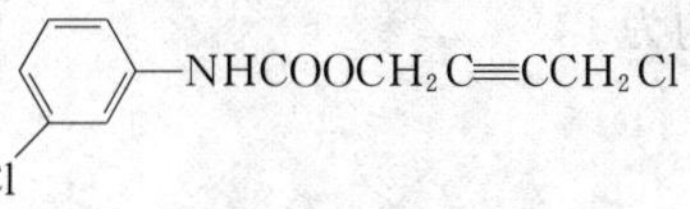

燕麦灵(除草剂)

2. 脲(尿素)

脲(urea)又称尿素，是碳酸的二元酰胺，结构为 $H_2N\overset{O}{\overset{\|}{C}}NH_2$，是哺乳动物体内蛋白质代谢的最终产物，成人每天经尿排泄 25～30 g 脲。

脲为无色长棱形结晶，熔点为 133 ℃，易溶于水和乙醇，难溶于乙醚，化学性质如下。

(1) 弱碱性 脲具有弱碱性，但其水溶液不能使石蕊试纸变色，只能与强酸作用生成盐。在脲的水溶液中加入浓硝酸，可析出白色的硝酸脲。

$$H_2N—\overset{O}{\overset{\|}{C}}—NH_2 + HNO_3 \longrightarrow H_2N—\overset{O}{\overset{\|}{C}}—NH_2 \cdot HNO_3 \downarrow$$

(2) 水解 脲具有一般酰胺的性质，在脲酶、酸或碱催化下发生如下反应：

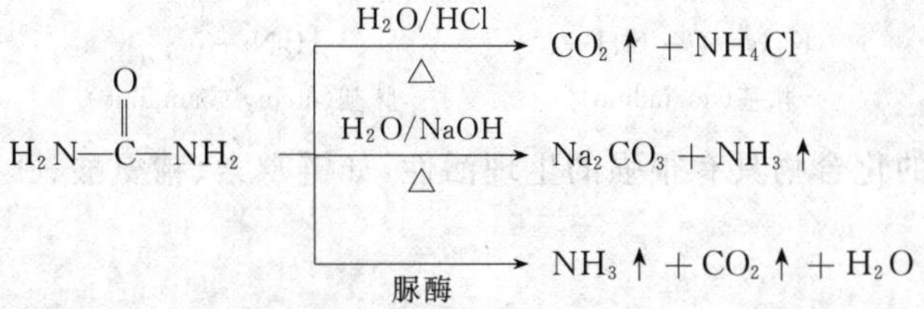

(3) 与亚硝酸反应 脲与伯酰胺相似，能发生如下反应：

$$H_2N—\overset{O}{\overset{\|}{C}}—NH_2 + HNO_2 \longrightarrow N_2\uparrow + CO_2\uparrow + H_2O$$

通过测定氮的体积，可测定脲的量。此反应也用于除去有机反应体系中过量的亚硝酸。

(4) 缩二脲的生成和缩二脲反应 将脲缓慢加热至 150～160 ℃(温度过高时分解)，两分子脲缩合成缩二脲，并放出氨。

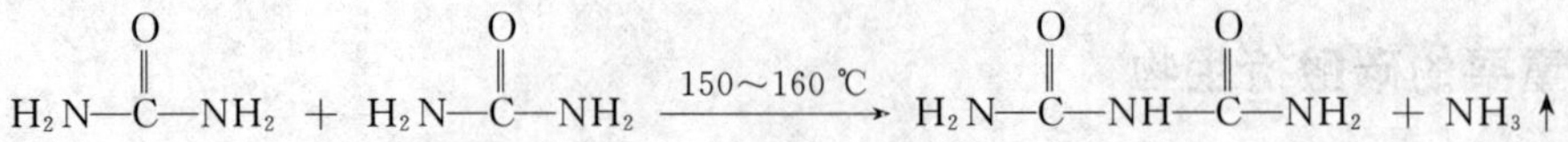

缩二脲难溶于水，可互变成烯醇式而溶于碱溶液。在缩二脲的碱性溶液中加入少许硫酸铜溶液，溶液显紫红色或紫色，这个反应称为**缩二脲反应**(biuret reaction)。凡分子中含有两个或两个以上**肽键**(peptide bond)结构 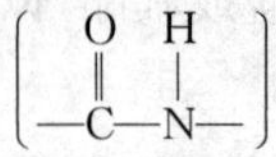 的化合物(如草二酰胺、多肽和蛋白质)都能发生缩二脲反应。

3. 胍

脲分子中的氧原子被亚氨基(═NH)取代后的化合物，称为**胍**(quanidine)，又称亚氨基脲，结构为

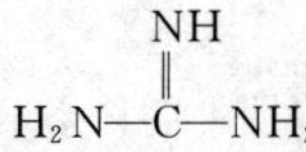

胍为无色结晶，熔点 50 ℃，吸湿性极强，易溶于水。胍是一种很强的有机碱($pK_a = 13.8$)，与氢氧化钾相当。这是因为胍接受 H^+ 后形成 C—N 键完全平均化的胍基正离子共轭体系，因此，胍置于空气中，易吸收二氧化碳生成稳定的碳酸盐。

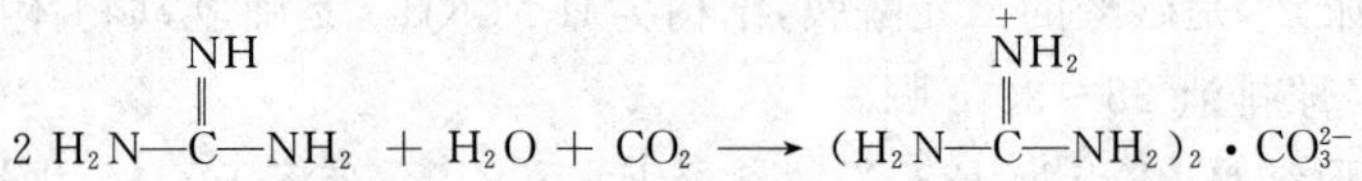

游离胍在氢氧化钡水溶液中加热，极易水解生成脲和氨。

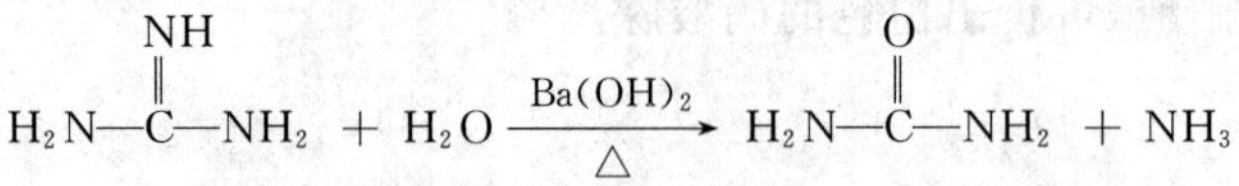

胍分子中的氨基去掉一个氢原子后剩下的基团称为胍基，去掉一个氨基后称为脒基。

胍基(quanidino)　　　　脒基(quanyl或amidino)

某些含有胍结构的化合物具有很强的生理活性，如链霉素、精氨酸、胍乙啶、病毒灵和降血糖的盐酸双胍等。

4. 丙二酰脲

丙二酰脲(malonyl urea)为无色结晶，熔点为 245 ℃，微溶于水。它可以由脲与丙二酰氯，或在 C_2H_5ONa 存在下与丙二酸二乙酯反应制得。

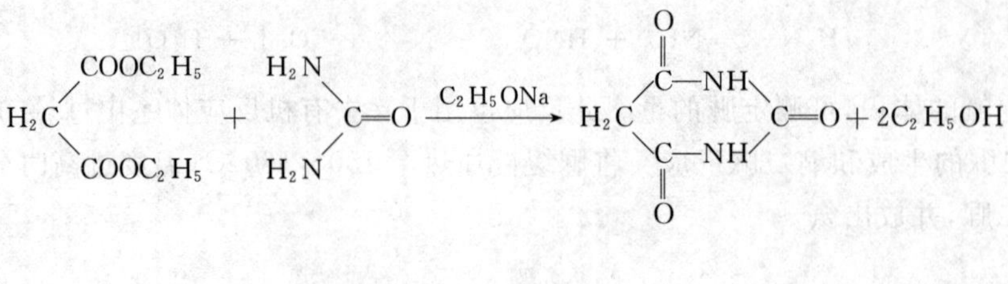

从结构上看丙二酰脲存在酮式-烯醇式互变异构现象：

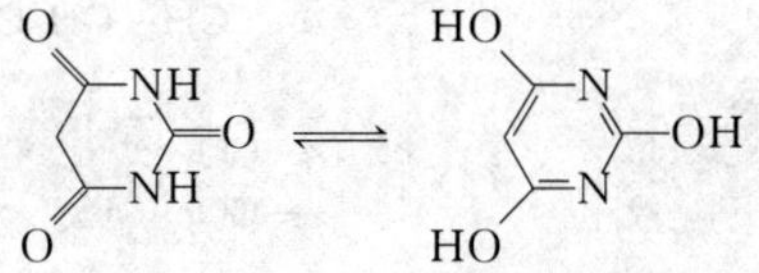

酮式　　　烯醇式（巴比妥酸）

烯醇式的酸性 pK_a 为 3.85，比乙酸（$pK_a=4.76$）强，故烯醇式称为**巴比妥酸**（barbituric acid）。巴比妥酸本身无生物活性，但其分子中亚甲基上的两个氢原子被烃基取代后的化合物通常具有镇静、催眠和麻醉作用，称为巴比妥类药物。其结构通式如下：

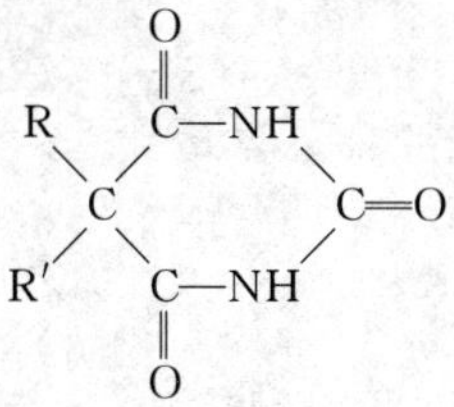

巴比妥：$R=R'=—C_2H_5$

苯巴比妥：$R=—C_2H_5$，$R'=—C_6H_5$

异戊巴比妥：$R=—C_2H_5$，$R'=—CH_2CH_2CH(CH_3)_2$

司可巴比妥：$R=—CH_2CH=CH_2$

$R'=—CH(CH_2)_2CH_3$
CH_3

必须指出的是，巴比妥类药物有成瘾性，用量过大危及生命，使用时应注意剂量。

5. 乙内酰脲

脲与羟基乙酸乙酯在碱催化下缩合成乙内酰脲，它在水溶液中存在酮式和烯醇式互变异构而显弱酸性。

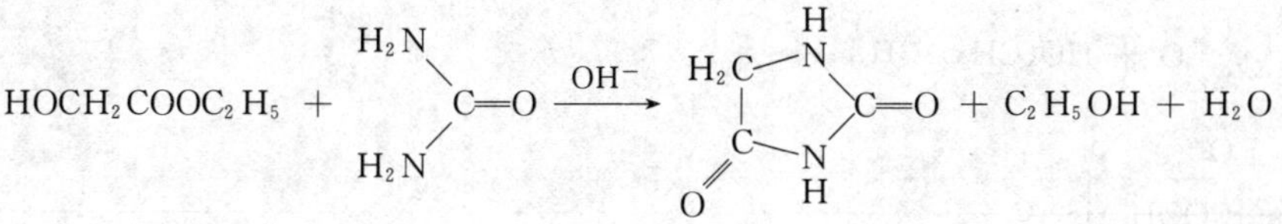

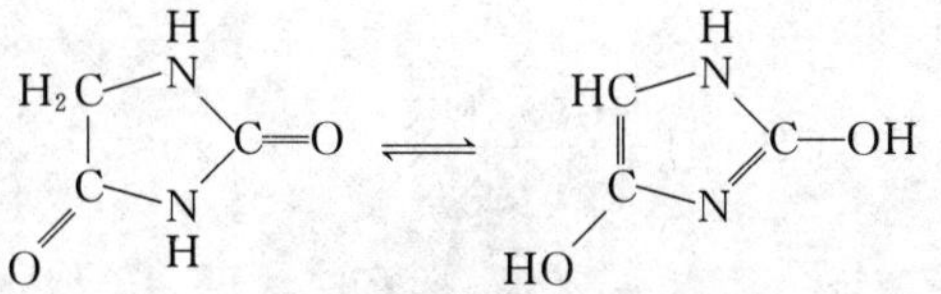

乙内酰脲的衍生物，如 5,5-二苯基乙内酰脲钠（又名苯妥因钠）是一类治疗癫痫病的药物。该化合物易溶于水且水溶液呈碱性，向其水溶液中通入 CO_2，5,5-二苯基乙内酰脲（苯妥因）晶体会从溶液中析出，因此，应注意苯妥因钠的保存。

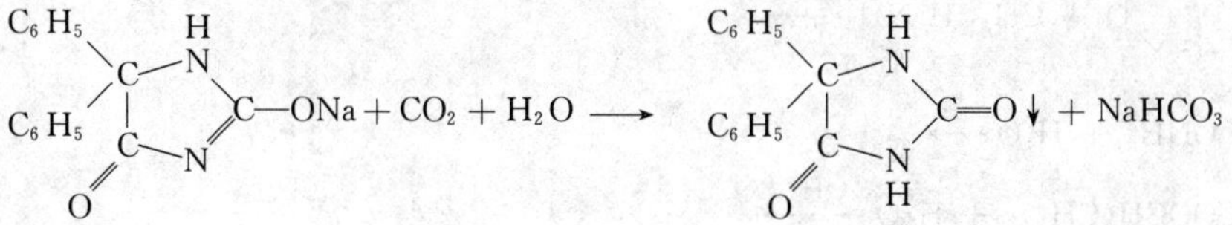

习　题

1. 命名下列化合物。

(1) $CH_2{=}CHCH(CH_3)COOH$

(2) 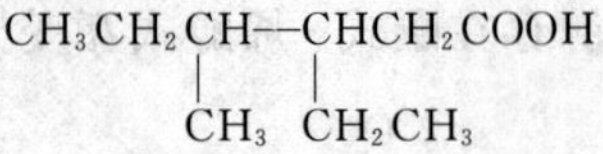

(3) 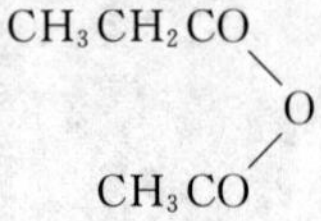

(4) 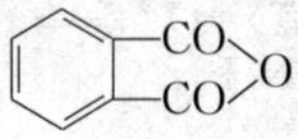

(5) 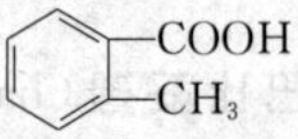

(6) 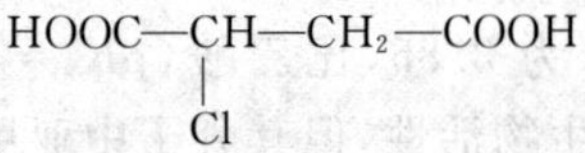

(7) $(CH_3CO)_2O$

(8) 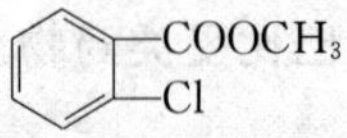

(9) 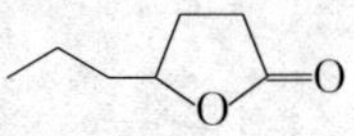

(10) 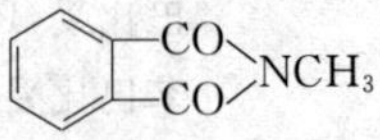

2. 写出下列化合物的结构式。

(1) 草酸

(2) 琥珀酸

(3) 马来酸

(4) *N*-甲基-1,2-环己烷二甲酰亚胺

(5) α-萘乙酰溴

(6) *N*-甲基-*N*-乙基苯甲酰胺

(7) 马来酸酐

(8) 琥珀酸酐

(9) 2-溴丙酸乙酯

(10) 甲基丙烯酸甲酯

3. 完成下列反应式。

(1) 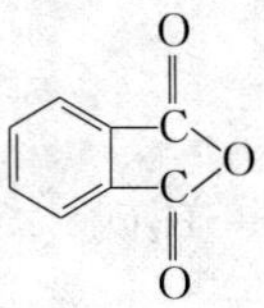 + $HO(CH_2)_7CH_3$ ⟶

(2) 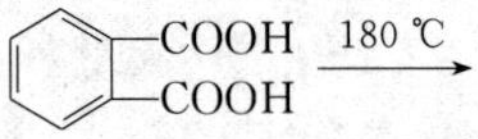

(3) $CH_3CH_2CH_2COOH + CH_3CH_2OH \xrightarrow{H_2SO_4,回流}$

(4) $\begin{matrix} CH_2COOH \\ | \\ CH_2COOH \end{matrix} \xrightarrow{300\ ℃}$

(5) $\begin{matrix} CH_2CH_2COOH \\ | \\ CH_2CH_2COOH \end{matrix} \xrightarrow{300\ ℃}$

(6) 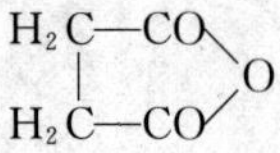 + $CH_3CH_2NH_2$ ⟶

(7) $H_2NCONH_2 + H_2O \xrightarrow{酶}$

(8) $H_2NCOOCH(CH_3)_2 + H_2O \xrightarrow[\triangle]{OH^-}$

(9) $H_2NCONH_2 \xrightarrow{NaNO_2+HCl}$

(10) 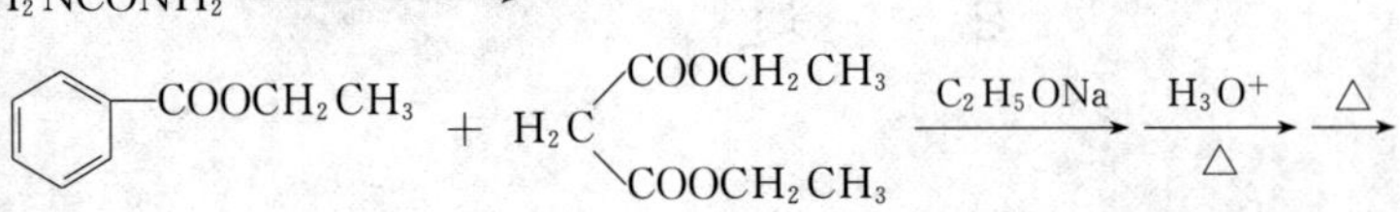

4. 用化学方法鉴别下列各组化合物。

(1) 甲酸、乙酸、丙醛

(2) 苯甲酸、苄醇、苯酚

(3) 乙酸乙酯、β-丁酮酸、丁酰胺

(4) 乙酐、甲酸甲酯、乙酰溴

5. 按要求排序。

(1) 排出下列化合物酸性由强到弱的顺序：

a. 乙酸　　b. 甲酸　　c. 苯甲酸　　d. 丙酸　　e. 戊酸

(2) 排出下列化合物发生酯化反应由易到难的顺序：

a. CH_3OH　　b. $(CH_3)_2CHOH$　c. CH_3CH_2OH　　d. $(CH_3)_3COH$

(3) 排出下列羧酸衍生物的醇解反应活性顺序：

a. 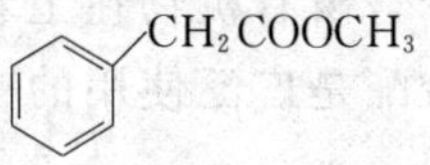　b. 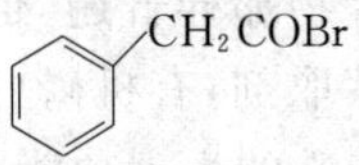　c. 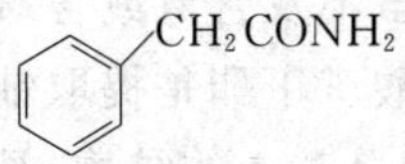　d. 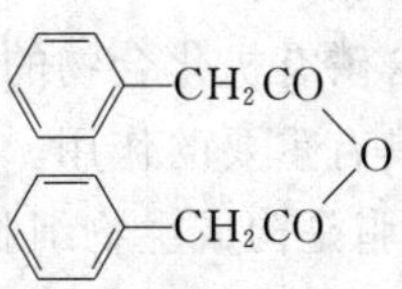

(4) 排出下列化合物的氨解反应活性顺序：

a. 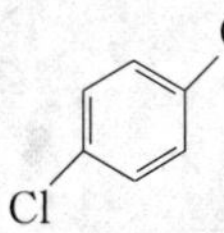　b. 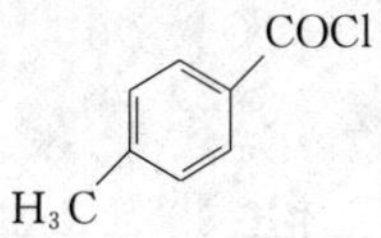　c. 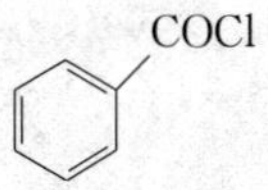　d. 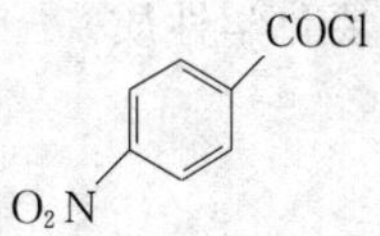

(5) 排出下列酯的水解反应活性顺序：

a. $CH_3COOC(CH_3)_3$　　b. $CH_3COOCH_2CH_3$

c. $CH_3COOCH(CH_3)_2$　　d. $CH_3COOCH_2CH(CH_3)_2$

6. 解释下列现象。

(1) 脲溶于水而不溶于浓硝酸　　(2) 邻苯二甲酰亚胺溶于稀碱

7. 化合物 A 的分子式为 $C_8H_8O_2$，能与 $NaHCO_3$ 反应。A 在光照下与 Br_2 反应得到分子式为 $C_8H_7BrO_2$ 的一对对映异构体 B 和 C；B，C 与 NaCN 反应，得到分子式为 $C_9H_7NO_2$ 新的一对对映异构体 D 和 E；D 和 E 在酸性水溶液中加热得到无光学活性的 F(2-苯基丙二酸)。试写出 A，B，C，D，E 和 F 的结构。

8. 化合物 A 在酸性水溶液中加热，生成化合物 B($C_5H_{10}O_3$)，B 与 $NaHCO_3$ 作用放出无色气体，与 CrO_3 作用生成 C($C_5H_8O_3$)，B 在室温条件下不稳定，易失水又生成 A。试写出 A，B，C 可能的结构。

9. 写出工业上由乙酸经乙烯酮制乙酐的机理。

10. 由 $(CH_3)_3C\underset{\displaystyle |\atop \displaystyle OH}{C}HCH_3$ 制备 $(CH_3)_3CCH{=}CH_2$ 时，主要得 $(CH_3)_2C{=}C(CH_3)_2$，为什么？试写出反应过程。

11. 以乙醇、苯为原料，其他试剂任选合成 $CH_3COCH_2COC_6H_5$。

（内蒙古医科大学　罗素琴）

第 10 章　含氮和含磷有机化合物

分子中含有碳氮键的有机化合物称为**含氮有机化合物**(nitrogenous compound),其种类较多,常见的有硝基化合物、胺、酰胺、氨基酸和含氮的杂环化合物等。一些含氮有机化合物具有重要的生物活性,如氨基酸、嘧啶碱和嘌呤碱是构成蛋白质、核酸的重要组成部分,与人类的生命活动密切相关。

含磷有机化合物的存在虽不及含氮或含氧化合物那样普遍,但不少含磷有机物在工农业生产中具有重要的作用。如磷酸三丁酯是提取铀的萃取剂,有机磷(膦)酸酯是广泛使用的一类农药,磷脂是构成生物细胞膜的最基本的结构,具有特殊的生理功能。

本章重点介绍胺、重氮和偶氮化合物、磷(膦)酸酯的结构及其在医药学中的应用,胺类化合物的主要化学性质。

10.1　胺

胺(amine)可以看作是氨分子中氢原子被烃基取代的产物。

10.1.1　胺的分类

根据胺分子中氮原子上所连烃基的个数,将胺分为**伯胺**(primary amine)、**仲胺**(secondary amine)、**叔胺**(tertiary amine)、**季铵**(quaternary ammonium)类。

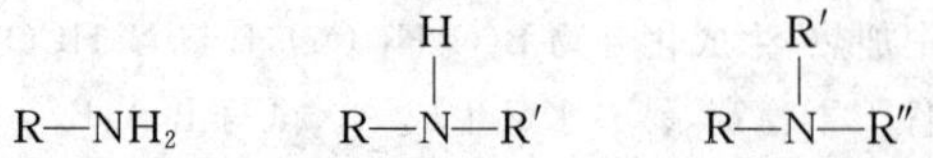

伯胺　　仲胺　　叔胺

季铵类化合物包括**季铵碱**(quaternary ammonium base)和**季铵盐**(quaternary ammonium salt)。

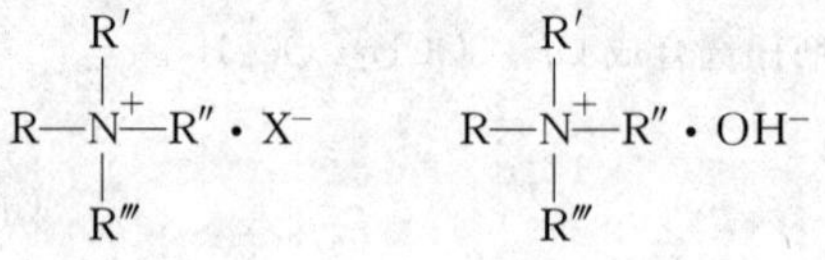

季铵盐　　季铵碱

根据分子中氮原子上所连烃基的种类不同,可以将胺分为**脂肪胺**(alphatic amine)、**芳香胺**(aromatic amine)。例如:

	脂肪胺	芳香胺
伯胺	CH_3NH_2	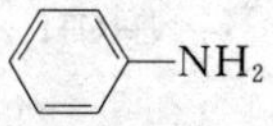
仲胺	$(CH_3CH_2)_2NH$	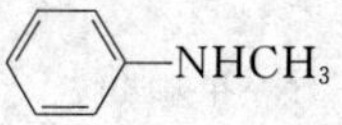
叔胺	$(CH_3CH_2)_3N$	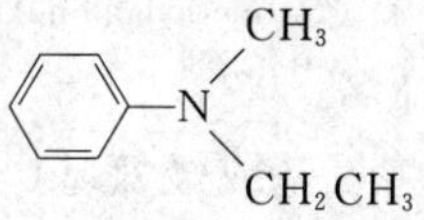

注意伯、仲、叔胺与伯、仲、叔醇在结构上的区别。

根据胺分子中所含**氨基**（—NH_2，amino）的数目可分为一元胺（monoamine）和多元胺（polyamine）。例如：

$CH_3CH_2CH_2NH_2$	$H_2NCH_2CH_2CH_2CH_2CH_2NH_2$
丙胺（一元胺）	1,5–戊二胺（尸胺，二元胺）
（propylamine）	（pentane–1,5–diamine）

问题 10.1 按伯、仲、叔、季的分类方法将下列胺（铵）和醇分类。

（1）$CH_3CH_2CH_2CHNH_2$（CH 上连 CH_3）　（2）$CH_3CH_2CH_2CH_2CHOH$（CH 上连 CH_3）　（3）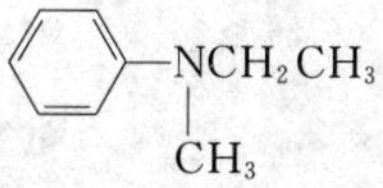

（4）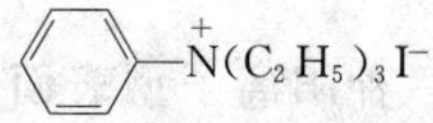　（5）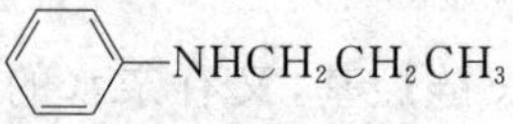

10.1.2 胺的命名

1. 简单胺的命名

简单胺的命名是在烃基的名称后加“胺”字，即“某胺”。相同的烃基合并起来，将其数目、名称写于母体名称“胺”之前；若为不同的烃基，则按“顺序大的基团后列出”的原则依次写于母体名称之前。例如：

$CH_3CH_2NH_2$	$(CH_3)_3N$	$(CH_3)_2CH_2CH_2NHCH_3$
乙胺	三甲胺	甲异丁胺
（ethyl amine）	（trimethyl amine）	（isobutyl methyl amine）
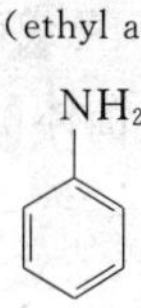	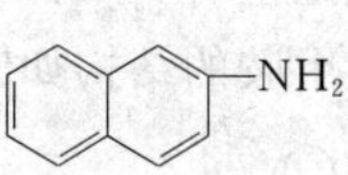	$H_2NCH_2CH_2NH_2$
苯胺	β– 萘胺	乙二胺
（aniline）	（β– naphthyl amine）	（ethane – 1,2 – diamine）

芳香仲胺和叔胺的命名是以苯胺为母体，脂肪烃基为取代基。命名时在氮原子上所连取代基名称前冠以“*N*–”或“*N*,*N*–”，以表示该取代基直接连在氮原子上。例如：

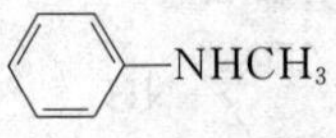

N－甲基苯胺

（*N*－methylaniline）

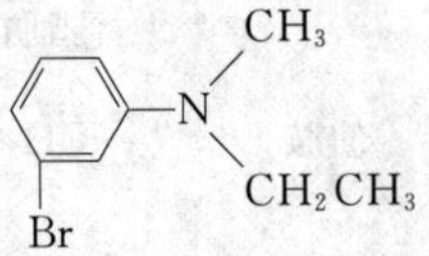

N－甲基－*N*－乙基－3－溴苯胺

（3－bromo－*N*－ethyl－*N*－methylaniline）

2. 复杂胺的命名

以烃为母体，将氨基或烃氨基（—NHR，—NR_2）作为取代基。例如：

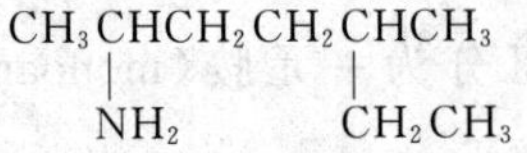

5－甲基－2－氨基庚烷

（5－methylheptane－2－amine）

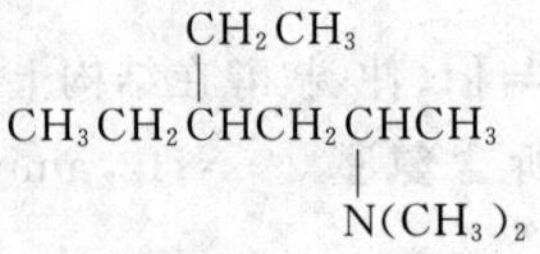

4－乙基－2－二甲氨基己烷

（*N*，*N*－diemethyl－4－ethylhexane－2－amine）

3. 季铵类化合物的命名

季铵类化合物的命名与氢氧化铵和铵盐类似。例如：

$(CH_3CH_2)_4N^+OH^-$

氢氧化四乙铵

（tetraethylammonium hydroxide）

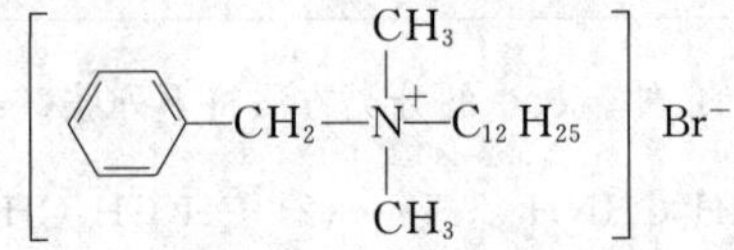

溴化二甲基十二烷基苄铵（新洁尔灭）

（bromo－geramine）

新洁尔灭分子内既含有憎水的长链烃基，又有亲水的铵离子，是一种阳离子型**表面活性剂**（surface－active agent），能渗入细菌内部引起细胞破裂，从而有杀菌消毒的能力。临床上常将其稀溶液用于皮肤、创面及手术器械等的消毒。

问题 10.2　命名下列化合物或写出结构式。

（1）$CH_3CH_2N(CH_3)_2$　（2）$CH_3CH_2CH_2NHCH(CH_3)_2$　（3）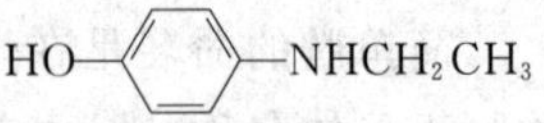

（4）4－硝基－2－甲基苯胺　（5）3－甲氨基己胺　（6）二苯胺

10.1.3　胺的结构

胺与氨分子结构相似，氮原子为不等性 sp^3 杂化，3 个杂化轨道分别与氢或碳原子轨道形成 σ 键，分子呈棱锥形的结构。未成键的 sp^3 轨道上有一对孤电子对，居于棱锥体的顶端，胺的碱性和亲核性与该孤电子对有关。氨、二甲胺、三甲胺的结构如图 10.1 所示。

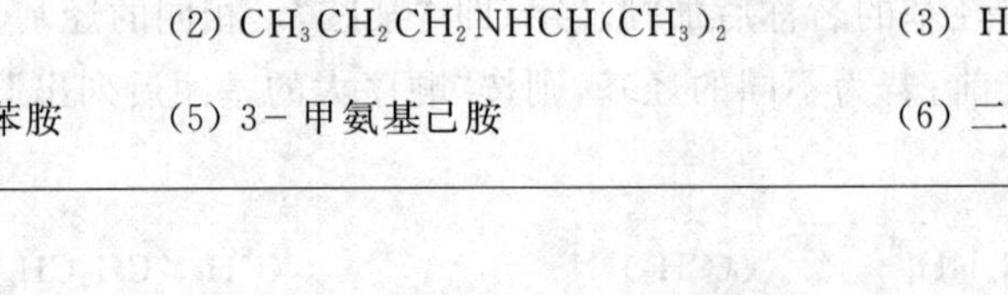

图 10.1　氨、二甲氨、三甲胺的结构

苯胺的结构与脂肪胺的结构有差别，表现在苯胺的分子虽呈棱锥体，但趋向于平面化。物理方法测定：H—N—H 平面与苯环平面的二面角接近于 39.5°，H—N—H 键角为 113.9°，说明苯胺中氮原子上的孤电子对参与苯环的共轭，降低了氮原子上的电子云密度，使苯胺碱性弱于氨。苯胺的结构如图 10.2 所示。

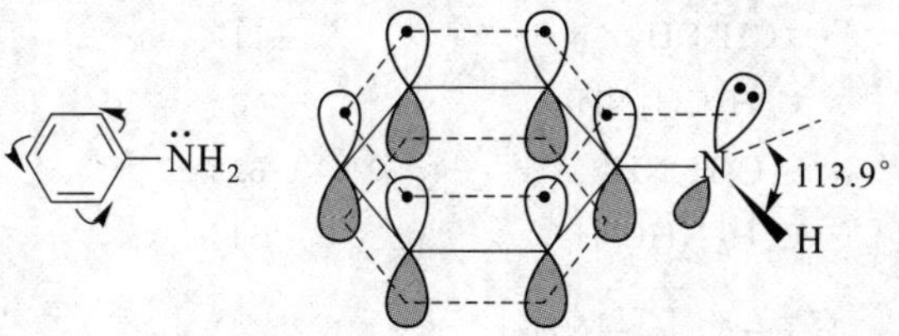

图 10.2 苯胺分子的结构示意图

胺分子的棱锥形结构类似于碳的四面体，当氮上连有三个不同的取代基时，胺分子具有手性，理论上存在对映异构体，但目前尚未分离出这类对映异构体。

在季铵类化合物中，当氮原子上连有 4 个不同的烃基，或氮原子固定在刚性较大的环中（如桥环胺分子），就能用适当的方法拆分出一对对映异构体，如图 10.3 所示。

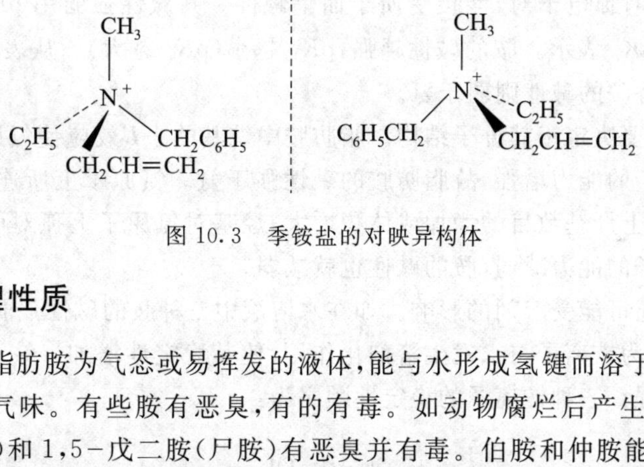

图 10.3 季铵盐的对映异构体

10.1.4 胺的物理性质

在常温下，低级脂肪胺为气态或易挥发的液体，能与水形成氢键而溶于水。高级胺为固体，不溶于水，几乎没有气味。有些胺有恶臭，有的有毒。如动物腐烂后产生的三甲胺有鱼腥味，1,4-丁二胺（腐肉胺）和 1,5-戊二胺（尸胺）有恶臭并有毒。伯胺和仲胺能形成分子间氢键，且胺分子中 N-H 的极性比醇中 O-H 弱，故沸点高于相对分子质量相近的烷烃而低于醇。叔胺中氮原子上无氢，不能形成分子间氢键，故沸点比相应的伯胺和仲胺低。

芳香胺多为高沸点的液体或低熔点的固体，有特殊气味，毒性较大。如苯胺通过皮肤渗入或吸入过量，易引起中毒。苯胺、α-萘胺和 β-萘胺有致癌作用。一些常见胺的理化常数见表 10.1。

表 10.1 一些常见胺的理化常数

名称	结构简式	熔点/℃	沸点/℃	pK_a^*
氨 ammonia	NH_3	−78	−33	9.24
甲胺 methylamine	CH_3NH_2	−93.5	−6.3	10.65
二甲胺 dimethylamine	$(CH_3)_2NH$	−93	7.5	10.73

续表

名称	结构简式	熔点/℃	沸点/℃	pK_a^*
三甲胺 trimethylamine	$(CH_3)_3N$	−117	2.9	9.78
乙胺 ethylamine	$CH_3CH_2NH_2$	−80	17	10.70
二乙胺 diethylamine	$(CH_3CH_2)_2NH$	−48	56	10.94
三乙胺 triethylamine	$(CH_3CH_2)_3N$	−115	89	10.75
苯甲胺 phenylmethylamine	$C_6H_5CH_2NH_2$	10	184	9.73
苯胺 aniline	$C_6H_5NH_2$	−6.3	184	4.60
二苯胺 diphenylamine	$C_6H_5NHC_6H_5$	54	302	1.20
对甲苯胺 *p*-methylaniline	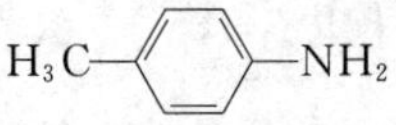	44	200	5.08
对硝基苯胺 *p*-nitraniline		148	332	1.00

注：pK_a^* 为胺共轭酸的解离常数。

10.1.5　胺的化学性质

1. 碱性及成盐反应

胺分子中氮原子有孤电子对，能接受质子而呈碱性。其碱性强弱用 pK_b 表示，也可以用其共轭酸(RNH_3^+)的 pK_a 表示。胺的碱性越强，pK_b 越小(pK_a 越大)。从表 10.1 中可知，脂肪胺的碱性强于氨，而芳香胺的碱性则弱于氨。

胺的碱性强弱主要决定于其分子结构。脂肪胺中烷基的 $+I$ 效应使氮原子上的电子云密度增大，氮原子接受质子的能力增强，故脂肪胺的碱性强于氨。氮原子上所连烷基越多，胺的碱性也就越强。但随着氮上烃基数目的增加或体积增大，烃基对氮原子上孤对电子产生的屏蔽作用也增大，使其接受质子的能力减弱，胺的碱性也就减弱。

其次，胺的碱性还可能受溶剂的影响。如在水溶液中三种胺的碱性强弱顺序为：二甲胺＞三甲胺＞甲胺。这是因为铵离子与水发生溶剂化作用，使其稳定性增加。铵离子上的氢原子数目越多，溶剂化作用越强。三种铵离子的稳定性顺序为：

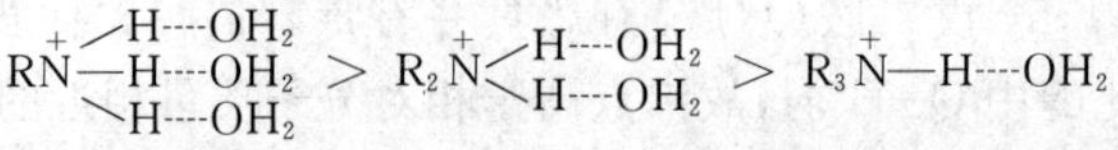

受电子效应、空间效应和溶剂化效应等多种因素的影响，脂肪仲胺的碱性最强，伯胺和叔胺的碱性强弱与烃基有关。如甲胺碱性强于三甲胺，而三乙胺又强于乙胺。

芳香胺分子中的氮原子上的孤电子对与苯环形成共轭体系，电子离域到芳环上，降低了氮原子上的电子云密度，因此其碱性比氨和脂肪胺都要弱得多。芳香烃基的体积增大，也使其碱性减弱。取代芳香胺的碱性强弱与取代基的性质和在环上的相对位置有关，要受电子效应和空间效应(包括邻位效应)等的综合影响。

季铵碱是一种强碱，碱性与氢氧化钠或氢氧化钾相当。综上所述，常见胺的碱性强弱顺序为：季铵碱＞脂肪胺＞氨＞芳香胺，见表 10.1。

胺具有碱性，可以与酸生成盐。例如：

$$C_2H_5NHCH_3 + HCl \longrightarrow C_2H_5NH_2^+CH_3Cl^- \text{ 或 } C_2H_5NHCH_3 \cdot HCl$$

甲乙胺　　氯化甲乙铵　　盐酸甲乙胺

$$C_6H_5NH_2 + HCl \longrightarrow C_6H_5NH_3^+Cl^- \text{ 或 } C_6H_5NH_2 \cdot HCl$$

苯胺　　氯化苯铵　　盐酸苯胺

苯胺只能与强酸成盐，二苯胺的碱性比苯胺弱得多，三苯胺接近中性，与强酸也不能成盐。

铵盐一般都溶于水，与强碱（NaOH 或 KOH）作用又重新游离出原来的胺。因此，利用此性质可以分离或精制胺。例如：

$$C_6H_5NH_3^+Cl^- + NaOH \longrightarrow C_6H_5NH_2 + NaCl + H_2O$$

铵盐溶解性较好，性质稳定，制药工业上常将难溶于水的胺类制成相应的盐。例如，局部麻醉药**盐酸普鲁卡因**（procaine hydrochloride）其水溶液可用于肌肉注射。

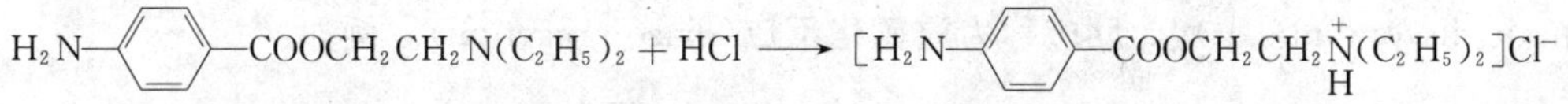

普鲁卡因　　盐酸普鲁卡因

问题 10.3　比较下列各组化合物的碱性强弱。

(1) $CH_3CH_2NHCH_3$，　$(CH_3)_3N$，　$C_6H_5NH_2$，　$(CH_3)_3N^+CH_3OH^-$

(2) 苯胺，　对-氯苯胺，　对-甲苯胺

---

2. 酰化反应和磺酰化反应

(1) 酰化反应　胺的酰化反应是指在胺的分子中引入酰基形成酰胺类化合物的反应，也属于羧酸衍生物的氨解反应。伯胺、仲胺分子中氮原子上有氢原子，能与酰氯、酸酐等酰化剂发生反应，生成 *N*-烃基酰胺或 *N*,*N*-二烃基酰胺，叔胺氮原子上无氢，故不能发生酰化反应。例如：

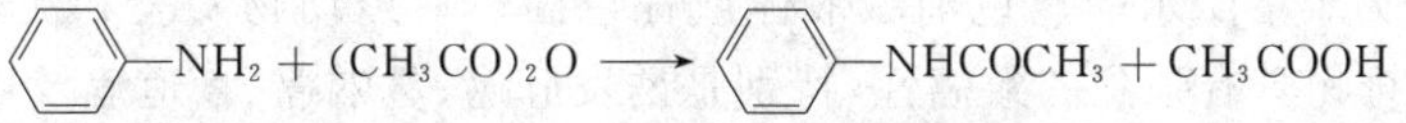

乙酰苯胺

$$CH_3C(=O)—Cl + HN(C_2H_5)_2 \longrightarrow CH_3C(=O)—N(C_2H_5)_2 + HCl$$

N,*N*-二乙基乙酰胺

芳香胺易被氧化，在有机合成中常利用酰化反应保护芳香胺分子中的氨基。芳香胺分子中引入酰基后毒性降低，脂溶性增加，有利于提高或延长药效。例如，具有解热镇痛作用的对氨基苯酚，经乙酰化后生成对羟基乙酰苯胺（**扑热息痛**，paracetamol），疗效增强，毒副作用降低。

(2) 磺酰化反应　伯胺、仲胺能与苯磺酰氯、对甲基苯磺酰氯等磺酰化剂反应，形成相应的苯磺酰胺，此反应称为**磺酰化反应**（sulfonylation reaction），又称 **Hinsberg 反应**。例如：

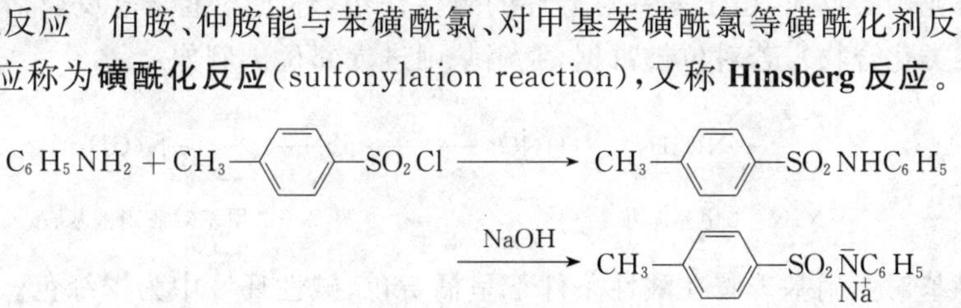

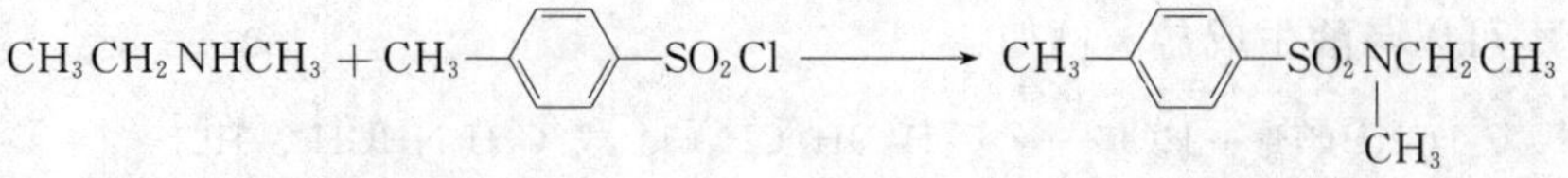

磺酰胺类化合物大多为固体，易于精制，有确定的熔点，在酸或碱催化下水解成原来的胺，利用此性质可以分离、提纯和鉴别三种胺类。

3. 与亚硝酸反应

不同结构的胺与亚硝酸反应形成不同的产物。

(1) 伯胺　脂肪伯胺与亚硝酸钠的盐酸溶液反应放出氮气，得到卤代烃、烯烃、醇等多种产物的混合物。此反应能定量的放出氮气，可用于氨基的定量分析。例如：

$$CH_3CH_2NH_2 \xrightarrow[0\sim5\ ℃]{NaNO_2+HCl} CH_3CH_2OH + CH_2{=}CH_2 + CH_3CH_2Cl + N_2\uparrow$$

芳香伯胺与亚硝酸钠(或亚硝酸钾)的酸性溶液，在低温(0～5 ℃)反应时生成**芳香重氮盐**(aromatic diazonium salt)，此反应称为**重氮化反应**(diazo-reaction)。例如：

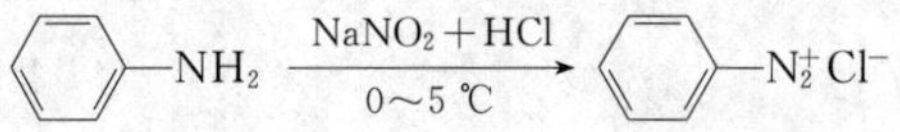

氯化重氮苯

(2) 仲胺　脂肪仲胺都能与亚硝酸反应生成 ***N*-亚硝基胺**(nitrosoamine)类化合物。例如：

$$\underset{\text{二乙胺}}{(CH_3CH_2)_2NH} \xrightarrow[0\sim5\ ℃]{NaNO_2+HCl} \underset{N\text{-亚硝基二乙胺(黄色油状液体)}}{(CH_3CH_2)_2N{-}NO}$$

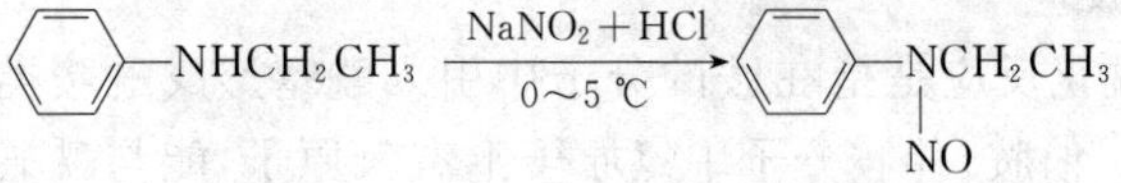

N-乙基苯胺　　*N*-乙基-*N*-亚硝基苯胺(棕色固体)

N-亚硝基胺为难溶于水的黄色油状液体或棕色固体。经动物实验和流行病学研究表明，*N*-亚硝基胺类化合物具有强烈的致癌性，特别是诱发肝癌、鼻咽癌、食道癌及胃癌。自然界中存在的 *N*-亚硝基胺类化合物不多，但其前体物硝酸盐、亚硝酸盐及胺类化合物进入体内后，可以合成 *N*-亚硝基化合物，这是 *N*-亚硝基胺危害人类的主要途径。改进食品加工工艺、多食富含维生素 C、E 及酚类化合物等食物可明显减少体内胺的亚硝化作用，有利于预防肿瘤的发生。

(3) 叔胺　脂肪叔胺与亚硝酸反应形成不稳定的亚硝酸盐。例如：

$$(CH_3)_3N + HNO_2 \xrightarrow{0\sim5\ ℃} (CH_3)_3N\cdot HNO_2$$

芳香叔胺与亚硝酸反应，由于氨基对芳环的致活作用，环上发生亲电反应活性增加，取代产物为对亚硝基胺类化合物。若对位被占据，亚硝基则进入邻位。例如：

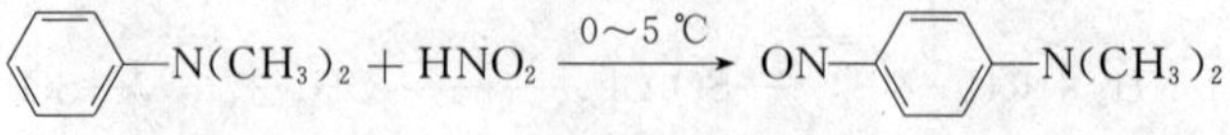

N,*N*-二甲基苯胺　　*N*,*N*-二甲基对亚硝基苯胺

N,*N*-二甲基对亚硝基苯胺在酸性条件下呈橘黄色，碱性环境中为翠绿色。

根据上述反应可知，伯、仲、叔胺在低温下与 HNO_2 反应生成的产物和现象不同，可以用来鉴别不同种类的胺。

4. 芳香胺的取代反应

芳香胺中氮原子上的孤电子对参与苯环的共轭而活化了苯环，使芳香胺的苯环上易发生亲电取代反应。

(1) 卤代反应　苯胺与溴水反应，室温下立即产生 2,4,6 - 三溴苯胺白色沉淀。此反应非常灵敏、迅速，可用于苯胺的检验和定量分析。

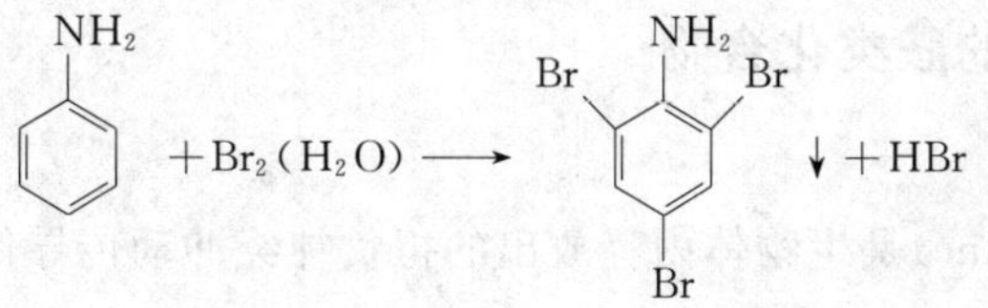

(2) 硝化反应　苯胺易被氧化，故不能直接用苯胺进行硝化。若欲制备苯胺硝化产物，应先将苯胺酰化后再硝化，最后水解除去酰基，即可得目标产物。例如：

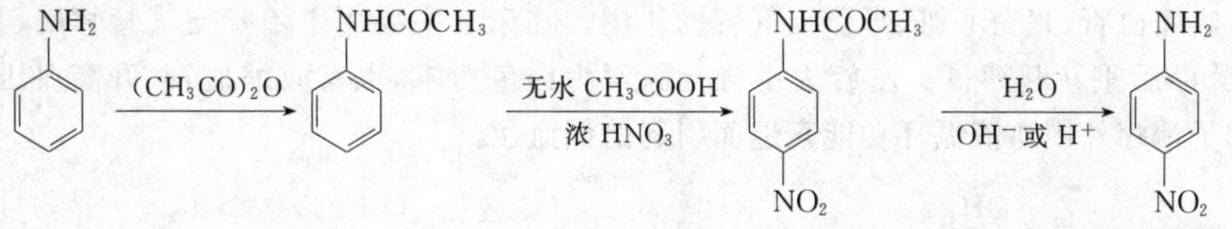

主要产物

若要得到间硝基取代物，可以将芳香胺先制成铵盐后再硝化。如可以先将苯胺溶于浓硫酸，生成硫酸盐后再硝化，最后用碱处理便可。

(3) 磺化反应　将苯胺溶于浓硫酸生成苯胺硫酸盐，加热脱水可得到对氨基苯磺酸，对氨基苯磺酸常以内盐的形式存在。

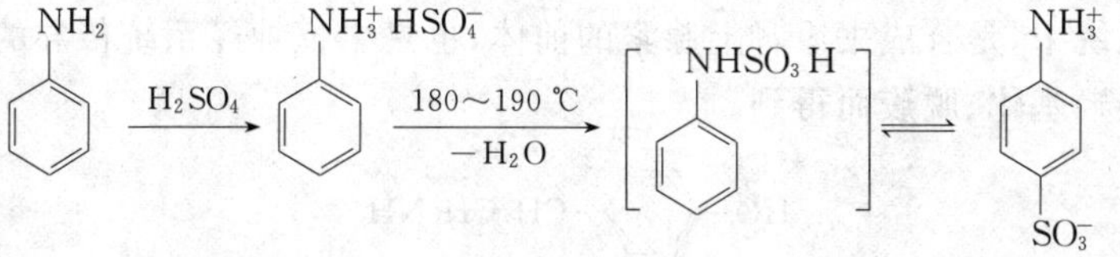

对氨基苯磺酸

对氨基苯磺酰胺简称**磺胺**（sulfanilamide，SN，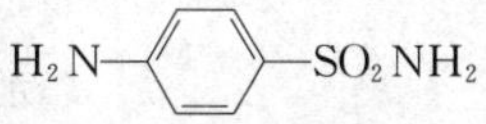），是最简单的磺胺类药物，也是其他磺胺类药物的基本骨架，具有抑制细菌生长和繁殖的作用。

5. 氧化反应

芳胺比脂肪胺容易氧化，用不同的氧化条件可以得到不同的氧化产物。在一定的条件下，用氧化剂处理苯胺，可得到主产物对苯醌。此性质可用于制备醌类化合物。例如：

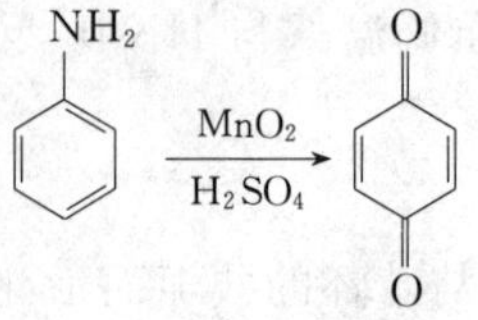

对苯醌

纯净的苯胺是无色的，但暴露在空气中会逐渐变成红棕色，但芳胺的盐难氧化，故可以将芳胺制成盐保存。

10.1.6　与医药有关的胺类化合物

1. 生源胺

生源胺(biogenic amine)是生物体内释放出的担负神经冲动传导作用的化学介质，由于都是胺类物质，故称为生源胺。

肾上腺素和去甲肾上腺素：都具有邻苯二酚(儿茶酚)和β-苯乙胺的结构，故又称为儿茶酚胺。儿茶酚胺是手性分子，有一对对映体。它易被氧化而失效，故临床上常用其盐酸盐。左旋肾上腺素有收缩血管、兴奋心脏、舒张支气管的作用。临床上主要用于治疗支气管哮喘、过敏性休克、心脏骤停后重新起搏等。左旋去甲肾上腺素为白色粉末，也有收缩血管、升高血压的作用。临床上用于治疗外周血液循环功能衰退而引起的低血压。

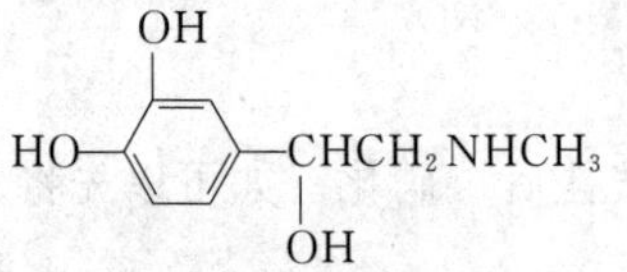

肾上腺素
(adrenaline，AD)

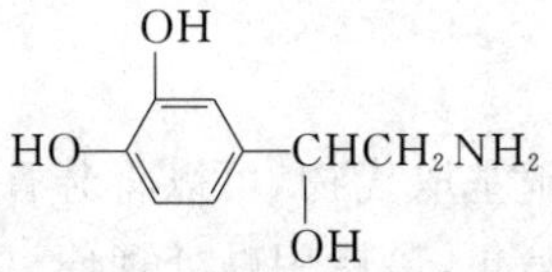

去甲肾上腺素
(noradrenaline，NE)

多巴胺：结构与肾上腺素和去甲肾上腺素相似，只是侧链上少一个醇羟基。它存在于肾上腺髓质和中枢神经系统中，是合成去甲肾上腺素的前体，也是中枢神经系统传导的递质。在体内酪氨酸在酶催化下经羟基化、脱羧而得到。

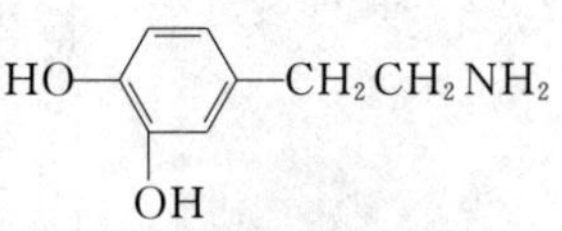

多巴胺
(dopamine)

药用多巴胺是人工合成品，常用于治疗失血性、心源性及感染性休克、帕金森氏病(Parkinson's disease)、急性肾功能衰竭等。

5-羟基色胺：又称为吲哚胺。主要产生于消化道黏膜和血液中，在体内担负脑中枢的神经传导介质。血液凝固时，血小板游离出的5-HT，可引起血压降低、平滑肌收缩加速，血液发生凝固，缩短出血时间。

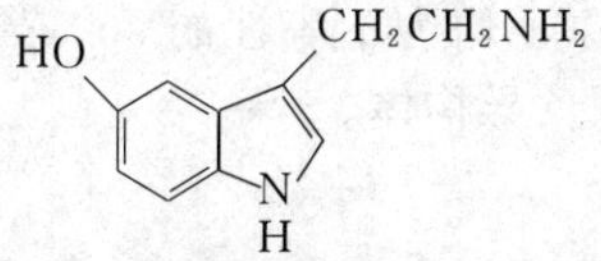

5-羟基色胺
(serotonin, 5-HT)

2. 胆碱

胆碱(choline)是存在于生物体内的一种季铵碱。因最初发现它是胆汁中的碱性物质,因而得名。胆碱为白色结晶,吸湿性强,易溶于水和乙醇,不溶于乙醚、氯仿。在生物体内参与脂肪代谢,有抗脂肪肝的作用。氯化胆碱用于治疗脂肪肝和肝硬化。

$[HOCH_2CH_2N^+(CH_3)_3]OH^-$	$[CH_3COOCH_2CH_2N(CH_3)_3]^+OH^-$
胆碱(氢氧化三甲基-β-羟乙基铵)	乙酰胆碱
(choline)	(aceteylcholine)

胆碱在胆碱酯酶作用下与乙酸生成**乙酰胆碱**。乙酰胆碱是体内重要的神经介质,当其在体内的合成与分解遭到破坏时,会引起神经系统紊乱。

10.2 重氮化合物和偶氮化合物

重氮化合物(diazo compound)是指烃基与重氮基($-N^+\equiv N$)相连构成的化合物,通式为 $RN^+\equiv N$;**偶氮化合物**(azo compound)是指偶氮基($-N=N-$)的两端都与烃基相连构成的化合物,通式为 $R-N=N-R$。

10.2.1 重氮化合物和偶氮化合物的结构

$H_2\bar{C}-\overset{+}{N}\equiv N$

重氮甲烷
(diazomethane)

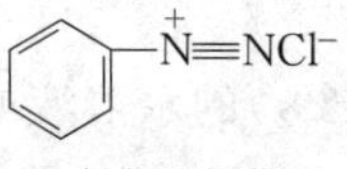

氯化重氮苯
(benzenediazoniumchloride)

重氮基($-N^+\equiv N$)为直线形结构,两个氮原子都为 sp 杂化。芳香重氮基上 p 轨道与苯环上的大 π 键形成 p-π 共轭体系,使芳香重氮盐的稳定性高于脂肪族重氮盐,如图 10.4。

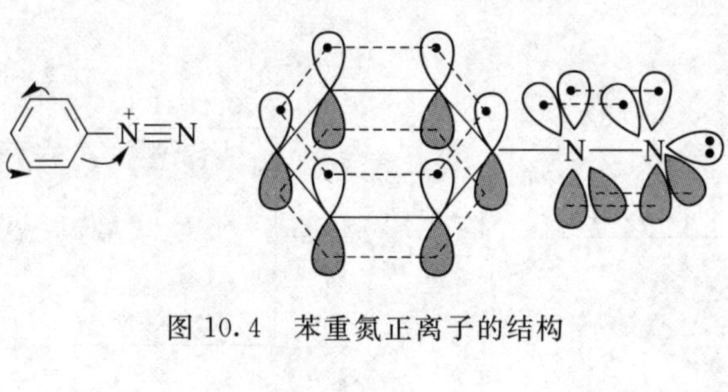

图 10.4 苯重氮正离子的结构

偶氮基(—N═N—)上两个氮原子均为不等性的 sp^2 杂化，每个氮原子上有孤电子对占据一个 sp^2 杂化轨道，所以偶氮苯有顺反异构体。

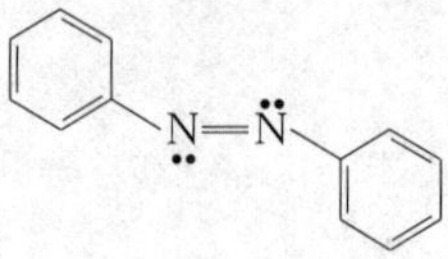

反式偶氮苯

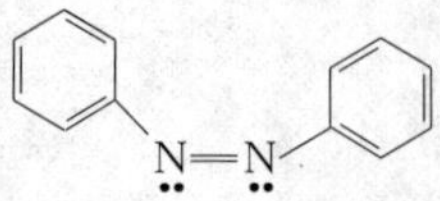

顺式偶氮苯

10.2.2　重氮盐的性质

重氮盐是伯胺与亚硝酸发生重氮化反应的产物。低温下，脂肪伯胺形成的重氮盐立即分解放出氮气，形成碳正离子。

$$R-\overset{+}{N}\equiv N: \longrightarrow R^{+} + N_2\uparrow$$

芳香重氮盐的性质与铵盐相似，是一种离子型化合物。纯净的重氮盐为无色的晶体，易溶于水，难溶于有机溶剂，水溶液能导电，干燥时极不稳定，受热或震荡易爆炸，在低温和强酸性溶液中可以短暂保存，通常在制备后直接用于下一步反应。

芳香重氮盐是一种活泼的中间体，不同反应条件所得的产物不同。按照反应产物的差别将反应分为取代反应和偶联反应两大类。

1. 取代反应(放氮反应)

在一定条件下，重氮盐中的重氮基可以被羟基、氢、卤素和氰基等取代，形成相应的取代产物，并放出氮气。此类反应在有机合成中可将苯环上的—NH_2 转变成其他基团，或合成某些难以通过苯环直接取代而制得的取代芳烃类物质。

重氮盐的硫酸溶液加热煮沸，将水解生成酚和放出氮气 。例如：

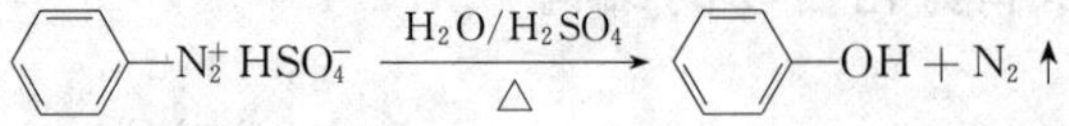

将重氮盐与次磷酸(H_3PO_2)的水溶液或与无水乙醇反应，重氮基被氢取代形成芳烃。此法可用于除去苯环上的—NH_2 或—NO_2。例如：

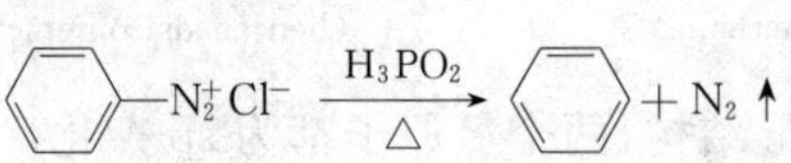

在亚铜离子的催化下，重氮基被—Cl、—Br、—I 和—CN 等基团取代，形成卤代苯和苯基腈，此反应称 **Sandemeyer** 反应。

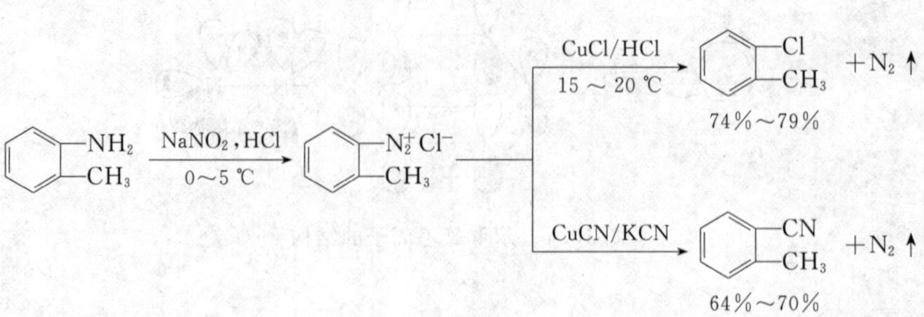

若直接用碘化钾与重氮盐共热就可以得到产率较高的碘代芳烃，这是合成碘代芳烃的适宜方法。例如：

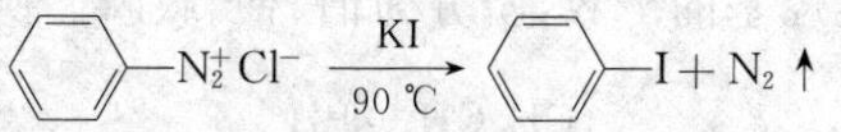

苯基腈水解最终得到苯甲酸，可用于制备芳香酸。

2. 偶联反应(保留氮的反应)

重氮盐是一种弱的亲电试剂，在一定 pH 条件下，能与酚或芳胺等发生亲电取代反应，形成有鲜艳颜色的化合物，称之为**偶氮化合物**(azo compound)，此反应称为**偶联反应**(coupling reaction)。例如：氯化重氮苯与苯酚偶联生成橘黄色的偶氮苯化合物。

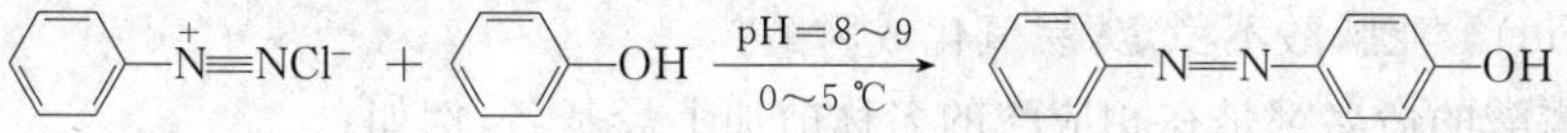

4-羟基偶氮苯(4-hydroxyazobenene)

若苯酚或苯胺分子中对位被占据，偶联则发生在邻位。此性质可用于鉴别某些酚或芳胺类化合物。

重氮盐与酚的偶联反应宜在弱碱性介质中进行，与芳胺的偶联反应则宜在中性或弱酸性(pH=5～7)介质中进行。

偶氮基是一种重要的生色基团，所以芳香偶氮化合物一般都具有鲜艳的颜色，可用作染料，称为**偶氮染料**。如广泛用于分析化学中的酸碱指示剂甲基橙(4′-二甲氨基偶氮苯-4-磺酸钠)，在 pH=3.0～4.4 溶液中能显示不同的颜色。

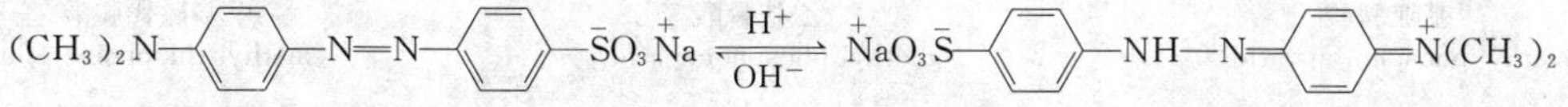

(黄色)　　甲基橙(红色)

重氮盐的偶联反应是制备偶氮染料的重要化学反应。

问题 10.4 以苯为原料合成邻-溴苯酚。

问题 10.5 由对氯-甲苯合成邻-氨基-对-氯苯甲酸，有如下三种可能的合成途径：

(1) 先硝化，再还原，然后氧化。 (2) 先硝化，再氧化，然后还原。 (3) 先氧化，再硝化，然后还原。试问哪一种合成途径最合理，为什么？

10.3 有机磷化合物

磷的价电子构型为 $3s^2 3p^3$，能形成与氮相似的化合物，如磷化氢和膦。磷原子还能形成一些氮原子不能形成的化合物，如磷酸及其烃基衍生物等。磷化氢(PH_3)与 NH_3 的结构相似，为剧毒物质。PH_3 的烃基衍生物称为**膦**(phosphane)。

10.3.1 膦

根据分子中磷原子上所连烃基的个数，膦分为伯、仲、叔膦。例如：

$CH_3CH_2PH_2$	$(CH_3CH_2)_2PH$	$(CH_3CH_2)_3P$
乙基膦（伯膦）	二乙基膦（仲膦）	三乙基膦（叔膦）
(ethylphosphine)	(diethylphosphine)	(triethylphosphine)

叔膦与叔胺相似，也能形成季鏻盐 $R_4P^+X^-$。

10.3.2 膦的衍生物

亚磷酸（H_3PO_3）、磷酸（H_3PO_4）的烃基衍生物分别称为亚膦酸（phosphorous acid）和膦酸（phosphonic acid）。亚膦酸不稳定，易氧化成膦酸。

亚膦酸和膦酸的命名都是在相应酸的名称前加上烃基名，例如：

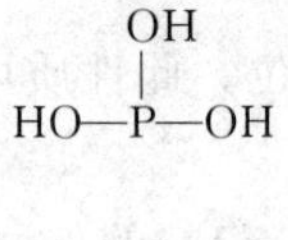

亚磷酸
(phosphorous acid)

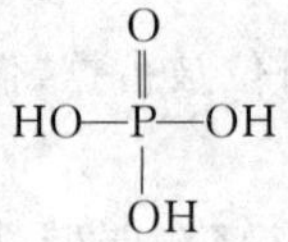

磷酸
(phosphoric acid)

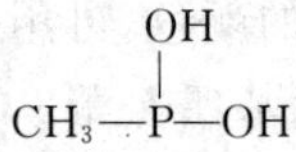

甲基亚膦酸
(methyl phosphorous acid)

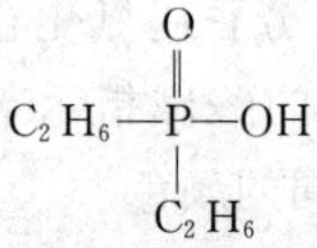

二乙基膦酸
(diethyl phosphonic acid)

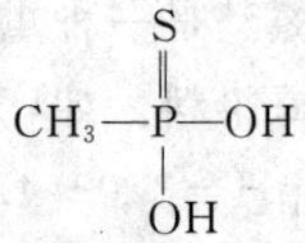

甲基硫代膦酸
(methyl thiophonic acid)

膦酸与醇或酚脱水也能形成相应的**膦酸酯**（phosphonate）。膦酸酯的命名通常是将酯键上的烃基作为取代基，用前缀 *O*-烃基表示，即命名为“某基膦酸酯”。例如：

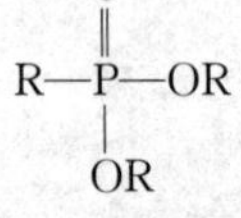

膦酸酯

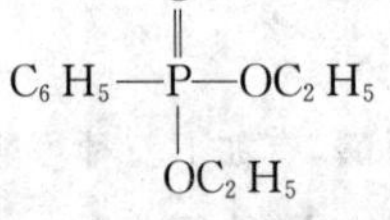

O,*O*-二乙基苯基膦酸酯
(*O*,*O*-diethyl phenylphosphonate)

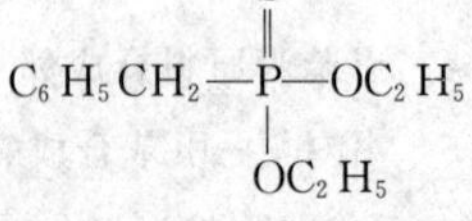

O,*O*-二乙基苄基硫代膦酸酯
(*O*,*O*-diethyl benzylthiophosphonate)

10.3.3 常见的有机磷杀虫剂

有机磷杀虫剂品种繁多，从结构上看，绝大多数为磷酸酯或硫代磷酸酯类化合物，少数属于膦酸酯和磷酰胺酯类。它们大多数为呈黄色或棕色的油状液体，少数（如敌百虫）为固体，有类似大蒜样的特殊臭味，难溶于水，易溶于有机溶剂及动植物油脂中。对光、热较稳定，碱性溶液中易分解。

有机磷杀虫剂的名字一般较为复杂，不易记忆，故常用其商品名。例如：

O,*O*-二甲基-(1-羟基-2,2,2-三氯乙基)膦酸酯，商品名为敌百虫，属中等毒性的有机磷

杀虫剂。

O,*O*–二乙基–*O*–[2–(乙硫基)乙基]磷酸酯，商品名为内吸磷(E1059)，为剧毒，目前已禁止生产和使用。

O,*O*–二甲基–*S*–(*N*–甲基氨基甲酰甲基)二硫代磷酸酯，商品名为乐果，中等毒性的杀虫剂。

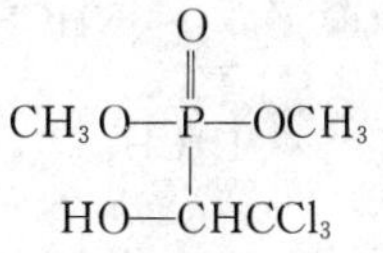

敌百虫
(dipterex)

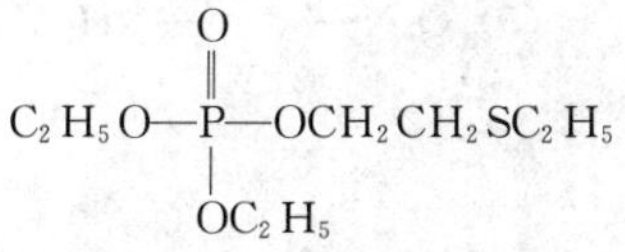

内吸磷
(demeton)

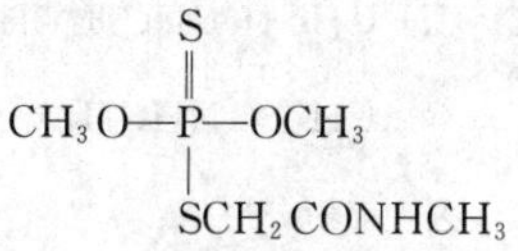

乐果
(rogor)

有机磷杀虫剂脂溶性较好，经呼吸道、消化道和皮肤(可以渗透无破损的皮肤)等进入体内，与体内的胆碱酯酶结合而抑制酶的活性，使其减弱或丧失分解乙酰胆碱的功能，导致神经系统功能紊乱，出现中毒症状。有机磷杀虫剂对昆虫、家禽、家畜及人都有不同程度的毒性，若中毒较轻者，可服用解磷定或注射阿托品等药物解毒。中毒较严重者，应立即送医院洗胃，结合用药治疗。

阅读材料

苯丙胺类化合物

苯异丙胺，其译音名为安非他明(amphetamine)，是一种中枢神经兴奋剂，1887年首次合成，是第一个合成的兴奋剂。苯异丙胺的作用类似于麻黄素，可用于治疗精神抑制症、发作性睡眠病和麻醉药物等。苯异丙胺类药物对身体危害严重，长期使用会引起慢性中毒，大剂量使用可导致心肌功能异常和心血管系统紊乱。由于其成瘾性强，是属于严格管制的精神类药物。

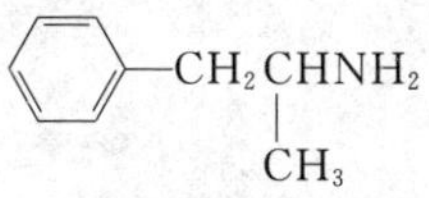

苯异丙胺

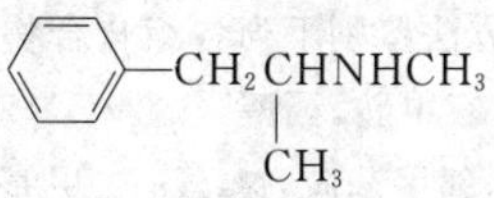

N–甲基苯异丙胺

N–甲基苯异丙胺(methamphetamine)，又称甲基苯异丙胺或甲基安非他明，是一种无味或微有苦味的透明结晶体，形似冰，由于其毒性剧烈，故俗称“冰毒”(ice)，是国际、国内严禁的毒品。甲基苯异丙胺对中枢的兴奋作用较强，具有强的精神依赖性，可一次成瘾，小剂量时有短暂的兴奋抗疲劳作用，高剂量或重复使用可产生中毒性精神病，表现有被害妄想、幻觉，也可能出现听幻觉和触幻觉，现代医学称之为苯丙胺精神病。甲基苯异丙胺造成人的正常生理活动和平衡遭受严重破坏，免疫力下降，精神偏执，行为举止咄咄逼人，同时严重损害内脏器官和脑组织，严重的会导致肾机能衰竭及精神失常，甚至造成死亡。

毒品是人类社会的公害，防毒反毒，人人有责。珍爱生命，拒绝毒品！

习 题

1. 命名下列化合物或写出化合物的结构式。

(1) $CH_3CH_2CH_2CH_2NH_2$　　(2) $HOCH_2CH_2NH_2$　　(3) $(CH_3)_3\overset{+}{N}C_6H_5OH^-$

(4) $CH_3CH(CH_3)CH_2CH(NHCH_3)CH_2CH_2CH_3$　　(5) 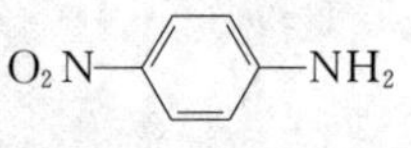　　(6) 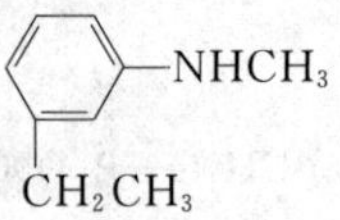

(7) 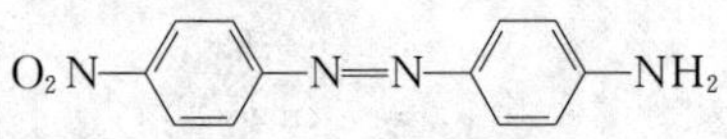　　(8) $ClCH_2CH_2-\overset{O}{\overset{\|}{P}}(OH)-OH$

2. 比较下列各组化合物的碱性强弱。

(1) 丙胺,甲乙胺,丙酰胺,氢氧化四甲铵

(2) 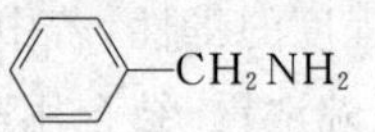，，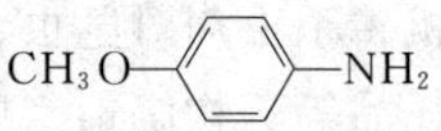

3. 比较丙胺、三甲胺、丙醇的沸点高低,并加以解释。

4. 完成下列反应方程式。

(1) $CH_3CH_2CH_2NH_2 + HCl \longrightarrow$

(2) $C_6H_5NHCH_2CH_3 \xrightarrow[0\sim5\ ℃]{NaNO_2+HCl}$

(3) 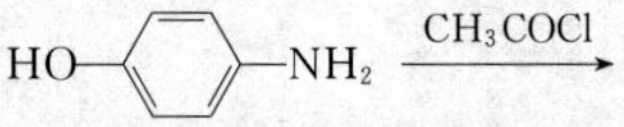

(4) $CH_3CH_2NHCH_3 + (CH_3CO)_2O \longrightarrow$

(5) 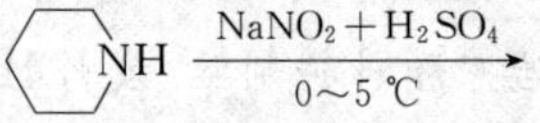

(6) 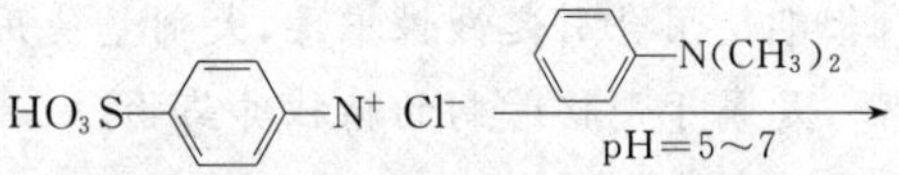

5. 用简便的化学方法鉴别下列各组化合物。

(1) 丙胺,甲乙胺,三甲胺,丙醇

(2) *N*-甲基苯胺,邻甲苯胺,*N*,*N*-二甲基苯胺,邻甲苯胺

6. 根据下列反应途径写出最终产物 A 的结构式。

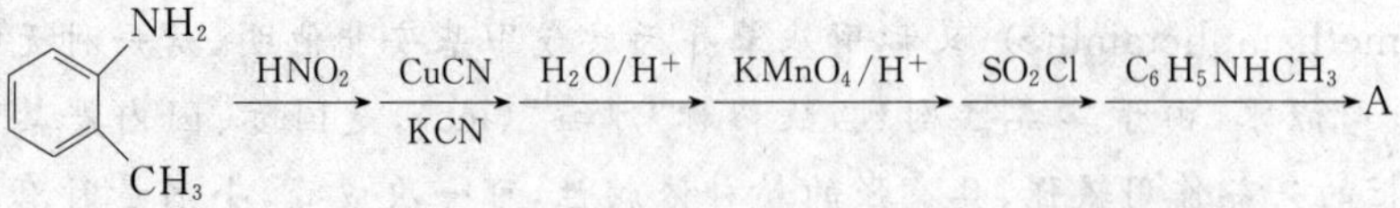

7. 某化合物 B($C_5H_{13}N$),呈碱性,有旋光性。与亚硝酸钠的硫酸溶液反应得到化合物 C($C_5H_{12}O$)。C 可分离出一对对映体,C 与浓硫酸共热得到化合物 D(C_5H_{10})。D 有顺反异构,被酸性高锰酸钾溶液氧化得到两种酸。试写出(1) B 的结构式;(2) 用 Fischer 投影式表示 C 的一对对映异构体;(3) 写出 D 的一对顺反异构体的结构。

8. 以苯为原料合成 1,3,5-三溴苯。

(提示:用指定的原料合成,其他相关试剂自选。)

(遵义医学院　江波)

第 11 章 取代羧酸

羧酸分子中烃基上的氢原子被其他原子或官能团取代后得到的化合物为**取代羧酸**(substituted acid)。取代羧酸广泛存在动植物中,许多是动植物代谢的中间产物;有些参与动植物的生命过程;有些具有强烈的生物活性,能防病治病;有些是工农业和医药工业的重要原料。

取代羧酸主要有**羟基酸**(hydroxy acid)、**酮酸**(keto acid)、**卤代酸**(halogeno acid)和**氨基酸**(amino acid)等,本章主要讨论羟基酸、酮酸和氨基酸的命名、结构、化学性质和在医药、日常生活中的应用。

11.1 羟 基 酸

羟基酸是一类分子中含羧基和羟基两种官能团的化合物。按羟基连接的烃基不同可分为醇酸和酚酸。

11.1.1 羟基酸的命名

醇酸(alcoholic acid)是指脂肪酸烃基上的氢原子被羟基取代后的衍生物。醇酸的命名是以羧酸为母体,羟基为取代基,用阿拉伯数字或希腊字母表示羟基的位置。自然界存在的醇酸,常采用俗名。例如:

$$CH_3\underset{OH}{\underset{|}{C}}HCH_2COOH$$

3-羟基丁酸(β-羟基丁酸)

(3-hydroxybutyric acid)

$$HOOC\underset{OH}{\underset{|}{C}}HCH_2COOH$$

羟基丁二酸(苹果酸)

(malic acid)

$$HOOC\underset{OH}{\underset{|}{C}}H\underset{OH}{\underset{|}{C}}HCOOH$$

2,3-二羟基丁二酸(酒石酸)

(tartaric acid)

$$HOOCCH_2\overset{OH}{\overset{|}{\underset{COOH}{\underset{|}{C}}}}CH_2COOH$$

3-羧基-3-羟基戊二酸(柠檬酸或枸橼酸)

(citric acid)

酚酸(phenolic acid)的命名是以羧酸为母体,羟基作取代基,并用阿拉伯数字或邻、对、间表明羟基在芳环上的位置。例如:

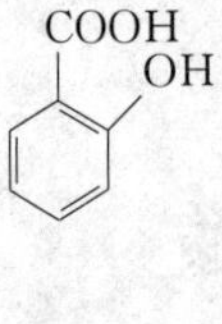

邻羟基苯甲酸(水杨酸)

(salicylic acid)

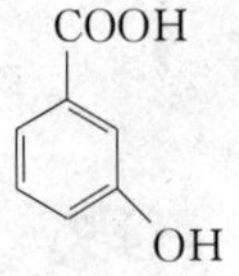

间羟基苯甲酸

(*m*−hydroxybenzoic acid)

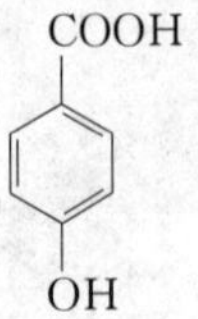

对羟基苯甲酸

(*p*−hydroxybenzoic acid)

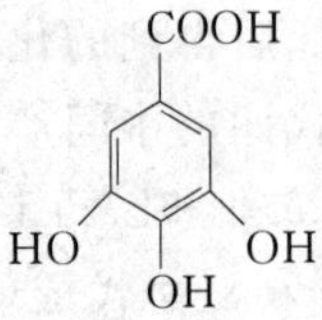

3,4,5−三羟基苯甲酸(没食子酸)

(gallic acid)

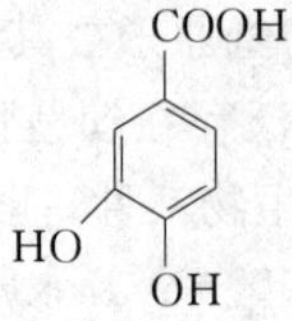

3,4−二羟基苯甲酸(原儿茶酸)

(protocatechuic acid)

11.1.2 羟基酸的物理性质

醇酸多为晶体或黏稠液体,由于分子中含有羧基和羟基两个极性基团,它们都能与水分子形成氢键,因此在水中的溶解度较相应的醇、酸都大,而在乙醚中溶解度则较小。许多醇酸是手性分子,具有旋光性。

酚酸都为晶体,多以盐、酯或糖苷的形式存在于植物中。

11.1.3 羟基酸的化学性质

醇酸具有醇和羧酸的典型反应,例如,羟基可以氧化成羰基;酯化或酰化成酯;羧基可与碱反应生成盐、与醇反应生成酯。由于羟基和羧基的相互影响,醇酸的酸性较强,受热和被氧化可形成特殊产物。

1. 羟基酸的酸性

由于醇羟基的$-I$效应,多数情况下会增强羧基的酸性,因此一般醇酸的酸性比相应羧酸强,但诱导效应随羟基与羧基的距离的增长而迅速减弱。通常是α位的羟基对醇酸酸性的影响较大,β位的羟基对酸性的影响相对较小。例如:

	CH_3CH_2COOH	$CH_3CHCOOH$ (OH 在 α-C 上)	CH_3CHCH_2COOH (OH 在 β-C 上)
pK_a	4.88	3.87	4.51

酚酸的酸性除羟基结构因素外,还与羟基的位置有关。羟基通过$-I$效应和给电子的共轭效应,两种作用方向相反。羟基的诱导效应随碳链的增长而迅速减弱;但共轭效应则在整个共轭体系中起作用,因此,酚酸的酸性随羟基与羧基的相对位置不同而异。例如:

	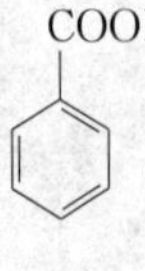	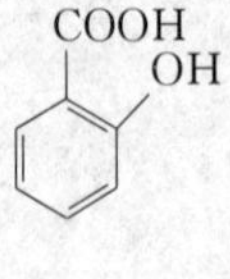	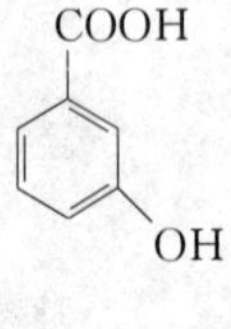	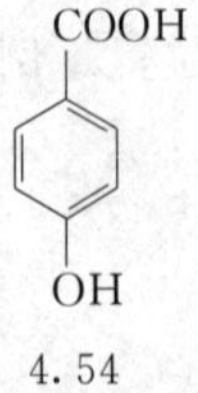
pK_a	4.17	3.00	4.12	4.54

这3种异构体中，邻羟基苯甲酸(水杨酸)的酸性比其他两个异构体以及苯甲酸都强，主要是分子中存在邻位效应，即邻位羟基中的氢可与羧基中羰基氧形成分子内氢键，从而增强了羧基中O—H键的极性，利于其氢原子解离成质子，并且形成的酸根负离子的负电荷也被分散而稳定，酸性增强；另外，因存在空间位阻，邻位羟基使羧基不能与苯环共平面，减少了苯环的π电子云向羧基偏移而利于其氢原子解离，酸性增强。

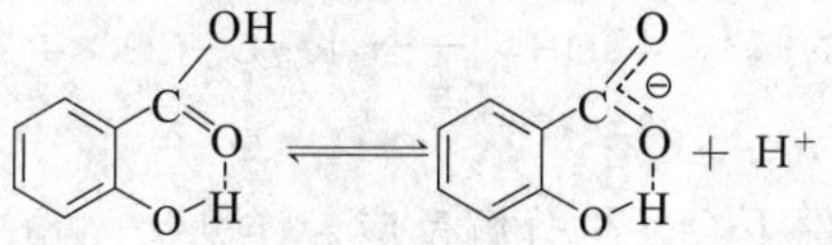

对羟基苯甲酸的酸性比苯甲酸还弱，原因是羟基斥电子共轭效应大于$-I$效应，使羧基解离度减小。

间羟基苯甲酸中主要是羟基的吸电子诱导效应起作用，但因间隔3个碳原子，诱导效应作用较弱，结果间羟基苯甲酸的酸性比苯甲酸略强。

2. 醇酸受热反应

醇酸的热稳定较差，加热时易发生脱水反应。因羟基和羧基的相对位置不同，脱水产物也不同。若生成的产物具有环状结构，一般是稳定的五元环、六元环或共轭体系产物。

α-醇酸受热时，两个分子间的羧基和羟基交叉脱水，形成六元环的**交酯**(lactide)。例如：

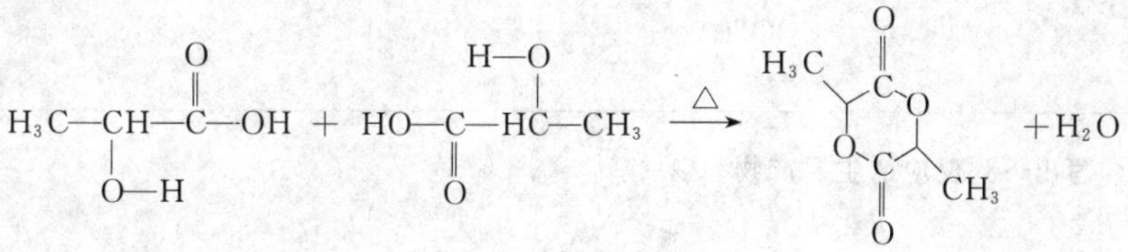

α-羟基丙酸　　丙交酯

β-醇酸受热时，β-碳原子上的羟基与α-碳原子上的氢脱去一分子水，生成α,β-不饱和酸。例如：

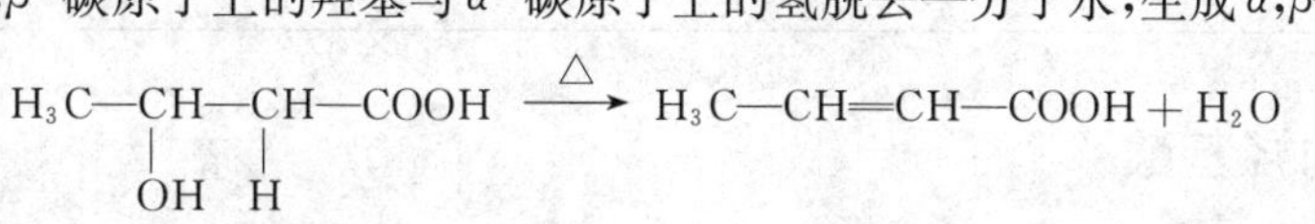

β-羟基丁酸　　2-丁烯酸

γ-醇酸极易脱水，在室温下，分子内脱去一分子水而生成**内酯**(lactone)。因此，很难得到游离的γ-醇酸，只有加碱开环成盐后，γ-醇酸才能成为稳定的化合物。例如：

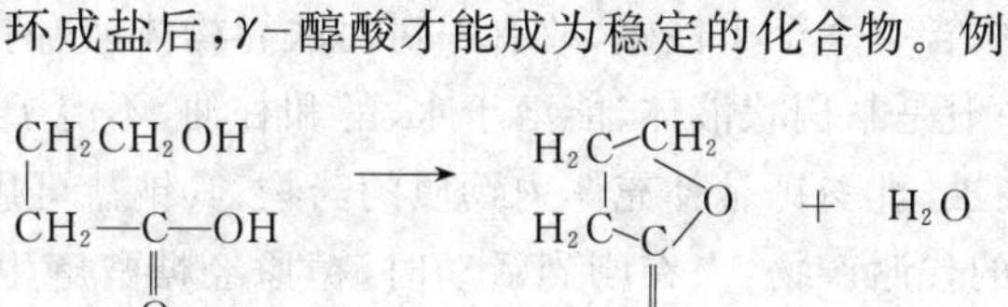

γ-羟基丁酸　　γ-丁内酯(1,4-丁内酯)

γ-羟基丁酸钠在临床上用作呼吸功能不健全患者手术时的麻醉剂。

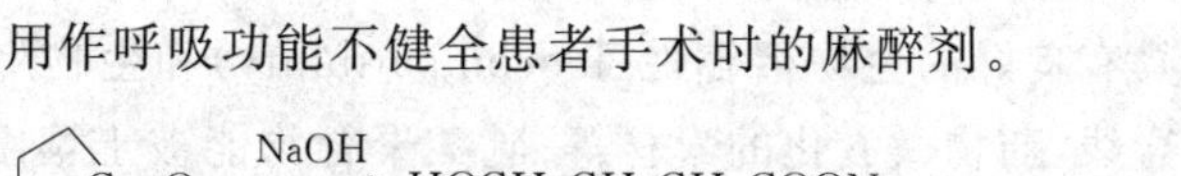

γ-羟基丁酸钠

δ-醇酸也能生成六元环的δ-内酯，但室温下易水解开环成δ-醇酸。羟基和羧基相隔五个或五个以上碳原子的醇酸，加热时可在分子间进行酯化而生成具有链状结构的聚酯。

3. 醇酸的氧化

Tollens 试剂、稀硝酸等弱氧化剂不能氧化醇，但能氧化α-醇酸中的羟基生成α-酮酸。这是因为分子中羧基的影响使羟基比醇分子中的羟基易被氧化。

$$\underset{\substack{|\\ OH}}{R{-}CH}{-}COOH_2 + 2Ag(NH_3)_2^+ + 3OH^- \longrightarrow \underset{\substack{\|\\ O}}{R{-}C}{-}COO^- + 2Ag\downarrow + 2NH_3\uparrow + 3H_2O$$

α-酮酸也不稳定，在此条件下会发生分解反应。详见α-酮酸的氧化反应。

4. 酚酸的脱羧反应

羟基位于羧基的邻位或对位的酚酸加热至熔点以上时，易分解脱羧生成相应的酚。例如：

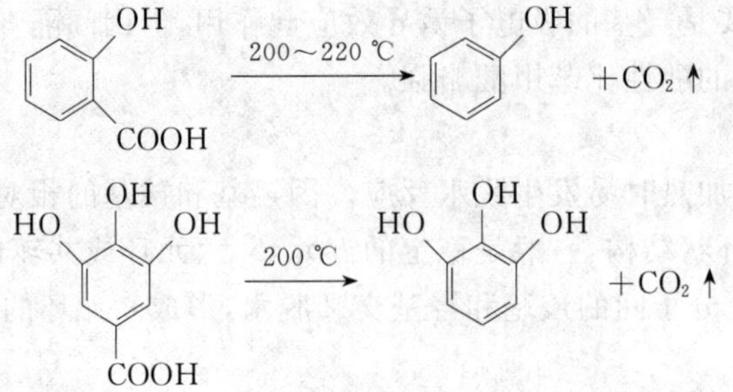

问题 11.1 写出下列反应的主要产物。

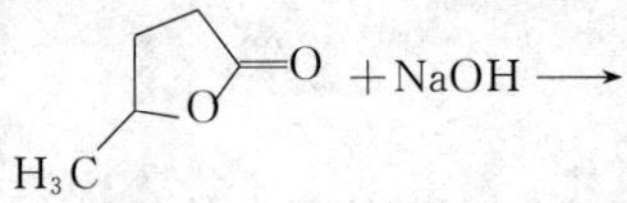

11.1.4 重要的羟基酸

1. 乳酸

乳酸(lactic acid)是α-羟基丙酸的俗称，最初是从酸牛奶中获得而得名。工业上是由葡萄糖发酵制得。乳酸分子中含有一个手性碳，故有一对对映异构体，它们可以用不同方法取得。乳酸具有很强的吸湿性，一般是黏稠状液体，能溶于水、醇和甘油，不溶于氯仿。乳酸具有消毒防腐作用，可用于治疗阴道滴虫；乳酸钙是补充体内钙质的药物；其钠盐可用作人体酸中毒的解毒剂。

乳酸是人体中糖原的代谢产物，人在剧烈活动时，糖原经糖酵解生成乳酸，同时放出供给肌肉所需的能量。此时肌肉中乳酸含量增多，肌肉"酸胀"。休息后，一部分乳酸经血液循环输送至肝脏再转变成糖原，另一部分经肾脏由尿中排出，酸胀消失。

乳酸聚合物具有良好的**生物相容性**(biocompatibility)和**生物降解性**(biodegradation)，因此临床用作手术缝合线、药物微囊化的囊材等；乳酸聚合物能被土壤细菌降解，人们正研究将其用于制成可降解的塑料袋，保护耕地，保护环境。

2. 苹果酸

苹果酸(malic acid)的化学名为羟基丁二酸,最初是从苹果中分离得到,因而称为苹果酸。在未成熟的苹果和山楂中含量较多,其他果实如杨梅、葡萄和番茄等也含有。自然界存在的苹果酸是左旋体,为无色针状结晶,熔点 100 ℃,易溶于水和乙醇,微溶于乙醚。用于制药和食品工业,苹果酸钠可作为食盐代用品,供低食盐患者用。苹果酸是糖代谢的中间产物,在酶的催化下脱氢生成 2－氧代丁二酸(草酰乙酸)。

3. 酒石酸

酒石酸(tartaric acid)的化学名为 2,3－二羟基丁二酸,它存在于各种果汁中,以葡萄中含量最高。它主要是以溶解度较小的酸式钾盐存在于葡萄中。在用葡萄酿酒过程中,该酸式盐随乙醇含量增加而逐渐析出结晶,称为酒石,酒石酸也由此而得名。

自然界存在的酒石酸是右旋体,为透明结晶,熔点 170 ℃,易溶于水。酒石酸钾钠用于配制 Fehling 试剂。酒石酸锑钾[KOOCCH(OH)CH(OH)COOSb]即吐酒石,曾用作催吐剂和治疗血吸虫病。

4. 柠檬酸

柠檬酸(citric acid)的化学名为 3－羧基－3－羟基戊二酸,主要存在于柠檬中,为透明结晶,易溶于水、乙醇和乙醚。不含结晶水的柠檬酸熔点 153 ℃,酸味较强。柠檬酸在食品工业中用作糖果和清凉饮料的矫味剂。医药上,柠檬酸铁铵[$(NH_4)_3Fe(C_6H_5O_7)_2$]是常用的补铁药;柠檬酸钠有防止血液凝固的作用,故用作抗凝血剂。

柠檬酸是体内糖、脂肪和蛋白质代谢过程的中间产物,在酶催化下,柠檬酸(Ⅰ)经顺乌头酸(Ⅱ)转变为异柠檬酸(Ⅲ),再经氧化成草酰琥珀酸(Ⅳ)、脱羧变成 α－酮戊二酸(Ⅴ)。

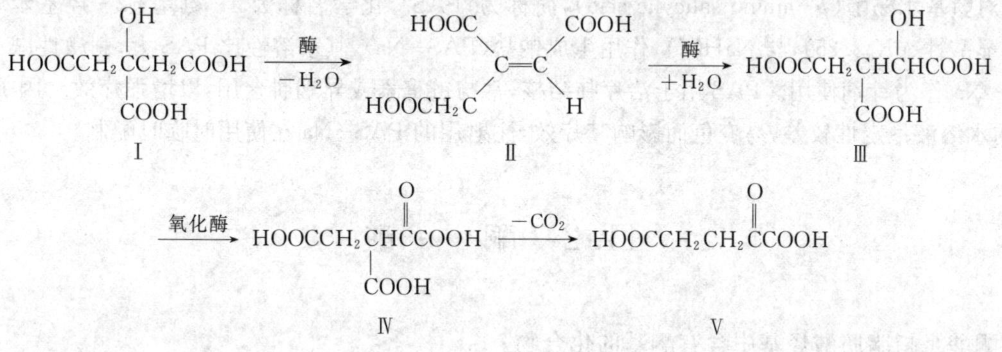

5. 水杨酸

水杨酸(salicylic acid)又名柳酸,存在于柳树或水杨树皮中,化学名称邻羟基苯甲酸或 2－羟基苯甲酸。它是无色针状结晶,熔点 159 ℃,在 79 ℃时升华,微溶于水,易溶于乙醇、乙醚、氯仿和沸水中。水杨酸遇三氯化铁水溶液显紫红色。水杨酸有杀菌作用,可用于消毒防腐;其酒精溶液常用于治疗因霉菌感染而引起的皮肤病;水杨酸能抑制体内某些前列腺素的合成,具有解热镇痛作用。由于水杨酸对胃刺激性强,不宜内服,故多用其衍生物。其主要衍生物有乙酰水杨酸、水杨酸甲酯和对氨基水杨酸等。

乙酰水杨酸的商品名称为**阿司匹林**(aspirin)。水杨酸在浓硫酸中与乙酸酐共热即生成乙酰水杨酸。反应式如下:

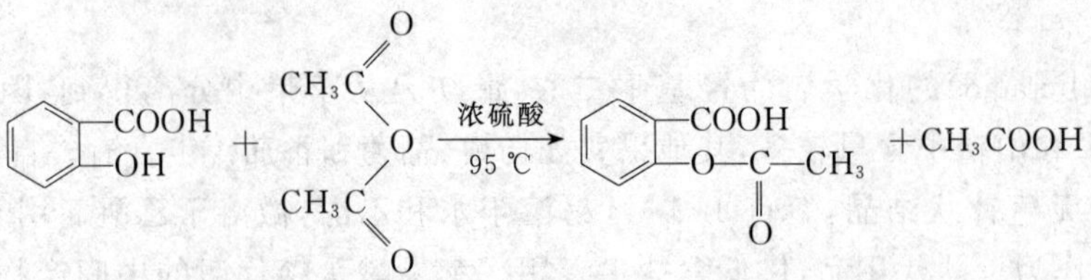

乙酰水杨酸

乙酰水杨酸为白色针状结晶，熔点 143 ℃，微溶于水，常用作解热镇痛药。阿司匹林、**非那西丁**(phenacetin)与**咖啡因**(caffeine)三者配伍的制剂称为复方阿司匹林，常用“APC”表示。水杨酸经乙酰化后，减少了酚羟基对胃肠的刺激作用，由于分子中无游离的酚羟基，故与三氯化铁水溶液不显色。

近年报道，成人每日服用低剂量的肠溶性阿司匹林，可降低因急性心肌梗塞、冠状动脉血栓患者的死亡率。另有报道，成人每日服一定量的阿司匹林可降低患结肠癌患者约 50% 的死亡率。

水杨酸甲酯(methyl salicylate)俗称冬青油。它是由冬青树叶中提取而得，为无色液体，沸点 190 ℃，具有特殊香味。可用作扭伤的外用药，也可用于配制牙膏、糖果等的香精。

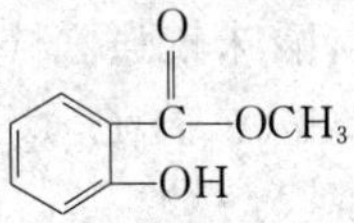

水杨酸甲酯

(methyl salicylate)

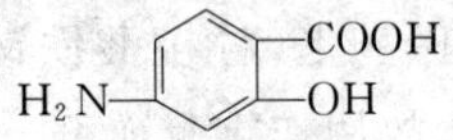

对氨基水杨酸

(*p*-amino salicylic acid)

对氨基水杨酸(*p*-amino salicylic acid)，简称为“PAS”，化学名称为 4-氨基-2-羟基苯甲酸。PAS 显酸性(pK_a 3.25)，与 $NaHCO_3$ 作用生成钠盐(PAS-Na)，其水溶性比 PAS 大，刺激性减小，故 PAS-Na 作为针剂使用。PAS 用于治疗肺结核，常与链霉素或异烟肼合用，以增强疗效。因 PAS-Na 的水溶液稳定性较差，易变色而影响其疗效，注射用的 PAS-Na 在使用时临时配制。

11.2 酮 酸

酮酸是指脂肪酸烃基中含有酮基的化合物。

11.2.1 酮酸的命名

酮酸(keto acid)的系统命名法也是以羧酸为母体，酮基作取代基，酮基的位置用阿拉伯数字或希腊字母后跟“氧代”表示。普通命名法也常用“某酮酸”表示母体，或用俗名。例如：

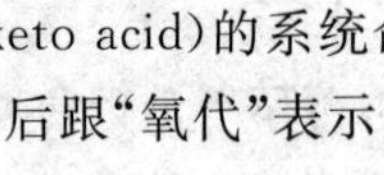

2-氧代丙酸

(丙酮酸)

(pyruvic acid)

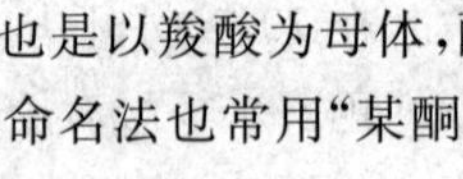

3-氧代丁酸

β-丁酮酸(β-butanone acid)

乙酰乙酸(acetoacetic acid)

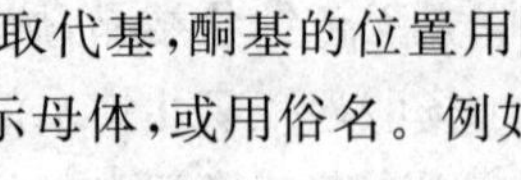

2-氧代丁二酸

丁酮二酸(butanone diacid)

草酰乙酸(oxaloacetic acid)

11.2.2　酮酸的化学性质

酮酸分子中含有酮基和羧基，因而具有酮和羧酸的性质。如与羰基试剂反应生成相应的产物，酮基可被还原成羟基；羧基可反应生成盐和酯。因酮基的 $-I$ 效应，酮酸的酸性较相应的醇酸强。又由于酮基与羧基相互影响及二者相对位置不同，酮酸还有一些特殊性质。

1. α-酮酸的氧化反应

α-酮酸分子中的酮基与羧基直接相连，因氧原子有较强的电负性而使酮基与羧基碳原子间的电子云密度降低，致使碳碳键容易断裂。α-酮酸可与弱氧化剂，如 Tollens 试剂发生银镜反应。

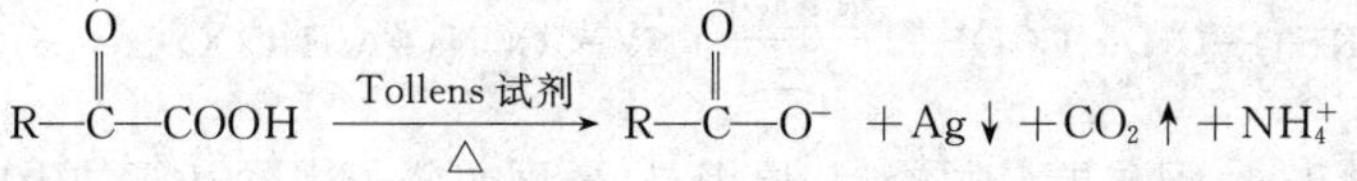

2. α-酮酸的氨基化反应

α-酮酸与氨在催化剂（体内的酶）作用下可生成α-氨基酸，即α-酮酸的氨基化反应。例如：

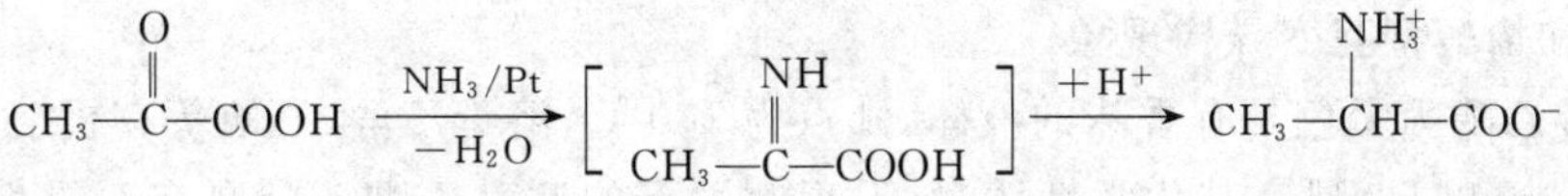

氨是体内代谢的产物，大部分氨在肝脏内转变成尿素经肾排出，另有一部分氨在谷氨酸脱氢酶的作用下，在组织细胞内与α-酮戊二酸反应生成谷氨酸。其中**烟酰胺腺嘌呤二核苷酸**（nicotinamide adenine dinucleotide，NAD^+，又称辅酶Ⅰ）起递氢体作用。

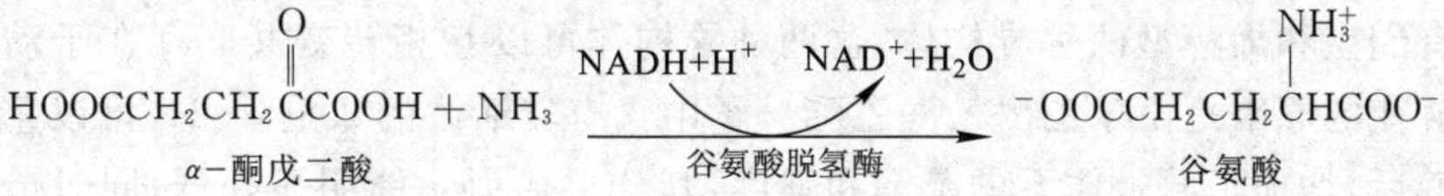

生物体内α-酮酸与α-氨基酸在转氨酶的作用下可以相互转换，产生新的α-酮酸和α-氨基酸，这种反应叫氨基转移反应。例如：

在正常情况下，GPT（谷丙转氨酶）存在于人体细胞内。急性肝炎患者因肝组织坏死，肝细胞破裂后大量 GPT 逸入血清，使血清中 GPT 活性明显上升；临床上测定血清中 GPT 的活性，就是利用上述反应生成的丙酮酸，在碱性条件下与 2,4-二硝基苯肼作用显红棕色（丙酮酸 2,4-二硝基苯腙），再用比色法测定后，即可推算出血清中谷丙转氨酶的活性。

3. 酮酸的还原和脱羧反应

（1）丙酮酸的还原反应。

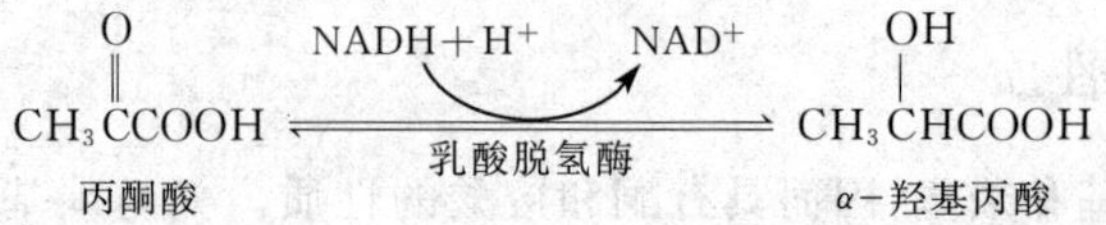

(2) β-酮酸的脱羧反应。β-酮酸只在低温下稳定，在室温以上易脱羧生成酮，这是 β-酮酸的共性。例如：

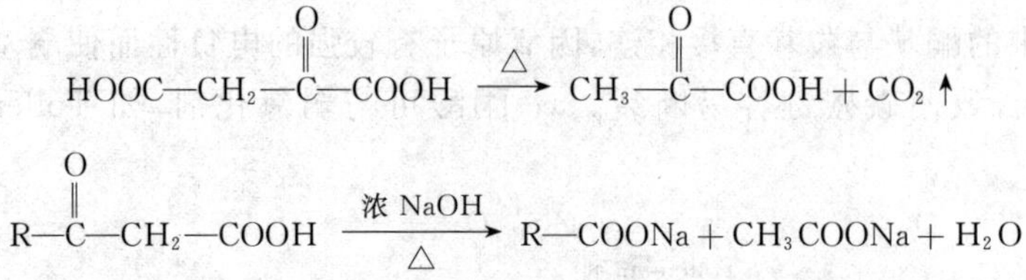

β-酮酸受热时比 α-酮酸更易脱羧，其原因是 β-酮酸分子中酮基氧的吸电子诱导效应，以及酮基氧原子与羧基中的氢原子形成分子内氢键，当分子受热时即发生脱羧，形成烯醇型中间体，然后重排得酮。

4. 酮型和烯醇型互变异构现象

乙酰乙酸乙酯为无色具有香味的液体，沸点为 180 ℃，溶于乙醇、乙醚等有机溶剂，在水中的溶解度为 $1.43 g·L^{-1}$。研究其化学性质时，发现常温下的乙酰乙酸乙酯具有双重性能。既具有甲基酮的典型反应（如与羟胺反应生成肟，与苯肼反应生成腙，能与 HCN、$NaHSO_3$ 加成，与 I_2/NaOH 发生碘仿反应），又具有烯醇的典型反应（如与 $FeCl_3$ 呈颜色反应，能使溴水褪色，与金属钠反应放出氢气）。这些性质说明乙酰乙酸乙酯具有酮型和烯醇型两种结构，经物理方法证实乙酰乙酸乙酯有酮型和烯醇型两种异构体，这两种异构体可以互相转变共同存在于动态平衡体系中。能互相转变的原因是由于乙酰乙酸乙酯分子中含有较活泼的双重 α-H，可以重排形成烯醇型。形成烯醇后，增加了共轭体系的范围和强度，其分子热力学能明显降低；同时烯醇型通过分子内氢键形成六元螯环，使烯醇型稳定性增加。平衡式如下所示：

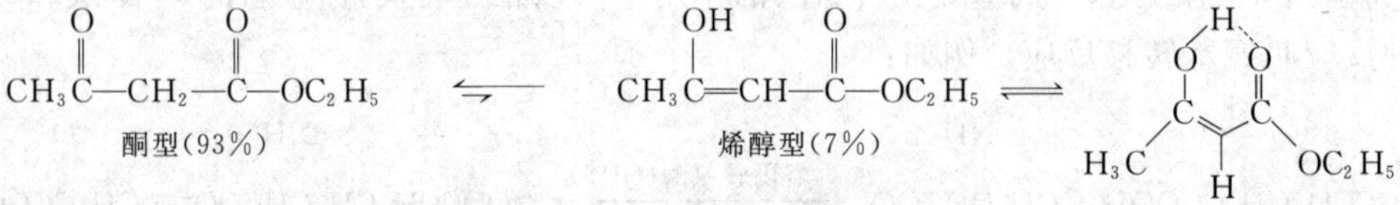

这种由于同分异构体之间的相互转变，并以一定比例呈动态平衡存在的现象，叫**互变异构**(tautomerism)，各异构体称为互变异构体。

互变异构是有机化合物中比较普遍的现象。从理论上讲，凡具有 $—\overset{\overset{O}{\|}}{C}—\underset{|}{C}H—$ 基本结构的化合物都可能有酮型和烯醇型两种互变异构体存在。但实际上要具有双重 α-H 的化合物才能检测到烯醇型结构。

综上所述，凡具备下列条件的化合物，都有互变异构体存在。

(1) 分子中的亚甲基氢受两个吸电子基团影响，酸性增强。

(2) 形成烯醇型产生的双键应与羰基形成 π-π 共轭，使共轭体系有所扩大和加强，热力学能有所降低。

(3) 烯醇型可形成分子内氢键,构成稳定性更大的环状螯合物。

酮型和烯醇型互变异构体所占比例除分子结构影响外,也与溶剂、温度和浓度有关。一般来讲,非极性溶剂和高温有利于烯醇型的存在。

互变异构现象不限于含氧化合物。含氮化合物中,特别是酰亚胺类化合物也普遍存在。

问题 11.2 试写出体内草酰琥珀酸的脱羧反应产物。

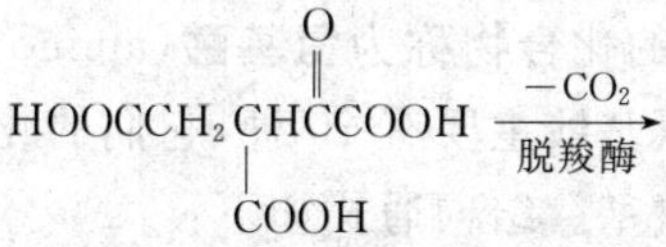

11.2.3 酶催化下酮酸和醇酸的相互转化

体内的醇酸和酮酸均为糖、脂肪和蛋白质代谢的中间产物,这些中间产物在体内各种特殊酶的催化下,进行一系列的化学反应,如氧化、脱羧和脱水等,并伴随着氧气的吸收、二氧化碳的放出以及能量的产生,这一切都为生命活动提供了物质基础。

草酰乙酸为晶体,能溶于水。它既是 α-酮酸,又是 β-酮酸,因此,只在低温下稳定,室温时很容易脱羧生成丙酮酸。草酰乙酸可由苹果酸在脱氢酶作用下得到。

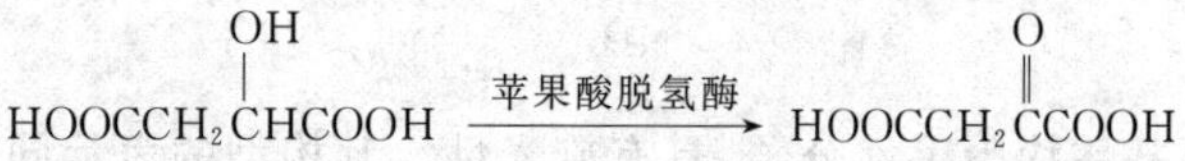

苹果酸　　　　草酰乙酸

在人体内,草酰乙酸与丙酮酸在一些特殊酶的作用下,经缩合、脱羧和氧化等反应可得柠檬酸。

脂肪代谢过程中所产生的中间产物——乙酰乙酸(β-丁酮酸)在酶的作用下被还原成 β-羟基丁酸。

乙酰乙酸　　　　β-羟基丁酸

乙酰乙酸可在酶催化下脱羧生成丙酮。

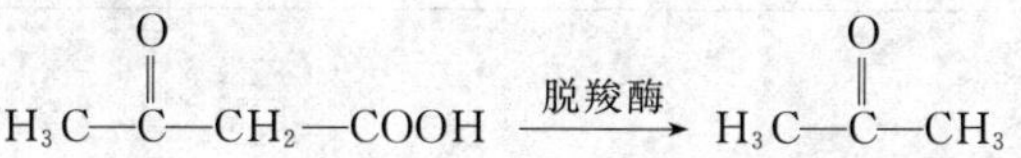

乙酰乙酸　　　　丙酮

在上述过程中所生成的 3 种产物——β-羟基丁酸、β-丁酮酸和丙酮,在医学上称为酮体。正常人的血液中酮体的含量低于 10 mg·L^{-1},而糖尿病患者因糖代谢不正常,靠消耗脂肪供给能量,其血液中酮体的含量在 3 ～ 4 g·L^{-1}以上。由于 β-羟基酸和 β-丁酮酸均具有较强的酸性,所以酮体含量过高的晚期糖尿病患者易发生酮症酸中毒。

11.3 氨基酸

11.3.1 氨基酸的结构、分类和命名

1. 氨基酸的结构

分子中同时含有氨基和羧基的化合物称为**氨基酸**(amino acid)。在自然界中已发现的氨基酸有几百种,但蛋白质水解后的氨基酸主要有20种,它们的化学结构都为α-氨基酸,除脯氨酸的氨基为亚氨基外,其他都为伯氨基。结构通式如下:

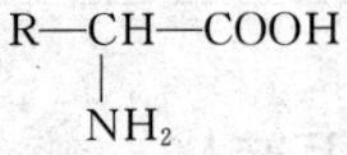

不同的α-氨基酸只是R基团不同,如R为H时是甘氨酸,R为CH_3则为丙氨酸。由于α-氨基酸分子中既有羧基酸性基团,又有氨基碱性基团,在固态或在生理pH条件下,羧基几乎完全以—COO^-形式存在,大多数氨基主要以—$NH_3{}^+$形式存在,所以α-氨基酸分子常以**偶极离子**(zwitter-ion),也称内盐的形式存在,结构通式如下:

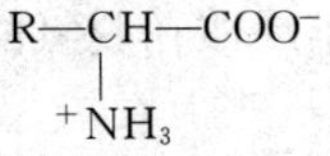

除甘氨酸外,α-氨基酸均为手性分子,具有旋光性。其构型的表示同糖一样,通常采用D/L标记法。生物体内的α-氨基酸绝大多数为L型(某些细菌代谢产生极少量的D型氨基酸)。

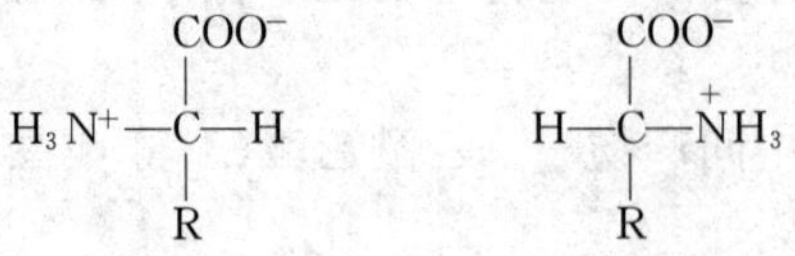

L-氨基酸　　D-氨基酸

如用R/S标记法,则除半胱氨酸为R构型外,其余的α-氨基酸均为S构型。

问题11.3 写出苏氨酸对映异构体的Fischer投影式,并标明D/L和R/S构型。

---

2. 氨基酸的分类

氨基酸常按以下方法分类:

(1) 根据氨基酸中的烃基不同可分为脂肪族、芳香族和杂环氨基酸。芳香族氨基酸,如苯丙氨酸和酪氨酸;杂环氨基酸,如脯氨酸、组氨酸和色氨酸;其余的都是脂肪族氨基酸。

(2) 根据氨基酸分子中所含氨基和羧基的数目不同分为酸性、碱性和中性氨基酸。分子中含一个氨基和两个羧基的氨基酸称为酸性氨基酸,如天门冬氨酸、谷氨酸;分子中含两个氨基和一个羧基的氨基酸称为碱性氨基酸,如赖氨酸、精氨酸、组氨酸;只含一个氨基和一个羧基的氨基

酸称为中性氨基酸，如丙氨酸、缬氨酸等。

3. 氨基酸的命名

氨基酸的系统命名法是以羧酸为母体，氨基为取代基，氨基的位置常用希腊字母 α、β 等表示，称为氨基某酸。氨基酸也按其来源或性质常采用俗名，如最初从蚕丝和天门冬的幼苗中获得的氨基酸分别称为丝氨酸和天门冬氨酸，甘氨酸因其具有甜味而得名。组成蛋白质的 20 种 α-氨基酸，像元素符号一样，都有国际通用的符号，即常用中文缩写、英文名称的缩写（通常为前三个字母）和单字母符号表示。如甘氨酸的中文缩写为“甘”，英文名称 Glycine 缩写为“Gly”，单字母符号为“G”。

常见的 20 种氨基酸的名称、结构及中英文缩写符号见表 11.1。

表 11.1 构成蛋白质的 20 种氨基酸

名 称	中文缩写	英文缩写	单字符号	结 构 式	pI
中性氨基酸					
甘氨酸（氨基乙酸）glycine	甘	Gly	G	$\underset{^{+}NH_3}{\underset{\mid}{CH_2}}—COO^-$	5.97
丙氨酸（α-氨基丙酸）alanine	丙	Ala	A	$CH_3—\underset{^{+}NH_3}{\underset{\mid}{CH}}—COO^-$	6.02
* 缬氨酸（β-甲基-α-氨基丁酸）valine	缬	Val	V	$(CH_3)_2CH—\underset{^{+}NH_3}{\underset{\mid}{CH}}COO^-$	5.96
* 亮氨酸（γ-甲基-α-氨基戊酸）leucine	亮	Leu	L	$(CH_3)_2CHCH_2—\underset{^{+}NH_3}{\underset{\mid}{CH}}COO^-$	5.98
* 异亮氨酸（β-甲基-α-氨基戊酸）isoleucine	异亮	Ile	I	$CH_3CH_2\underset{CH_3}{\underset{\mid}{CH}}—\underset{^{+}NH_3}{\underset{\mid}{CH}}COO^-$	6.02
* 苯丙氨酸（α-氨基-β-苯基丙酸）phenylalanine	苯丙	Phe	F	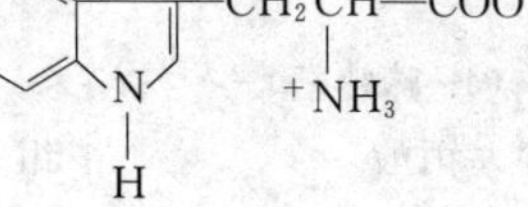	5.48
脯氨酸（α-羧基四氢吡咯）proline	脯	Pro	P	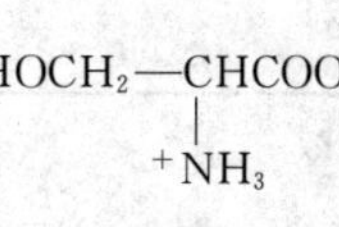	6.30
* 色氨酸[β-(3-吲哚基)-α-氨基丙酸]tryptophan	色	Try	W	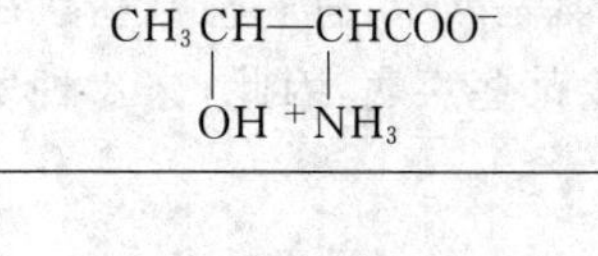	5.89
丝氨酸（α-氨基-β-羟基丙酸）serine	丝	Ser	S	$HOCH_2—\underset{^{+}NH_3}{\underset{\mid}{CH}}COO^-$	5.68
* 苏氨酸（α-氨基-β-羟基丁酸）threonine	苏	Thr	T	$CH_3\underset{OH}{\underset{\mid}{CH}}—\underset{^{+}NH_3}{\underset{\mid}{CH}}COO^-$	5.60

续表

名　称	中文缩写	英文缩写	单字符号	结构式	pI
半胱氨酸(α-氨基-β-巯基丙酸) cysteine	半胱	Cys	C	$HSCH_2—CH(^{+}NH_3)COO^-$	5.07
* 蛋氨酸(α-氨基-γ-甲硫基丁酸) methionine	蛋	Met	M	$CH_3SCH_2CH_2—CH(^{+}NH_3)COO^-$	5.74
酪氨酸(α-氨基-β-对羟苯基丙酸) tyrosine	酪	Tyr	Y	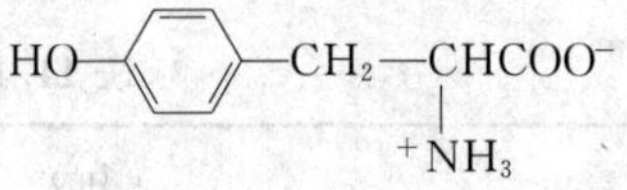	5.66
天门冬酰胺(α-氨基丁酰胺酸) asparagine	天酰	Asn	N	$H_2N—C(=O)—CH_2CH(^{+}NH_3)COO^-$	5.41
谷氨酰胺(α-氨基戊酰胺酸) glutamine	谷酰	Gln	Q	$H_2N—C(=O)—CH_2CH_2CH(^{+}NH_3)COO^-$	5.65
酸性氨基酸					
天门冬氨酸(α-氨基丁二酸) aspartic acid	天	Asp	D	$HOOCCH_2CH(^{+}NH_3)COO^-$	2.77
谷氨酸(α-氨基戊二酸) glutamic acid	谷	Glu	E	$HOOCCH_2CH_2CH(^{+}NH_3)COO^-$	3.22
碱性氨基酸					
* 赖氨酸(α,ε-二氨基己酸) lysine	赖	Lys	K	$^{+}NH_3CH_2CH_2CH_2CH_2CH(NH_2)COO^-$	9.74
精氨酸(α-氨基-δ-胍基戊酸) arginine	精	Arg	R	$H_2N—C(=^{+}NH_2)—NHCH_2CH_2CH_2CH(NH_2)COO^-$	10.76
组氨酸[β-(4-咪唑基)-α-氨基丙酸] histidine	组	His	H	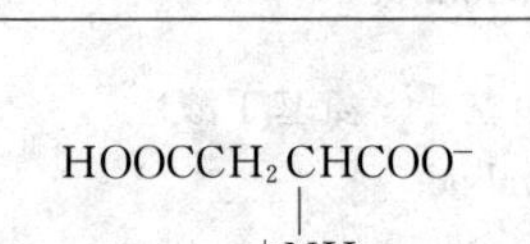	7.59

注：* 为必需氨基酸

在以上氨基酸中，有8种氨基酸在体内不能合成，必须由食物供给，如果人体缺乏这类氨基酸，就会产生某些疾病，因此，这8种氨基酸称为**必需氨基酸**(essential amino acid)，在表9.1中用 * 注明。

11.3.2 氨基酸的性质

1. 氨基酸的物理性质

氨基酸是无色或白色晶体，熔点较高，一般在 200 ～ 300 ℃，熔融时易分解放出 CO_2。

氨基酸一般都溶于水，但溶解度差异很大；均可溶于强酸、强碱中；但难溶于乙醚等有机溶剂，除甘氨酸、丙氨酸、亮氨酸外，其他氨基酸都不溶于无水乙醇。

2. 氨基酸的化学性质

氨基酸分子中既有羧基又有氨基，因而它既具有羧酸的性质，也有氨基的性质。此外，由于氨基与羧基之间相互影响及分子中烃基的某些特殊结构，使之又表现出一些特殊性质。

问题 11.4　试写出丙氨酸与下列试剂反应的产物。

(1) NaOH　(2) HCl　(3) CH_3CH_2OH / H^+　(4) $(CH_3CO)_2O$

---

(1) 氨基酸的两性解离和等电点　由于氨基酸分子中含有羧基和氨基，相互作用生成内盐，表现出两性化合物的特性。

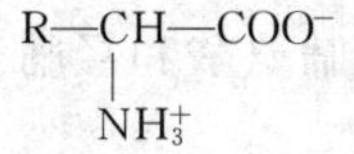

由于各种氨基酸结构上的不同和 NH_3^+ 给出 H^+，—COO^- 接受 H^+ 的能力不同，因此不同的氨基酸在纯水中，溶液呈现出不同的酸碱性。酸性氨基酸的水溶液显酸性，主要以阴离子形式存在，如谷氨酸；碱性氨基酸的水溶液显碱性，主要以阳离子形式存在，如赖氨酸。而中性氨基酸，由于—NH_3^+ 给出质子的能力大于—COO^- 接受质子的能力，其水溶液显弱酸性，以阴离子形式存在。氨基酸在水中以何种形式存在，除与它的结构有关外，还与溶液的 pH 有关。在水溶液中，氨基酸解离存在下列平衡：

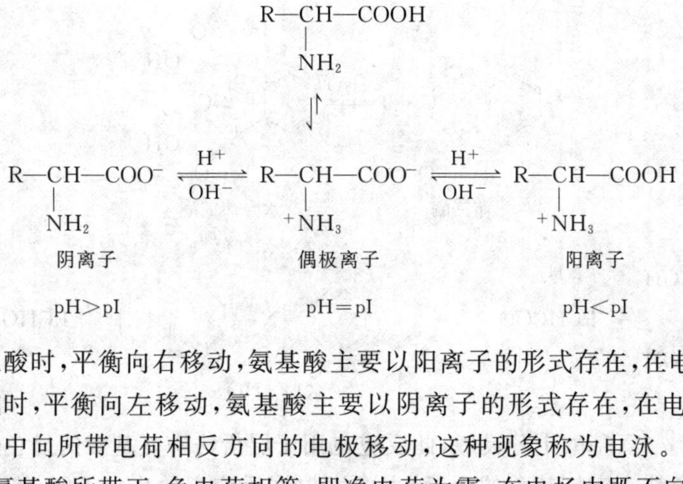

在溶液中加入酸时，平衡向右移动，氨基酸主要以阳离子的形式存在，在电场中向阴极移动。若在溶液中加入碱时，平衡向左移动，氨基酸主要以阴离子的形式存在，在电场中向阳极移动。带电荷粒子在电场中向所带电荷相反方向的电极移动，这种现象称为电泳。当调节溶液的 pH 达到某一定值时，氨基酸所带正、负电荷相等，即净电荷为零，在电场中既不向阴极移动，也不向阳极移动。使氨基酸处于电中性状态时溶液的 pH，称为该氨基酸的**等电点**(isoelectric point, pI)。需要特别注意的是:等电点是使氨基酸呈电中性(净电荷为零)状态时溶液的 pH,而不是 pH=7 溶液的中性点。

等电点是氨基酸的特定常数,可由实验测得或通过计算得到。每种氨基酸因结构不同,其等电点也不相同。酸性氨基酸的等电点为 2.7～3.2,碱性氨基酸为 7.6～10.7,中性氨基酸为 5.0～6.5(参见表 11.1)。

在等电点时,溶液中的氨基酸两性离子浓度最高,稳定性相对最小,溶解度也较低,常利用此性质分离和纯化氨基酸。例如,在含有多种氨基酸的混合溶液中,将溶液的 pH 调节为某一氨基酸的等电点,该氨基酸就会析出,再利用电泳技术,就可以将其分离。

问题 11.5 中性氨基酸的 pI 为什么不等于 7,而略小于 7?

---

(2) 脱水反应 一分子氨基酸的羧基与另一分子氨基酸的氨基分子间脱水形成含有酰胺键的化合物称为**肽**(peptide),分子中的酰胺键叫**肽键**(peptide bond)。

$$\underset{\displaystyle NH_2}{R—\overset{}{CH}—COOH} + H_2N—\underset{\displaystyle R}{CH}—COOH \longrightarrow R—\underset{\displaystyle NH_2}{CH}—CONH—\underset{\displaystyle R}{CH}—COOH + H_2O$$

(3) 与亚硝酸反应 氨基酸分子(除脯氨酸和羟脯氨酸外)中的氨基具有伯胺的性质,与亚硝酸反应,定量放出氮气,生成 α-羟基酸。

$$R\overset{\displaystyle {}^{+}NH_3}{C}HCOO^- \xrightarrow{NaNO_2/HCl} R\overset{\displaystyle OH}{C}HCOOH + N_2\uparrow + H_2O$$

根据放出氮气的体积来测定氨基酸中氨基的含量。此法称为 van Slyke 氨基氮测定法,常用于氨基酸、多肽和蛋白质的定量分析。

(4) 显色反应 α-氨基酸与水合茚三酮在水溶液中加热时,生成蓝紫色的化合物,称为罗曼氏紫。其反应式如下:

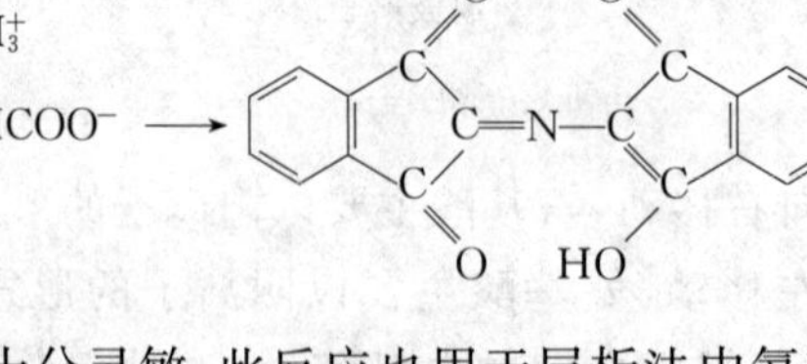

茚三酮 水合茚三酮

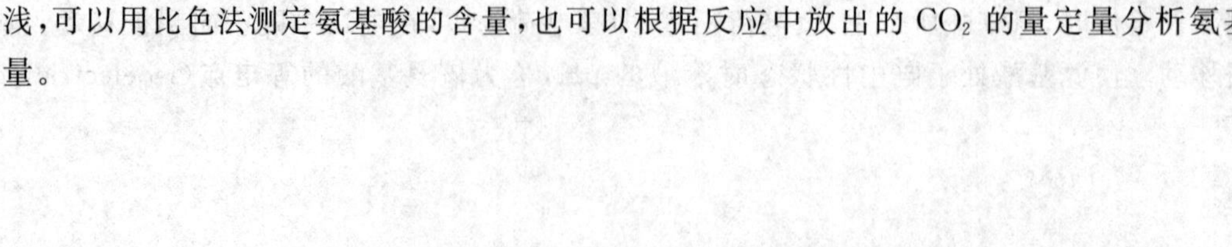

用该反应鉴定 α-氨基酸十分灵敏,此反应也用于层析法中氨基酸的显色。根据蓝紫色溶液的深浅,可以用比色法测定氨基酸的含量,也可以根据反应中放出的 CO_2 的量定量分析氨基酸的含量。

脯氨酸等亚氨基氨基酸与水合茚三酮反应生成黄色化合物。

(5) 脱羧反应 氨基酸在一定条件下能发生脱羧反应，失去 CO_2，生成少一个碳原子的胺。

$$R\overset{{}^{+}NH_3}{\overset{|}{C}}HCOO^- \xrightarrow[\triangle]{Ba(OH)_2} RCH_2NH_2 + CO_2\uparrow$$

氨基酸在体内脱羧是在酶的作用下进行。例如组氨酸在脱羧酶的作用下转变为组胺，过量组胺在体内储存可引起变态反应，如流鼻涕和眼睛痒痛。赖氨酸脱羧后生成毒性很强且有强烈气味的1,5-戊二胺（尸胺）。

$$\underset{\text{赖氨酸}}{H_3\overset{+}{N}(CH_2)_4\overset{NH_2}{\overset{|}{C}}HCOO^-} \xrightarrow{\text{脱羧酶}} \underset{1,5\text{-戊二胺}}{H_2N(CH_2)_4CH_2NH_2} + CO_2\uparrow$$

氨基酸脱羧后生成的胺呈碱性，若这些化合物在体内含量过高又不能正常代谢，将会引起碱中毒。

(6) 氨基转移反应 α-氨基酸在转氨酶的作用下，发生氨基转移，将 α-酮酸转变成 α-氨基酸，原 α-氨基酸生成 α-酮酸。例如：

$$R\overset{NH_3^+}{\overset{|}{C}}HCOO^- + HOOCCH_2CH_2\overset{O}{\overset{\|}{C}}COOH \xrightarrow{\text{转氨酶}} HOOCCH_2CH_2\overset{NH_3^+}{\overset{|}{C}}HCOO^- + R\overset{O}{\overset{\|}{C}}COOH$$

阅读材料

前列腺素

前列腺素（prostaglandin，PG）是由1982年获诺贝尔医学奖的 Bergström 等人经20年的努力工作，于20世纪60年代初从羊精囊中分离出来。近年的研究已证明PG是由二十碳不饱和脂肪酸在体内经氧化作用得到的物质，它们几乎存在于哺乳动物的所有组织和体液中，其存在量极微，但生理活性极强。通过它们传递的信息可引起平滑肌的收缩或舒张，血小板的聚集或解聚，血压的升高或降低等，涉及生育、血液循环、炎症、哮喘、腹泻等一系列生理或病理过程。到目前为止，应用现代分离、测定技术已证实有20多种不同结构、不同性能的PG存在。但不论哪一种PG，它们的分子结构都是以前列腺烷酸（prostanoic，PA）为基本骨架，即含有一个5元环和两条支链的二十碳不饱和脂肪酸。随着分子中所含的酮基、羟基、双键数目和位置的不同，形成了各种性能不同的PG。

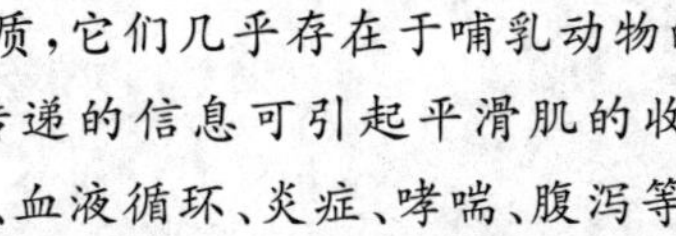

前列腺烷酸

习　题

1. 命名下列化合物。

(1) 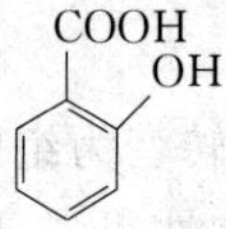

(2) $HOOC-\underset{\displaystyle OH}{\underset{|}{CH}}-CH_2-COOH$

(3) $H_3C-\overset{\displaystyle O}{\overset{\|}{C}}-CH_2-COOH$

(4) $\underset{\displaystyle NH_2}{\underset{|}{CH_2}}-COOH$

(5) 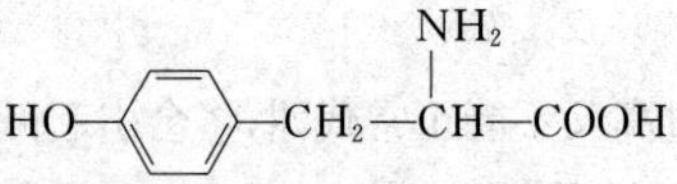

(6) $H_3C-S-CH_2-CH_2-\overset{\displaystyle NH_2}{\overset{|}{CH}}-COOH$

2. 写出下列化合物的结构式。

(1) 琥珀酸　　(2) 草酰琥珀酸

(3) 酒石酸　　(4) 柠檬酸

(5) 缬氨酸　　(6) 苯丙氨酸

(7) 异亮氨酸　　(8) 半胱氨酸

3. 完成下列反应式。

(1) $CH_3\underset{\displaystyle OH}{\underset{|}{CH}}CH_2COOH \xrightarrow{\text{加热}}$

(2) $CH_3\underset{\displaystyle OH}{\underset{|}{CH}}COOH \xrightarrow{\text{Tollens 试剂}}$

(3) 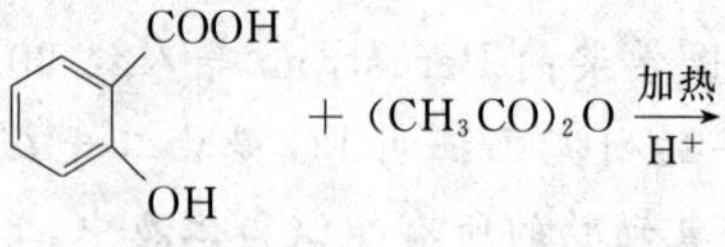

(4) $HOOC\overset{\displaystyle O}{\overset{\|}{C}}CH_2COOH \xrightarrow[\triangle]{}$

(5) $\underset{\displaystyle {}^+NH_3}{\underset{|}{CH_2}}COO^- + HCl \longrightarrow$

(6) $HO-CH_2\underset{\displaystyle {}^+NH_3}{\underset{|}{CH}}COO^- + CH_3\overset{\displaystyle O}{\overset{\|}{C}}COOH \xrightarrow{\text{转氨酶}}$

(7) 组氨酰丙氨酰苏氨酸的酸性水解反应

4. 化合物 A 的分子式为 $C_7H_6O_3$，能溶于氢氧化钠和碳酸氢钠；还能与三氯化铁发生颜色反应；与甲醇作用生成有香气的物质 $C_8H_8O_3$。将 $C_8H_8O_3$ 硝化，可得到两种一元硝基化合物。试写出 A 的结构。

5. 化合物 A 的分子式为 $C_8H_8O_2$，能与 $NaHCO_3$ 反应。A 在光照下与 Br_2 反应得到分子式为 $C_8H_7BrO_2$ 的一对对映体 B 和 C；B、C 与 NaCN 反应，得到分子式为 $C_9H_7NO_2$ 新的一对对映体 D 和 E；D 和 E 在酸性水溶液中加热得到无光学活性的 F(2-苯基丙二酸)。试写出 A,B,C,D,E 和 F 的结构式。

6. 旋光性物质 A($C_5H_{10}O_3$)与 $NaHCO_3$ 作用放出 CO_2，A 经加热后脱水生成 B。B 存在两种构型，但无光学活性，将 B 用 $KMnO_4$ 处理可得乙酸和 C。C 能与 Tollens 试剂作用产生银镜反应，C 还能发生碘仿反应，试推出 A,B,C 的结构式。

7. 写出下列氨基酸在 pH 介质中的主要存在形式。

(1) 谷氨酸、丝氨酸在 pH=2 的溶液中

(2) 缬氨酸、赖氨酸在 pH=11 的溶液中

8. 将酪氨酸、甘氨酸、赖氨酸和天冬氨酸混合物在 pH=6 时进行电泳，试推测它们的泳动方向。

（重庆医科大学　王驰）

第 12 章　杂环化合物

杂环化合物(heterocyclic compound)一般特指环中含有非碳原子并具有芳香性的有机化合物,其中的非碳原子称为**杂原子**(hetero-atom),常见的杂原子有氧、硫、氮等。内酯、交酯、环状酸酐、内酰胺等虽然也具有杂环化合物的结构,但由于它们的性质类似于相应的开链化合物,没有芳香性,故一般不列入杂环化合物范围。

杂环化合物广泛分布于自然界中,种类繁多,数量巨大,约占已知有机化合物的三分之一。如植物中的叶绿素、哺乳动物血液中的血红素、组成蛋白质的某些氨基酸和核苷酸的碱基、维生素 B、生物色素、香料等;中草药中的有效成分——生物碱及部分苷类,以及从动植物中分离出的有药用价值的毒素等;许多光导体、新型高分子材料、储能材料、生物模拟材料和 40%的药物都含有杂环结构。

本章重点介绍杂环化合物的命名、结构、主要化学性质和一些与医学相关的杂环化合物。

12.1　杂环化合物的分类和命名

12.1.1　杂环化合物的分类

按环的数目不同,杂环化合物可分为单杂环和稠杂环。单杂环按环的大小又可分为五元杂环和六元杂环;稠杂环又可分为苯稠杂环和杂稠杂环。苯稠杂环是指苯环与单杂环稠合而成的稠杂环;杂稠杂环是由两个或两个以上的单杂环稠合而成的稠杂环。杂环中的杂原子可以是一个或多个,杂原子可以相同或不同。常见杂环化合物的结构和名称见表 12.1。

表 12.1　常见杂环化合物的结构和名称

杂环种类		重要杂环					
单杂环	五元杂环	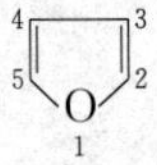 呋喃 (furan)	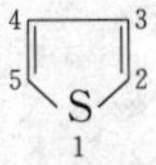 噻吩 (thiophene)	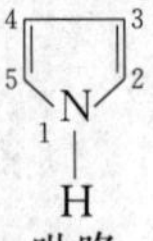 吡咯 (pyrrole)	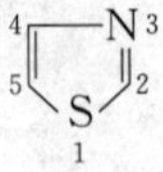 噻唑 (thiazole)	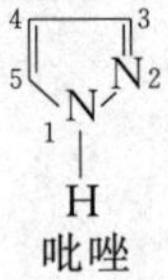 吡唑 (pyrazole)	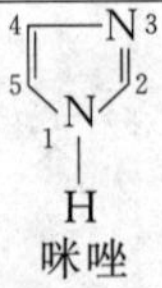 咪唑 (imidazole)
	六元杂环	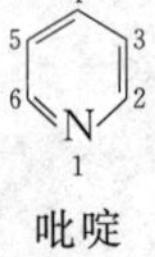 吡啶 (pyridine)	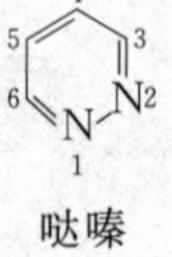 哒嗪 (pyridazine)	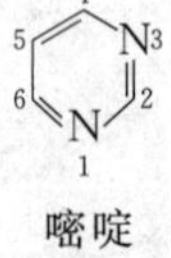 嘧啶 (pyrimidine)	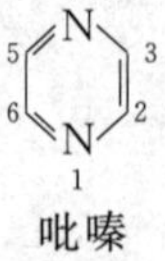 吡嗪 (pyrazine)	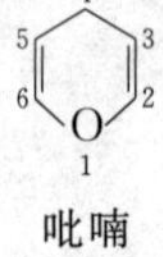 吡喃 (pyran)	

续表

杂环种类	重要杂环				
稠杂环	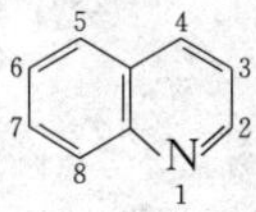 喹啉 (quinoline)	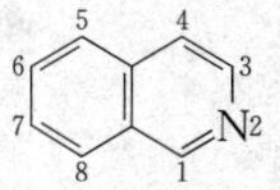 异喹啉 (isoquinoline)	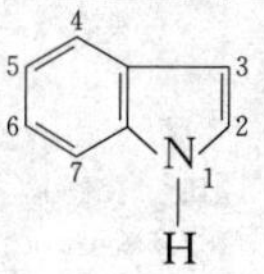 吲哚 (indole)	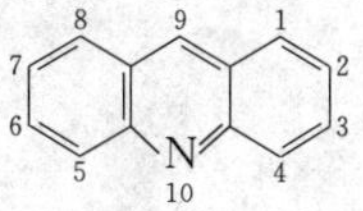 吖啶 (acridine)	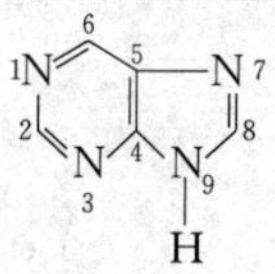 嘌呤 (purine)

12.1.2 杂环化合物的命名

1. 译音法

杂环化合物的命名比较复杂，目前广泛采用的是按 IUPAC 命名原则，以 45 个特定杂环化合物的俗名和半俗名作为命名的基础。我国使用的是“音译法”，即按英文的读音，选用带口字旁的同音汉字命名，“口”字旁作为杂环的标志，见表 12.1。

杂环的编号，一般从杂原子开始(个别例外)顺环编号，并注明取代基的位置、数目和名称，杂环母体的编号原则及取代杂环化合物的命名如下：

2. 杂环编号

(1) 含一个杂原子的杂环应将杂原子编号为 1。也可用希腊字母编号，与杂原子相邻的碳原子为 α 位，依次为 $\beta,\gamma,\cdots$。例如：

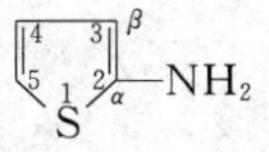

2-氨基噻吩或α-氨基噻吩
(2-aminothiophene)

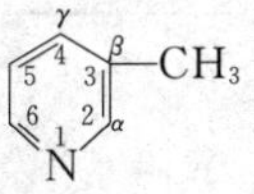

3-甲基吡啶或β-甲基吡啶
(3-methylpyridine)

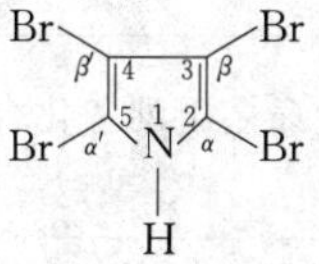

2,3,4,5-四溴吡咯或$\alpha,\alpha',\beta,\beta'$-四溴吡咯
(2,3,4,5-tetrabromopyrrole)

(2) 环上有两个或两个以上杂原子时，若杂原子相同，应使杂原子位次之和最小，并将连有氢原子或取代基的杂原子编号定为 1。如环上有不同杂原子时，按 O,S,NH,N 的顺序编号。例如：

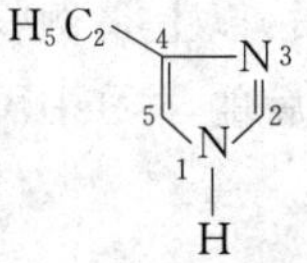

4-乙基咪唑
(4-ethylimidazole)

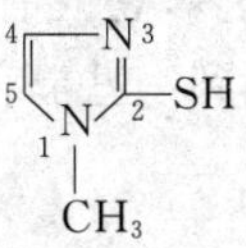

N-甲基-2-巯基咪唑
(*N*-methyl-2-mercaptoimidazole)

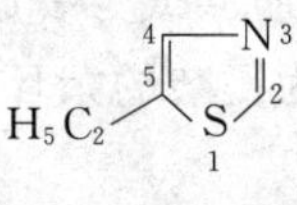

5-乙基噻唑
(5-ethylthiazole)

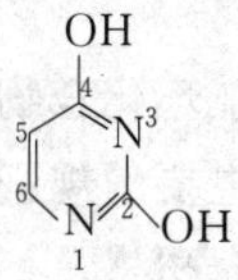

2,4-二羟基嘧啶
(2,4-dihydroxypyrimidine)

(3) 特定名称的稠杂环　有特定名称的稠杂环的编号是固定的，通常是从杂原子开始，依次编号(公用碳原子一般不编号)，并尽可能使杂原子的编号小(见表 12.1，喹啉、吲哚)；也有一些稠杂环按相应的芳烃编号，此时，杂原子的编号较大(如异喹啉、吖啶)；尤其值得一提的是嘌呤，不仅公用碳原子参与编号，且编号的顺序很特殊，需要特别记忆。例如：

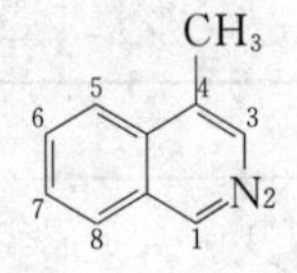

4-甲基异喹啉
(4-methylisoquinoline)

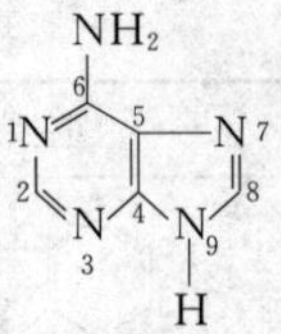

6-氨基嘌呤(腺嘌呤)
(6-aminopurine)

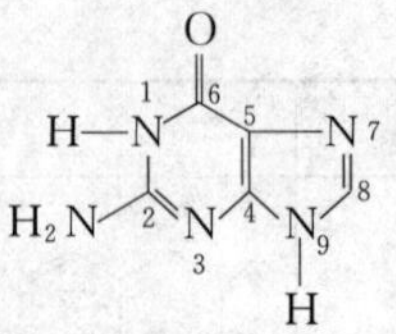

2-氨基-6-氧嘌呤(鸟嘌呤)
(2-amino-6-oxypurine)

(4) 某些杂环可能有互变异构现象，为了区别各异构体，常在大写斜体“*H*”前标明一个或多个氢原子所在的位置。例如：

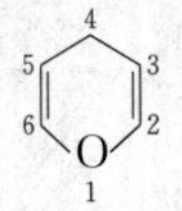

4*H*-吡喃
(4*H*-pyran)

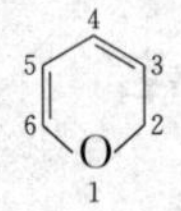

2*H*-吡喃
(2*H*-pyran)

此外，还可以将杂环作为取代基，含官能团侧链为母体进行命名。例如：

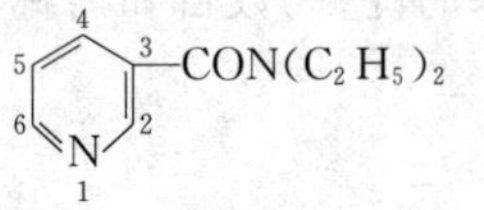

N,*N*-二乙基-3-吡啶甲酰胺
(*N*,*N*-diethyl-3-pyridylformamide)

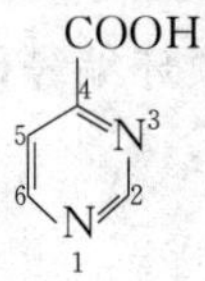

4-嘧啶甲酸
(4-pyrimidylformate)

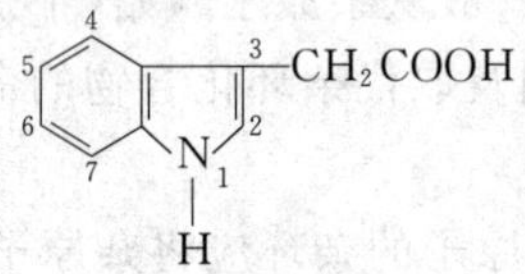

3-吲哚乙酸
(3-indolylacetic acid)

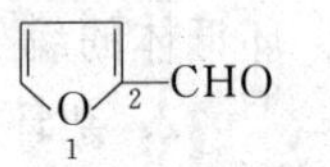

2-呋喃甲醛(糠醛)
(furaldehyde)

问题 12.1 命名下列各化合物。

(1) 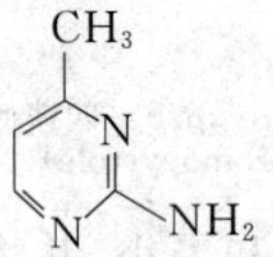

(2) 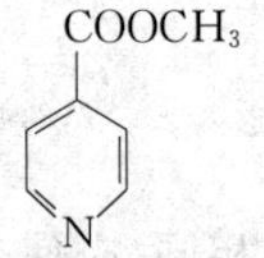

(3) 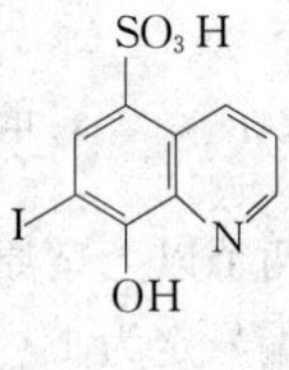

杂环化合物的命名较脂肪族或芳香族化合物复杂得多，它既有规律，又有习惯，以上举例仅是最主要的规则，对结构更为复杂的杂环化合物，还会遇到一些新问题，需要在以后的学习中不断补充积累。

12.2 含氮六元杂环

12.2.1 吡啶

吡啶(pyridine)存在于煤焦油及页岩油中，其衍生物广泛分布于自然界中，许多天然药物、染料、维生素和某些生物碱中含有吡啶环结构。由于吡啶是六元杂环中最具代表性的化合物，故重点讨论其结构和性质。

1. 吡啶的物理性质

吡啶是具有特殊臭味的无色液体，沸点 115.5 ℃，熔点 −42 ℃，相对密度为 0.982。由于吡啶分子中氮原子的孤电子对能与水形成氢键，因此吡啶可与水以任意比例互溶。此外，吡啶还能溶解大多数极性、非极性有机化合物和许多无机盐，还能与缺电子原子（或基团）、金属离子等形成配合物。实验室常用作高沸点溶剂。

2. 吡啶的结构

吡啶的分子式为 C_5H_5N，与苯的结构相似，可以看成是苯分子中的一个 CH 被 N 替代。近代物理方法测得，吡啶分子呈平面构型，键角约为 120°。其分子中 C—N 键长为 134 pm，C—C 键长 139～140 pm（见图 12.1）。从实测的键长数据可看出，吡啶环中 C—C 键长介于 C—C 单键（154 pm）与 C═C 双键（134 pm）之间，C—N 键长介于 C—N 单键（147 pm）与 C═N 双键（128 pm）之间，由此可见，吡啶分子中不存在一般的单双键；C—C 键长和 C—N 键长非常相近，说明吡啶环上键长的平均化程度较高，但与苯相比，不是完全平均化的。

吡啶环上的碳原子和氮原子均以 sp^2 杂化轨道相互重叠形成 σ 键，它们构成一个平面六元环。每个原子中各有一个 p 轨道垂直于环平面，这 6 个 p 轨道相互侧面重叠形成一个封闭的大 π 键，π 电子数目为 6，符合 Hückel 规则，具有一定的芳香性。此外，氮原子上还有一个未参与成键的 sp^2 杂化轨道，被孤电子对所占据，因此，吡啶具有碱性。吡啶的分子轨道示意见图 12.2。

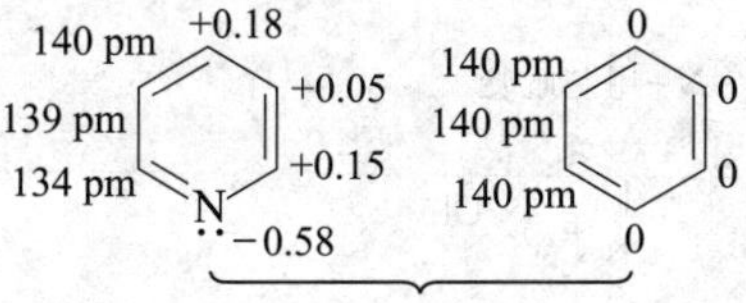

图 12.1 吡啶和苯分子中的有效电荷分布和键长

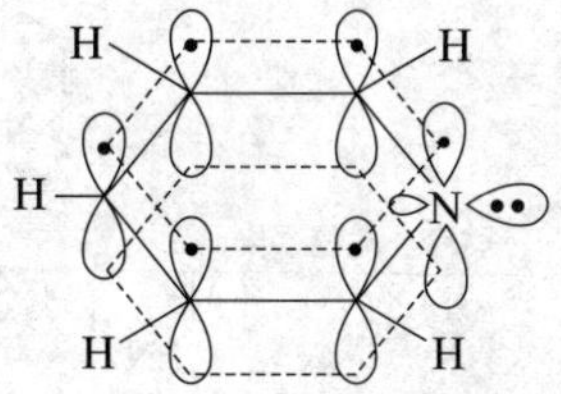

图 12.2 吡啶的分子轨道

由于吡啶环上氮原子的电负性比碳大，因此环上 π 电子云向氮原子一端偏移，氮原子周围电子云密度较大，碳原子上的电子云密度相对较低，环上电子云密度分布不完全平均化，见图 12.1 和图 12.3，所以吡啶的芳香性比苯差，亲电取代反应比苯难，反应主要发生在 β 位上。像吡啶这类环上碳原子电子云密度比苯低的芳杂环称为缺电子芳杂环或缺 π 电子芳杂环。

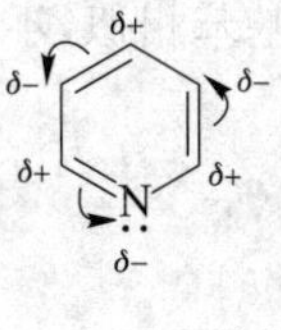

图 12.3 π 电子云的交替极化

吡啶的偶极矩较大，为 $\mu = 7.4 \times 10^{-30}$ C·m，它是一个极性分子。这是因为吡啶中氮原子的诱导效应和共轭效应的方向一致。

3. 吡啶的化学性质

（1）碱性和亲核性　吡啶氮原子上有未参与成键的孤电子对，因而它具有碱性和亲核性，可与强酸和 Lewis 酸结合成盐。吡啶碱性比苯胺强，但比氨和脂肪族胺弱得多。

	CH_3NH_2	NH_3	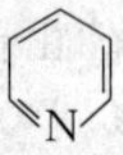	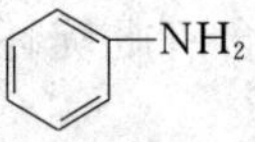
pK_b	3.38	4.76	8.80	9.42

这是因为吡啶的氮原子为 sp^2 杂化，其杂化轨道的 s 成分比脂肪胺氮原子的 sp^3 杂化多，距核较近，受核束缚较强的缘故。

吡啶的碱性有较大的实用意义，例如用硫酸水溶液可将吡啶及同系物从煤焦油中分离出来。吡啶与高氯酸生成的盐容易结晶、分离，故可用于制备高纯度吡啶。吡啶还可以与 Lewis 酸成盐，在许多有机反应里，它既作溶剂，又作质子接收体。例如：

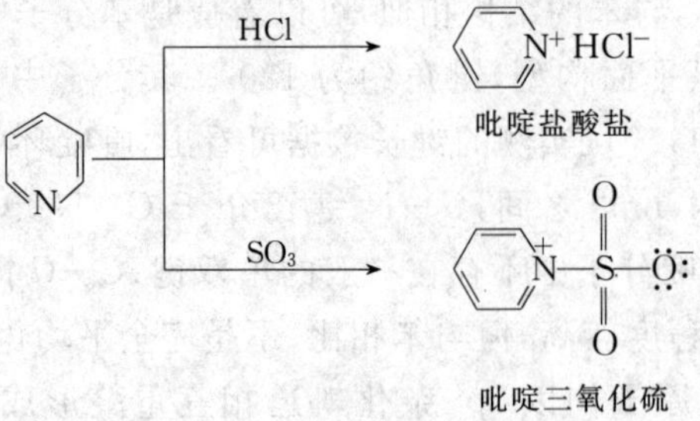

吡啶三氧化硫是一种温和的非质子磺化剂，可用于对酸敏感的化合物，如吡咯、呋喃的磺化反应中。

吡啶作为亲核试剂，其氮原子上的孤电子对可以进攻卤代烷中缺电子的中心碳原子，反应生成季铵盐，也可与酰卤反应生成盐。例如：

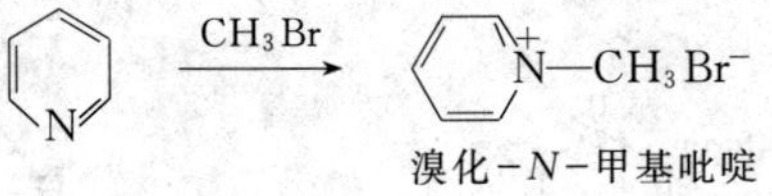

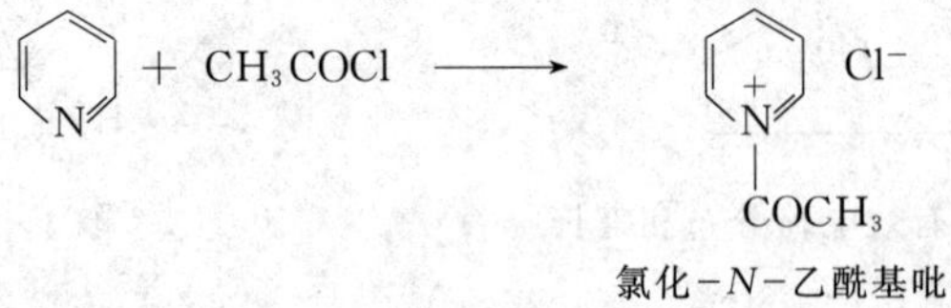

吡啶与酰卤生成的 *N*-酰基吡啶盐是良好的酰化试剂。

(2) 芳环上的亲电取代反应　吡啶的亲电取代反应比苯难，其反应活性约为苯的百万分之一，和硝基苯相似，不能发生 Friedel-Crafts 反应，取代基多进入 β 位。

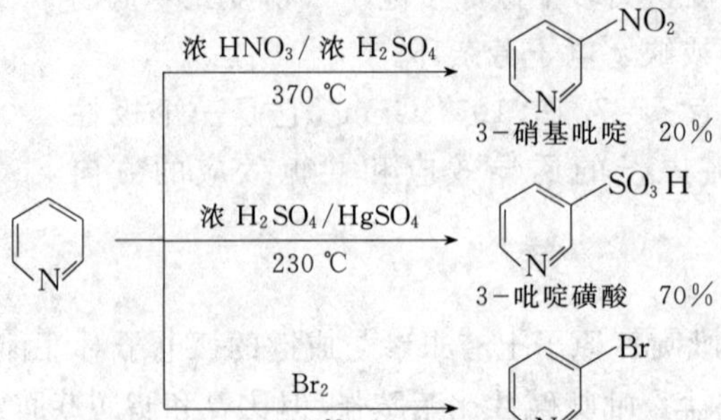

(3) 侧链上的氧化反应　吡啶环对氧化剂很稳定。当环上带有 α-H 的侧链烃基时，可被酸性高锰酸钾氧化成羧基。例如：

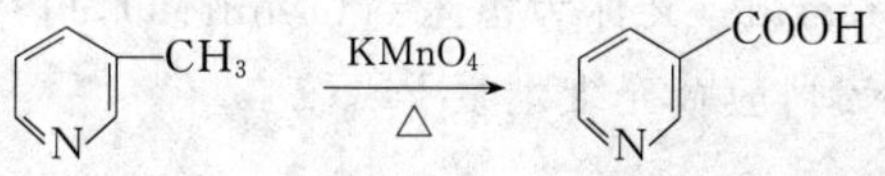

β-吡啶甲酸（烟酸）

(4) 还原反应　吡啶比苯易还原，用钠加乙醇或催化加氢均能使吡啶还原为六氢吡啶，后者具有环状仲胺的结构，碱性比吡啶强（$pK_b = 2.8$）：

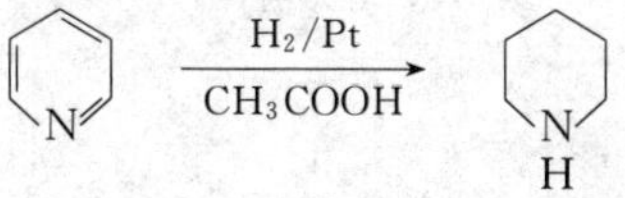

六氢吡啶

六氢吡啶又称哌啶，沸点 106 ℃，能溶于水和有机溶剂，常用作溶剂及有机合成原料，很多天然产物具有此环系。

4. 吡啶的衍生物

(1) 维生素 PP　烟酸（β-吡啶甲酸）和烟酰胺（β-吡啶甲酰胺）统称为**维生素 PP**（vitamin PP），存在于酵母、肉类、谷物和花生中，属于 B 族维生素类。维生素 PP 参与体内氧化还原过程，促进新陈代谢，能保持神经组织的健康，对中枢神经和交感神经系统有维护作用。缺乏维生素 PP 时，会出现神经营养障碍，易患癞皮病。烟酸能扩张血管，并有降低血浆中胆固醇和脂肪的作用，但大剂量服用时对人的胃和皮肤有一定的副作用。

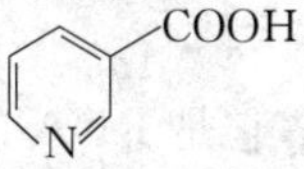

烟酸
（nicotinic acid）

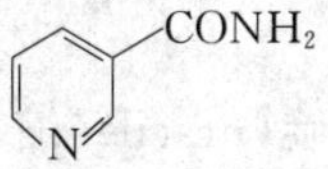

烟酰胺
（nicotinamide）

(2) 维生素 B_6　**维生素 B_6**（vitamin B_6）包括吡哆醇、吡哆醛和吡哆胺，广泛存在于鱼、肉、谷物和蔬菜中。在体内经磷酸化作用转变为磷酸吡哆醛和磷酸吡多胺，磷酸吡哆醛和磷酸吡多胺作为辅酶参与生物体中转氨基作用。磷酸吡哆醛是自然界中最具多样性的一种辅酶，它参与蛋白质代谢的某些过程，如脱羧、能量代谢、中枢神经系统活动以及血红蛋白的生物合成。

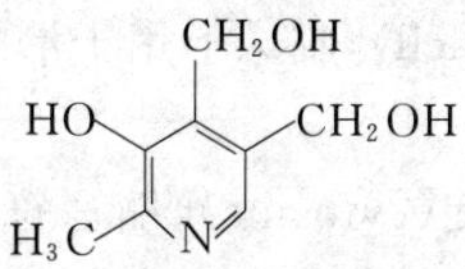

吡哆醇
（pyridoxol）

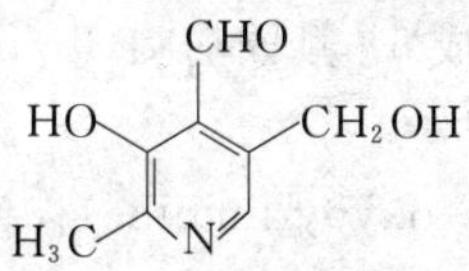

吡哆醛
（pyridoxal）

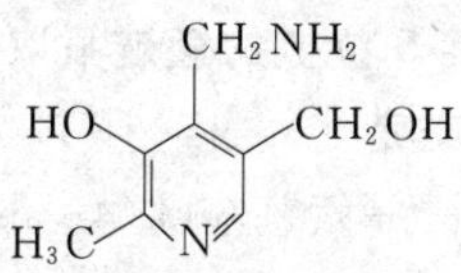

吡哆胺
（pyridoxamine）

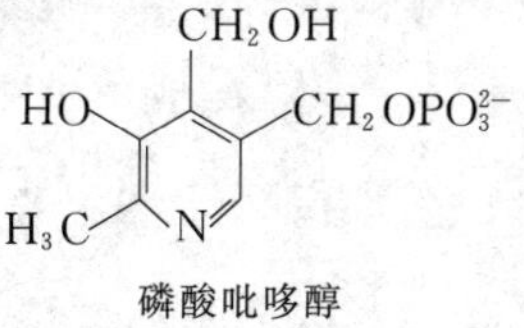

磷酸吡哆醇
（pyridoxal phosphate）

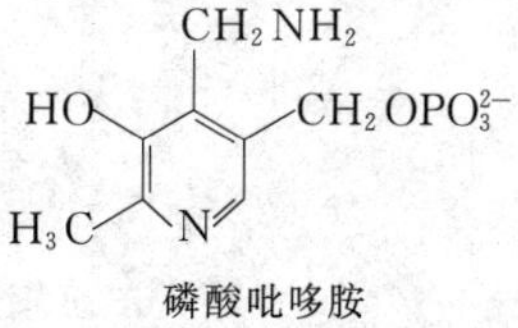

磷酸吡哆胺
（pyridoxamine phosphate）

人体缺乏维生素 B_6，也能引起像缺乏烟酸一样的病症。临床上常用维生素 B_6 治疗妊娠、放射病及抗癌药所致的呕吐、脂溢性皮炎等。

(3) 异烟肼 **异烟肼**(isoniazide)又称为雷米封(remifon)，可用于结核病的治疗，对维生素 PP 有拮抗作用，长期服用雷米封，应补充维生素 PP。

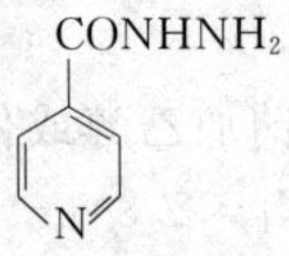

异烟肼

12.2.2 嘧啶及其衍生物

嘧啶(pyrimidine)是含有两个氮原子的六元杂环化合物，为无色结晶，熔点 22.5 ℃，沸点 124 ℃，易溶于水，碱性比吡啶弱得多，其水溶液呈中性；嘧啶难于进行亲电取代反应，环上如有致活基团，则能发生亲电取代反应，取代基一般进入 5 位。其结构式如下：

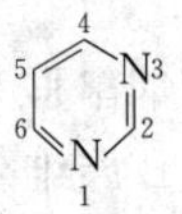

嘧啶衍生物在自然界中分布很广，在动植物新陈代谢中起着重要的作用，例如尿嘧啶、胞嘧啶和胸腺嘧啶是核酸的重要组成部分，被称为碱基。嘧啶衍生物也是某些维生素、生物碱和合成药(如磺胺类和巴比妥类等药物)的重要组成部分。

1. 尿嘧啶

2,4－二氧嘧啶称为**尿嘧啶**(uracil)，缩写符号为 U，它是 RNA 的组成成分之一，具有酮型和烯醇型互变异构现象，在生理 pH 环境下以酮型为主：

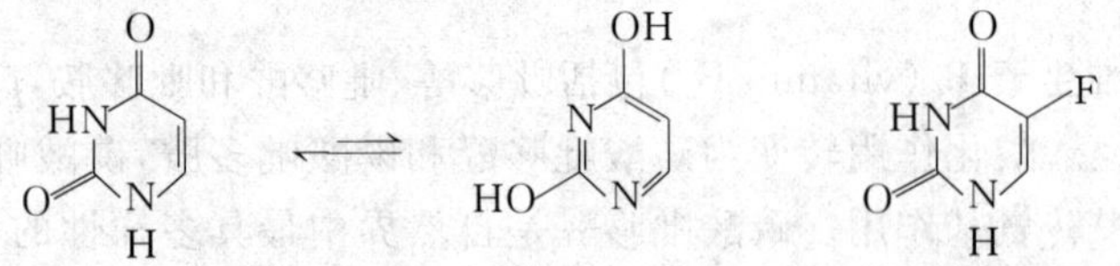

酮型 烯醇型 5－氟尿嘧啶(5－FU)

尿嘧啶 5 位上的氢被氟取代后生成 5－氟尿嘧啶(5－fluorouracil)，临床上用于治疗癌症。

2. 胞嘧啶

2－氧－4－氨基嘧啶(4－amino－2－oxypyrimidine)称为**胞嘧啶**(cytosine)，缩写符号为 C，是 RNA 和 DNA 的组成成分之一，其酮型结构式如下：

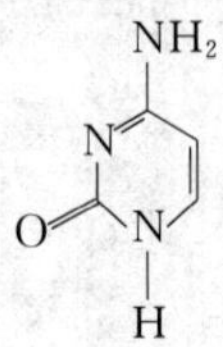

3. 胸腺嘧啶

2,4−二氧−5−甲基嘧啶称为**胸腺嘧啶**(thymine 或 5−methyl−2,4−dioxypyrimidine),缩写符号为 T,是 DNA 组成成分之一,其酮型结构式如下:

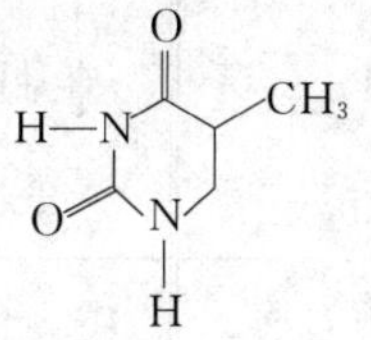

胸腺嘧啶在光照下生成对称的顺式二聚体:

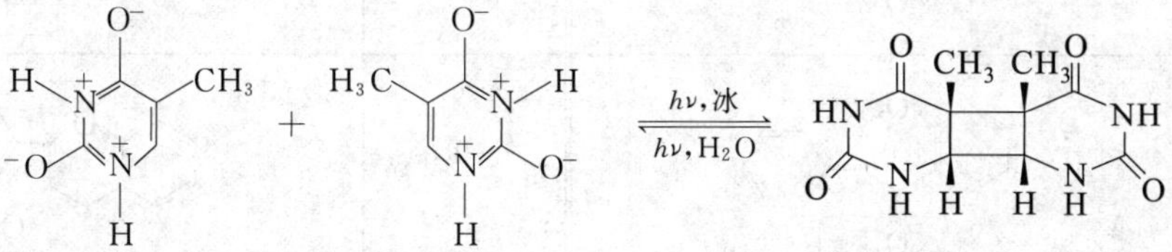

这种光致可逆反应,可能是 DNA 链中发生错误复录和产生变异的原因。

问题 12.2　为什么嘧啶分子中含有两个碱性的氮原子,却为一元碱,且其碱性比吡啶弱得多?

12.2.3　含氧六元杂环化合物——黄酮类化合物

黄酮类化合物(flavonoids)是广泛存在于植物界的含氧杂环的化合物,在植物体内大部分以糖苷形式存在,小部分以游离形式存在。它们对植物的生长、发育、开花、结果以及抵御异物的入侵起着重要作用。黄酮类化合物不仅具有多种生理功能和药用价值,而且在寻找新药方面也起到了先导化合物的作用。

1. 黄酮类化合物的结构与分类

黄酮类化合物是指基本母核为 2−苯基色原酮(flavone)的一系列化合物。

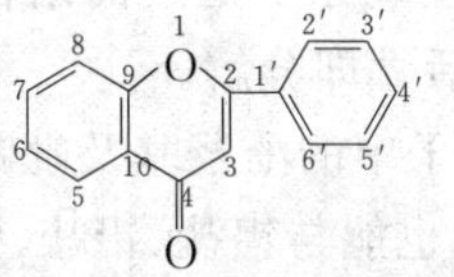

2−苯基色原酮(黄酮)

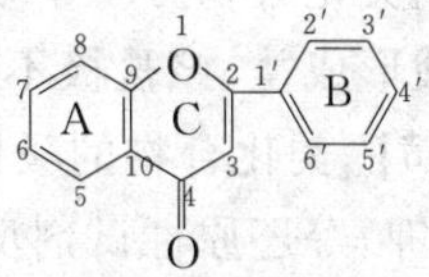

$C_6-C_3-C_6$结构

根据 A 环与 B 环中间三碳链的氧化程度,B 环连接位置(2 或 3 位)以及三碳链是否构成环状等特点,将黄酮类化合物分成如下 8 类,见表 12.2 所示。

天然黄酮类化合物多为上述各种母核的衍生物,在 A 环和 B 环上常连接有酚羟基、甲氧基、甲基、异戊烯基等取代基。此外,天然黄酮类化合物常与糖结合成苷类。与糖的连接方式有氧苷键和碳苷键之分,前者易水解,后者较稳定。

表 12.2 黄酮类化合物的主要结构类型

类型	基本结构	类型	基本结构
黄酮	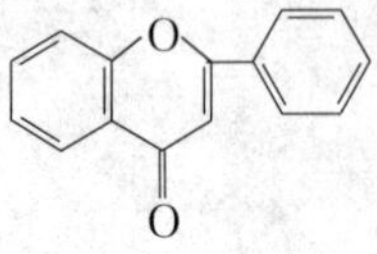	查耳酮	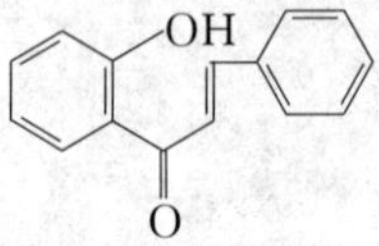
黄酮醇	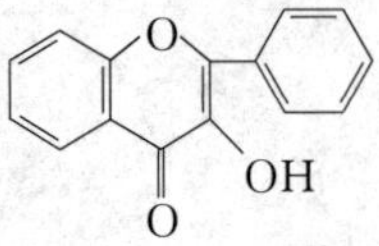	花色素	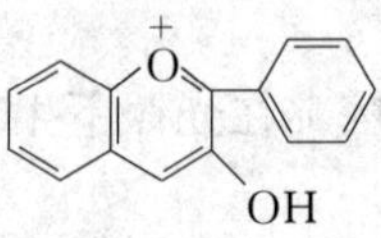
异黄酮	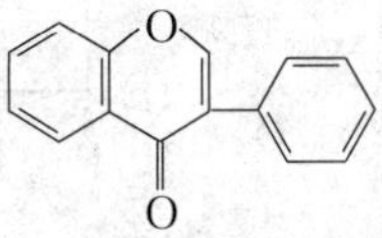	黄烷-3-醇	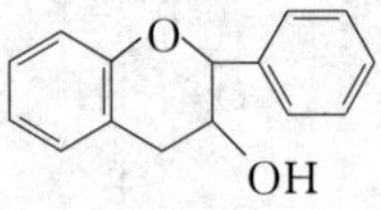
双苯吡酮	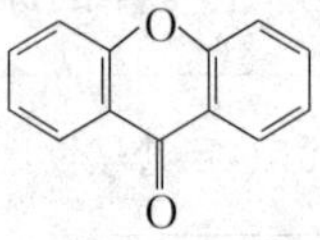	噢咔(橙酮)	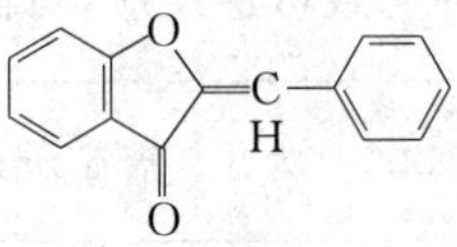

2. 黄酮类化合物的一般性质

黄酮类化合物多为晶体,少数为无定形粉末,大多数黄酮类化合物呈黄色,若分子中无共轭结构,则浅色或无色。有些黄酮类是手性分子,而黄酮苷类的结构中引入了糖分子,故均有旋光性,且多为左旋。

黄酮类化合物一般难溶或不溶于水,易溶于甲醇、乙醇、乙酸乙酯、乙醚等有机溶剂及稀碱液中。

(1) 酸碱性 天然黄酮类多含有酚羟基,故显酸性,由于酚羟基的数目和位置不同,酸性强弱也不同。另外,黄酮类化合物分子中吡喃环的 1 位氧原子是醚的结构,因而有孤电子对,显微弱碱性,能与强无机酸形成盐,该盐极不稳定,加水后立即分解。

(2) 颜色反应 黄酮类化合物的颜色反应与分子中的酚羟基及吡喃环酮有关,能与盐酸-镁粉(锌粉)、四氢硼钠(钾)等还原性试剂反应而显色;也能与铝盐、铅盐、锆盐、锶盐、镁盐等金属试剂反应生成配位化合物而显色。可用此性质鉴别和分离黄酮类化合物。

目前已开发成功并作药用的有云香苷(rutin,又叫芦丁)和**儿茶素**(catechin)。芦丁有助于保持及恢复毛细血管的正常弹性,主要用于高血压病的辅助治疗(但无降压作用)。儿茶素不仅对心血管疾病有防治作用,还有降血脂和降血压功效;同时亦具有较强的抗癌作用。它们的结构式如下:

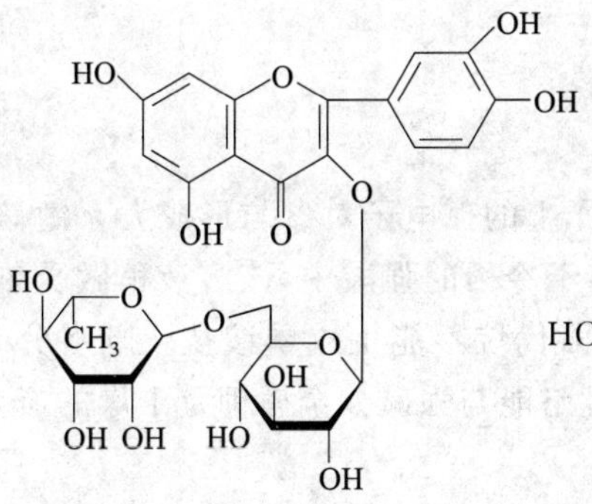

云香苷(芦丁)

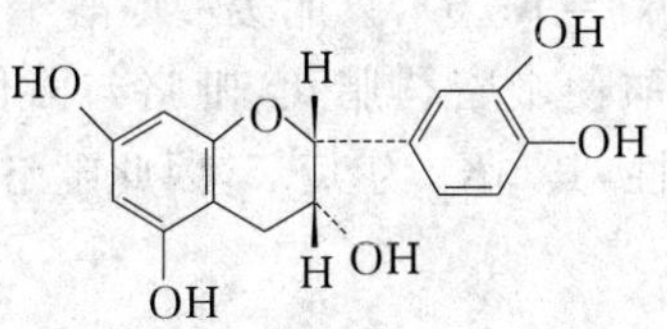

(－)儿茶素

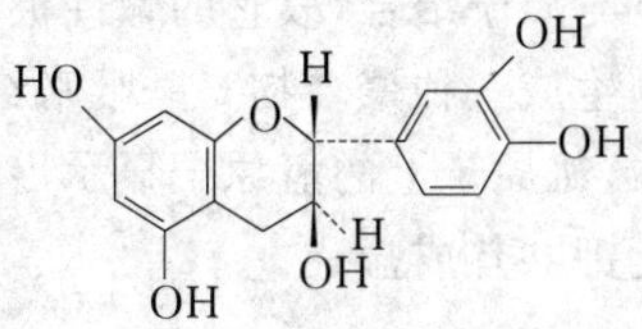

(＋)儿茶素

12.3 含氮五元杂环

12.3.1 吡咯

1. 吡咯的物理性质

吡咯(pyrrole)存在于煤焦油和骨焦油中,为无色液体,沸点 131 ℃,熔点－18.15 ℃,气味与 $CHCl_3$ 类似,不溶于水,能与乙醇和乙醚混溶。

2. 吡咯的结构

吡咯的分子式为 C_4H_5N,是含一个氮原子的五元杂环化合物。近代物理方法测得,吡咯分子呈平面构型,分子中的 C—C 单键键长(143 pm)比烷烃的 C—C 单键(154 pm)短,C═C 双键键长(137 pm)比烯烃的 C═C 双键(134 pm)长,C—N 单键键长(138 pm)比胺的 C—N 单键(147 pm)短,说明吡咯分子中键长趋于平均化(见图 12.4)。

吡咯分子中,碳原子与氮原子均为 sp^2 杂化,杂化轨道互相重叠形成 σ 键构成平面五元环;未参与杂化的 p 轨道相互平行并垂直于环平面,其中氮原子的 p 轨道上有 2 个 p 电子,碳原子的 p 轨道上有 1 个 p 电子,这些 p 轨道相互平行重叠形成封闭的大 π 键,π 电子数为 6,符合 Hückel 规则,因此,吡咯具有芳香性;氮原子的另一个 sp^2 杂化轨道与氢的 1s 轨道重叠形成 N—Hσ 键,其分子轨道见图 12.5。

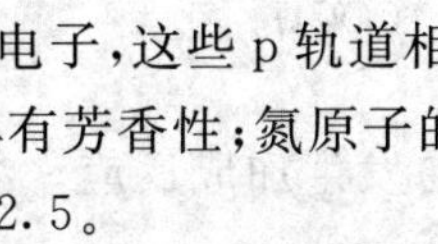

图 12.4 吡咯的有效电荷分布和键长

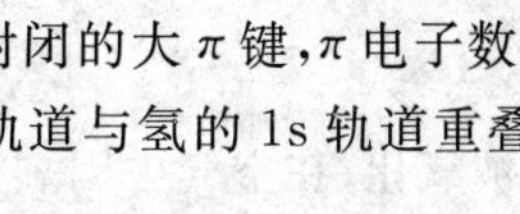

图 12.5 吡咯的分子轨道

由于组成吡咯环的 5 个 p 轨道上有 6 个 π 电子。因此,吡咯环上的 π 电子云密度比苯高,其中 α 位电子云密度比 β 位高(见图 12.4),吡咯比苯更容易发生亲电取代反应,亲电取代反应通常发生在 α 位上。像吡咯这类环碳原子上的电子云密度比苯高的芳杂环称为富电子芳杂环或多 π

电子芳杂环。

吡咯为极性分子，偶极矩为 $\mu=6.03\times10^{-30}$ C·m。

3. 吡咯的化学性质

(1) 酸碱性 吡咯分子虽有类似仲胺的结构，但因氮原子上的孤电子对参与形成大π键，难以与质子结合，故它的碱性极弱($pK_b=13.6$)，只能缓慢地溶于冷稀的强酸中，该溶液稍微受热，则生成一种聚合物——吡咯红，浓酸使吡咯树脂化，吡咯与卤代烷不能生成季铵盐。吡咯分子中，氮原子上的氢原子显示出弱酸性，其 pK_a 为 17.5，因此吡咯能与强碱如金属钾及干燥的氢氧化钾共热成盐：

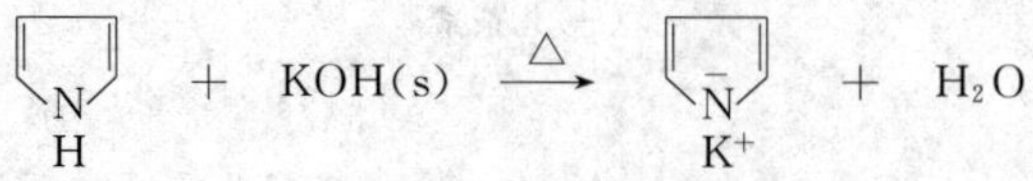

(2) 芳环上的亲电取代反应 吡咯比苯更容易发生卤代、硝化、磺化反应，也能进行Friedel-Crafts 反应，取代基主要进入α位。因为吡咯遇强酸时易发生聚合等反应，所以不能直接用强酸进行硝化、磺化等反应，而需要采用较温和的非质子性试剂进行反应。例如：

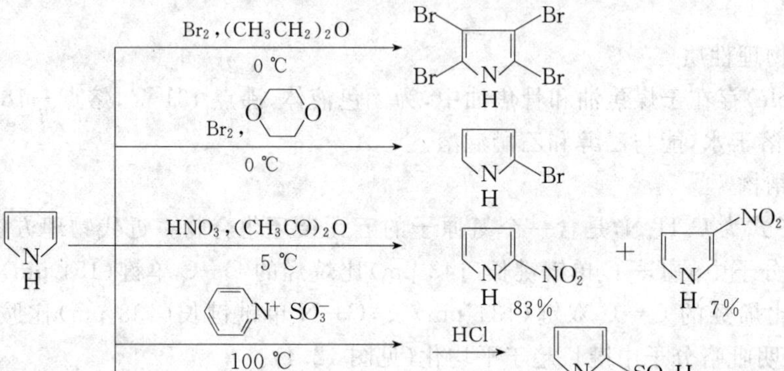

此外，吡咯易被氧化，在空气中因氧化而迅速变黑，不易发生加成反应。浓盐酸浸过的松木片遇到吡咯的蒸气时显红色，可用于吡咯及其衍生物的检验。

问题 12.3 为什么吡咯比苯容易进行亲电取代反应？

4. 吡咯衍生物

吡咯衍生物广泛存在于动植物中，如叶绿素、血红素、胆红素、维生素 B_{12} 以及许多有重要的生理作用的生物碱均含有吡咯环。

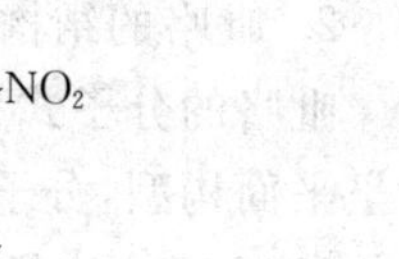

卟吩

(1) 卟吩 **卟吩**(porphine)是由四个吡咯环的α-碳原子通过次甲基(—CH═)相连而成的复杂共轭体系，呈平面构型，含有多个π电子，显示芳香性，其取代物称为**卟啉**(porphyrin)。在卟吩分子中，四个氮原子可以分别以共价键及配价键与不同的金属离子结合，形成叶绿素、血红素、维生素 B_{12} 等各种化合物。

（2）血红素　**血红素**（heme 或 haem）是高等动物体内输送氧的物质，它与蛋白质结合成血红蛋白而存在于红细胞中，用盐酸水解血红蛋白，即可得氯化血红素。血红素分子中含有卟吩环，环中氮原子结合亚铁离子，四个吡咯环的 β 位还连有不同的取代基。

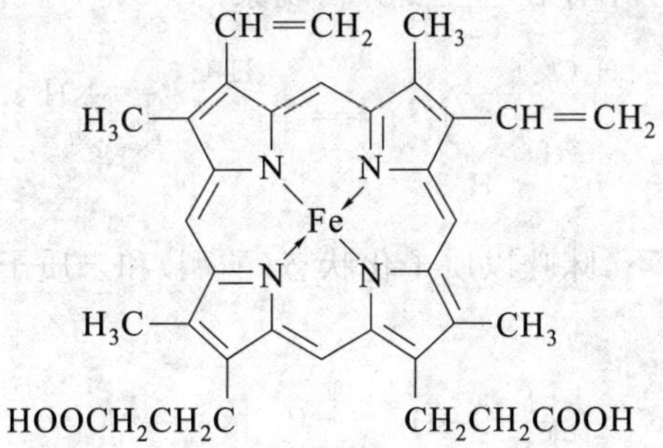

血红素

（3）叶绿素　**叶绿素**（chlorophyll）存在于植物的叶和茎中的绿色色素，它与蛋白质结合存在于叶绿体中，是植物进行光合作用所必需的催化剂，植物通过叶绿素吸收了太阳能才能进行光合作用。叶绿素是叶绿素 a 和叶绿素 b 的混合物，两者的比例为 3∶1。叶绿素 a 和叶绿素 b 的结构式如下：

式中R=CH_3,叶绿素 a;
R=CHO,叶绿素 b

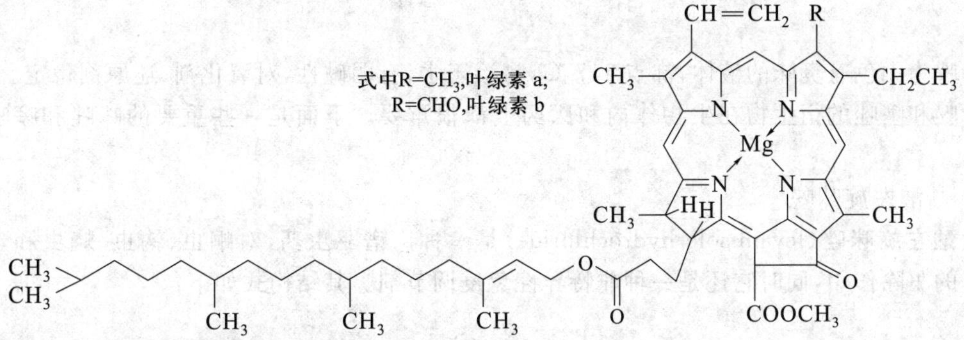

12.3.2　咪唑、噻唑及其衍生物

含有两个杂原子的五元杂环称为唑。**咪唑**（imidazole）是含有两个氮原子的五元杂环，**噻唑**（thiazole）是含有一个氮原子和一个硫原子的五元杂环，它们都是平面型分子，均为多 π 电子芳杂环，具有一定程度的芳香性，结构式如下：

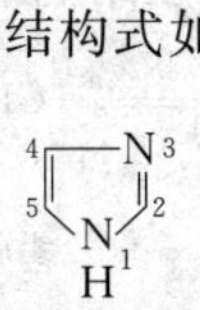

咪唑

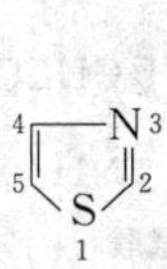

噻唑

咪唑为无色晶体，熔点 90 ℃，沸点 256 ℃。咪唑环上两个氮原子之一个有孤电子对未与环

共轭,因此分子间能形成氢键,也可以与水形成氢键,而易溶于水。

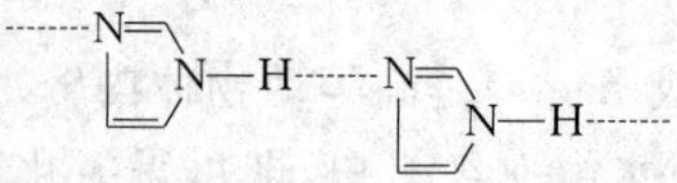

咪唑3位上的氮原子具有弱碱性,能与强酸生成稳定的盐,1位氮原子上的氢具有弱酸性,可被金属置换成盐。咪唑分子中存在着互变异构现象:

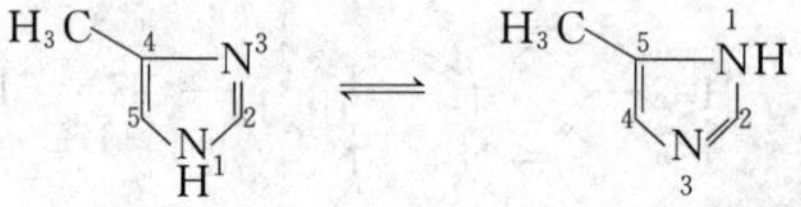

在生理pH(约7.4)条件下,咪唑以质子化状态(酸型)和未质子化的中性状态(中性型)同时存在:

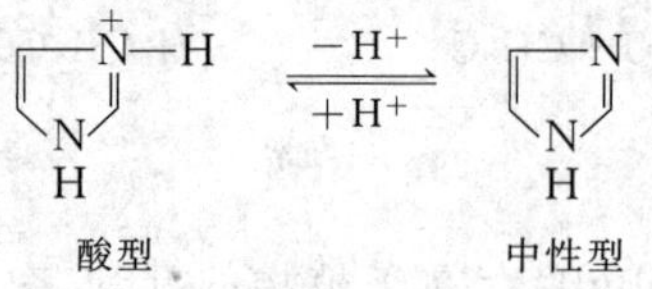

酸型和中性型结构存在于酶的活性位置上,起着酸和碱的作用。咪唑的碱性在生命过程中有重要意义,如在酶活性部位的组氨酸分子中的咪唑环作为质子的接受体。

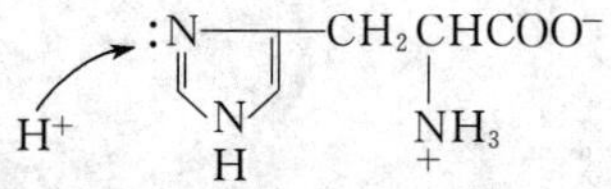

噻唑为无色有臭味的液体,沸点117 ℃,易溶于水,有弱碱性,对氧化剂、还原剂稳定。

咪唑和噻唑的衍生物在生物体内和医药上都很重要。下面是一些重要的咪唑和噻唑的衍生物。

1. 盐酸左旋咪唑

盐酸左旋咪唑(levamisole hydrochloride)是一种广谱驱虫药,对蛔虫、钩虫、蛲虫和丝虫都有较好的驱除作用,同时它还是一种非特异性免疫调节剂。其结构式如下:

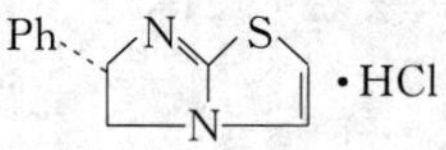

2. 组胺

组胺(histamine)是组氨酸(histidine)的一个降解产物,有扩张血管和促进胃液分泌的作用。人体中组胺含量过多时,会发生各种过敏反应。临床上可服用抗组胺药加以治疗。

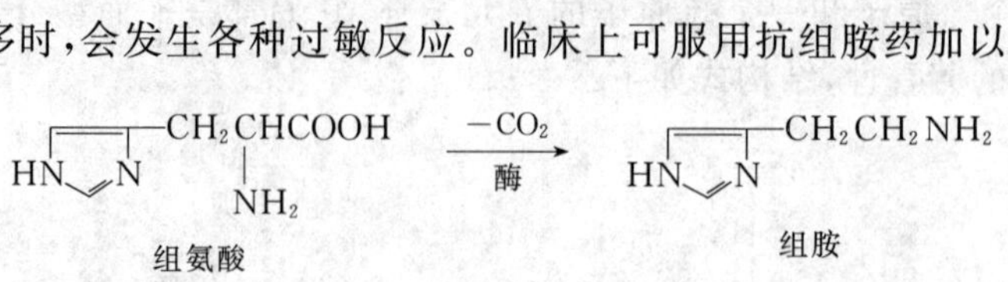

3. 维生素 B_1

维生素 B_1 是由噻唑环和含氨基的嘧啶环通过亚甲基(—CH_2—)连接而成的化合物,医药上

叫做**硫胺素**(thiamine),常用的是它的盐酸盐,其结构式如下:

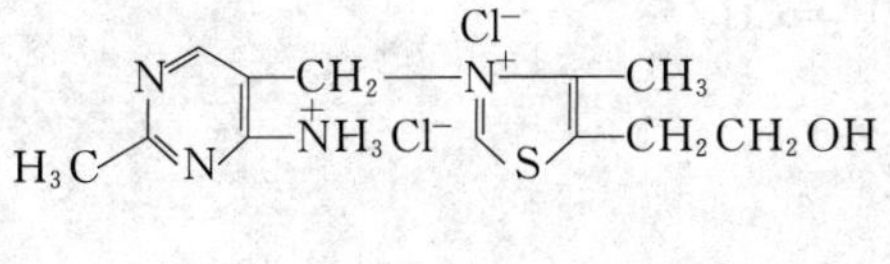

维生素B_1

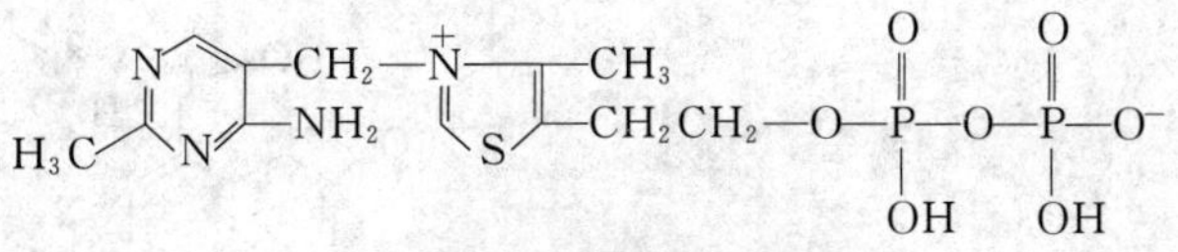

焦磷酸硫胺素(TPP)
(thiamine pyrophosphate)

维生素 B_1(vitamin B_1)在细胞内以焦磷酸硫胺素(TPP)的形式存在,作为脱羧酶的辅酶参与糖代谢。当机体缺乏维生素 B_1 时,糖代谢受阻,导致多发性神经炎、脚气病及食欲不振。临床上常用维生素 B_1 为辅助药物治疗上述疾病。

12.4 稠 杂 环

由苯与单杂环或单杂环与单杂环稠合而成的化合物称为**稠杂环**(fused heterocycles)。

12.4.1 喹啉及其衍生物

喹啉(quinoline)由苯和吡啶稠合而成,存在于煤焦油和骨焦油中,为无色有特殊气味的油状液体,沸点 238 ℃,难溶于水,易溶于有机溶剂。喹啉与吡啶相似,氮原子上的孤电子对可以结合质子,而显弱碱性,可与无机酸成盐,与碘甲烷生成季铵盐,也能发生卤代、硝化、磺化反应,取代基主要进入 5 位或 8 位。

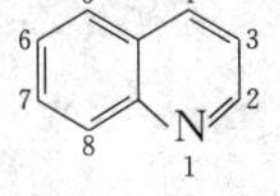

在植物体中喹啉类化合物主要以生物碱的形式存在,其中许多具有重要的药用价值,如喜树碱具有抗癌作用,奎宁具有抗疟作用等。喹啉的重要衍生物如下。

1. 氯喹

氯喹(chloroquine)是一种合成的抗疟药物,可以干扰疟原虫的核酸代谢,抑制疟原虫的生长繁殖,有效地控制恶性疟疾间日疟的临床症状,具有疗效快、持久、副作用小的优点,其结构如下:

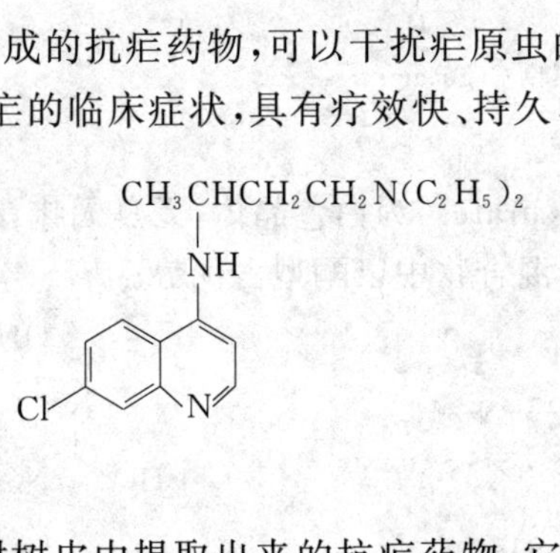

2. 奎宁

奎宁(quinine)是从金鸡纳树树皮中提取出来的抗疟药物,它对红细胞内部的疟原虫有杀灭作用,可控制疟疾症状,副作用较多,剂量大时可产生抑制心脏的正常生命功能,其结构如下:

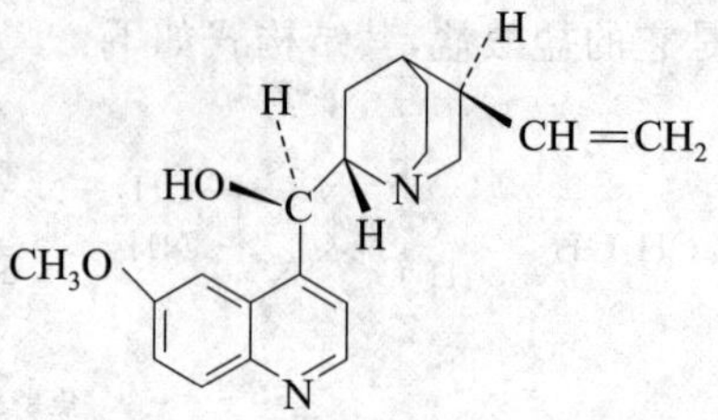

12.4.2 嘌呤及其衍生物

嘌呤(purine)由嘧啶和咪唑稠合而成,本身不存在于自然界中,常由化学合成方法制得。嘌呤为无色晶体,熔点 217 ℃,易溶于水,可溶于乙醇。它既是弱碱,又是弱酸,所以能与酸或碱成盐。嘌呤分子中的咪唑环可以互变,有两种互变异构体,晶体状态下主要以 7*H*-嘌呤的形式存在,在生物体内多以 9*H*-嘌呤的形式存在:

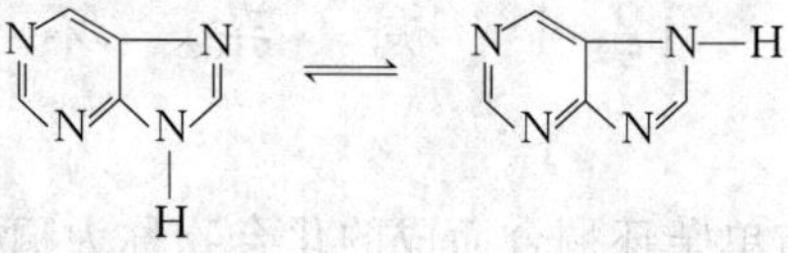

9*H*-嘌呤 (9*H*-purine)　　7*H*-嘌呤 (7*H*-purine)

1. 腺嘌呤和鸟嘌呤

腺嘌呤和鸟嘌呤是核酸的重要结构单元,是合成蛋白质及决定生命遗传的重要物质,具有酮型和烯醇型互变异构现象。

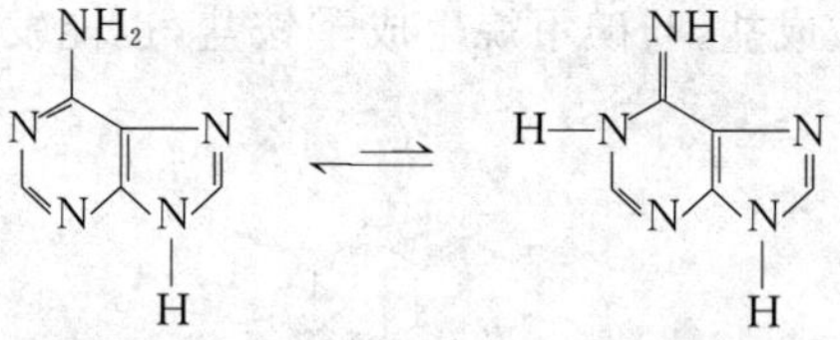

腺嘌呤 A(adenine)

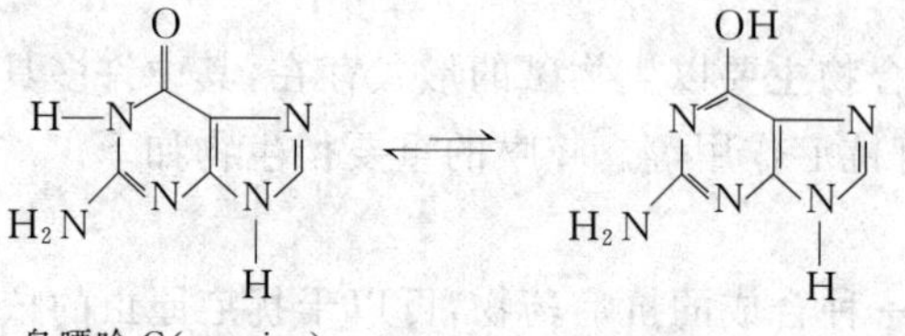

鸟嘌呤 G(guanine)

2. 尿酸

2,6,8-三氧嘌呤称为**尿酸**(urate),为白色晶体,无臭无味,极难溶于水,有弱酸性,具有酮型和烯醇型互变异构现象,在平衡混合物中以酮型占优势。

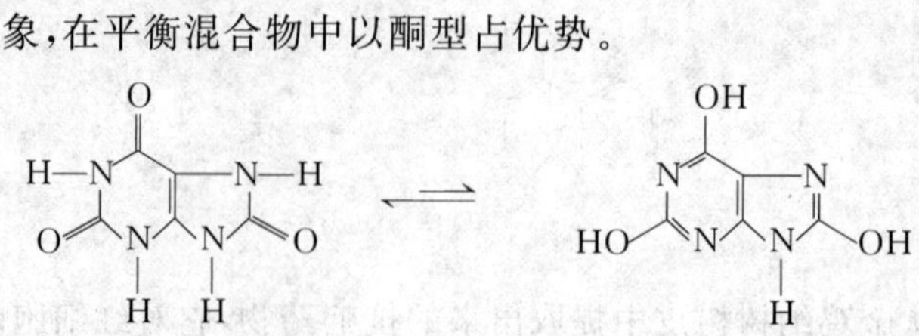

2,6,8-三氧嘌呤(酮型) (2,6,8-trioxypurine)　　2,6,8-三羟基嘌呤(烯醇型) (2,6,8-trihydroxypurine)

尿酸存在于哺乳动物的尿和血中，健康人每天的排泄量为 0.5～1 g，但当代谢紊乱时，尿中尿酸含量增加，形成尿结石；血液中尿酸含量过多时，可沉积在关节处，形成痛风石。

问题 12.4 试写出喹啉与碘甲烷反应产物的结构式。

问题 12.5 试说明嘌呤的酸性比咪唑强，碱性却比咪唑弱的原因。

12.5 生 物 碱

12.5.1 生物碱的基本概念及分类

生物碱(alkaloid)是指存在于生物体中一类含氮且具有一定生理活性的有机碱性化合物。由于生物碱大多存在于植物中，故又称植物碱。从结构上看，大多数生物碱都是胺类或季铵类杂环化合物，氮原子在环上或在侧链中。植物体内的生物碱常与有机酸(柠檬酸、苹果酸、草酸等)或无机酸(硫酸、磷酸等)结合成盐而存在。也有少数以游离碱、苷或酯的形式存在。

生物碱是许多中草药的有效成分，它的种类繁多，其中许多对人体有特殊而显著的生理活性，如吗啡碱是强镇痛药，麻黄碱有止咳平喘的作用，阿托品是常用的平滑肌解痉药和有机磷农药中毒的解毒剂。有些生物碱的毒性极强，量小时可作为药物，量大时可引起中毒。我国使用中草药医治疾病的历史已有数千年之久，积累了非常丰富的经验，生物碱的研究取得显著的成果，这对于开发我国的自然资源和提高人民的健康水平起着十分重要的作用。

生物碱的分类方法通常有两种，一是按植物来源分，如长春花生物碱，夹竹桃生物碱、乌头生物碱等；另一类是按生物碱的杂环母核结构分类，如喹啉类、异喹啉类、吲哚类、嘌呤类生物碱等。生物碱的名称大多数根据其来源的植物命名，如麻黄碱是由麻黄中得到、烟碱是由烟草中提取得到、乌头碱是由乌头中提取得到而得名。

12.5.2 生物碱的一般性质

生物碱多为无色结晶，难溶于水，易溶于乙醇、氯仿、丙酮、乙醚、苯等有机溶剂中，生物碱与无机酸所生成的盐则易溶于水而不溶或难溶于氯仿、乙醚、苯等有机溶剂中。多数生物碱分子为手性分子，故有旋光性，其对映体的生理活性常有显著的差别，一般左旋体的疗效较显著。一些试剂能与生物碱生成不溶性沉淀或发生颜色反应，这些反应可作为生物碱的鉴定反应。

1. 沉淀反应

大多数生物碱或其盐的水溶液能与某些试剂反应生成沉淀，这些试剂常称为生物碱沉淀试剂，常用的试剂有：碘化汞钾试剂(Mayer 试剂)和碘化铋钾试剂(Dragendorff 试剂)，碘-碘化钾试剂(Wagner 试剂)和磷钨酸、苦味酸、硅钨酸等。生物碱与 Mayer 试剂反应多生成类白色沉淀，若试剂过量沉淀又复溶解；与 Dragendorff 试剂反应多生成红棕色沉淀；与 Wagner 试剂反应多生成棕色或褐色沉淀。这些沉淀反应通常在酸性水溶液中进行，由于沉淀的颜色、形态等的不同，可用于鉴别生物碱，例如莨菪碱与碘-碘化钾溶液反应，生成紫色似鸟飞状的结晶形沉淀。

2. 颜色反应

生物碱还能与一些试剂反应产生不同的颜色,可用于鉴别生物碱,这些试剂称为生物碱显色试剂,常用的生物碱显色试剂有甲醛-浓硫酸试剂(Macquis 试剂),能与某些生物碱反应,呈现特殊的颜色,例如与吗啡呈紫红色、与可待因显蓝色;钼酸铵-浓硫酸试剂(Frohde 试剂),既能与生物碱显色,又能与蛋白质反应显色,运用时应注意区别;钒酸铵-浓硫酸溶液(Mandelin 试剂),能使莨菪碱显红色、奎宁显淡橙色、吗啡显棕色、士的宁显蓝紫色等。此外尚有纯硫酸、浓硫酸中含有少量硝酸、硫酸和糖、硫酸和重铬酸钾、硝酸(密度 1.3 $g \cdot mL^{-1}$)、浓盐酸及氯化铁等,均可作显色试剂用。

12.5.3 重要的生物碱

1. 麻黄碱

中药麻黄中含多种生物碱,其中主要是**麻黄碱**(ephedrine),又称麻黄素,其含量在 60%以上,其次为伪麻黄碱,还有少量其他生物碱。在麻黄中只有(-)-麻黄碱和(+)-伪麻黄碱存在,其结构式如下:

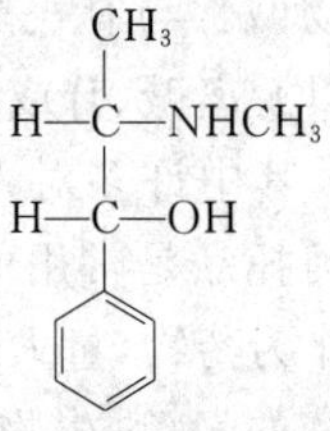

(-)-麻黄碱

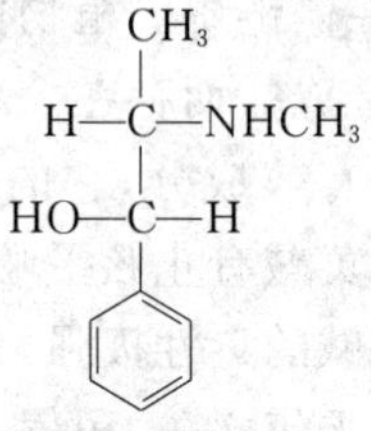

(+)-伪麻黄碱

麻黄碱为无色结晶,熔点 36 ℃,其溶解性与一般生物碱不同,溶于水及乙醇、氯仿、乙醚等有机溶剂中,与生物碱沉淀试剂亦不易生成沉淀。临床上用于防治支气管哮喘、发汗和消除由于鼻黏膜充血而引起的鼻塞。

2. 小檗碱

小檗碱(berberine)又名黄连素,存在于黄连、黄柏等中草药中,属于异喹啉类生物碱,是一种季铵碱。小檗碱为黄色结晶,味极苦,能溶于水,难溶于有机溶剂。小檗碱有抑制痢疾杆菌、链球菌及葡萄球菌的作用,是一类抗菌药物,临床上常用于治疗痢疾、肠炎等症。

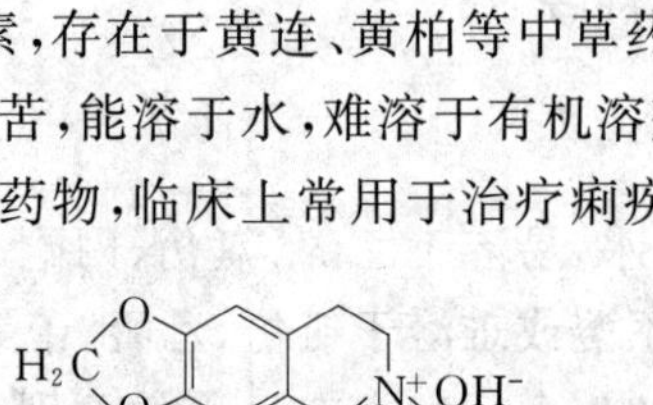

小檗碱(黄连素)

3. 吗啡碱

吗啡碱(morphine)存在于罂粟植物鸦片中,含量为 0.5%,虽然早在 1803 年将其分离提纯,但它的结构直到 1952 年才确定。吗啡碱是微溶于水的白色结晶,熔点 254 ℃(分解),对中枢神经有麻醉作用,有强的镇痛效力,但容易成瘾,医药上常用于局部麻醉。属于异喹啉类生物碱,其结构如下:

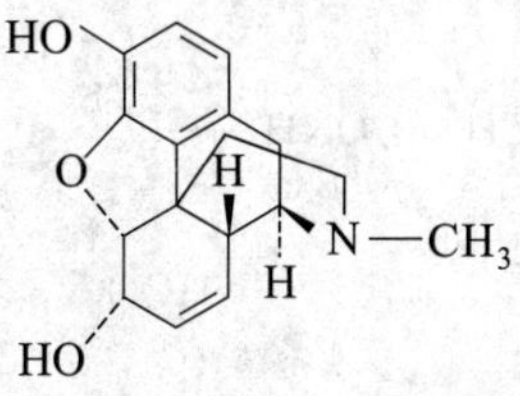

吗啡碱

阅读材料

天然杂环药物——青霉素和头孢菌素

青霉素作为第一种抗生素，它的发现是人类医药史上最重大的发现之一。1929 年英国细菌学家 A. Fleming 首先发现青霉有抑制葡萄球菌生长的效能，1940 年英国生物化学家 E. B. Chain 和 澳大利亚出生的英籍病理学家 H. W. Florey 等人从青霉菌的培养液中提取出这种物质，称为**青霉素**(penicillin)。第二次世界大战后期，青霉素在治疗伤口感染方面功效神奇，拯救了成千上万人的生命。青霉素的发现开辟了全世界现代医疗革命的新阶段，直到今天，它仍是流行最广、应用最多的抗菌素。这一造福人类的贡献，使 Fleming、Chain 和 Florey 三人共同分享了 1945 年的诺贝尔生理学和医学奖。

天然的青霉素有青霉素 G，F，X，K，二氢青霉素 F，3-戊烯青霉素和顶芽孢菌素七种，它们的基本结构是 6-氨基青霉烷酸(6-aminopenicillanic acid)，由 β-内酰胺环(A 环)和氢化噻唑环(B 环)稠合而成，3 位上连羧基，6 位上连酰氨基。各种青霉素的区别在于取代基 R 的不同。

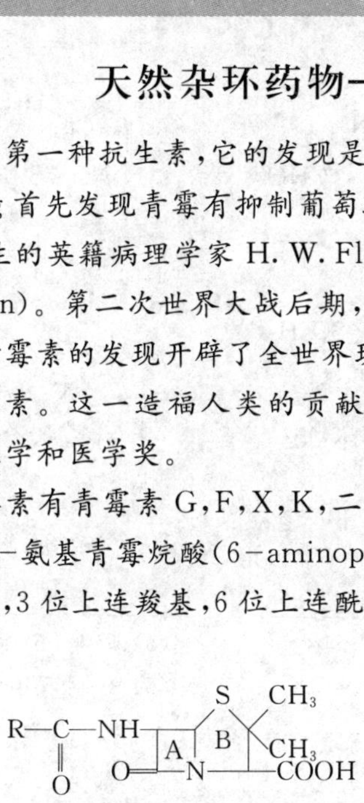

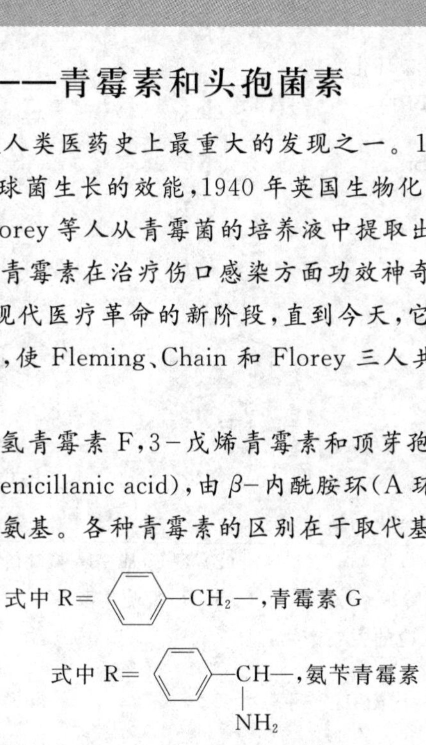

青霉素的基本结构

青霉素通过竞争细菌的黏肽合成酶，即青霉素结合蛋白(penicillin binding proteins，PBPs)，抑制细胞壁的黏肽合成，造成细菌细胞壁缺损，大量的水分涌进细菌体内，使细菌肿胀、破裂、死亡。由于青霉素的毒性低，疗效好，临床上广泛用于治疗因链球菌、脑膜炎双球菌、螺旋体等引起的感染，以及破伤风、白喉、炭疽等，但对个别病人有严重的过敏反应。

头孢菌素(cephalosporin)是从与青霉菌近缘的顶头孢菌中衍生出来的，有头孢菌素 C、N、P，其中以头孢菌素 C 的抗菌谱广，毒性小而得到发展。与青霉素相似，头孢菌素分子中也有一个四元环的 β-内酰胺结构，与之稠合的是一个部分氢化的噻嗪环，噻嗪环中的双键与 β-内酰胺中的氮原子的孤电子对形成共轭体，加上侧链基团的空间位阻使 β-内酰胺较为稳定。

头孢菌素是目前发展最快的一类抗生素，已有几代产品，头孢菌素 C 的结构如下：

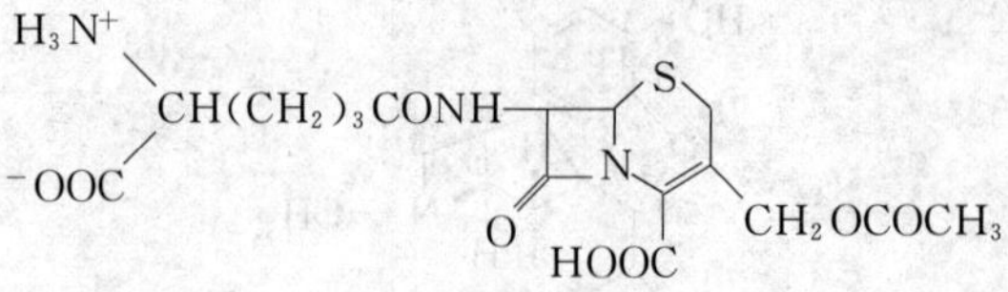

头孢菌素C

头孢菌素在临床上主要用于金葡菌、肺炎球菌及链球菌所致呼吸道感染，胆道感染、尿路感染、妇科感染、败血症、肺炎、脑膜炎等。

习 题

1. 命名下列各杂环化合物。

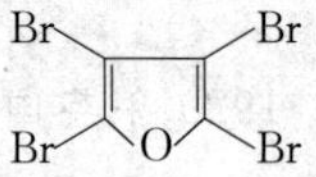
(1)

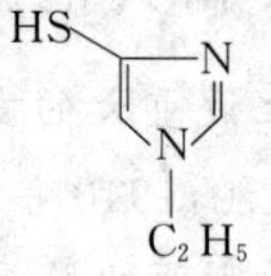
(2)

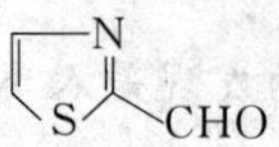
(3)

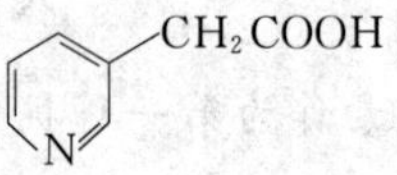
(4)

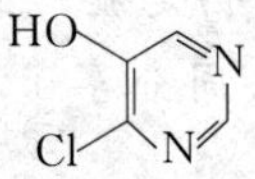
(5)

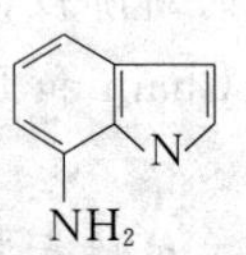
(6)

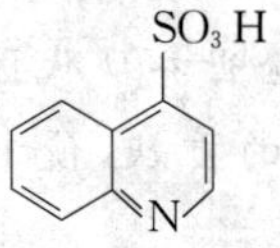
(7)

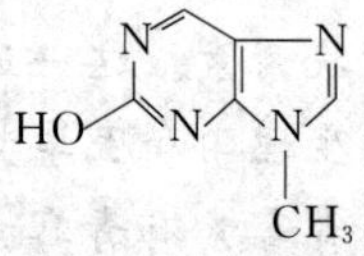
(8)

2. 写出下列化合物的结构式。

(1) 8-羟基喹啉　　(2) 4-羟基-5-氟嘧啶　　(3) 噻唑-5-磺酸

(4) 6-巯基嘌呤　　(5) β-吡啶甲酰胺　　(6) 3-吲哚甲酸乙酯

3. 写出下列反应的主要产物：

(1) 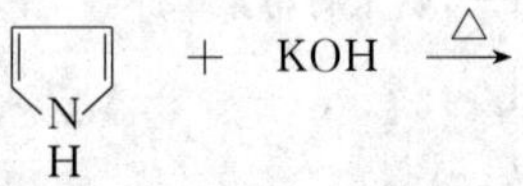

(2) 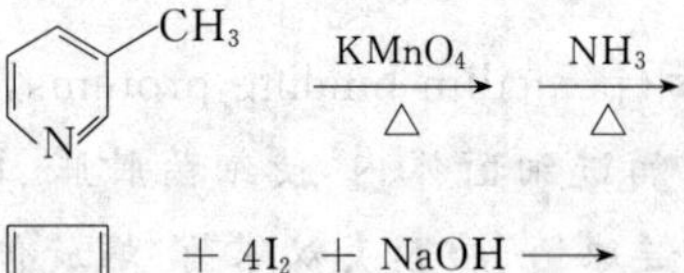

(3) 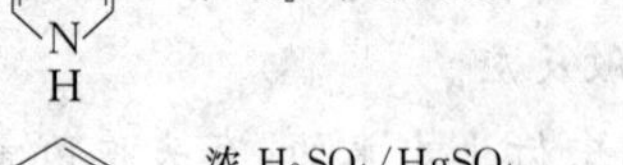

(4) 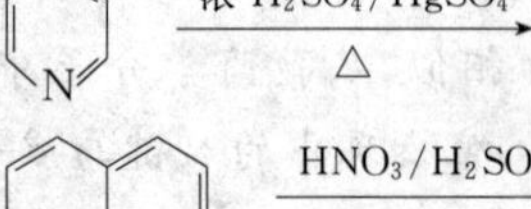

(5) 

4. 指出下列化合物的分子结构中各含有哪些杂环母核。

(1) 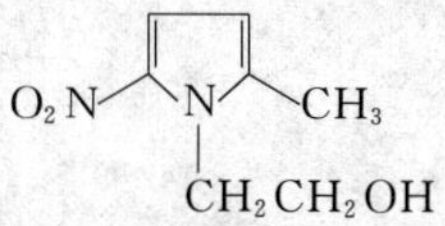

甲硝唑

(2) 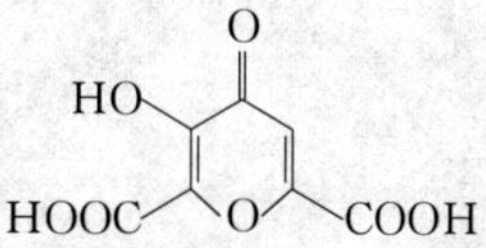

罂粟酮

(3) 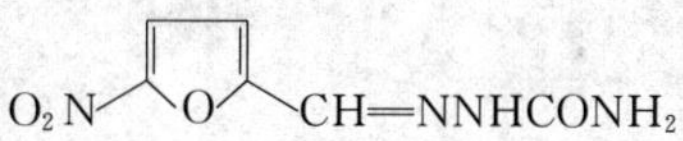

呋喃西林

(4) 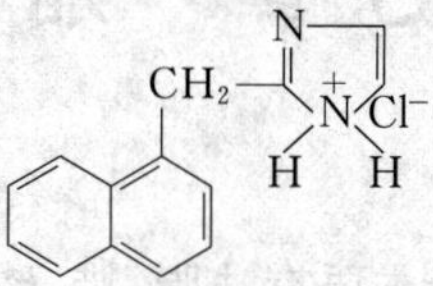

鼻眼净

(5) 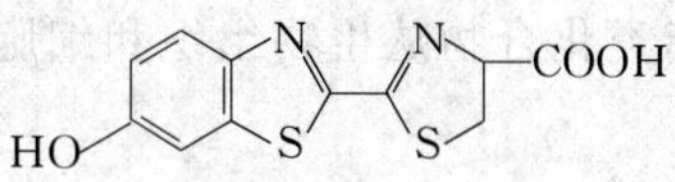

荧光素

(6) 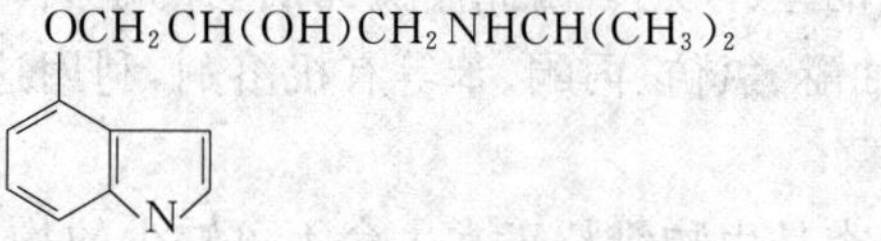

心复宁

(7) 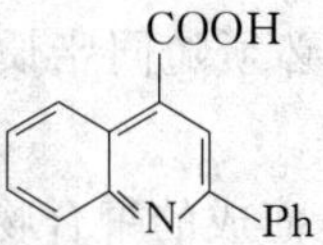

辛可芬

(8) 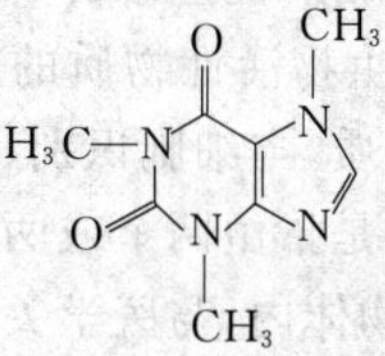

咖啡因

5. 指出组胺分子中氮原子碱性的强弱顺序，按由大到小的顺序排列。

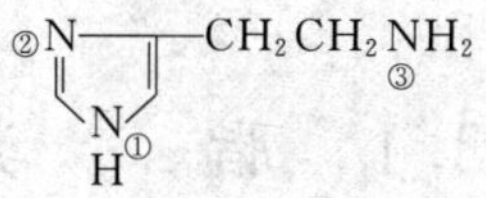

6. 简述什么是生物碱。

7. 将下列化合物按碱性增强排列为序。

(1) 乙胺、氨、苯胺、吡啶、吡咯

(2) 六氢吡啶、吡啶、嘧啶、吡咯

8. 判断下列化合物有无芳香性。

(1) 　(2) 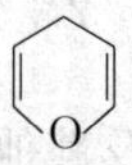　(3) 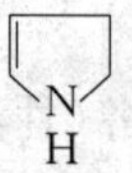

9. 将下列化合物按芳香性减弱排序。

苯、吡咯、呋喃、噻吩

10. 如何除去混在甲苯中少量的吡啶？

11. 将下列化合物按发生亲电取代反应的活性由大到小排序。

吡咯、吡啶、苯

（昆明医学院　黄燕）

第 13 章　脂类和萜类化合物

脂类(lipid)也称脂质,主要有油脂、蜡、磷脂和甾族化合物等。由于它们在组成、结构和化学性质上的差异较大,因此脂类无确切的定义。脂类的物理性质的共同特点是不溶于水,易溶于乙醚、石油醚、氯仿、丙酮、苯等有机溶剂,利用这些溶剂可将脂类化合物从生物组织和细胞中提取出来。

脂类是生物维持正常生命不可缺少的物质之一,在生物体内可作为生物膜和组织成分(结构脂质),也可作为机体新陈代谢的能量来源(储存脂质),热能是糖类物质释放的两倍。同时,脂类又是维生素 A,D,K 等许多生物活性物质的良好溶剂,一些脂溶性维生素必须随同脂质一起吸收。脂类作为细胞的表面物质,与细胞识别、种属特异性和免疫等密切相关。

萜类(terpenoid)化合物是指由两个或两个以上异戊二烯分子首尾相连而成的聚合物及其含氧衍生物,广泛存在于动植物体内,与医学关系较密切。

本章重点介绍油脂、磷脂、糖脂、甾族化合物和萜类化合物的结构、主要化学性质以及在医药学上的应用。

13.1　脂　　类

根据脂类的组成和结构特点分类如下:

简单脂:由高级脂肪酸与甘油形成的酯,称为油脂。高级脂肪酸与高级一元醇形成的酯,称为蜡。油脂是动物体内重要的能源物质和重要的溶剂,在体内还具有保护内脏器官免受外力撞伤和摩擦的作用,皮下脂肪能防止热量过分散发而起保暖作用。脂类中的必需脂肪酸是食物中不可缺少的成分。

复合脂:复合脂类是由脂肪酸、醇(甘油或高级一元醇)及其他成分(如磷酸、含氮有机碱和糖等)组成,如磷脂、糖脂、脂蛋白等。它们是构成人体及动物组织器官的重要成分,还是各种细胞膜的组成成分,与细胞正常生理和代谢活动有密切关系。

类脂:类脂是指脂类化合物中不能被皂化的化合物,即不含结合脂肪酸的脂类。物理性质与脂类化合物相似,具有特殊的生理活性,如甾族化合物等。

13.1.1　油脂

1. 油脂的结构和命名

油脂是一分子甘油和三分子高级脂肪酸组成的酯,在室温下呈液态的称为**油**(oil),呈固态或半固态的称为**脂肪**(fat)。其基本结构如下:

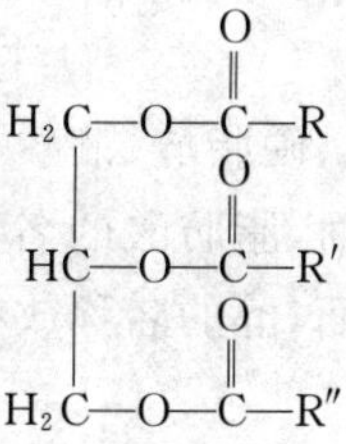

如果 R、R′、R″完全相同时，该油脂属于单甘油酯，称为**单三脂酰甘油**(simple triacylglycerol)，R、R′、R″不完全相同时，该油脂属于混甘油酯，称为**混三脂酰甘油**(mixed triacylglycerol)。天然油脂是多种混甘油酯和其他成分组成的复杂混合物。

组成油脂的脂肪酸种类很多，天然油脂中已发现的脂肪酸有八九十种，绝大多数是偶数碳原子的直链脂肪酸，若有不饱和键多为顺式构型。常见的脂肪酸见表 13.1。

表 13.1　油脂中常见的脂肪酸

类别	名称	结构式
饱和脂肪酸	月桂酸(十二碳酸) lauric acid	$CH_3(CH_2)_{10}COOH$
	豆蔻酸(十四碳酸) myristic acid	$CH_3(CH_2)_{12}COOH$
	软脂酸(十六碳酸) palmitic acid	$CH_3(CH_2)_{14}COOH$
	硬脂酸(十八碳酸) stearic acid	$CH_3(CH_2)_{16}COOH$
	掬焦油酸(二十四碳酸) lignoceyic acid	$CH_3(CH_2)_{22}COOH$
不饱和脂肪酸	棕榈油酸(9-十六碳烯酸) palmitoleic acid	$CH_3(CH_2)_5CH{=}CH(CH_2)_7COOH$
	油酸(9-十八碳烯酸) oleic acid	$CH_3(CH_2)_7CH{=}CH(CH_2)_7COOH$
	蓖麻油酸(12-羟基-9-十八碳烯酸) ricinoleic acid	$CH_3(CH_2)_5CH(OH)CH_2CH{=}CH(CH_2)_7COOH$
	* 亚油酸(9,12-十八碳二烯酸) linoleic acid	$CH_3(CH_2)_4CH{=}CHCH_2CH{=}CH(CH_2)_7COOH$
	* γ-亚麻酸(6,9,12-十八碳三烯酸) linolenic acid	$CH_3(CH_2)_3(CH_2{=}CHCH)_3(CH_2)_4COOH$
	桐油酸(9,11,13-十八碳三烯酸) eleostearic acid	$CH_3(CH_2)_3(CH{=}CH)_3(CH_2)_7COOH$
	* 花生四烯酸(5,8,11,14-二十碳四烯酸) arachidonic acid	$CH_3(CH_2)_3(CH_2{=}CHCH)_4(CH_2)_3COOH$
	神经酸(15-二十四碳烯酸)nervouleic acid	$CH_3(CH_2)_7CH{=}CH(CH_2)_{13}COOH$

* 为必需脂肪酸。

食用油脂中，含 18 个碳原子的不饱和脂肪酸的第一个双键位于 C_9 和 C_{10} 之间，多为顺式构型；不饱和脂肪酸分子中多个双键一般不构成共轭体系。多数脂肪酸可在体内合成，但也有少数不饱和脂肪酸(如亚油酸、γ-亚麻酸、花生四烯酸)不能在体内合成，必须由食物供给，这种不饱和脂肪酸称为**必需脂肪酸**(essential fatty acid)。其中，亚油酸又叫特别必需脂肪酸，它可促进胆固醇和胆汁酸的排出，降低血中胆固醇的含量；花生四烯酸在体内能部分合成，故又叫半必需脂肪酸。必需脂肪酸供应不足或过多被氧化，可导致细胞膜和线粒体结构的异变，甚至引起癌变；多烯酸中具有代表性的有花生四烯酸(AA 酸)和 DHA(二十二碳六烯酸，俗称"脑黄金")，它们是前列腺素、血栓素和白三烯等生理活性物质的前体，这些活性物质对细胞代谢及功能具有重要的调节作用。

脂肪酸的命名多采用俗名，如软脂酸、硬脂酸、油酸等。

油脂的命名通常把甘油名称写在前面，脂肪酸的名称写在后面，称甘油某酸酯，如甘油三软脂酸酯。有时也将脂肪酸的名称放在前面，醇的名称放在后面，又叫三软脂酰甘油。例如：

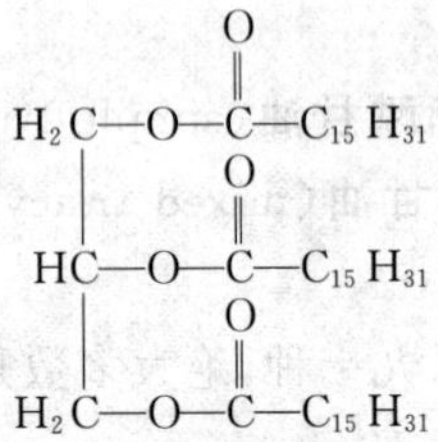

甘油三软脂酸酯
或三软脂酰甘油
(glycerin tripalmitate, tripalmitin)

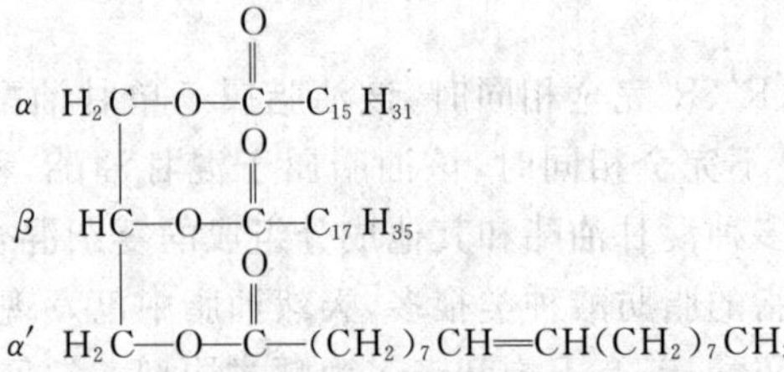

甘油-α-软脂酸-β-硬脂酸-α'-油酸酯
或 α-软脂酰-β-硬脂酰-α'-油酰甘油
(glycerin-α-palmit-β-stear-α'-olein)

2. 油脂的物理性质

纯净的油脂是无色、无臭、无味的液体。但是植物油脂常带有香味或带有特殊的气味，并且有色，这是因为油脂中常常溶有维生素和色素。不饱和脂肪酸的熔点比同碳原子数的饱和脂肪酸低，原因是不饱和脂肪酸分子中双键是顺式构型，碳链排布形成一定的角度而弯曲，使相邻脂肪酸分子间的碳链不能紧密靠近，故熔点较低。由含量较多的不饱和脂肪酸组成的油脂在室温下是液体，如棉子油中含饱和脂肪酸为 25%，而不饱和脂肪酸的含量是 75%。牛脂中饱和脂肪酸的含量为 60%～70%。油脂的相对密度都小于 1，不溶于水，易溶于乙醚、石油醚、氯仿、苯、热乙醇等有机溶剂，可用于提取动植物组织中的油脂。油脂是混合物，没有固定的熔点和沸点。

油酸

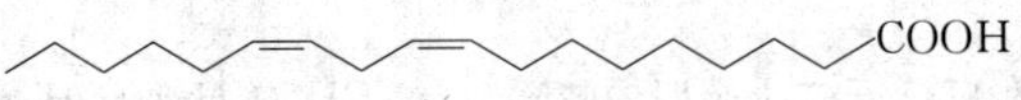

亚油酸

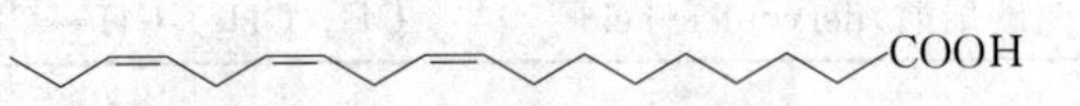

亚麻酸

3. 油脂的化学性质

(1) 皂化　油脂在酸、碱或脂酶(lipase)的作用下发生水解反应，生成一分子甘油和三分子高级脂肪酸。如果用碱(如氢氧化钠、氢氧化钾)进行水解，得到的产物是甘油和高级脂肪酸钠盐(或钾盐)，这些盐称为肥皂，因而油脂在碱性溶液中的水解称为**皂化反应**(saponification reaction)。

反应如下：

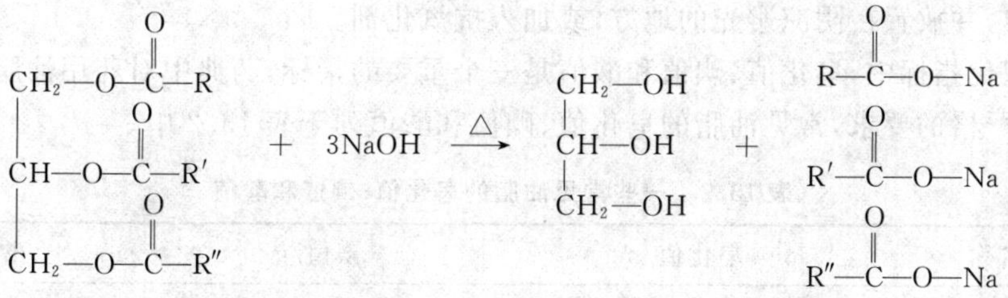

1 g 油脂完全皂化所需要的氢氧化钾的质量(mg)叫做**皂化值**(saponification number)。皂化值越大表示油脂的平均相对分子质量越小，油脂中含相对分子质量低的脂肪酰基越多。

各种油脂都有一定的皂化值范围，因此可以用皂化值来判断油脂的纯度。

(2) 加成　油脂分子中含有不饱和键，可以和氢气、卤素等发生加成反应。

① 氢化。油脂在金属催化下发生催化加氢反应，天然油脂分子中不饱和键经加氢后变为饱和键，这样得到的油脂称为**氢化油**(hydrogenation oil)。由于加氢后可以提高油脂饱和度，原来液态的油变为半固态或固态的脂肪，所以氢化油又称为硬化油，硬化油不仅熔点升高，且不容易变质，有利于保存和运输。人造黄油的主要成分就是氢化植物油。

② 加碘。油脂中的不饱和双键可与碘发生加成反应。100 g 油脂所吸收碘的质量(g)叫做**碘值**(iodine number)。碘值越大，说明油脂的不饱和程度越高。由于碘和碳碳双键的加成反应较慢，故常用氯化碘代替碘，因其中的氯原子可以使碘活化。

(3) 酸败　油脂在空气中放置过久，或储存不当，发生变质，产生难闻的臭味，这种变化叫做**酸败**(rancidity)。酸败的化学本质是油脂水解出的游离脂肪酸，或不饱和脂肪酸的双键受到空气中的氧、水、微生物的作用，发生氧化，生成过氧化物，此过氧化物继续分解或氧化产生有臭味的低级醛和羧酸等。

油脂中的饱和脂肪酸比较稳定，但在霉菌或微生物作用下，发生 β-氧化，生成 β-酮酸，β-酮酸进一步分解成酮或羧酸。长链脂肪酸的整个 β-氧化过程包括脱氢、水化、再脱氢、降解四个反应，生成酮和酸：

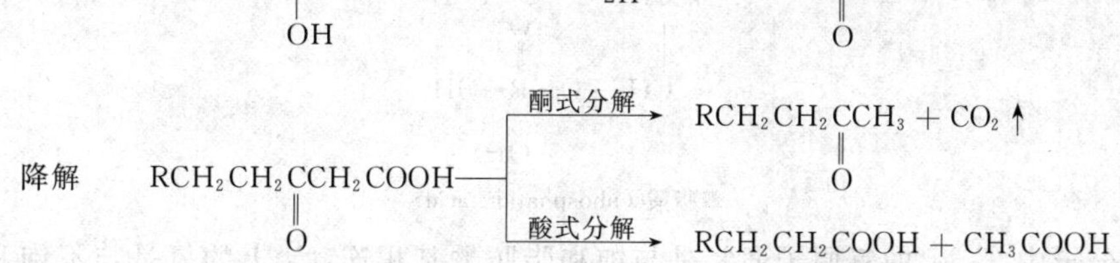

油脂酸败的程度常用酸值来表示。中和 1 g 油脂中的游离脂肪酸所需要氢氧化钾的质量(mg)称为油脂的**酸值**(acidic number)。一般酸值大于 6.0 mg 的油脂不能食用，油脂应储存在

密闭的容器中，并放置在阴凉避光的地方，或加入抗氧化剂。

油脂的理化指标中，皂化值、碘值和酸值是三个重要的指标，药典中对药用油脂的皂化值、碘值、酸值都有严格的要求，常见油脂的皂化值、碘值和酸值列于表13.2中。

表13.2　一些常见油脂的皂化值、碘值和酸值

油脂名称	皂化值/mg	碘值/g	酸值/mg
猪　油	195～208	46～66	1.56
牛　油	190～200	31～47	
蓖麻油	176～187	81～90	0.12～0.8
棉子油	191～196	102～115	0.6～0.9
大豆油	189～194	120～136	
亚麻油	189～196	170～204	1～3.5
桐　油	190～197	160～180	
花生油	185～195	93～198	

含高度不饱和脂肪酸的油类经空气氧化后，可形成一层坚硬而富于弹性的薄膜，根据此原理油漆工业常用干性油(drying oil)和半干性油(semi-drying oil)作原料。

问题13.1　硬脂酸和油酸的碘值是否相同？为什么？

问题13.2　写出三硬脂酰甘油的皂化反应式。

问题13.3　测定油脂酸值有何意义？

13.1.2　磷脂和糖脂

1. 磷脂

磷脂(phospholipid)是一类含磷的脂类化合物，根据与磷酸成脂的成分不同，磷脂分为甘油磷脂和鞘磷脂(又叫神经磷脂)。

(1) 甘油磷脂　**甘油磷脂**(phosphoglyceride)又称为磷酸甘油酯。它是油脂分子中一个脂酰基被磷酰基取代后生成的二酰化甘油磷酸酯，其母体是磷脂酸，结构式如下：

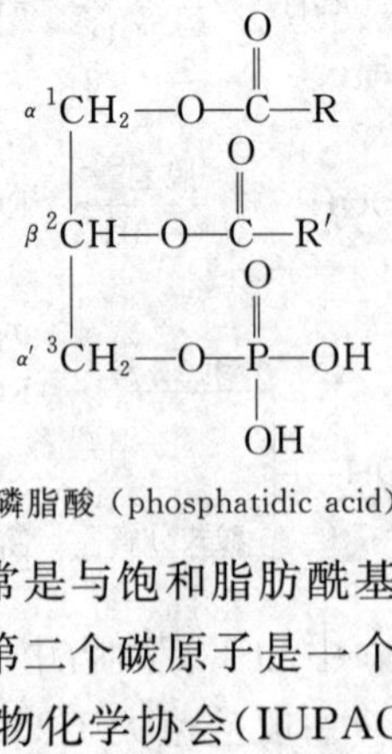

磷脂酸 (phosphatidic acid)

磷脂酸分子中，C_1 上的氧原子通常是与饱和脂肪酰基相连，C_2 上的氧是与不饱和酰基形成酯键，C_3 的氧与磷酸成酯。磷脂酸的第二个碳原子是一个手性碳原子，有一对对映体。1967年国际纯粹与应用化学联合会及国际生物化学协会(IUPAC－IUB)建议，对手性分子甘油酯的命名和编号采用专门的习惯法，以区别构型的 *R*/*S* 标记法，其方法如下。

在 Fischer 投影式中，C_2 上的羟基写在纸平面的左边，氢原子写在右边，碳原子的编号从上到下，为 1，2，3，这种编号叫做**立体专一编号**（stereospecific numbering），用 Sn 表示，写在化合物的前面：

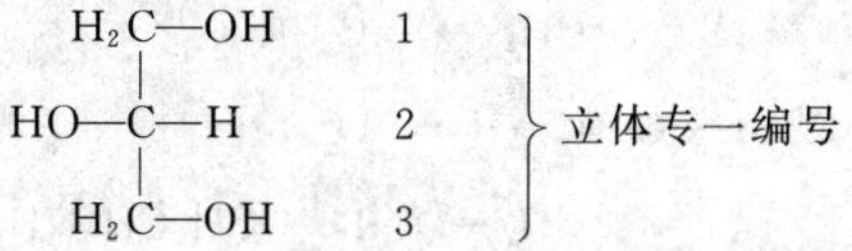

例如：

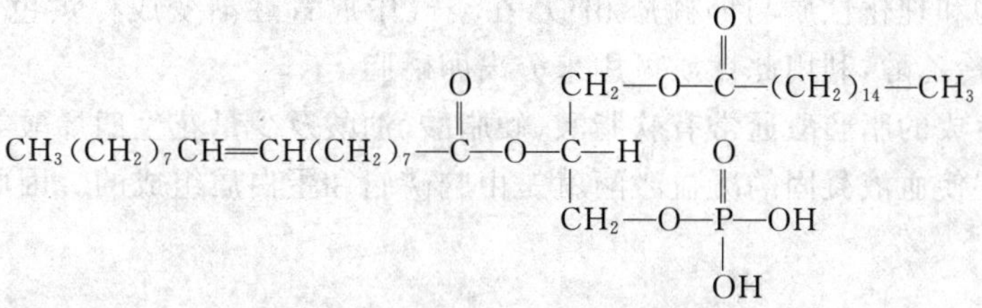

Sn－甘油－1－软脂酸－2－油酸－3－磷酸酯

天然存在的甘油磷脂类都属于 Sn－甘油－3－磷酸酯的构型，即属于 L 构型。如果是外消旋体，在化合物名称前注上 *rac*－（外消旋），如果构型不明者在该化合物前面注上 *X*－。

在甘油磷脂分子中，α′－磷酸基常与含胆碱［$HOCH_2CH_2N^+(CH_3)_3OH^-$］、胆胺（$HOCH_2CH_2NH_2$）或其他化合物如肌醇、丝氨酸等结合，得到各种甘油磷酸酯，其中最常见的是卵磷脂和脑磷脂。

① α－卵磷脂。**α－卵磷脂**（lecithin）是由磷脂酸分子中的磷酰基与胆碱通过酯键结合而成的化合物，又叫磷脂酰胆碱（胆碱磷酸甘油酯），其结构式如下：

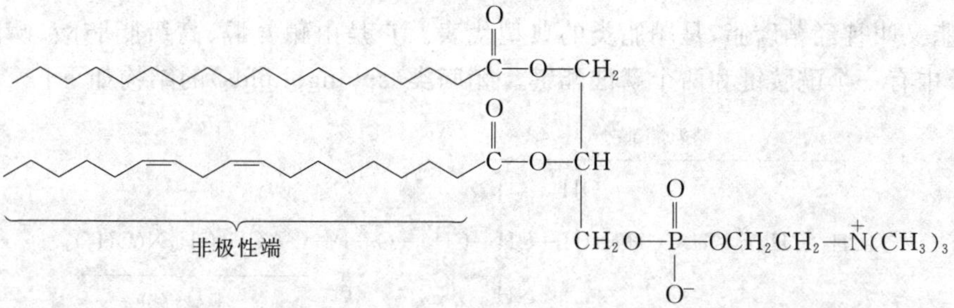

卵磷脂是白色蜡状固体，不溶于水和丙酮，易溶于乙醚、乙醇、氯仿。因分子中有磷酸根及胆碱基，故与酸、碱均可成盐。卵磷脂吸水性很强，在空气中放置易变为黄色或棕色，这是由于卵磷脂中的不饱和脂肪酸在空气中被氧化，形成黄色或棕色过氧化物。

自然界的卵磷脂是几种磷脂酰胆碱的混合物，组分中常见的脂肪酸有软脂酸、硬脂酸、油酸、亚油酸、亚麻酸及花生四烯酸等。

磷脂酰胆碱分子中有极性的亲水基和非极性的疏水基。因此，它是体内的良好乳化剂，能使油脂、胆固醇等乳化，从而有助于脂肪的消化和吸收。

② α-脑磷脂。**脑磷脂**(cephalin)又叫磷脂酰乙醇胺，或磷脂酰胆胺，或乙醇胺磷酸甘油酯。其结构式如下：

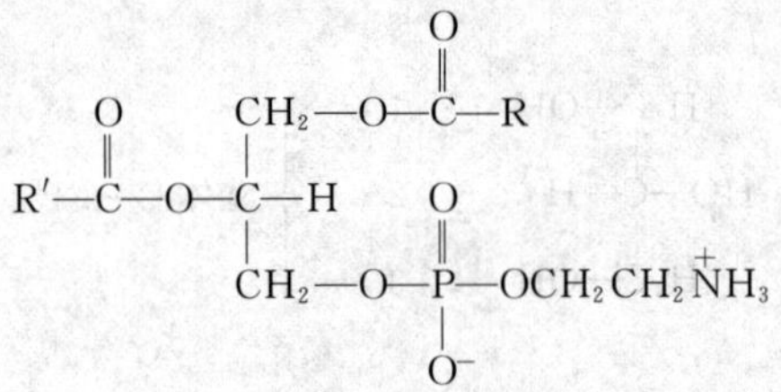

脑磷脂的结构和理化性质与卵磷脂相似，在空气中放置逐渐变成棕黄色，脑磷脂能溶于乙醚，不溶于丙酮和冷乙醇，利用此性质可用来分离卵磷脂。

脑磷脂水解生成的脂肪酸通常有软脂酸、硬脂酸、油酸及少量花生四烯酸等。

血小板内能促使血液凝固的凝血激酶就是由脑磷脂和蛋白质组成的。因此脑磷脂与血液凝固有关。

问题 13.4　脑磷脂和卵磷脂的水解产物是什么，哪些相同？哪些不同？

问题 13.5　油脂和甘油磷脂在结构上有何异同？

---

(2) 鞘磷脂　**鞘磷脂**(sphingomyelin)分子中不含甘油，而是一个长链的不饱和氨基醇(鞘氨醇)，其结构式如下：

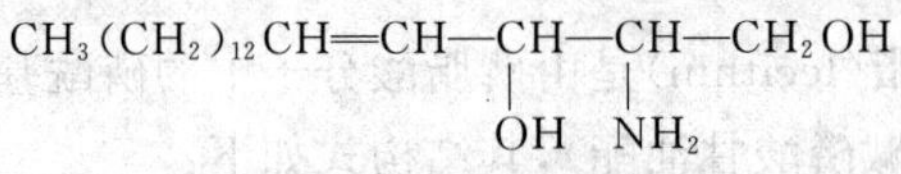

鞘氨醇 (sphingol)

鞘磷脂又叫神经鞘磷脂，是鞘脂类的典型代表。它是由鞘氨醇、高级脂肪酸、磷酸和胆碱组成的，分子中有一个酰胺键和两个磷酸酯键。**鞘脂类**(sphingolipids)的结构如下：

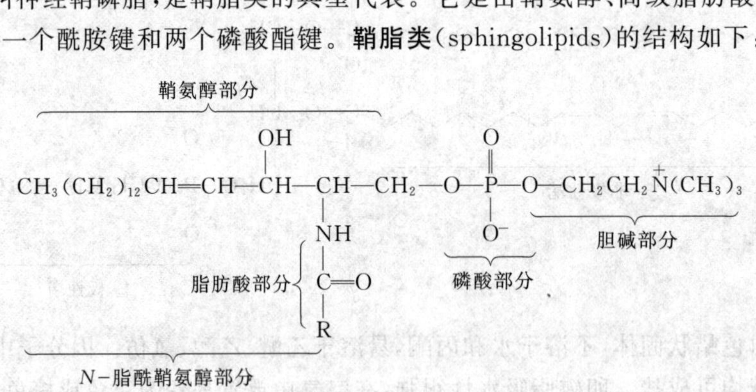

鞘磷脂是白色结晶，在光和空气中比较稳定，不溶于丙酮及乙醚，而溶于热乙醇。

鞘磷脂是动植物细胞膜的主要成分，尤其在脑和神经组织中含量最丰富。它是构成髓鞘的成分，包裹在神经纤维的外面，传递神经冲动时起到绝缘作用。

2. 糖脂

糖脂(glycolipid)是由糖、脂肪酸和鞘氨醇构成,常与磷脂共存的复合脂类。糖脂在脑中含量最多,所以又叫**脑苷脂**。结构上脑苷脂可看作是 N-脂酰鞘氨醇的糖苷,常见的糖有半乳糖、葡萄糖等。存在脑和神经组织中的 β-半乳糖脑苷脂的结构如下:

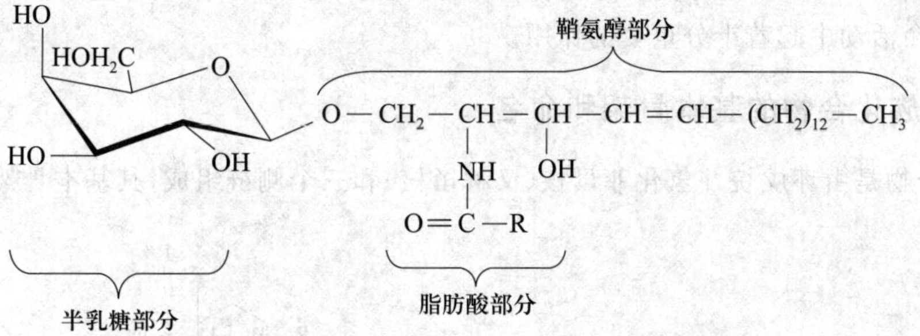

β-半乳糖脑苷酯(β-galactose cerebroside)

脑苷脂是白色蜡状物,溶于热乙醇、丙酮和苯,不溶于乙醚。

脑苷脂类是动物组织细胞表面的重要组分。例如,红细胞表面的脑苷脂类与血型专一性有关,经研究证明:用 α-半乳糖苷酶处理 B 型血可使其转变为 O 型血。

3. 磷脂的生物学意义

磷脂存在于一切细胞的细胞膜中,是生物体的基本结构要素,磷脂的特殊功能依赖于它们的物理性质和磷脂的结构特征。磷脂分子的共同特点是:都有亲水性头和疏水性尾。由于在同一分子中同时存在着亲水性头和疏水性尾,磷脂在水溶液中,亲水性头朝向水,疏水性尾则相互紧密相聚,形成热力学上稳定的微团式双分子层结构,如图 13.1 所示。

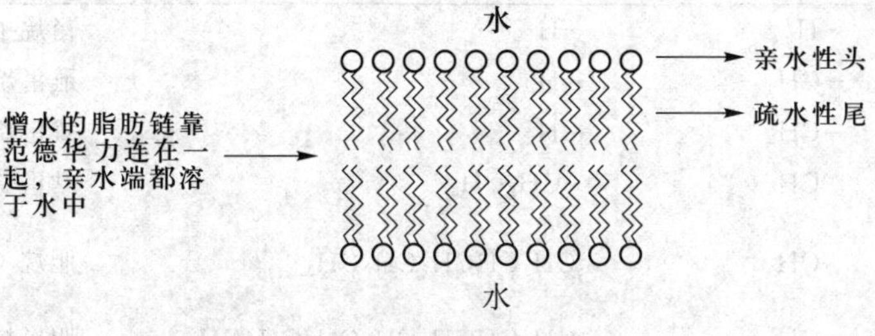

图 13.1 磷脂双分子层

磷脂双分子层(或称脂双层)是生物膜最基本的结构,其中固醇类分子安插在磷脂分子中间,与磷脂的脂肪链相互作用,对脂双层的流动性影响极大。脂双层中的脂类分子在一定温度范围内既有晶态特征,又有液态的可移动特性(液晶态)。当温度低于相变温度时由液态变为晶态,高于相变温度时则变成液态。许多正常生理活动都必须在液晶态下才能顺利进行。所有的膜都由不同成分的脂双层和相连的蛋白质组成,一些蛋白质松散地连接在脂双层的亲水面,而另一些蛋白质则深埋入脂双层的非极性基质中,或穿过脂双层。不同的蛋白质和不同的磷脂所构成的细胞膜对各类物质的渗透性不一样,能选择性地让某些物质透过。

13.2 甾族化合物

甾族化合物(steroid),又称类固醇化合物,广泛存在于动植物体内,含量虽少,却具有特殊生理功能,在生命活动中起着十分重要的作用。

13.2.1 甾族化合物的基本骨架和命名

甾族化合物是由环戊烷并氢化菲母核(又称甾核)和三个侧链组成,其基本骨架如下:

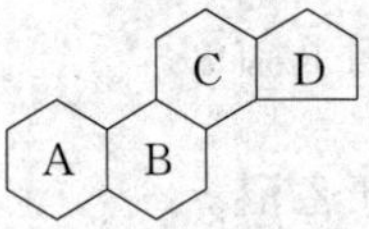

环戊烷并氢化菲

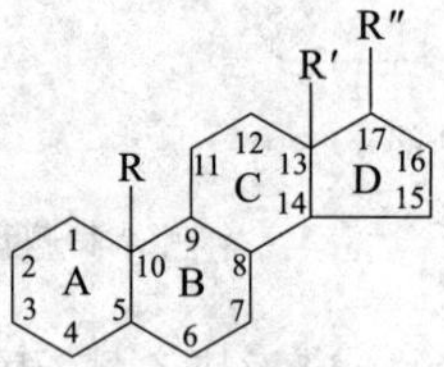

甾族化合物基本骨架

4个环分别用字母A、B、C和D标示,各个碳原子按上述顺序编号,一般在C_{10}和C_{13}上各有一甲基,称为角甲基,在C_{17}上连有一个不同碳原子数的碳链。此类化合物的结构特点,可通过"甾"字形象地表示出来,"田"表示4个环,"巛"象征地表示两个角甲基和C_{17}位上的取代基。

甾族母核的名称与C_{10}、C_{13}、C_{17}上三个侧链R、R′、R″相关,见表13.3。

表13.3 甾族化合物母核名称

R	R′	R″	甾族母核名称
—H	—H	—H	甾烷(gonane)
—H	—CH_3	—H	雌甾烷(estrane)
—CH_3	—CH_3	—H	雄甾烷(androstane)
—CH_3	—CH_3	—CH_2CH_3	孕甾烷(pregnane)
—CH_3	—CH_3	$CH_3\overset{\vert}{C}HCH_2CH_2CH_3$	胆烷(cholane)
—CH_3	—CH_3	$CH_3\overset{\vert}{C}HCH_2CH_2CH_2CH(CH_3)_2$	胆甾烷(cholestane)

甾族化合物大都来源于自然界,常用俗名。若按系统命名法应先确定甾体母核,将各取代基或功能基的名称、数量、位置和构型表示在母核名称前;若将含官能团(羰基、羧基)的甾体作为母体,则将名称放在母核后面;母核中含有碳碳双键时,将"烷"改成相应的"烯"、"二烯"、"三烯"等,并表示出其位置;当环上有取代基时,取代基在环平面上方,命名为β构型,用实线表示,在环平面下方,命名为α构型,用虚线表示。如:

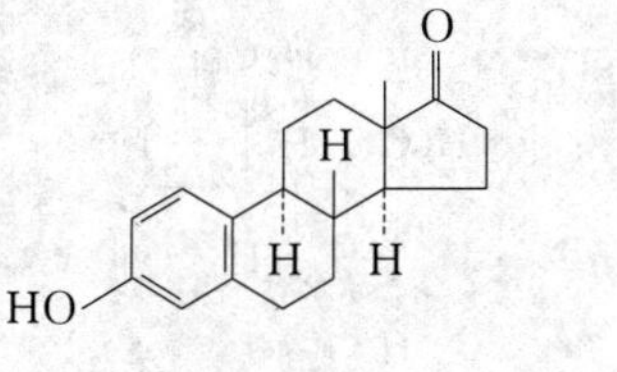

3β-羟基-1,3,5(10)-雌甾三烯-17-酮
(雌酚酮)

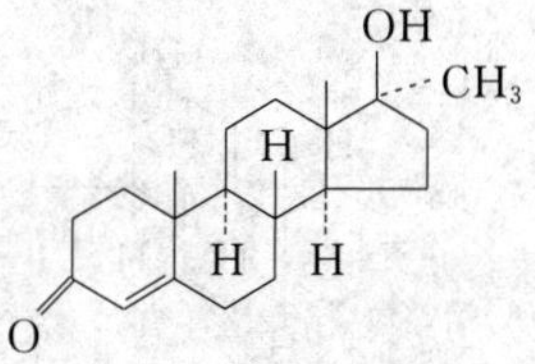

17α-甲基-17β-羟基-4-雄甾烯-3-酮
(甲睾酮)

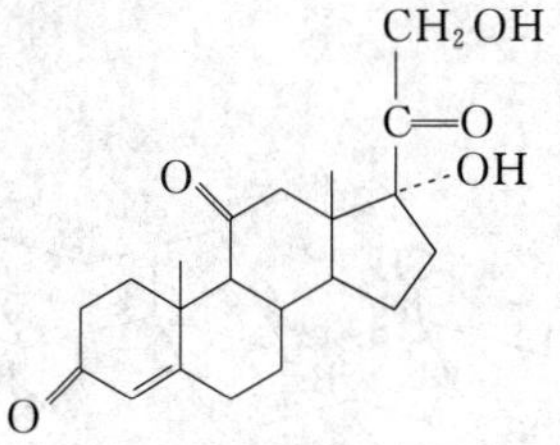

17α,21-二羟基-4-孕甾烯-3,11,20-三酮
(可的松)

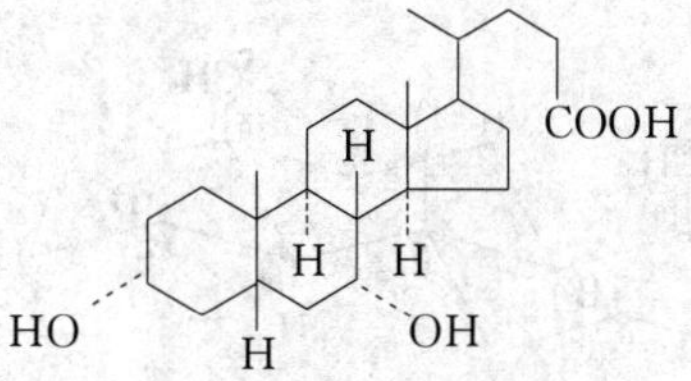

3α,7α-二羟基-5β-胆烷-24-酸
(鹅去氧胆酸)

命名差向异构体(见第 14 章),可在习惯名称前加“表”字。例如:

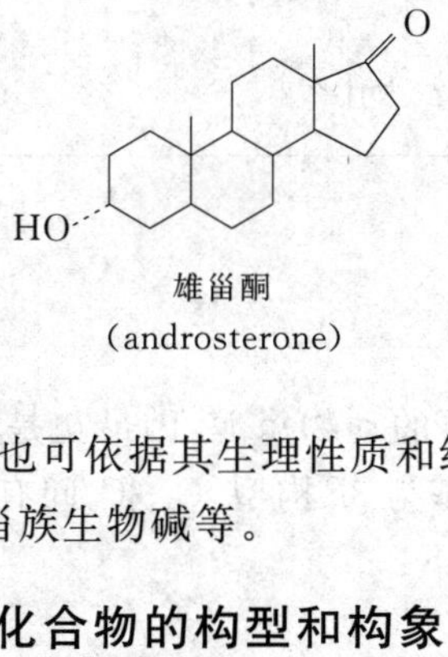

雄甾酮
(androsterone)

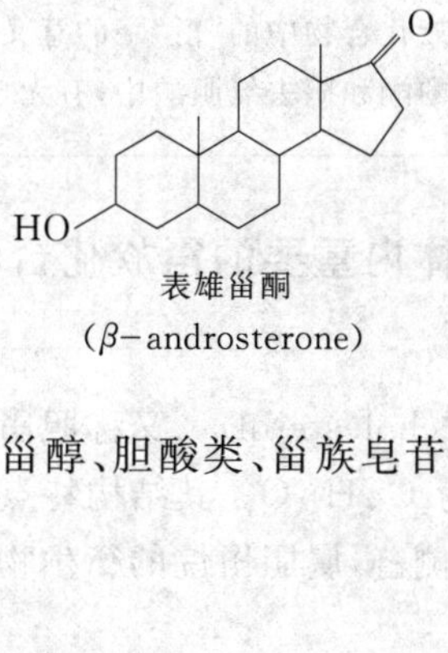

表雄甾酮
(β-androsterone)

甾族化合物也可依据其生理性质和结构特征分为:甾醇、胆酸类、甾族皂苷、强心苷元、蟾蜍素、甾族激素和甾族生物碱等。

13.2.2 甾族化合物的构型和构象

甾族化合物母核的基本骨架有 7 个手性碳原子,理论上应有 128 种对映异构体及 A、B、C、D 环之间产生的顺反异构体。但是由于稠环的存在及其引起的空间位阻,实际存在的异构体非常少。天然或人工合成的绝大多数甾族化合物,其母核的 B 环和 C 环、C 环和 D 环之间都是反式稠合(以 B/C 反式、C/D 反式表示),而 A 环和 B 环间,既有顺式稠合(称正系或 5β 型),也有反式稠合(称别系或 5α 型)。

正系(5β 型):A/B 顺式,B/C 反式,C/D 反式,C_5—H 和 C_{10}—CH_3(C_{10}—CH_3 总在环平面上)处于环平面的同侧,故 C_5—H 键在环平面上,用实线表示。

别系(5α 型):A/B 反式,B/C 反式,C/D 反式,C_5—H 和 C_{10}—CH_3(C_{10}—CH_3 总在环平面上)处于环平面的异侧,故 C_5—H 键在环平面下,用虚线表示。

当甾族化合物分子中 C_4—C_5 和 C_5—C_6 间有不饱和键存在时,就无正系和别系之分了。

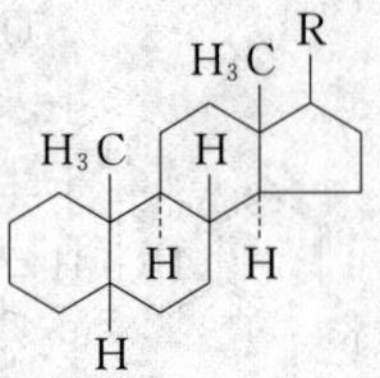

正系：A/B 顺式，B/C 反式，C/D 反式

β 构型或 5β 型甾族化合物

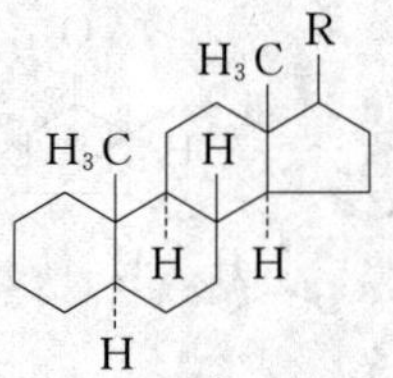

别系：A/B 反式，B/C 反式，C/D 反式

α 构型或 5α 型甾族化合物

正系和别系的构象式如下：

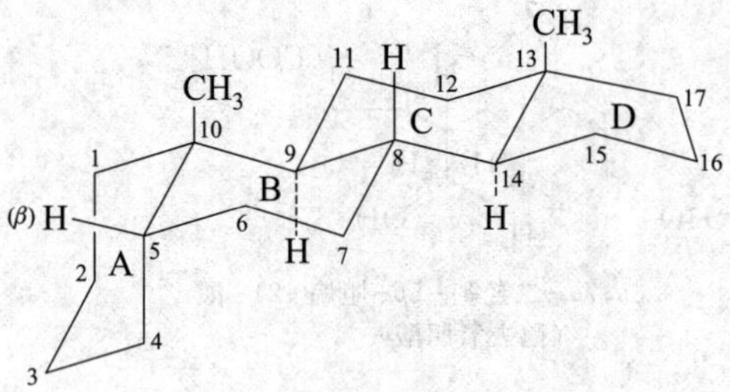

正系（5β 型）

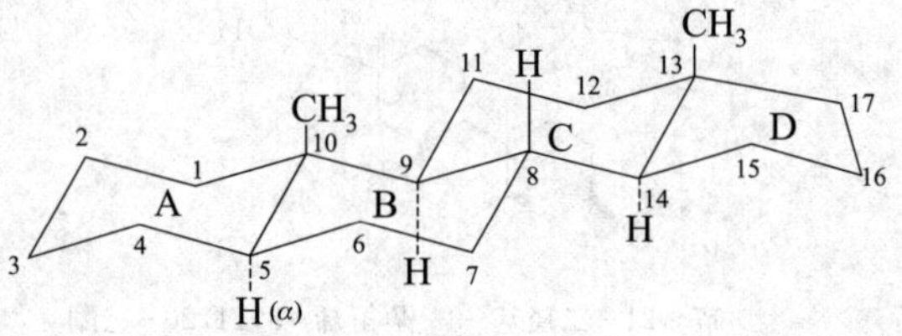

别系（5α 型）

问题 13.6 甾族化合物中的“甾”字的意义是什么？

问题 13.7 雌酚酮和鹅去氧胆酸中，有无 5β 型与 5α 型之分？为什么？

13.2.3 生物体内重要的甾族化合物

1. 胆固醇

（1）**胆固醇**（cholesterol） 又称**胆甾醇**，是一种重要的动物甾醇，因最初是从胆石中得到而得名，其分子式为 $C_{27}H_{46}O$。其结构特点是：C_3 上的羟基为 3β 构型，C_5-C_6 间有一个双键，C_{17} 上有 8 个碳原子的侧链，属胆甾烷的衍生物。其结构式如下：

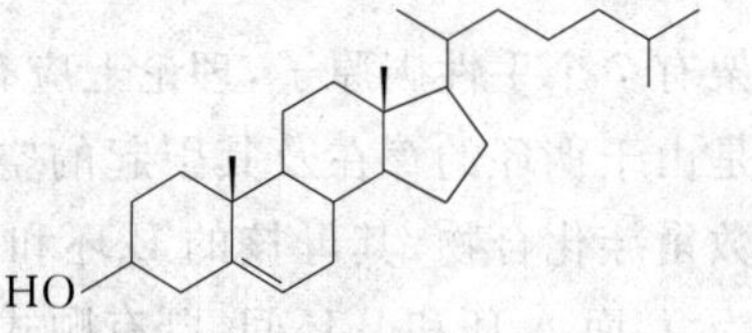

胆固醇

（cholesterol）

胆固醇为白色或略带黄色的晶体，熔点 148.5 ℃，比旋光度 $[\alpha]_D^{20} = -39.5(°)\cdot dm^2\cdot kg^{-1}$（氯仿）；不溶于水，易溶于热乙醇、乙醚、氯仿等有机溶剂。正常人每 100 mL 血清中含总胆固醇（即游离胆固醇和胆固醇的酯）约 200 mg，体内胆固醇代谢发生障碍或摄取过多时，胆固醇会从血清中沉淀在血管壁上，导致动脉粥样硬化，胆结石的成因之一也与胆固醇有关。胆固醇也是生物体内合成胆甾醇、甾体激素的前体。若人体内胆固醇含量长期偏低，也会诱发疾病，如癌症。

将少量胆固醇溶于醋酐中，再滴加少量浓硫酸，即呈现红—紫—褐—绿的颜色反应，称为 Libermann-Burchard 反应。该反应常用来定性检查甾族化合物。

(2) 7-去氢胆固醇、麦角固醇和维生素 D

① 7-去氢胆固醇。**7-去氢胆固醇**(7-dehydrocholesterol)与胆固醇结构上的差别是 B 环有共轭双键。7-去氢胆固醇经紫外线照射，B 环开环转变为**维生素 D_3**(vitamin D_3)。

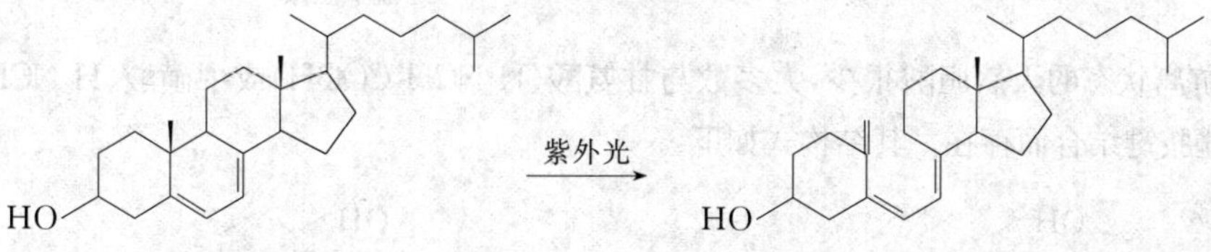

7-去氢胆固醇　　　　维生素D_3

② 麦角固醇。**麦角固醇**(ergosterol)是一种植物甾醇，分子式 $C_{28}H_{44}O$，存在于酵母和麦角中。其结构与7-去氢胆固醇的区别在于C_{17}的侧链上多了一个甲基和双键。麦角固醇的熔点为 168 ℃(含 1.5 mol 结晶水)，比旋光度$[\alpha]_D^{20}=-135(°)\cdot dm^2\cdot kg^{-1}$(氯仿)。麦角固醇经紫外线照射，发生一系列变化，B 环打开，生成**维生素 D_2**(vitamin D_2)。麦角固醇的衍生物 22,23-二氢麦角固醇(22,23-dihydroergosterol)，经紫外线照射后转变为**维生素 D_4**(vitamin D_4)。

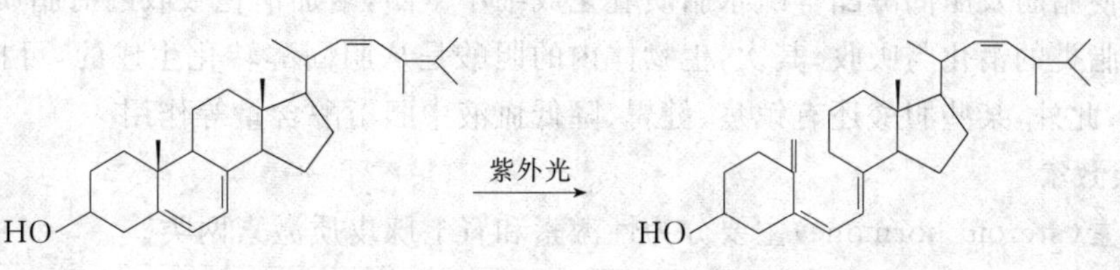

麦角固醇　　　　维生素 D_2
(ergosterol)　　　　(vitamin D_2)

③ 维生素 D。**维生素 D**(vitamin D)不具备甾族结构，它是 7-去氢胆固醇、麦角固醇等固醇类化合物在紫外线照射下 B 环开环所得化合物。D 族维生素包括维生素 D_1,D_2,D_3,D_4,D_5,D_6 和 D_7。它们结构相似，A 环上有一个环外双键，仅侧链不同。临床观察结果是维生素 D_2,D_3 最为重要，生理活性最强，多存在于鱼类、牛乳及蛋黄中。其主要生理作用是促进 Ca^{2+} 吸收和钙的代谢正常化，起到造骨作用。体内维生素 D_2,D_3 的浓度太低，会引起 Ca^{2+} 缺乏，使幼儿患佝偻病，因此维生素 D 也叫抗佝偻病维生素。

2. 胆酸

人和动物的胆汁中含有多种结构相似的胆甾酸，叫**胆汁酸**(bile acid)，包括**胆酸**(cholic acid)、脱氧胆酸、鹅胆酸和石胆酸等。它们的结构特征：都属于 5β 型甾族化合物，C_{17}的侧链上结合五个碳原子，末端碳为羧基，分子中无双键，环上的羟基均为 α 构型，系胆烷的衍生物。胆汁中含量最多、最重要的是胆酸($3\alpha,7\alpha,12\alpha$-三羟基-5β-胆烷-24-酸)，其次是**脱氧胆酸**(deoxycholic acid)，脱氧胆酸与胆酸不同的是 C_7 上无羟基。其结构式如下：

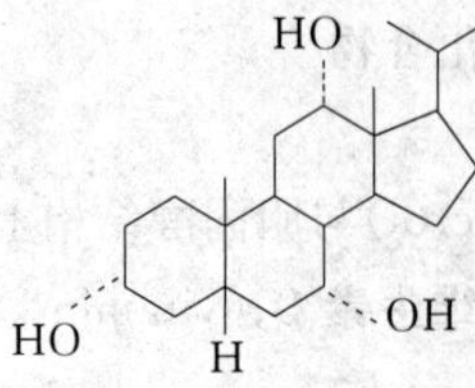

胆酸

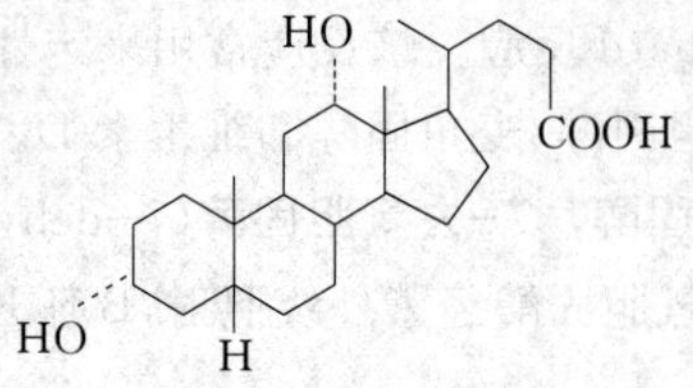

脱氧胆酸

胆汁中游离状态的天然胆酸很少，大多数与甘氨酸(H_2NCH_2COOH)或牛磺酸($H_2NCH_2CH_2SO_3H$)中的氨基以酰胺键结合而存在。其结构式如下：

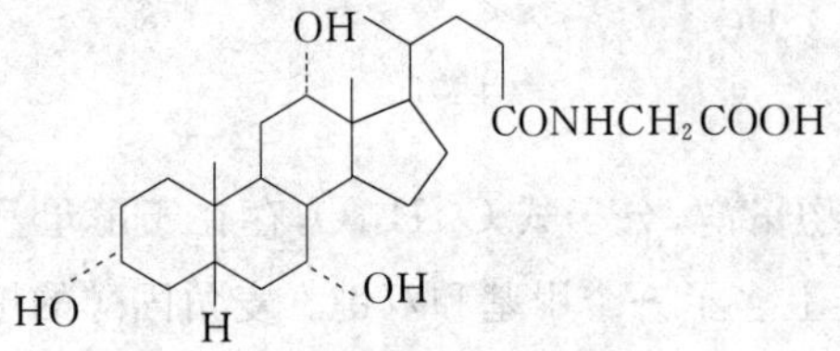

甘氨胆酸

(glycocholic acid)

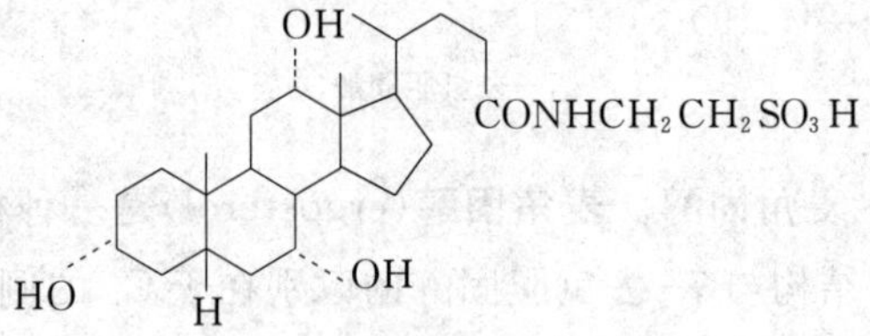

牛磺胆酸

(choleinie acid)

胆汁酸均以钠盐或钾盐形式存在，称为**胆汁酸盐**(cholate)。它是油脂的乳化剂。胆汁酸的生理功能是使脂肪及胆固醇酯等疏水脂质乳化成细小微团，增加消化吸收酶对脂质的接触面积，以便机体对脂类的消化与吸收；其次，生物体内的胆酸是从胆固醇转化生成的，可抑制胆汁中胆固醇的析出；此外，某些胆酸还有镇痉、健胃、降低血液中胆甾醇含量等作用。

3. 甾族激素

甾族激素(steroid hormone)主要分为性激素和肾上腺皮质激素两类。

(1) 性激素　**性激素**(sex hormone)是由生殖器官产生的一类内分泌甾族激素，可调节或促进男女性生理特征的形成和性器官的发育。性激素可分雌性激素和雄性激素两类。

① 雌性激素。**雌性激素**(female hormone)主要由卵巢分泌，可分为两类：一类由成熟卵泡产生，称为**雌激素**(estrogen)，是引起哺乳动物动情的物质，具有促进雌性第二性征发育和性器官最后形成的作用，例如雌二醇、雌酮、雌三醇等；另一类是由卵泡排卵后的破裂卵泡组织形成的黄体中分泌得到的**孕激素**(pregnant hormone)，如天然孕激素——**黄体酮**(progesterone)，它主要的生理作用是保证受精卵着床，维持妊娠。临床上用于治疗痛经、子宫出血和闭经。孕激素与雌激素联用可作为避孕药。

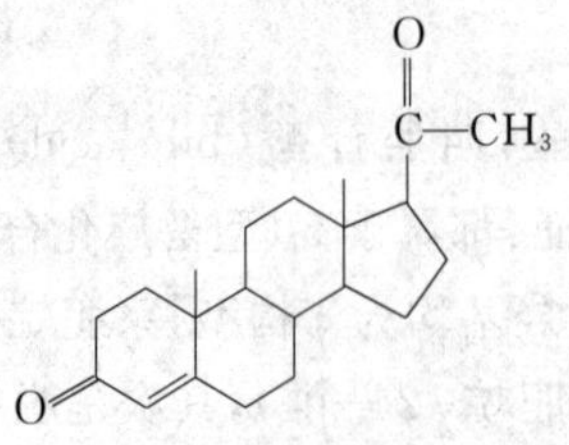

黄体酮

(progesterone)

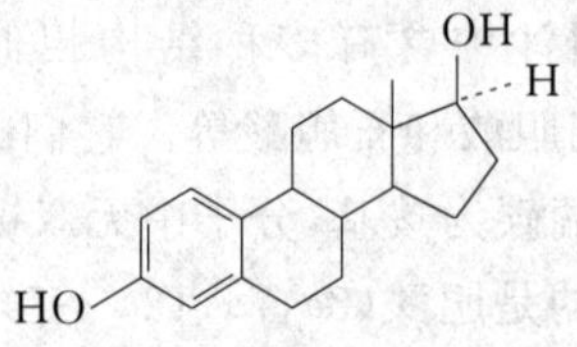

β-雌二醇

(β-estradiol)

② 雄性激素。**雄性激素**(male hormone)可控制雄性生殖器官的发育和第二性征。主要有雄甾酮、去氢表雄酮和**睾丸酮**(testosterone)。其中以睾丸酮的活性最高。睾丸酮除具有雄激素活性外,还有一定程度的促蛋白同化作用,能够促进蛋白质的合成和抑制蛋白质异化,能促进机体组织与肌肉的增长。

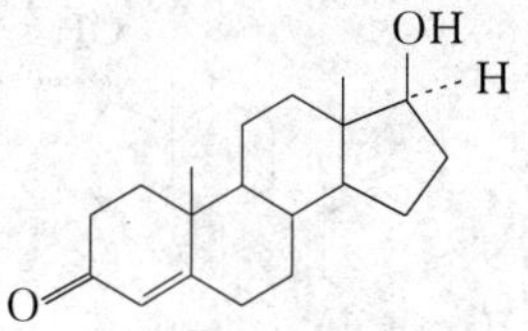

睾丸酮
(testosterone)

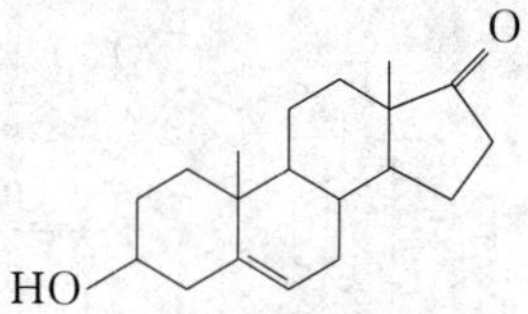

去氢表雄酮
(β-dehydroandrosterone)

(2) 肾上腺皮质激素 **肾上腺皮质激素**(adrenal corticoid)是哺乳动物的肾上腺产生的激素。按生理功能可分为糖代谢皮质激素,如可的松;盐代谢皮质激素,如醛固酮。缺乏这些激素可引起糖和蛋白质代谢失常以及电解质平衡失调等,导致无力甚至死亡。

所有肾上腺皮质激素都有相同的骨架,都是含 21 个碳原子的类固醇,只是 C_3、C_{11}、C_{17}、C_{20} 和 C_{21} 的氧化程度不同。活性的皮质激素都具有 4-烯酮的结构,常见皮质激素结构式如下:

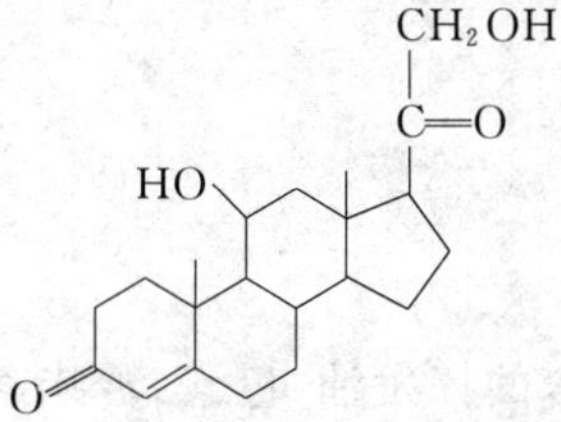

皮质酮
(corticosterone)

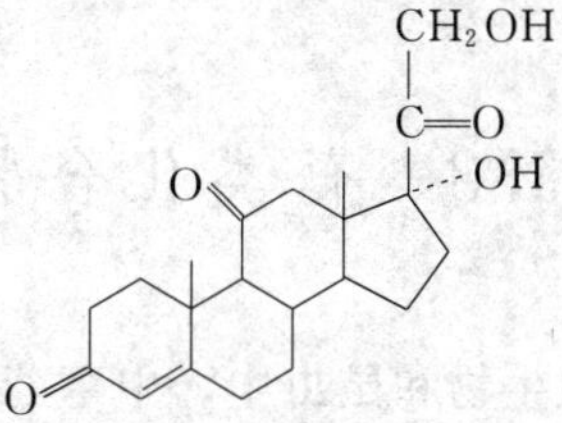

可的松
(cortisone)

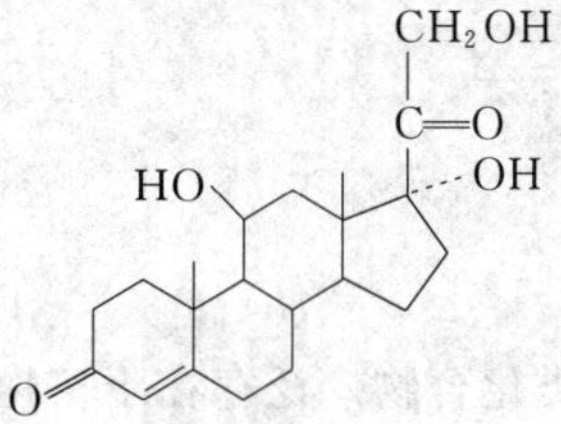

氢化可的松
(hydrocortisone)

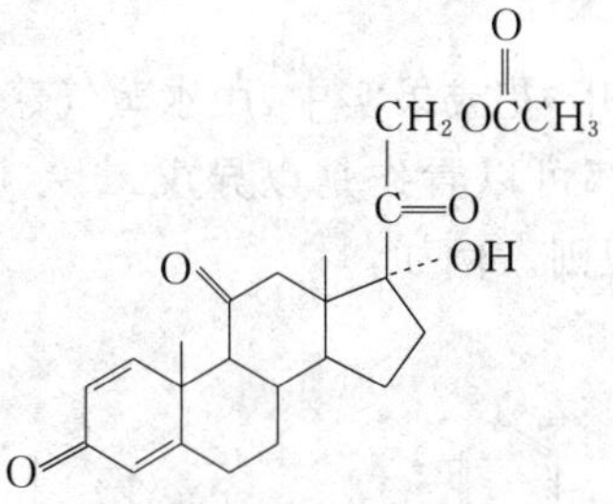

醋酸强的松

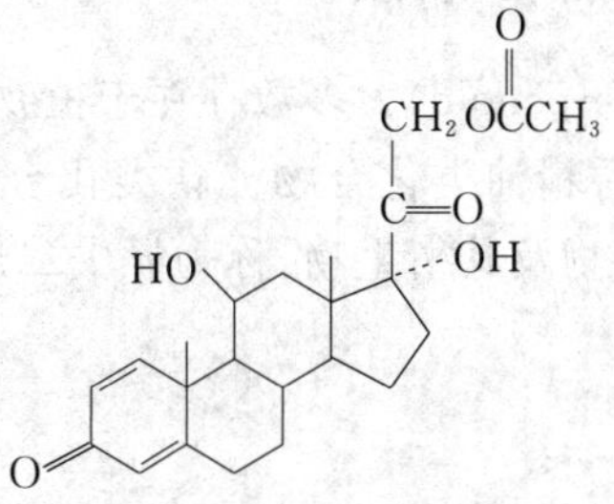

醋酸强的松龙

13.2.4 合成甾族药物

合成甾族化合物既可以解决天然甾族化合物的不足,又可以通过改变结构,增强生理活性,减少副作用。例如对肾上腺皮质激素结构的改造,合成出地塞米松等抗炎药物和**避孕药物**(contraceptive)。

目前女用避孕药物主要有两类——抑制排卵的避孕药物和抗着床避孕药物。抑制排卵的避孕药物大多是在改变黄体酮结构的基础上发展起来的。最早的口服避孕药为炔诺酮(17α-乙炔基－19－失碳睾丸素）和异炔诺酮（$\Delta^{5(10)}$－17α－乙炔基－17β－羟基－雌甾烯－3－酮）。它们与少量的雌性激素（如乙炔雌二醇－3－甲醚）混合，能抑制排卵，达到避孕目的。

炔诺酮或异炔诺酮一般是以去氢表雄酮为原料，经自由基反应引入 19－羟基，最后经消除的方法合成的。

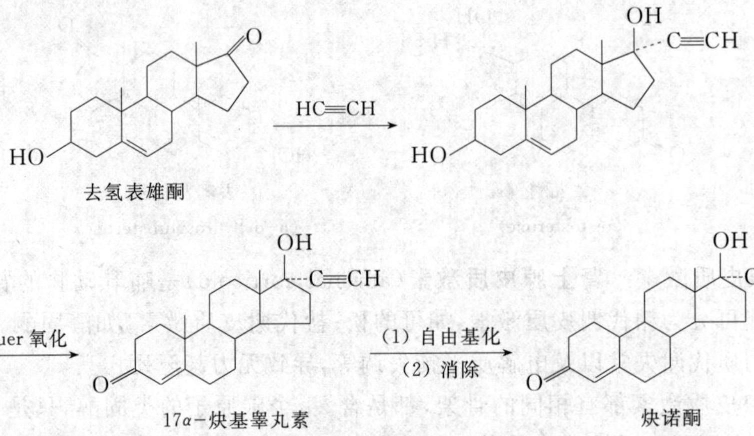

对雄性激素的研究，开发出促蛋白同化药物，如南诺龙、司坦唑、美雄酮等。

13.3　萜类化合物

萜类化合物广泛存在于植物、微生物和昆虫中。中草药中含的挥发油、色素、苦味素等大多含有萜类成分。

13.3.1　萜类化合物的结构

萜类化合物（terpenoid）大多数存在于植物的叶、花或果实中，用水蒸气蒸馏法可以得到有香味的油状液体，属香精油类化合物。萜类化合物都可以看作是以异戊二烯（isoprene）为单位首尾相连形成的聚合物及其衍生物，称为异戊二烯规则。例如：

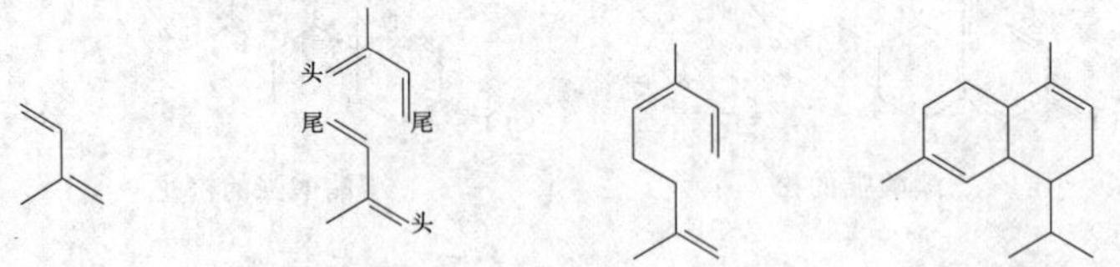

异戊二烯　　罗勒烯　　杜松烯

13.3.2　萜类化合物的分类和命名

根据萜类碳架所含异戊二烯单位的数目，萜类可分为单萜（C_{10}）、倍半萜（C_{15}）、双或二萜（C_{20}）、二倍半萜（C_{25}）、三萜（C_{30}）、四萜（C_{40}）等，详见表 13.4。

表 13.4　萜的分类

分　类	碳原子数	异戊二烯单元数	举　　例
半　萜	5	1	活性异戊二烯
单　萜	10	2	柠檬烯、樟脑、蒎烯
倍半萜	15	3	脱落酸、青蒿素、山道年
双　萜	20	4	松香酸、叶绿醇、维生素 A_1
二倍半萜	25	5	旋孢菌素
三　萜	30	6	角鲨烯、甘草次酸
四　萜	40	8	类胡萝卜素、番茄红素
多　萜	可达 50 000	可达 10 000	生橡胶、古塔胶

根据分子中各异戊二烯单位互相连接的方式，萜可分为开链萜和环萜。

13.3.3　单萜

根据分子中两个异戊二烯连接的方式不同，单萜类化合物可分为开链单萜、单环单萜、双环单萜等。

1. 开链单萜

开链单萜(acyclic monoterpenoids)是由两个异戊二烯结构单元相连而成，其基本骨架如下：

月桂烯
(myrcene)

很多开链单萜是香精油的主要成分。例如，玫瑰油中的香叶醇、柠檬油中的 α-柠檬醛、月桂油中的月桂烯等。它们分子中有的含多个双键或含氧原子。例如：

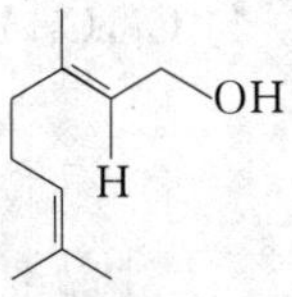

香叶醇
(geraneol)

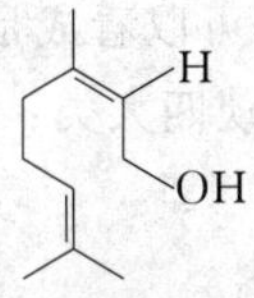

橙花醇
(nerol)

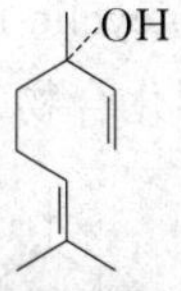

芳樟醇
(linalool)

月桂烯的一氯化物与乙酸钠共热，得香叶醇、橙花醇和芳樟醇的乙酸酯混合物。开链萜较为重要的是柠檬醛，天然的柠檬醛有两种异构体，结构式如下：

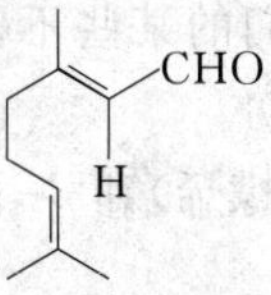

α-柠檬醛(香叶醛)
(α-citral, geranial)

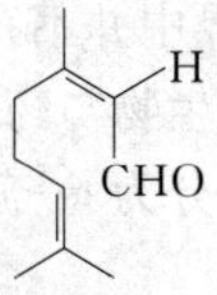

β-柠檬醛(橙花醛)
(β-citral, neral)

α-柠檬醛为 E 构型，是带柠檬香气的无色油状液体，在空气中易氧化变黄；β-柠檬醛为 Z 构型，可从橙花醇氧化得到。柠檬醛可用于制造柑橘香味食品的香料，因易氧化并聚合变色，只能用于中性介质中。

2. 单环单萜

单环单萜(monocyclic monoterpenoid)是两个异戊二烯结构单元首尾相连而成的环状化合物。如下列环烷烃称为萜烷，又叫苧烷，其化学名称为 1-甲基-4-异丙基环己烷。

大多数单环单萜是苧烷(又称萜烷)的衍生物。例如：

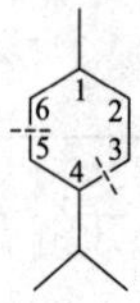

苧烷
(menthane)

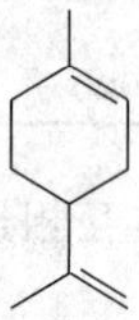

苧烯
(limonene)

苧烷的 C_3 羟基衍生物称 3-萜醇，其分子中有 3 个不同的手性碳原子(C_1、C_3、C_4)，故有四对对映异构体：薄荷醇、新薄荷醇、异薄荷醇、新异薄荷醇。

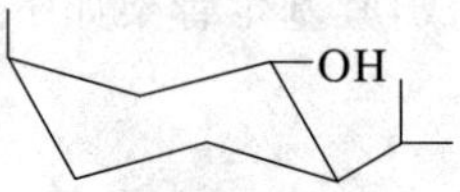

异薄荷醇
(isomenthol)

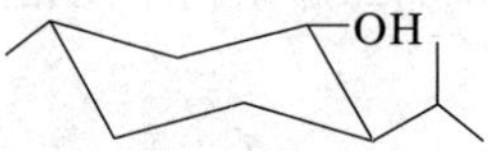

(—)-薄荷醇
(menthol)

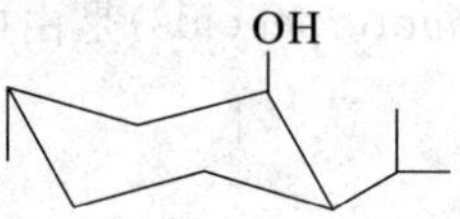

新薄荷醇
(neomenthol)

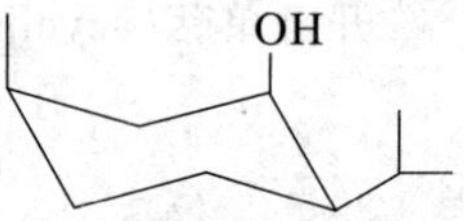

新异薄荷醇
(neoisomenthol)

其中左旋薄荷醇 C_1、C_3、C_4 的取代基都位于构象的 e 键上，因此，比其他构象异构体稳定，是薄荷油的主要成分。由于它具有特征的薄荷香气，又称薄荷脑，医疗上用作清凉剂的祛风剂，清凉油、人丹等药品中均含有此成分，消旋薄荷醇也有清凉作用，其他的异构体无清凉作用。

3. 双环单萜

双环单萜(bicyclic monoterpenoid)可以看成是萜烷分子中 C_2 与 C_4，C_8 分别与 C_3、C_2 或 C_1 相连形成的桥环化合物。如苧、蒈、蒎、莰四大类：

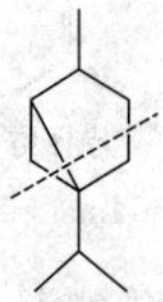

苧烷
(thuja)

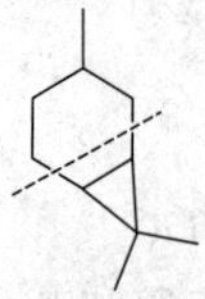

蒈烷
(carane)

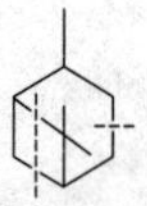

蒎烷
(pinane)

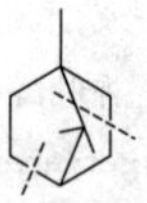

莰烷
(camphane)

这四种双环单萜烷在自然界中并不存在，但它们的某些不饱和衍生物或含氧衍生物分布于植物体内，尤以蒎烷与莰烷的衍生物与药物关系密切。

根据双键位置的不同，蒎烯分为 α-蒎烯(α-柠檬烯)和 β-蒎烯(β-柠檬烯)两种异构体。

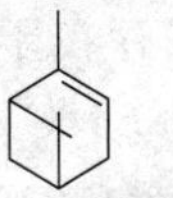

α-蒎烯
(α-pinene)

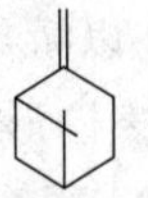

β-蒎烯
(β-pinene)

二者均存在于多种天然精油中。松节油中含有58%～65%的α-蒎烯和30%的β-蒎烯。α-蒎烯的右旋体存在于带蜡松节油和我国海南岛产的松节油中,左旋体则存在于西班牙、奥地利和我国大多数产区的松节油中。α-蒎烯为无色液体。

樟脑的化学名称为α-莰酮,存在于樟脑树中。分子中有两个不相同的手性碳原子,理论上应有两对对映体,因桥环的存在实际上只有一对对映体。樟脑为有特殊香气、易升华的白色闪光晶体。从樟脑树中提取的樟脑是右旋体,其熔点179.8 ℃,从艾纳香中提取的樟脑是左旋体,其熔点178.6 ℃,外消旋体熔点为178.8 ℃。

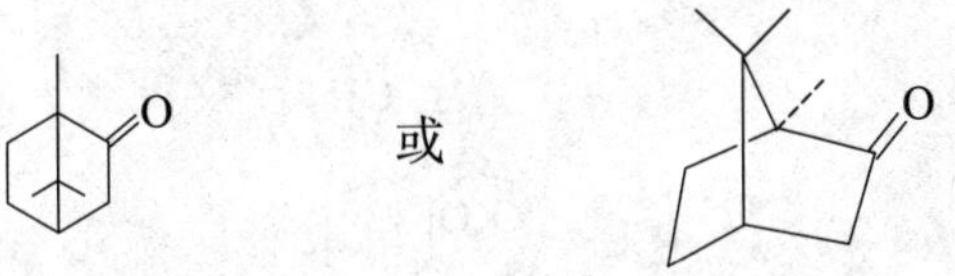

樟脑
(camphor)

樟脑为一种酮,具有酮的通性。用高锰酸钾氧化生成樟脑酸。樟脑在赛璐珞生产中用作增塑剂,也是制无烟火药、化妆品等的原料之一,还有防蛀、强心的作用。

13.3.4 重要的萜类化合物

1. 叶绿醇

叶绿素的水解产物叫叶绿醇,又叫**植醇**,属链状二萜类不饱和醇(acyclic diterpenoids)。天然的植醇为油状液体;沸点140～141 ℃(3.17 Pa),几乎不溶于水,而溶于有机溶剂。

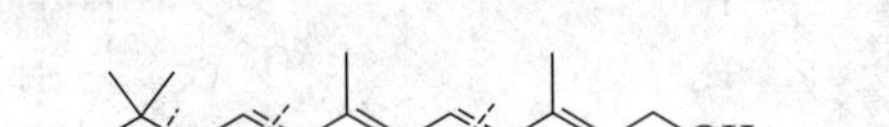

叶绿醇(植醇)
(phytol)

叶绿醇是合成维生素E和维生素K_1的原料。

2. 维生素A_1

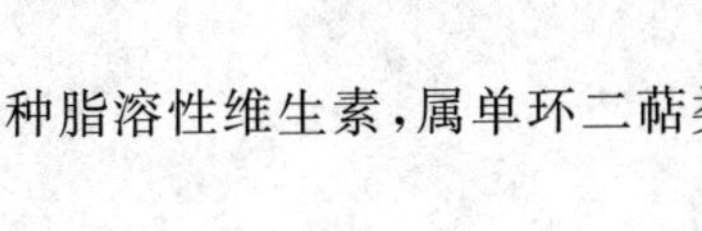

维生素A_1(视黄醇)
(vitamin A_1)

维生素A_1(vitamin A_1)为一种脂溶性维生素,属单环二萜类(monocyclic diterpenoids)化合

物，其共轭体系为全反式构型。它以游离醇或酯的形式存在于动物体中，在脂肪、蛋白、乳汁、肝中含量丰富。维生素 A_1 为黄色棱柱形晶体，熔点 63～64 ℃，溶于甲醇、乙醇、乙醚、氯仿、油脂和油，不溶于水和甘油。维生素 A_1 很容易被氧化成视黄醛，视黄醛在视觉过程中起重要作用。

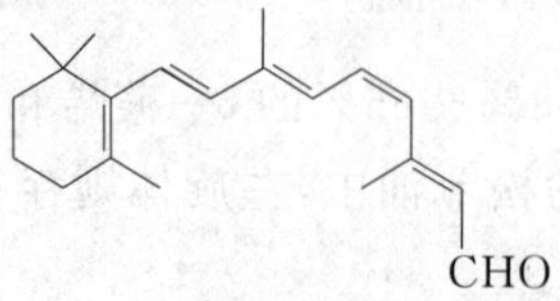

顺视黄醛

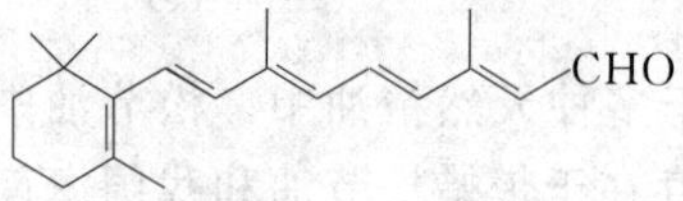

反视黄醛

当体内维生素 A_1 缺乏时，视紫红质的合成量随之减少，视力减退。这就是夜盲症的原因，所以维生素 A_1 可用于治疗夜盲症。

3. 青蒿素

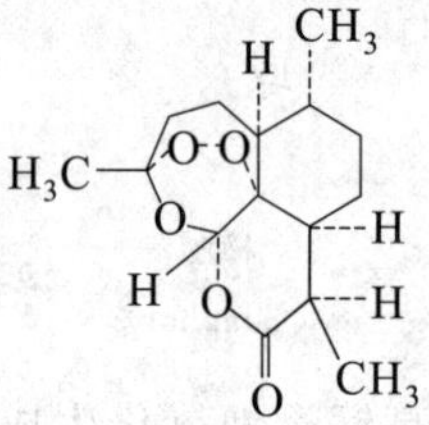

青蒿素
(artemisinin)

青蒿素是一种倍半萜(sesquiterpenoids)类化合物。它存在于菊科植物青蒿叶中；为白色针状结晶；熔点 156～157 ℃，比旋光度$[\alpha]_D^{20}=+68(°)\cdot dm^2\cdot kg^{-1}$(无水乙醇)；味苦；易溶于苯、氯仿、乙酸乙酯、丙酮和冰醋酸，能溶于乙醇、甲醇、乙醚、热石油醚和汽油，几乎不溶于冷石油醚和水。青蒿素为一种新型抗疟药，具有低毒、高效、速效的特点，对恶性疟、间日疟都有效，可用于疟疾的抢救和抗氯喹病例的治疗。

青蒿素衍生物——**蒿甲醚**(artemether)和**青蒿琥珀酯**(artesunate，ATS)，作为抗疟新药供临床使用，结构式如下：

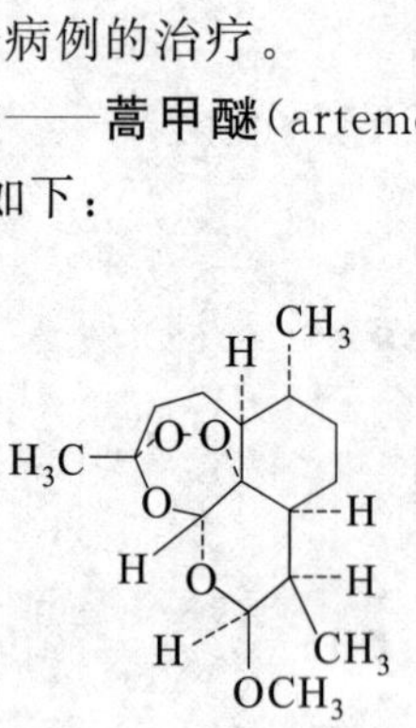

蒿甲醚

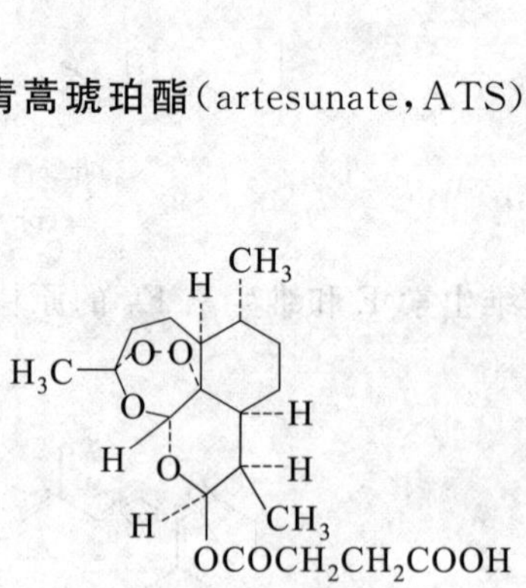

青蒿琥珀酯

4. β-胡萝卜素

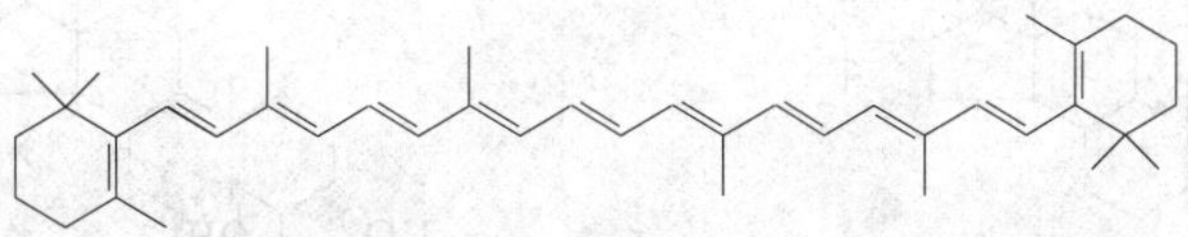

β-胡萝卜素
(β-carotene)

β-胡萝卜素属四萜类(tetraterpenoids)化合物,为黄色结晶,存在于胡萝卜、番茄中。它们分子中的双键均为反式构型。人体内肠壁或肝脏中的β-胡萝卜素在酶的作用下可以裂解成两分子维生素 A_1,并以十六酸酯的形式贮存在肝脏内,故常把胡萝卜素叫做维生素 A 原。

β-胡萝卜素是类胡萝卜素(carotenoids)最重要的成分之一,类胡萝卜素是一类从黄到红的色素,是广泛分布于动植物界的化合物。1831 年首次由胡萝卜内分离出来,后又从绿叶内取得。由胡萝卜中取得的胡萝卜素含有 15%的α-异构体,85%的β-异构体和 0.1%的γ-异构体。类胡萝卜素是一类天然色素,是食品、化妆品等的添加剂。

问题 13.8 画出维生素 A_1 和β-胡萝卜素中的异戊二烯结构单位,指出它们在结构上有何异同之处?

阅读材料

海洋甾体化合物

海洋是生命的摇篮,占地球表面积的 70%左右,蕴藏着 80%以上的生物资源。海洋生物资源活性、代谢产物的研究,一直是海洋天然产物化学研究的主要内容。

很多研究证明,单细胞藻类是海洋甾醇的主要生产者,而以藻类为食物的无脊椎动物则起着收集者和改性者的作用。许多结构新颖的海洋甾体化合物,是陆地植物中从未发现过的。

海洋甾族化合物带有明显不同的支链结构,特别是 C_{17} 上的支链,例如在这个支链中含有环丙烷环的柳珊瑚甾醇(见结构式 a),支链只有两个碳原子的海星酮(结构式 b)。有些甾族化合物还具有不寻常的母核结构,例如从海绵分离出的一种甾族化合物(结构式 c),其母核的 A 环缩小为五元环。还有一些含有多个羟基的甾族化合物,如豆夹软珊瑚甾醇(结构式 d)。

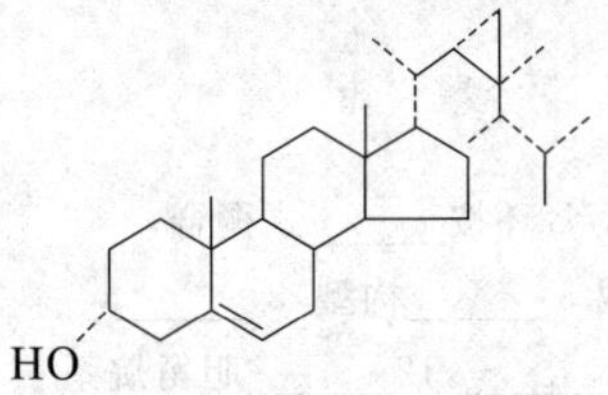

a

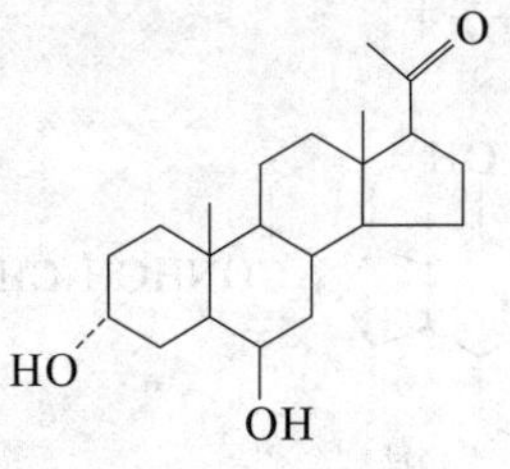

b

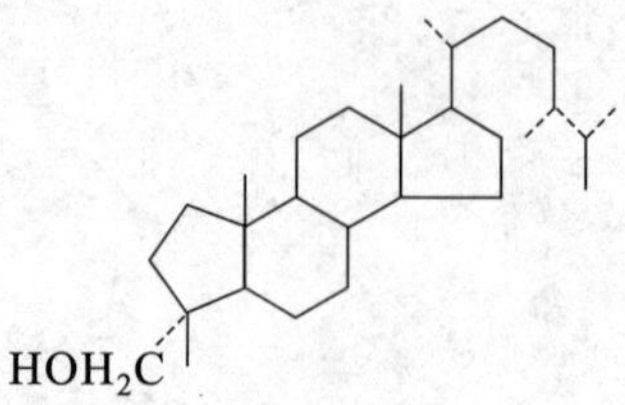

c

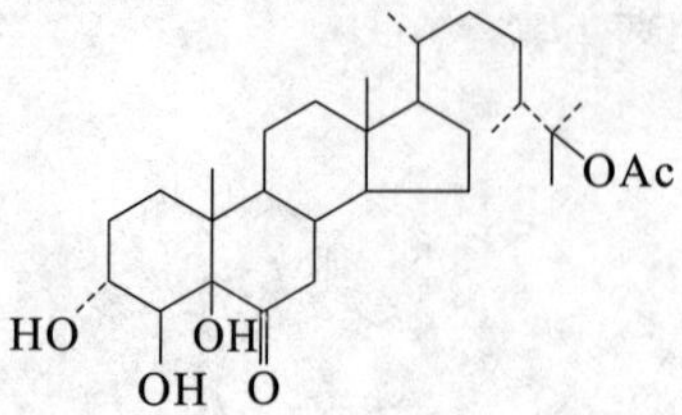

d

多数海洋非皂化甾醇是无毒的，例如化合物c具有降低血液胆固醇含量的能力，能减少脂肪肝形成和过量脂肪沉淀于心脏中的倾向。目前采集自台湾南端的具边乳节藻(galaxau marginata)分离出侧链上具有氢过氧基取代的链甾醇化合物D4、DS、E4和ES，对肿瘤细胞有显著的细胞毒性。从褐藻拟小叶喇叭藻(turbinaria conoides)中分离出6种氧化岩藻甾醇DS、Dg、ES、Eg、GS和Gg，前4种化合物对不同肿瘤细胞有显著细胞毒性。现已清楚海绵(多孔动物门)所含新甾醇的数量最多，结构多样性和新颖性最为明显。产自日本沿海的一种光溜海绵(xestospongia)中得到2种罕见的具有二甲缩酮结构的新甾醇N17和NIS，对KB细胞具有极强的细胞毒性。海星所含的皂角苷，是含硫酸基和糖的甾酮，有细胞毒性、溶血性和抗病毒等药物活性。从南中国海的红树林叶中得到的一种海洋真菌1893#，其甲醇提取液分离得到四种化合物，其中一种为麦角甾醇，有一定的抗肿瘤活性，它的衍生物可以含有更多的羟基，而且抗肿瘤活性更好。

习　题

1. 天然油脂中所含脂肪酸的结构特点有哪些？最常见的有哪几种？
2. 写出油酸的两种构型异构体。
3. 油脂的碘值、皂化值、酸值的含义是什么？
4. 橄榄油的组成成分之一是三油酰甘油，试写出

(1) 三油酰甘油的结构式

(2) 氢化产物的皂化反应式

5. 写出磷脂酰胆碱完全水解的反应式。
6. 生物细胞膜的主要成分是什么？脂双层是如何形成的？
7. 写出下列化合物的结构式。

(1) 胆甾醇　(2) 7-去氢胆甾醇　(3) 胆酸　(4) 可的松

8. 胆甾酸与胆汁酸的含义有什么不同？
9. 牛磺胆酸分子中：

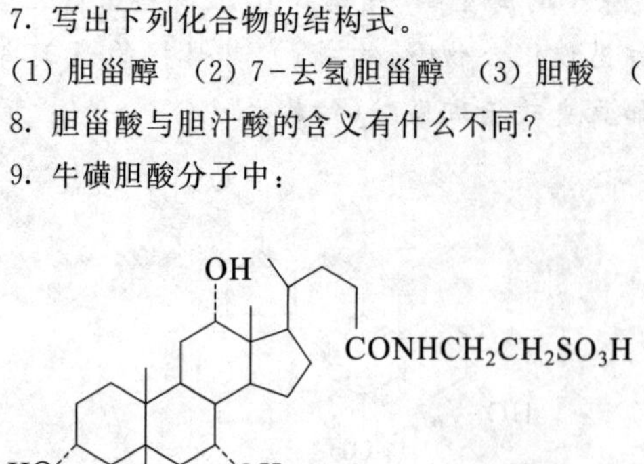

A/B环按______式稠合，

属5______构型，3______，

7______，12______胆甾烷系

10. 写出下列各反应式的主要产物。

(1)

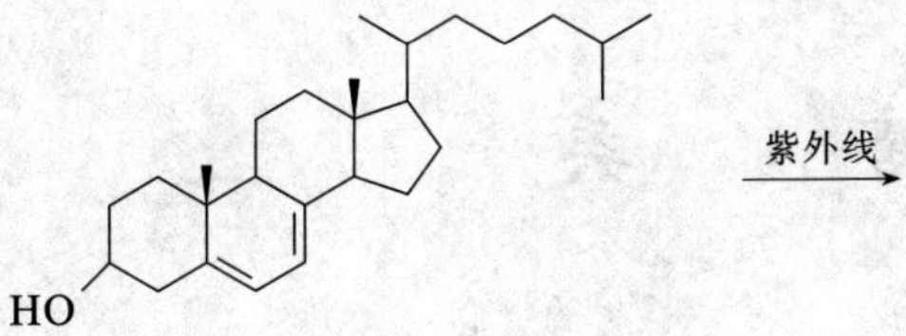

(2)

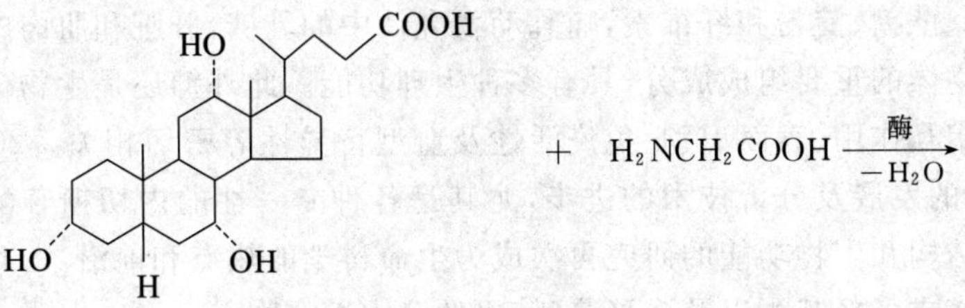

(3)

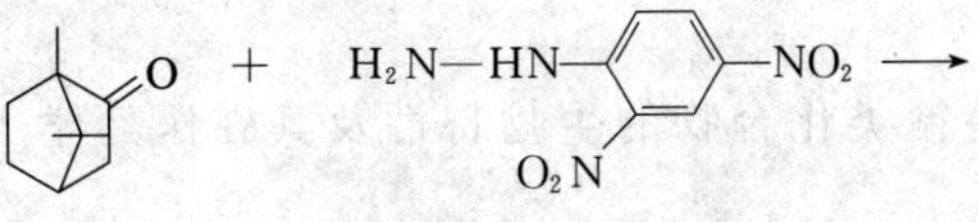

11. 维生素 A_1 为什么是二萜类化合物？它若被氧化时，可能生成什么氧化产物？

12. 画出下列化合物中的异戊二烯结构单位。

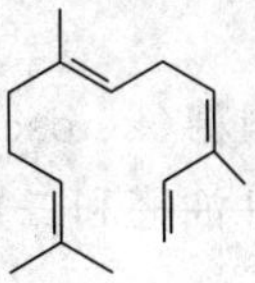

法呢烯

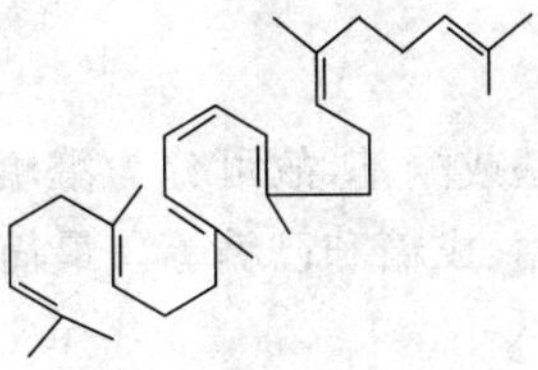

角鲨烯

（昆明医科大学　郭蕴苹）

第 14 章　糖　　类

糖类(saccharide 或 sugar)是自然界存在量最大、分布最广的有机化合物。绿色植物的根、茎、叶和果实中含的葡萄糖、果糖、蔗糖、淀粉和纤维素,哺乳动物乳汁中的乳糖,肝脏和肌肉中的糖原,都属于糖类。糖类是动植物体的重要组成成分,具有多种生理功能。此外糖还是生物体内的重要信息物质,它与细胞间的相互作用、表面识别、免疫活性及血型特异性等密切相关。20 世纪 70 年代以来,随着分子生物学的发展及分析技术的进步,尤其是各种专一性的内切糖苷酶和外切糖苷酶的纯化和使用,糖链结构和生物功能的研究再次成为生命科学的热点和前沿。

从结构上看,糖类是多羟基醛或多羟基酮以及多羟基醛、酮的脱水缩合物。

糖类根据其能否水解及水解情况分为**单糖**(monosaccharide)、**低聚糖**(oligosaccharide)和**多糖**(polysaccharide)三大类。

本章主要介绍糖类化合物的结构、性质、某些糖类化合物的生物特性及其在医药学上的应用。

14.1　单　　糖

单糖分子中含有醛基或酮基,故可分为**醛糖**(aldose)和**酮糖**(ketose)两类;按其分子中的碳原子数目,分为丙糖、丁糖、戊糖和己糖等。最简单的单糖是甘油醛和二羟基丙酮,它们是糖代谢的中间产物。

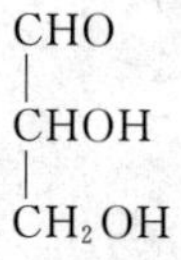

甘油醛(丙醛糖)

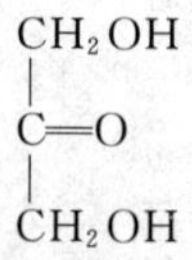

二羟基丙酮(丙酮糖)

自然界存在最普遍的单糖是含有 5 个或 6 个碳原子的戊糖和己糖。单糖的名称多数根据来源采用俗名,如葡萄糖、果糖等。

14.1.1　单糖的开链结构和构型

单糖的碳链无分支。除二羟基丙酮糖外,都含有手性碳原子,存在对映异构现象。例如,丁醛糖有 2 个手性碳,2 对对映异构体;己醛糖有 4 个手性碳,8 对对映异构体等。碳原子数相同的醛糖和酮糖互为同分异构体,但酮糖比醛糖少一个手性碳原子,所以对映异构体的数目比相应的醛糖少。例如:

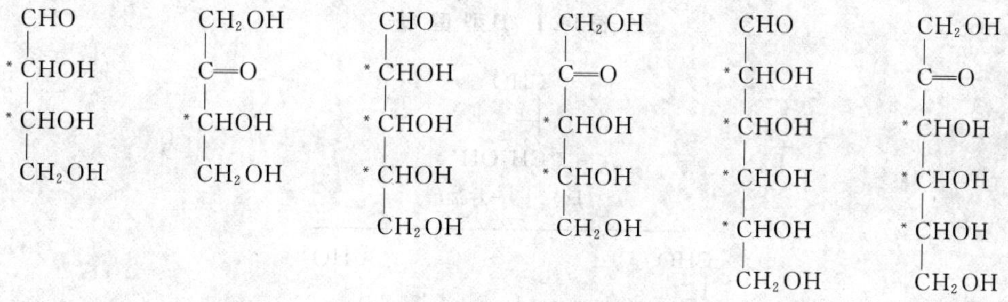

丁醛糖 丁酮糖 戊醛糖 戊酮糖 己醛糖 己酮糖

单糖立体异构体的构型，习惯上用 D、L 标记。规定凡是单糖分子中编号最大的手性碳原子的构型与 D－甘油醛相同者为 D 型；与 L－甘油醛相同者为 L 型。

自然界主要存在并有生物活性的单糖大多为 D 型。例如，D－核糖、D－葡萄糖、D－甘露糖、D－半乳糖、D－果糖等，其中以 D－葡萄糖最重要、最常见。葡萄糖的分子式为 $C_6H_{12}O_6$，化学方法证明它是 2,3,4,5,6－五羟基己醛。D－葡萄糖的开链结构可以用 Fischer 投影式或其简式表示，手性碳上的—OH 用一短横线表示，—H 不标出。

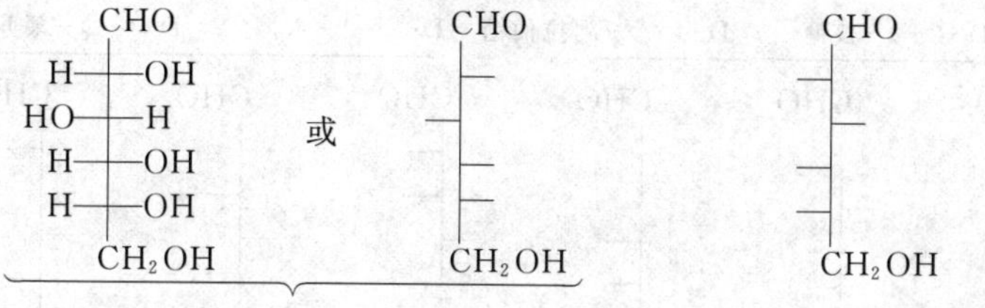

D－(＋)－葡萄糖 L－(－)－葡萄糖

表 14.1 列出了含有 3～6 个碳原子的 D 型醛糖的 Fischer 投影式的简式、旋光性和名称。

14.1.2 单糖的环状结构

1. 葡萄糖的环状结构

葡萄糖(glucose)的开链结构可以说明它的许多反应，但不能解释：葡萄糖的醛基仅可与一分子甲醇（干燥 HCl 存在下）缩合生成缩醛；D－葡萄糖从乙醇溶液中结晶出来的晶体，熔点146 ℃，$[\alpha]_D^t$ 为＋112(°)·dm^2·kg^{-1}；而从吡啶中析出的晶体，熔点 150 ℃，$[\alpha]_D^t$ 为＋18.7(°)·dm^2·kg^{-1}；用上述任何一种葡萄糖晶体配制的水溶液在放置过程中，比旋光度都会逐渐变化，直至达到＋52.5(°)·dm^2·kg^{-1}的恒定值。这些实验现象说明了葡萄糖的开链结构不能完全表明其真实结构。

经物理及化学方法证实，晶体葡萄糖是以环状结构形式存在。这是由于 D－葡萄糖分子中的醛基与 C_5—OH 相互作用形成了稳定的六元环状半缩醛结构。在形成环状结构时，开链葡萄糖的羰基碳原子 C_1 变成一个新的手性碳原子，其上的半缩醛羟基有两种构型：半缩醛羟基在 Fischer 投影式中与 D 型羟基同侧（即右边）的，就称为 α 型；在 Fischer 投影式 D 型羟基异侧（即左边）的，就称为 β 型。葡萄糖的这两种环状结构，分别称为 α－D－(＋)－葡萄糖和 β－D－(＋)－

表 14.1 D型醛糖

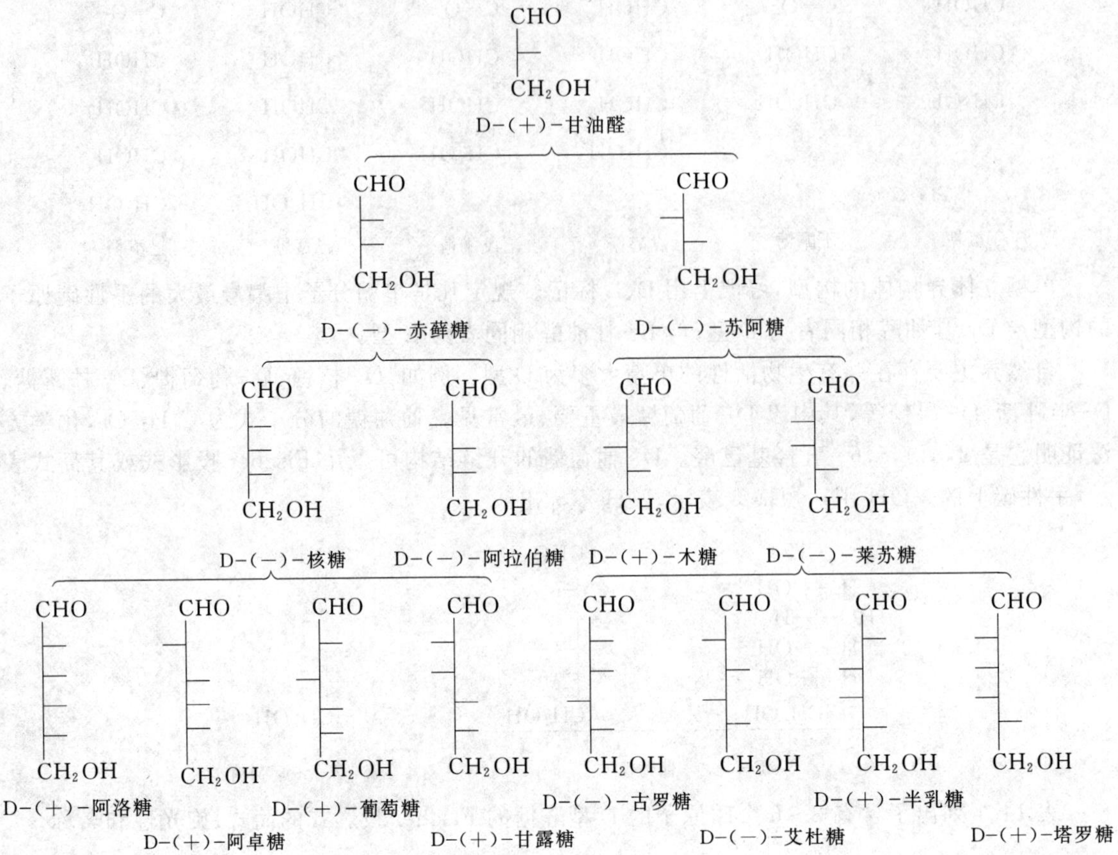

葡萄糖，二者在结构上的差别只是 C_1 半缩醛羟基的构型不同，故二者互称为**端基异构体**或**异头物**(anomer)。

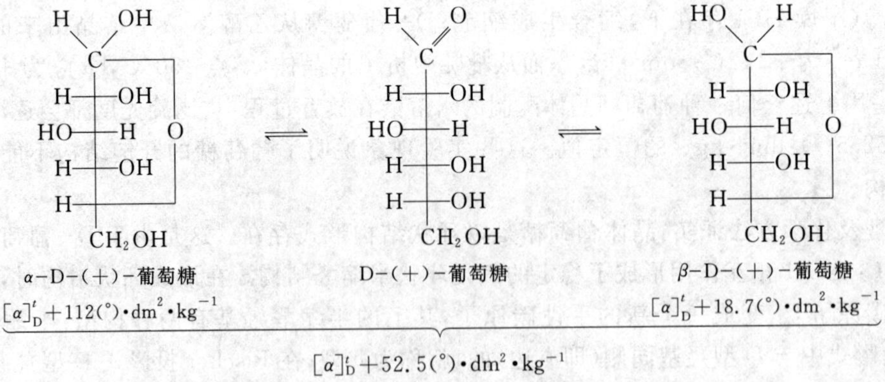

α-D-(+)-葡萄糖和 β-D-(+)-葡萄糖的任一晶体溶于水中，两种环状结构均可通过开链结构相互转化，逐渐达到动态平衡。在动态平衡混合物中，比旋光度为 $+112(°)\cdot dm^2\cdot kg^{-1}$ 的 α-D-(+)-葡萄糖约占 36%，比旋光度为 $+18.7(°)\cdot dm^2\cdot kg^{-1}$ 的 β-D-(+)-葡萄糖约占

64%，开链结构不足0.1%。两种葡萄糖晶体溶于水后，因其相对含量在互变平衡体系中不断变化，所以溶液的比旋光度也随着互变平衡的进程而变化，最后达到定值。这种现象称为**变旋光现象**(mutarotation)。研究证明，自然界中绝大多数结晶单糖都以环状结构存在，其在水溶液中都存在环状半缩醛结构和开链结构之间的互变平衡，除二羟基丙酮外单糖都具有变旋光现象，因此变旋光现象是它们的共性。

2. 葡萄糖环状结构的 Haworth 式和构象式

为了更合理地反映单糖的环状结构，常采用**Haworth(哈沃斯)透视式**(简称 Haworth 式)表示。在 Haworth 式中，为了说明单糖环的形状，把含氧的六元环单糖看成杂环吡喃的衍生物，称为**吡喃糖**(glycopyranose)；含氧的五元环单糖看成杂环呋喃的衍生物，称为**呋喃糖**(glycofuranose)。D-葡萄糖通常以吡喃糖的形式存在。

现以 D-葡萄糖为例，说明由 Fischer 投影式写成 Haworth 式的过程：

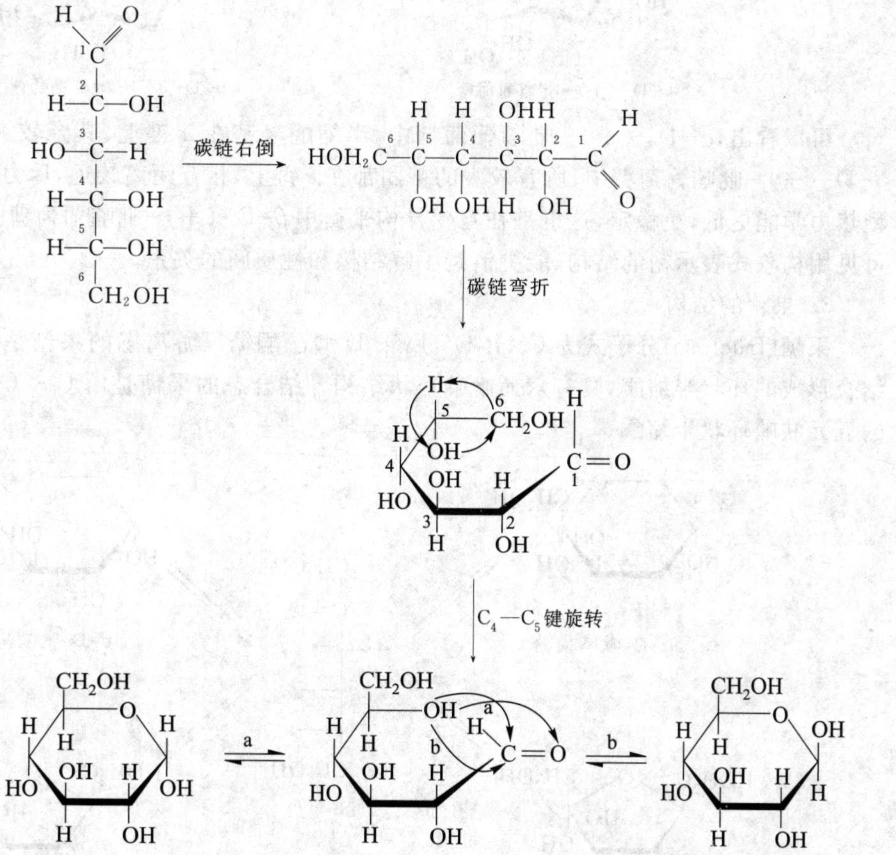

α-D-(+)-吡喃葡萄糖　　β-D-(+)-吡喃葡萄糖

在 Haworth 式中，成环的六个原子在同一平面上写成平面六边形，环上的氧原子置于平面的后右上方，环上的碳原子从最右边开始按顺时针方向编号，Fischer 投影式中处于左边的羟基写在环平面的上方，右边羟基写在环平面的下方(即左上右下)，D 型糖的末端羟甲基(—CH_2OH)始终处于环平面上方。所以，D 型糖的α-半缩醛羟基应位于环下方，β-半缩醛羟基应位于环上方。

为书写方便，Haworth 式中环碳原子上的—H 常省略；当不必强调半缩醛羟基的构型时，可用"～～"与半缩醛羟基连接。例如：

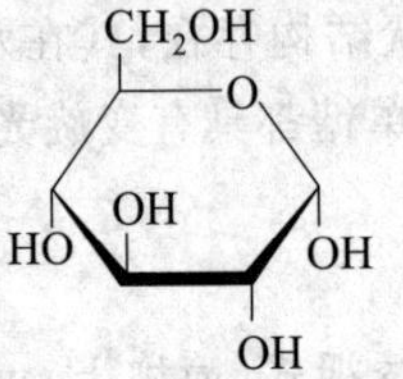

α－D－(＋)－吡喃葡萄糖

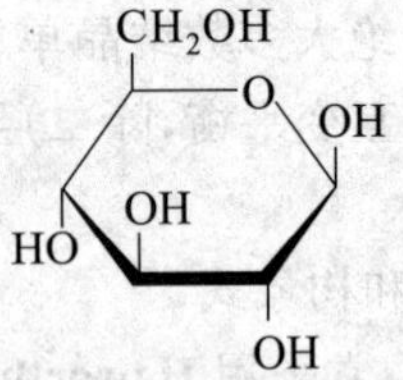

β－D－(＋)－吡喃葡萄糖

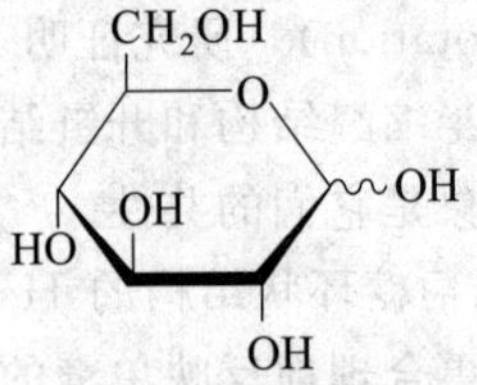

D－(＋)－吡喃葡萄糖

X 射线分析已证明吡喃糖中的六元环以椅式构象存在，常用其构象式表示。α－D－(＋)－吡喃葡萄糖和 β－D－(＋)－吡喃葡萄糖的优势构象式如下：

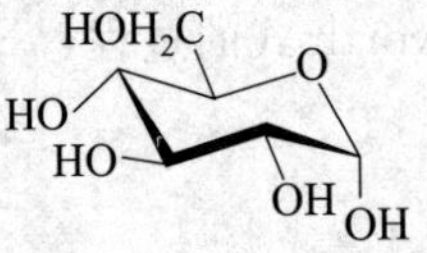

α－D－(＋)－吡喃葡萄糖

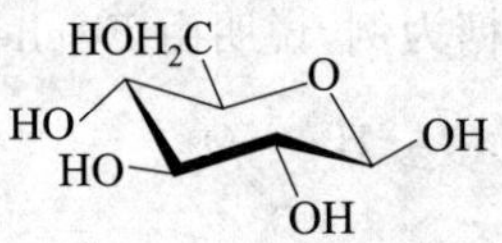

β－D－(＋)－吡喃葡萄糖

可以看出，α－D－(＋)－吡喃葡萄糖中，半缩醛羟基在 *a* 键上，其余较大基团在 *e* 键上，而 β－D－(＋)－吡喃葡萄糖中，所有较大的基团都在 *e* 键上，相互距离较远，斥力较小；因此 β 型比 α 型热力学能更低，更稳定，这也是在互变异构平衡中 β－D－(＋)－吡喃葡萄糖的含量较高的原因。可见用构象式表示糖的结构，能更清楚了解结构和性质间的关系。

3. 果糖的结构

果糖(fructose)分子式为 $C_6H_{12}O_6$，属于 D 型己酮糖。游离态的果糖是由 C_6—OH 与酮基结合形成的环状半缩酮，具有六元吡喃环状结构。结合态的果糖是由 C_5—OH 与酮基结合形成的五元呋喃环状半缩酮。

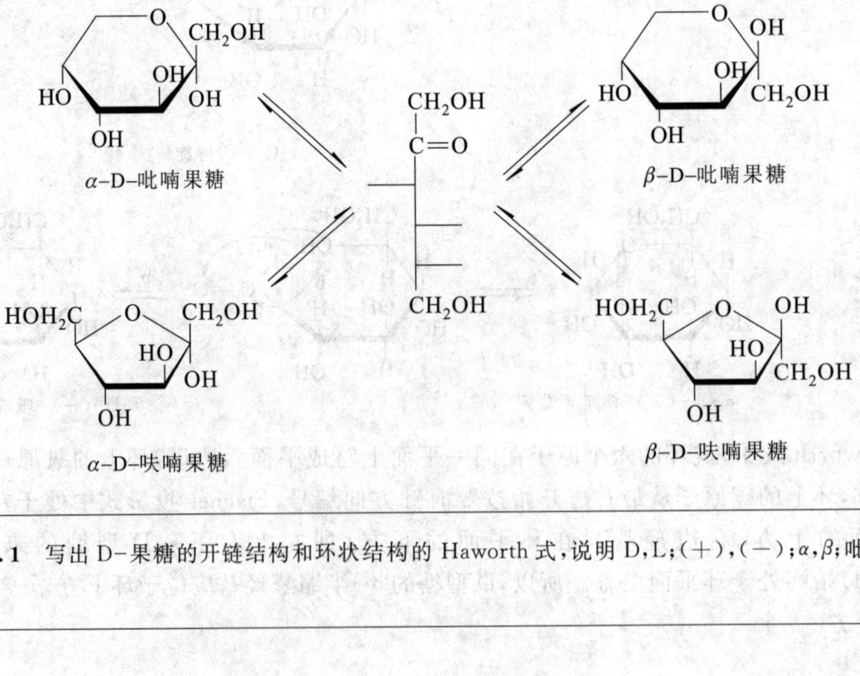

α－D－吡喃果糖　　β－D－吡喃果糖　　α－D－呋喃果糖　　β－D－呋喃果糖

问题 14.1　写出 D－果糖的开链结构和环状结构的 Haworth 式，说明 D，L；(＋)，(－)；α，β；吡喃糖与呋喃糖的含义。

14.1.3 单糖的物理性质

单糖通常是无色晶体，有甜味，易溶于水，难溶于乙醇，不溶于醚。除二羟基丙酮外，单糖都具有旋光性，比旋光度是鉴别糖的重要物理常数。一些常见单糖及二糖的物理常数见表 14.2。

表 14.2 一些单糖及二糖的物理常数

名称	比旋光度$[\alpha]_D^t/[(°)\cdot dm^2\cdot kg^{-1}]$ α型	β型	平衡混合物	糖脎熔点/℃
		戊 糖		
D-阿拉伯糖	−55.4	−175	−103	160.0
D-核糖	—	—	−23.7	160.0
D-木糖	+93.7	−20	+18.8	163.0
		己 糖		
D-葡萄糖	+112	+18.7	+52.7	210.0
D-甘露糖	+29.9	−16.3	+14.7	210.0
D-半乳糖	+150.7	+52.8	+80.2	186.0
D-果糖	—	−133.5	−92	210.0
		二 糖		
麦芽糖	—	+112	+136	206.0
乳糖	+85	—	+55.4	200.0
纤维二糖	—	+14	+35	208.0
蔗糖		+66.5		—

14.1.4 单糖的化学性质

单糖是含羟基、羰基的多官能团化合物，故具有羟基和羰基的化学性质。由于在溶液中存在环状与开链结构的互变平衡，所以单糖的反应既可按环状又可按开链结构进行。

1. 单糖在弱碱溶液中的互变异构

在弱碱[（如 $Ba(OH)_2$）]溶液中，D-葡萄糖、D-甘露糖和 D-果糖可以通过烯二醇中间体进行相互转化。由于与羰基相连的 α-碳原子上的氢原子有一定酸性，在碱性条件下互变异构形成烯二醇。烯二醇羟基上的氢也有明显酸性，当 C_1—OH 上的氢原子从双键两个方向进攻 C_2，可分别得到 D-葡萄糖（按 a 指示方向）和 D-甘露糖（按 b 指示方向）；当 C_2—OH 上的氢原子（按 c 指示方向）进攻 C_1 时则得到 D-果糖。

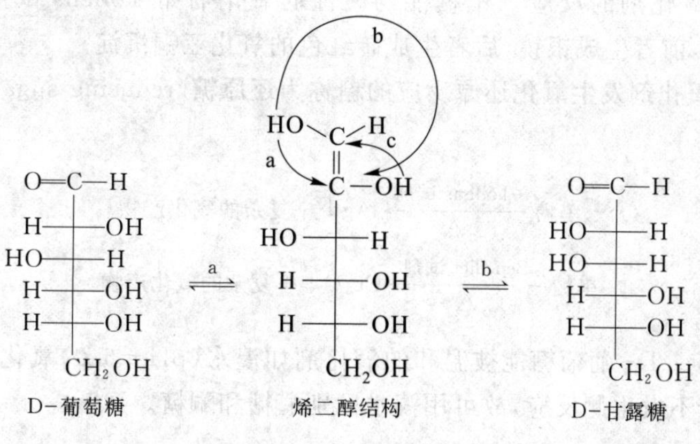

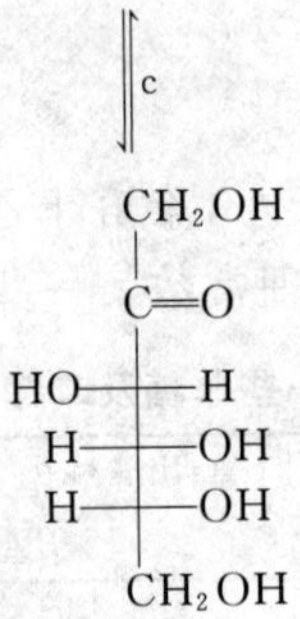

D-果糖

D-葡萄糖和D-甘露糖只有 C_2 的构型不同，其余手性碳原子构型完全相同，这样的异构体互称为**差向异构体**(epimer)，差向异构体间的转化又称为**差向异构化**(epimerism)。

在酶的催化下，生物体代谢过程中某些糖类衍生物间也能进行上述的转化。

问题 14.2 葡萄糖与半乳糖是差向异构体，在稀碱液中能否发生差向异构化？为什么？

---

2. 脱水反应

单糖与浓酸作用可发生分子内脱水反应，形成不饱和的环醚(五元的呋喃环)。例如，D-葡萄糖等己醛糖与浓硫酸作用，生成5-羟甲基-α-呋喃甲醛。

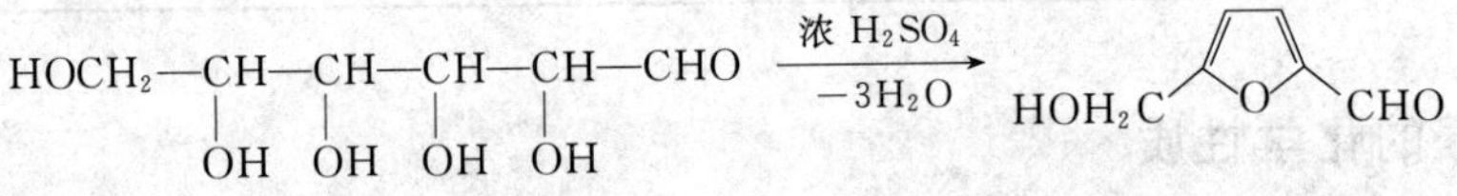

戊醛糖分子内脱水得到α-呋喃甲醛(又称糠醛)，糠醛及其衍生物可和某些酚类试剂缩合生成有色化合物，常用于糖类的鉴别。如在糖的水溶液中加入α-萘酚的乙醇溶液，然后沿管壁慢慢加入浓硫酸(不振摇)，密度较大的浓硫酸沉到管底，在液体界面处很快产生紫色环，所有的糖都有这种颜色反应，常称 Molish(莫利胥)反应；若在糖的水溶液中加入间苯二酚及浓盐酸，加热后酮糖很快出现红色，醛糖反应很慢，据此可区别醛糖和酮糖，该反应称为 Seliwanoff(谢利瓦诺夫)反应。

3. 氧化反应

(1) 与碱性弱氧化剂的反应　单糖能与碱性弱氧化剂如 Tollens 试剂、Fehling 试剂(或 Benedict 试剂)反应，前者生成银镜，后者生成砖红色的氧化亚铜沉淀。

凡能与碱性弱氧化剂发生氧化还原反应的糖称为**还原糖**(reducing sugar)，所有的单糖都是还原糖。

$$\text{单糖} \xrightarrow[\triangle]{\text{Tollens 试剂}} Ag\downarrow + \text{复杂的氧化产物}$$

$$\text{单糖} \xrightarrow[\triangle]{\text{Benedict 试剂}} Cu_2O\downarrow + \text{复杂的氧化产物}$$

(2) 与溴水反应　D-葡萄糖能被温和的氧化剂如溴水($pH=6.0$)氧化，生成D-葡萄糖酸并使溴水褪色，酮糖不发生此反应，故可用溴水区别醛糖和酮糖。

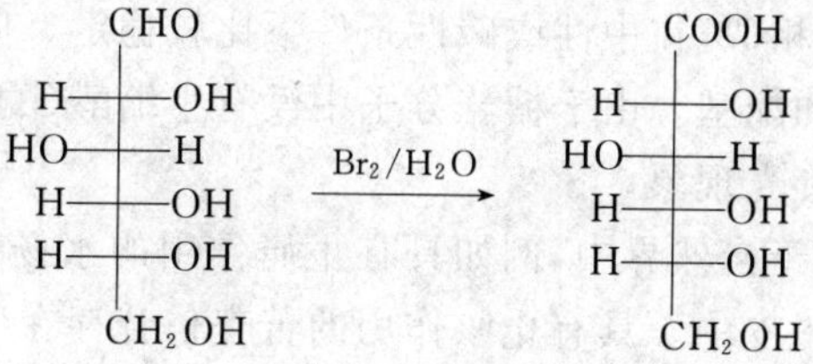

D-葡萄糖　　　　D-葡萄糖酸

(3) 与稀硝酸反应　D-葡萄糖与稀硝酸共热则被氧化生成D-葡萄糖二酸。

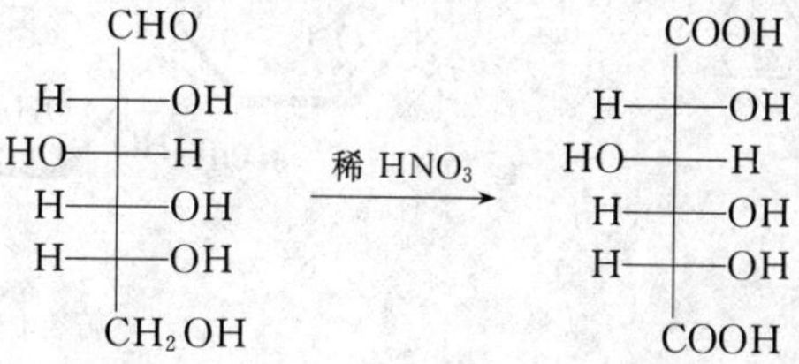

D-葡萄糖　　　　D-葡萄糖二酸

在生物体内酶催化下，D-葡萄糖的伯醇羟基被氧化，生成**D-葡萄糖醛酸**(glucuronic acid)。它在肝脏中与有毒物质醇、酚结合成无毒的糖苷类化合物排出体外，因此D-葡萄糖醛酸是肝脏的解毒剂之一。

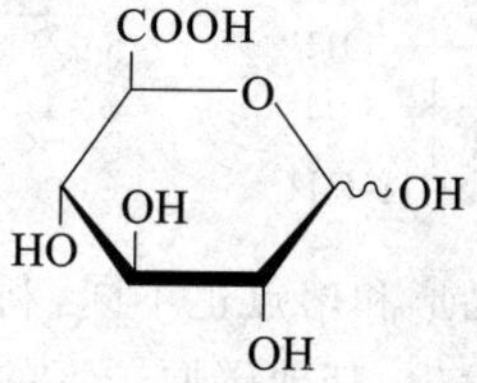

D-吡喃葡萄糖醛酸

4. 成苷反应

单糖环状结构中的半缩醛(酮)羟基易与含羟基、氨基、巯基等有活泼氢原子的化合物脱水，生成具有缩醛(酮)结构的**糖苷**(glycoside)，也称苷或配糖体，故常把此半缩醛(酮)羟基称为**苷羟基**。例如：

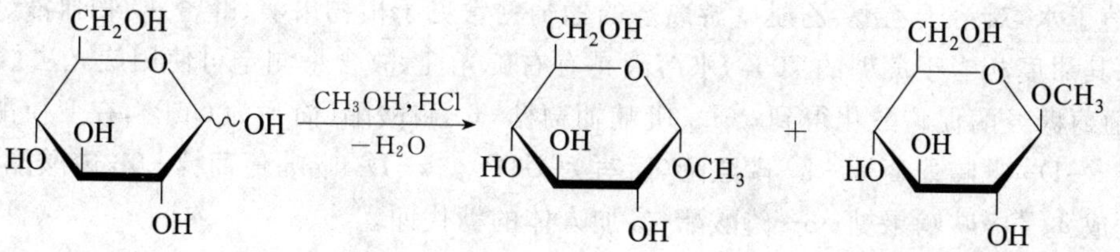

α-D-甲基吡喃葡萄糖苷　　β-D-甲基吡喃葡萄糖苷

糖苷由糖和非糖两部分组成。糖部分称为糖基，非糖部分称为配基或苷元。连接糖基与苷元之间的化学键称**糖苷键**(glucosidic bond)，与糖的α构型和β构型相对应的苷键也有α-苷键和β-苷键之分。根据苷键键合原子的不同，可分为氧苷键、氮苷键、硫苷键和碳苷键等。

糖苷的化学性质与缩醛相似，在中性或碱性条件下比较稳定。但在稀酸或酶的作用下，苷键容易水解，得到相应的糖基和配基。由于糖苷分子中没有半缩醛（酮）羟基，不能再转变成开链结构，因此糖苷无还原性和变旋光现象。

糖苷类化合物广泛存在于自然界中，例如具有止痛作用的水杨苷是 β-D-葡萄糖和水杨醇生成的苷，存在于白杨和柳树皮中。具有止咳作用的苦杏仁苷存在于苦杏仁及桃树根中，在体内被酶水解后，可放出 HCN，故有毒性。

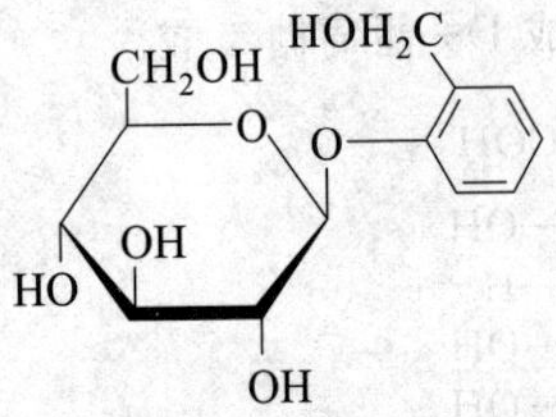

水杨苷

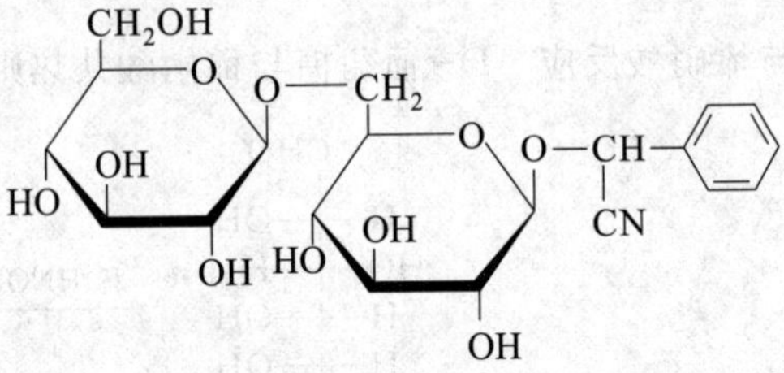

苦杏仁苷

5. 成脎反应

醛糖、酮糖与过量苯肼加热生成不溶于水的黄色二苯腙晶体，称为**糖脎**（osazone）。例如：

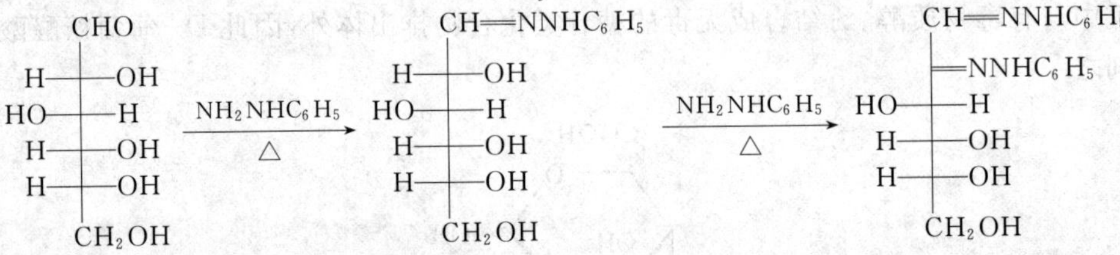

不同糖形成糖脎所需时间不等，晶形和熔点也不同，利用**成脎反应**可进行糖的定性鉴别。此外，成脎反应只在单糖的 C_1 和 C_2 上发生，其他碳原子上的基团不参与反应，因此 D-葡萄糖、D-果糖和 D-甘露糖与过量苯肼反应生成相同的糖脎。该反应对于化学方法测定糖的构型有一定作用。

14.1.5　重要的单糖及其衍生物

1. 葡萄糖

D-葡萄糖广泛存在于自然界，它是许多低聚糖、多糖及糖苷等的组成成分。葡萄糖为无色结晶，易溶于水，难溶于乙醇、乙醚。游离态的葡萄糖常见于植物果实、蜂蜜、动物血液、淋巴液及尿液中。其甜度相当于蔗糖的 70%，水溶液具有右旋光性，故含量测定可使用旋光法。

D-葡萄糖经酶促磷酸化得到 α-D-吡喃葡萄糖-6-磷酸酯（简写为 G6P），在变位酶作用下，可转化成 α-D-吡喃葡萄糖-1-磷酸酯（简写为 G1P）。α-D-吡喃葡萄糖-6-磷酸酯在异构酶作用下生成 α-D-呋喃果糖-6-磷酸酯，参加人体的糖代谢。

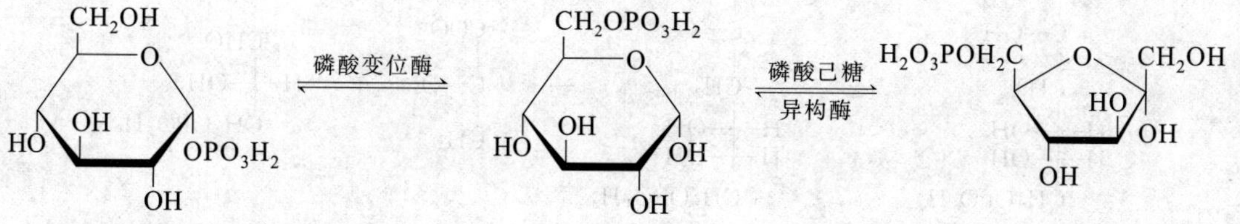

α-D-吡喃葡萄糖-1-磷酸酯　　α-D-吡喃葡萄糖-6-磷酸酯　　α-D-呋喃果糖-6-磷酸酯

人体血液中的葡萄糖称为**血糖**(blood sugar)，正常值为 3.3～5.9 mmol·L^{-1}(葡萄糖氧化酶法)，对维持血糖浓度的恒定具有重要生理意义。血糖过高时葡萄糖将随尿排出，故糖尿病患者尿糖含量比正常人高。

2. 果糖

D-果糖是自然界含量最丰富的己酮糖，以游离态广泛存在于水果和蜂蜜中，是最甜的单糖。某些植物如菊根粉中，含有 D-呋喃果糖的聚合物，称为**菊糖**(inulin)，相对分子质量 5000 左右，由静脉注入体内的菊糖不被消化分解，将完全从肾脏排出，故菊糖清除实验在临床上用于肾功能测定。

6-磷酸果糖、1,6-二磷酸果糖是糖代谢中的重要中间体。1,6-二磷酸果糖在酶的作用下可生成 3-磷酸甘油醛和磷酸二羟基丙酮。人体内在醛缩酶的催化下，该反应是可逆的，即己糖可转化为丙糖，丙糖也可以转化为己糖。

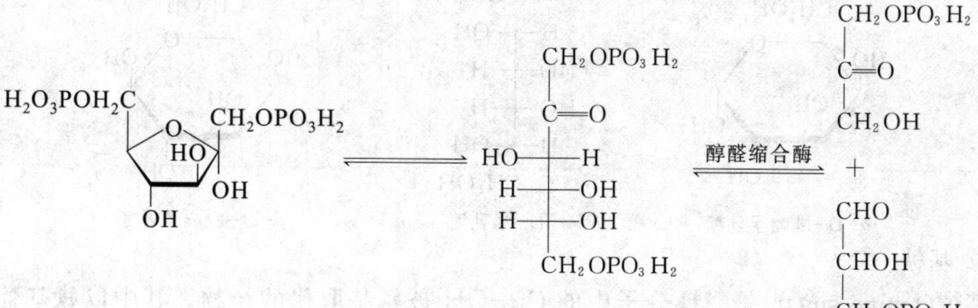

问题 14.3　在某些情况下，葡萄糖可按下述过程转化成丙酮酸，请说明其中各步反应的名称。

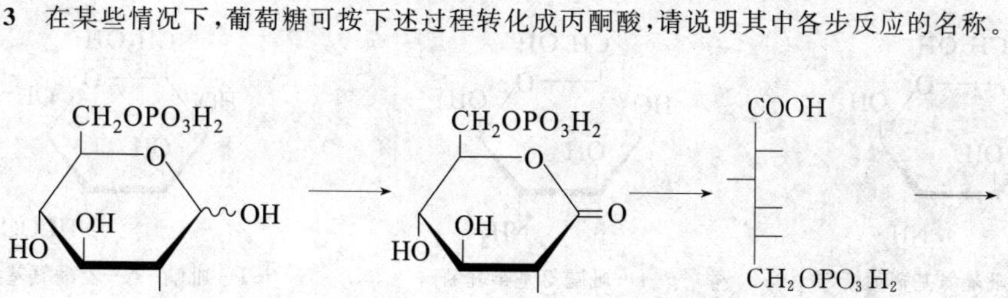

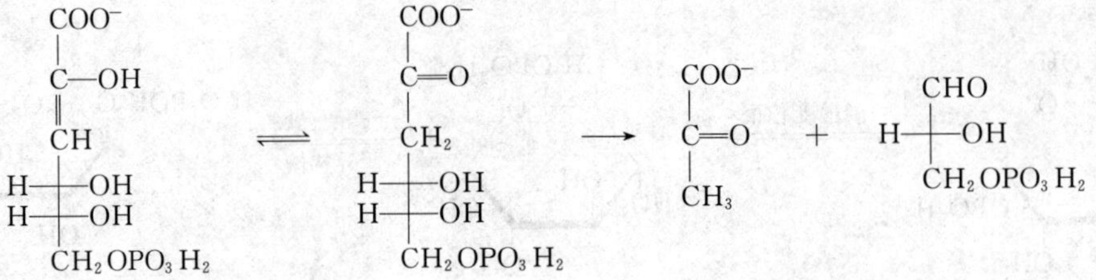

3. D-核糖和D-脱氧核糖

D-核糖(ribose)和**D-脱氧核糖**(deoxyribose)是核糖核酸和脱氧核糖核酸的重要组分,也存在于某些酶和维生素中,是生物体内最重要的戊醛糖。通常结合态的戊醛糖以β-D-呋喃糖形式存在。

β-D-呋喃核糖 β-D-呋喃脱氧核糖

4. D-半乳糖

半乳糖(galactose)是许多低聚糖和多糖的重要组分,例如,哺乳动物乳汁中的乳糖就是半乳糖和葡萄糖结合生成的二糖;脑苷脂以及多种糖蛋白中也含有半乳糖。

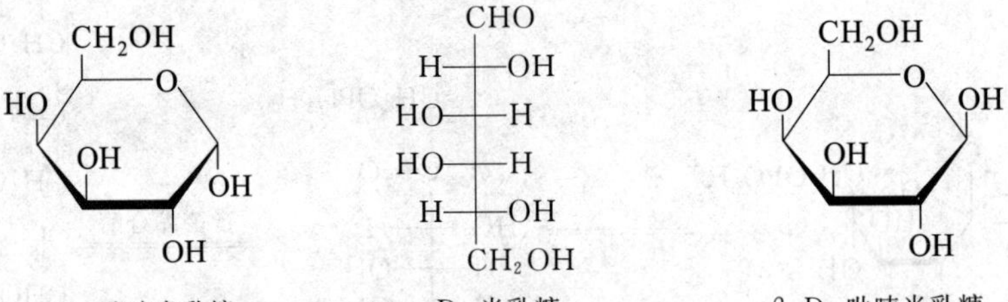

α-D-吡喃半乳糖 D-半乳糖 β-D-吡喃半乳糖

5. 氨基糖

氨基糖(amino sugar)是醛糖分子中的 C_2—OH 被氨基取代的产物。其中以氨基葡萄糖和氨基半乳糖最常见,其 Haworth 式如下:

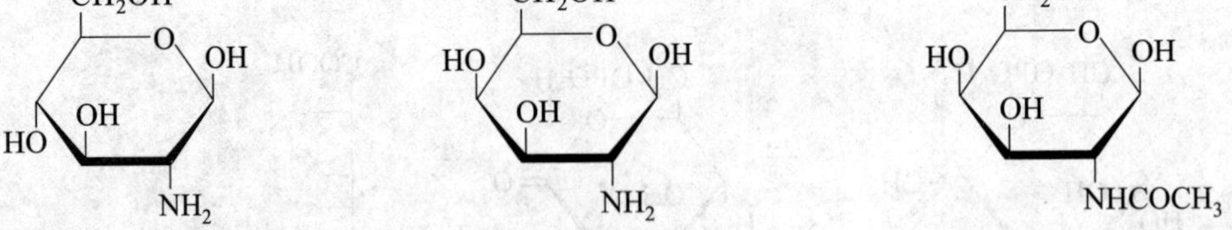

β-D-吡喃氨基葡萄糖 β-D-吡喃氨基半乳糖 β-D-吡喃-*N*-乙酰氨基半乳糖

氨基糖以及 *N*-乙酰氨基己糖[*N*-乙酰氨基葡萄糖(Glc*N*Ac)、*N*-乙酰氨基半乳糖(Gal*N*Ac)]常以结合态存在于糖蛋白及蛋白多糖中。海洋中的许多甲壳动物和陆地上的许多昆虫外壳的主要成分之一是甲壳素,它就是 *N*-乙酰氨基葡萄糖的聚合物。庆大霉素、链霉素等是临床上使用的一类重要的氨基糖苷类抗生素药物。游离的 D-氨基半乳糖可引起肝细胞损害,常用于实验性肝损伤动物模型的研究。

6. 维生素C

维生素C(vitamin C)并不是糖,但在工业上它可由葡萄糖合成,从结构上看,它是一个L-不饱和糖酸的内酯,常看作单糖的衍生物。

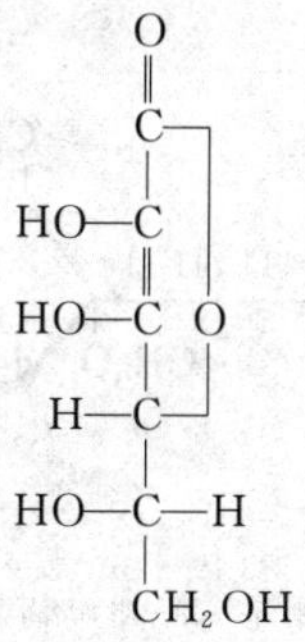

维生素C可溶于水,$[\alpha]_D^t = +21(°)\cdot dm^2\cdot kg^{-1}$,因具有双烯醇结构而显酸性。维生素C大量存在于新鲜蔬菜和水果中,尤以柠檬、橘子、番茄中含量最多。它有防坏血病的功能,所以又叫抗坏血酸。维生素C极易被氧化成去氢抗坏血酸,所以是一种很强的还原剂和自由基清除剂。

14.2 低 聚 糖

低聚糖又称寡糖,由2~10个单糖分子缩合而成,按照水解生成单糖分子的数目,寡糖又可分为二糖、三糖等,以二糖最为常见。此外,糖蛋白、糖脂和血型物质等都含有某些低聚糖链,它们具有重要的生理作用。

14.2.1 重要的二糖

二糖是两分子单糖脱水生成的糖苷。脱水的方式有两种:一分子单糖的半缩醛羟基与另一分子单糖的醇羟基脱水,生成的二糖仍保留一个半缩醛羟基。此糖能生成糖脎,具有还原性和变旋光现象,称为**还原性二糖**,如麦芽糖、乳糖等。若由两分子单糖的半缩醛羟基脱水,生成的二糖结构中无半缩醛羟基,因而不能生成糖脎,也无还原性和变旋光现象,称为**非还原性二糖**,如蔗糖等。

1. 麦芽糖

麦芽糖(maltose)是饴糖的主要成分,可由淀粉经淀粉酶水解制得。在植物的花粉及花蜜中也含麦芽糖。

用专一性水解α-糖苷键的**麦芽糖酶**(maltase)水解(+)-麦芽糖,则生成两分子D-葡萄糖,说明了麦芽糖是以α-苷键结合的。利用溴水氧化(+)-麦芽糖生成麦芽糖酸,该酸用硫酸二甲酯$[(CH_3)_2SO_4]$和NaOH处理,环上的羟基都转变成醚的结构(即羟基被隐蔽),再用酸水解得到2,3,4,6-四-*O*-甲基-D-吡喃葡萄糖和2,3,5,6-四-*O*-甲基-D-葡萄糖酸。其反应过程如下:

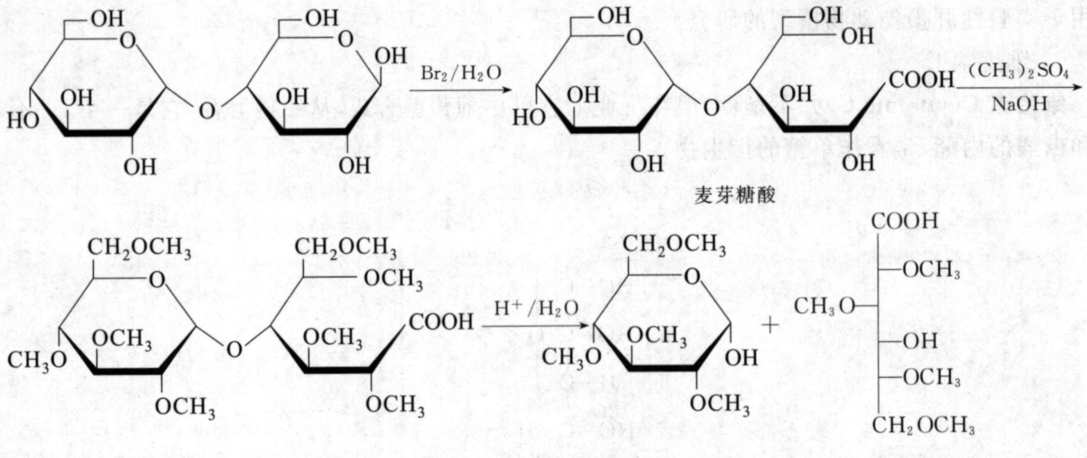

2,3,4,6-四-*O*-甲基-D-吡喃葡萄糖　　2,3,5,6-四-*O*-甲基-D-葡萄糖酸

上述结果说明(+)-麦芽糖是由一分子 α-D-(+)-吡喃葡萄糖 C_1—OH 与另一分子 D-(+)-吡喃葡萄糖 C_4—OH 脱水通过 α-1,4-苷键生成的，结构中仍保留着一个半缩醛羟基，因此麦芽糖是还原性二糖。它有 α 和 β 两种构型之间的互变异构平衡体系，其水溶液具有变旋光现象。麦芽糖的结构式如下：

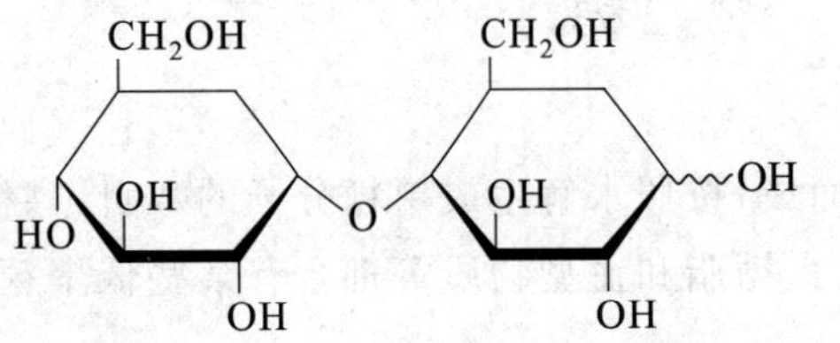

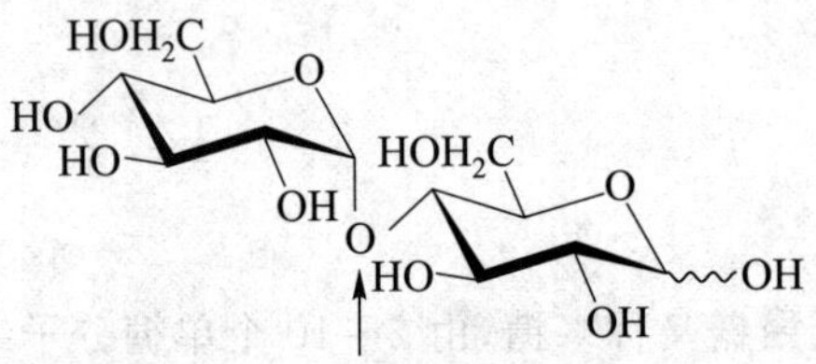

α-1,4-苷键

α-(+)-麦芽糖

麦芽糖甜度约为葡萄糖的 40%，可用作营养剂和培养基。

2. 乳糖

乳糖(lactose)存在于哺乳动物的乳汁中，人乳中含 5%～8%，牛奶中含 4%～6%。乳糖用**苦杏仁酶**(专一水解 β-糖苷键的糖苷酶)水解时，生成等量的 D-葡萄糖和 D-半乳糖。通过类似麦芽糖的氧化、甲基化和水解反应得知，乳糖是由 β-D-吡喃半乳糖的半缩醛羟基与 α-D-吡喃葡萄糖 C_4—OH 脱水生成的二糖，该糖苷键称为 β-1,4-苷键。由于乳糖分子中葡萄糖部分仍保留着半缩醛羟基，所以乳糖也是还原性二糖，其水溶液存在变旋光现象。乳糖的结构式如下：

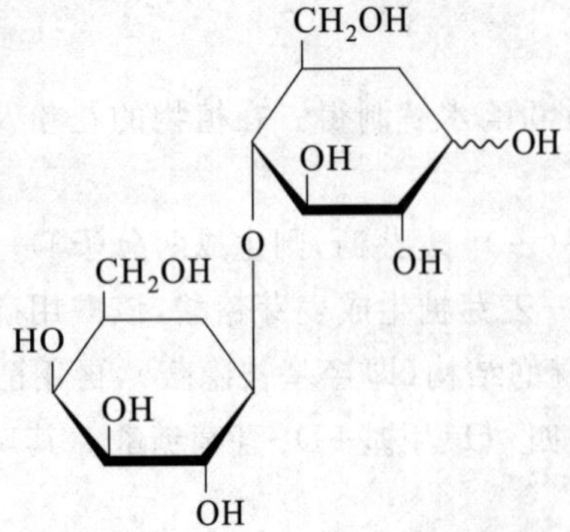

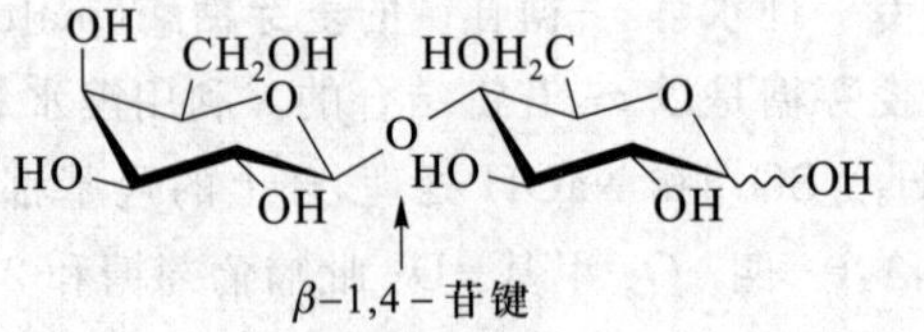

β-1,4-苷键

β-(+)-乳糖

乳糖因来源较少，甜味弱，一般不作营养品。在制药工业中，常利用其吸湿性小的特点作为药物的稀释剂以配制片剂及散剂。

3. 纤维二糖

纤维二糖(cellobiose)是纤维素部分水解的产物，广泛存在于各种植物中。纤维二糖由两分子葡萄糖经 β-1,4-苷键结合而成。由于人体内缺乏水解 β-1,4-苷键的酶，所以纤维二糖不能为人体消化吸收。

纤维二糖为白色晶体，熔点 225 ℃，可溶于水，分子中有半缩醛羟基，是还原性二糖。固态纤维二糖是 β 型，其结构如下所示：

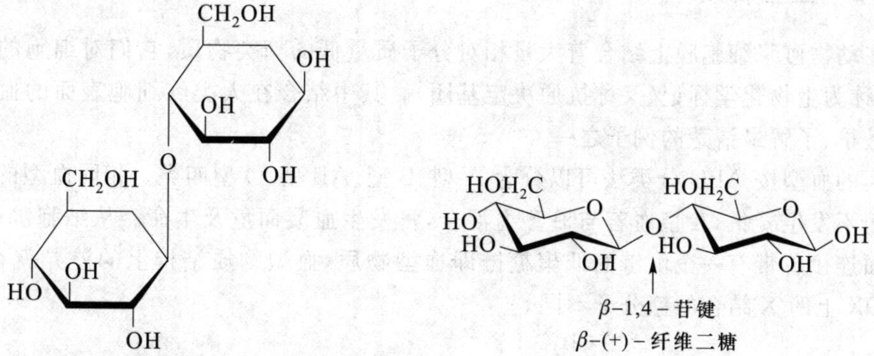

β-(+)-纤维二糖

4. 蔗糖

蔗糖(sucrose)是植物中分布最广的二糖，在甘蔗和甜菜中含量较高，是日常生活和工业上使用最多的甜味剂。纯蔗糖为无色晶体，易溶于水，难溶于乙醇和乙醚。蔗糖$[\alpha]_D^t$为$+66.5(°)\cdot dm^2\cdot kg^{-1}$，工业上用旋光法测定蔗糖纯度。

蔗糖分子式为 $C_{12}H_{22}O_{11}$，它是由葡萄糖和果糖通过 α-1,2-或 β-2,1-糖苷键连接而成的二糖。其结构式如下：

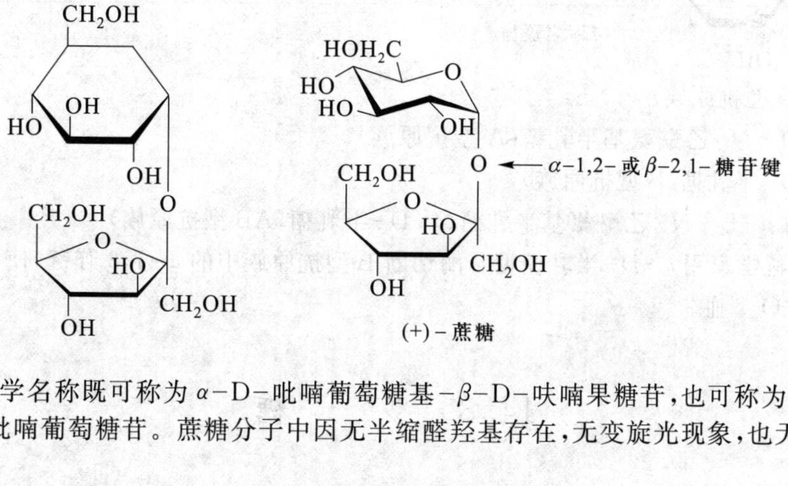

(+)-蔗糖

蔗糖的化学名称既可称为 α-D-吡喃葡萄糖基-β-D-呋喃果糖苷，也可称为 β-D-呋喃果糖基-α-D-吡喃葡萄糖苷。蔗糖分子中因无半缩醛羟基存在，无变旋光现象，也无还原性，是非还原性二糖。

蔗糖是右旋糖，水解生成等分子数的葡萄糖和果糖混合物，$[\alpha]_D^t$为$-19.75(°)\cdot dm^2\cdot kg^{-1}$，与水解前的旋光方向相反。因此，工业上把蔗糖的水解称为转化，产物称为**转化糖**(invert sugar)。蜂蜜中含有大量的转化糖，它比单独的葡萄糖和蔗糖更甜。

$$\underset{\text{D-蔗糖}}{C_{12}H_{22}O_{11}} + H_2O \xrightarrow{\text{转化酶}} \underset{\text{D-葡萄糖}}{C_6H_{12}O_6} + \underset{\text{D-果糖}}{C_6H_{12}O_6}$$

$[\alpha]_D^t=+66.7(^\circ)\cdot dm^2\cdot kg^{-1}$　　$[\alpha]_D^t=+52.5(^\circ)\cdot dm^2\cdot kg^{-1}$　　$[\alpha]_D^t=-92(^\circ)\cdot dm^2\cdot kg^{-1}$

转化糖

$[\alpha]_D^t=-19.75(^\circ)\cdot dm^2\cdot kg^{-1}$

14.2.2 血型物质

在动物血浆细胞膜上结合着大量相对分子质量低的糖类物质，它们对细胞的识别起重要作用，被称为生物化学标记（又称抗原决定基团）。其中结合在人类红细胞表面的血型物质是人们研究最早、了解最清楚的例子之一。

人的血型按ABO分类法可以分为A型、B型、AB型、O型四类。相同血型的血液可以互相混合而不发生凝集，A型血若与B型血混合，将发生血凝而危及生命。从细胞水平上来看，红细胞表面连接着带有一个侧链的低聚糖链即**血型物质**，血型物质结构上的差异就在于α-半乳糖C_3—OX上的X结合的糖分子不同。

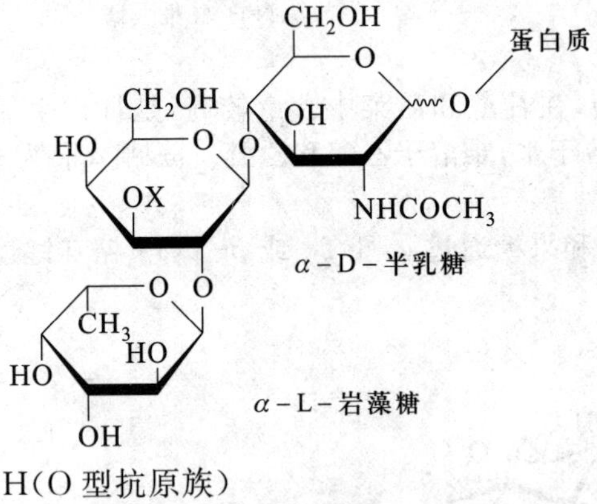

α-D-半乳糖　α-D-N-乙酰氨基-葡萄糖　α-L-岩藻糖

X = H（O型抗原族）

X = α-D-*N*-乙酰氨基半乳糖（A型抗原族）

X = α-D-半乳糖（B型抗原族）

X = 兼有α-D-*N*-乙酰氨基半乳糖、α-D-半乳糖（AB型抗原族）

目前已有科学家用α-D-半乳糖糖苷酶切断B型抗原族中的α-1,3苷键，使B型血改造成应用更广泛的O型血。

14.3 多 糖

多糖是一类天然高分子化合物，在稀酸或酶催化下水解得到一系列中间产物，最终得到单糖或单糖的衍生物。完全水解后，只能得到一种单糖的多糖称为匀多糖，如淀粉、糖原、纤维素等；完全水解后，得到两种或两种以上不同单糖及其单糖衍生物的多糖称为杂多糖，如透明质酸、肝素等。

多糖在性质上与单糖和低聚糖有很大差别。多糖一般无固定熔点，难溶于水，少数能在水中形成胶体溶液,一般无甜味和变旋光现象。

14.3.1 淀粉

淀粉(starch)广泛分布于自然界,是人类获取糖类的主要源泉,也是重要的工业原料。淀粉是白色无定形粉末。天然淀粉可分为**直链淀粉**(amylose)和**支链淀粉**(amylopectin)两种,其比例随植物品种不同而改变,但两种淀粉水解的最终产物其结构单位都是D-葡萄糖。

1. 直链淀粉

直链淀粉存在于淀粉的内层,不易溶于冷水,在热水中有一定的溶解度。通常由250～300个D-葡萄糖以α-1,4-苷键连接而成,呈线形直链,支链很少。由于α-1,4-苷键的氧原子有一定的键角,因此直链淀粉的链状分子具有规则的螺旋状空间排列,每一周螺旋约含6个葡萄糖单位,如图14.1所示。直链淀粉遇碘的碘化钾溶液显蓝色,就是由于直链淀粉的螺旋状结构的空穴恰好适合I_3^-嵌入,二者借助分子间力结合形成了蓝色配合物。

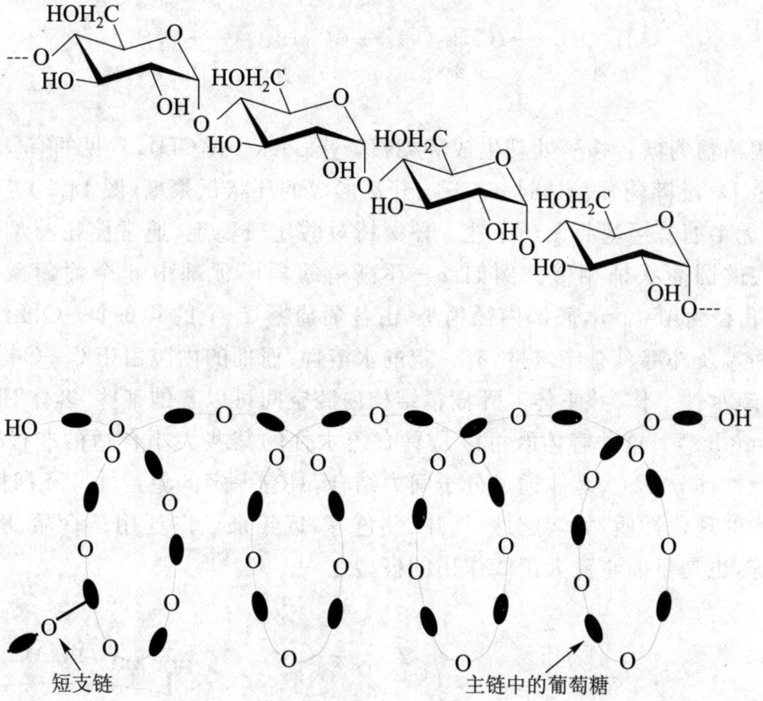

图14.1　直链淀粉的螺旋状结构

2. 支链淀粉

支链淀粉又称胶淀粉,存在于淀粉外层,组成淀粉的皮质。支链淀粉不溶于冷、热水,但可膨胀成糊状。其相对分子质量因来源不同而异,含6,000～40,000个D-葡萄糖单位。在支链淀粉中,由20～25个葡萄糖单位以α-1,4-苷键结合成短支链,这些支链再通过α-1,6-苷键与主链相连,从而形成多分支链状结构,见图14.2。

支链淀粉遇碘呈紫红色。

淀粉在酸催化下逐步水解,先生成糊精、麦芽糖,完全水解产物为D-葡萄糖。在体内,淀粉

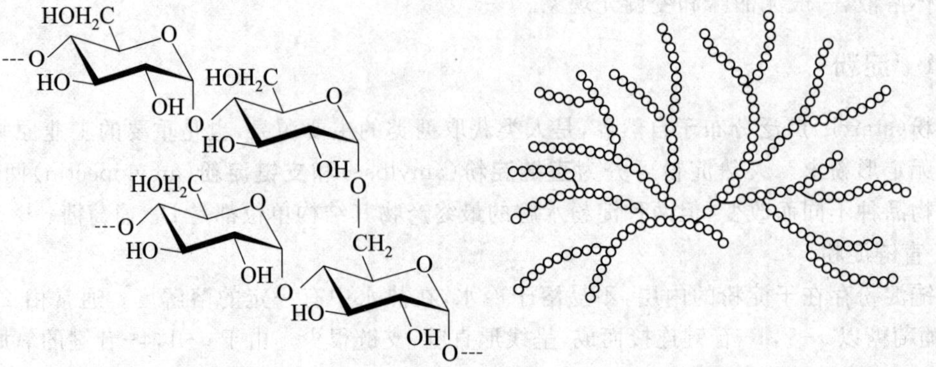

图 14.2 支链淀粉的分支链状结构

先经淀粉酶催化水解成麦芽糖，后者再经麦芽糖酶催化水解成葡萄糖供机体利用。

$$\underset{\text{淀粉}}{(C_6H_{10}O_5)_n} \longrightarrow \underset{\text{糊精}}{(C_6H_{10}O_5)_m} \longrightarrow \underset{\text{麦芽糖}}{C_{12}H_{22}O_{11}} \longrightarrow \underset{\text{葡萄糖}}{C_6H_{12}O_6}$$

3. 环糊精

淀粉经环糊精葡萄糖转移酶处理生成**环糊精**(cyclodextrin，CD)，常见的有 α、β、γ 三种，它们分别是 6、7、8 个 D-吡喃葡萄糖通过 α-1，4-苷键形成的环状低聚糖(图 14.3)。环糊精为晶体，具有旋光性，因无半缩醛羟基而无还原性。环糊精对酸比较稳定，通常淀粉酶难以将它水解，其分子形状与无底的圆筒状桶相似。例如：α-环糊精的桶形顶部由 6 个葡萄糖 C_2、C_3 上的 12 个—OH 组成，孔径为 450 pm，底部内径稍小，由各葡萄糖 C_6 上的共 6 个—OH 组成。上述结构使环糊精入口两端及外部具有亲水性，有一定的水溶性；而桶的内腔由于 C—C 键、C—H 键和糖苷键存在，具有疏水性。作为“主体”，环糊精结构内腔空间可以容纳某些“客体”形成**环糊精包合物**(inclusion complex)。这些客体既可以是具有疏水性的某些大小合适的非极性分子，也可以是分子中的非极性部分。主、客体通过分子间力结合，具有一定的稳定性。环糊精包合物可改变被包合的化合物的理化性质，如溶解性、气味、颜色等，近年来已广泛用于食品、医药、农药、化妆品及化学分析等，也是目前研究人工酶作用的模型之一。

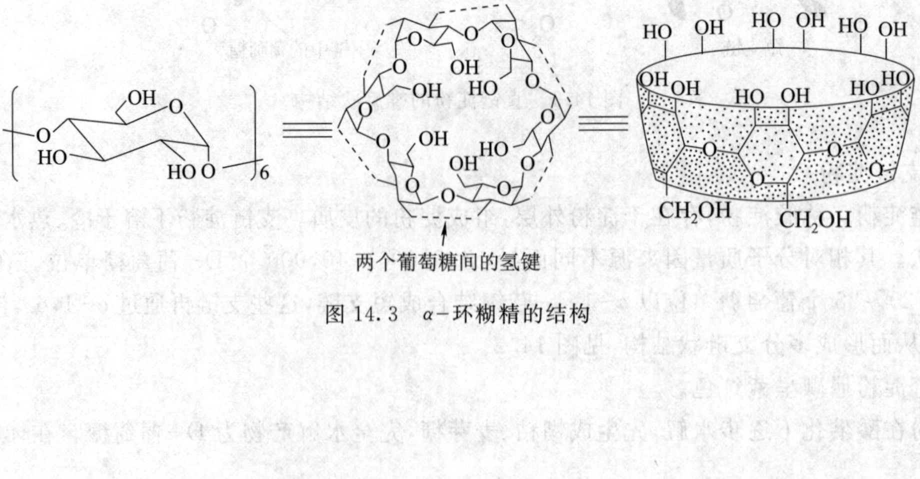

图 14.3 α-环糊精的结构

14.3.2 糖原

糖原(glycogen)是人和动物体内储存的多糖,主要存在于肝脏和肌肉中,有肝糖原和肌糖原之分。糖原是人体活动所需能量的主要来源,糖原的合成与分解是糖代谢的重要内容。

糖原的结构与支链淀粉相似,也由 D-葡萄糖通过 α-1,4-苷键结合形成直链,又以 α-1,6-苷键连接形成分支,但分支程度更高,支链更多、更短,每条短支链含 12～18 个葡萄糖单位。糖原相对分子质量为 10^5～10^7,由数万个葡萄糖组成,属于高分子多分支多糖,糖原的结构如图 14.4 所示。

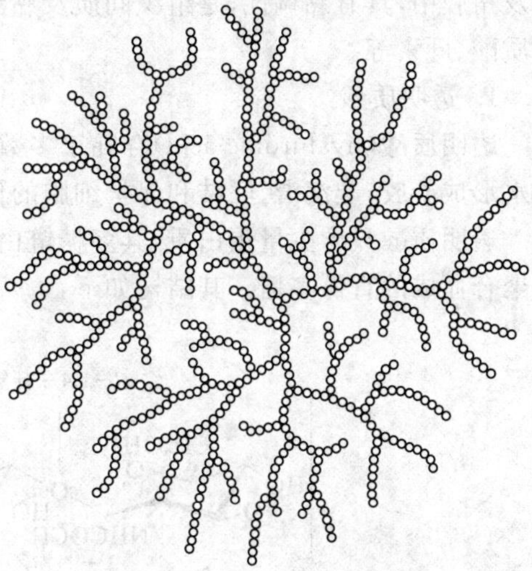

图 14.4 糖原的分支状结构

每个糖原分子只有一个还原端,糖原的多分支结构不仅增大了糖原的水溶性,而且增加了非还原端的数目。糖原的合成与分解都是由非还原端开始的。

14.3.3 纤维素

纤维素(cellulose)是自然界分布最广,存在量最多的一种多糖。它构成所有活的植物细胞壁中的纤维组织。棉花中含纤维素约 98%,木材含纤维素约 50%。

组成纤维素的结构单位是 D-葡萄糖。它们之间通过 β-1,4-苷键连接成长直链,一般无支链。借助羟基的分子间氢键相互作用,各条纤维素的直链互相平行成束状,进一步绞扭成绳索状。

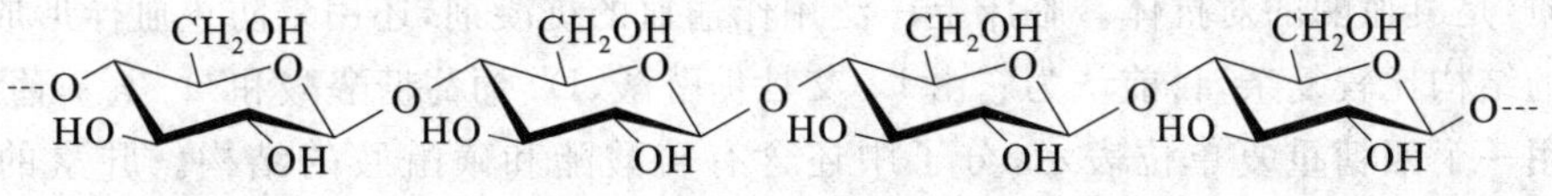

天然纤维素由 8000～10000 个葡萄糖单位组成,相对分子质量为 2.5×10^5～10^6。通常为白色微晶形,不溶于水,无还原性。在稀酸中水解,可得纤维二糖。在高温、高压下水解最终得到 D-葡萄糖。

由于人体内缺乏切断 β-1,4-苷键的酶,所以不能将纤维素分解为葡萄糖而被利用。但它具有刺激胃肠蠕动,促进排便及保持胃肠道微生物平衡等作用。

纤维素是重要的工业原料,除用于纺织、造纸外,还可用来生产火药、人造丝、玻璃纸、电影胶片等。

14.3.4 右旋糖酐

右旋糖酐(dextran)是蔗糖发酵生产的 D-葡萄糖聚合物,具有黏性和强右旋光性,故称右旋糖酐。临床上用的右旋糖酐是由 400～500 个葡萄糖单位,通过 α-1,6-苷键连接而成。因具有提高血浆渗透压、改善微循环等作用,可代血浆用于外伤性出血、损伤等补充血容量。

14.3.5 蛋白多糖

蛋白多糖(proteoglycan)又称**黏多糖**(mucopolysaccharide),是一类由多糖链和蛋白质以共价键组成的大分子,其多糖链中含有氨基糖或其衍生物,作为结构成分广泛分布在软骨、结缔组织及角膜中,具有黏稠性,是组织间质及黏液的重要组分,具有多种功能。重要的蛋白多糖有透明质酸、肝素等。

1. 透明质酸

透明质酸(hyaluronic acid)存在于多数结缔组织、眼球玻璃体、关节液和皮肤中。透明质酸与水形成凝胶,起润滑、联结和保护细胞的作用。

透明质酸只含少量蛋白质,其多糖链由 N-乙酰氨基葡萄糖和 D-葡萄糖醛酸组成的二糖单位聚合而成的直链多糖。其结构如下:

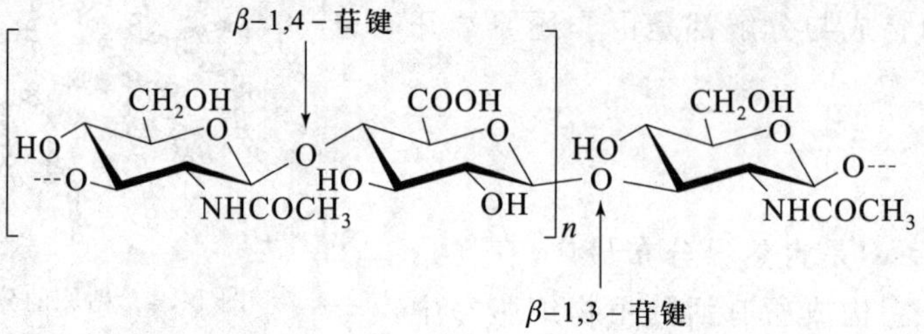

2. 肝素

肝素(heparin)最先是从心脏及肝组织中提取出来的,因肝内含量高而得名。它广泛分布于哺乳动物的肺、肌肉及肠黏膜中。肝素是细胞膜的重要成分,在细胞识别中起重要作用。商品肝素可从牛肺和猪小肠黏膜中提取,相对分子质量在 10000～15000。肝素是人和动物体内的天然抗血凝物质,是凝血酶的对抗体。临床上广泛用作输血的抗凝剂,还用来防止血栓形成。

肝素的结构比较复杂,目前认为它由 L-艾杜糖醛酸、D-葡萄糖醛酸和 D-氨基葡萄糖组成,其结构可用一个四糖重复单位表示,分子中还含有硫酸酯和磺酰胺的结构。肝素的可能结构如下:

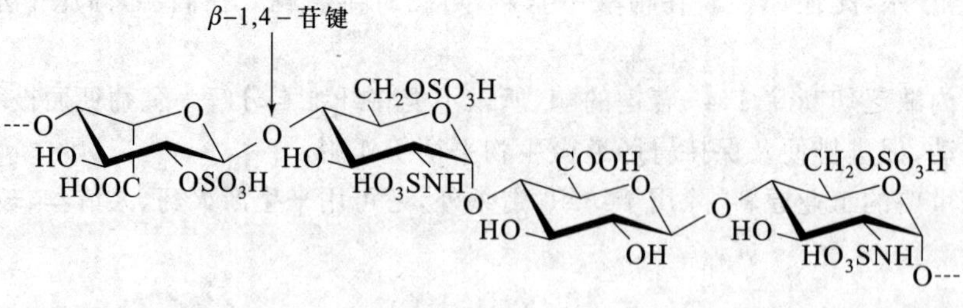

阅读材料

糖生物工程

糖生物学(glycobiology)是以糖链为“生物信息分子”的水平上阐明多细胞生物的高层次生命现象的一门科学。它是20世纪90年代生物化学中一个新的发展领域。研究糖生物学的方法论和基本技术,以及把基础研究获得的知识进一步转化为生产技术等,称为“糖工程”(glycotechnology)。两者结合起来则称为“糖科学与糖技术”(glycoscience and glycotechnology)。1998年提出了“糖生物工程”(glycobiotechnology)的概念。

1990年11月,3个不同的研究小组几乎同时发现血管内皮细胞–白细胞黏附分子1[ELAM–1,后改称E–选择素(E–selectin)],这种分子能识别白细胞表面的四聚糖唾液酸Lewis X(SLe^x,一种血型抗原)。当组织受到损伤或感染时,白细胞与内皮细胞黏附,它们沿壁滚动,最终穿过血管壁进入受损组织以杀灭入侵病原物,而过多的白细胞渗出则会引起炎症及自身免疫疾病(如类风湿)等。这是首次在人体中确证糖结合蛋白E–选择素、P–选择素和L–选择素等家族成员与寡糖SLe^x(也包括SLe^a)之间的识别功能。更使人吃惊的是发现肺癌和大肠癌细胞表面也存在SLe^x或SLe^a,当进入血液循环的肺癌和大肠癌细胞也可能借类似上述机制渗出血管,成为实现转移过程中的一个重要环节。这些发现被称为糖生物学中的一场革命。

这场革命引发了一场制备抗炎和抗癌药物的大竞赛,美国Scripps研究所的华裔科学家王启辉(Chi—Huey Wong)在这场竞赛中有突出贡献。他首先用三种不同的糖基转移酶合成了SLe^x,当时推算该四聚糖价格为每千克20亿美元。由于王启辉不仅成功合成了SLe^x,而且产量还达到了100 g,因此使价格降低了3～4个数量级。这种产品已由Cytel公司生产。

现已确证糖链作为信息分子在保持受精、发育、分化、神经系统、免疫系统处于恒态方面起着重要作用,在炎症及自身免疫疾病、老化、癌细胞异常增殖及转移、病原体感染、植物与病原菌相互作用、豆科植物与根瘤菌共生过程中都涉及糖链的介导。在此基础上,新兴的糖生物学正处在蓬勃发展的起点,前程远大。糖生物学涉及生物学科的多个领域,如分子生物学、细胞生物学、病理学、免疫学、神经生物学等,而糖生物学研究的发展又会促进这些学科的发展。21世纪的生命科学研究将是多细胞生物学过程的高层次生命现象的解释,因此对生物体内介导识别和调控生物学过程的信息分子——糖的研究是必不可少的。

习 题

1. 根据下列化合物的结构式:

A. 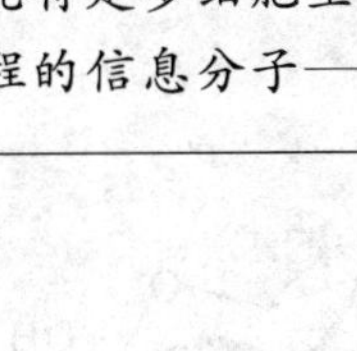

B. 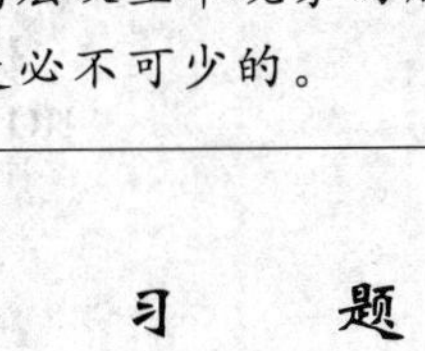

C.

D. 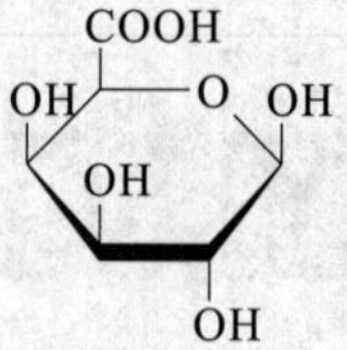

E. 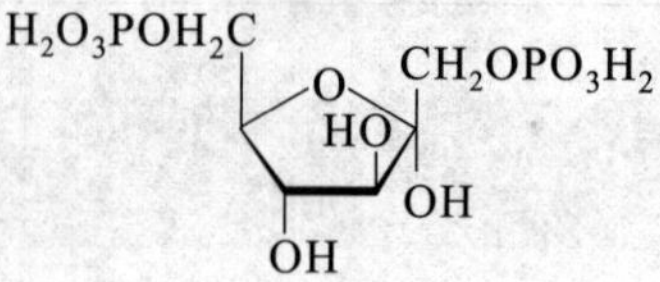

(1) 写出各化合物的名称；

(2) 指出各化合物有无还原性和变旋光现象；

(3) 指出各化合物能否水解，水解产物有无还原性？

2. 根据下列四个单糖的结构式：

A. 

B. 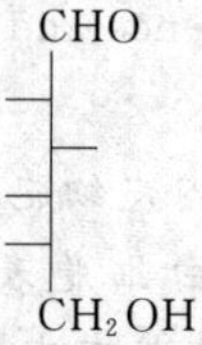

C. 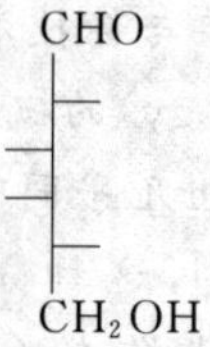

D. 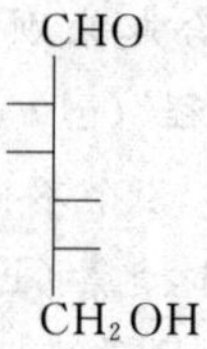

(1) 写出构型与名称；

(2) 哪些互为对映体？

(3) 哪些互为非对映体？

(4) 哪些互为差向异构体？

3. 写出 D-半乳糖与下列试剂的反应产物。

(1) 稀 HNO_3　　(2) Br_2/H_2O　　(3) CH_3OH＋HCl(干燥)

(4) $NaBH_4$　　(5) 苯肼(过量)

4. 用反应式表示甘露糖变旋光现象的过程。

5. 用化学方法区别下列化合物。

(1) 葡萄糖、果糖、甲基葡萄糖苷

(2) 葡萄糖、蔗糖、淀粉

(3) 麦芽糖、纤维素、淀粉

6. 某己醛糖是 D-葡萄糖差向异构体，用硝酸氧化生成内消旋糖二酸，试推导该己醛糖的结构式。

7. 指出下述各个二糖中，糖苷键的类型。

(1) 纤维二糖

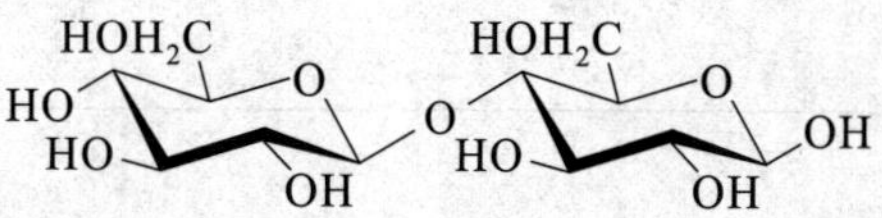

(2) 龙胆二糖

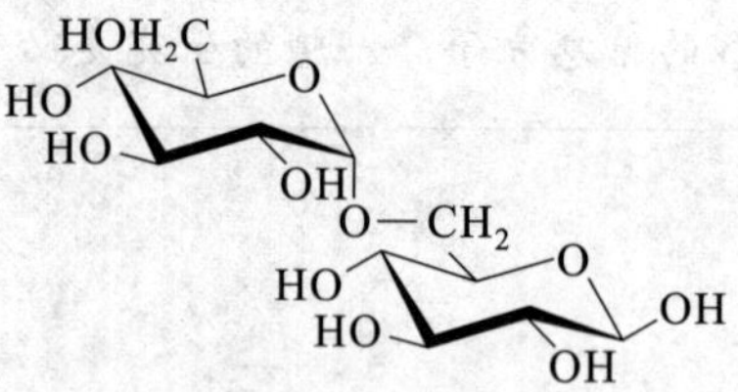

(3) 异麦芽二糖

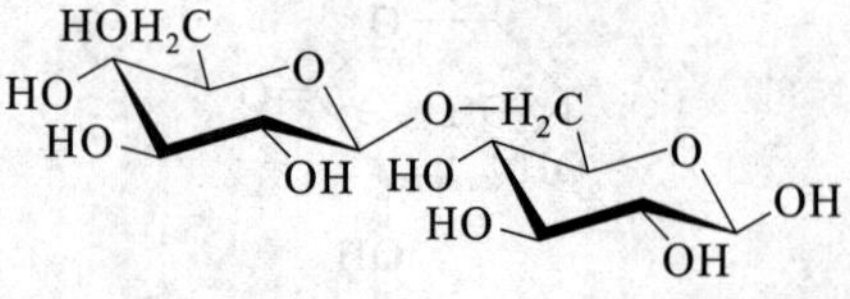

(4) 海带二糖

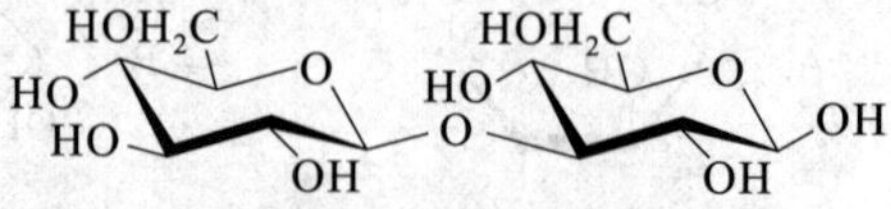

8. 化合物 A($C_9H_{18}O_6$)无还原性,经水解生成化合物 B 和 C。B($C_6H_{12}O_6$)有还原性,可被溴水氧化,与葡萄糖生成相同的脎。C(C_3H_8O)可发生碘仿反应。试写出 A,B,C 的结构式。

(贵阳医学院 徐红)

第 15 章　蛋白质和核酸

蛋白质、核酸都是存在于生物体内重要的生物大分子，是生命现象的物质基础和生命活动的实现者，也是构成人体肌肉、皮肤、毛发的基本物质。生物体内起催化作用的酶，调节机体代谢的一些激素，发生免疫反应的抗体等的主要成分均为蛋白质。核酸在细胞内主要与蛋白质结合形成核蛋白。它控制生物体的生长、发育、代谢、繁殖、遗传和变异等生命活动现象。

蛋白质可以被酸、碱或酶催化水解，在水解过程中，蛋白质分子逐渐降解成相对分子质量较小的肽链，直到最终成为氨基酸混合物。肽和蛋白质的生物学功能与构成肽和蛋白质的氨基酸种类、数量、排列顺序及其形成的空间结构密切相关。核酸是由许多核苷酸聚合而成，是充当传递生物体遗传信息的化学使者。

本章主要介绍肽、蛋白质和核酸的化学基本知识，为肽、蛋白质和核酸的深入学习打下基础。

15.1　肽

15.1.1　肽的结构和命名

1. 肽的结构

肽(peptide)是氨基酸分子之间通过脱水形成的酰胺键相连而成的一类化合物，分子中的酰胺键又称为**肽键**(peptide bond)。一分子氨基酸中的羧基与另一分子氨基酸分子的氨基脱去一分子水生成的化合物称为**二肽**(dipeptide)，3 个氨基酸缩合而成的肽称为三肽，不超过 10 个氨基酸生成的肽称为**寡肽**(oligopeptide)或低聚肽，10 个以上氨基酸生成的肽称为**多肽**(poly peptide)。多肽大分子的两端中，含自由氨基的一端称为肽的 **N 端**，含自由羧基的一端称为肽的 **C 端**。通常写它的结构式时，N 端写在左边，C 端写在右边。多肽分子在生理条件下也以两性离子的形式存在。多肽的基本骨架表示如下：

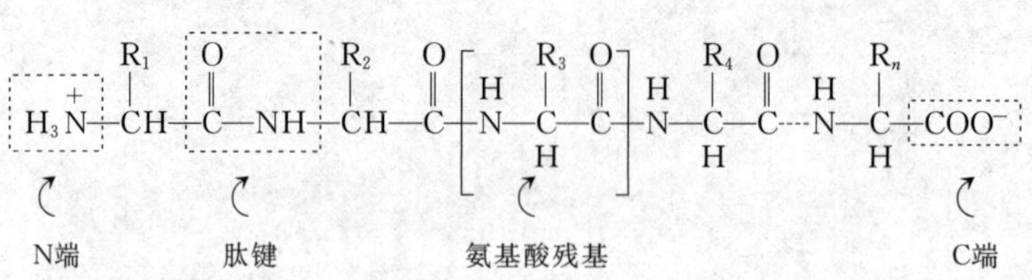

由于肽分子中的氨基酸通过脱水后形成肽链，在分子中已无完整的氨基酸，所以肽链中的氨基酸又称为**氨基酸残基**(amino acid residue)。

两个不同的氨基酸形成二肽时，有两种不同结构(或连接方式)，随着形成肽的氨基酸数目增多，连接方式也随之增多，如三肽可能有 6 种，四肽有 24 种，n 肽就有 n! 种。因此氨基酸按不同的顺序排列就可形成大量的异构体，构成自然界中种类繁多的多肽和蛋白质。

2. 肽的命名

肽的命名是以含C端的氨基酸为母体，从N端开始，依次将每个氨基酸残基写为某氨酰，处于C端的氨基酸保留原名，称为某氨酰某氨酸。例如：

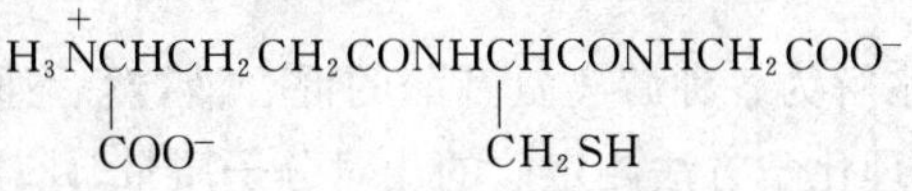

γ-谷氨酰半胱氨酰甘氨酸

也可用简写式表示，即按从N端到C端的顺序，将组成肽链的各种氨基酸的英文缩写、单字符号或中文缩写写到一起，氨基酸之间用"-"连接。例如上述四肽可命名为γ-Glu-Cys-Gly，γ-E-C-G或γ-谷-半胱-甘。

问题 15.1 命名该化合物。

15.1.2 肽键平面

肽分子中构成肽链的基本化学键是肽键，肽键与相邻的两个α-碳原子所组成的基团（—C_α—CO—NH—C_α—）称为肽单元。肽链是由许多肽单元连接而成，是构成多肽链的主链骨架。研究表明：肽单元是共平面的，即组成肽单元的6个原子位于同一平面内，这个平面称为**肽键平面**(peptide linkage plane)，如图15.1所示(3个平面)。肽键中的C—N键键长为132 pm，介于相邻的C_α—N单键键长(147 pm)和C═O双键键长(123 pm)之间，这表明肽键具有一定程度的双键性质；由于肽键不能自由旋转，肽键平面上各原子可出现顺反异构现象，一般呈较稳定的反式构型；肽键平面中除C—N键不能旋转外，两侧的C_α—N键和C_α—C键都是σ键，可以自由旋转，因而相邻的肽键平面可围绕C_α旋转，使肽链的主链骨架在空间形成不同的构象。

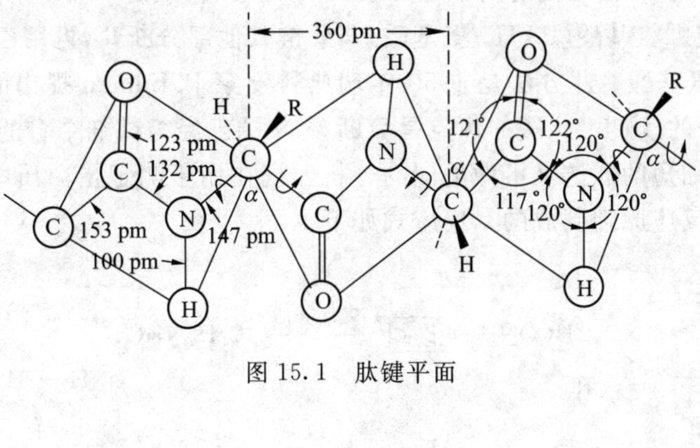

图15.1　肽键平面

15.1.3　肽链结构测定

确定肽的结构，不仅要确定组成肽链的氨基酸的种类和数目，而且还要研究肽链中氨基酸的排列顺序。

1. 组成测定

将纯化后的肽用酸完全水解为各种游离氨基酸的混合液，然后通过层析法或氨基酸分析仪确定其组分和相对含量，再用物理化学方法测定肽的相对分子质量，计算出各种氨基酸的分子数目。

2. 序列测定

在肽链中各种氨基酸的排列顺序可用端基分析法和部分水解法相结合来确定。

(1) 端基分析法　是以某种标记化合物与肽链中的N端或C端的氨基酸作用，然后再水解，就能确定N端或C端的氨基酸。

① N端分析。N端分析常用的试剂是2,4-二硝基氟苯(DNFB)，又称Sanger法。它与N端的—NH_3^+反应，生成黄色的*N*-(2,4-二硝基苯基)多肽，经水解此共价键不断裂，而肽的其他肽键被水解，因此，含该试剂的氨基酸必然是N端氨基酸，该氨基酸可通过层析法检出。反应式如下：

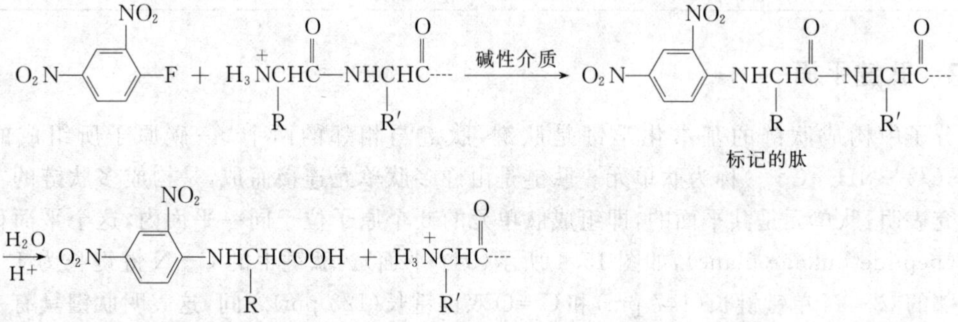

标记的肽

N-(2,4-二硝基苯基)氨基酸

水解过程中，整个肽链都被破坏，因此，该法在同一个肽链上只能做一次N端分析。

目前N端分析广泛采用的试剂是异硫氰酸苯酯。该试剂与肽链的N端氨基酸反应，生成苯氨基硫甲酰肽(PTC-肽)，在有机溶剂中经无水HCl处理后，肽键不被水解，但被结合的N端氨基酸则以苯乙内酰硫脲氨基酸(PTH-氨基酸)与肽链其他部分断开，再用乙酸乙酯提取，经层析法即可鉴定出N端氨基酸。此方法是1950年瑞典科学家P. Edman提出的，故称为Edman降解法，是对Sanger法的改良。此法的优点是只断裂N端已经与试剂结合的氨基酸，而肽链的其余部分不受破坏，故缩短的肽链又可做类似的分析。现在用于测定蛋白质中氨基酸顺序的自动分析仪，就是根据该反应原理制成的。反应式如下：

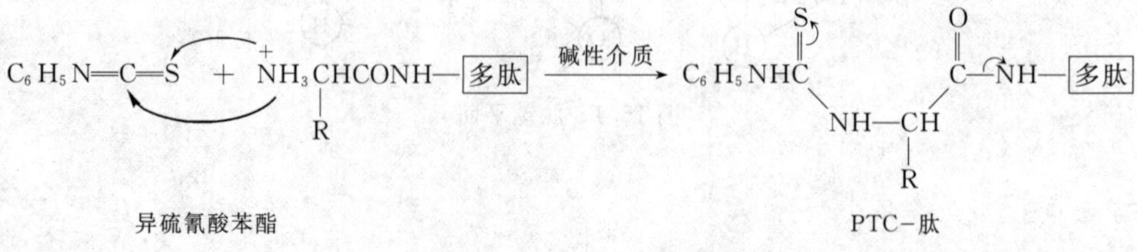

异硫氰酸苯酯　　　　PTC-肽

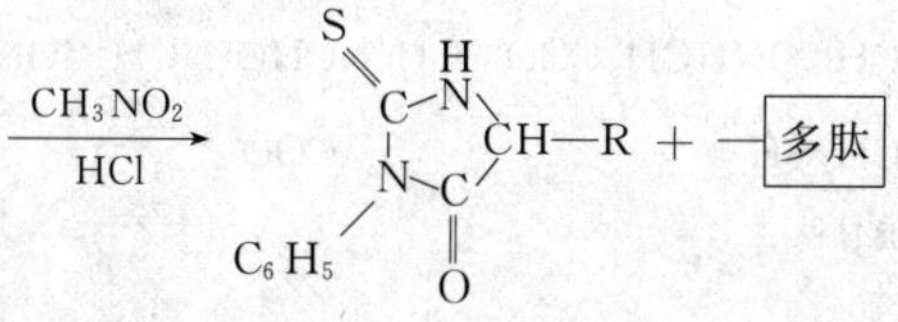

PTH-氨基酸

② C端分析。C端分析常用的试剂是羧肽酶。它能选择性地水解肽链中C端氨基酸，并且可反复用于缩短的肽链，并逐个测定新的C端氨基酸。水解反应式如下：

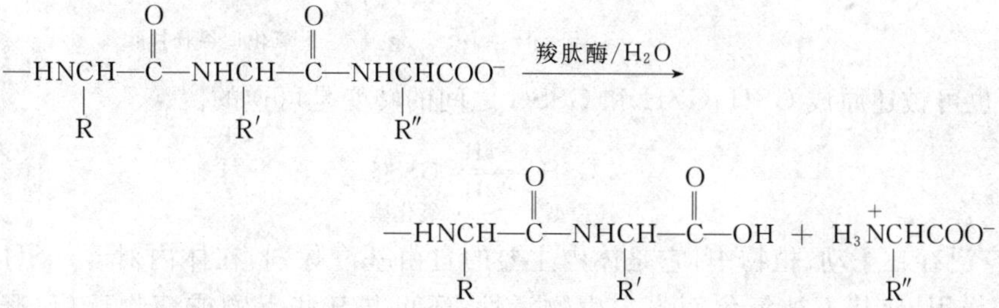

新C端　原C端氨基酸

端基分析法通常适用于相对分子质量较小的多肽分析。对于较长的肽链，水解过程对其分析有干扰，因此，还需要结合部分水解法确定肽链的排列顺序。

(2) 部分水解法　部分水解法是将复杂的肽链用酸或酶部分水解成若干小肽的片段(碎片)，然后用端基分析法鉴定，确定各个片段中氨基酸残基的排列顺序。经过组合、排列对比、找出关键性的"重叠顺序"，推断出整个肽链中氨基酸残基的排列顺序。以简单的丙-甘-亮三肽为例，部分水解法得到丙-甘和甘-亮两个小肽，说明该三肽的中间氨基酸是甘氨酸。

用酸水解肽链选择性较差，每次水解得到的片段可能不同。而用特定蛋白酶水解则具有高度专一性，某一种酶只能水解一定类型的肽键。例如，胰蛋白酶只能水解精氨酸和赖氨酸的羧基肽键，糜蛋白酶能水解芳香族氨基酸的羧基肽键，嗜热菌蛋白酶能水解亮氨酸、异亮氨酸、缬氨酸的氨基肽键等。

随着快速DNA测序技术的使用，也可通过DNA序列推演氨基酸的顺序。这种方法可以和肽链结构测定方法相互补充。近年来，质谱分析法为测定多肽及蛋白质分子序列提供了一种新方法，该方法因所需样品少，快速，不需要高纯度的肽，是目前较有效的多肽和蛋白质序列分析的好方法。

15.1.4 生物活性肽

生物体内具有生物活性的多肽称为**生物活性肽**(active peptide)，它们在体内一般含量较少，却具有重要的生物学功能，尤其在生物的生长、发育、细胞分化、肿瘤发生、生殖控制等方面起着重要的作用。以下介绍几种重要的生物活性肽。

1. 谷胱甘肽

谷胱甘肽(glutathione)是由谷氨酸、半胱氨酸和甘氨酸通过肽键缩合而成的三肽。由于分子中含有—SH，又称为还原型谷胱甘肽，用GSH表示。在氧化反应中—SH易被氧化成二硫键(—S—S—)，GSH转变成氧化型谷胱甘肽，用GSSG表示。

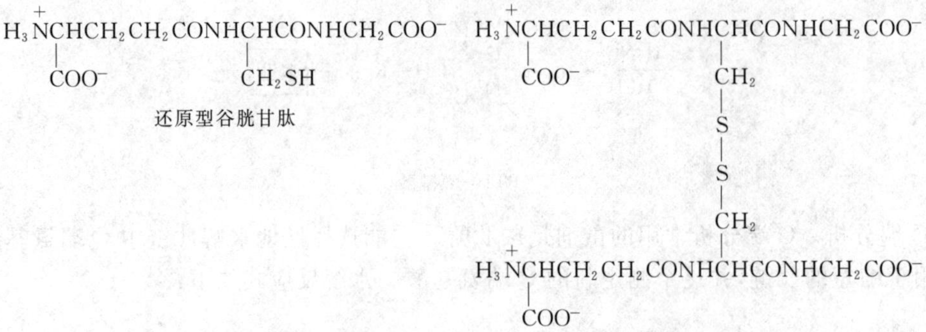

还原型谷胱甘肽　　氧化型谷胱甘肽

GSSG 也可被还原成 GSH，GSH 和 GSSG 之间的转变是可逆的。

$$2\,GSH \underset{+2H}{\overset{-2H}{\rightleftharpoons}} GSSG$$

还原型　　氧化型

GSH 广泛存在于动、植物中，它是体内主要的自由基清除剂，在体内对含—SH 的蛋白质和酶起着保护作用，使其不被氧化而失去生物活性；还可与某些毒物或药物反应，避免了它们对 DNA，RNA 或蛋白质的毒害。

2. 催产素和加压素

催产素(oxytocin)和**加压素**(vasopressin)都是在下丘脑的神经细胞中形成，然后顺着神经纤维运送到神经垂体并贮存在神经垂体，在受到适当刺激时，再分泌入血液。二者结构上均为九肽，肽链中的两个半胱氨酸通过二硫键形成环肽，只是残基 3 位和 8 位不同，其余氨基酸残基的种类和顺序都相同。

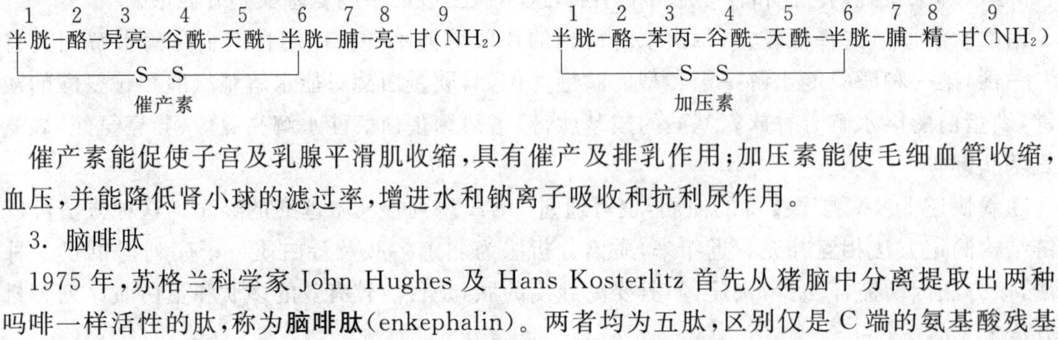

催产素　　加压素

催产素能促使子宫及乳腺平滑肌收缩，具有催产及排乳作用；加压素能使毛细血管收缩，升高血压，并能降低肾小球的滤过率，增进水和钠离子吸收和抗利尿作用。

3. 脑啡肽

1975 年，苏格兰科学家 John Hughes 及 Hans Kosterlitz 首先从猪脑中分离提取出两种具有吗啡一样活性的肽，称为**脑啡肽**(enkephalin)。两者均为五肽，区别仅是 C 端的氨基酸残基不同，C 端氨基酸残基是蛋氨酸的称为蛋氨酸脑啡肽，C 端氨基酸残基是亮氨酸的称为亮氨酸脑啡肽。结构式如下：

H-Tyr-Gly-Gly-Phe-Met-OH　　H-Tyr-Gly-Gly-Phe-Leu-OH

蛋氨酸脑啡肽　　亮氨酸脑啡肽

脑啡肽有着很强的镇痛作用。

4. 多肽类抗生素

具有多肽结构特征的一类抗生素，包括多黏菌素类(多黏菌素 B、多黏菌素 E)、杆菌肽类(杆菌肽、短杆菌肽)和万古霉素。其中多数是开链肽，也有少量环状肽。多肽类抗生素具有抗菌、抗肿瘤、促进创伤面愈合等多种生物学特性，尤其作为广谱高效抗菌药的市场潜力十分巨大。

15.2 蛋 白 质

蛋白质(protein)和多肽之间无严格的区别,都是由氨基酸残基通过肽键相互连接而形成的大分子化合物,一般把相对分子质量超过 10 000 的多肽称为蛋白质。从结构上讲,蛋白质分子的结构更复杂,除了有一定的氨基酸组成和排列顺序以外,还有特殊的空间结构。蛋白质的空间结构对其生物学功能有着非常重要的作用。

15.2.1 蛋白质的元素组成和分类

蛋白质是一切生物体组织的物质基础。人体内约有 10 万种以上的蛋白质,其质量约占人体干重的 45%。组成蛋白质主要元素有碳、氢、氮、氧、硫,有些蛋白质还含有磷、铁、镁、碘、铜、锌等。

大多数蛋白质的含氮量很接近,约为 16%,即每克氮相当于 6.25 g 的蛋白质。由于生物组织中的绝大多数氮都来自蛋白质,因此只要测定出生物样品中氮的质量,再乘以 6.25,就可得到样品中蛋白质的近似含量。

蛋白质的种类繁多,功能各异,目前尚缺乏能被普遍接受的分类系统,一般是根据蛋白质的化学组成、形状和功能等来分类。

根据化学组成分为单纯蛋白质和结合蛋白质。仅含 α-氨基酸组成的蛋白质称为单纯蛋白质,如清蛋白、组蛋白、精蛋白等。除单纯蛋白质外,还含有非蛋白质(又称为辅基)的糖类、脂类、磷酸和有色物质等,这一类蛋白质称为结合蛋白质。根据辅基的不同分为色蛋白类(如血红蛋白、肌红蛋白等)、脂蛋白类(如 α-脂蛋白、β-脂蛋白等)、糖蛋白类(如 γ-球蛋白等)、核蛋白类(如核蛋白体、烟草花叶病毒等)、磷蛋白类(如酪蛋白等)等。根据形状蛋白质又可分为可溶性球状蛋白质和不溶性纤维状蛋白质。如肌红蛋白、血红蛋白是球状蛋白质;角蛋白和胶原蛋白是纤维状蛋白质。根据功能分为活性蛋白质和非活性蛋白质。活性蛋白质是指在生命活动中具有生理活性的蛋白质,包括酶、激素及抗体等。非活性蛋白质是指担任生物保护或支持作用的蛋白质,包括角蛋白和胶原蛋白等。

15.2.2 蛋白质的结构

蛋白质的结构十分复杂,在其多肽链结构中除了各种氨基酸的排列顺序外,还存在肽链的空间排布、构象和肽链段之间的相互作用。常将蛋白质的结构分为一级、二级、三级和四级结构。

1. 一级结构

蛋白质的**一级结构**(primary structure)又称为初级结构或基本结构,是指多肽链中氨基酸残基的排列顺序,它决定着蛋白质的性质和高级结构。在多肽链中,连接氨基酸残基的主要化学键是肽键,也称为主键;在两条肽链之间或一条肽链的不同部位间相互结合时,存在着其他类型的化学键,称为副键,如氢键、盐键、二硫键、酯键、疏水作用力、范德华力等。蛋白质分子可以由一条多肽链组成,也可以由两条或多条多肽链组成。任何特定的蛋白质都有其特定的一级结构。如牛胰岛素分子的一级结构如图 15.2 所示。

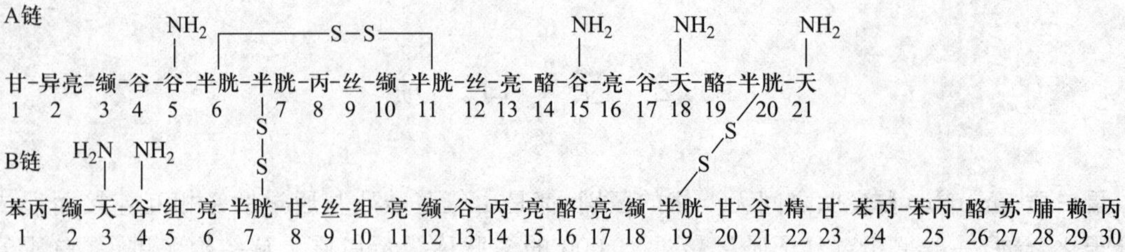

图 15.2 牛胰岛素的一级结构

牛胰岛素分子是由 51 个氨基酸残基组成的 A,B 两条多肽链,A 链含 21 个氨基酸残基,N 端为甘氨酸,C 端为天门冬酰胺。B 链含 30 个氨基酸残基,N 端为苯丙氨酸,C 端为丙氨酸。A 链第 7,20 位氨基酸残基分别与 B 链第 7,19 位氨基酸残基通过两个二硫键连接在一起。A 链第 6 位和第 11 位的两个氨基酸残基之间还有一个二硫键。

2. 二级结构

蛋白质的**二级结构**(secondary structure)是指多肽链中局部肽段的构象。肽键平面中的 C=O 和另一肽键平面中的—NH—之间通过氢键维系,某些肽段间氢键越多,形成二级结构就越稳定。二级结构包括 α-螺旋(如图 15.3 所示)、β-折叠(如图 15.4 所示)、β-转角和无规卷曲等类型。

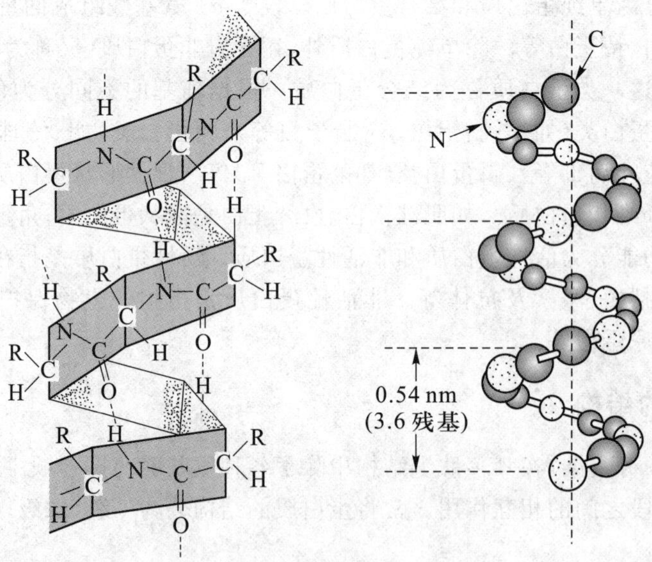

图 15.3 蛋白质的 α-螺旋结构

α-螺旋是多肽链中各肽键平面通过 α-C 的旋转,以螺旋方式按顺时针方向盘旋延伸形成的盘曲构象,螺旋之间靠氨基酸残基的羰基氧和它后第 5 个氨基酸残基氮上的氢,形成氢键维系。螺旋每圈平均含 3.6 个氨基酸残基,螺距 540 pm,螺旋直径 1000~1100 pm。β-折叠又称 β-片层结构,它是指多肽链呈一种铺开的折扇形状,几条肽链或一条肽链的若干肽段平行排列,β-折

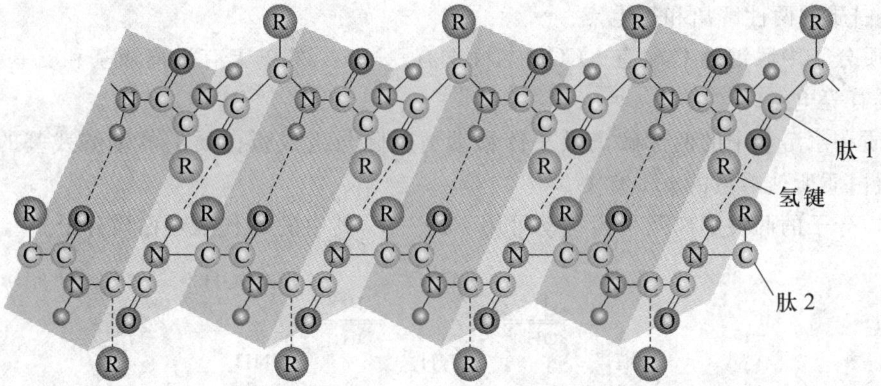

图 15.4 蛋白质的 β-折叠结构

叠依靠相邻肽链亚氨基上的氢和羰基氧原子之间形成的氢键维系。氢键是维持二级结构稳定的主要作用力。

3. 三级结构

蛋白质的**三级结构**(tertiary structure)是指在二级结构的基础上蛋白质进行范围更广泛的扭曲折叠,形成三级结构。三级结构的形成和稳定除氢键维系外,还包括其他副键,副键的键能较小,但数量多,故对维持蛋白质空间构象的稳定性起着一定作用。

肌红蛋白是由一条肽链和一个血红素辅基组成的具有三级结构的典型实例(见图 15.5)。

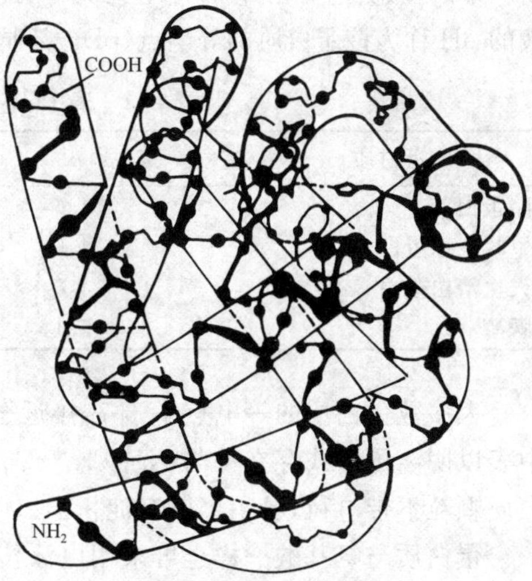

图 15.5 肌红蛋白的三级结构

4. 四级结构

蛋白质的**四级结构**(quaternary structure)由两条或两条以上具有三级结构的多肽链集合而成。其中每一条多肽链又称为**亚基**(subunit),亚基间通过氢键等副键、疏水作用力或静电吸引缔合而成为蛋白质的四级结构。四级结构包括亚基的数目、类型,亚基的立体排布,亚基间的相互作用与接触部位的布局。不同蛋白质分子中,亚基的数目往往差别较大。

问题 15.2 蛋白质分子结构可分为几级?维系各级结构的化学键是什么?

15.2.3 蛋白质的理化性质

蛋白质的性质取决于蛋白质的组成和其复杂的结构特征。蛋白质既具有与氨基酸相似的化学性质,又具有高分子化合物的一般性质。

1. 蛋白质的两性解离和等电点

蛋白质分子中肽键的C端有—COO^-,N端有—NH_3^+,侧链上有游离羧基和氨基,属两性化合物,并具有等电点。

蛋白质在水溶液中的两性解离及平衡移动情况除与组成蛋白质的氨基酸残基的结构有关外,还与蛋白质所处溶液的pH有关。

蛋白质分子的两性解离及平衡移动可用下式表示,其中的P代表蛋白质分子。

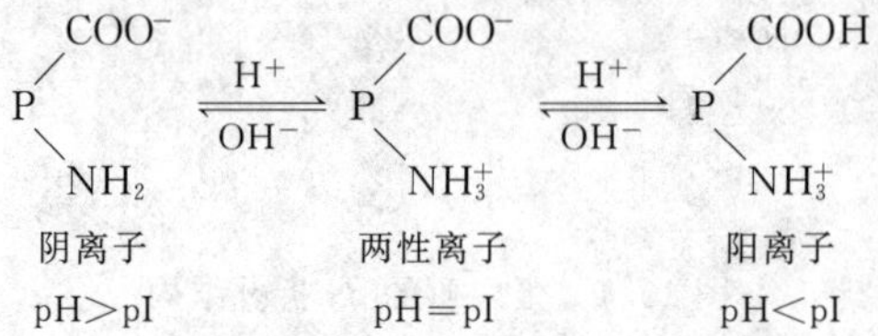

在蛋白质溶液中加足够量的酸,蛋白质带正电荷,主要以阳离子形式存在;当加入足够量的碱时,蛋白质带负电荷,主要以阴离子形式存在。若加入适量的酸或碱,调节溶液的pH,使蛋白质分子所带的正、负电荷相等,即净电荷为零,此时,蛋白质分子主要以等电状态的两性离子存在,该溶液的pH称为该蛋白质的等电点(pI)。不同种类的蛋白质具有不同的等电点。见表15.1。

表15.1 一些蛋白质的等电点

蛋白质	pI	蛋白质	pI
酪蛋白	4.6	血纤维蛋白原	5.5
甲状腺球蛋白	4.6	生长激素(人)	6.9
人血清白蛋白	4.6	肌球蛋白	7.0
脲酶	5.1	细胞色素c	10.3

大多数蛋白质的等电点小于7,接近于5。而人体血液的pH在7.35左右,故蛋白质在血液中多以阴离子形式存在并与Na^+、K^+、Ca^{2+}等结合成盐。在等电点时,蛋白质的溶解度最小,蛋白质颗粒不带电荷,易积聚以沉淀析出。

蛋白质与氨基酸一样也可采用电泳技术进行分离。例如,人血清中含有清蛋白,α_1-、α_2-、β-和γ-球蛋白等多种蛋白质,在pH大于它们的等电点的缓冲溶液中,它们主要以阴离子状态存在,在电场中均向阳极移动,由于清蛋白相对质量较轻,电泳速度最快,γ-球蛋白电泳速度最慢,根据电泳速度不同将它们分离。

问题15.3 有A和B两种蛋白质,相对分子质量相近,等电点分别为6.7和4.7,若置于pH为7.5的缓冲溶液中电泳,A和B的电泳情况如何?

问题15.4 胰岛素的等电点pI=5.3,将其置于pH为3.0,5.3和7.0的缓冲溶液中,它分别带何种电荷?在哪一种溶液中溶解度最小?

---

2. 胶体性质

蛋白质在溶液中形成的颗粒直径一般为1~100 nm,属于胶体分散系,所以蛋白质具有胶体溶液的性质。如Tyndall现象、Brown运动,不能透过半透膜及具有较强的吸附作用等。

利用蛋白质不能透过半透膜的性质,可以除去小分子杂质而分离提纯蛋白质,这种方法称为**透析法**(dialysis)。

3. 蛋白质的沉淀

蛋白质溶液的稳定性是有条件的、相对的,若破坏蛋白质表层的水化膜和消除蛋白质所带电荷后,蛋白质在溶液中就会凝集而以沉淀析出。沉淀蛋白质的常用方法有下面几种。

(1) 盐析　向蛋白质溶液中加入强电解质,使之析出沉淀的现象称**盐析**(salting out)。其作用的实质是强电解质解离出的离子与蛋白质争夺水分子,因强电解质离子的水化能力比蛋白质强,所以强电解质破坏了稳定蛋白质表面的水化膜,同时又中和了蛋白质所带电荷,使蛋白质分子凝集而沉淀。常用的电解质有硫酸铵、硫酸钠、氯化钠等,其中硫酸铵的效果最好,因为硫酸铵电离出的 NH_4^+ 和 SO_4^{2-} 都有很强的盐析能力,且溶解度很大,酸度不强,可以使 pH 在 4.8～6.0 范围内的天然蛋白质在接近中性的溶液中完全沉淀。

盐析一般不会破坏蛋白质的结构和生物活性,当加水或透析时,盐析出来的蛋白质又能重新溶解。因此,盐析是一个可逆过程。

根据蛋白质的等电点不同,盐析时先调节溶液的 pH 至蛋白质等电点附近,盐析效果更好。

盐析所需电解质的最小量称为盐析浓度。不同蛋白质盐析浓度常常不同,可通过调节电解质浓度的方法使蛋白质分段析出沉淀,将混合的蛋白质加以分离,此种盐析方法称为分段盐析。如在分离测定血清中的白蛋白和球蛋白的含量时,先在血清中加硫酸铵到半饱和程度,则球蛋白首先析出。滤去球蛋白,继续加入硫酸铵到饱和状态,则白蛋白析出。

(2) 有机溶剂沉淀法　在蛋白质溶液中加入适量的水溶性有机溶剂如乙醇、丙酮等,由于它们对水的亲和力大于蛋白质,破坏了蛋白质分子的水化膜而使之沉淀。这种方法在较短时间和低温时,沉淀是可逆的,蛋白质可保持其生物活性;但若时间较长和温度较高时,则会引起蛋白质变性,而不再溶解。在中草药有效成分提取分离过程中,常加入乙醇以沉淀蛋白质。

(3) 有机酸或重金属离子沉淀法　当溶液 pH＜pI 时,三氯乙酸、磺基水杨酸、苦味酸、鞣酸、磷钨酸、磷钼酸等生物沉淀剂,可与蛋白质分子中的阳离子结合生成沉淀。当溶液 pH＞pI 时,加入氯化汞、硝酸银、醋酸铅和硫酸铜等重金属盐,这些重金属阳离子,可与蛋白质分子的羧基负离子结合生成沉淀。

4. 蛋白质的变性

由于物理(如加热、加压、搅拌、紫外线或 X 射线等)或化学因素(如强酸、强碱、有机溶剂、重金属等)的作用,使蛋白质分子的二、三、四级空间结构发生改变,导致其理化性质改变,生理活性丧失的现象,称作蛋白质的**变性**(denaturation)。变性后的蛋白质称为**变性蛋白质**。

蛋白质的变性一方面是破坏了维系和固定蛋白质空间结构的副键,蛋白质由原来有序的紧密空间结构变为无序的松散的伸展状结构(但一级结构并未改变),使原来处于分子内部的疏水基团大量伸向分子表面,使蛋白质分子颗粒失去水化膜,溶解度下降;另一方面,蛋白质分子中的某些极性基团也发生改变,影响到蛋白质的电荷状态,结果使蛋白质容易沉淀或凝固。

蛋白质的变性可根据空间结构被破坏的程度分为可逆变性和不可逆变性两种。若仅改变了蛋白质的三级结构,在除去变性的因素后,蛋白质分子的空间结构和性质尚可恢复,称为可逆变性。若破坏了二级结构,在除去变性的因素后,蛋白质分子的空间结构和性质也不能恢复,称为不可逆变性。蛋白质对热的变性就是不可逆变性。

蛋白质的变性有很多实际应用。例如，采用高温、高压、煮沸、紫外线照射或 75%乙醇涂泡等方法消毒，使细菌或病毒体内的蛋白质变性而失活，达到灭菌和消毒目的。变性后的蛋白质在体内更容易被消化吸收。蛋白质变性也有负面效应，例如菌种、生物制剂的失效，种子失去发芽能力等均与蛋白质的变性有关，有时需要设法避免变性。

问题 15.5 变性后的蛋白质与天然蛋白质有什么不同?

---

5. 颜色反应

蛋白质可以与某些试剂发生显色反应，这些反应常用于蛋白质的鉴别。

(1) 缩二脲反应 蛋白质与硫酸铜的碱性溶液反应，呈紫色或紫红色。生成的颜色与蛋白质的种类有关。

(2) 茚三酮反应 蛋白质与水合茚三酮一起加热呈现蓝紫色，此反应可用于蛋白质的定性和定量分析。

(3) 蛋黄白反应 含有芳环的蛋白质，与浓硝酸反应呈黄色。皮肤上溅上硝酸后变黄就是这个缘故。

6. 紫外吸收性质

酪氨酸、苯丙氨酸和色氨酸等氨基酸在 280 nm 处有最大的吸收峰，由于大多数蛋白质都含有这些氨基酸残基，所以也会有相应的紫外吸收特性。通过对 280 nm 处蛋白质溶液的吸光度测量即可对蛋白质溶液进行定量分析。

7. 水解作用

蛋白质在酸、碱或酶作用下水解，经过一系列中间产物后，最终生成 α-氨基酸的混合物。其水解过程如下：

$$蛋白质 \rightarrow 蛋白脎 \rightarrow 蛋白胨 \rightarrow 多肽 \rightarrow 寡肽 \rightarrow 二肽 \rightarrow \alpha\text{-}氨基酸$$

蛋白质的水解反应，对研究蛋白质以及在生物体中的代谢都具有十分重要的意义。

15.3 核　酸

1869 年，瑞士科学家 Miescher 首次从脓细胞核中分离获得一种含磷的酸性物质，当时称为**"核素"**(nuclein)，30 年后，更名为**核酸**(nucleic acid)。它控制着生命遗传，支配着蛋白质合成，是生物体遗传的物质基础。

15.3.1 核酸的分类和化学组成

1. 核酸的分类

核酸分为**脱氧核糖核酸**(deoxyribonucleic acid，DNA)和**核糖核酸**(ribonucleic acid，RNA)两大类。

DNA 主要存在于细胞核的染色体中，在线粒体和叶绿体内存量较少。

RNA 主要存在于细胞质中，其中微粒体含量最多，线粒体内较少。RNA 比 DNA 的结构简单，相对分子质量也小一些。RNA 在体内承担遗传信息的表达，即直接参与蛋白质的合成。根据合成蛋白质的作用不同，将 RNA 又分为三类：

核蛋白体 RNA(ribosomal RNA)，即 rRNA，是合成蛋白质的场所。

信使 RNA(messenger RNA)，即 mRNA，是合成蛋白质的模板。在合成蛋白质时，mRNA 提供的信息决定了氨基酸的排列顺序，而 mRNA 传递的信息则从 DNA 复制得到。

转运 RNA(transfer RNA)，即 tRNA，在合成蛋白质时将所需氨基酸运送到多肽链中。

2. 核酸的化学组成

元素分析表明，核酸主要由碳、氢、氧、氮、磷等元素组成，其中磷含量为 9%～10%，较恒定，可通过检测样品中磷的含量进行核酸的定量分析。

核酸在细胞内主要与蛋白质结合形成核蛋白。核蛋白水解生成蛋白质和核酸，核酸然后水解成核苷酸，核苷酸进一步水解得到**核苷**(nucleoside)和磷酸，核苷经彻底水解则生成戊糖和碱基。

两类核酸的最终水解产物见表 15.2。

表 15.2　两类核酸的最终水解产物

水解产物	DNA	RNA
酸	磷酸	磷酸
戊糖	D-脱氧核糖	D-核糖
嘌呤碱	腺嘌呤、鸟嘌呤	腺嘌呤、鸟嘌呤
嘧啶碱	胞嘧啶、胸腺嘧啶	胞嘧啶、尿嘧啶

DNA 和 RNA 中所含的嘌呤碱相同，嘧啶碱不同。DNA 的嘧啶碱为胞嘧啶和胸腺嘧啶，RNA 的嘧啶碱为胞嘧啶和尿嘧啶。

两类碱基的结构如下：

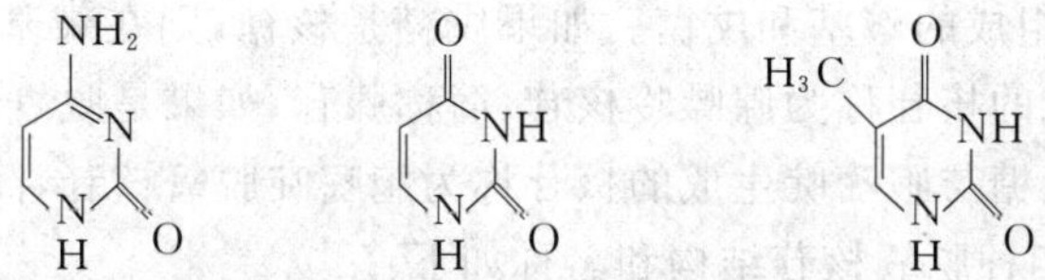

2-氧-4-氨基嘧啶（胞嘧啶）(cytosine，C)　2,4-二氧嘧啶（尿嘧啶）(uracil，U)　5-甲基-2,4-二氧嘧啶（胸腺嘧啶）(thymine，T)

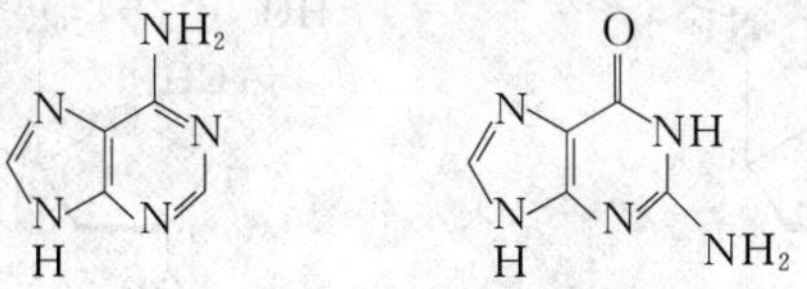

6-氨基嘌呤（腺嘌呤）(adenine，A)　2-氨基-6-氧嘌呤（鸟嘌呤）(guanine，G)

两类碱基均存在酮式-烯醇式互变。例如：

鸟嘌呤

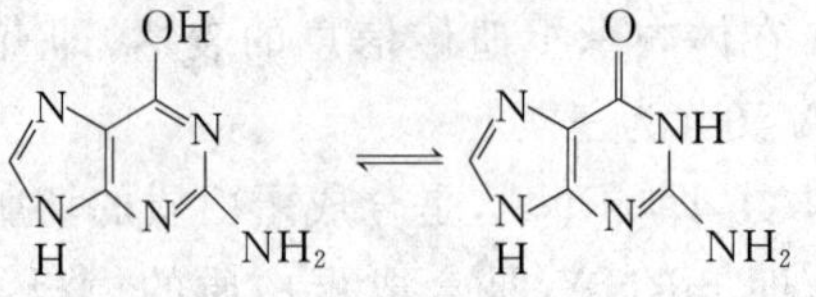

烯醇式 酮式

胞嘧啶

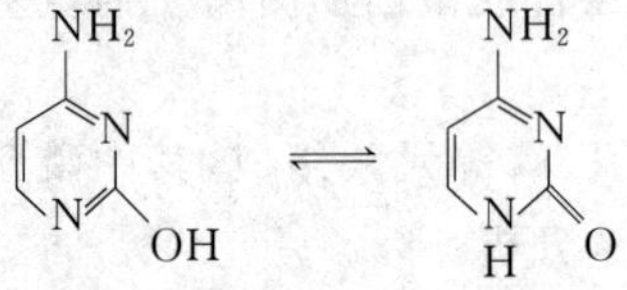

烯醇式 酮式

通常在生理条件下(弱酸性和中性),碱基主要以酮式形式存在。

核酸中的戊糖有两种,DNA 是 D-脱氧核糖,RNA 是 D-核糖,均为 β-构型。结构如下:

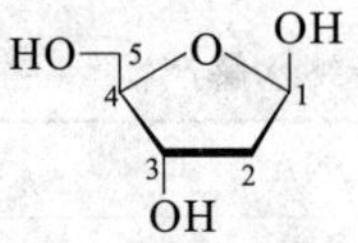

β-D-呋喃脱氧核糖

(β-D-deoxyribofuranose)

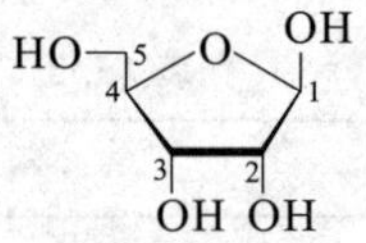

β-D-呋喃核糖

(β-D-ribofuranose)

15.3.2 核苷

核苷是戊糖和碱基脱水缩合生成的氮苷,氮苷键由戊糖 1′位碳原子上的 β-羟基与嘧啶碱 1 位或嘌呤碱 9 位氮原子上的氢原子脱水缩合而成。核酸中的氮苷键均为 β 型。为避免戊糖与碱基中原子编号混淆,规定戊糖环上的原子编号用带撇的数字 1′,2′,…表示,以示区别。

核苷的名称取决于组成的碱基和戊糖。如果戊糖是核糖,则在碱基名称后加词尾“核苷”即可,如核糖与腺嘌呤生成的核苷称为腺嘌呤核苷,简称腺苷;如果是脱氧核糖,则在核苷名称前加上“脱氧”二字,如脱氧核糖与胞嘧啶生成的核苷称为胞嘧啶脱氧核苷,简称脱氧胞苷。

在 DNA 中常见的四种脱氧核苷结构和名称如下:

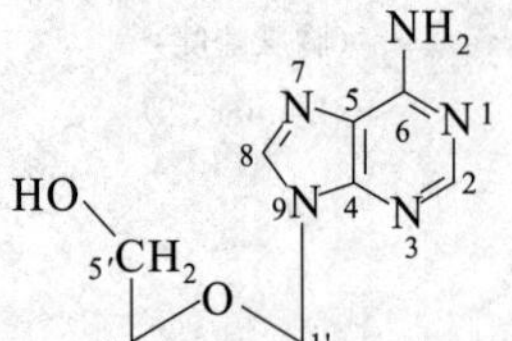

腺嘌呤脱氧核苷(脱氧腺苷)

(deoxyadenosine)

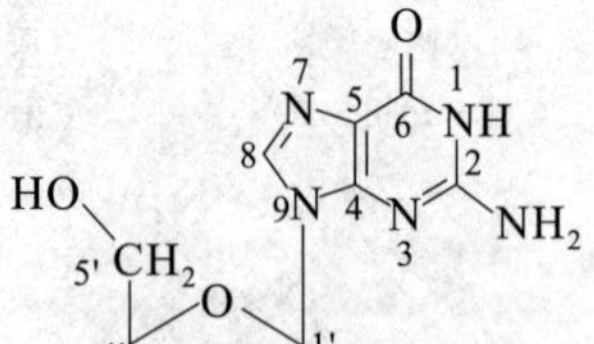

鸟嘌呤脱氧核苷(脱氧鸟苷)

(deoxyguanosine)

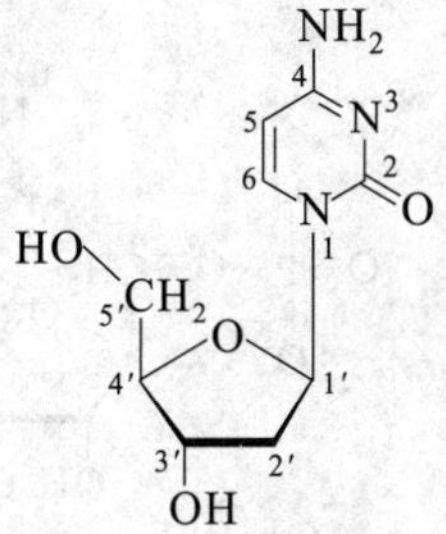

胞嘧啶脱氧核苷（脱氧胞苷）

（deoxycytidine）

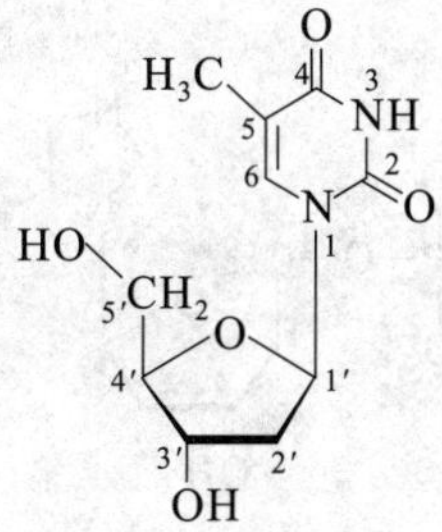

胸腺嘧啶脱氧核苷（胸苷）

（deoxythymidine）

在 RNA 中常见的四种核苷的结构及名称如下：

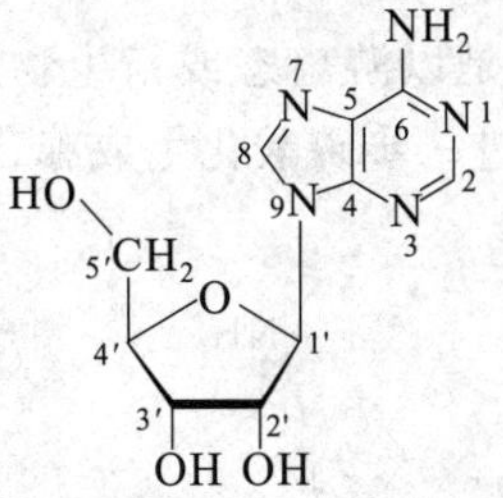

腺嘌呤核苷（腺苷）

（adenosine）

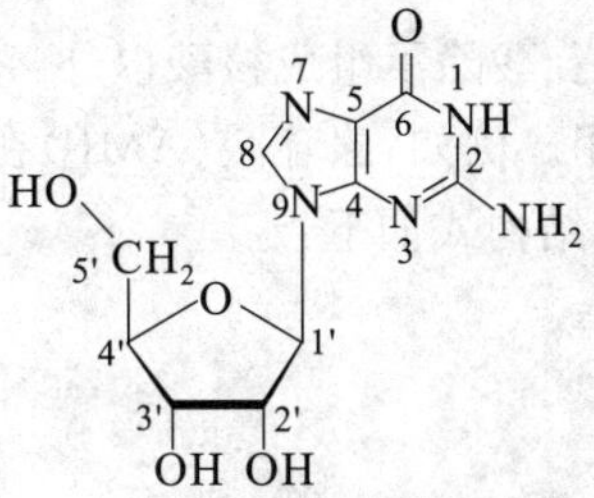

鸟嘌呤核苷（鸟苷）

（guanosine）

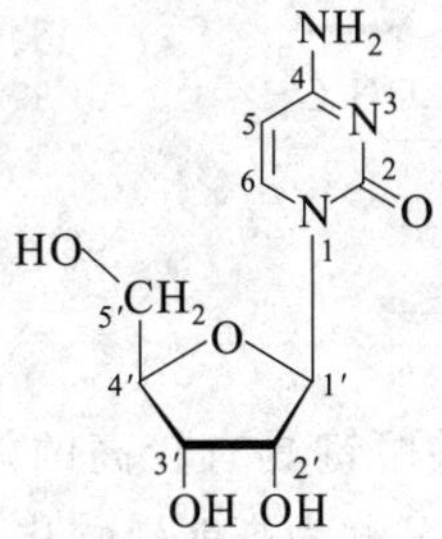

胞嘧啶核苷（胞苷）

（cytidine）

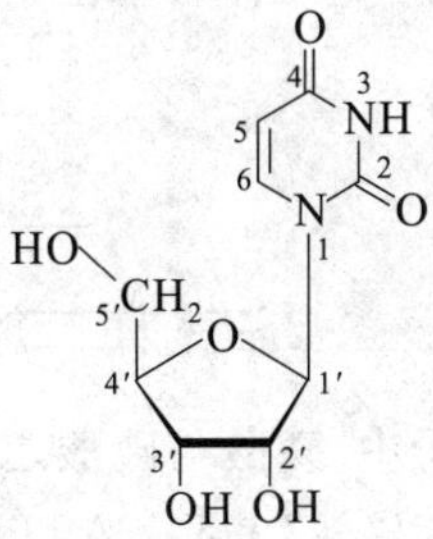

尿嘧啶核苷（尿苷）

（uridine）

氮苷与氧苷一样，对碱较稳定，在强酸溶液中能水解成相应的戊糖和碱基。

15.3.3 核苷酸

核苷酸（nucleotide）是核苷的磷酸酯，又称单核苷酸，是组成核酸的基本单位。核苷分子中的核糖或脱氧核糖的 3′位或 5′位的羟基可与磷酸酯化生成核苷酸，生物体内游离存在的核苷酸主要是 5′-核苷酸。组成 DNA 的核苷酸有脱氧腺苷酸、脱氧鸟苷酸、脱氧胞苷酸和脱氧胸腺苷酸，组成 RNA 的核苷酸有腺苷酸、鸟苷酸、胞苷酸和尿苷酸。

命名核苷酸除了将戊糖部分和碱基部分注明以外，还要指出酯键的位置。例如，脱氧腺苷酸应叫做 5′-腺嘌呤脱氧核苷酸或腺嘌呤脱氧核苷-5′-磷酸，又称为脱氧腺苷一磷酸（deoxyadenosine monophosphate，dAMP）。同理，胞苷酸的名称为 5′-胞嘧啶核苷酸或胞嘧啶核苷-5′-磷酸，亦可称为胞苷一磷酸（cytidine monophosphate，CMP）。结构式如下：

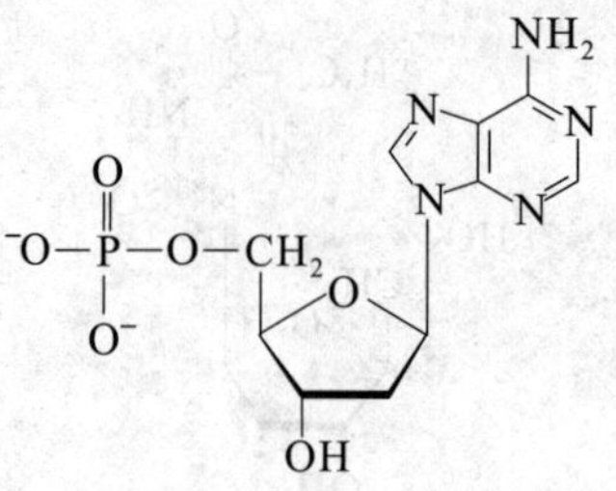

脱氧腺苷酸

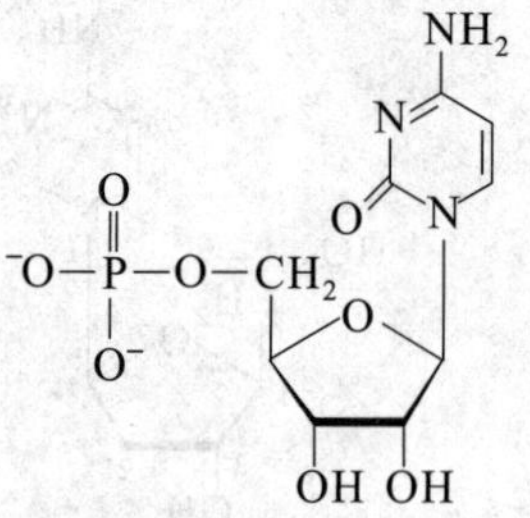

胞苷酸

问题 15.6 试写出脱氧胞苷酸和鸟苷酸的结构式。

在生物体内，核苷酸除了组成核酸以外，还有一些是以游离态或衍生物形式存在，它们同样具有重要的生理作用。例如，腺苷酸（AMP）在体内能进一步磷酸化生成腺苷二磷酸（ADP）或腺苷三磷酸（ATP），其结构式如下：

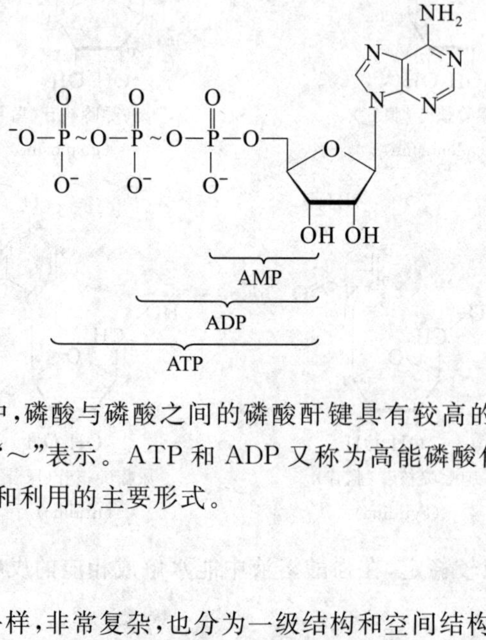

在 ADP 和 ATP 分子中，磷酸与磷酸之间的磷酸酐键具有较高的能量（水解时释放大量的能量），称为高能磷酸键，用“～”表示。ATP 和 ADP 又称为高能磷酸化合物，高能磷酸化合物是生物体内能量的贮藏、转移和利用的主要形式。

15.3.4 核酸的结构

核酸的结构和蛋白质一样，非常复杂，也分为一级结构和空间结构。

1. 核酸的一级结构

核酸的一级结构是指核酸分子中各核苷酸排列的顺序，又称为核苷酸序列。由于核苷酸间的差别主要是碱基不同，故也称碱基序列。无论是 DNA 还是 RNA，都是由一个核苷酸戊糖上 3′-羟基与另一个核苷酸 5′-磷酸基脱水缩合形成 3′,5′-磷酸二酯键连接而成的多核苷酸长链大分子。多核苷酸长链的骨架是由磷酸和戊糖组成，每个核苷酸单位上的碱基不参与主链的结构，多核苷酸链连接方向为 5′→3′方向，主链的两端分别称为 5′末端（常含游离磷酸基）和 3′末端（常含戊糖）。

DNA 和 RNA 中部分核苷酸链结构可用简式表示如下：

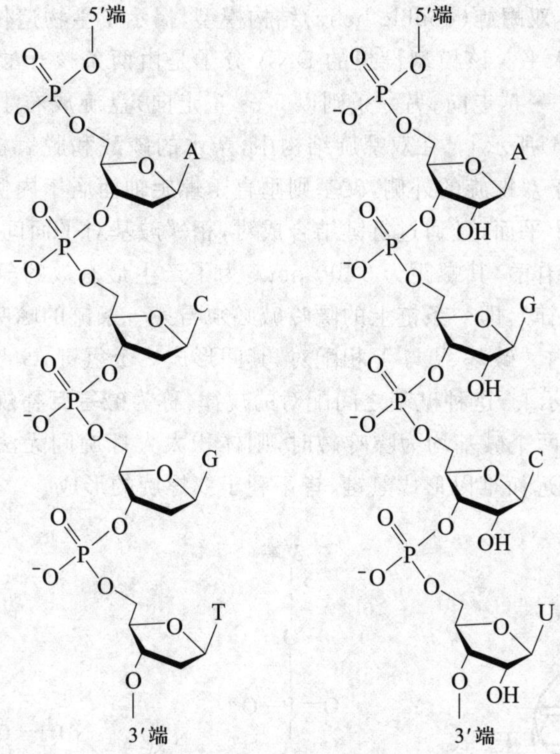

DNA　　　　　　　　RNA

这种表示方法较为直观，磷酸二酯键的连接关系一目了然，但书写麻烦。为了简化书写，常用线条式表示法和字母式表示法。线条式表示法中 P 表示磷酸基，竖线表示戊糖基，表示碱基的相应英文大写字母置于竖线上，斜线表示 3′,5′-磷酸二酯键。以上的 DNA 和 RNA 部分核苷酸链结构可表示如下：

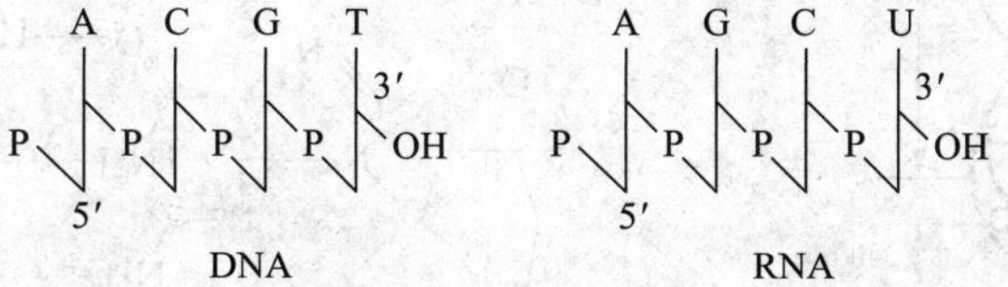

DNA　　　　　　　　RNA

字母式表示法更为简单，书写时用英文大写字母代表碱基，用小写字母 p 代表磷酸残基，核酸分子中的糖基、糖苷基和磷酸二酯键均省略不写，将碱基和磷酸残基相间排列即成，一般 5′端在左侧，3′端在右侧。如上面 DNA 和 RNA 的片段可表示为

DNA　5′pApCpGpT-OH 3′或 5′ACGT 3′

RNA　5′pApGpCpU-OH 3′或 5′AGCU 3′

2. 核酸的空间结构

核酸的空间结构是指多核苷酸链内或链之间通过氢键折叠卷曲而成的构象。

(1) DNA 的双螺旋结构　1953 年，美国科学家 E. S. Waston 和英国科学家 Crick 在前人研究的基础上提出了 DNA **双螺旋**(double helix)结构模型，揭示了生物遗传的分子奥秘，从而使遗传学的研究深入到分子水平。该模型设想的 DNA 分子是由两条核苷酸链组成，沿着一个共同轴心以反平行(一条以 3′→ 5′走向；另一条则以 5′→ 3′走向)盘旋成右手双螺旋结构，螺旋直径为 2 000 pm[如图 15.6(a)所示]。在双螺旋结构中，亲水的磷酸和脱氧核糖通过 3′,5′-磷酸二酯键相连形成的骨架位于双螺旋的外侧，碱基则垂直于螺旋轴而居于内侧，每一碱基均与其相对应的链上的碱基处在一个平面，且通过氢键结合成对，相邻碱基对平面间距离为 340 pm，双螺旋每旋转一圈包含 10 个核苷酸，其螺距为 3 400 pm。为了产生最有效的氢键，两条核苷酸链之间的碱基必须遵循“互补规律”，即一条链上的嘌呤碱必须与另一条链的嘧啶碱相匹配，才能使碱基对合适地安置在双螺旋内。碱基 A 与 T 相配对，其间形成 2 个氢键，G 与 C 相配对，其间形成 3 个氢键[如图 15.6(b)所示]。这种碱基之间配对的规律，称为**碱基互补规律**(base complementary)或**碱基配对规律**。若两个碱基均为嘌呤碱时，则体积太大螺旋间无法容纳；两者均为嘧啶碱时，由于两链之间距离太远而难以形成氢键，皆不利于双螺旋的形成。

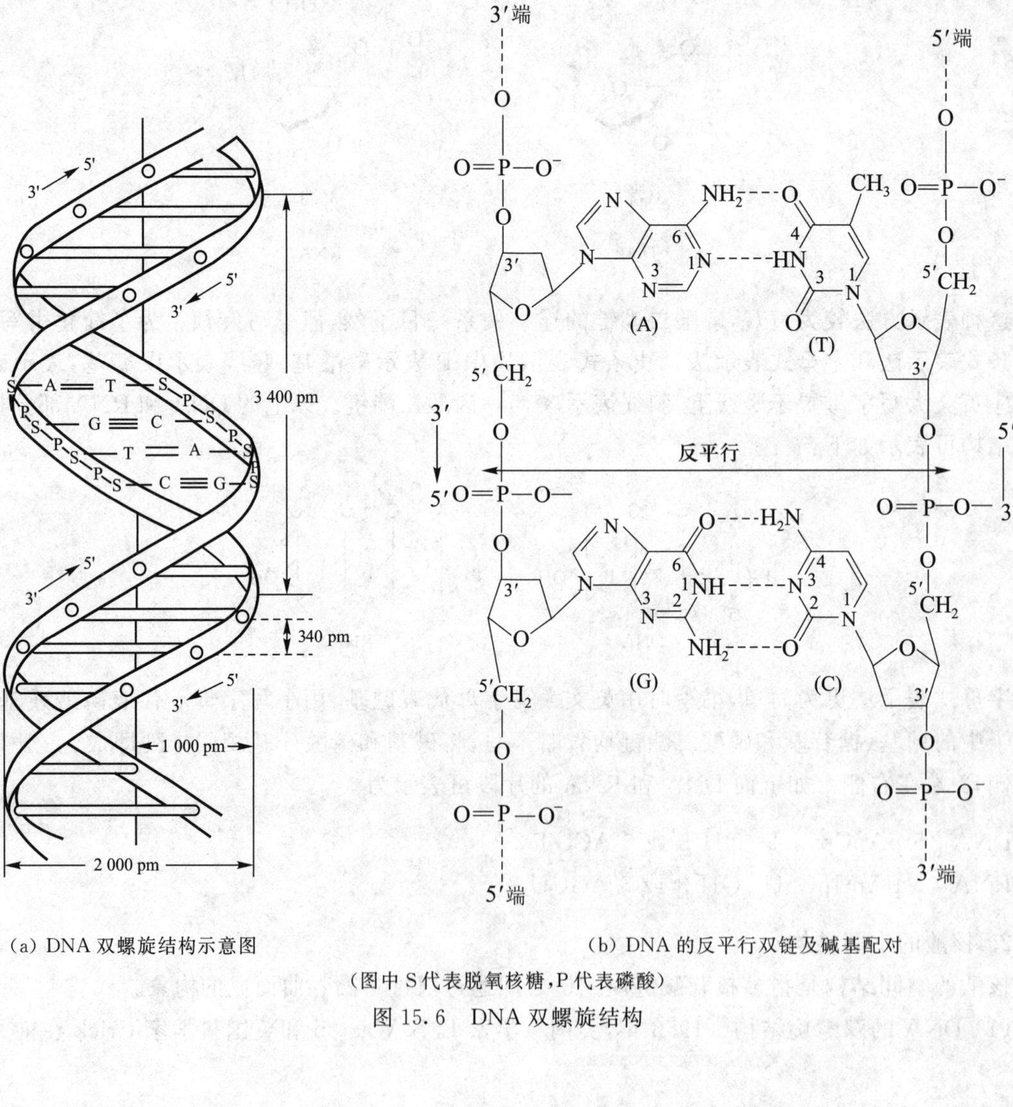

(a) DNA 双螺旋结构示意图　　(b) DNA 的反平行双链及碱基配对

(图中 S 代表脱氧核糖，P 代表磷酸)

图 15.6　DNA 双螺旋结构

由碱基互补规律可知，当一条多核苷酸链的碱基序列确定后，另一条核苷酸链的碱基序列也就随之明确。这种互补关系对DNA复制和信息的传递具有极其重要的意义。

碱基间的疏水作用可导致碱基堆积，这种堆积力维系着双螺旋结构的纵向稳定，而维系DNA双螺旋结构横向稳定的因素是碱基对间的氢键。

DNA右手双螺旋结构是DNA分子在生理pH条件和水溶液下最稳定结构，称为B-DNA，这种结构也是DNA二级结构的主要形式。除此之外，DNA还存在其他的双螺旋结构，如Z-DNA、A-DNA、D-DNA、E-DNA、C-DNA等。在双螺旋的基础上，DNA还可以在空间进一步盘曲折叠构成DNA的三级结构，如双链环形的超螺旋和开链环形等结构。

(2) RNA的二级结构简介　RNA的二级结构的规律性不如DNA。有些RNA的多核苷酸链，可以形成与DNA相似的双螺旋结构，但大多数RNA的分子是由一条弯曲的多核苷酸链所构成，其中有间隔着的双螺旋与非螺旋结构部分。在双螺旋区，A与U、G与C之间按碱基配对规律形成氢键加以稳定，A与U之间形成2个氢键，G与C之间形成3个氢键，并形成短的且不规则的双螺旋结构。一般有40%～70%的核苷酸参与这种螺旋区的形成，其余的核苷酸使链成为从螺旋区中突出的小环(称为突环)。

15.3.5 核酸的性质

1. 物理性质

核酸是核苷酸的多聚物，DNA的相对分子质量在10^6～10^9范围内，而RNA的相对分子质量在10^4～10^6范围内。无水的DNA为白色纤维状固体，RNA为白色粉末或结晶。它们都微溶于水，易溶于稀碱中，其钠盐在水中溶解度较大，易溶于2-甲氧基乙醇中，难溶于乙醇、乙醚、氯仿等有机溶剂。DNA多为线形分子，分子形状极不对称，其长度有的可达几厘米，而直径仅2 nm，所以溶液的黏度极高，而RNA溶液的黏度小得多。

核酸分子因高度的不对称性而具有旋光性，且多为右旋。核酸分子中的碱基具有共轭结构，它们在260 nm波段有较强的紫外吸收，该性质常用于核酸、核苷酸、核苷及碱基的定量分析。

2. 酸碱性

核酸分子中不仅含有磷酸基，也含有嘧啶、嘌呤等碱性基团，所以它是两性化合物，但酸性大于碱性。它能与碱性蛋白质或金属离子Na^+、K^+、Mg^{2+}等结合成盐，也易与一些碱性染料(如甲苯胺蓝和派罗红等)结合呈现出各种颜色。在不同的pH溶液中，核酸可带有不同的电荷，并可在电场中泳动。核酸也有等电点，DNA的pI为4.0～4.5，RNA的pI为2.0～2.5。

3. 核酸的水解

核酸在酸、碱或酶的作用下可以水解，其水解程度随水解条件而异。核酸在中性溶液中较稳定；在酸性条件下不稳定，水解产物为戊糖、碱基、磷酸或核苷酸的混合物；在碱性条件下，DNA和RNA中的磷酸二酯键的水解难易程度不同，DNA在碱性溶液中较稳定，而RNA在碱性溶液中易水解成核苷酸或核苷；酶催化水解比较温和，且有选择地切断某些键。

4. 变性、复性和杂交

在加热、辐射、酸、碱或有机溶剂等存在下，核酸分子中双螺旋结构松解成无规则线团结构的现象，称为核酸的**变性**(denaturation)。在变性过程中，维持双螺旋结构稳定性的氢键和碱基间堆积力受到破坏，而磷酸二酯键不会断裂，所以变性不破坏核酸的一级结构。DNA分子变性后，理化性质随之改变，如在260 nm处紫外吸收增加、黏度降低、比旋光度值下降等，并将失去其部分或全部生物活性。而RNA本身只有局部的螺旋区，所以变性引起的性质变化不及DNA明显。

DNA的变性常是可逆的。去除变性因素后，若条件适宜，变性DNA可恢复全部或部分双螺旋结构的现象，称为**复性**(renaturation)。由加热引起变性的DNA一般经缓慢冷却后，即可复性，这一过程称为**退火**(annealing)。如果将热变性的DNA快速冷却至低温，则变性的DNA分子很难复性，这一性质，可用来保持DNA的变性状态。

分子杂交是以核酸的变性与复性为基础的。若将不同来源的DNA单链分子放在同一溶液中，或者将单链DNA和RNA分子放在一起，只要两种单链分子之间存在着一定程度的碱基配对关系，在适宜的条件(温度及离子强度)下，就可以在不同的分子间重新形成双螺旋结构，这个过程称为核酸分子杂交。核酸的杂交技术可以广泛地应用于核酸的结构和功能的研究、遗传性疾病的诊断、肿瘤病因学以及基因工程的研究等。

阅读材料

多肽及蛋白质类药物

随着科学技术的飞速发展，化学、医学、生物学、高分子材料和制剂技术之间的交叉融合有力地推动了多肽和蛋白质类药物的发展。

自1953年人工合成第一个有生物活性的催产素以来，20世纪50年代主要集中在脑垂体分泌的各种多肽激素的研究，取得了很大的进展。20世纪六七十年代神经肽及胃肠激素的研究，为脑-肠肽一类新型的多肽药物的应用开辟了广阔的前景。1982年美国Lilly公司首先将重组胰岛素投放市场，标志着第一个重组蛋白质药物的诞生。30多年来，多肽和蛋白质药物产业蓬勃发展。与小分子药物相比，多肽及蛋白质类药物具有活性高、特异性强、毒性低、生物功能明确等特点。但缺点是多肽及蛋白质类大分子药物稳定性差、易被酶降解、生物半衰期短；其扩散性差、分配系数小，又难于通过生物屏障及脂质膜，因而极大地限制了其临床应用。

近年来，随着人类基因组计划的完成，蛋白质组学以及其他组学研究的广泛开展，在医学、生物技术、药物传递释放技术和计算化学发展的依托下，多肽及蛋白质类药物具有了广阔的前景。通过对多肽和蛋白质化合物进行结构修饰，增加其生物利用度、减少消耗、改善生物降解、增加受体-配基作用时间、增加药物与受体的选择性和亲和力等，使多肽及蛋白质类药物的临床应用效果有了显著提高。蛋白质和多肽药物的研制是目前生物医药工业中最活跃、进展最快的领域，必将是21世纪最有前途的产业之一。

习 题

1. 写出下列化合物的结构式或命名。

(1) 甘氨酰亮氨酸　　(2) 蛋氨酰谷氨酸

(3) 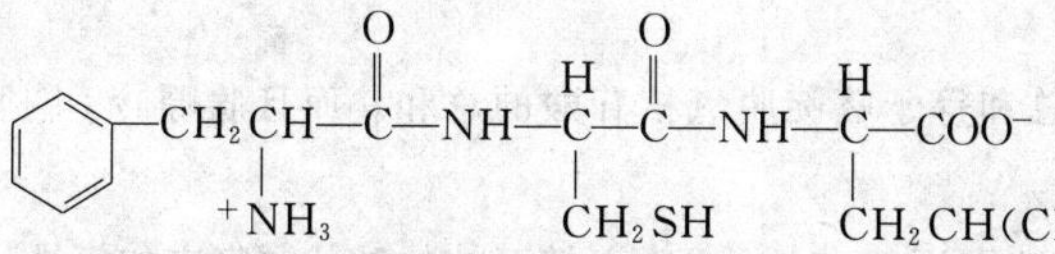

(4) 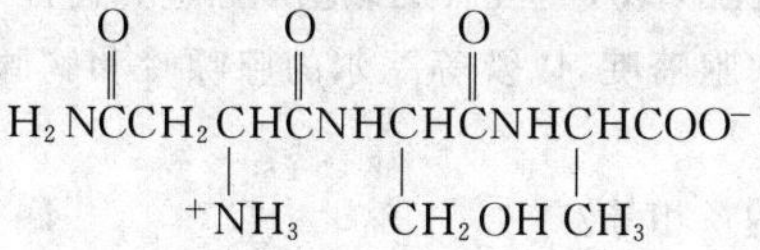

(5) 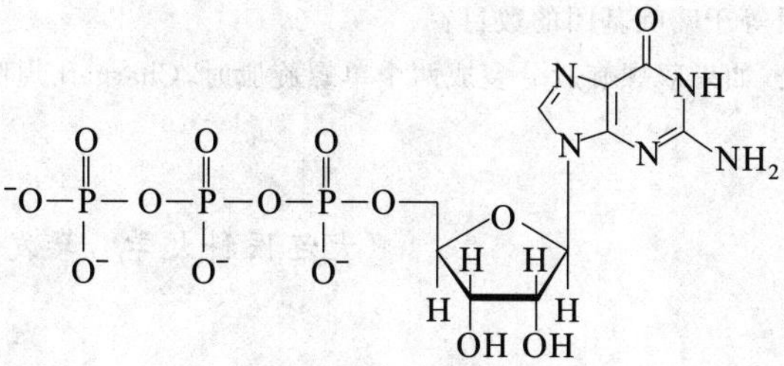

(6) 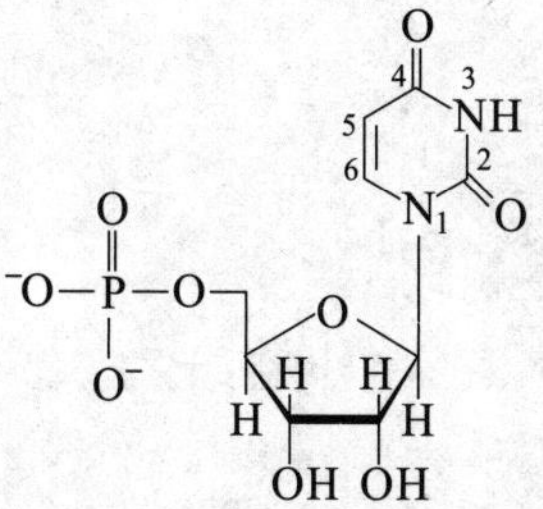

2. 完成下列反应式：

(1) 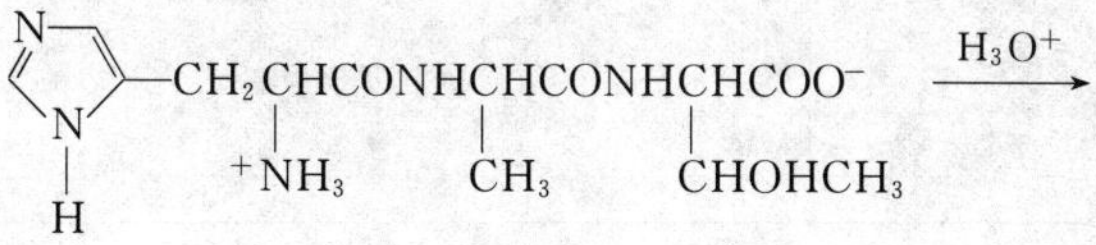

(2) 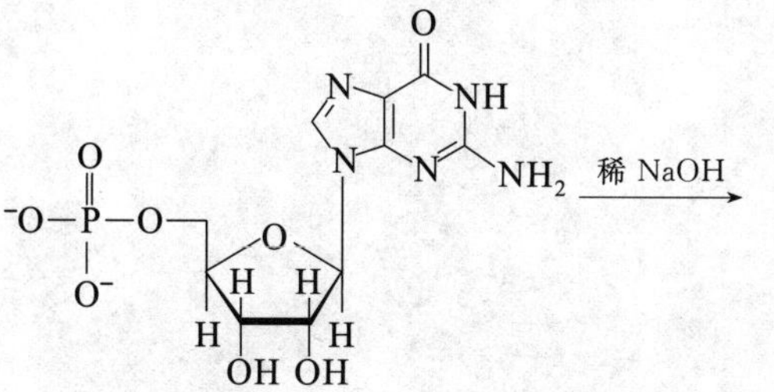

(3) 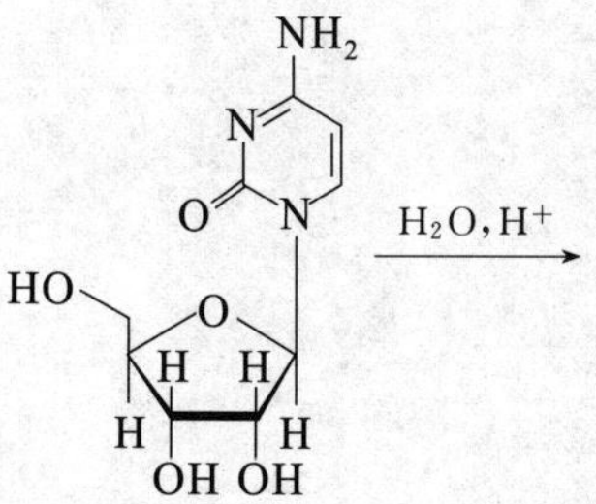

3. 某三肽由甘氨酸、亮氨酸和苯丙氨酸组成，部分水解可得到两种二肽：甘-亮和苯丙-甘，试写出该肽中氨基酸的顺序。

4. 写出 DNA 和 RNA 水解最终产物的名称。二者在化学组成上有何不同？

5. 维系DNA二级结构的稳定因素是什么？

6. 分析DNA组成时发现嘌呤脱氧核苷酸的总和等于嘧啶脱氧核苷酸的总和。而且腺嘌呤：胸腺嘧啶＝1：1；鸟嘌呤：胞嘧啶＝1：1，试解释这些事实。

7. 一段DNA分子中核苷酸的碱基序列为TTAGGCA，与这段DNA链互补的碱基顺序应如何排列？

8. Erwin Chargaff等发现，DNA中含有等摩尔的鸟嘌呤和胞嘧啶，以及等摩尔的腺嘌呤和胸腺嘧啶，即G＝C和A＝T，这一发现被称为Chargaff规则。

(1) Chargaff规则是否暗示了在DNA中，鸟嘌呤和腺嘌呤的量相等？

(2) Chargaff规则是否暗示了嘌呤基团的数目等于嘧啶基团的数目？

(3) Chargaff规则是否只适用于双螺旋DNA？如果双螺旋股分裂成两个单螺旋股时，Chargaff规则是否仍然适用？

（大连医科大学　李发胜）

第16章　波谱学基础

确定有机化合物的结构是有机化学研究的一个重要方面。过去用化学方法来确定有机化合物的结构是相当繁琐的工作，费时长，样品消耗多。同时由于有机化学反应的复杂性，常常给结构的确定带来困难，有时甚至导致错误的结论。20世纪50年代发展起来的波谱法，现在已经成为测定有机物结构的重要手段。这些方法的优点是快速、准确、样品用量少，因而大大促进了对复杂有机化合物结构的研究。最常用的波谱包括紫外光谱、红外光谱、核磁共振谱和质谱，即所谓的“四谱”。随着新技术的迅速发展，波谱法也为生物化学、植物化学、药物学、医学等领域的研究提供了新的手段。本章主要介绍紫外光谱、红外光谱、核磁共振谱和质谱的基本知识。

16.1　紫外光谱

16.1.1　电磁波谱的基本概念

电磁辐射是光量子波，其波长和频率的关系：

$$\nu=\frac{c}{\lambda}$$

ν 为电磁波的振动频率，λ 为波长，c 为光速（$c=3\times10^{10}\ \text{cm}\cdot\text{s}^{-1}$）。波长的常用单位为微米（$\mu$m）和纳米（nm）。$1\ \text{nm}=10^{-3}\ \mu\text{m}=10^{-7}\ \text{cm}$。频率的单位为赫[兹]（Hz）和兆赫（MHz，$1\ \text{MHz}=10^6\ \text{Hz}$），也常用波长的倒数（$1/\lambda$），即波数（$\sigma$）表示，单位为（$\text{cm}^{-1}$）。

根据波长或频率的不同，可将电磁波分为若干个区域（表16.1）。

表16.1　电磁波谱的区域划分

	紫外可见光谱			红外光谱			核磁共振	
	远紫外	紫外	可见	近红外	红外	远红外	微波	无线电波
波长 /nm	100	200	400	800	2500	25000	5.0×10^8	5.0×10^9
波长/μm					2.5	25		
波数/cm^{-1}					4000	400		
频率/MHz							600	60

电磁波具有能量（E），其表达式为：$E=h\nu=hc/\lambda$。h 为普朗克（Planck）常量（$6.626\times10^{-34}\ \text{J}\cdot\text{s}$）。波长越短，波数越大，频率越高，光的能量越高。

分子中的原子、电子都在不停地运动，包括电子运动、原子间的振动及分子转动等。在一定条件下，整个分子有一定的运动状态，各种运动状态均具有一定的能级（电子能级、化学键的振动能级和转动能级等的总和）。当电磁波照射某有机物时，如果某一波长的能量恰好等于分子运动的两个能级之差，分子就吸收该能量的光波，从低能级跃迁到较高能级。将不同波长与对应的吸光度作图，即可得到**吸收光谱**（absorption spectra）。而各种能级变化需要的跃迁能量不同，因此便形成不同特征的吸收光谱。

分子热力学能与分子结构密切相关，因而可以通过测定吸收光谱来获取有机分子结构方面的相关信息。例如，分子吸收了紫外-可见光，能引起价电子跃迁到较高能级，产生紫外-可见光谱；分子吸收了红外光，能引起键振动能级的跃迁，产生红外光谱；分子吸收了无线电波，能引起分子中某些原子核的自旋跃迁，产生核磁共振谱。

16.1.2 紫外光谱

有机分子吸收 200～400 nm 波长的紫外光后，发生电子能级的跃迁，所测得的吸收光谱叫**紫外光谱**（ultraviolet spectra，简称 UV）。一般使用的紫外光谱仪的波长范围是 200～800 nm，即包括可见光，所以也叫紫外-可见光谱。紫外-可见光谱图通常以波长为横坐标，单位为 nm，**吸光度**（absorbance）A 为纵坐标，图 16.1 是对甲基苯乙酮的紫外光谱图。吸光度 A 与测定时溶液的浓度 c（$\text{mol}\cdot\text{L}^{-1}$）和光通过的样品厚度 l（cm）成正比。

$$A=\lg\frac{I_0}{I}=\kappa\cdot c\cdot l$$

式中，I_0 为入射光的强度，I 为透过样品的光的强度，κ 为摩尔吸收系数。对某一特定的化合物而言，在一定的波长和测试条件下，κ 为一常数。紫外光谱图也可以 κ 或 $\lg\kappa$ 为纵坐标。

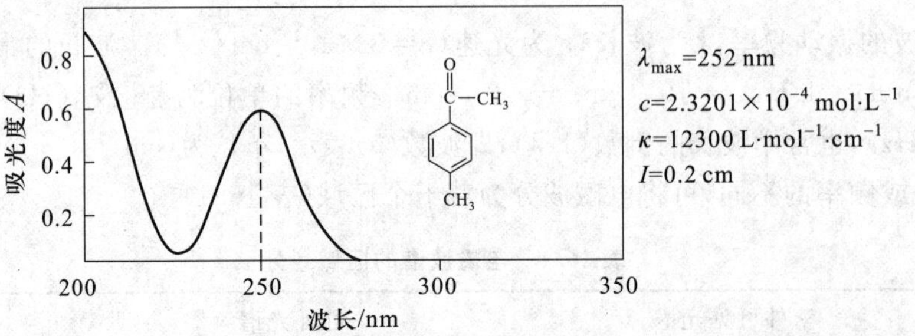

图 16.1 对甲基苯乙酮的紫外光谱图

紫外光谱图中化合物的最大吸收波长用 λ_{max} 表示，它是特定化合物紫外光谱的特征常数。例如，对甲基苯乙酮的 λ_{max} 为 252 nm。在标明 λ_{max} 时，通常需注明摩尔吸收系数和测定时使用的溶剂。

有机分子吸收一定的紫外-可见光后，价电子由低能级跃迁至较高能级，跃迁所吸收的能量等于两个能级的能量差。电子跃迁有 $\sigma\rightarrow\sigma^*$、$n\rightarrow\sigma^*$、$\pi\rightarrow\pi^*$ 和 $n\rightarrow\pi^*$ 等类型。各类电子跃迁所需能量大小顺序为：$\sigma\rightarrow\sigma^* > n\rightarrow\sigma^* > \pi\rightarrow\pi^* > n\rightarrow\pi^*$（图 16.2），反映在紫外光谱图中吸收紫外光的波长不同，即吸收峰的位置不同。

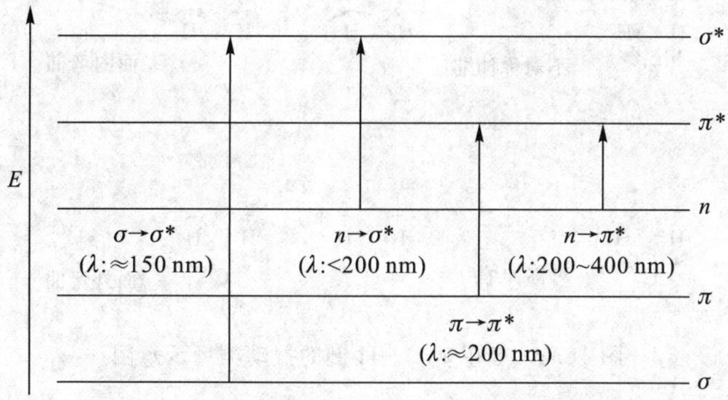

图 16.2 各类电子跃迁所需能量大小示意图

在四种电子跃迁中，$n \rightarrow \pi^*$ 跃迁所需的能量最低，吸收的波长最长，其次是 $\pi \rightarrow \pi^*$ 跃迁。这两种跃迁吸收光的波长在紫外区和可见区内，通过考察孤电子对和 π 电子的跃迁来揭示分子中是否存在共轭体系。一般随着共轭体系的延长，紫外吸收 λ_{max} 向长波方向移动，且强度增大（$\pi \rightarrow \pi^*$），因此可判断分子中共轭的程度。值得注意的是，如果两种化合物有相同的共轭体系，即使分子的其他部分截然不同，它们的紫外谱图却非常相似。

利用紫外光谱还可以测定化合物的纯度或含量。如果已知样品的 κ，在一定厚度 l 的样品池中，测得样品溶液的吸光度 A，则可以根据前述吸光度与样品浓度的关系式求得样品的浓度 c。

16.2 红外光谱

16.2.1 红外光谱的基本原理

用连续波长的红外光照射样品，当某一光波的频率刚好与分子中某一化学键的振动频率相同时，分子就会吸收红外光，发生振动能级的跃迁，所测得的吸收光谱叫**红外光谱**（infrared spectra，简称 IR）。通常的红外光谱的波数是 400～4 000 cm^{-1}。

1. 分子的振动类型

分子中的原子是通过化学键相互连接的。化学键的键长、键角不是固定不变的，而是像用弹簧连接起来的一组小球，整个分子在不停地振动着。分子振动能级的跃迁，可由红外光辐射提供能量，也就是说分子吸收红外光的频率是与其结构相关的。分子中的化学键的振动又有不同的形式，其振动对应的频率也不一样，故而产生不同的红外吸收峰。通常把键的振动分为两大类，一类是改变键长的**伸缩振动**（stretching vibration），即原子沿着键轴伸长或缩短的振动，其特点是只有键长的变化而无键角的改变，常用符号 ν 表示。伸缩振动因振动的偶合又分对称伸缩振动（ν_s）和不对称伸缩振动（ν_{as}）两种（图 16.3）。

另一类是相邻化学键的原子离开键轴方向而上下左右的振动，称为**弯曲振动**（bending vibration），其特点是只有键角的改变而无键长的变化。它包含面内弯曲（常用符号 δ 表示）和面外

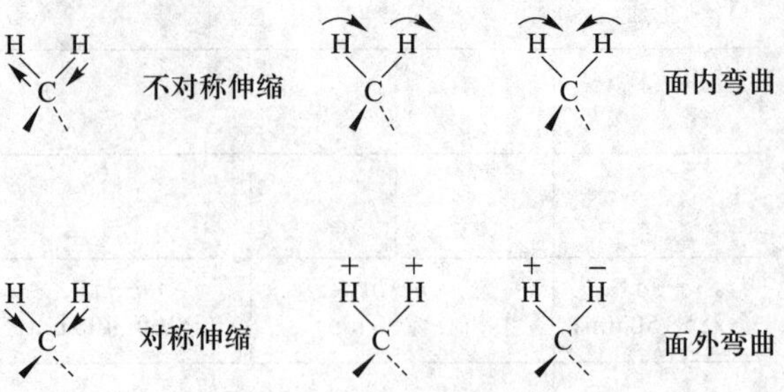

图 16.3　亚甲基 C—H 键的振动类型示意图

弯曲(常用符号 γ 表示)两种(图 16.3)。

理论上分子的每一种振动在红外光谱中将产生一个吸收峰,但实际获得的红外谱图中吸收峰的数目往往少于分子振动数目,这是因为:只有引起分子偶极矩变化的振动,才产生红外吸收,否则不产生吸收峰;频率相同的振动所产生的吸收峰彼此发生简并;强而宽的吸收峰往往覆盖与之频率相近的弱而窄的吸收峰。

2. 影响振动频率的因素

有机分子中的各个化学键可以近似地看作双原子分子,双原子分子化学键的振动又可以近似地按谐振运动来处理,所以键的振动频率与振动原子的质量及键的强度,即键的力常数有关,它们之间的关系为

$$\sigma=\frac{\nu}{c}=\frac{1}{2\pi c}\sqrt{\frac{k}{\mu}}\quad \text{其中}\quad \mu=\frac{m_1\cdot m_2}{m_1+m_2}$$

式中,m_1,m_2 为组成化学键两原子的原子质量,k 为键的力常数。从上式可以看出:

(1) 构成化学键的原子的质量越小,则振动频率或波数越高。组成 O—H,N—H,C—H 等键的原子中一个是原子质量较小的氢,它们的折合质量 μ 比别的单键,如 C—O,C—N,C—C 键等小得多,而单键的力常数 k 相差不大,所以与氢原子构成的单键,如 O—H,N—H,C—H 等键的伸缩振动吸收峰在红外光谱图的高波数区域出现(2 500～3 650 cm^{-1})。

(2) 键的力常数 k 越大,则振动频率或波数越高。单键(与 H 的单键除外)、双键和三键的力常数依次增加。所以在红外光谱图上,就伸缩振动而言,三键吸收区频率较高(2 100～2 260 cm^{-1}),双键吸收区频率较低(1 390～1 800 cm^{-1}),单键吸收区频率最低(1 030～1 360 cm^{-1})。

弯曲振动不改变键长,它的力常数较小($k<1$),所以它们产生的吸收峰在低波数区域出现。

16.2.2　红外光谱的表示方法

红外光谱图是以波数(cm^{-1})或波长(μm)为横坐标,以透射比(T)或吸光度(A)为纵坐标得到的谱图。横坐标表示吸收峰位置,纵坐标表示吸收峰的强度。透射比(T)的定义为

$$T=\frac{I}{I_0}\times 100\%$$

吸光度的定义为

$$A = \lg \frac{I_0}{I}$$

式中，I_0 为入射光的强度，I 为透射光的强度。

因对光的吸收越强，透射比就越小，故红外吸收光谱中的吸收峰表现为“谷”。目前红外光谱中横坐标大多以波数表示，波数范围在 400～4 000 cm^{-1}。图 16.4 是 1-辛烯的红外光谱图。

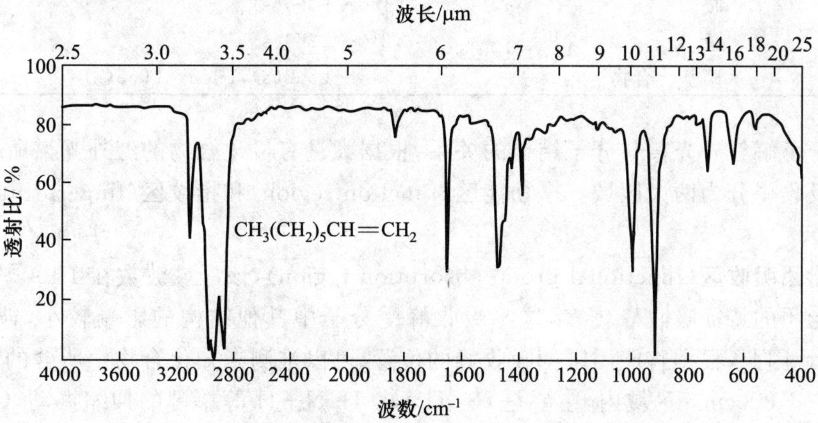

图 16.4　1-辛烯的红外光谱图

16.2.3　基团的特征吸收频率与指纹区

红外光谱图中的吸收峰是由键的振动引起的，同一类型的化学键的振动频率非常相近，总是出现在某一固定范围内，因此有机化合物中的各类基团具有特征的吸收峰，表 16.2 为某些基团的特征吸收频率和相对强度。若在分子的红外光谱图中存在某一特征吸收峰，则表示该分子中含有对应的化学键。吸收峰有强有弱，一般将其分为五种：v_s（很强）；s（强）；m（中强）；w（弱）；v_w（很弱）。

表 16.2　各类键的特征吸收频率

键	化合物类型	频率范围（波数）/cm^{-1}
C—H	烷烃	2 850～2 960，1 350～1 470(s)
C—H	烯烃	3 020～3 080(m)，675～1 000(s)
C—H	芳香烃	3 000～3 100(m)，675～870(s)
C—H	炔烃	3 300(m)
C—H	醛	2 900，2 700（两个峰，m）
C═C	烯烃	1 640～1 680(m)
C≡C	炔烃	2 100～2 260(m)
C┄C	芳香烃	1 500，1 600(s)
C—O	醇，醚，羧酸，酯	1 080～1 300(s)
C═O	醛，酮，羧酸，酯	1 690～1 760(v_s)
O—H	游离醇，酚	3 610～3 640(m)

续表

键	化合物类型	频率范围(波数)/cm^{-1}
	形成氢键的醇,酚	3200～3600(宽峰,s)
	羧酸	2500～3000(宽峰,s)
N—H	1°胺,双峰	3200～3500(m)
	2°胺	3300～3350(m)
C—N	胺	1180～1360(s)
C≡N	腈	2210～2260(s)
$—NO_2$	硝基化合物	1515～1560(s),1345～1385(s)

为了便于了解红外光谱与分子结构的关系,根据大量有机化合物的红外光谱所得经验,常把红外光谱的吸收峰分为两大区域——**功能区**(function region)和**指纹区**(fingerprint region)。

1. 功能区

又称**官能团吸收区**(functional group absorption region),该区域波数在1400～3800 cm^{-1},这一区域官能团的特征吸收峰较多,这些吸收峰受分子中其他结构的影响较小,彼此间很少重叠,容易辨认。因此,根据官能团区的吸收峰的位置,可以推测未知化合物中所含的官能团。

在2700～3800cm^{-1}区域内,主要是C—H,O—H,N—H等单键的伸缩振动,C—H的振动一般在2700～3300 cm^{-1};氢所连的碳原子不同,则吸收峰的位置不同。≡C—H的吸收波数最高,在3300 cm^{-1}左右,═C—H(包括苯环上的C—H键)为3000～3100 cm^{-1},其吸收强度较低。CH_3,CH_2等与饱和碳原子相连的C—H键的吸收位置在2850～2960 cm^{-1}。吸收峰位置最低的是醛基中的C—H键,在2700 cm^{-1}左右。由于大部分有机物中含有CH_3,CH_2等,所以2900 cm^{-1}左右的这部分吸收峰在鉴别上意义不大;但如在该区域内没有吸收峰,则说明分子中不含C—H键。

O—H键可以分为三类,一类是醇羟基,一类是酚羟基,再有一类则是羧基中的羟基。氢键缔合作用能使吸收频率降低。这三类化合物形成氢键的能力依醇＜酚＜酸的次序递增,其吸收频率则逐渐降低,而且峰形变宽。无缔合的醇羟基和酚羟基的吸收峰在3610～3640 cm^{-1},缔合的羟基的吸收峰出现在3200～3550 cm^{-1}。羧基中的O—H键的吸收是2500～3300 cm^{-1}的一个相当宽的峰,中心位于3000 cm^{-1}左右,常与C—H键伸缩振动的吸收峰相重合。一般情况下,观察不到未缔合的羟基的吸收峰。

胺或酰胺中的N—H键吸收一般为3150～3500 cm^{-1}。氢键对N—H吸收峰的影响比对O—H小得多。所以N—H键的吸收峰一般都较尖,但强度较O—H小。═NH(仲胺基,如*N*-取代的胺)的吸收为单峰,而$—NH_2$(伯胺基团)的吸收峰为双峰。所以常可以根据峰形区别伯胺或仲胺。叔胺或*N*,*N*-二取代的酰胺由于没有N—H键,所以在该区域内没有吸收峰。胺与酰胺的主要区别之一是后者还有羰基的吸收峰。

除C≡C及C≡N的吸收在2000～2300 cm^{-1}区域内,一般的化合物在该区域内很少有吸收峰。C≡C及C≡N的吸收峰都较弱。

1500～1900 cm^{-1}是很重要的区域,C═C,C═O,C═N,N═O的吸收都出现在该区域内。最重要的是C═O。由于C═O所处的环境不同,它们的伸缩振动频率也有一定的差别。常见饱和脂肪族C═O的振动吸收波数(cm^{-1})为

≈1810　≈1760　≈1800　≈1735　≈1725　≈1715　≈1710　≈1690
酸酐　　酰卤　　酯　　醛　　酮　　羧酸　　酰胺

与C═C等其他几个基团相比，C═O的吸收峰极强，且不易受到干扰。如果C═O和其他双键或苯环共轭，C═O振动频率一般会降低30 cm^{-1}左右。

芳香化合物在1600 cm^{-1}附近有环C—C伸缩振动的很尖锐的吸收峰。例如，聚苯乙烯在1603 cm^{-1}处有一很强的吸收峰，因此常用聚苯乙烯作为校正红外光谱的标准。

N—H的弯曲振动也出现在1600～1650 cm^{-1}，因此解析谱图时必须注意。

从红外光谱推测化合物的结构，必须熟悉各官能团特征吸收峰的位置。找出化合物的红外光谱特征吸收峰，便可推测它可能存在的官能团。

2. 指纹区

波数一般在1400 cm^{-1}以下，这一区域主要是各单键C—X(X为C，N，O等)的伸缩振动和弯曲振动吸收峰，它随每种化合物的结构不同而异，分子结构的细微变化，就会引起吸收峰的位置和强度的明显改变，犹如人的指纹一样，因人而异。每一种化合物在该区都有它自己的特征光谱，为分子结构的鉴定提供重要信息。

不同类型的烯烃与取代苯的C—H键弯曲振动特征吸收频率见表16.3，它们对鉴别烯烃的类型和苯环上取代基的数目与位置提供有用的信息。

表16.3　烯烃与取代苯的弯曲振动特征吸收频率

烯烃类型	σ/cm^{-1}	取代苯类型	σ/cm^{-1}
$RCH═CH_2$	910和990(双峰，s)	单取代苯(5个邻接H)	700和750(双峰，m→s)
RCH═CHR(*cis*)	690(m)	邻位取代(4个邻接H)	750(m→s)
RCH═CHR(*trans*)	970(m→s)	间位取代(3个邻接H)	780～810和690～710(双峰，m→s)
$R_2C═CH_2$	890(m→s)	对位取代(2个邻接H)	800～850(m→s)
$R_2C═CHR$	790～840(m→s)		

问题16.1　指出下列各化合物中各种基团的特征吸收频率。

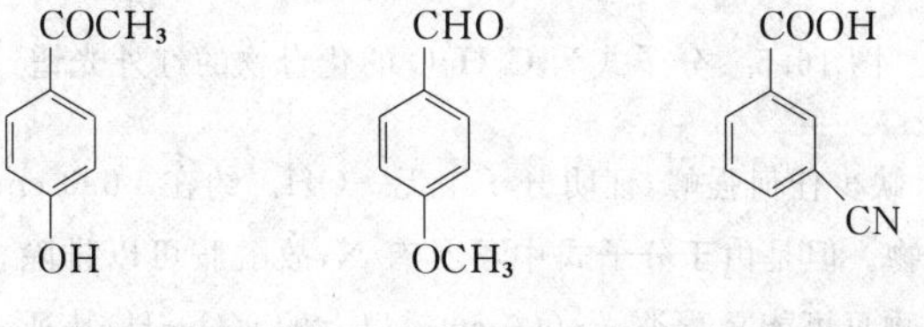

16.2.4　红外光谱解析实例

红外光谱可提供分子中的官能团及其周围情况的信息。在解析红外光谱时，要同时注意红外吸收峰的位置、强度和峰形。吸收峰的位置(即吸收峰的波数值)是红外吸收最重要的特点，然而在确定化合物分子结构时，必须将吸收峰位置辅以吸收峰强度和峰形来综合分析。以羰基为例，羰基的吸收是比较强的，如果在1680～1780 cm^{-1}有吸收峰，但其强度低，这并不表明所研究的化合物存在羰基，而是说明该化合物中可能存在着含有羰基的杂质。吸收峰的形状也决定于官能团的种类，从峰形可辅助判断官能团。以缔合羟基、缔合伯胺及炔氢为例，它们的吸收峰位置只略有差别，主要差别在于吸收峰形不一样：缔合羟基峰圆滑而钝；缔合伯胺吸收峰有一个小或大的分岔；炔氢则显示尖锐的峰形。

另外，还要注意同一基团的几种振动的相关峰是否同时存在。对任意一个官能团来讲，由于存在多种伸缩振动和弯曲移动，任何一种官能团会在红外谱图的不同区域显示出几个相关的吸收峰。只有当几处应该出现吸收峰的地方都显示吸收峰时，才能得出该官能团存在的结论。例如，当分子中存在酯基时，能同时见到C═O吸收和 C—O—C 的吸收（1 050～1 300 cm^{-1} 的两个吸收峰）。并且对每一处的吸收峰，如同前述，都应同时注意它的位置、强度和峰形三要素。

指纹区的某些吸收能提供辨别某些异构体的信息，因此，对指纹区的解析也是不容忽视的。例如，取代苯和烯烃等复杂的分子结构可通过指纹区的吸收峰来确认（表 16.3）。

总之，只有同时注意吸收峰的位置、强度、峰形，以及相关峰的存在情况，综合考虑指纹区所提供信息后，才能得出较为可靠的结论。

谱图的解析一般应从高波数移向低波数，即先从功能区入手，找出该区域的特征吸收峰，判别分子中可能存在何种官能团，然后寻找其相关峰，以确证该官能团的存在。如果特征峰及其相关峰都表明分子中含有某官能团，就可据此推断样品属于何类化合物。

例 16.1 化合物 C_8H_8O 的红外光谱如图 16.5 所示，试推测其可能的结构式。

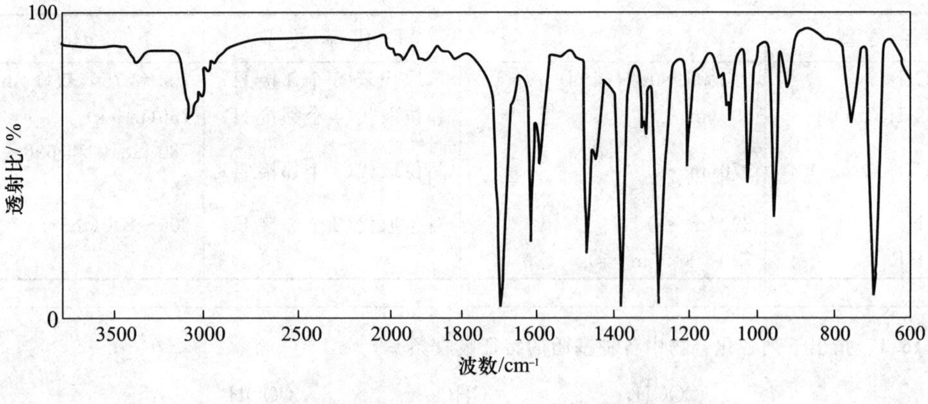

图 16.5 分子式为 C_8H_8O 的化合物的红外光谱

解： 在 3 000～3 500 cm^{-1} 缺少任何强峰，证明分子中无—OH。约在 1 690 cm^{-1} 处有一个很强的吸收峰，显示可能为醛、酮或酰胺类化合物。但是由于分子式中不具有 N，故酰胺可以排除。又因在 2 720 cm^{-1} 附近无醛基的 ν(C—H)峰，故知该化合物只可能是酮类。3 000 cm^{-1} 以上的 ν(C—H)特征，以及 1 600 cm^{-1}，1 580 cm^{-1}，700 cm^{-1} 等处的强峰，均显示分子中含有芳香结构。而 700 cm^{-1} 及 750 cm^{-1} 两个峰则进一步提示该化合物可能为单取代苯的衍生物。在 2 920 cm^{-1}，2 960 cm^{-1} 及 1 360 cm^{-1} 处的吸收又显示含有—CH_3。

综上，将分子式 C_8H_8O 和上述结构碎片（单取代苯基 C_6H_5—，C═O，—CH_3）综合考虑，该化合物结构式可能为

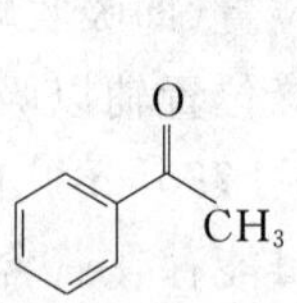

16.3 核磁共振谱

16.3.1 核磁共振谱的基本原理

有些原子核像电子一样,也有自旋现象,而且在自旋的同时也产生磁矩。但不是所有的原子核都有自旋现象。量子力学计算和实践证明,质子数和质量数均为偶数时,自旋量子数 $I=0$,如^{12}C,^{16}O,^{32}S 等的核就没有自旋现象;质子数或质量数为奇数时,自旋量子数 $I\neq 0$,核才会产生自旋,如^{1}H,^{13}C,^{15}N,^{31}P,^{19}F 等的核。有自旋现象的原子核有 $2I+1$ 种自旋状态。^{1}H 原子核的 $I=1/2$,因此有两种自旋状态,两种自旋状态的能量和出现的概率相同。但是若把^{1}H 放到外磁场中,在外磁场作用下,这两种自旋状态的能量不再相等。^{1}H 的自旋磁矩与外磁场同向的状态(以 α 表示)能量较低,与外磁场反向的状态(以 β 表示)能量较高。两个能级之间的能差与外磁场的磁感应强度成正比(图 16.6)。

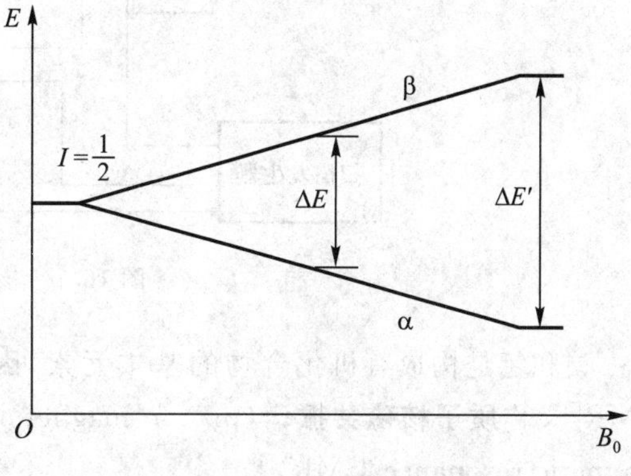

图 16.6 在外磁场中^{1}H 核的自旋态能量与外磁场磁感应强度 B_0 的关系

$$\Delta E=E_{\beta}-E_{\alpha}=\gamma\frac{h}{2\pi}B_0$$

式中,h 为普朗克常量;γ 为磁旋比,是磁性核的特性常数;B_0 为外磁场的磁感应强度。

在这种情况下如果受到一定频率的电磁辐射(无线电波),而辐射所提供的能量又等于两种状态的能量差,部分^{1}H 核就吸收电磁辐射,自旋方向发生反转,从低能量状态跃迁到高能量状态,即产生**核磁共振**(nuclear magnetic resonance,NMR)。如果以磁场磁感应强度或电磁辐射的频率为横坐标,以电磁辐射的吸收程度为纵坐标作图,即得到**核磁共振谱图**(NMR spectra)。如果只由上述核磁共振所需磁场磁感应强度与频率的关系来考虑,则在一固定的磁场磁感应强度下,使一个分子中所有氢核发生共振吸收的频率应该是一样的。其实不然,由于不同氢核在分子中所处的化学环境不同(通常将化学环境相同的氢核称为等性质子),发生共振吸收的频率也有差异。正是基于这样一点,才使核磁共振谱成为结构分析中非常有用的工具。

要获得核磁共振谱,有两种方式:一种是固定外磁场磁感应强度,用连续变换频率的电磁波照射样品以达到共振条件,称为扫频;另一种是固定电磁波的频率,连续不断改变外磁场磁感应强度进行扫描以达到共振条件,称为扫场。目前的核磁共振仪采用后一种形式,其装置如图 16.7 所示。测试样品放在磁铁两极之间的细长样品管内,样品一般为溶液,溶剂为氘代溶剂(因为氘核不发生核磁共振),如 $CDCl_3$,CD_3COCD_3 等。用固定频率的电磁波照射样品,当外磁场磁感应强度达到一定值时恰与照射频率匹配,样品中某一类型的氢核便发生能级跃迁。接收器收到信号,由记录器记录下来就得核磁共振谱。

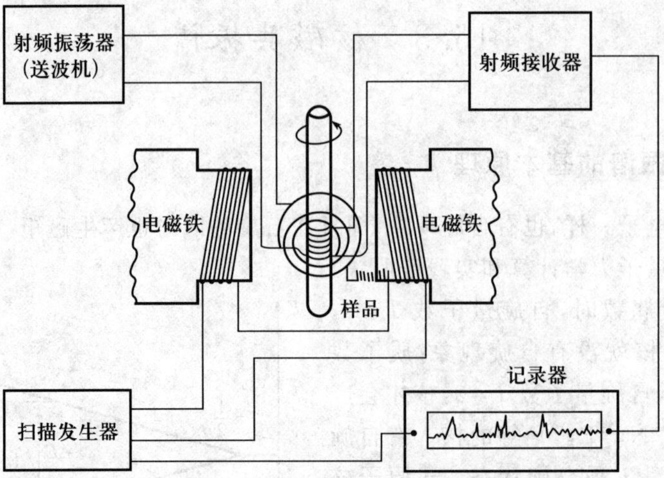

图 16.7 核磁共振仪示意图

碳和氢是构成有机化合物的基本元素，因此目前广泛研究的是 H 和 C 的核磁共振谱：^{1}H NMR[又称**质子核磁共振谱**(proton magnetic resonance，PMR)]和^{13}C NMR[又称**碳谱**(carbon magnetic resonance，CMR)]。

16.3.2 化学位移

有机化合物分子中的氢核与裸露的质子不同，它周围还有电子，这些电子在与外磁场垂直的平面上绕核旋转并产生感应磁场。感应磁场的方向与外磁场方向相反，所以氢核实际感受到的磁场磁感应强度将比外磁场略小(图 16.8)。因此，外磁场的磁感应强度要略微增加才能使氢核发生自旋跃迁。原子核周围的电子对核的这种影响称为屏蔽效应。显然，分子中不同化学环境的氢核周围的电子云密度不一样，其屏蔽效应的大小也不一样，因而不同类型的氢核将在不同的磁场磁感应强度下发生共振，在核磁共振谱的不同位置上出现吸收峰，这种由化学环境不同引起的核磁共振信号位置的变化称为**化学位移**(chemical shift)，常用符号 δ 表示。

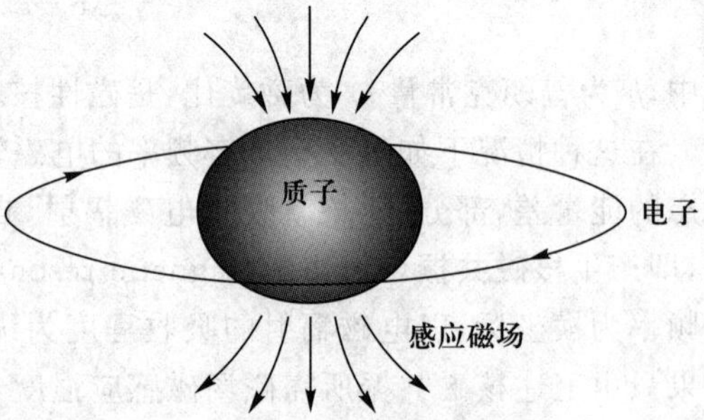

图 16.8 电子对氢核的屏蔽效应

不同氢核共振时的外磁场磁感应强度的差别极其微小，只有百万分之几，若要精确测定各共振信号的绝对磁感应强度来表达化学位移在实验上是有困难的。因此，通常采用一个参考物质的信号作标准，将样品中各个氢核的信号位置分别与此标准比较，测得化学位移的相对值。目前最普遍采用的参考物质是屏蔽效应很强的**四甲基硅烷**(tetramethylsilane，TMS)，其优点是结构对称，在分子中的 12 个 H 只形成一个信号，给出一个尖锐的单峰；并且比大多数分子的 H 都要处在高场，使用起来十分方便。化学位移依赖于磁场磁感应强度，磁场磁感应强度越大，化学位移也越大。为了消除仪器对化学位移相对值的影响，使其具有可比性，故将相对的频率除以核磁共振仪所用的频率，这样化学位移值 δ 表示为

$$\delta=\frac{\nu_{样品}-\nu_{TMS}}{\nu_0}\times 10^6$$

式中，$\nu_{样品}$ 为样品的信号频率，ν_{TMS} 为 TMS 的信号频率，ν_0 为仪器的电磁波频率。

例如，使用 60 MHz 仪器，$CHCl_3$ 中氢核与 TMS 的信号频率差为 435 Hz，其化学位移值为

$$\delta=\frac{435\ \text{Hz}-0\ \text{Hz}}{60\ \text{MHz}}\times 10^6=7.25$$

显然 TMS 的 $\delta=0$。由于一般有机物中氢核信号都处在 TMS 的低场，即左边，故 δ 常为正值，并自右向左递增，常见氢核的 δ 值范围为 0～13(表 16.4)。

表 16.4 常见各类氢核的化学位移值

氢的类型	化学位移	氢的类型	化学位移
$F—C\underline{H}_3$	4.26	$\underline{H}—C—O—$(醇或醚)	3.3～4
$Cl—C\underline{H}_3$	3.05	$R_2NC\underline{H}_3$	2.2～2.6
$Br—C\underline{H}_3$	2.68	$RC\underline{H}_2COOR$	2～2.2
$I—C\underline{H}_3$	2.16	$RC\underline{H}_2COOH$	2～2.6
$RC\underline{H}_3$	0.8～1.2	$RCOC\underline{H}_2R$	2.0～2.7
$R_2C\underline{H}_2$	1.1～1.5	$RC\underline{H}O$	9.4～10.4
$R_3C\underline{H}$	～1.5	$R_2N\underline{H}$	2～4
$ArC\underline{H}_3$	2.2～2.5	$ArO\underline{H}$	6～8
$Ar\underline{H}$	6.0～8.0	$RCO_2\underline{H}$	10～12
$R_2C═C\underline{H}R$	4.9～5.9	$RCOOC\underline{H}_2R$	3.8
$RC≡C\underline{H}$	2.3～2.9	$RO\underline{H}$	1～6
$R_2C\underline{H}CR═CR_2$	～1.7		

邻近基团的电负性、空间取向、氢键等因素都会影响 δ 值的大小。概括起来有如下一些规律：δ 值随着邻近原子或基团电负性的增强而增大；烃基氢的 δ 值为芳环上氢＞烯基氢＞炔基氢＞饱和碳原子上的氢；饱和碳原子上的氢的 δ 值为 $3°>2°>1°$；$—OH$，$—COOH$，$—NH_2$ 等基团上的氢，由于氢键的形成使 δ 值向低场位移，并随测定时的温度、浓度而变化，由于溶剂效应，这些质子的 δ 值可能随测定时的溶剂不同而不同。

问题 16.2 预测下列化合物的 ^1H NMR 分别出现多少个信号？

(1) $CH_3CH_2CH_3$　(2) CH_3CH_2Cl　(3) $CH_3CH_2CH_2OH$　(4)

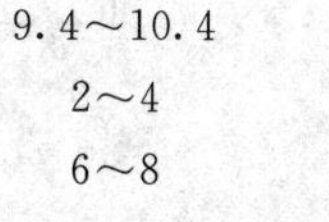

16.3.3 积分曲线与氢原子数目

在 ^1H NMR 谱中，吸收峰的强度(即峰的面积)与质子数目成正比。根据各组峰的面积比，

可以推测各类质子的数目比。对一个分子式已知的有机物,若测得各峰相对面积之比,则根据化合物所含的总氢核数,就可算出各峰面积所代表的相应的氢核数。

目前的核磁共振仪上都装有积分仪,各峰的面积可用阶梯式的积分线高度来表示。例如,图16.9中的三组信号的积分线高度之比为8.8∶2.9∶3.8,三个高度总和为15.5。根据对叔丁基甲苯的分子式$C_{11}H_{16}$,共有16个H,故每一高度单位相当于16/15.5=1.03个H,据此算出各信号所含的氢核数为a=1.03×8.8=9.1;b=1.03×2.9=3.0;c=1.03×3.8=3.9,即a为9H,b为3H,c为4H。

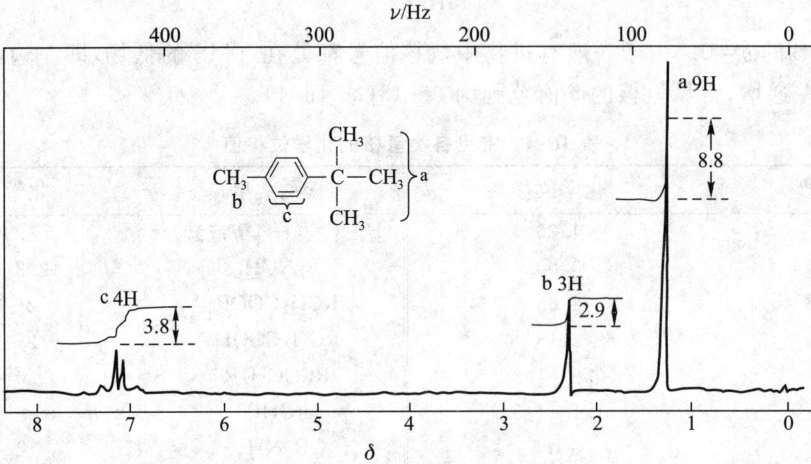

图16.9　对叔丁基甲苯的^1H NMR谱

16.3.4　自旋偶合和自旋裂分

有机化合物分子的^1H NMR吸收峰并不都是**单峰**(singlet),也可以分裂成**两重峰**(doublet)、**三重峰**(triplet)、**四重峰**(quartet),甚至更复杂的**多重峰**(multiplet)等,通常分别以(s),(d),(t),(q),(m)等字母表示。

图16.10是溴乙烷(CH_3—CH_2—Br)的^1H NMR谱。谱图中δ=1.7的CH_3峰分裂成三重峰,三个小峰的强度之比为1∶2∶1;δ=3.4的CH_2峰分裂成四重峰,四个小峰强度之比为1∶3∶3∶1。在该化合物中—CH_3上的三个质子化学环境相同,它们属于等性质子;同样的,—CH_2—上的两个质子也是等性质子,但是这些等性质子的信号均发生了吸收峰的裂分,出现多重峰。

分别用H_a和H_b代表溴乙烷分子中甲基和亚甲基上的质子。H_a和H_b各有两种自旋状态α和β。两个H_b的自旋态的组合方式为:① αα,② αβ和βα,③ ββ,其中αβ和βα两种自旋态的能量相等。第一种组合相当于在H_a的周围增加了两个与外磁场方向相同的小磁场。假如在没有H_b存在的情况下,H_a应当在外磁场磁感应强度等于B时发生自旋能级的跃迁,那么有H_b存在的情况下,在扫描时,就会在外磁场磁感应强度比B略小时发生能级跃迁。第二种组合相当于在H_a的周围增加了两个方向相反、磁感应强度相等的小磁场,对H_a周围的磁场磁感应强度没有实质影响,因此,H_a自旋能级的跃迁仍在外磁场磁感应强度达到B时发生。第三种组合相当于在H_a周围增加了与外磁场方向相反的两个小磁场,因此只有外磁场磁感应强度比B略大时,

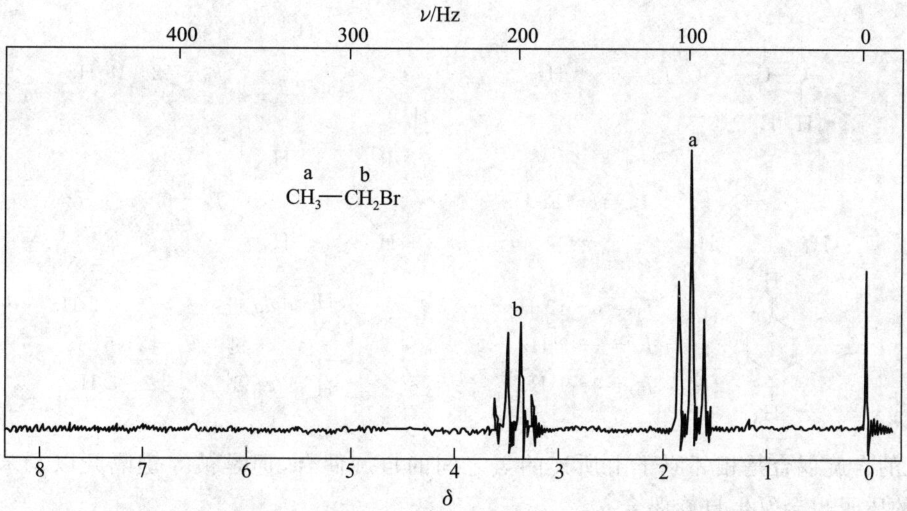

图 16.10 溴乙烷的[1]H NMR 谱

H_a 才发生自旋能级的跃迁。显然,当对溴乙烷样品扫描时,甲基上的质子就分裂成三重峰,其面积之比为 1:2:1。根据同样的推理,亚甲基上的质子 H_b 在甲基上三个质子 H_a 的影响下将分裂为四重峰,其面积之比为 1:3:3:1(图 16.11)。

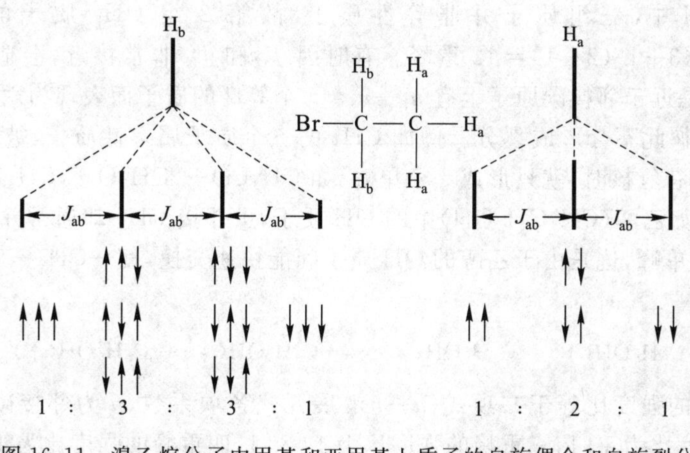

图 16.11 溴乙烷分子中甲基和亚甲基上质子的自旋偶合和自旋裂分

有机化合物分子中这种相邻的不等性质子由于自旋而产生的磁性相互作用,称为**自旋-自旋偶合**(spin-spin coupling),简称自旋偶合。自旋偶合所引起的核磁共振峰裂分而使峰增多的现象,称为自旋-自旋裂分,简称自旋裂分。分裂峰中各小峰之间的距离称为**偶合常数**(coupling constant),用符号 J 表示,单位为 Hz。J 值的大小反映了核之间自旋偶合的有效程度,J 值越大,核间自旋偶合的作用越强,而且相互偶合的两组信号具有相同的偶合常数。对某一特定化合物,偶合常数只依赖于邻近质子的自旋偶合作用,与外磁场磁感应强度无关。因此,参数 J 对阐明各基团之间的关系极为有用。

常见类型质子的偶合常数如下：

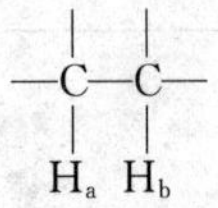

$J_{ab}=6\sim8$ Hz

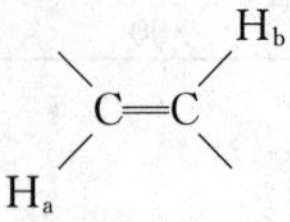

$J_{ab}=12\sim18$ Hz

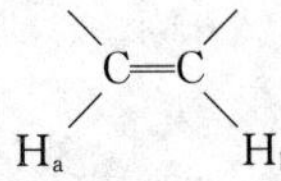

$J_{ab}=6\sim12$ Hz

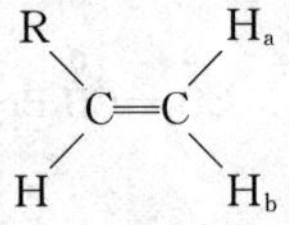

$J_{ab}=0.5\sim3$ Hz

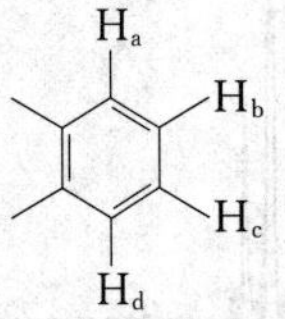

$J_{ab}=6\sim12$ Hz

$J_{ac}=1\sim3$ Hz

$J_{ad}=0\sim1$ Hz

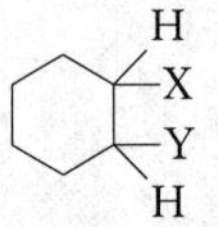

aa 键　$J_{aa}=5\sim12$ Hz

ae 键　$J_{ae}=2\sim5$ Hz

ee 键　$J_{ee}=2\sim3$ Hz

常见的自旋偶合是相邻原子上所连的氢之间的自旋偶合，但是被 π 键隔开以及苯环中邻、间、对位的质子也会发生自旋偶合。

对简单有机化合物，NMR 信号的裂分通常遵循以下规律。

(1) 一个信号的分裂峰数决定于邻接碳原子上的等性质子数，如该数是 n，则分裂峰数为 $n+1$。如溴乙烷(CH_3CH_2Br)中，CH_2 的 $n=2$，故邻接的 CH_3 裂分成 $2+1=3$ 重峰；而 CH_3 的 $n=3$，则 CH_2 按 $n+1$ 规律裂分为四重峰。当一组质子分别受到邻接两组质子的偶合，例如丙烷($CH_3CH_2CH_3$)中的 CH_2，因两组 CH_3 质子彼此等同，$n=3+3=6$，故 CH_2 信号分裂成七重峰。但在 $\overset{1}{C}H_3\overset{2}{C}H_2\overset{3}{C}H_2I$ 中，三组质子并非等性质子，故第 2 组 CH_2 质子的分裂峰数应为 $(n_1+1)(n_3+1)=(3+1)(2+1)=12$ 重峰。有时因 J_{12} 和 J_{23} 非常接近，会造成分裂谱线的重叠，使结果看到的是近于邻接碳原子上有 $n_1+n_3=5$ 个等性的质子而表现为六重峰。

(2) 等性质子彼此不会形成裂分。例如 CH_3 的三个质子属等性质子，彼此互不干扰，当邻接碳或杂原子未连有氢核时，就只形成一个单峰，如 CH_3CO—，CH_3O—，CH_3N—等。

(3) 活泼质子如乙醇(CH_3CH_2OH)中的 OH 质子，虽邻接 CH_2 却通常并不裂分成三重峰，一般只观察到一个单峰，这是由于乙醇的 OH 质子间能快速交换，使—CH_2—对 OH 质子的偶合作用平均化的结果。

$$C_2H_5OH(\uparrow)+C_2H_5OH(\downarrow)\rightleftharpoons C_2H_5OH(\downarrow)+C_2H_5OH(\uparrow)$$

(4) 各分裂峰的强度比等于二项式$(a+b)^n$ 展开式各项系数，n 为邻接碳原子上质子的数目，如二重峰的强度比为 1∶1，三重峰的强度比为 1∶2∶1，四重峰的强度比为 1∶3∶3∶1。

问题 16.3　预测下列化合物的 ^{1}H NMR 谱，说明信号数、各信号的裂分情况、各信号的相对面积比和各信号的相对位置。

(1) $(CH_3)_2CHCH_2Cl$　　(2) $CH_3CH{=}C(CH_3)_2$　　(3) $(CH_3)_3CCH_2OH$

16.3.5　^{1}H NMR 谱的解析

核磁共振谱是目前研究有机化合物结构最有力的工具之一。解析核磁共振谱，主要是从其中寻找信号的位置、数目、强度及裂分情况的信息。从吸收峰的位置(即化学位移δ值)可知质子的类型;从吸收峰的数目可知分子中含有多少种不同类型的质子;从各吸收峰占有的相对面积可知各类质子的相对数目;从吸收峰的裂分情况可知邻近基团结构的信息。如果再结合红外光谱和其他光谱,就可推测化合物的结构。谱图的解析通常包括如下顺序。

(1) 首先确定样品的分子式,获知所含氢核数。根据分子式求出化合物的不饱和度,并尽可能通过其他光谱或化学反应提供有关结构的信息。

(2) 根据积分线高度和总氢核数,求出每组吸收峰所代表的氢核数。

(3) 从化学位移δ值,判断氢核类型。注意活泼氢在加入D_2O前后的信号变化;能形成氢键的质子其δ则向低场位移。

(4) 从信号峰的裂分情况和偶合常数确定邻接碳原子上的氢核数和相互关联的结构片段。

(5) 综合以上各参数来推定样品的结构,必要时再结合其他数据予以确证。对某些简单有机物,NMR 谱就可以确定结构。如被测样品为已知物,则可与标准谱图进行核对确证。

例 16.2 某烃分子式为C_8H_{10},其^1H NMR 谱图如图 16.12 所示,试推测其结构。

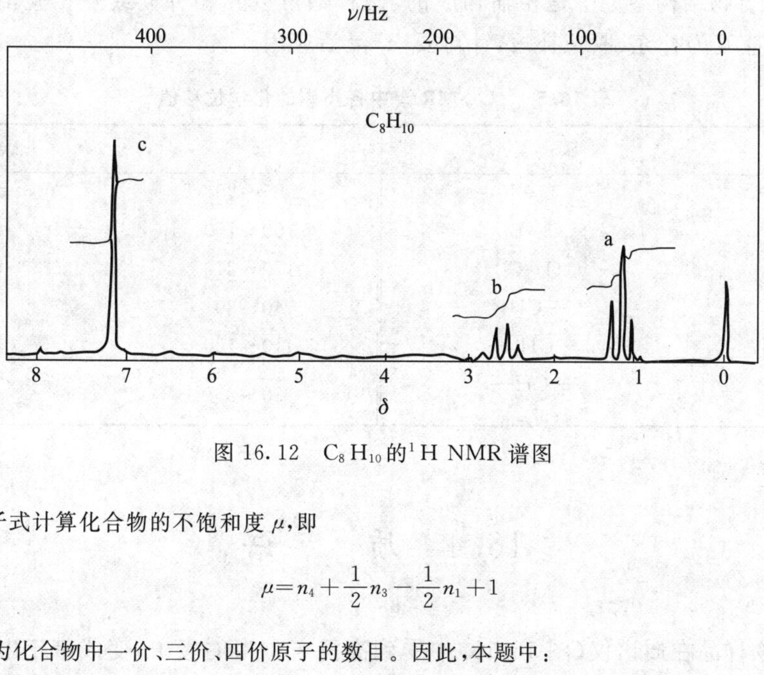

图 16.12 C_8H_{10}的^1H NMR 谱图

解: 根据分子式计算化合物的不饱和度μ,即

$$\mu = n_4 + \frac{1}{2}n_3 - \frac{1}{2}n_1 + 1$$

n_1,n_3 和 n_4 分别为化合物中一价、三价、四价原子的数目。因此,本题中:

$$\mu = 8 + \frac{0}{2} - \frac{1}{2} \times 10 + 1 = 4$$

不饱和度为 4,可能含有苯环,^1H NMR 谱图中有三组吸收峰 a,b,c,表明有三种类型的氢。c 峰(δ=7.15)为苯环氢的信号峰,a 峰(δ=1.25)、b 峰(δ=2.6)分别裂分为三重峰和四重峰,按(n+1)规律,应为乙基,其中 a 为甲基,b 为亚甲基。根据积分曲线,氢原子的比例为 a∶b∶c=3∶2∶5。因此C_8H_{10}应为乙苯。

16.3.6 ^{13}C 核磁共振谱简介

NMR 不仅用于氢核,也用于其他有自旋的原子核,其中以^{13}C NMR 用得最多。因为碳是构成有机化合物骨架的主要元素,获得有关碳原子的信息对于有机化合物的结构鉴定具有重要意义。天然丰度很大的^{12}C由于自旋量子数为零而没有核磁共振信号。^{13}C的自旋量子数与^{1}H相同,因此^{13}C也有核磁共振信号,其基本原理与^{1}H相同。^{13}C同位素在自然界的丰度很低,约为^{12}C的1.1%;^{13}C的灵敏度仅为^{1}H的1/64,需要多次扫描积累方能得到较满意的NMR谱图。

在^{13}C NMR谱图中,最重要的是化学位移值δ_C这一参数。信号强度与碳原子数目之间没有定量的关系,因而谱图上没有积分曲线。^{13}C NMR谱中的化学位移δ_C是确定C在分子碳架中位置的依据。同^{1}H核一样,^{13}C的化学位移也是自旋核周围电子屏蔽造成的,影响^{13}C化学位移的因素有各种电子效应、碳的杂化状况、构型、构象、氢键、溶剂种类、溶液浓度、体系酸碱性等。在测定δ_C时也是以TMS为基准物,TMS的C的化学位移定为0,大多数有机化合物的^{13}C的化学位移在其左边。各种^{13}C的化学位移如表16.5所示。^{13}C NMR具有两个独特的优点即:化学位移范围广,大多数有机物的δ为0~250,因而^{13}C NMR谱的分辨率比^{1}H NMR谱高10~20倍;^{13}C NMR谱给出的是分子碳骨架,以及与碳直接相连的质子的信息。从^{1}H NMR谱可以推测质子在碳骨架上的位置,而从^{13}C NMR谱可以得到碳骨架本身的信息,因此^{13}C NMR和^{1}H NMR在有机化合物结构鉴定中是相辅相成的,两种谱可以互相补充或互相验证。氢谱和碳谱各有所长,两者应互为补充、取长补短,针对要求,灵活应用。

表16.5 ^{13}C NMR谱中各类碳的化学位移值

δ_C	碳的类型	δ_C	碳的类型
0~40	C—I	65~85	≡C—(炔)
25~65	C—Br	100~150	=C—(烯)
35~80	C—Cl	170~210	C=O
8~30	$—CH_3$	40~80	C_6H_6
15~55	$—CH_2—$	110~160	芳环碳
20~60	—CH— |	30~65	C—N

16.4 质 谱

有机化合物样品在质谱仪(图16.13)中受到高能电子束的轰击,变成带正电荷的分子离子和碎片离子,这些离子受到电场的加速,然后在强磁场的作用下沿着弧形轨道前进。质荷比(质量与所带电荷之比m/z)大的正离子,其轨道弯曲程度小;质荷比小的正离子,其轨道弯曲程度大。各种正离子就这样按质荷比的不同进行分离测定,得到的谱图称为**质谱**(mass spectrum,简称MS)。

质谱可以用柱状图表示(图16.14)。图中横坐标为质荷比m/z。由于大多数碎片离子只带单位正电荷($z=1$),m/z就是碎片离子的质量。纵坐标为正离子的相对丰度,以丰度最大的离子为100%,称为基峰。由分子离子产生的峰称为分子离子峰,常以M^+表示。分子离子峰位于质谱图中m/z最大的一端。一般分子离子的m/z就是该分子的相对分子质量。

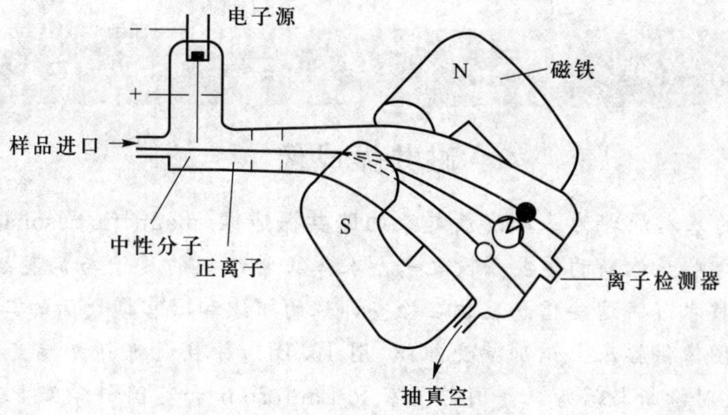

图 16.13　质谱仪原理示意图

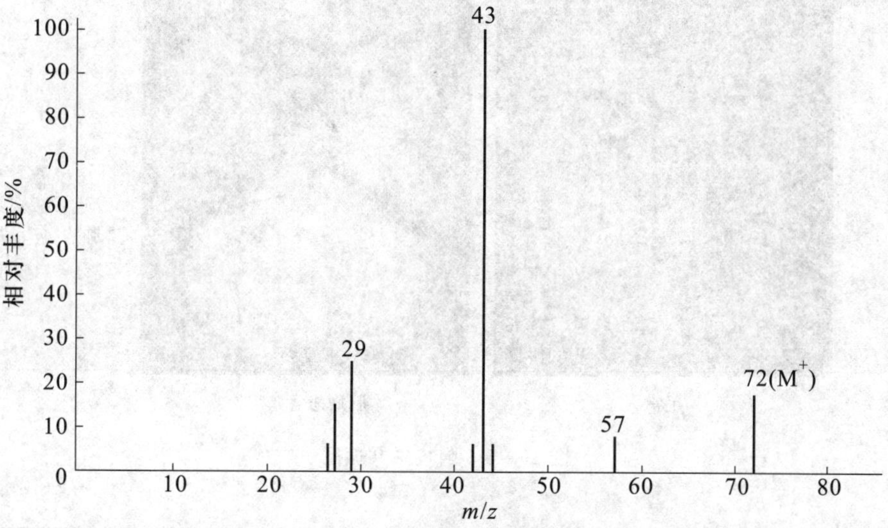

图 16.14　丁酮的质谱图

质谱从 20 世纪 50 年代开始应用于有机化合物结构的研究。随着各种质谱技术、计算机技术和色谱技术的发展，质谱现已成为复杂有机物分析和分离的强有力工具。

生物质谱主要用于精确测量生物大分子，如蛋白质、核苷酸和糖类等的相对分子质量，提供它们的分子结构信息；用于生命体系中的微量或痕量小分子生物活性物质的定性或定量分析，是目前有机质谱中最活跃的研究领域，已成为有机质谱的前沿课题之一。

阅读材料

磁共振成像

以 ^1H NMR 的基本原理为基础发展起来的**磁共振成像**(magnetic resonance imaging,简称 MRI)已经成为医学临床诊断的重要手段之一。人体正常组织的质子与病变组织的质子有所不同,先进的计算机技术可将这些信息反映在检查部位的组织和器官横切面的二维图像中,并集合成一个三维 MRI 图像供临床上识别病变组织(图 16.15),并且还可判断病变的不同发展阶段,有利于对疾病的及时诊断与治疗。美国科学家 P. Lauterbur 和英国科学家 P. Mansfield 对核磁共振成像技术的发展做出了奠基性的贡献,因此获得了 2003 年诺贝尔生理学和医学奖。

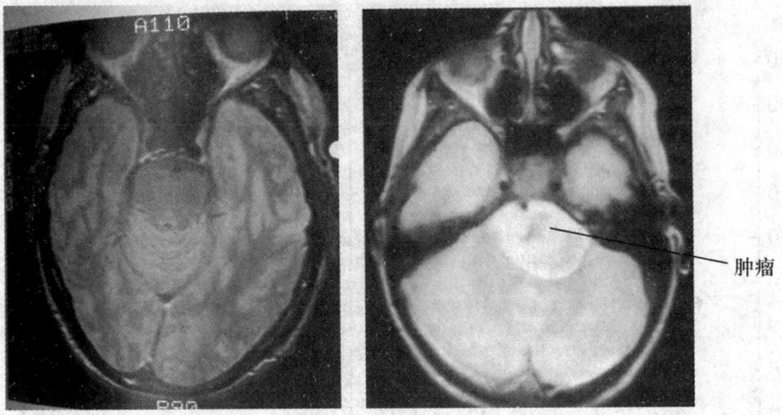

正常人　　　　脑瘤患者

图 16.15 脑核磁共振图

习 题

1. 用紫外光谱区分下列各组化合物。

(1) 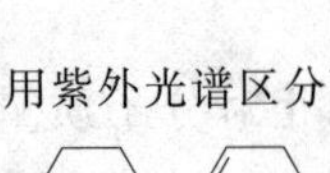 与 

(2) 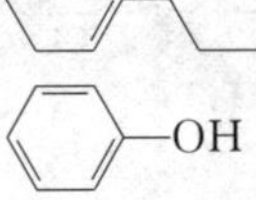 与 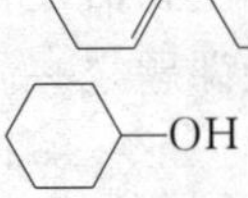

2. 如何通过红外光谱区别下列各组化合物?

(1) $CH_3CH_2CH_2N(CH_3)_2$ 与 $CH_3CH_2CH_2CH_2CH_2NH_2$

(2) $CH_3C{\equiv}CCH_3$ 与 $CH_3CH_2C{\equiv}CH$

(3) $CH_3CH_2CH_2OCH_3$ 与 $CH_3CH_2COCH_3$

(4)  与 

(5) $CH_3CH_2CH_2COOH$ 与 $CH_3CH_2COOCH_3$

3. 观察某化合物的 IR 谱，发现 1 700 cm^{-1} 有一强吸收峰，在 3 020 cm^{-1} 处有一中强吸收峰，由此可推断该化合物是下列化合物中的哪一种？

(1) 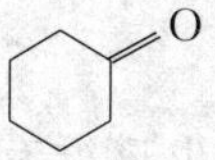

(2) 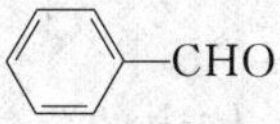

(3) 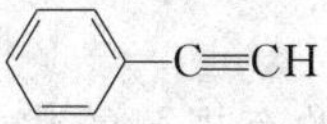

(4) 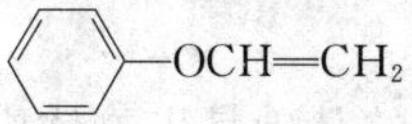

4. 如何用[1] H NMR 谱来区别下列各组化合物？

(1) $H_2C═CHCH_2CH_2CH_2CH_3$ 与 $(H_3C)_2C═C(CH_3)_2$

(2) $CH_3CH_2CH_2CHO$ 与 $CH_3COCH_2CH_3$

(3) CH_3COCH_3 与 CH_3COOCH_3

(4) 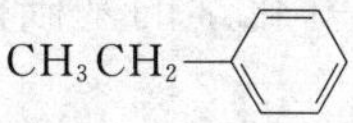

与 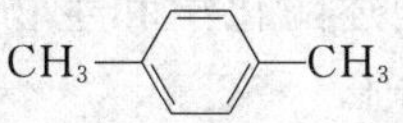

5. 某化合物的分子式为 C_4H_8O，它的红外光谱在 1 715 cm^{-1} 有强吸收峰；它的核磁共振谱有一单峰，相当于三个 H，有一四重峰相当于两个 H，有一三重峰相当于三个 H。试写出该化合物的结构式。

6. 根据下列化合物的[1] H NMR 数据，试推测其结构。

(1) $C_3H_3Cl_5$(δ)：4.52(1H,t)，6.07(2H,d)

(2) C_4H_9Br(δ)：1.04(6H,d)，1.93(1H,m)　3.33(2H,d)

7. 请从下列数据推测化合物的结构：实验式为 C_3H_6O。

[1] HNMR(δ)：1.2(6H,s)，2.2(3H,s)，2.6(2H,s)，4.0(1H,s)

IR 在 1 700 cm^{-1} 及 3 400 cm^{-1} 处有吸收峰。

8. 化合物 $C_8H_{18}O$ 只在[1] H NMR 谱中 δ 为 1.0 左右显示 1 个很尖的单峰，试推测其结构。

9. 液体化合物 A 的沸点为 220 ℃，分子式为 $C_8H_{10}O$，IR 在 3 400 cm^{-1} 和 1 050 cm^{-1} 处有强吸收，在 1 600 cm^{-1}，1 495 cm^{-1}，1 450 cm^{-1} 处有中等强度的吸收峰。[1] H NMR 数据(δ)如下：7.1(s)，4.1(s)，3.7(t)，2.65(t)，峰面积比为 5∶1∶2∶2，试推测 A 的结构。

10. 化合物 A 和 B 是构造异构体，其分子式都是 $C_9H_{10}O$。A 不起碘仿反应，B 能起碘仿反应。光谱数据为：A 的红外光谱图上在 1 690 cm^{-1} 处有强吸收峰；[1] H NMR，δ：1.2(t,3H)，3.0(q,2H)，7.7(m,5H)。B 的红外光谱图上在 1 705 cm^{-1} 处有强吸收峰；[1] H NMR，δ：2.0(s,3H)，3.5(s,2H)，7.1(m,5H)。试推测化合物 A 和 B 的结构式。

（四川大学　罗美明）

第 17 章　生物体内的化学变化(简介)

生命活动的基础是生物体内进行的有规律的化学反应,体内的化学反应也遵循有机化学反应的基本原理和规则。通常有机反应需要加热,加催化剂,有的还需要加压,反应复杂并常伴有副产物生成。而体内进行的反应,反应条件温和,在温度近 37 ℃、近中性环境和酶的催化下进行。当酶发生异常或其活性受到抑制时,将使代谢反应异常而导致疾病发生。许多药物正是通过对酶的作用而达到治疗疾病的目的。本章主要阐述酶化学和生物自由基化学的基础知识,介绍生物体内的化学变化,为后续课程的学习打下基础。

17.1　酶化学基础

17.1.1　酶的概念

酶(enzyme)是一类由生物细胞产生、以蛋白质为主要成分、具有催化活性的生物大分子。简单地说,酶是一种具有催化功能的蛋白质,在体内不断合成、分解、自我更新,用于促进生命体内的各种生物转化。

1833 年 Payen 及 Persoz 从麦芽的水提取物中分离得到一种能将淀粉水解成可溶性糖的物质,他们联想到生物催化剂的作用。1857 年微生物学家 Pasteur 证明了发酵作用是由微生物酵母细胞引起的,并提出了"酵素"一词。1878 年 Kuhne 首先提出了"enzyme"这个名词,将生物催化剂统称为酶。

酶是特殊的**生物催化剂**(biocatalyst),由酶催化的化学反应称为酶促反应,被酶催化的物质叫底物。酶几乎参与了所有的生命活动过程,体内进行的许多反应如氧化还原反应、加成反应、水解反应、酰化反应、重排以及异构化反应等都是在酶催化下进行的。与化学催化剂相似,酶只能改变反应速率,不能改变反应的性质和反应的平衡,但是二者的主要差异在于酶催化作用的专一性和高效性。

17.1.2　酶催化作用的特点

1. 反应条件温和

酶活性易受各种因素的影响,凡可使蛋白质变性的因素,如高温、强酸、强碱、重金属盐等都可导致酶失去催化活性,所以酶催化的反应通常都在常温、常压、近中性条件下进行。酶在 pH 5～8 的范围内发挥作用,最适宜的环境是在 pH 7 左右,酶促反应最适合温度一般在 30 ℃左右。

2. 高效性

酶降低反应活化能的程度比一般催化剂大得多,在可比条件下酶催化的效率比其他化学催

化剂高 10^7～10^{12}倍。以过氧化氢分解为例：每摩尔铁离子能使 3.1×10^{-2} mol 过氧化氢分解，而每摩尔过氧化氢酶能使 3.5×10^6 mol 过氧化氢分解，效率比铁离子高 10^8 倍。又如用刀豆脲酶催化尿素水解，其反应速率常数为 3×10^4，而在 60 ℃，用酸催化尿素水解的反应速率常数为 3×10^{-10}，前者的反应速率是后者的 10^{14}倍。据报道，如果人的消化道中没有多种酶参与消化，那么一个人一顿简单的午餐需要 50 年才能被消化。

3. 高度专一性

(1) 反应专一性　一种酶只能催化某一种或某一类结构和性质相似的底物，或者是作用于某一类化学键。例如蛋白水解酶只能水解蛋白质，生成氨基酸；脂酶只能水解酯和脂类，不能水解蛋白质；α-D-葡萄糖苷酶作用的键是 α-糖苷键，所以含有 α-葡萄糖苷的蔗糖和麦芽糖都可作为酶催化的底物。

(2) 底物专一性　有些酶只作用于一个特定的底物，生成特定结构的化合物，对该底物的衍生物或取代物均无反应。例如脲酶只催化水解尿素，对甲基脲等无催化作用。

$$H_2N—CO—NH_2 \xrightarrow{\text{脲酶}} NH_3 + CO_2$$

$$CH_3—NH—CO—NH_2 \xrightarrow{\text{脲酶}} \text{无反应}$$

(3) 立体专一性　酶的另一个重要特性是对底物的立体构型有高度的选择性，识别并只与其中之一发生反应。例如延胡索酸酶只能催化具有反式结构的延胡索酸，而对于具有顺式结构的马来酸无催化作用；具有手性的酶只催化具有手性的底物，手性底物分子通过与酶形成复合物而被识别。例如，精氨酸酶只催化含 L-精氨酸的肽链水解，对含 D-精氨酸的肽链则无作用。

酶的专一性还表现在某些酶能即时修正其催化过程中产生的错误。例如 DNA 聚合酶能识别并除去错配对的核苷酸，从而保证 DNA 复制时的误差在 10^{-10}～10^{-8} 以下。又如氨酰基-tRNA合成酶能自动地消除反应过程中错误活化的氨基酸，使合成蛋白质的氨基酸错误掺入率低于 10^{-4}。

4. 可调节性

酶活性的可调节作用是维持生理条件下错综复杂的物质代谢和体内动态平衡的重要环节。酶活性调节方式很多，例如反馈调节作用、变构调节、共价修饰调节、抑制调节和激素调节等。许多酶能根据环境的代谢信号改变其分子构象，进而改变其催化功能，激活或抑制酶的活性，或通过阻截诱导改变酶的量来调节所催化的反应。通过各种调节方式可以改变酶的活性，以适应生理功能的需要，促进代谢的协调统一，使生命活动能正常进行。若酶的活性调节失控就会产生疾病。

17.1.3 酶的化学组成

按化学组成酶可分为**单纯酶**(simple enzyme)和**结合酶**(conjugated enzyme)两大类。单纯酶仅由蛋白质组成，水解最终产物只有氨基酸，例如淀粉酶、胃蛋白酶、脲酶、脂肪酶等。结合酶不仅含有蛋白质的成分[**酶蛋白**(apoenzyme)]，还含有非蛋白质的成分——**辅助因子**(cofactor)。两者结合后形成的复合物，成为具有催化活性的**全酶**(holoenzyme)，酶蛋白决定酶促反应的专一性，辅助因子决定反应的性质。

辅助因子包括小分子有机化合物，如辅酶、辅基，或金属离子，如 Fe^{2+}，Fe^{3+}，Mn^{2+}，Zn^{2+} 等

(见表 17.1)。小分子有机化合物的种类不多,结构中常含有维生素,其中绝大部分是 B 族维生素的衍生物。**辅酶**(coenzyme)与**辅基**(prosthetic group)的区别在于前者与蛋白质结合不牢,用透析法能将辅酶与酶蛋白分离,如辅酶 A、辅酶 Q 等。辅基与蛋白质结合较牢固,用透析法不易将它们分离,如黄素单核苷酸(FMN)等。同一种辅酶或辅基能与多种不同的酶蛋白结合构成各种特异性很强的结合酶。

表 17.1 部分酶中含的金属离子

金属离子	酶
Fe^{2+} Fe^{3+}	细胞色素酶,过氧化氢酶,过氧化物酶
Cu^{2+}	细胞色素氧化酶
Zn^{2+}	羧肽酶
Mg^{2+}	己糖激酶,磷酸酶类
Mn^{2+}	精氨酸酶,超氧化物歧化酶
Ca^{2+}	α-淀粉酶
Se^{2+}	谷胱甘肽酶

17.1.4 酶的活性中心

酶的催化作用与酶的活性部位有关。酶的活性部位是指酶分子中结合底物并催化底物进行反应、转化为产物的区域。酶的分子中存在有许多功能基团,例如$-NH_2$,$-SH$,$-OH$,$-COOH$等,但并不是这些基团都与酶活性有关。一般将与酶活性有关的基团称为酶的**必需基团**(essential group)。有些必需基团虽然在一级结构上相距很远,但在高级结构上彼此靠近,集中在一起形成具有一定空间结构的区域,这一区域称为酶的**活性中心**(active center),该区域与底物相结合并将底物转化为产物。对于结合酶来说,辅酶或辅基也参与酶活性中心的组成。

构成酶活性中心的必需基团有两种,一类是直接与底物结合的基团,称为**结合基团**(binding group),这些基团与底物结合,匹配状态在很大程度上决定酶的专一性。另一类是能催化底物发生化学变化的基团,称为**催化基团**(catalytic group),其作用是使底物的价键发生极化或激活,以降低过渡态的活化能,使反应易于进行,这种作用决定酶的高效性。

一般来说,酶的活性中心是位于酶表面的、具有三维结构的呈裂缝状的小区域。这种裂缝或凹陷可深入酶分子内部,且多为氨基酸残基疏水基团组成的疏水环境,裂缝的非极性增进了与底物的结合。酶活性中心外的一些必需基团虽不参与酶活性中心的组成,但可维系酶活性中心三维结构的特定空间构象。

酶的活性部位与底物的形状并不是互补的,活性部位的构象具有柔性。1890 年 Fischer 曾提出酶和底物作用的锁-钥匙模型[图 17.1(a)]。锁钥学说虽然可以较好地解释酶对底物的专一性,但后来的研究结果表明,酶的活性部位并不是刚性的,在结合底物时,酶分子的活性部位构象发生了改变,先与底物契合形成中间复合物,结合的过程是个动态的过程,称为诱导契合[图 17.1(b)]。

17.1.5 酶的分类和命名

1. 酶的分类

酶的种类很多,根据国际酶学委员会规定,按酶催化作用的类型,把酶分成以下六大类。

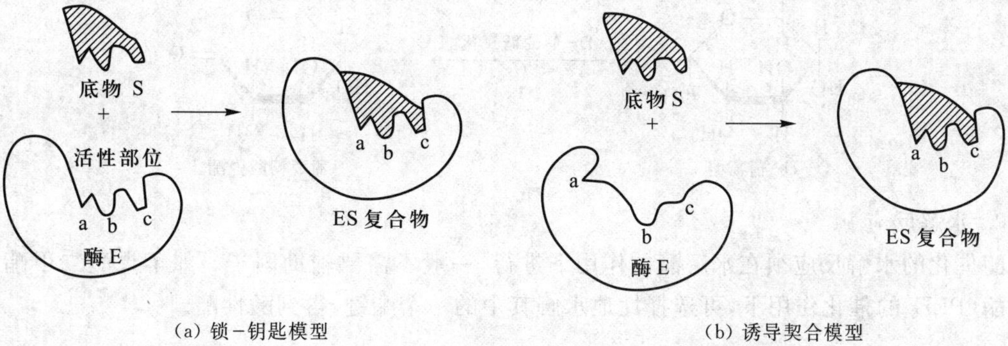

图 17.1 酶与底物相互作用的锁-钥匙模型和诱导契合模型

(1) **氧化还原酶类**(oxidoreductases) 催化底物进行氧化还原反应,如乳酸脱氢酶、过氧化物酶等。

(2) **转移酶类**(transferases) 催化底物之间进行某些基团的转移和交换,如氨基转移酶、己糖激酶等。

(3) **水解酶类**(hydrolases) 催化底物进行水解反应,如蛋白酶、淀粉酶等。

(4) **裂解(合)酶类**(lyases) 催化从底物移去或加入一个基团的反应,如醛缩酶、柠檬酸合酶等。

(5) **异构酶类**(isomerases) 催化底物各种异构体间相互的转化反应,如消旋酶、磷酸丙糖异构酶等。

(6) **合成酶类**(synthetases)**或连接酶类**(ligases) 催化两分子底物合成为一分子化合物,同时伴有 ATP 磷酸键断裂释能的合成反应,如谷氨酰胺合成酶、氨基酰-tRNA 合成酶等。

在每一大类中,还可根据酶催化的化学键的特点和参加反应的基团不同,进一步分成若干亚类。

2. 酶的命名

命名酶有习惯命名和系统命名两种体系。酶的习惯命名是根据底物、反应类型及来源而定。如氨基酸氧化酶是催化氨基酸氧化的酶。系统命名是由“底物名称、反应类型、酶”组成,在双分子反应中,在两种底物的名称之间加“:”。如乳酸脱氢酶的反应为

$$\text{L-乳酸} + NAD^+ \Longleftrightarrow \text{丙酮酸} + NADH + H^+$$

底物是 L-乳酸和 NAD^+,反应类型是氧化还原,因此这个酶的系统命名为 L-乳酸:NAD^+ 氧化还原酶。

17.1.6 酶促反应的应用

酶促反应在生物体内应用非常广泛,类型较多,可归纳如下。

1. 氧化还原反应

体内的氧化还原反应是在氧化还原酶的催化下进行的,氧化还原酶种类繁多,包括脱氢酶、氧化酶、过氧化物酶和氧合酶等。如葡萄糖氧化酶可以将 D-葡萄糖氧化成葡萄糖酸内酯。

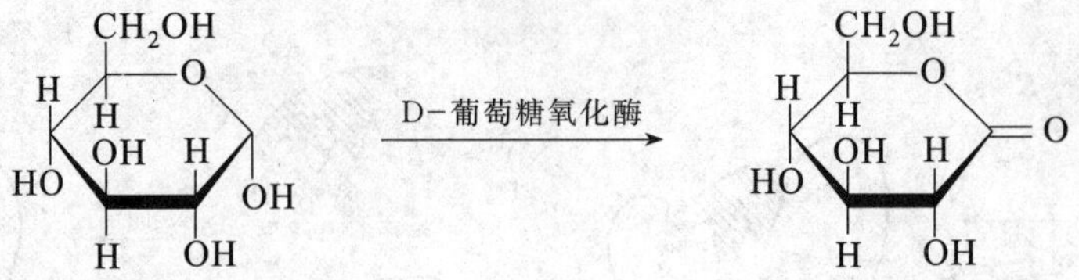

D-葡萄糖　　葡萄糖酸内酯

2. 水解反应

酶催化的水解反应须在水解酶的作用下进行,一般不需要辅助因子。如苹果酸二甲酯在猪肝酯酶(PLE)的催化作用下,可选择性地水解其中的一个酯键,得到酸性酯。

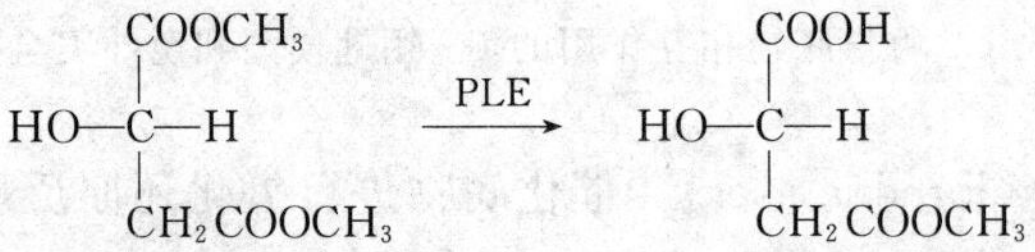

苹果酸二甲酯　　苹果酸氢甲酯

3. 磷酰化反应

磷酰化反应是生物体内重要的反应之一,体内能量的传递、转化以及生物合成与代谢都普遍存在着这一反应。该反应是利用三磷酸腺苷容易与含羟基的化合物反应生成磷酸化产物。

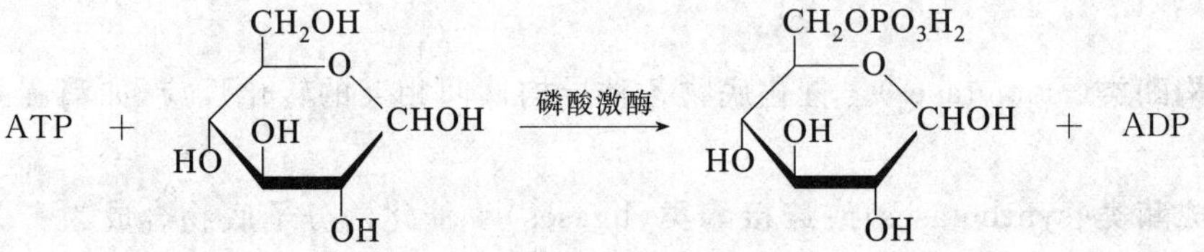

葡萄糖-6-磷酸酯

4. 加成反应

实验室用延胡索酸制备苹果酸得到的是外消旋混合物。体内在延胡索酸酶的催化下,产物具有极强的立体选择性,只得到 L-苹果酸。

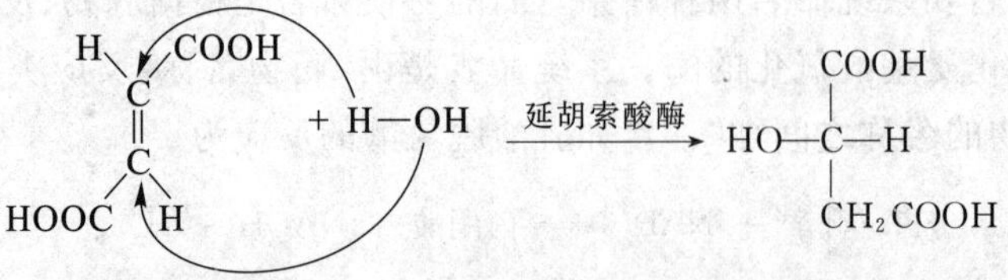

延胡索酸　　L-苹果酸

5. 酶催化的合成反应

丙酮酸在丙酮酸羧化酶的催化下,由 ATP 供能,与 CO_2 发生合成反应,形成新的 C—C 键,生成草酰乙酸、ADP 和磷酸。

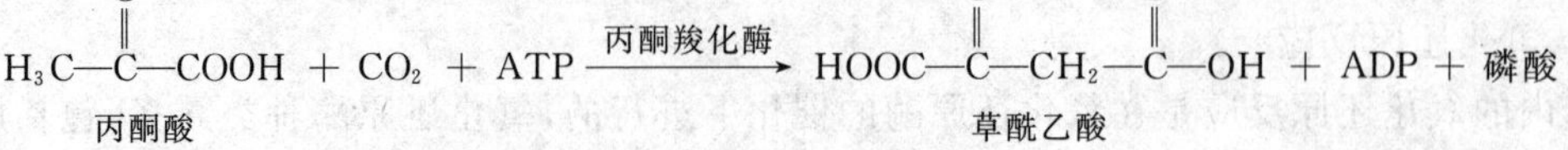

丙酮酸　　草酰乙酸

阅读材料

Flymin 的感冒与溶菌酶的发现

1922 年的一天，英国细菌学家 A. Flymin 患了感冒，但这并没影响他在实验室的工作。凭着科学家的敏锐直觉，他从鼻子中取出一些黏液涂在细胞培养基上，几天后他意外地发现黏液中的某些物质杀死了培养基上的细菌，这可能是其中的某些微生物所含有的酶造成的。于是，他将这种酶命名为溶菌酶。很快，弗莱明便从身体的各种体液中检测到了溶菌酶的存在。溶菌酶是指能溶解某些细菌的一种糖水解酶，具有防止微生物入侵的保护机制。溶菌酶主要存在于动植物的组织液和某些微生物体内，如眼泪、唾液、鼻黏液、卵蛋白和某些蔬菜中。该酶能水解细菌的细胞壁中 *N*－乙酰氨基葡萄糖和 *N*－乙酰胞壁酸之间的 β－1,4－糖苷键，故又称胞壁质酶，即 *N*－乙酰胞壁质糖苷聚糖水解酶。现在从鸡蛋清中提取溶菌酶以及从霉菌中提取溶菌酶均已达到工业化生产水平。对鸡蛋清溶菌酶的研究已较详细，它是由 129 个氨基酸残基构成的一种碱性蛋白，相对分子质量 15 000～18 000，对热稳定，对碱不稳定，对革兰氏阳性细菌有较强的杀菌作用。溶菌酶的应用范围较广，用作药物具有抗菌、清除局部坏死组织、止血、消肿、消炎等作用。在食品工业上可用作防腐剂，还可添加在牙膏中作为防治龋齿的药用牙膏。在发酵工业上是一种重要的溶菌剂，用于溶解细菌细胞壁，制备无菌体提取液。

17.2 生物自由基化学

生物体内进行的化学反应，常伴随有自由基的生成和消除。在正常情况下，自由基的生成和消除处于动态平衡，自由基对维持正常生理功能和防御功能等起着重要作用。但是在病理情况下，自由基通过扰乱生物大分子（如 DNA、蛋白质、脂类、糖等）的结构和功能，损害人的健康。

自从 1969 年 McCord and Fridovich 发现**超氧化物歧化酶**（superoxide dismutase，SOD）以来，经过 40 余年的研究，一门新兴学科——自由基生物学已日趋成熟。

人体的细胞分为两类：一类是不断更新（从皮肤到内脏细胞），另一类是不能更新（如神经细胞、脑细胞）。由于环境污染，人的年龄增长、抗氧化能力减弱等因素的影响，自由基可以干扰第一类细胞的基因，造成基因突变，使人患癌症的概率增加。自由基还可以使第二类细胞衰退，人变衰老，出现中枢神经系统机能障碍等疾病。因此自由基对疾病的发生也越来越多地引起医学及与医学有关学科的关注。

17.2.1 自由基和活性氧

自由基（free radical）一般是指化学性质活泼、具有单电子的原子或原子团，例如 H•，HO•，RO•，O_2^-•等。形成分子时，化学键中电子必须成对出现，因此在反应中自由基必须夺取其他物质的一个电子,才能使自己形成稳定的结构。在生物体系中遇到的自由基主要是含氧自由基,例如超氧阴离子自由基($O_2^-\cdot$)、羟基自由基、烃氧自由基、二氧化氮和一氧化氮自由基,以及过氧化氢、单线态氧和臭氧等,这些化学性质活泼的含氧自由基和化合物统称活性氧。实验证明,一个人每天摄入的氧有1%～3%转变成$O_2^-\cdot$及其活性衍生物。在正常情况下,体内抗氧剂及外源性抗氧剂协同作用,可以将过量活性氧不断清除,并保持其含量对人体有利而无害的最低水平。但是在衰老、应激及某些病理情况下,活性氧产生过多或清除能力减弱,活性氧就会对机体产生损伤,如心脏病、老年痴呆症、帕金森病和肿瘤。此外,外界环境中的阳光辐射、空气污染、吸烟、农药等都会使人体产生过量的活性氧自由基,使核酸突变,这是人类衰老和患病的根源。

在自由基生物学发展初期,研究的内容基本上是活性氧的产生、清除、危害和利用。自1986年发现一氧化氮的生物学效应后,人们除研究活性氧外,还研究活性氮。这是因为NO与超氧自由基结合后,生成的ONOO·,其活性远远高于一氧化氮或超氧化物自由基。

17.2.2　体内自由基的产生

体内的许多酶促反应和非酶促反应,常常是通过单电子转移,产生自由基。

1. 酶促反应产生的自由基

(1) 醛氧化酶　它的系统名称为醛:氧－氧化还原酶。其底物是醛与氧,醛氧化酶催化醛与氧反应生成酸和$O_2^-\cdot$。

(2) 黄嘌呤氧化酶　在黄嘌呤氧化酶的催化下,可通过单电子或双电子转移给氧的氧化方式将黄嘌呤氧化成尿酸和$O_2^-\cdot$。

(3) 线粒体呼吸链有关的某些酶　线粒体呼吸链为黄素蛋白、NADH、铁硫蛋白、泛醌与细胞色素类。黄素蛋白在氧化还原过程中产生自由基型黄素蛋白,在特殊情况下它与O_2反应生成$O_2^-\cdot$,HO·或其衍生物,参与脂类过氧化或在血红素加氧酶作用下使血红蛋白氧化裂解为胆色素。

(4) 前列腺素合成酶　前列腺素合成酶催化的反应中可产生HO·。

2. 非酶促反应产生的自由基

(1) 水的辐射分解　实验证明:纯水或水溶液经γ射线等辐射分解能形成水合电子(常用e_{aq}^-表示),水合电子是由1个电子和4个、6个或8个水分子取向组成的带1单位负电荷的粒子。由于e_{aq}^-在生物体内能与不同的活性物质反应产生自由基,杀伤癌细胞,因此放射医学利用此作用治疗恶性肿瘤。

(2) 氧合血红蛋白氧化分解　氧合血红蛋白中的Fe^{2+}被氧化成Fe^{3+},同时产生$O_2^-\cdot$。

$$\underset{\text{氧合血红蛋白}}{\text{蛋白质}-\text{血红素}-Fe^{2+}} \longrightarrow \underset{\text{高铁血红蛋白}}{\text{蛋白质}-\text{血红素}-Fe^{3+}} + O_2^-\cdot$$

(3) 过渡金属离子或其衍生物与H_2O_2反应　生物体内常有H_2O_2生成,若不能及时清除,则有可能与过渡金属离子或其配合物反应生成HO·或$O_2^-\cdot$。

$$Fe^{2+} + H_2O_2 \longrightarrow HO\cdot + OH^- + Fe^{3+}$$

$$ADP-Fe^{2+} + H_2O_2 \longrightarrow ADP-Fe^{3+} + O_2^-\cdot + 2H_2O$$

(4) 光敏反应　凡能吸收一定波长光量子而被激发的物质,称为光敏剂。光敏反应就是利用光敏剂吸收光量子后，能够将激发能转移到周围的氧分子，使三线态氧 $^3O_2$ 转变成单线态氧 $^1O_2$ ，然后光敏剂又回复到基态的反应

$$\text{光敏剂} + h\nu \longrightarrow \text{光敏剂}^*(\text{激发态})$$
$$\text{光敏剂}^* + {}^3O_2 \longrightarrow \text{光敏剂} + {}^1O_2$$

用血卟啉(光敏剂)和激光治疗肿瘤的机理，就是利用光敏反应中产生的 $^1O_2$，O_2^-·及 HO·对肿瘤细胞的杀伤作用。

(5) 药物作用　某些药物在体内代谢过程中可以产生 HO·。例如含羟基药物 6-羟基多巴胺、6,7-二羟基色胺、5-羟基巴比妥酸等，在生物体内可以产生 HO·。某些带有醌型结构的抗肿瘤药物如博莱霉素、丝裂霉素 B,C 及链黑霉素进入体内就可产生 HO· ，杀伤癌细胞。

(6) 某些生理或病理条件　嗜中性白细胞和巨噬细胞吞噬细菌后，由于耗氧量增多，细胞会产生大量 O_2^-·，O_2^-·进一步反应生成 HO·，HO·作用于细菌的核酸及其生物膜，使细菌死亡。在发炎过程中也有 HO·产生。

17.2.3 体内自由基引发的一些反应

自由基在体内引发的反应，仍按照自由基反应机制进行。

1. 脂类过氧化反应

脂类过氧化反应是指脂类分子中不饱和脂肪酸在酶催化下，发生的一系列自由基反应。不饱和脂肪酸分子中，由于双键的影响，α-C 上的氢原子很容易发生自由基链式反应。特别是 HO·存在下，能很快引发脂类的过氧化反应。以亚油酸为例：

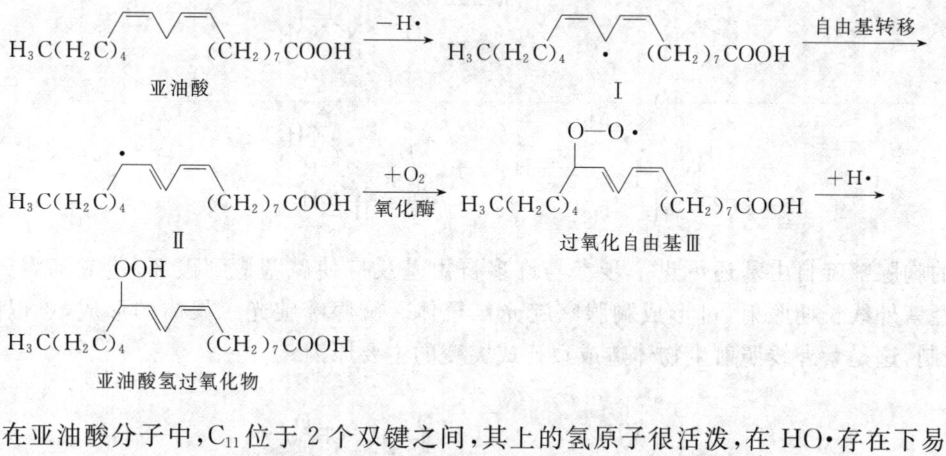

在亚油酸分子中，C_{11} 位于 2 个双键之间，其上的氢原子很活泼，在 HO·存在下易失去 H·，形成大分子自由基Ⅰ。Ⅰ通过自由基转移，形成结构稳定的Ⅱ。这是由于 —C=C—C=C—Ċ— (等电子共轭自由基)的存在，所以结构式Ⅱ比结构式Ⅰ更稳定。Ⅱ进一步氧化形成过氧化自由基Ⅲ，Ⅲ与 H·结合形成亚油酸氢过氧化物。亚油酸氢过氧化物可降解成丙二醛等小分子有机物。

2. 褐色素形成的反应

脂类过氧化反应的降解产物丙二醛与蛋白质分子中游离氨基或磷脂、核酸分子中的氨基，通过缩合反应生成 Schiff 碱。分子中游离的氨基越多，进行缩合交联概率越大，若是蛋白质则变

性，酶则失活。这些被破坏了的细胞成分，被溶菌酶吞噬后，不能被水解酶水解，积累增多，形成褐色素，这就是老年色斑的成因。反应如下：

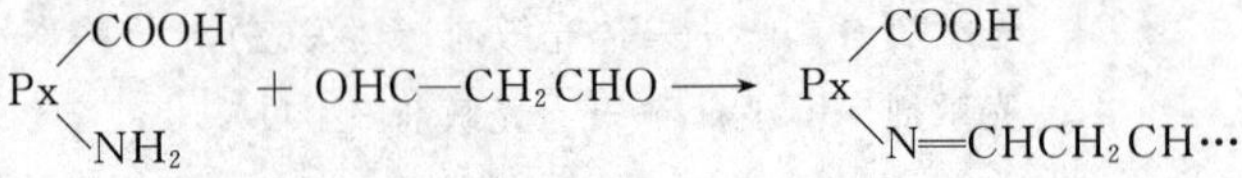

3. 自由基与氨基酸的反应

除上述丙二醛与蛋白质交联，可以破坏蛋白质的结构和功能外，Zs－Nagy 曾报道过 24～30 个月大鼠的脑皮质中，不溶于水的蛋白质比 1～4 个月的大鼠多，进一步说明了在衰老过程中自由基对机体的损害。在水溶液环境中大多数自由基是通过 HO•，H•与氨基酸反应。例如：

$$HO\cdot + H_3\overset{+}{N}CHR—COO^- \longrightarrow H_3\overset{+}{N}\dot{C}RCOO^- + H_2O$$

$$H\cdot + H_3\overset{+}{N}CHR—COO^- \longrightarrow H_3\overset{+}{N}\dot{C}RCOO^- + H_2$$

4. 自由基与核酸的反应

DNA 受短波射线照射后，其分子的各部位都可能产生自由基。实验证明组成核酸的碱基中，嘧啶基对紫外线的灵敏度比嘌呤基高很多倍。而嘧啶基中以胸腺嘧啶最敏感。在近中性环境中，HO•加到核酸碱基的双键上。一般认为 HO•主要加到胸腺嘧啶6位碳上，而 H•主要加在 C_5 上。

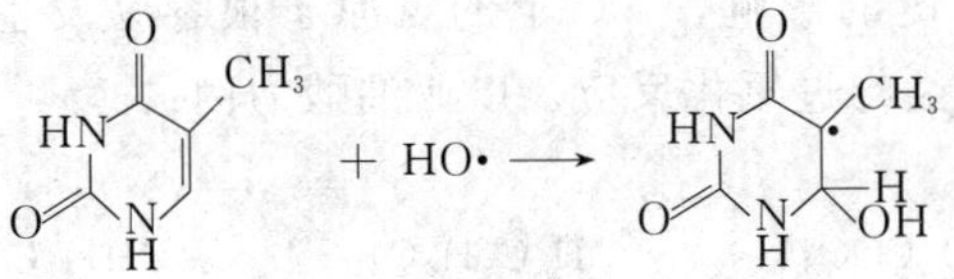

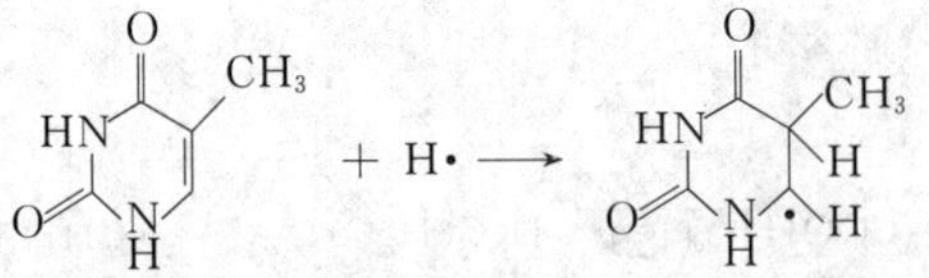

生成的胸腺嘧啶自由基还可进一步参与许多自由基反应使碱基遭到破坏，造成基因突变。胸腺嘧啶经紫外线长期照射，可形成胸腺嘧啶光二聚体。胸腺嘧啶光二聚体的形成，可以阻止 DNA 的复制，这是紫外线照射生物体造成致死或突变的主要原因。

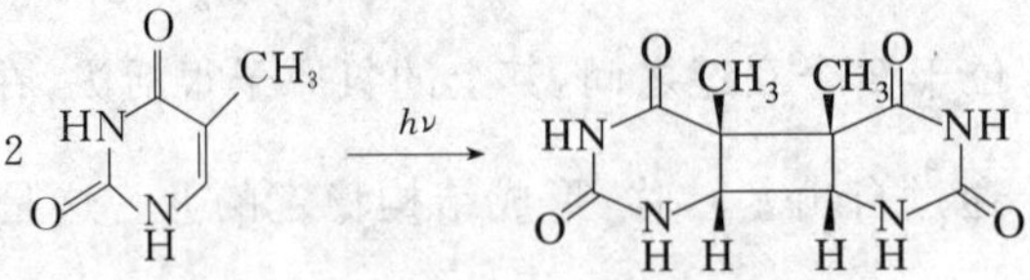

胸腺嘧啶光二聚体

5. 光辐射引起的反应

由紫外线辐射产生的水合电子在近中性的水溶液(体液)中能与氨基酸、嘧啶等反应，生成各种不同的自由基，破坏蛋白质、核酸的结构和功能。这就是大剂量电离辐射或紫外线照射引起机体损害的原因。例如：

$$e_{aq}^- + H_3\overset{+}{N}CHRCOO^- \longrightarrow \dot{C}HRCOO^- + NH_3$$

$$e_{aq}^- + H_3\overset{+}{N}CHRCOO^- \longrightarrow H_2NCHRCOO^- + H\cdot$$

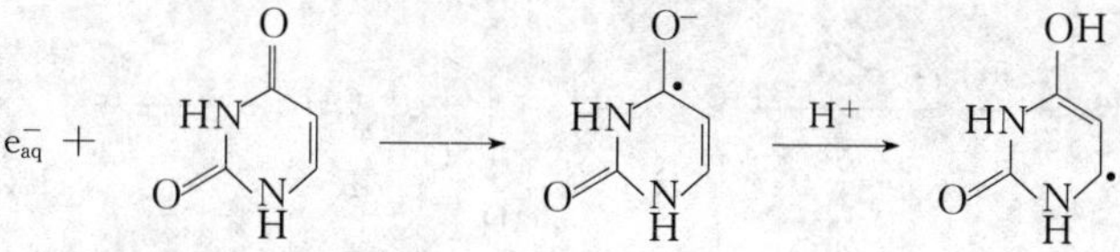

17.2.4 生物体内防御自由基损害的物质

为防御自由基对机体的损害,并维持机体正常生理功能,体内存在着两类重要化学物质。一类是抗氧化剂,另一类是抗氧化酶。

1. 抗氧化剂

(1) 辅酶 Q　辅酶 Q 又称泛醌,意思是指能普遍存在的醌。它是一类小分子醌类混合物,分子中具有数目不等的异戊二烯侧链,其结构式如下:

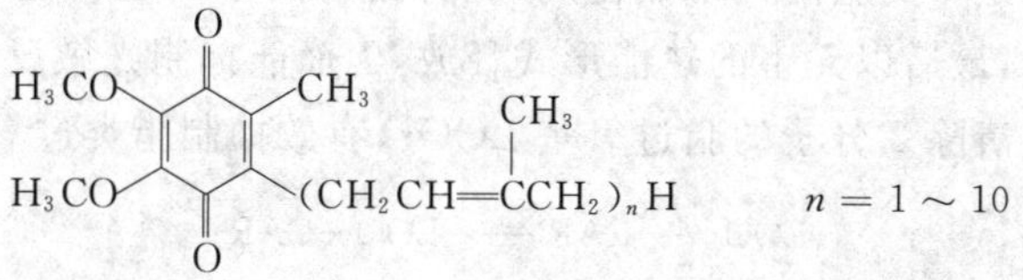

辅酶 Q(coenzyme Q)是氧化还原反应中的氢载体,当其被还原时,形成一种比较稳定的半醌,它可以参与 1 个或 2 个电子的转移反应。其不同的氧化－还原态如下:

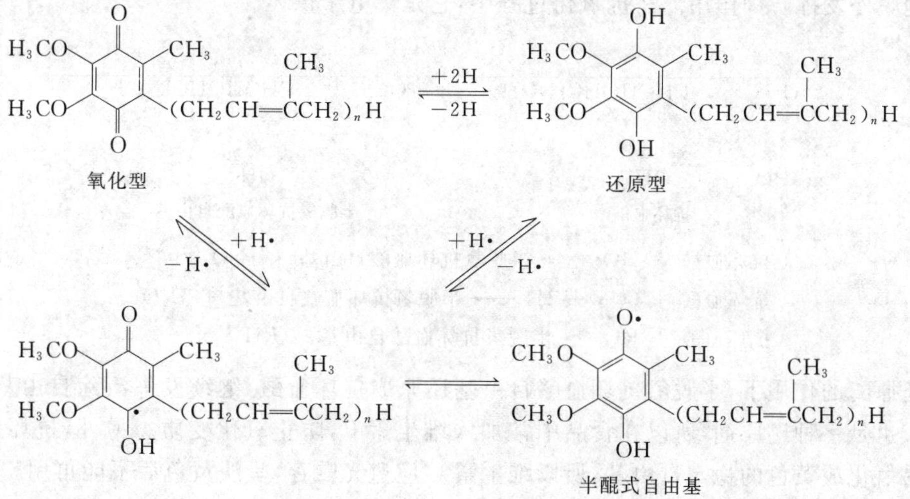

辅酶 Q 就是通过这几种形式的变化来参加呼吸链或光合作用的电子传递。若遇到活性 HO·,还能与 HO·形成较稳定的半醌式或酮式。

(2) 维生素 E　维生素 E 又称 α－生育酚。它不仅有抗不育作用,而且和生物膜的结构和功能有着密切的关系。维生素 E 是一种脂溶性维生素,其主要功能是防止脂类过氧化。由于它能深入到细胞膜的某些部位与活性自由基作用,从而使自由基失活。例如维生素 E 在抑制脂类过氧化过程中,能将 RO· 自由基转变成活性不高的 ROOH,维生素 E 则转变成维生素 E 自由基中间体,后者再转变成生育醌。

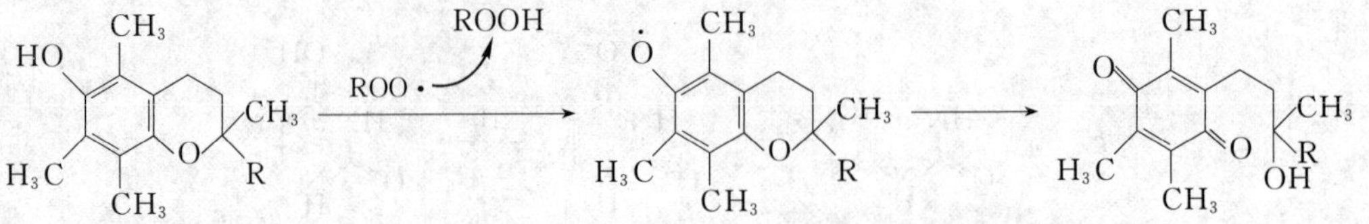

维生素E　　维生素E自由基　　α-生育醌

$$R = -(CH_2-CH_2-\underset{|}{\overset{CH_3}{C}}H-CH_2)_3H$$

所以维生素 E 在保护细胞膜不受自由基损害方面有重要作用。

(3) 类胡萝卜素　类胡萝卜素(carotenoids, CAR)包括 β-胡萝卜素和叶黄素等,广泛分布在自然界,人体中主要是 β-胡萝卜素。它们在保护细胞免受光、空气和光敏色素的损伤中起重要作用。类胡萝卜素也是一类脂溶性抗氧化剂,能直接与活性氧起反应,接受单线态氧的能量,自身变成激发态 CAR^*,最后以无害的热能形式释放,因而能抑制光敏反应产生的单线态氧。一分子类胡萝卜素还可以清除 2 分子的脂过氧基 LOO·,有效抑制脂类过氧化。

$$LOO\cdot + CAR \longrightarrow LOO-CAR\cdot$$

$$LOO-CAR\cdot + LOO\cdot \longrightarrow LOO-CAR-OOL$$

(4) 维生素 C(又称抗坏血酸)　维生素 C 是水溶性维生素,存在于细胞外液和细胞质中,主要在细胞膜外发挥防御作用。在抗氧化过程中,它是单电子供体。

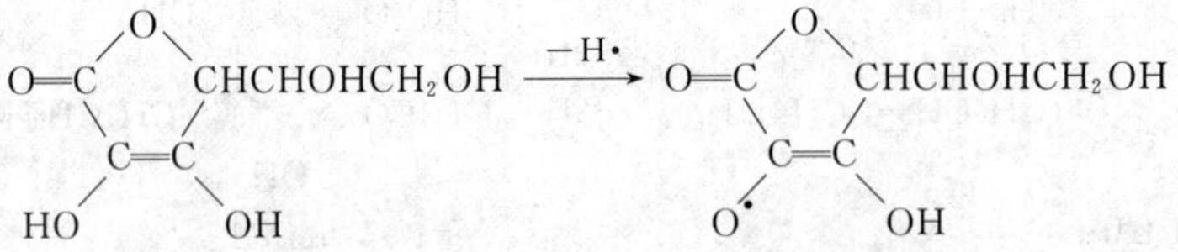

抗坏血酸　　半脱氢抗坏血酸自由基

抗坏血酸 + HO· ⟶ 半脱氢抗坏血酸自由基 + H_2O

抗坏血酸 + $O_2^-\cdot$ + H^+ ⟶ 半脱氢抗坏血酸自由基 + H_2O_2

抗坏血酸 + R· ⟶ 半脱氢抗坏血酸自由基 + RH

在还原酶的作用下,半脱氢抗坏血酸自由基还原成抗坏血酸,继续发挥清除自由基的作用。抗坏血酸也是一种还原剂,所以在食品中常加入维生素 C,防止氧化变质。另外,抗坏血酸在空气中极易氧化成黄色的稳定自由基,所以维生素 C 应避光贮存,呈淡黄色后不能再用。

(5) 谷胱甘肽(GSH)　谷胱甘肽广泛分布于动植物组织中,GSH 是还原型。其分子中的—SH很容易脱氢生成—S—S—键,两分子 GSH 脱氢生成氧化型谷胱甘肽。

$$GSH + R\cdot \longrightarrow GS\cdot + RH$$

$$2GS\cdot \longrightarrow GSSG$$

在谷胱甘肽还原酶的作用下,GSSG 又被还原成 GSH 重新发挥其清除自由基的作用。

2. 抗氧化酶类

(1) 超氧化物歧化酶(SOD)　超氧化物歧化酶(super oxide dismultase)是美国科学家 Fridovich 从牛血红细胞中发现的一种富含金属离子的蛋白质，广泛分布于各种生物体内，是机体内对抗自由基的第一道防线。

在自然界中，由于强光和紫外线的作用会产生许多氧化能力极强的超氧化物，这些物质一方面可损伤皮肤细胞，另一方面在皮肤细胞中促使一些氨基酸，如苯丙氨酸、酪氨酸氧化产生黑色素，使皮肤着色。因此，在皮肤表面如有一层防氧化层，将防止光和氧对表皮的损伤，以及防止着色，超氧化物歧化酶(SOD)就起这种作用。当它与自由基相遇时，能将自由基变成对人体无害的水分子和氧分子，从而使皮肤湿润、不紧绷。超氧化物歧化酶根据其结合的金属离子不同，分为 Cu、Zn－SOD，Mn－SOD 和 Fe－SOD 三类。它们分别存在于真核细胞胞浆线粒体和原核细胞中，都可以催化 $O_2^-\cdot$ 发生歧化反应，生成 H_2O_2 和 O_2。

$$2O_2^-\cdot + 2H^+ \xrightarrow{\text{歧化反应}} H_2O_2 + O_2$$

SOD 除可添加到化妆品和食品中外，还在一定程度上具有防止肿瘤发生、抗衰老和提高机体免疫力的作用。目前 SOD 大都是从动物血或脏器中提取出来的。由于含量少，纯度不易提高，因而价格高于黄金近 10 倍。现在 SOD 仍是国际医学界公认的一次性清除体内自由基最有效的酶剂之一。

(2) 过氧化氢酶　过氧化氢酶属于铁卟啉类蛋白质，存在于红细胞及过氧化物酶体系中，它的主要功能是催化 H_2O_2 歧化分解为 H_2O 和 O_2。

$$2H_2O_2 \xrightarrow{\text{歧化反应}} H_2O + O_2$$

(3) 谷胱甘肽过氧化物酶(GSH－Px)　GSH－Px 存在于人和动物体内，是一类重要的抗氧酶，其主要功能是清除脂类过氧化物，使其转变成无毒的醇和水。反应式如下：

$$\text{ROOH} + 2\text{GSH} \xrightarrow{\text{GSH-Px}} \text{R—OH} + \text{GSSG} + H_2O$$

该反应中 GSH(谷胱甘肽)是氢供体。GSH 还可以消除 H_2O_2，生成水和 GSSG。

$$H_2O_2 + 2\text{GSH} \longrightarrow \text{GSSG} + 2H_2O$$

实验证明，硒是谷胱甘肽过氧化物酶的重要组成部分，它的抗氧化能力比维生素 E 高 500 倍，所以硒对细胞膜有保护作用。

习　题

1. 解释下列名词。

(1) 单纯酶与结合酶　(2) 自由基与活性氧　(3) 酶的活性中心

2. 酶催化作用的特点是什么？

3. 简要说明酶有哪些种类。

4. 举例说明体内哪些物质可以清除体内过量的自由基。

(徐州医学院　朱松磊)

第18章 生物材料简介

从古至今，材料一直是人类文明和技术发展的物质基础。进入21世纪，具有特种功能、特殊性能的新材料日益崛起和壮大。生物材料作为特种功能材料的一员，其发展及在医药学领域的应用日益受到人们的关注。

生物材料(biomaterial)又称**生物医用材料**(biomedical material)，是用于诊断、治疗和置换损坏的组织、器官或增进其功能的材料。生物医用材料起步很早，早在公元前5000年就已经用人工牙植入口腔颌骨填补失牙。由于当时科学不发达，生物材料的研制和应用进展很缓慢，直到20世纪30年代，才出现少数医用材料。20世纪中后期，高分子工业的迅猛发展推动了生物医用材料的发展。现在使用的金属、陶瓷、高分子是应用最广泛的生物医用材料，三者各有优缺点，都需要通过复合材料来改进其原有的性能。随着现代医药学的发展，医药学对材料的多功能性提出更高的要求，因此大多数金属材料和陶瓷等无机材料的应用受到限制。在医用材料中，高分子材料由于原料来源广泛、可以通过分子设计改变结构、生物活性高、材料的性能多样等优点，是目前发展最为迅速的领域，已经成为现代医用材料中的主要部分。同时，医疗实践也给医用高分子材料提出了各种各样的要求，大大推动了高分子材料自身的发展。医用高分子材料种类繁多，是生物医用材料中发展最早、应用最广泛、用量最大的材料，现今已形成材料100多种，制品2000多种。

本章的侧重点在于生物材料中的医用高分子材料，介绍高分子化合物的基本概念、命名和特征，阐述对生物医用高分子材料的基本要求，并结合现状简单介绍一些重要高分子化合物在医药上的应用。

18.1 高分子化合物概述

高分子化合物自古以来就与人们的衣、食、住、行密切相关。天然橡胶、肌肉、血液、毛发中的蛋白质、棉和麻中的纤维素等都是天然高分子化合物。随着合成高分子化合物的迅猛发展，用高分子材料制得的产品极其繁多，已充斥了国民经济的各个部门，对人们的生活有着深远影响。

18.1.1 高分子化合物的基本概念

高分子化合物又称**聚合物**(polymer)、高分子或高聚物。它是由作为基本结构单元的低分子化合物(单体)通过共价键重复连接而成。高分子化合物的相对分子质量很大，通常为10^4～10^7。

18.1.2 高分子化合物的分类和命名

1. 高分子化合物的分类

高分子化合物种类繁多，很多新品种又相继问世。为了更好掌握聚合物的共性和规律，可按来源、聚合物的性能和用途、聚合物的结构等将其进行分类。

(1) 按来源分类　按高分子化合物的来源可分成天然高分子化合物和合成高分子化合物两大类。

天然高分子化合物包括：天然橡胶类、多糖类、多肽类、核酸类、蛋白质类和无机高分子化合物等。合成有机高分子化合物包括：碳链高分子如聚苯乙烯和杂链高分子如聚酰胺，无机高分子化合物如聚磷酸酯类。

(2) 按聚合物的性能和用途分类　按聚合物的性能和用途可分成塑料用聚合物、合成橡胶用聚合物、合成纤维用聚合物和其他聚合物四类。

(3) 按聚合物主链结构的化学组成分类　按聚合物主链结构的化学组成，可将聚合物分为碳链高分子、杂链高分子、元素有机高分子和无机高分子等。

① 碳链高分子。主链完全是由碳原子构成的，例如：

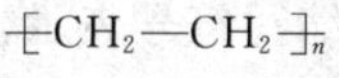

聚乙烯

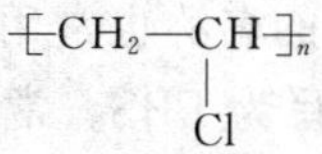

聚氯乙烯

② 杂链高分子。主链除碳原子外，还含有氧、氮、硫等其他原子，例如：

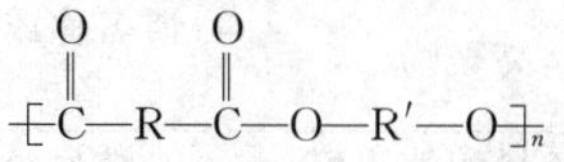

聚酯

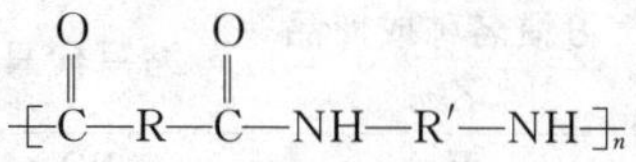

聚酰胺

③ 元素有机高分子。主链完全由杂原子构成，而侧链含有有机基团，例如：

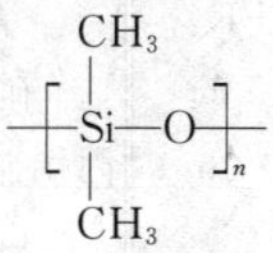

聚二甲基硅氧烷

④ 无机高分子。无论是主链还是侧基均无碳原子，完全由其他原子构成，例如：

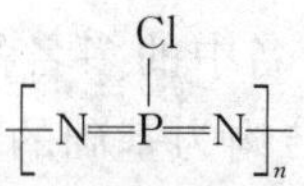

聚氯化磷腈

(4) 按聚合物分子的几何结构分类　按其几何结构，高分子化合物可分为线型高分子、支链型高分子和体型高分子。线型高分子是最基本的形式，即组成高分子链的链节按直线型连接。如果呈直线型连接的链上有很多分枝，则称为支链型高分子。高分子链之间经交联形成三维网络状结构称为体型高分子。

2. 高分子化合物的命名

高分子化合物的命名方法有一般命名法和系统命名法。

(1) 一般命名法

① 以单体名称或假想单体名称为基础，前面冠以“聚”字。如乙烯单体的聚合物称为聚乙烯，而聚乙烯醇是以假想单体是乙烯醇为基础命名的。一般碳链聚合物多以此方法命名。

② 以单体名为基础，后缀加“树脂”或“橡胶”二字。如以苯酚和甲醛为单体的聚合物称为酚醛树脂，以丁二烯和苯乙烯为单体的聚合物称为丁苯橡胶。

③ 某些聚合物以大分子主链中所含特征基团命名。大分子主链中含有酯基 $\left(\begin{array}{c}\mathrm{O}\\ \|\\ -\mathrm{C}-\mathrm{O}-\end{array}\right)$ 的聚合物称为聚酯，如以乙二醇与对苯二甲酸为单体的聚合物称为聚对苯二甲酸乙二(醇)酯。大分子主链中含有酰胺基 $\left(\begin{array}{c}\mathrm{O}\ \ \mathrm{H}\\ \|\ \ \ \ |\\ -\mathrm{C}-\mathrm{N}-\end{array}\right)$ 的聚合物称为聚酰胺，如以己二酸和己二胺为单体的聚合物称为聚己二酰己二胺等。

④ 商业名称。聚合物的一般名称比较冗长，使用不方便，有些聚合物常用商品名。如聚对苯二甲酸乙二(醇)酯的商品名为涤纶，聚己二酰己二胺称尼龙－66，聚丙烯腈称腈纶，聚甲基丙烯酸甲酯称有机玻璃。

⑤ 英文缩写符号　聚合物的名称也常用英文缩写符号表示，如聚氨酯的英文缩写为 PU，丁二烯与苯乙烯共聚物的英文缩写为 PBS。常见高分子化合物的商品名称及英文缩写名称如表 18.1 所示。

表 18.1　常见高分子的商品名称及缩写代号

高聚物	习惯名称或商品名称	缩写代号	高聚物	习惯名称或商品名称	缩写代号
聚丙烯	丙纶	PP	聚乙烯醇缩甲醛	维尼纶	PVFM
聚氯乙烯	氯纶	PVC	聚甲基丙烯酸甲酯	有机玻璃	PMMA
聚丙烯腈	腈纶	PAN	聚氯丁二烯	氯丁橡胶	PCP
聚四氟乙烯	塑料王，氟纶	PTFE	酚醛树脂	电木	PF
聚己内酰胺	尼龙－6 或锦纶 6	PA－6	硝化纤维素	赛璐珞	NC
聚己二酰己二胺	尼龙－66 或锦纶 66	PA－66	丙烯腈－丁二烯－苯乙烯共聚物	ABS 树脂	ABS
聚对苯二甲酸乙二(醇)酯	涤纶	PET			

(2) 系统命名法　为了避免聚合物命名中的多名称或不确切而带来的混乱，1972 年国际纯粹与应用化学联合会(IUPAC)提出了以结构为基础的系统命名法，其主要原则如下：

① 确定聚合物的最小重复结构单元。

② 对重复单元中的次级单元进行排序。

③ 由小分子有机化合物的 IUPAC 命名法来命名重复单元。

④ 在此重复单元名称前加一个“聚”字。如聚乙二醇按系统命名法则称为聚氧化乙烯(polyoxyethylene)。虽然系统命名法比较严谨，但太繁琐，未能普及，现仍以一般命名为主。

18.1.3　高分子化合物的基本特征

1. 相对分子质量方面的特征

(1) 相对分子质量巨大　相对分子质量巨大(一般为 10^4～10^7)是高分子化合物最基本的特征，正是这个特点使高分子化合物具有与低分子化合物不同的各种性能，如有一定的强度，可作为材料应用于国民经济的各个领域。

(2) 相对分子质量具有多分散性 纯粹的无机化合物和有机化合物都具有相同的化学组成和相对分子质量,而聚合物是由化学组成相同而相对分子质量不同的混合物组成,因此聚合物的相对分子质量是其混合物相对分子质量的平均值,这就是聚合物相对分子质量的多分散性。

2. 结构方面的特征

聚合物也分为一次结构、二次结构和三次结构(又称高次结构)。**一次结构**主要指构成聚合物的结构单元的化学组成、结构单元之间的键序和结构单元的构型。**二次结构**是指单个大分子的构象。例如线型大分子中若干重复单元形成的链段可处于无规线团、折叠链和螺旋状。支化交联的大分子可以是星型、梳型和交联。在二次结构的基础上,许多大分子聚集形成三次结构。在聚合物中可能是一种或两(三)种三次结构贯穿于整个大分子中,从而形成晶态或无定形态。

3. 聚集态特征

低分子化合物一般存在三态:气态、液态和固态。而聚合物没有气态,只有固态和液态。

4. 其他特征

高分子化合物的性质不仅与平均相对分子质量有关,还与组分的不同相对分子质量的分布有关。不同分散度的高分子化合物在机械性能上往往有较显著的差别,如强度、弹性、黏度、力学状态的多重性、结构的多样性等。高分子化合物的主链和侧链上含有多种可以反应的活性基团,如羧基、羟基、酯基、酰胺键和双键等,这些基团在化学反应活性上除了和小分子化合物中的基团有相同的一面外,还有因连接于大分子上而带来的种种高分子效应和特性。因此,人们对天然的和合成的高分子化合物的高分子效应和特性进行深入研究,使其在医药学上得到广泛应用。

18.2 生物医用材料的生物学评价

生物医用材料及各种人工器官、辅助装置、缓释降解载体、微囊的研究成功和应用,为临床上一些不可逆的脏器、组织的功能损伤性疾病创造了有效的治疗方法和手段。但所用的各种生物医用材料都必须具有优良的生物相容性才能被人体所接受,并保证临床使用的安全性。生物相容性及生物学评价的研究涉及学科广泛,一般是通过细胞学、组织学、免疫学、遗传毒理学和整体实验动物及物理、化学等体内外的试验方法和手段研究生物医用材料及装置与生物体的相互作用,以评价最终产品是否安全有效。

18.2.1 生物相容性的概念和原理

生物相容性(biocompatibility)是生物医用材料与人体之间相互作用产生各种复杂的生物、物理和化学反应的一种概念。植入人体内的生物医用材料及各种人工器官、医用辅助装置等医疗器械,必须对人体无毒性、无致敏性、无遗传毒性和无致癌性,对人体组织、血液、免疫等系统不产生不良反应。因此,材料的生物相容性的优劣是生物医用材料研究设计中首先考虑的重要问题。

各种人工器官、医用制品所用的生物医用材料,植入体内后都与组织、细胞直接接触,一些人工血管、人工心瓣膜、人工心脏和各种血管内导管、血管内支架等材料还要与血液直接接触。这些植入物材料表面与组织、细胞、血液等短期或长期接触时,材料与机体之间的相互作用使各自的功能和性质受到影响。这种影响不仅能使生物材料变形，更重要的是将对机体造成各种危害。图 18.1 列出这种相互影响产生的后果。

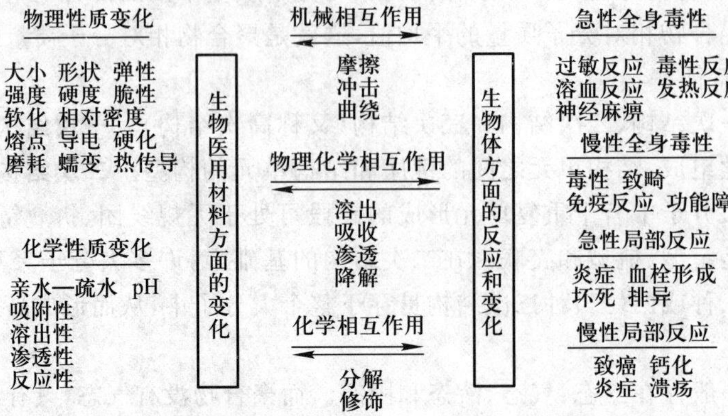

图 18.1　材料与机体相互作用反应示意模式图

18.2.2　生物相容性的分类

生物医用材料的生物相容性按材料接触人体部位不同可分为组织相容性和血液相容性。

1. 组织相容性

组织相容性要求医用材料植入体内后与组织、细胞接触无任何不良反应。当医用材料与装置植入体内某一部位时，局部的组织对异物将产生一种正常的机体防御性应答反应，植入物周围组织的白细胞、淋巴细胞发生聚集，出现不同程度的急性炎症。若植入物无毒性，组织相容性好，则植入物逐渐被淋巴细胞、成纤维细胞和胶原纤维包裹，形成纤维性包膜囊。半年或一年后该包膜囊变薄，囊壁中的淋巴细胞消失，在显微镜下只观察到 1～2 层很薄的成纤维细胞形成的无炎症反应的正常包膜囊。若植入材料的组织相容性差，就会刺激局部组织细胞形成慢性炎症，材料周围的包囊壁增厚，淋巴细胞浸润，逐步出现肉芽肿块或发生癌变，对接受治疗者产生不良后果。

2. 血液相容性

生物医用材料与血液接触时，将产生一系列生物反应，表现为材料表面出现血浆蛋白吸附，血小板黏附、聚集、变形，凝血系统、纤溶系统被激活，最终形成血栓。因此要求制造人工心脏、人工血管、人工心血管的辅助装置及各种进入或留置血管内与血液直接接触的导管、功能性支架等医用装置的生物医用材料必须具备优良的血液相容性。

研究表明，改变材料表面的性能或结构有助于提高材料的血液相容性。例如，材料表面肝素化有明显的抗凝血和抗血栓形成的性能；材料表面亲水－疏水微相分离结构具有优良的抗凝血目的；一些表面带有负电荷的生物医用材料亦有良好的抗凝血性能。

3. 医用高分子材料应该符合的要求

(1) 生物相容性好。

(2) 化学稳定性好，人工替代物植入体内，长期浸泡在体液和血液中，不会老化变质。

(3) 对机体无毒，不会引起过敏反应或干扰机体的免疫机理，无致癌作用。

(4) 物理机械性能好,能满足生理功能和使用环境的要求。

(5) 能耐受灭菌过程而不致影响生物学性能。

(6) 成型加工性能好,易加工成各种复杂形状的制品。

18.2.3 生物学评价与新材料研究

随着组织工程研究的深入开展,21 世纪新的生物医用材料的重点将由一般血液相容性和组织相容性材料性能的研究转向智能性材料的研究。在设计组织工程所需要的细胞基质支架材料时,一种材料的生物相容性和生物降解性已不能满足细胞生长调控的需要,往往需要采用天然或合成的多种材料共聚物制成三维支架材料;设计和研究与所载的细胞生长、扩增同步又能生物降解的新材料;以满足丰富的生物相容性对生物医用材料的要求。智能性生物材料的研究开发和组织工程研制成功的人工自体细胞组织替代器官的临床应用,将对生物医用材料的生物相容性研究及生物学评价提出新的要求。

18.3 高分子化合物在医药学上的应用

从材料的角度来说,合成材料,特别是高分子材料在各个领域越来越广泛的应用是近年来科学技术迅速发展的标志之一,高分子材料在医药学上的应用也不例外。

18.3.1 高分子化合物在医学上的应用

由于现代医学的发展,对高分子材料不断提出各种要求和希望,从而促进了高分子材料的研究和生产,逐渐向医学领域提供不同要求、不同品种、不同规格的高分子材料。同时由于石油化工的发展,医用高分子原料来源丰富、价格低廉、产品性能优异,使医用高分子材料具有广阔的发展前途。目前人工器官已广泛应用于临床,以修补或更换人体内由于病变、衰竭或受伤的组织和器官,达到模拟或填补体内残缺部分,促进受损组织的愈合,矫正或治疗畸形组织和器官,健全器官功能等。常见的医用高分子材料如表 18.2 所示。

表 18.2 常见医用高分子材料在医学上的应用

代用品名称	医用高分子材料
人工脑硬膜	有机硅橡胶、聚四氟乙烯等
人工头盖骨	聚甲基丙烯酸甲酯等
脑积水导管	有机硅橡胶等
人工心脏	聚氨酯橡胶、有机硅橡胶等
人工瓣膜	聚氨酯橡胶、有机硅橡胶、聚四氟乙烯等
心脏起搏器	有机硅橡胶、环氧树脂等
人工肺、喉头、食道、胆道、尿管	有机硅橡胶、聚四氟乙烯等
人工血管	聚对苯二甲酸乙二酯、聚氨酯橡胶等
人工血浆	葡聚糖等
人工肾	赛璐珞、醋酸纤维素等

续表

代用品名称	医用高分子材料
人工膀胱、乳房	有机硅橡胶等
宫内节育器	有机硅橡胶、乙烯－乙酸乙烯酯共聚物等
人工耳、鼻、关节	有机硅橡胶、聚乙烯等
人工皮肤	聚氨基酸、骨胶原等
隐形眼镜	聚甲基丙烯酸-β-羟基乙酯、有机硅橡胶等
齿科材料	聚甲基丙烯酸酯类、有机硅橡胶等
外科黏合剂	α-氰基丙烯酸酯类等
外科缝线	聚对苯二甲酸乙二酯、乙交酯-丙交酯共聚物等

1. 天然高分子生物材料

常用的天然高分子材料主要包括多糖和蛋白质两大类。这类材料的优点在于它们本身就包含着许多生物信息，能够使细胞产生或维持各种功能。由于它们直接来自于生物体内，具有很好的生物相容性和组织相容性，是较理想的生物医用材料。但其缺点是来源有限，价格较昂贵，加工过程中质量难以控制、性能变化与结构变化不成比例等，使其应用受到一定程度的限制。

(1) 胶原蛋白　胶原蛋白或称**胶原**(collagen)是动物体内含量最丰富的蛋白质，广泛存在于人和脊椎动物的结缔组织、皮肤、肌腱、骨和软骨中，约占人体蛋白质总量的30%以上。在细胞培养中，胶原能促进多数细胞的生长、分化、生殖和代谢，因此被广泛用作生物医用材料。如已为美国食品与药品管理局(FDA)批准的Integra人工皮肤，它具有双层膜结构，其真皮层就是由Ⅰ型胶原纤维和软骨素-6-硫酸盐的多孔交联网络组成。胶原也是软骨组织工程中培养软骨细胞的支架材料，因为成纤维细胞在胶原上生长时，其代谢和形态与体内生长极为相似。但是，胶原作为生物材料具有机械强度小、降解太快的缺点。目前可通过干热、戊二醛或紫外辐射等方法交联以提高其综合使用性能。

(2) 甲壳素　**甲壳素**(chitin)是一种来源于动物的天然多糖，普遍存在于虾、蟹及昆虫等的甲壳中，常与蛋白质以共价键结合的形式存在。甲壳素在碱液中脱乙酰基即得**壳聚糖**(chitosan)，其分子结构见图18.2。

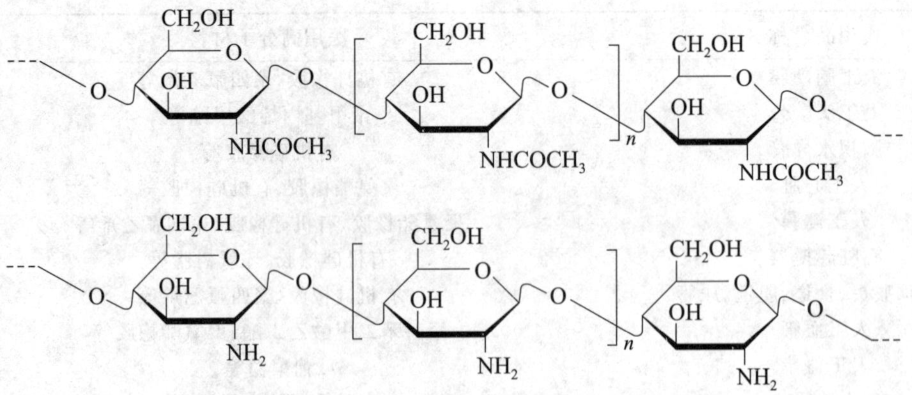

图18.2　甲壳素和壳聚糖的分子结构

用壳聚糖制成薄膜、非编织纸或与其他纤维作成无纺布可以用作良好的创伤被覆材料，用于烧伤、植皮切皮部位的创面，以保护和促进伤口愈合，其效果比纱布好，如果在制备过程中加入抗菌消炎药、促伤口愈合剂等效果更理想。壳聚糖敷料附着在创面上时，血浆蛋白易被壳聚糖吸附，因而具有良好的生物相容性。壳聚糖制成钉或棒形材料，可在皮下和骨内埋植，有助于骨折愈合。壳聚糖也可用作药物的控释剂和缓释剂，以增加难溶药物的溶解度和生物利用度，还可用于制作外科手术缝合线等。

(3) 明胶　**明胶**(gelatin)是胶原蛋白的多级水解产物，是相对分子质量分布很宽的多肽分子混合物，相对分子质量一般在几万至十几万。胶原由于其动物源性而拥有抗原性，相比之下，胶原的水解产物明胶由于热变性而消除抗原性。此外，明胶含有大量的亲水性基团，价格适中。明胶中蛋白质的含量占82%以上，来源丰富，由于其良好的理化性能和生物相容性，是组织工程生物材料制备的一种理想成分。研究表明，交联后的明胶海绵能促进上皮化组织生成，因而是理想的组织工程用的生物材料。为了制备出性能理想的组织工程多孔支架，人们经常通过物理改性和化学交联的方式来改善明胶多孔支架材料的性能。最近，明胶基生物材料已经被应用于人造皮肤、骨移植和组织工程用支架等诸多方面。

明胶虽然具有良好的生物可降解性和生物相容性，其在生物组织工程支架领域有着巨大的潜在应用趋势，但是由于明胶力学性能差，难以单独使用满足组织构建的一些要求。利用明胶与具有一定力学强度的无毒、可降解的材料优化组合而制备成复合材料，有望制备出更理想的组织工程支架。常见的有明胶与天然高分子材料、明胶与合成高分子材料、明胶与生物陶瓷材料的复合等。

(4) 其他天然高分子生物材料　纤维蛋白作为天然细胞外基质，有良好介导细胞间信号传导及相互作用的性能。纤维蛋白胶是表皮细胞培养的基质和载体。其他还有琼脂糖、硫酸角质素等，这些材料通常与其他材料配合应用在组织工程中。

2. 合成高分子材料

合成高分子材料在组织工程中的应用可分为两个方面，一是生物惰性聚合物与细胞或组织复合，形成具有特定功能的聚合物－生物组织杂化的人工器官；二是具有生物降解性能的聚合物与细胞或组织复合，聚合物起暂时支架的作用，在组织生长过程中，聚合物逐步降解，最终获得与人体组织完全一样的组织。近年来高分子生物材料的研究着重于第二方面。

(1) 乙烯类聚合物　聚乙烯是链状非极性分子，具有优异的物理机械性能，化学稳定性、耐水性和生物相容性均良好，无毒、无味，植入体内无不良反应，因此在医用高分子领域中应用广泛，是耗量最大的一个品种。超高相对分子质量聚乙烯耐磨性强，摩擦系数很小，蠕动变形小，有高度的化学稳定性和疏水性，是制作人工髋、肘、指关节的理想材料。高密度聚乙烯还可用来制作人工肺、人工血管、人工喉、人工肾、人工尿道、人工骨、矫形外科修补材料及一次性医疗用品。

聚氯乙烯有良好的耐化学药品及耐有机溶剂的性能，在常温下对酸、稀碱及盐稳定。机械性能和电性能良好，但耐光和热的稳定性较差。聚氯乙烯的性能可以用添加增塑剂来改善。聚氯乙烯大量用作贮血、输血袋；可制成血液导管、人工腹膜、人工尿道、袋式人工肺(氧合袋)、心血管及人工心脏等。

聚四氟乙烯在高分子材料中有“贵金属”之称。它是高度结晶的聚合物，密度高，摩擦系数很小，耐热性极好，化学稳定性极强，对强酸、强碱和各种有机溶剂化学稳定性极强，所以又有“塑料王”之称。聚四氟乙烯由于其独特的性能和良好的生物相容性。在生物医学工程中可用作人工心、肺，人工血管，人工心瓣膜，各种人工管形脏器如人工气管、食道、尿道和人工腹膜、脑硬膜及人工皮肤等。

(2) 聚丙烯酸类化合物　聚丙烯酸类化合物包括聚丙烯酸、聚甲基丙烯酸及聚甲基丙烯酸甲酯(PMMA，又称有机玻璃)等，其单体结构可用下式表示：

$$CH_2{=}\underset{}{\overset{R}{\overset{|}{C}}}{-}\overset{O}{\overset{\|}{C}}{-}O{-}R'$$

$R=R'=H$ 时，　丙烯酸

$R=CH_3,R'=H$ 时，　甲基丙烯酸

$R=R'=CH_3$ 时，　甲基丙烯酸甲酯

这类材料具有良好的强度、韧性、粘连性和生物相容性，多用来制作硬质接触眼镜片、人工晶状体、人工颅骨、齿科修复及骨关节假体的充填黏合剂或黏着固定剂。亲水性有机玻璃聚甲基丙烯酸羟乙酯(PHEMA)，在水中浸泡后成为含水率38%的水凝胶，是最早制作接触镜片的材料。用PHEMA粉末与聚氧化乙烯形成的凝胶薄膜可用作烧伤敷料。

(3) 硅橡胶　硅橡胶属于元素高分子，又称聚有机硅氧烷，其结构通式为

$$\left[-\underset{R'}{\underset{|}{\overset{R}{\overset{|}{Si}}}}-O- \right]_n$$

根据其形态或相对分子质量可分为硅油和硅橡胶，硅油的相对分子质量较低，而硅橡胶的相对分子质量较高。硅橡胶和硅油都有优异的性能，如高弹性、高表面活性、抗水性、热稳定性等。

硅橡胶有优异的生理特性，生物相容性好，植入体内无不良反应，耐生物老化，长期植入体内物理性能变化甚微，是合成医用高分子中的佼佼者，无论是在人工脏器还是在各种医疗用品中，硅橡胶的应用最为广泛，表18.3列举了硅橡胶在医学上的主要应用。

表18.3　硅橡胶在医学上的应用

种类	应用范围		
	体内植入物		体外
热硫化硅橡胶	人工心脏	人工心瓣膜	人工耳、人工唇等处科整形材料
	人工食道	人工血管	膜式人工肺
	人工气管	人工喉	膜式人工肾
	人工胆管	人工腹膜	血液导管
	人工肌腱	人工肌肉	各种插管
	人工角膜	人工眼球	人工皮肤
	人工膀胱	人工脑硬膜	
	避孕环	人工指关节	
	心脏起搏器	胸腔填充材料	
室温硫化硅橡胶	黏接剂	人工乳房	牙科印模材料
	微胶囊	鼻	

(4) 聚氨酯　聚氨酯(PU)是聚醚或聚酯与二异氰酸酯($O{=}C{=}N{-}R{-}N{=}C{=}O$)缩聚

产物的总称，其高分子主链上含有氨基甲酸酯基团 $\left(\begin{array}{c} O \\ \| \\ -O-C-NH- \end{array}\right)$。聚氨酯具有优异的力学强度、高弹性、耐磨性、耐撕裂性、耐疲劳性、润滑性、生物相容性、可加工性等性能，因此被广泛用作生物材料。聚氨酯在医学上的应用主要有如下几个方面。

① 人工脏器膜和医疗器械。聚醚型嵌段聚氨酯由于优良的水解稳定性，血液相容性、其强度又优于硅橡胶，因此在医用弹性体中占主导地位，如用作血泵和人工血管、心脏助动器、人工心室、人工心瓣膜、诊断和治疗导管、心脏起搏器等。

② 人工皮及假肢。聚氨酯软泡不但富有弹性而且通透性好，适于制作人工皮，这种人工皮可促使人体自体皮的生长。聚氨酯有优良的挠曲性，是制作现代最先进的轻便耐用假肢的理想材料。

③ 骨折复位固定材料。人体骨折复位治疗后要进行固定，以前用石膏绷带，但石膏质重、强度低、透气性差、不耐水、对皮肤有刺激作用、不透 X 射线，这不但给复位固定操作的医生带来诸多不便，而且给患者造成难以忍受的痛苦。而聚氨酯制成的矫形绷带强度大、质量轻、有良好的透气性和耐水性、固化速率快、操作简便、X 射线的透射性好，所以用它对骨折患者复位进行固定，不但大大减轻患者的痛苦，而且骨科医生操作简便。

④ 聚氨酯软组织黏合剂。近 10 年来快速固化的聚氨酯软组织黏合剂有新的发展，已用于心血管外科涂料，防止缝合渗血。

⑤ 可降解的聚氨酯和聚氨酯水凝胶。以草酸酯为基础的可降解聚氨酯，已用于处理儿童动脉瘤和医用黏合剂。

⑥ 其他用途。聚氨酯还可用作人工气管、气囊，急性呼吸不足患者治疗用膜式肺的插管，透析用锁骨下双腔插管。

(5) 聚肽　聚肽通常是指一种或几种氨基酸或其衍生物通过聚合反应得到的均聚物或共聚物，一般不具备生物活性。近年来，聚肽作为生物材料的研究在国际上备受关注，成为组织工程中极具应用前景的一类新型材料。目前已研制成功的多肽丝绒型人工皮就是由多肽薄膜与尼龙丝绒复合制成的“假聚氨基酸”，这种人工皮透明、柔软、耐张强度大、耐高温，可用高温蒸汽消毒。聚缬氨酸-脯氨酸-甘氨酸-缬氨酸-甘氨酸聚肽，合成产物可在溶液中形成具有高弹性的亲水胶，通过氨基酸的取代能够改变产物的相转变温度，根据周围环境变化可以产生溶胀及脱溶胀的应答，因此这些聚肽材料有望在肌肉骨骼修复、眼装置的组织工程中应用。

(6) 脂肪族聚酯　脂肪族聚酯是一类化学合成的生物降解可吸收材料，有良好的生物相容性。以这类材料制成的支架材料可在生物体内分解，并随生物组织的生长而逐渐消失。常见的脂肪族聚酯材料有聚乳酸(PLA)、聚乙醇酸(PGA)和聚 3-羟基丁酸等。其中研究最多的是聚乳酸。PLA 作为生物可降解材料，在很多领域得到广泛应用。PLA 可用作骨折内固定及组织修复材料、药物控释体系及外科缝线、软骨组织培养支架及人工真皮等。PLA 还可与许多其他聚合物配合使用或共聚以提高其综合使用性能。如 PLA 与聚氨酯共聚以改善其机械性能；与聚氧化乙烯(PEO)共混制备可生物降解的 PLA 多孔膜。

18.3.2　高分子材料在药学上的应用

高分子材料在药学上的应用包括辅药用高分子和高分子药物两大类。前者用于制剂加工，后者则可直接作为药物使用。

1. 辅药用高分子

辅药用高分子化合物主要用作稀释剂、黏合剂、包衣材料、赋形剂、助悬剂、乳化剂等。其本身无药理活性，只是在药物制剂中起着助剂的作用。

(1) 黏合剂　黏合剂有两大类，一类是水溶性的高分子物质，如甲基纤维素、羧甲基纤维素、羟乙基纤维素、聚乙烯醇等。另一类是溶于有机溶剂的高分子物质，常用的有乙基纤维素、聚乙烯吡咯烷酮、聚醋酸乙烯酯和聚乙二醇等。

(2) 包衣材料　根据治疗需要，药物的表面需要一层物质使其与外界隔绝，这个过程称为包衣。包衣后的药物可以增加稳定性，防止药物受空气、水分及光线的作用而氧化变质、吸潮和发霉等；控制药物的释放和吸收；临床用药有时要求在胃中显效或在肠内起作用，使用不同的包衣材料可控制药物释放的部位，达到更好的治疗效果；掩盖药品的臭、味，便于服用；改善外观，利于识别等。根据药物的不同作用途径，可采用不同材料的包衣，如表18.4所示。

表18.4　常用包衣材料

包衣材料的性质	材料名称
水溶性包衣材料	羧甲基纤维素钠、羟丙基纤维素、聚乙二醇、聚乙烯吡咯烷酮
胃溶性包衣材料	苄氨基甲基纤维素、聚乙烯基吡啶、羟氨基醋酸纤维素及其衍生物、聚乙烯苄胺、聚甲基丙烯酸氨基酯
肠溶性包衣材料	邻苯二甲酸-醋酸纤维素、聚甲基丙烯酸、聚醋酸乙烯邻苯二甲酸酯、聚醋酸乙烯邻苯二甲酸酯与顺丁烯二酸酐的共聚物、苯乙烯与马来酸酐的共聚物
胃肠两溶性包衣材料	4-乙烯基吡啶与甲基丙烯酸的共聚物、4-乙烯基吡啶与丙烯酸酯的共聚物、2-甲基-5-乙烯基吡啶与甲基丙烯酸甲酯及甲基丙烯酸的三元共聚物

(3) 增溶剂、乳化剂和助悬剂　药物制剂中加入增溶剂、乳化剂和助悬剂可使药剂稳定性增大，体内吸收速率增大，副作用减少。表18.5列举了一些常用的增溶剂、乳化剂和助悬剂。

表18.5　常用的增溶剂、乳化剂和助悬剂

助剂性质	材料
增溶剂	羧甲基纤维素的盐类、甲基纤维素、聚乙烯吡咯烷酮、聚乙烯醇
乳化剂	高分子表面活性剂
助悬剂	聚乙二醇

(4) 微胶囊　微胶囊是微型胶囊的简称，是最近50多年来发展起来的一种新剂型，20世纪60年代应用于药学研究，为药剂学开辟了一条新途径。微胶囊采用高分子膜材料作为膜壁，将被包裹的药物等芯料包埋在里面，形成一个微小的囊状物，颗粒直径一般为1～500 μm，药物芯料经壁膜包裹以后阻滞了与生物体的直接接触，只能借渗透、浸蚀或逐渐破坏等作用才能达到指定部位发挥药效。由于微囊化制剂有很多优点，所以国内外已将解热镇痛药、镇静药、避孕药、驱虫药、抗生素、维生素以及诊断用药物等30余类药物制成微囊化制剂供使用。国内近年来也有大量微囊化制剂的报道：例如长效复方甲地孕酮微囊注射液；提高药物稳定性的复合维生素微囊片；掩盖不良臭味的大蒜素微囊；氯霉素微囊片等。另外还有植入制剂，即用生物不降解的聚合

物(硅橡胶)制成胶囊形或小棒形,腔内放入甾体激素,植入皮下,药用时间可长达4~6年。

2. 高分子药物

高分子药物是指本身有药理活性,可直接作为药物使用的高分子化合物。高分子药物虽有迷人的发展前景,但能达到临床应用的例子还不多,当前还处在不断探索、开拓的阶段,对它的作用机理也还需要做大量细致深入的研究工作。

(1) 天然药理活性高分子　天然活性高分子有多糖、多肽和蛋白质等。近年来发现,多糖在抗肿瘤和降血脂方面展现出良好的效果。灵芝多糖可以激活机体免疫系统,提高细胞中白细胞介素、干扰素和肿瘤坏死因子的水平。壳寡糖(chito oligosaccharide,COS)可抑制肿瘤组织内新生血管生长,切断肿瘤细胞营养来源和转移途径,并可能对乙酰肝素酶具有抑制作用。绿色藻类石莼中的多糖具有预防仓鼠的动脉粥样硬化的功效。真菌壳聚糖可以抑制某些炎症性疾病,改善大鼠的新陈代谢,降低脂肪细胞因子分泌和异位脂肪在肝脏中沉积,具有一定的降脂作用。但是目前多糖也存在一些问题亟须解决,有些药用菌多糖的免疫调节和抗肿瘤作用机理还不十分清楚,其生物活性与空间结构的关系也有待于进一步研究。

除多糖外,基于分子生物学和重组技术的发展,以及多肽和蛋白质结构与功能的不断明确,很多蛋白质和多肽药物也被研制出来并且进入临床阶段,在抗肿瘤、疫苗、抗菌等方面展现出诱人的前景。1999年就报道了两种用于预防艾滋病的多肽疫苗,临床实验证实两种多肽能刺激机体产生特异性抗体和特异性细胞免疫,并有良好的安全性。但是多肽和蛋白质药物由于自身结构的特点,容易发生水解、变性、聚集或沉淀等变化,在体内循环的半衰期短且易被降解,从而限制着它的应用,所以有必要对其进行化学修饰以提高稳定性,延长半衰期。

(2) 化学合成药理活性的高分子　化学合成药理活性的高分子主要包括以下几类。

① 化学合成多肽抗生素。化学合成多肽抗生素是指通过研究分析天然抗菌肽的序列特点,了解其结构功能,以其为蓝本进行全新设计,并通过化学合成的方法获得的多肽抗生素。抗菌肽(antibacterial peptides,ABP)广义上是指存在于生物体内具有抵抗外界微生物侵害、消除体内突变细胞的一类小分子多肽。从生物体中分离出来的抗菌肽是组成生物体非特异性防御系统的重要组分,能够有效作用于革兰阴性菌、革兰阳性菌、真菌、寄生虫、包膜病毒以及癌细胞。来自自然界的抗菌肽具有来源广泛、结构多样、活性确切等优点,但它们大多数具有分子量较大、易代谢失活、具有抗原性或者一定的毒性、天然提取工艺复杂以及天然资源有限等缺点,相比而言,利用化学合成多肽抗生素具有一定的优势。为了克服天然多肽抗生素的不足之处,化学合成的多肽抗生素主要是从提高抗菌活性、增强稳定性、去除冗余序列、降低相对分子质量和降低溶血性等方面进行设计。C端酰胺化作用,氨基酸的替换、插入、删除以及随机组合肽库都可以合成新的多肽抗生素。适当地改造一级序列可以增加抗菌肽的电荷和两亲性,从而增加其抗菌活性。抗菌肽改造研究中,氨基酸残基替换是常用的手段。将富含Arg的抗菌肽tritrpticin(VRRFP-WWWPFLRR)序列中的Arg全部替换为Lys,替换后的抗菌肽活性提高了2倍,且溶血活性大大降低。

② 抗肿瘤药物。某些主链上带有叔胺结构的高分子化合物经动物试验有抗肿瘤的作用,例如:

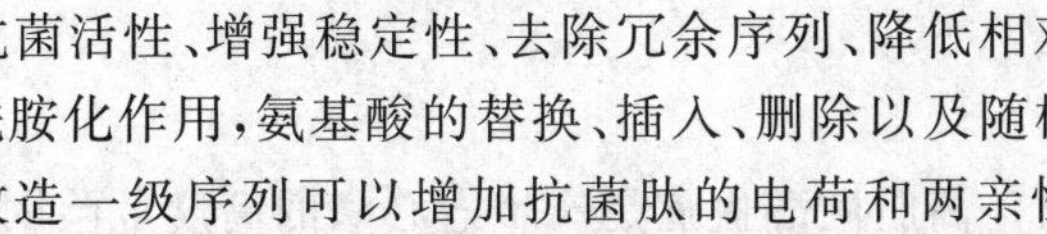

③ 抗病毒药物。合成聚阴离子是一类高分子的干扰素诱导剂，如马来酸酐分别与乙烯、丙烯、乙烯基甲基醚或二乙烯基醚等单体的共聚物，水解后所得的共聚物聚丙烯酸和聚甲基丙烯酸也具有抗病毒的作用。对动物有抗病毒的效果。

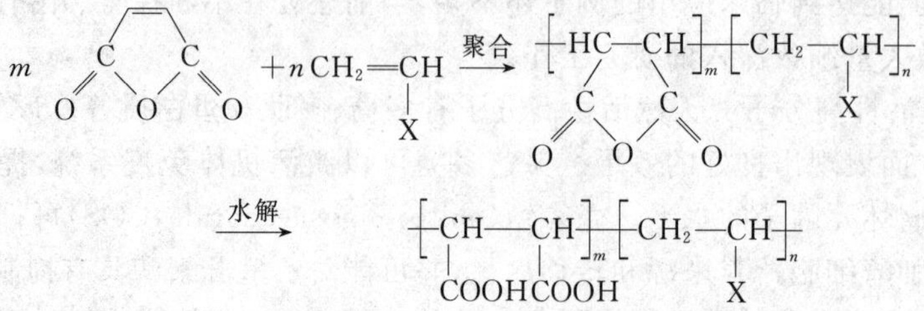

$X = H, CH_3, OCH_3$ 等

④ 硅油消泡剂。硅油消泡剂治疗肺水肿是高分子药物在临床上应用很成功的一个例子。医用硅油常是聚二甲基硅氧烷，聚合度一般在 2～2 000，其结构式如下：

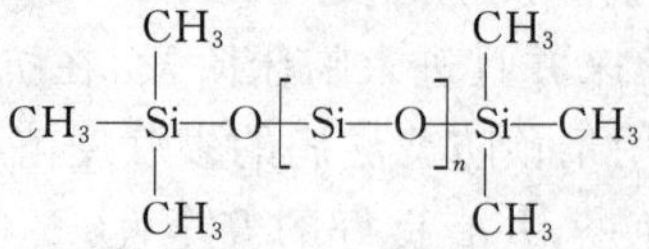

硅油是无色、无味、无毒、透明、不易挥发的液体，能耐高温、抗氧化、不老化，因表面活性大，所以有优良的消泡能力。硅油消泡剂作药用高分子应用广泛，除了用于抢救肺水肿患者的有效药物外，还可配制成胃肠道消胀药剂，消除由于胃肠道功能紊乱或腹部手术后引起的腹胀，用作配制硅霜软膏的基质，提高药物疗效。烧伤患者的创伤部位用硅油处理，可减轻患者痛苦而且也有治疗效果。对严重烧伤的患者使用含硅油的软膏和纱布，可使疼痛和浮肿迅速消失，促进肉芽生长。

⑤ 抗矽肺药。聚乙烯基吡啶氧化物是一种有效的抗矽肺病药物，其结构式如下：

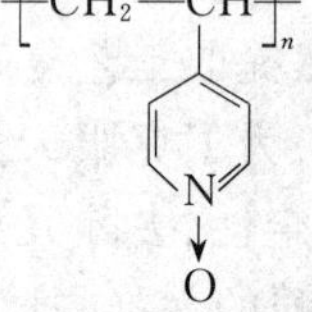

⑥ 降低血胆固醇药物。高胆固醇血症是产生冠心病的高度危险因子之一，常用的安妥明等降胆固醇药对肝脏有不良影响。近年国外研究合成了降胆固醇的高分子药物如降胆敏等，并已用于临床。其结构式如下：

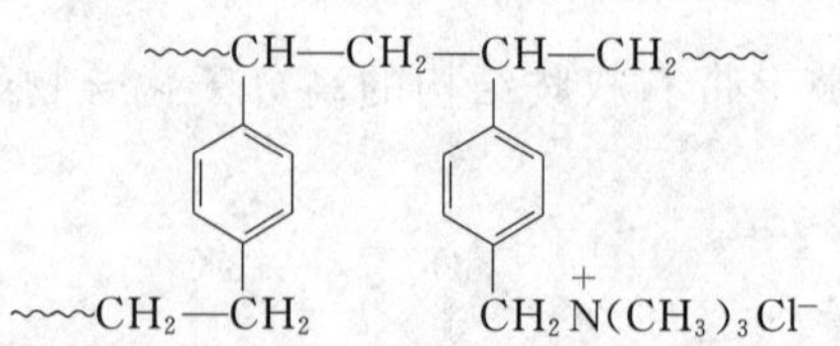

降胆敏

18.3.3 生物医用材料的发展趋势

生物医用材料的发展趋势有如下几个方面：

（1）研究新的降解材料　今后研究发展降解材料的趋势是设计、制作具有特殊功能的材料，例如低模量、高柔顺性、高强度的材料，用于单丝手术缝线及外科高柔软性导管等；研制能在体内维持较长时间的高强度可吸收缝合线。按照自然界生物大分子模式，利用 20 个 L 型氨基酸来设计、合成可降解的具有特殊功能、安全可靠的新一代医用植入可降解材料，可能在今后研究中会得到事半功倍的结果。

（2）研究具有全面生理功能的人工器官和组织材料　在组织工程与人工器官、软硬组织修复与重建方面，对材料的功能提出了新的挑战。材料不仅是惰性植入体而且要具有生物活性。它能引导和诱导组织、器官的修复和再生，在完成上述任务后能自动降解排出体外，为此需研究新型降解材料，使降解速率和性能与新生组织和器官相匹配和同步。

（3）研究新的药物释放体系和药物载体材料　随着人们生活水平的提高，对药物释放和药物载体提出了新的要求。智能性药物释放是今后研究的重要方向，它可随外界条件的要求和变化释放药物。如 pH 敏感释放，可在酸性介质中不释放而在碱性介质中控制释放；温度敏感水凝胶可在不同温度下快速释放、慢速释放或不释放。微包囊、微球药物释放均是今后的发展趋势。在 21 世纪将会出现新型药物载体材料、新剂型和新的给药释放体系。

（4）材料表面改性的研究　为提高材料的生物相容性，除了设计、制取性能优异的新材料外，材料表面改性是一个不可缺少的途径。制备生物梯度功能材料是医用材料表面改性、提高膜和基结合力的方向。

总之，通过分子设计、仿生模拟、表面改性、智能化药物控释等，在 21 世纪将会出现一批性能优异的新材料和具有全面生理功能的人工器官，为全面提高人们的生活质量，造福人类做出贡献。

阅读材料

生物降解材料

许多医学植入装置只需短期或暂时起作用，若作为异体继续留在体内，就有长期释放毒性的潜在危险，需要再次手术取出。而被植入的生物降解材料这种异物在完成使命后，在体内生理环境下可逐步自动分解、降解或溶解，并被机体吸收、代谢成无毒无害的物质，因此不需要再次动手术取出；大部分生物降解材料可降解成材料的组成单元或降解产物是生物体内自身存在的小分子，比非降解材料具有更好的生物相容性和生物安全性。鉴于上述优点，生物降解材料在生物医学领域得到越来越广泛的重视及应用。生物降解定义为：通过增溶、水解或生物体中的酶及其他生物活性物质的作用，使材料转化成一些较小的中间产物或终产物。

材料在体内的降解和吸收是受生物环境作用的复杂过程，由于植入体内的材料主要接触组织和体液，因此水解（包括酸碱作用和自催化作用）和酶解是最主要的降解机制。可降解材料按来源分为天然材料和合成材料。天然可降解高分子一般生物相容性良好，但是力学性能较差。合成高分子优点在于可以比较灵活的设计分子结构，通过发展共聚物、共混物来得到不同性质的材料。

20世纪80年代以来，已经发展出几十种可降解的聚合物材料，其中有几种已被医药管理部门批准用于临床。已商品化的合成降解生物材料包括聚羟基乙酸（PGA）、聚乳酸（PLA）、聚二氧杂环己烷酮（PDS）和三次甲基碳酸酯（TMC）。生物降解型医用高分子材料的主要用途包括：软硬组织修复材料、组织工程支架材料、编织人工血管材料、手术缝合线、药物缓释载体、抗体及激素包埋、细胞及酶固定、人造皮肤。

习 题

1. 下列化合物哪些是天然高聚物？

(1) 木材 (2) 棉花 (3) 尼龙 (4) 聚氨酯 (5) 纤维素

(6) 涤纶 (7) 环氧树脂 (8) 透明质酸

2. 名词解释。

(1) 高分子化合物 (2) 生物材料 (3) 生物相容性

3. 简要回答下列问题。

(1) 高分子化合物具有哪些基本特征？

(2) 医用高分子材料应符合哪些基本要求？

(3) 试简要总结生物医用材料的未来发展趋势。

4. 根据英文缩写符号写出下列聚合物的单体和中文名称。

(1) PVC (2) PMMA (3) PTFE (4) PET

(5) ABS (6) PA-66

（四川大学 罗娟）

主　题　词

（英中文词汇对照表）

参 考 文 献

[1] 陈洪超.有机化学.3版.北京:高等教育出版社,2009.

[2] 张树政,糖生物学与糖生物工程.北京:清华大学出版社,2002.

[3] 陆阳,刘俊义.有机化学.8版.北京:人民卫生出版社,2013.

[4] 邢其毅,裴伟伟,徐瑞秋,等.基础有机化学.3版.北京:高等教育出版社,2005.

[5] 查锡良.生物化学.7版.北京:人民卫生出版社,2008.

[6] 倪沛洲.有机化学.6版.北京:人民卫生出版社,2007.

[7] 魏俊杰,刘晓冬.有机化学.2版.北京:高等教育出版社,2003.

[8] Morrison. Organic Chemistry. 6th ed. Boston: Allyn and Bacon Inc., 1998.

[9] Schmid G H. Organic Chemistry. St. Louis : Mosby-Year Book, Inc., 1996.

[10] Faber K. Biotransformations in Organic Chemistry. Berlin: Springer,2005.

[11] Wade L G Jr. Organic Chemistry. 7th ed. Pearson Education Inc., 2010.